電路學概論

賴柏洲　編著

全華圖書股份有限公司

序

Preface

一、本書適用於大學、科技大學及技術學院二年級，上、下兩學期，每學期三學分(每週授課三小時)之用。其內容經適當刪減，亦可供專科學生使用。

二、電路學是電機及電子工程科系必修科目，對於機械、通訊、電信及控制工程研究最基本之必備常識。

三、本書係依多位學者、專家及先進的賜教，建議調整章節內容，是感至幸，在此一併致謝。

四、本書內容之編排特別注重基本觀念，由淺入深，循序漸進，並以例題及插圖說明，期使讀者能融會貫通。

五、本書備有教師手冊，內有詳細的習題解答，僅供教師使用，歡迎教師參考指正。

六、本書編寫，雖經多次校訂，但疏漏謬誤之處在所難免，敬祈先進與讀者再不吝指正，俾再版時修訂之，是感至幸。

七、本書承蒙全華圖書公司熱心協助與支持，得以順利完成，在此謹致上誠摯謝意。

賴柏洲　謹誌

國立臺北科技大學

電子工程系

編輯部序

Preface

「系統編輯」是我們的編輯方針，我們所提供給您的，絕不只是一本書，而是關於這門學問的所有知識，它們由淺入深，循序漸進。

本書內含 13 章，第 1 章由單位、特性開始講述電學的基本概念。第 2 章至第 9 章是討論簡單電路分析，先針對基本元件電路說明電學定理及電路計算分析方式；第 6、7 章探討一階、二階電路的零輸入響應、零態響應、完全響應等，最後在第 8、9 章內，說明弦波穩態分析用之方法。第 10 章介紹標準的耦合元件。第 11 章三相電路在分析電力系統上相當重要，幾乎所有交流電力產生、電力輸送及工業使用均會採用。第 12 章至第 13 章討論複雜的網路分析，第 12 章說明頻率響應，是在描述網路的頻域特性，在工程上、科學的應用或分析上扮演重要的角色；第 13 章說明拉普拉斯轉換，其特色是在將微分方程式轉換成代數方程式，再經過反拉普拉斯轉換即可求解的解題技巧。本書適用大學、科大電子、電機、資工系之「電路學」課程使用。

同時，爲了使您能有系統且循序漸進研習相關方面的叢書，我們以流程圖方式，列出各有關圖書的閱讀順序，以減少您研習此門學問的摸索時間，並能對這門學問有完整的知識。若您在這方面有任何問題，歡迎來函連繫，我們將竭誠爲您服務。

相關叢書介紹

書號：02947
書名：電機機械
編著：謝承達.蕭進松

書號：03238
書名：控制系統設計與模擬－使用 MATLAB/SIMULINK (附範例光碟)
編著：李宜達

書號：06159
書名：電路設計模擬－應用 PSpice 中文版 (附中文版試用版及範例光碟)
編著：盧勤庸

書號：03754
書名：自動控制(附部分內容光碟)
編著：蔡瑞昌.陳維.林忠火

書號：05970
書名：電子電路-控制與應用
編著：葉振明

書號：06488
書名：自動控制
編著：姚賀騰

書號：05129
書名：電腦輔助電子電路設計－使用 Spice 與 OrCAD PSpice
編著：鄭群星

流程圖

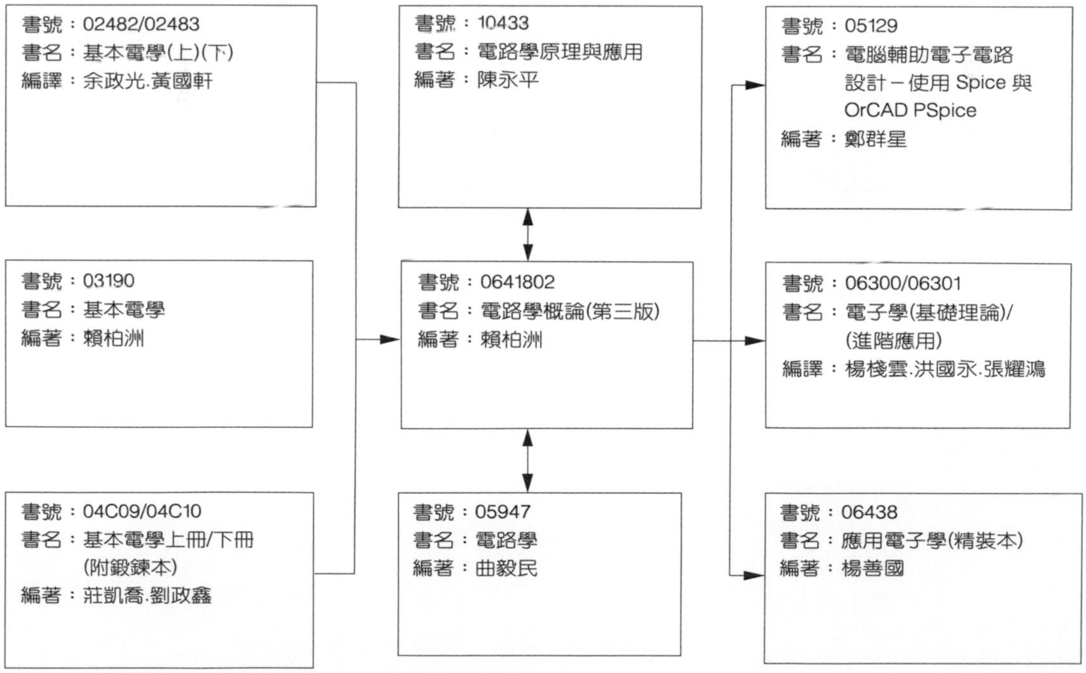

Contents

1 基本概念

電路學幾乎是所有電子、電機、機械與計算機系統等工程科系中必備的基礎課程，研讀它時不需具備任何電子電路的經驗，它討論之範圍僅限於基礎理論，讀者僅需具備一些微積分與工程數學的概念，同時，若有一些線性代數(求行列式、反矩陣)的概念也會有幫助。

電路大致可分為兩類：集總電路(Lumped circuits)與分佈電路(Distributed circuits)。本書內只限於討論集總電路，其原因有二：第一、集總電路比較容易瞭解，且設計亦比較簡單；第二、分佈電路的理論可以根據集總電路而來，事實上，分佈電路可視爲一連串集總電路的極限。

所謂**集總電路是由許多集總元件所聯接而成的電路**。而所謂集總元件是指元件尺寸遠小於電路工作頻率相對之波長時，對所有元件之統稱。具代表性的集總元件是電阻器、電容器、電感器和變壓器等。相反地，若元件尺寸與電路工作頻率相對之波長差不多或更大時，則稱爲分佈元件。具代表性的分佈元件是傳輸線、導波管、微波電路元件與天線等。由分佈元件組成之電路稱爲分佈電路，分佈電路分析起來非常麻煩，可自成一門課程來專門討論，不在本書內討論。

在本章中，我們將對本課程所要用到的一些基本定義與名詞作詳盡的敘述。

1-1 單位系統

一、單位

用以表示某一物理量所定的測量標準稱為單位(unit)。目前國際上以長度、質量、時間、電流、熱動溫度、物質量及光度等七項作爲物理上的**基本量**。而其他的量皆由基本量推演導出，稱爲**導出量**。而七項基本量中，又以**長度**、**質量**和**時間**爲最常用，因此，即以此三項基本量作爲單位系統制的基礎。

在工程與科學的測量及計算上，常用的測量單位有四種，即(1)**FPS 制**，(2)**MKS 制**，(3)**CGS 制**和(4)**SI 制**，其中第(1)項爲英制，第(2)、(3)項爲公制，第(4)項爲國際標準單位。

英語系國家多採用英制，例如長度單位多採用碼（或呎、吋）等，力的單位用磅，溫度用°F。MSK 制與 CGS 制是以使用的單位來命名的，例如 MKS 制中的公尺、公斤、秒等，而 CGS 制則以公分、公克及秒。1960 年國際度量衡會議上決定以 MKS 制作爲國際單位系統，稱爲**國際單位制**，簡稱 **SI 制**。表 1-1 所列爲各單位制之比較。

▼ 表 1-1　各單位制之比較表

制別／單位	英制	公制		SI 制
		MKS	CGS	
長度	碼(yd)	公尺(m)	公分(cm)	公尺(m)
質量	斯勒格(slug)	公斤(kg)	公克(g)	公斤(kg)
力	磅(lb)	牛頓(N)	達因(dyn)	牛頓(N)
溫度	華氏(°F)	攝氏(°C)	攝氏(°C)	克氏(K)
能量	呎-磅(ft-lb)	牛頓-公尺 (N-m)	達因-公分 (dyne-cm)	焦耳(J)
時間	秒(s)	秒(s)	秒(s)	秒(s)

二、電的單位

電的單位可分爲**絕對單位制**和**實用單位制**兩種。絕對單位制是用於純理論科學，其所有單位導源於長度爲公分(cm)，質量爲公克(g)，時間爲秒(s)，所以又稱爲 CGS 制。在靜電學中，若依**靜電庫侖定律**導出電荷單位，再依此單位導出其他電磁量的單位，稱爲 CGS **靜電單位制**(esu system)。若依**靜磁庫侖定律**先定磁極單位，再導出其他單位，則稱爲 CGS **靜磁單位制**(emu system)。上述兩種單位制均由公分、公克和秒的單位導出，都可稱爲絕對單位制。而實用單位制則是我們日常所慣用的單位，爲世界各國統一使用。它們仍溯源於絕對單位，所不同者，僅在一定的比率而已，讀者可參閱附錄 E。

SI 制包含七個基本單位及二個補充單位，如附錄 B-1 所示。由此九個基本單位單位所推導出來的特定單位如附錄 B-2 至附錄 B-5。附錄 B-5 中的十三個電、機、磁實用單位之定義供讀者參考。

SI 制的最大的好處是它的基本單位或導出單位皆可利用其直接相乘得到，而不需用到**轉換因子**。相反地，英制單位就要用到 12、3、5280 及 60 的轉換因子；如 12 英吋 = 1 英呎；3 英呎 = 1 碼；5280 英呎 = 1 英哩、60 秒 = 1 分等等。而 SI 制的計算中只唯一用到 10 乘冪的轉換因子。所以各單位制中的換算極爲重要，各位讀者可參閱附錄 C 所示，當我們要自某一單位轉換至另一單位時，若轉換方向與箭頭方向一致，則乘上該轉換參數；若方向相反則除以該參數。

三、因　次

任何物理量都可用長度、質量、時間和電量四種基本量表示，此種表示法即爲該物理量的**因次**(dimension)。若分別以 L、M、T 和 Q 表示長度、質量、時間和電量，則電流 I 的因次爲：

$$I=\frac{Q}{T}$$

加速度 a 的因次爲：

$$a=\frac{L}{T^2}$$

力($F=ma$)的因次爲：

$$F=M\frac{L}{T^2}$$

電場的強度 E($E=\dfrac{F}{Q}$)的因次爲：

$$F=M\frac{L}{T^2Q}$$

電壓 $V=Ed$ (d 爲距離)的因次爲：

$$V=\frac{ML}{T^2Q}L=\frac{ML^2}{T^2Q}$$

附錄 F 爲電學物理量的單位和因次表，讀者可參閱之，由此附錄可檢驗一等式是否正確，因一等式之左右兩邊各項的因次必須一致；且可由因次導出其它若干物理公式。

四、科學標記法

SI 制比英制的優點是使用 10 的次方表示量的大小，因此包含很大及很小的數字，10 的乘冪為一有用的工具。故用 10 的乘冪表示一量之大小，稱之為**科學標記法**。科學標記法可以避免在小數點前或後書寫許多零。例如距離 2,136,000.00 公尺，使用科學標記法為 2.316×10^6 公尺，是以左邊具有小數點的數乘以適當 10 的次方而得。在正次方時，10 的次方數由數的小數點向左數到新表示法所定小數點位置為止有幾個數即是。10 的正次方定義如下：

$$1 = 10^0$$

$$10 = 10^1$$

$$100 = 10^2$$

$$1000 = 10^3$$

以此類推。對於 10 的負次方定義如下：

$$\frac{1}{10} = 0.1 = 10^{-1}$$

$$\frac{1}{100} = 0.01 = 10^{-2}$$

$$\frac{1}{1000} = 0.001 = 10^{-3}$$

以此類推。但此法並非常為最有用的數字形式。試考慮下列另一種工程標記法。

五、工程標記法

某些 10 的乘冪，常與一些基本物理單位相連用；**對這些 10 的乘冪，常給予特別的名稱，作為單位名稱的字首，稱之為工程標記法**。用了這些字首，便不需寫出有關之 10 的乘冪，稱為**工程標記法**。例如在重工業或公共設施電路方面，常用仟伏(kV)，仟瓦(kW)或百萬瓦(MW)等表示，在低功率電子和通訊電路方面，常用毫伏(mV)及微安(μA)等表示。表 1-2 所列的是電學單位常用的字首。表 1-3 表示在–12 至+12 範圍內之 10 的乘冪及工程技術上相關的字首及符號。

▼ 表 1-2　電學單位常用的字首

値	字首	符號	中文名稱	値	字首	符號	中文名稱
10^{1}	deka	dk	拾	10^{-1}	dice	d	分
10^{2}	hecto	h	佰	10^{-2}	centi	c	厘
10^{3}	kilo	K 或 k	仟	10^{-3}	milli	m	毫
10^{6}	mega	M	百　萬	10^{-6}	micro	μ	微
10^{8}			億	10^{-9}	nano	n	塵
10^{9}	giga	G	十　億	10^{-10}	angstrom	Å	埃
10^{12}	tera	T	兆	10^{-12}	pico	p	漠
10^{15}	peta	P	仟　兆	10^{-15}	femto	f	毫　漠
10^{18}	exa	E	百萬兆	10^{-18}	atto	a	微　漠

▼ 表 1-3　科學與工程標記法

10 的乘冪	數值	字首	符號
10^{-12}	0.000000000001	pico	p
10^{-11}	0.00000000001		
10^{-10}	0.0000000001		
10^{-9}	0.000000001	nano	n
10^{-8}	0.00000001		
10^{-7}	0.0000001		
10^{-6}	0.000001	micro	μ
10^{-5}	0.00001		
10^{-4}	0.0001		
10^{-3}	0.001	milli	m
10^{-2}	0.01	centi	c
10^{-1}	0.1	deci	d
10^{0}	1		
10^{1}	10	deca	dk
10^{2}	100	hecto	h
10^{3}	1000	kilo	k
10^{4}	10000		
10^{5}	100000		
10^{6}	1000000	mega	M
10^{7}	10000000		
10^{8}	100000000		
10^{9}	1000000000	giga	G
10^{10}	10000000000		
10^{11}	100000000000		
10^{12}	1000000000000	tera	T

1-2 電荷與電流

一、電荷

原子內的電子或質子是爲基本電荷(charge)，每個電子帶有負電荷，質子帶有正電荷，而中子不帶電荷。帶電體內含有電荷的數量稱爲**電量**。電量的單位是**庫侖**(Coulomb；C)，一個電子帶有約 1.6×10^{-19}C 的負電荷，即 1C 電荷含有 $1 \div (1\text{-}6 \times 10^{-19}) = 6.25 \times 10^{18}$ 個電子。

由實驗得知，不同極性的電荷互相吸引，而同極性的電荷則互相排斥，電荷間互相吸引或排斥力，稱爲**靜電力**。法國科學家庫侖於公元 1784 年提出兩帶電體間的靜電力與距離、電量有關，定名爲**庫侖靜電定律，即兩帶電體其大小若與其間之距離相較甚小時，則其相互間的作用力 F，與兩者所帶電量 Q_1 和 Q_2 之乘積成正比，而與其間距離之平方成反比，作用力的方向若帶同極性電荷則互相排斥，若帶不同極性電荷則互相吸引**。以數學式表示則爲：

$$F = k\frac{Q_1 Q_2}{d^2} \tag{1-1}$$

其中 k 爲比例常數，其值依力、電量、距離及所在之介質等關係而定。

1. 在 CGS 制中，F 的單位是達因(dyne)，d 的單位是公分(cm)，Q 的單位是電荷靜電單位(esu)或靜電庫侖(sc)，(簡稱靜庫)，而 $k = \frac{1}{\in_o} = 1$ dyne-cm/esu^2($\in_o$ 爲眞空或空氣的介電係數，$\in_o = 1$)則：

$$F = \frac{Q_1 Q_2}{d^2}\ (達因) \tag{1-2}$$

2. 在 MKS 制中，F 的單位牛頓(N)，d 的單位是公尺(m)，Q 的單位是庫侖(C)，而 $k = \frac{1}{4\pi\in_o} = 9 \times 10^9$ N-m^2/C^2 $\left(因為 \in_o = \frac{1}{36\pi} \times 10^{-9}\right)$則：

$$F = k\frac{Q_1 Q_2}{d^2} = 9 \times 10^9 \frac{Q_1 Q_2}{d^2}\ (\text{N}) \tag{1-3}$$

又一庫侖靜電庫侖= 3×10^9，1 牛頓= 10^5 達因，因 1 庫侖含有 6.25×10^{18} 個電子，爲一相當大的電量單位，故常用微庫侖(μC)計算，即 $1\mu\text{C} = 10^{-6}$C。

由(1-1)式可知，當同極性電荷之斥力時 $F > 0$，不同極性電荷之引力時 $F < 0$。

例題 1-1

在空氣中若 2C 之電荷與 5C 之電荷間隔爲 10m，試求其間的作用力爲何？力的方向如何決定？

答 $F = k\dfrac{Q_1Q_2}{d^2} = 9\times10^9 \times \dfrac{2\times5}{10^2} = 9\times10^8\,(\text{N})$

力的方向由電荷之正負決定，若同爲正或負則相斥；否則相吸。

例題 1-2

電荷各爲+50、+250 及−300SC 之小球。以 10cm 之間隔依次排列於同一直線上，試求各小球所受之力。

答 設受力的方向，左爲正(相斥，$F>0$)，右爲負(相吸，$F<0$)：

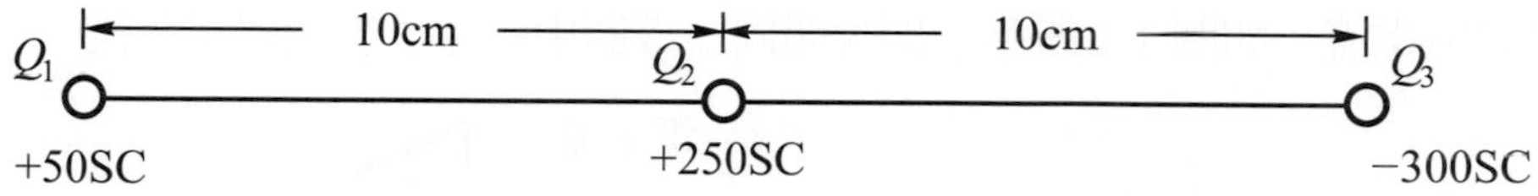

Q_1 所受之力 F_1 爲：

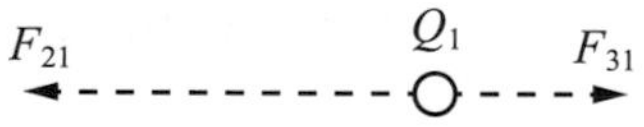

$F_1 = F_{21} + F_{31} = 87.5$(達因)，向右。

Q_2 所受之力爲 F_2：

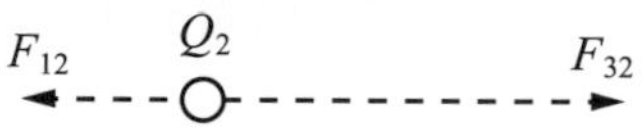

$F_2 = F_{12} + F_{32} = \dfrac{50\times250}{10^2} + (-\dfrac{250\times300}{10^2}) = -625$ (達因)，向右。

Q_3 所受之力爲 F_3：

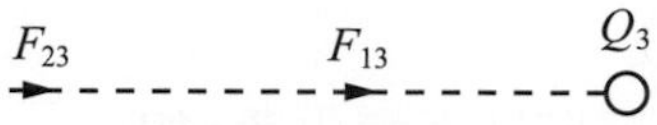

$F_3 = F_{13} + F_{23} = (-\dfrac{50\times300}{20^2}) + (-\dfrac{250\times300}{10^2}) = -787$ (達因)，向右。

二、電流

單位時間內，通過導體某一截面的電量，稱為電流(current)，以符號 I 表示，以數學式表示之爲：

$$I = \frac{Q}{t}\left(安培 = \frac{庫侖}{秒}\right) \tag{1-4}$$

若 Q 的單位爲庫侖，而 t 爲秒，電流的單位爲庫侖／秒(c/s)，又稱爲**安培**(Ampere；A)，是爲紀念法國人安培而命名，因此 1 安培 = 1 庫侖／秒。

電流的方向

電流爲導體中自由電子流動所形成，因此電路電流是由負電荷移動所形成，此種導體電流稱爲**電子流**(electron current)。但在電路分析上，一般都想像電流是經由正電荷移動所形成，此種習慣是導源於富蘭克林所作風箏試驗，認爲電是由正往負方向流動，此種電流與電子流有區別，稱之爲**慣用電流**(conventional current)。慣用電流與電子流方向相反，本書將採用慣用電流。如圖 1-1 所示，即說明同一導體中的電子流和慣用電流。

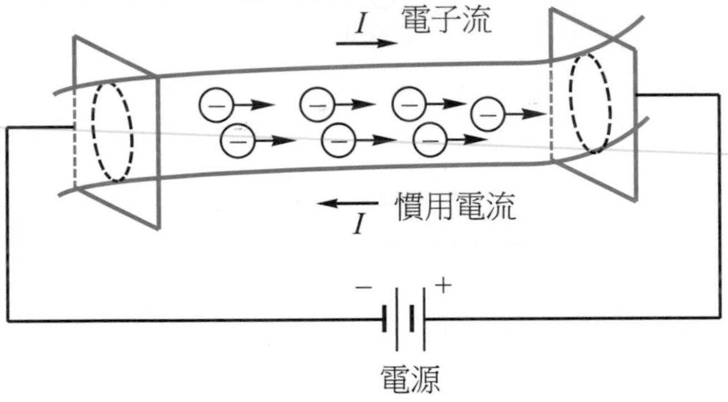

▲ 圖 1-1　同一導體中的電子流和慣用電流

電流的種類

電流依其流量大小及方向極性的變化可分爲下列四種：

1. **直流**(Direction Current；DC)

   電流流量大小及方向極性不隨時間而變化者，如圖 1-2 所示，稱爲直流。

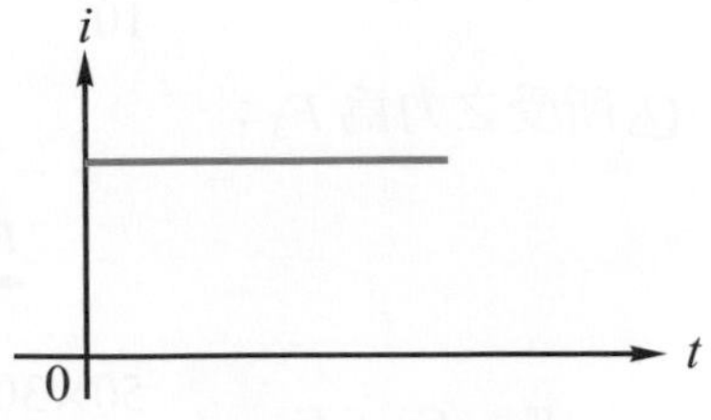

▲ 圖 1-2　直流電流

2.　**交流**(Alternating Current；AC)

電流流量大小及方向極性隨時間作週期性規則變化者，如圖 1-3 所示，稱爲交流。

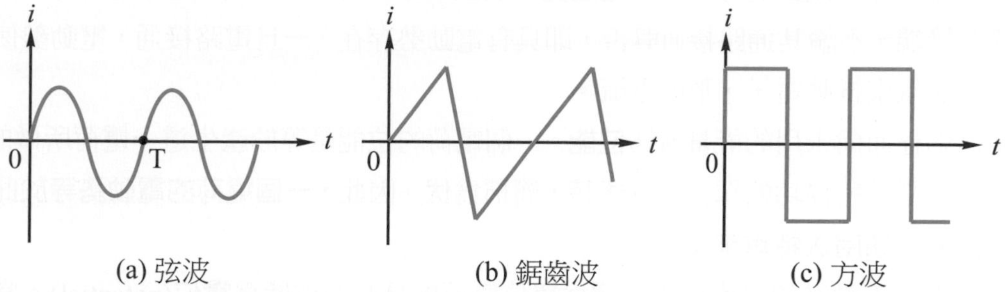

(a) 弦波　(b) 鋸齒波　(c) 方波

▲ 圖 1-3　交流電流

3.　**脈動電流**(pulsating current)

電流的方向極性不變，僅電流流量隨時間作週期性變化者，是一種含有交流成分的直流(註：只要其平均值不爲零，便認爲是直流)，如圖 1-4 所示。

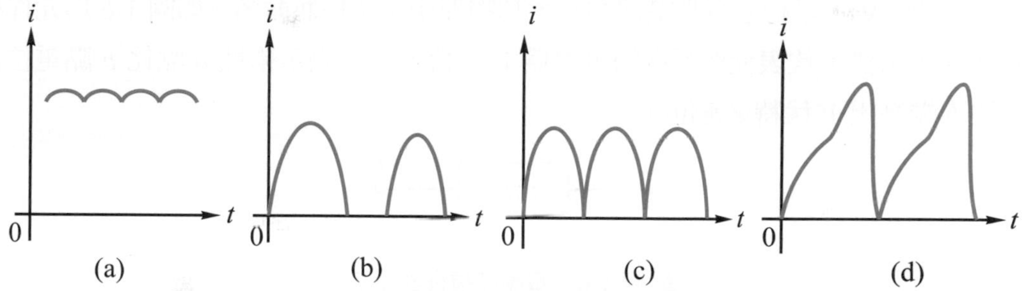

▲ 圖 1-4　脈動電流

4.　**脈波電流**(pulse current)

電流的方向極性不變，而電流波幅變化極大，有電流的時間極短促，且變化具有週期性者，如圖 1-5 所示。

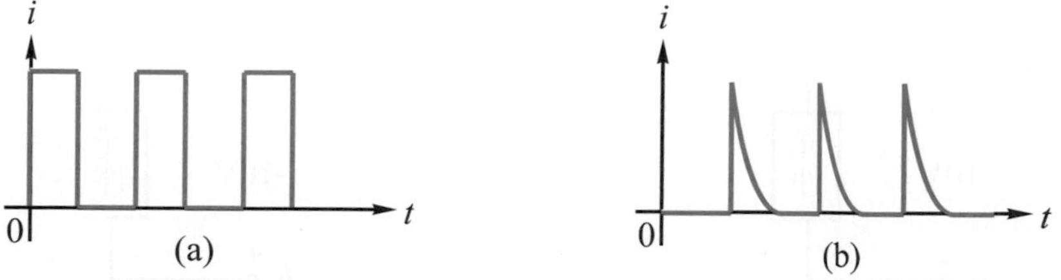

▲ 圖 1-5　脈波電流

1-3 電壓

使電流在元件流動的外力稱為**電動勢**(electromotive force；emf)，電池的正負極端或直流電機的接端，不論其通路接通與否，即具有電動勢存在。一旦電路接通，電動勢使電荷中存有的能量來推動電子，形成電流。

電荷儲存而尚未用的能量稱為**位能**。一個電荷的位能是等於產生這一電荷所做的功。測量一單位電荷所作功的單位稱為**伏特**，簡稱為**伏**。因此，**一個電荷的電動勢等於此電荷儲存的位能，亦用伏特數來表示**。

欲使電荷流動必須具備位能，稱為單位電荷所具有的位能為**電位**(potential)。當有兩個電位不相等的電荷存在時，這兩個電荷間的電動勢，應等於這兩個電荷間的**電位差**(potential difference)。由於每個電荷的位能是以伏特為單位，所以電位差的單位亦以伏特來表示。兩個電荷間的電位差就是這兩個電荷間的電動勢，通常稱為**電壓**(voltage)。

如電壓跨接在元件兩端就產生作功，把電荷從元件的一端移動到另一端，電壓的電位也是伏特(Volt；V)，是紀念發明電池的意大利物理學家伏特而命名。如圖 1-6 為元件標示電壓的極性表示法，代表元件兩端的電壓為 V 伏特，+、–表示極性 a 點比 b 點電位高，即 a 端比 b 端高出 V 伏特之電位。

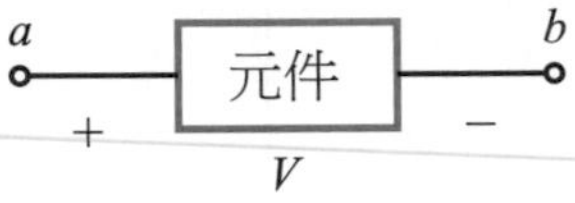

▲ 圖 1-6　電壓的極性表示法

因為**伏特是 1 庫侖電荷作一焦耳的功**，故可定義 **1 伏特是 1 焦耳／庫侖**，即：

$$1\text{ 伏特(V)} = 1\text{ 焦耳／庫侖(J/C)} \tag{1-5}$$

圖 1-6 是電壓極性表示法，圖 1-7(a)、(b)所示為兩種等效電壓的表示法，(a)圖中，a 端點比 b 端點的電位高+10V，而(b)圖中，b 點比 a 點高–10V(或比 a 點低+10V)。

▲ 圖 1-7　等效電壓的兩種表示法

我們將使用雙下標符號 V_{ab} 表示 a 點對 b 點電位差。圖(a)中，$V_{ab} = 10\text{V}$，使用此符號，具有 $V_{ba} = -V_{ab}$ 的關係，則 $V_{ba} = -10\text{V}$，由圖(b)中可看清楚。

1-4　功率與能量

假設一電路，若其有兩個端點，我們稱此電路為**兩端電路**(two terminal circuit)，以現代的術語，則兩端電路稱之為**單埠**(one-port)。單埠即是指電路的一對端點。在所有時間，流入其中一端的瞬時電流總等於由另一端流出的瞬時電流。此一事實顯示於圖 1-8 中。進入埠端的電流 $i(t)$稱之為**埠端電流**(port-current)，而跨於埠端的電壓 $v(t)$，則稱之為**埠端電壓**(port-voltage)。

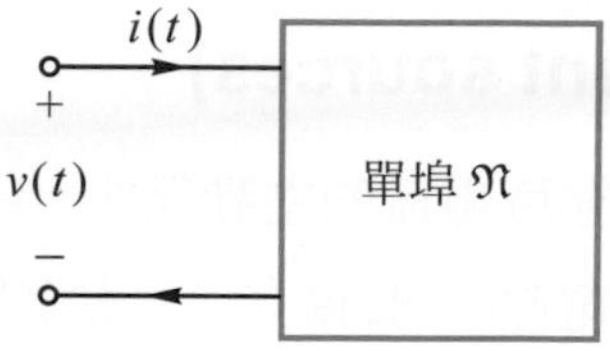

▲ 圖 1-8　於時間 t 時進入單埠 $\mathfrak{N}$ 的瞬時功率為 $p(t) = v(t)i(t)$

只要埠端電流和埠端電壓的參考方向如圖 1-8 所示的相關參考方向，則進入單埠的瞬時功率等於埠端電壓和埠端電流的乘積，此為物理學上的基本事實，令 $p(t)$代表在時間 t 由外界輸送到單埠的瞬時功率，則

$$p(t) = v(t)i(t) \tag{1-6}$$

其中 v 的單位為伏特，而 i 的單位為安培，故 P 的單位為瓦特(W)。

能量是功率的積分，因此自時間 t_0 到時間 t 由外界送至單埠的能量為：

$$W(t_0, t) = \int_{t_0}^{t} p(t)dt = \int_{t_0}^{t} v(t)i(t)dt \tag{1-7}$$

其中能量的單位為焦耳(J)。

例題 1-3

如右圖所示，進入埠端電流 $i(t) = 5\text{A}$，試求

(a)單埠所吸收的功率。

(b)在時間 $t = 0$ 秒和 $t = 5$ 秒間送至單埠的能量。

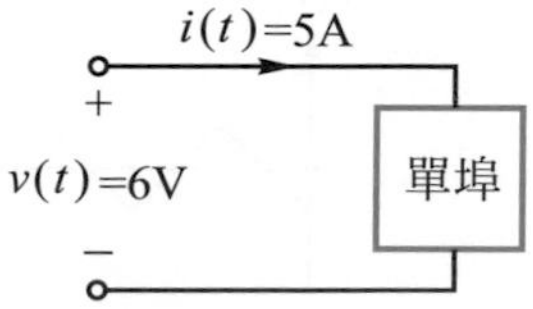

答 (a)由(1-6)式，單埠所吸收的功率 $p(t) = v(t)i(t) = (6)(5) = 30(\text{W})$

(b)由(1-7)式，$W(0, t) = W(t) = \int_0^5 (6)(5)\, dt = 150(\text{J})$

1-5 獨立電源與相依電源

如前所述，元件是電路的基本組成部分，電路是許多元件的相互連接。電路分析是決定元件二端電壓(或流經元件電流)的過程。

在電路中有二種元件：**被動元件**(passive element)與**主動元件**(active element)。

被動元件如電阻器、電容器和電感器。典型的主動元件如發電機、電池和運算放大器。本節的目的是讓讀者熟悉幾個重要的主動元件。而被動元件，將在第二章和第五章中介紹。

最重要的主動元件是電路中輸出功率的電壓源和電流源。而電源可分爲：**獨立電源**和**相依電源**。

一、獨立電源(independent sources)

獨立電源是指能提供指定電壓或電流的主動元件，它們與電路中其他元件完全無關。獨立電源可分爲電壓電源與電流電源(一般獨立二字就省略)。

1. 電壓電源

所謂電壓電源(voltage sources)是指一兩端元件，它可提供電路元件兩端間之電壓，其所提供之電壓值可能為常數，或是時變者。若依電源極性變化，可分爲直流電壓電源和交流電壓電源。如圖 1-9 所示，電壓電源的正負極性不隨時間而改變者，稱之爲**直流電壓電源**。若電壓電源的正負極性隨時間而改變者，即稱之爲**交流電壓電源**，如圖 1-10 所示。

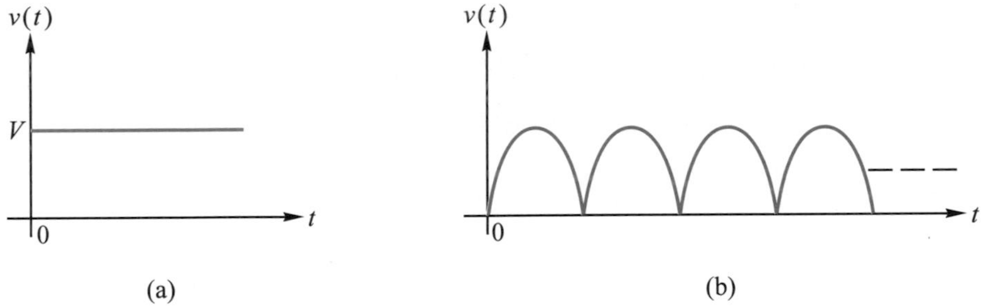

▲ 圖 1-9 直流電壓電源

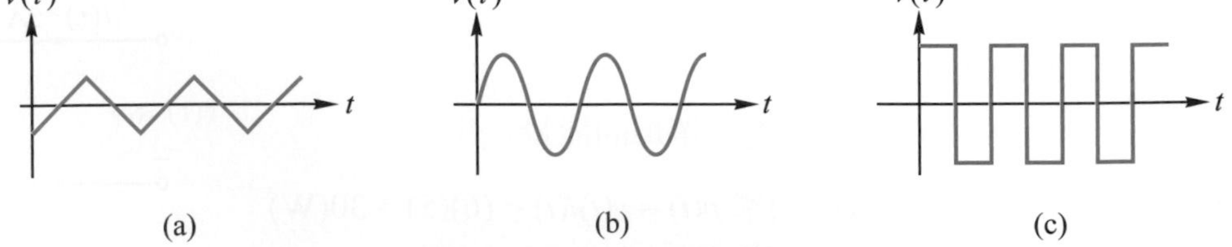

▲ 圖 1-10 交流電壓電源

電壓電源是一兩端元件，它們在端點間維持一特定電壓，此電壓與電路上其他元件的電流或電壓完全無關。如圖 1-11 所示即為獨立電壓電源之符號及其極性。

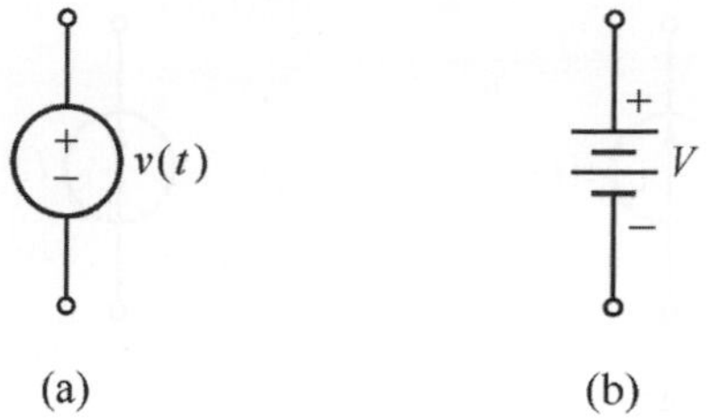

▲ 圖 1-11　獨立電壓電源(a)時變，(b)定值

2.　電流電源

所謂電流電源(current sources)是指一兩端元件，它可提供通過電路元件之電流，其所提供之電流值可能為常數，或是時變者。若依電源所提供之流向，可分為直流電流電源和交流電流電源。如圖 1-12 所示，電流電源所提供電流之方向為固定者，稱之為**直流電流電源**。若所提供電流之方向為交變者，即稱之為**交流電流電源**，如圖 1-13 所示。

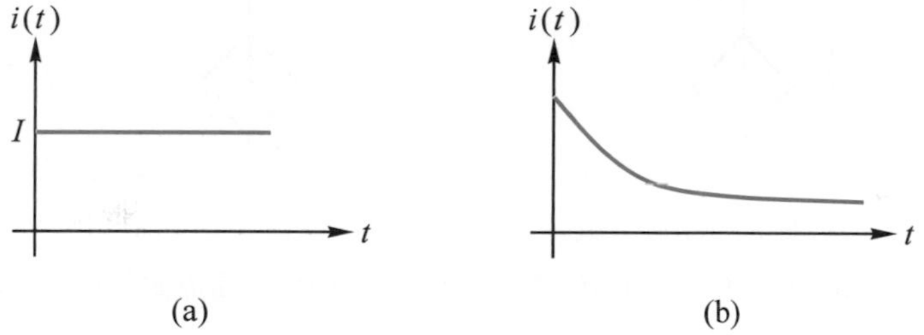

▲ 圖 1-12　直流電流電源

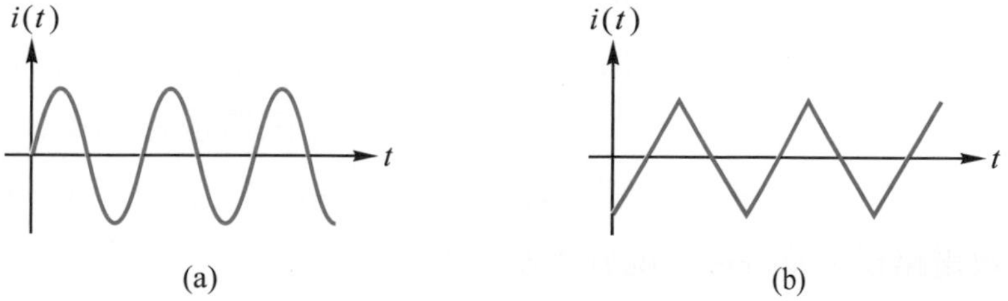

▲ 圖 1-13　交流電流電源

電流電源亦是一兩端元件，它能提供某一特定的電流值，此電流與電路上其他元件的電流或電壓完全無關，如圖 1-14 所示即爲獨立電流電源之符號及其流向。

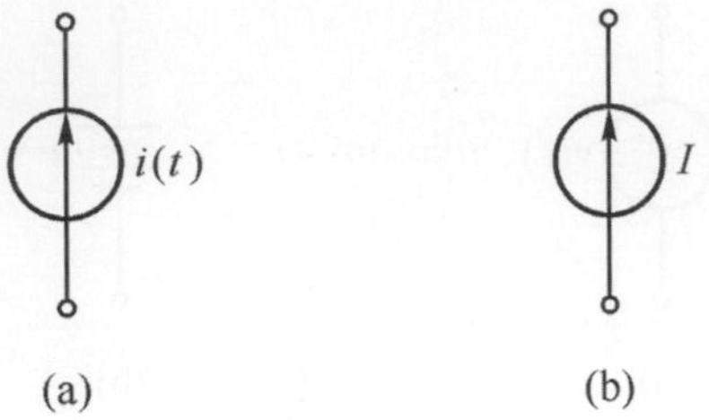

▲ 圖 1-14 獨立電流電源(a)時變，(b)定值

二、相依電源(dependent sources)

相依電源(或稱非獨立電源)是指它所提供的電壓或電流受另一個電壓或電流控制的主動元件，故相依電源又稱受控電源(controlled sources)。相依電源通常是以菱形符號來表示，如圖 1-15 所示。

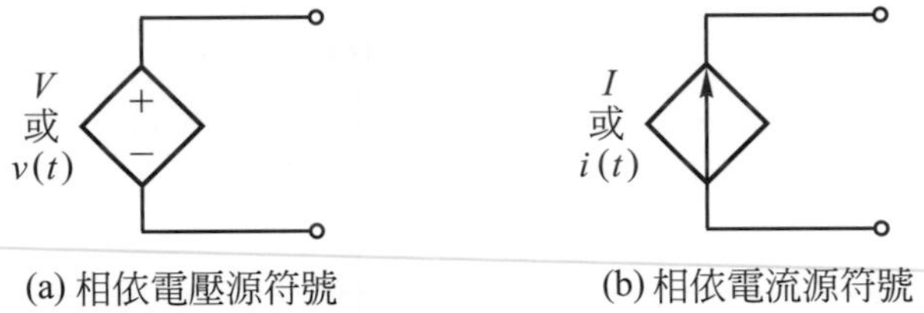

▲ 圖 1-15 (a)相依電壓源符號，(b)相依電流源符號

相依電源是一兩端元件，它的電壓值或電流值是另一分支的電壓值或電流值的函數，顯然受到控制，故稱之爲受控電源。相依電源依受控方式的不同，可分爲四種，即電壓控制電流電源(Voltage-Controlled Current Source；VCCS)，電壓控制電壓電源(Voltage-Controlled Voltage Source；VCVS)，電流控制電壓電源(Current-Controlled Voltage Source；CCVS)，電流控制電流電源(Current-Controlled Current Source；CCCS)，其等效電路模型及特性，現分述如下：

1. 電壓控制電流電源

若相依電流源其電流值受電路上某些元件之電壓所控制者，我們稱之爲由電壓控制的電流電源(VCCS)。

其等效電路如圖 1-16 所示，其中分支 1 爲斷路，分支 2 爲電流電源，故分支 2 的電流波形爲斷路分支(分支 1)中電壓的函數，即：

$$i_1(t) = 0 \text{，} i_2(t) = g_m v_1(t) \tag{1-8}$$

由上式可知其比例常數為：

$$g_m = \frac{i_2(t)}{v_1(t)} \tag{1-9}$$

此處 g_m 稱之為**轉移電導**(transfer conductance)，其單位為 $\frac{1}{\Omega}$，或以姆歐(℧)代表之。

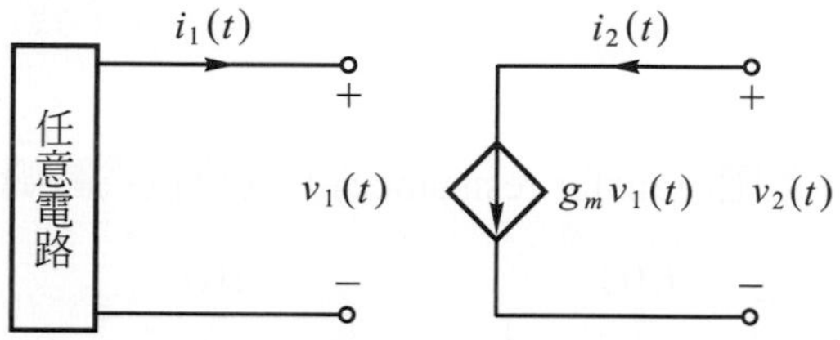

▲ 圖 1-16　VCCS 之等效電路

2. **電壓控制電壓電源**

若相依電壓源其電壓值受電路上某些元件之電壓所控制者，我們稱之為由電壓控制的電壓電源(VCVS)。

其等效電路如圖 1-17 所示，其中分支 1 為斷路，分支 2 為電壓電源，故分支 2 的電壓波形為斷路分支(分支 1)中電壓的函數，即：

$$i_1(t) = 0，v_2(t) = \mu v_1(t) \tag{1-10}$$

由上式可知其比例常數為：

$$\mu = \frac{v_2(t)}{v_1(t)} \tag{1-11}$$

此處 μ 稱之為**電壓比**(voltage ratio)，因其為 $v_2(t)$比 $v_1(t)$，故無單位。

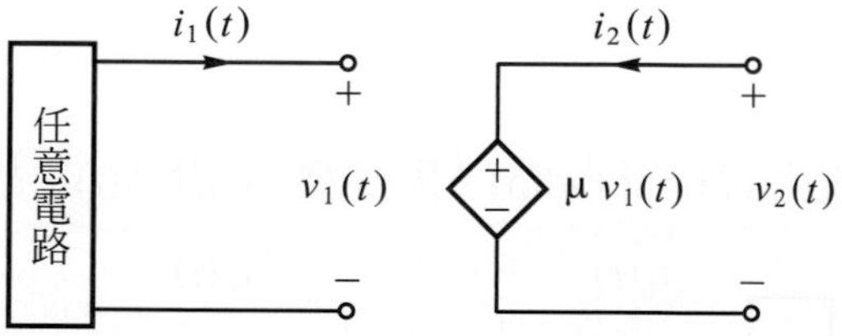

▲ 圖 1-17　VCVS 之等效電路

3. **電流控制電壓電源**

若相依電壓源其電壓值受電路上某些元件之電流所控制者，我們稱之為電流控制的電壓電源(CCVS)。

其等效電路如圖 1-18 所示，其中分支 1 爲短路，分支 2 爲電壓電源，故分支 2 的電壓波形爲短路分支（分支 1）中電流的函數，即：

$$v_1(t) = 0，v_2(t) = r_m i_1(t) \tag{1-12}$$

由上式可知其比例常數爲：

$$r_m = \frac{v_2(t)}{i_1(t)} \tag{1-13}$$

上式之 r_m 稱之爲**轉移電阻**(transfer resistance)，其單位爲歐姆(Ω)。

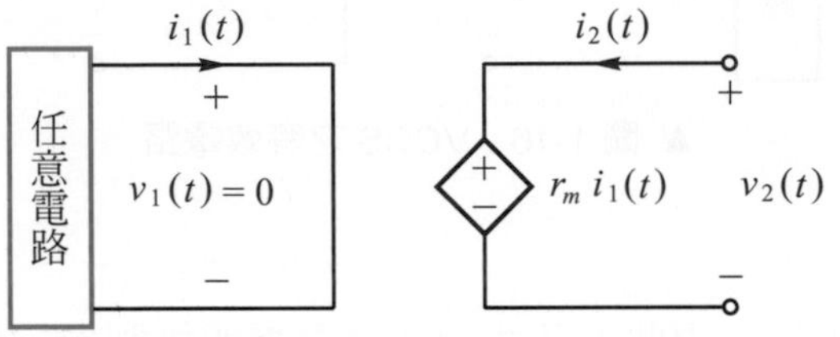

▲ 圖 1-18　CCVS 之等效電路

4.　電流控制電流電源

若相依電流源其電流值受電路上某些元件之電流值所控制者，我們稱之爲電流控制的電流電源(CCCS)。

其等效電路如圖 1-19 所示，其中分支 1 爲短路，分支 2 爲電流電源，故分支 2 的電流波形爲短路分支(分支 1)中電流的函數，即：

$$v_1(t) = 0，i_2(t) = \alpha i_1(t) \tag{1-14}$$

由上式可知其比例常數爲：

$$\alpha = \frac{i_2(t)}{i_1(t)} \tag{1-15}$$

上式之 α 稱之爲**電流比**(current radio)，因其爲 $i_2(t)$比 $i_1(t)$，故無單位。

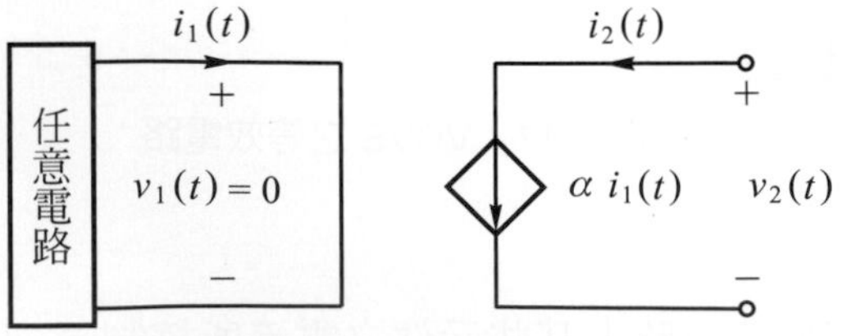

▲ 圖 1-19　CCCS 之等效電路

如上所述，相依電源爲線性非時變元件，因相依電源使兩不同之分支的電壓和電流發生關係，故爲耦合元件(如例題 4.10)。又因相依電源特性之方程式均以電壓和電流爲變數的線性代數方程式，故相依電源可視爲**雙埠**(two ports)電阻性元件，其瞬時功率爲負，可視爲負電阻，故相依電源可視爲**主動元件**，並且其具有負阻抗轉換的性質，故可當一負阻抗轉換器使用(如例題 4.12 所述)。

電晶體的輸出電流和輸入電流成正比例，故可視爲電流控制電流電源。圖 1-20 所示即爲電晶體的等效電路，其輸出電流 hI_1 受輸入電流 $i_1(t)$的控制，故爲相依電流源，比例常數爲 h。另如運算放大器的輸出電壓與輸入電壓有關，故可視爲電壓控制電壓電源。又如發電機中電樞繞組的感應電壓是依磁場繞組的電流而定，故可視爲電流控制電壓電源。

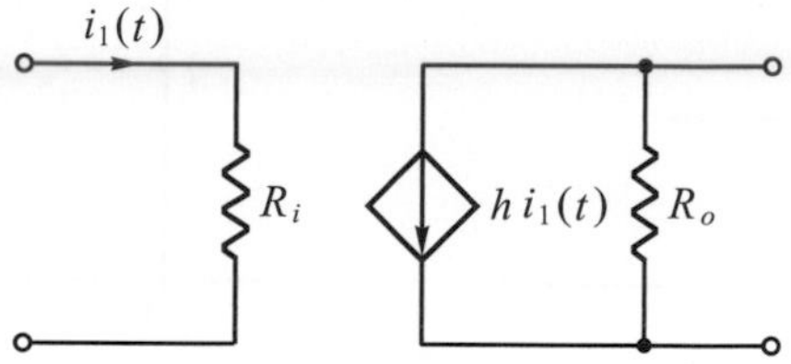

▲ 圖 1-20　電晶體的等效電路

1-6 基本電源波形

現在定義一些在電路上以後會時常用到的波形。

1.　常數(constant)

這是最簡單的波形，以下式表示之：

$$f(t)=k \quad \text{對於所有的 } t \tag{1-16}$$

其中 k 爲一常數。

2.　弦波函數(sinusoidal function)

$$f(t)=A\cos(\omega t+\phi) \tag{1-17}$$

其中常數 A 稱爲弦波之**振幅**(amplitude)，常數 ω (角)**頻率**(frequency)，常數 ϕ 稱爲**相角**(phase)。

3.　單位步級函數(unit step function)

單位步級函數如圖 1-21 所示，以 $u(t)$來表示，並定義爲：

$$u(t)=\begin{cases}1, & t\ge 0\\ 0, & t<0\end{cases} \tag{1-18}$$

當 $t=0$ 時的值可為 0, $\frac{1}{2}$ 或 1，對本書而言，最好定義其值為 1，但在使用傅立葉轉換或拉普拉氏轉換時，則最好採用 $u(0)=\frac{1}{2}$。

若將單位步級函數延遲 t_0 秒，如圖 1-22 所示，則其結果波形在 t 時的縱坐標為 $u(t-t_0)$，或可記成 $u_{t_0}(t)$，並可定義為：

$$u_{t_0}(t)=u(t-t_0)=\begin{cases}1, t\geq t_0\\0, t<t_0\end{cases} \tag{1-19}$$

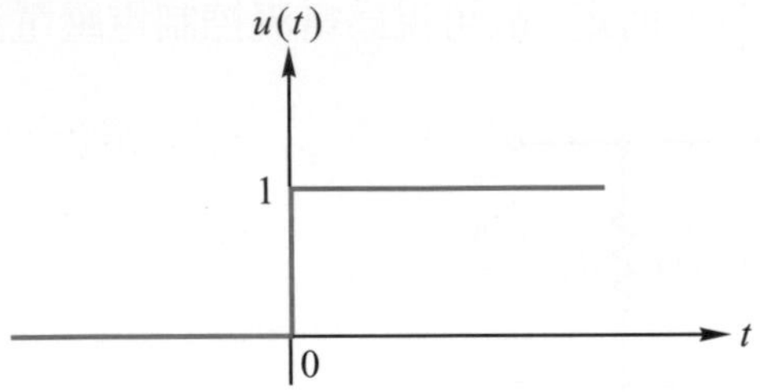

▲ 圖 1-21　單位步級函數 $u(t)$

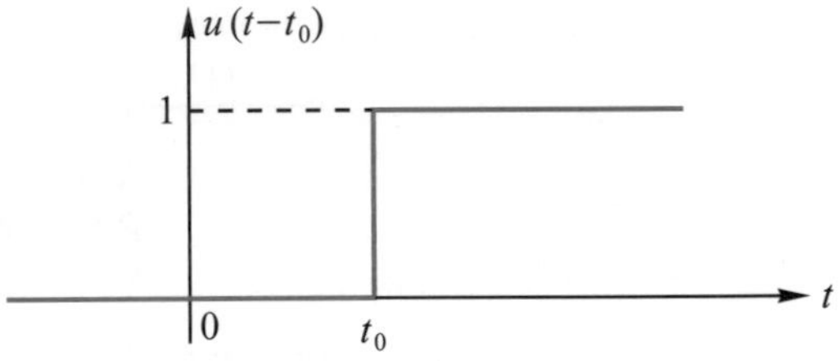

▲ 圖 1-22　延遲 t_0 秒的單位步級函數

4. 脈波函數(pulse function)

脈波函數是我們經常需要用的一種長方形脈波，其波形如圖 1-23 所示，以 $P_{\Delta(t)}$ 來表示，並定義為：

$$P_{\Delta}(t)=\begin{cases}0\ , t<0\\\frac{1}{\Delta}, 0\leq t\leq\Delta\\0\ , t>\Delta\end{cases} \tag{1-20}$$

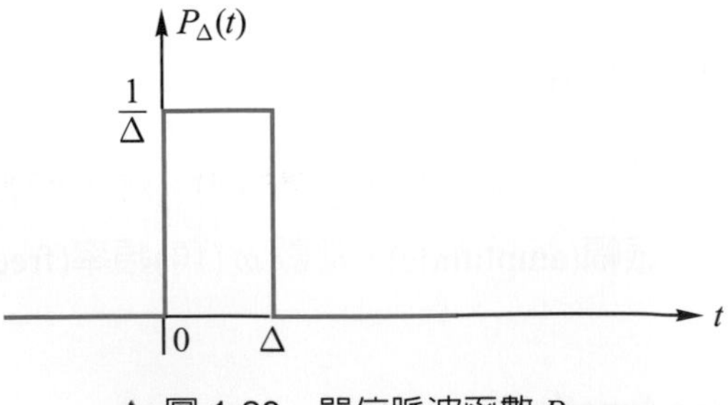

▲ 圖 1-23　單位脈波函數 $P_{\Delta(t)}$

由圖 1-23 可看出，脈波函數是一高度為 $\frac{1}{\Delta}$，寬度為 Δ，且由 $t=0$ 開始的脈波。不論正參數 Δ 的值多大，於 $P_{\Delta}(t)$ 下的面積均為 1。

又脈波函數可看成兩個步級函數之差，如圖 1-24 所示，故 $P_\Delta(t)$ 可表示爲：

$$P_{\Delta(t)}=\frac{u(t)-u(t-\Delta)}{\Delta}\quad \text{對於所有的 } t \tag{1-21}$$

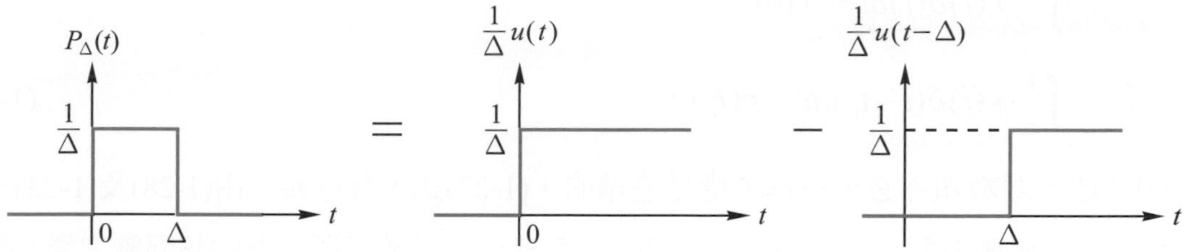

▲ 圖 1-24　脈波函數為兩步級函數之差

5.　單位脈衝函數(unit impulse function)

單位脈衝函數可視為振幅無限大、寬度無限小而面積為有限之脈波。脈衝函數亦稱爲迪克拉函數(Dirac function)，或 δ －函數。以嚴格的數學觀點而言，此函數並非眞正函數，但爲方便起見，我們定義脈衝函數爲：

$$\delta(t)=\begin{cases}0 & ,t\neq 0\\ \text{奇點} & ,t=0\end{cases} \tag{1-22}$$

而在原點的奇點性質則爲：對於任一 $\xi>0$ ，有

$$\int_{-\xi}^{\xi}\delta(t)dt=1 \tag{1-23}$$

直覺上，我們可將脈衝函數 $\delta(t)$ 視爲當 $\Delta\to 0$ 時，脈波 $P_{\Delta(t)}$ 的極限，即：

$$\delta(t)=\lim_{\Delta\to 0}P_{\Delta(t)} \tag{1-24}$$

由 $\delta(t)$ 與 $u(t)$的定義，我們可得到：

$$u(t)=\int_{-\infty}^{t}\delta(t)dt \tag{1-25}$$

及

$$\frac{du(t)}{dt}=\delta(t) \tag{1-26}$$

(1-25)和(1-26)兩式非常重要，以後各章中將重覆運用。脈衝函數的圖形如圖 1-25 所示。

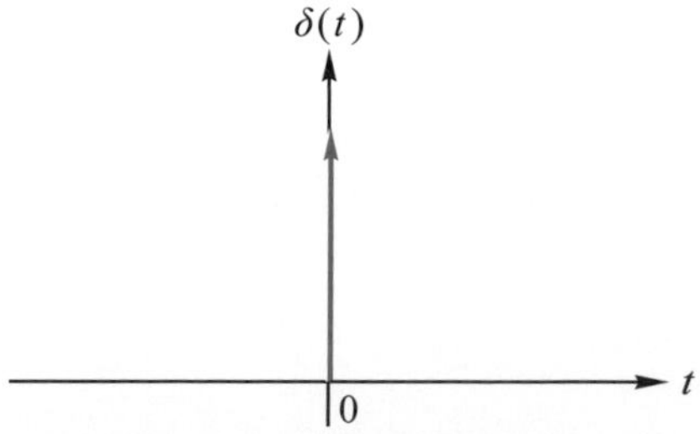

▲ 圖 1-25　單位脈衝函數 $\delta(t)$

另一項常用的性質，為**篩選性質**(sifting property)，令 $f(t)$為一連續函數，則對於任意正數ξ，

$$\int_{-\xi}^{\xi} f(t)\delta(t)dt = f(0) \tag{1-27}$$

及

$$\int_{-\xi}^{\xi} f(t)\delta(t-t_0)dt = f(t_0) \tag{1-28}$$

顯然地，函數 $\delta(t)$ 必須在 $t=0$ 處是連續的，(1-27)式才有意義。由(1-28)及(1-23)式可見，**用一單位脈衝去乘某一函數並進行積分，其結果等於脈衝所在處的該函數之值**。隨著脈衝所處位置的移動，可以抽取任何所需時刻的函數值。單位脈衝函數的這種性質稱為**取樣性質**(sampling property)或**偏移性質**(shifty property)。

6. 單位斜坡函數(unit ramp function)

若隨時間 t 增加而依單位斜率逐漸上升之波形，稱之為單位斜波函數 $r(t)$，其定義為：

$$r(t) = \begin{cases} 0, t < 0 \\ t, t \geq 0 \end{cases} \tag{1-29}$$

$r(t)$之波形如圖 1-26 所示。依圖 1-26 所示，$r(t)$亦可定義為：

$$r(t) = tu(t) \text{，對所有的 } t \tag{1-30}$$

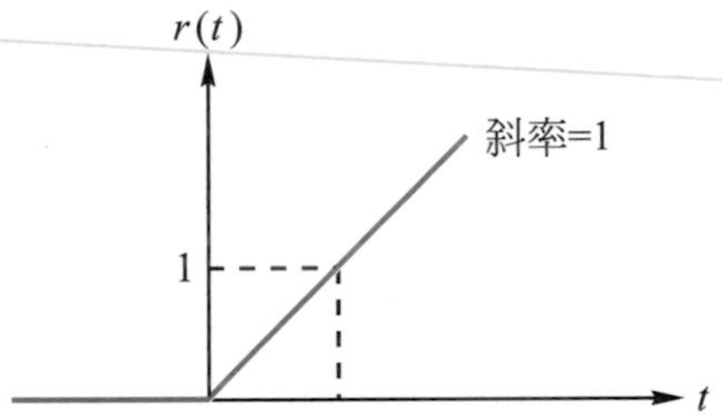

▲ 圖 1-26 單位斜坡函數 $r(t)$

由(1-18)和(1-30)，我們可證明：

$$r(t) = \int_{-\infty}^{t} u(t)dt \tag{1-31}$$

及

$$\frac{dr(t)}{dt} = u(t) \tag{1-32}$$

7.　單位雙衝函數(unit doublet function)

雙脈衝函數亦稱爲偶極波函數。若將單位脈衝函數 $\delta(t)$ 微分，即可得雙衝函數，其定義爲：

$$\delta'(t)=\begin{cases}0 & ,t\neq 0\\ \text{奇點} & ,t=0\end{cases} \tag{1-33}$$

在 $t=0$ 時，依奇點的性質則爲：

$$\delta(t)=\int_{-\infty}^{t}\delta'(t)dt \tag{1-34}$$

及

$$\frac{d\delta(t)}{dt}=\delta'(t) \tag{1-35}$$

其波形如圖 1-27 所示。

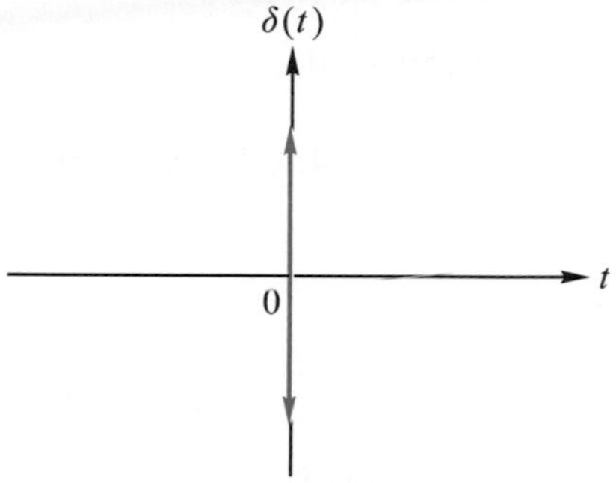

▲ 圖 1-27　單位雙衝函數 $\delta'(t)$

本章習題 LEARNING PRACTICE

1-1 試由重力加速度(g)的因次求出單擺的週期。

答 $T = k\sqrt{\dfrac{L}{g}}$

1-2 (a)5.02×10^3ps 爲多少 ns？

(b)3800cm^2 爲多少 m^2？

答 (a)5.02 (b)0.38

1-3 (a)每邊長 1cm 的正方形面積，試以 m^2 表示之。

(b)直徑爲 1km 之圓面積，試以 m^2 表示之。

(c)半徑爲 10mm 之球體積，試以 m^2 表示之。

答 (a)10^{-4} (b)7.85×10^5 (c)4.189×10^{-6}

1-4 在眞空中，若有 2×10^{-4}C 之正電荷與 4×10^{-5}C 之負電荷，相距 3m，試求其間之靜電力。

答 –8(N)吸力

1-5 有 A、B 兩帶電球體相距 20cm，且已知兩球體間具有 1N 的斥力，若 A 球帶有 5×10^3SC 的負電荷，試問 B 球所帶電量及電荷種類爲何？

答 -8×10^3(SC)，負電荷

1-6 兩帶電金屬球相距 2cm，已知其間之斥力爲 10 達因，若其中一帶電體之電荷加倍，兩球之距離亦加倍時，斥力應爲若干？

答 5(達因)

1-7 試求跨於一 10Ω 電阻器上的電壓，此時其接收之功率爲 5W。

答 7.07(V)

1-8 下圖所示電路；試求跨於線性電阻 R_1 1Ω 兩端的電壓。

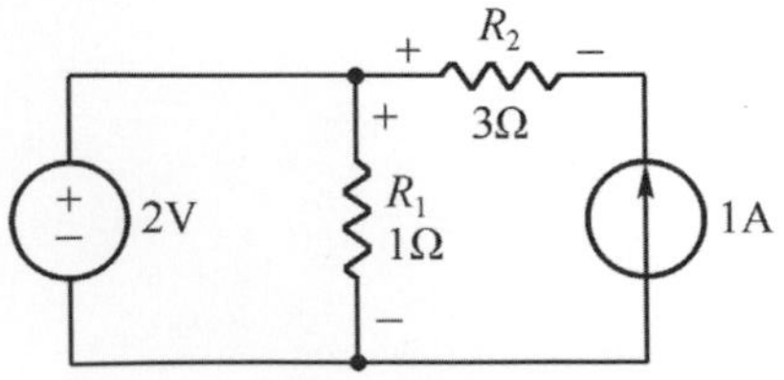

答 2(V)

1-9 下圖所示之電路是由線性非時變元件所組成，電壓 $v_S(t)$及電流 $i_S(t)$分別為 $v_S(t) = A\cos\omega t$V 及 $i_S(t) = Be^{-\alpha t}$A，其中 A、B、α 和 ω 均為常數；試計求 $v_L(t)$和 $i_C(t)$。

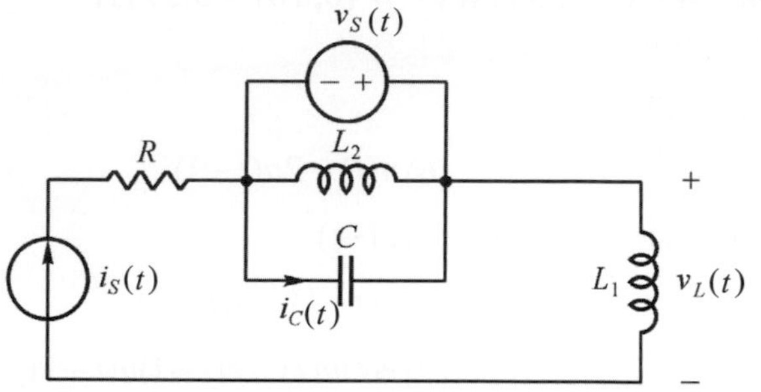

答 $v_L(t) = -\alpha L_1 Be^{-\alpha t}$ (V)，$i_C(t) = AC\omega \sin\omega t$ (A)

1-10 下圖所示之電路是由線性非時變元件所組成，其輸入電流 $i(t) = e^{-\frac{1}{2}t}$A，試求當 $t > 0$ 時之 $v_R(t)$、$v_C(t)$和 $v_L(t)$。其中 $R = 10\,\Omega$，$L = 5\,\text{H}$，$C = 0.1\,\text{F}$ 且 $v_C(0) = 0$。

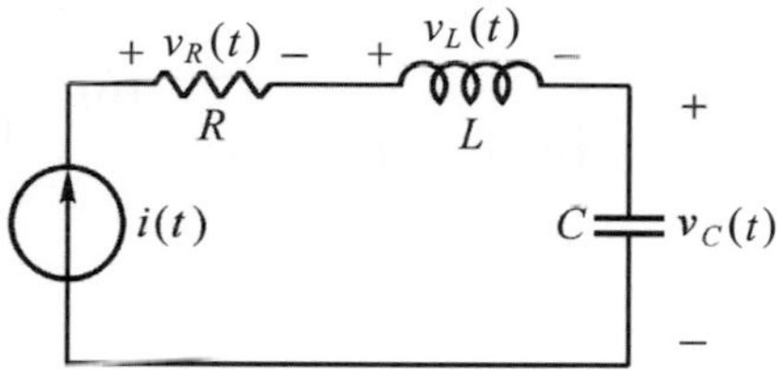

答 $v_R(t) = 10e^{-\frac{1}{2}t}$ (V)，$v_L(t) = -2.5e^{-\frac{1}{2}t}$ (V)，$v_C(t) = 20 - 20e^{-\frac{1}{2}t}$ (V)

1-11 如下圖(a)、(b)兩電路中，試求各電阻所消耗的功率及計算電壓電源與電流電源輸出的功率。

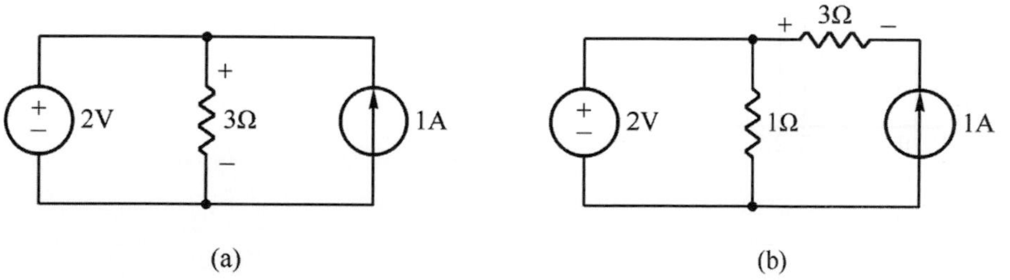

答 (a) $P_R = \frac{4}{3}$ (W)，$P_i = -2$ (W)，$P_v = \frac{2}{3}$ (W)

(b) $P_{R1} = 4$ (W)，$P_{R3} = 3$ (W)，$P_i = -5$ (W)，$P_v = -2$ (W)

1-12 某元件分支電壓和分支電流就相關參考方向測得為 $v(t)=\cos 2t\text{V}$，$i(t)=\cos(2t+45°)\text{A}$，試求送至此元件的功率，並決定由 $t=0$ 到 $t=10$ 秒之間送到此分支的能量。

答 $P(t)=\dfrac{1}{2}\cos(4t+45°)+0.354\ (\text{W})$，$W(0,10)=3.57\ (\text{J})$

1-13 試劃出下列各函數之波形：

(1) $3u(t)-3u(t-2)$

(2) $r(t)-u(t-1)-r(t-1)$

(3) $3P_2(t)$

(4) $u(3-2t)$

(5) $\delta(t)-\delta(t-1)+\delta(t-2)$

(6) $u(t)-2u(t-1)$

(7) $u(-t)$

(8) $u(t-1)+u(t-2)$

(9) $r(t)u(t)-r(t-1)u(t-1)$

(10) $P_{\frac{1}{2}}(t-2)$

答 (1)

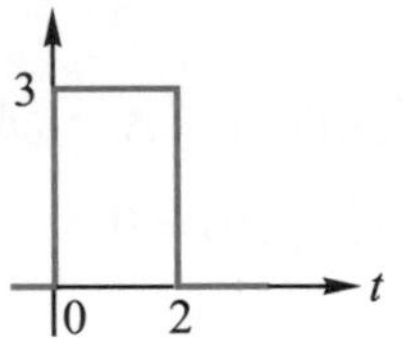

(2)

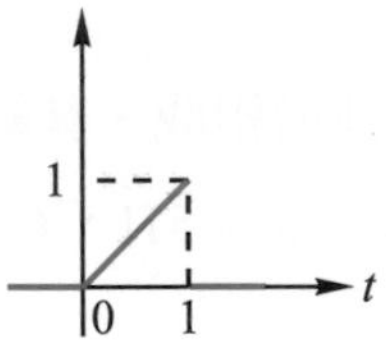

(3)

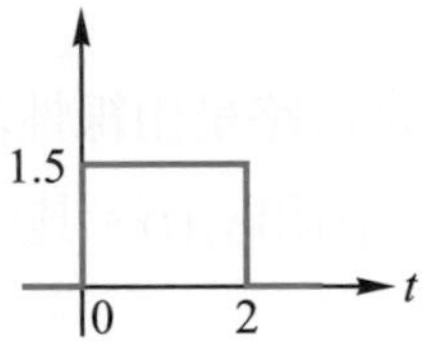

(4)

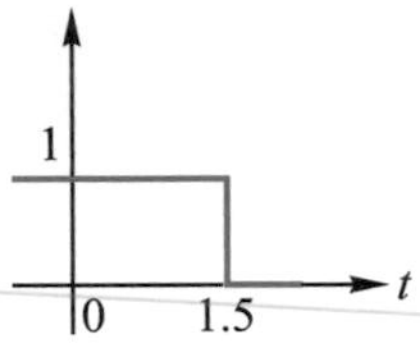

(5)

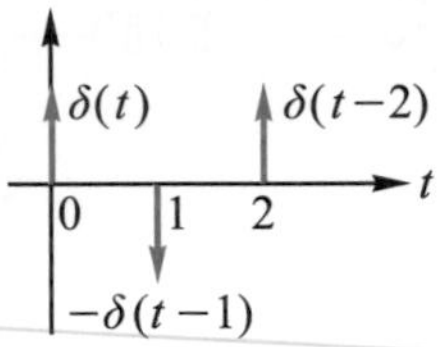

(6)

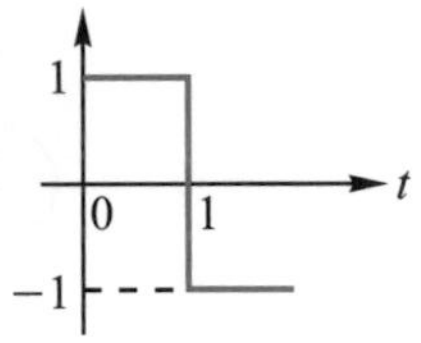

(7)

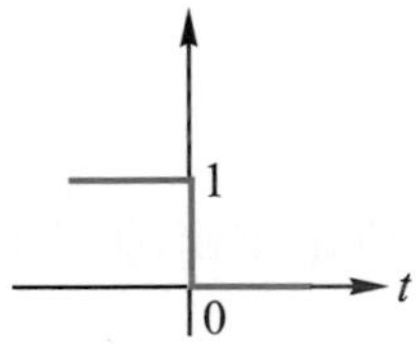

(8)

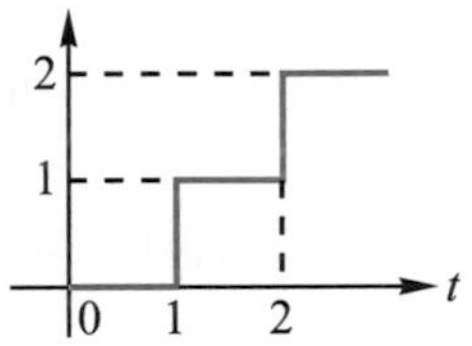

(9)

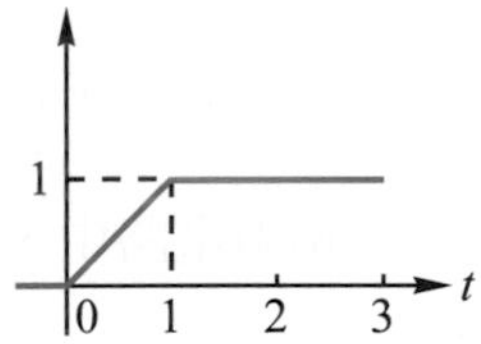

(10)

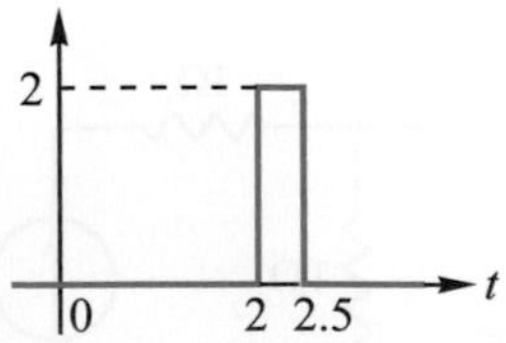

1-14 試寫出下列波形之函數。

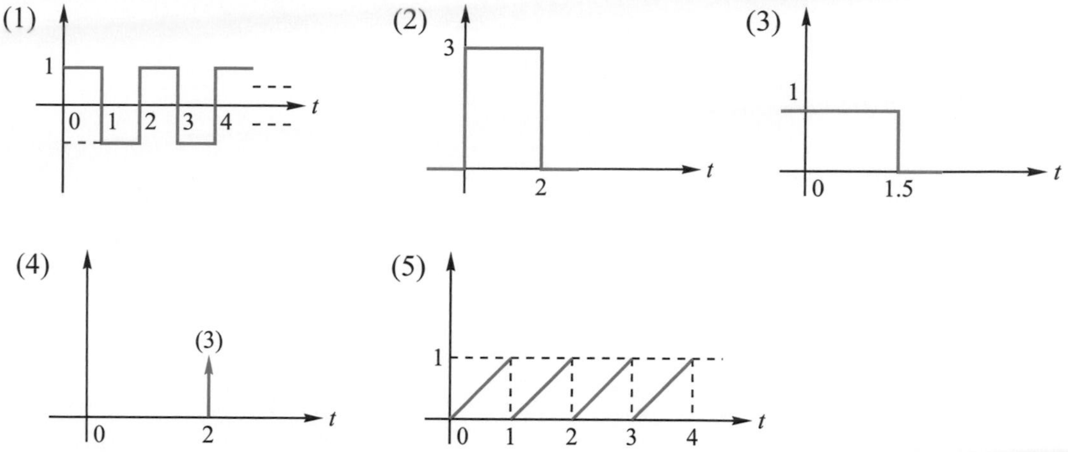

答 (1) $u(t)-2u(t-1)+2u(t-2)-2u(t-3)+2u(t-4)-\cdots$

$$=u(t)+2\sum_{R=1}^{\infty}(-1)^{R}u(t-R)$$

(2) $u(t)-3u(t-2)$ 或 $6P_2(t)$

(3) $u(3-2t)$ 或 $u(1.5-t)$

(4) $3\delta(t-2)$

(5) $r(t)-u(t-1)-u(t-2)-u(t-3)-u(t-4)r(t-3)$

2 電阻器與直流電阻電路

本章將介紹某些電阻電路的基本定律及第三章將介紹電阻電路的基本定理，由於這些定義與定理適用於**線性(linear)電路**，因此本章先討論電路線性的概念，還討論電阻的串並聯、電源轉換的技術外，如電路分析就建立在已知的歐姆定律與克希荷夫定律的基礎上，最後一節我們將再介紹 Y 型與Δ型轉換等技術。

2-1 線性性質

線性定理是描述線性之元件屬性之間的因果關係。此屬性雖適用於許多電路元件，但本章僅討論電阻的線性特性。

以電阻爲例，根據歐姆定律，輸入 $i(t)$與輸出 $v(t)$的關係如下：

$$v(t) = i(t)R \tag{2-1}$$

可加性的要求是：輸入總和的輸出等於各別輸入的輸出總和，若

$$v_1(t) = i_1(t)R$$

且 $$v_2(t) = i_2(t)R$$

若輸入爲$(i_1(t) + i_2(t))$，則總輸出爲：

$$v(t) = (i_1(t) + i_2(t))R = i_1(t)R + i_2(t) = v_1(t) + v_2(t) \tag{2-2}$$

齊次性的要求是：若輸入電流增加 k 倍，則輸出電壓也增加 k 倍，因此

$$ki(t)R = kv(t) \tag{2-3}$$

因此稱電阻是一個線性元件，因爲電阻的電壓–電流關係同時滿足可加性和齊次性。

一般而言，若電路滿足可加性和齊次性，則稱此電路是線性電路。線性電路僅由線性元件、線性非獨立電源和獨立電源所組成。本書僅考慮線性電路，如(1-6)式 $P(t)=v(t)i(t)=i^2(t)R=\dfrac{v^2(t)}{R}$，(因其有二次函數存在)，故功率和電壓(或電流)之間的關係是非線性的。因此本書所包含的定理，不適用於功率。

例題 2-1

如下圖所示，若 $I_o=1\text{A}$，試利用線性性質求此電路 I_o 的實際值。

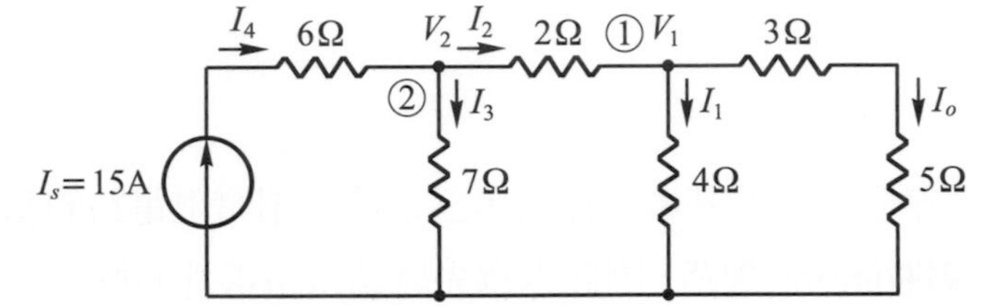

答 若 $I_o=1\text{A}$，則 $V_1=(3+5)I_o=8\text{V}$，且 $I_1=\dfrac{V_1}{4}=2\text{A}$。

在①點得：$I_2=I_1+I_o=3\text{A}$，且 $V_2=V_1+2I_2=14\text{V}$，

在②點得：$I_3=\dfrac{V_2}{7}=2\text{A}$，$I_4=I_3+I_2=5\text{A}$，

因此 $I_s=I_4=5\text{A}$，此結果顯示若 $I_o=1\text{A}$，則 $I_s=5\text{A}$。當實際電流源為 $I_s=15\text{A}$ 時，則 I_o 的實際值為 3(A)。

2-2 電源轉換

在 1-5 節中，我們曾介紹過兩種電源，此二種電源假設都是理想的。在理論上，**理想電壓源可以提供無限制的電流，而其端電壓仍保持不變**。但事實上，實際電壓源提供的電流是有極限的，其電路模型可以用一理想電壓源與串聯的電阻描述之，如圖 2-1(a)所示。其中 R_s 稱為內阻或電源電阻。當 R_s 愈小，則電壓源愈接近理想電壓源。理想電壓源之 $R_s=0$。

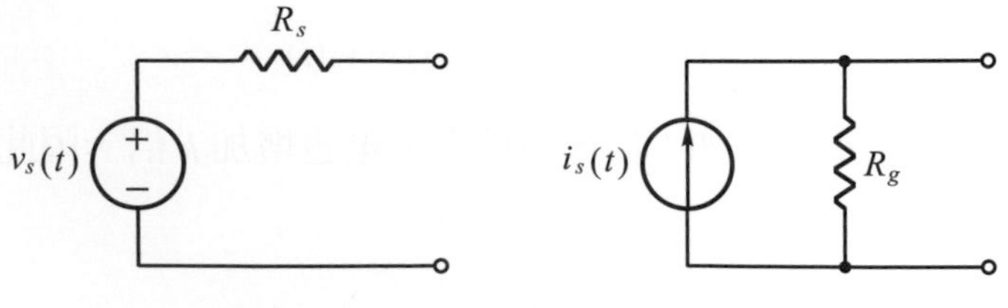

(a) 實際電壓源　　(b) 實際電流源

▲ 圖 2-1

理想電流源可以提供無限制的電壓，而其提供的電流仍保持不變。但事實上，實際電流源提供的電壓是有極限的，其電路模型可以用一理想電流源與並聯的電阻描述之，如圖 2-1(b)所示，其中 R_g 爲內阻，當 R_g 愈大，則電流源愈接近理想電流源。

在作電路分析時，有時需要將這兩種電源的型式相互交換，亦即**將電壓源變換為電流源，或將電流源變換為電壓源，此種轉換過程，我們稱之為電源轉換**，如圖 2-2 所示。

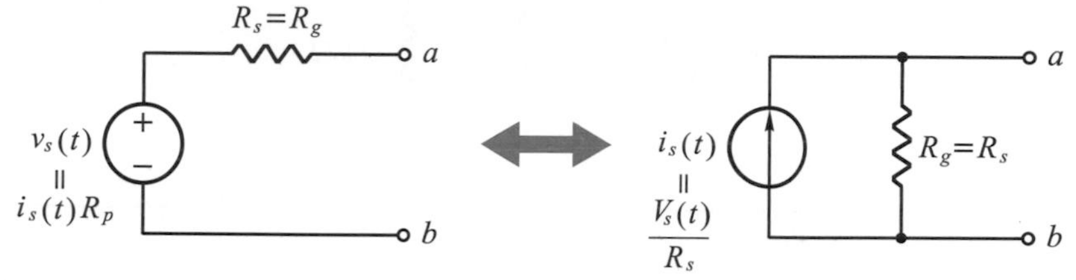

▲ 圖 2-2　電壓源與電流源的轉換

兩個電路在 a-b 二端具有相同的電壓-電流關係，則他們是等效的。很容易可以證明他們是等效的。若電源被關閉，在這二個電路 a-b 二端的等效電阻都是

$$R_s = R_g \tag{2-4}$$

同時，當 ab 兩端被短路時，從 a 流到 b 的短路電流在左邊電路是 $i_{sc}(t) = \dfrac{v_s(t)}{R}$；在右邊的電路則是 $i_{sc}(t) = i_s(t)$。因此，$\dfrac{v_s(t)}{R} = i_s(t)$是爲了使左右兩邊電路等效。所以，電源轉換的需求如下：

$$v_s(t) = i_s(t)R_p \text{ 或 } i_s(t) = \frac{v_s(t)}{R_g} \tag{2-5}$$

因此欲使此實際電源電路爲等效，則需滿足(2-4)與(2-5)兩式。**在電源轉換時，應注意電流源箭頭的方向即為電壓源的正端**。

例題 2-2

試將下圖所示之電壓源轉換成一電流源。

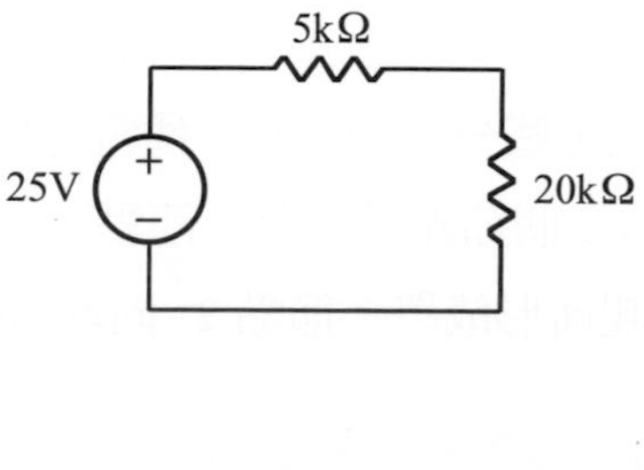

答 $R_s = 5\text{k}\Omega$，$v_s(t) = 25\text{V}$，故：

$$i_s(t) = \frac{v_s(t)}{R_s} = \frac{25\text{V}}{5\text{k}\Omega} = 5(\text{mA})$$

所以上圖之電壓源轉換成下圖之電流源：

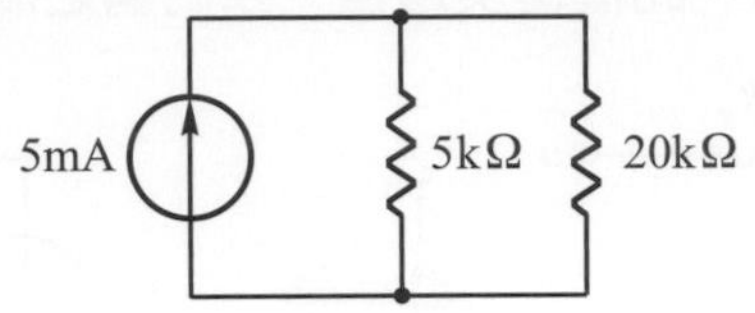

2-3 分支、節點、迴路與網目

根據定義，電路是一群集總元件的連接，因此需要瞭解一些電路結構的基本概念。我們研究電路元件配置與電路幾何結構有關的屬性，包括分支、節點、迴路與網目，以利電路分析時使用。

一、分支與節點

分支(branch)是指在一集總電路中，兩端點的元件，如圖 2-3 所示。

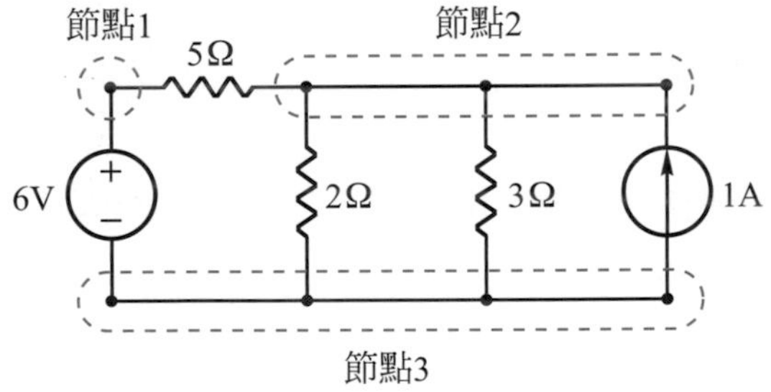

▲ 圖 2-3 節點、分支表示法

換言之，**分支是指任意的二端元件**。由圖 2-3 可知有五個分支，亦即 10V 電壓源、2A 電流源和三個電阻。

節點(node)是指連接二個或多個分支的接點。通常是指電路中的某一點。如果是短路電路(一條導線)連接多個點，這多個節點構成單一節點。如圖 2-3 的電路，有三個節點。其中有三個點被導線連接在一起而形成單一節點 2。同理，節點 3 是由四個節點連接而成。

二、迴路與網目

迴路(loop)是指電路由某一節點出發，沿各支路前進後，返回原來的節點，形成一閉合的電路之謂。如圖 2-4 所示中 *abefa* 路徑，*bcdeb* 路徑，*abcdefa* 路徑，皆稱爲迴路。

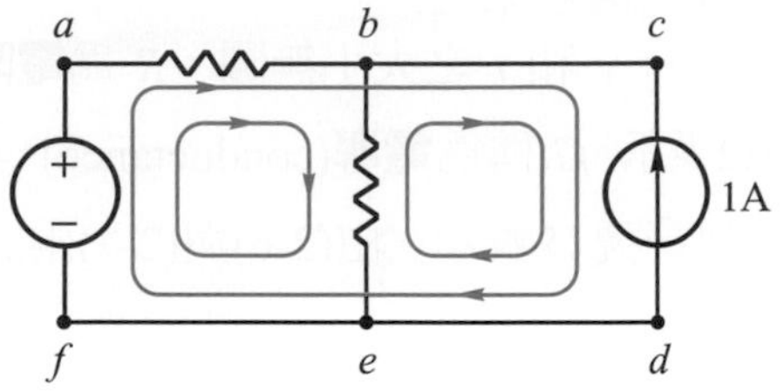

▲ 圖 2-4　迴路、網目表示法

網目(mesh)是環繞電路的最小封閉路徑，換言之，迴路的最小單位，亦即網目是不包含子迴路的單一迴路。如圖 2-4 所示中 *abefa* 路徑與 *bcdeb* 路徑二個網目，而 *abcdefa* 路徑不是網目。

2-4　電阻器

若一兩端元件，在任意時刻 t，其電壓 $v(t)$和其電流 $i(t)$能滿足在 vi 平面(或 iv 平面)上的一條曲線所定義的關係，即稱此兩端元件為電阻器(resistor)。此曲線規定 $v(t)$和 $i(t)$這一對變數在 t 時所有可能的值。若其特性不隨時間 t 而改變者，則稱爲**非時變**(time-invariant)電阻器。若其特性隨時間 t 而改變者，則稱之爲**時變**(time-varying)電阻器。若在所有時間，其特性曲線都是通過原點的直線，則稱之爲**線性**(linear)電阻器。若其特性曲線不通過原點或雖通過原點但非呈直線者，則稱之爲**非線性**(nonlinear)電阻器。所以任一電阻器可依其是線性或非線性，及其是時變或非時變而可以分爲四種，本課程僅討論線性非時變電阻器。

依定義，一線性非時變電阻器具有不隨時間而改變的特性曲線，且它也是一條通過原點的直線，如圖 2-5 所示。

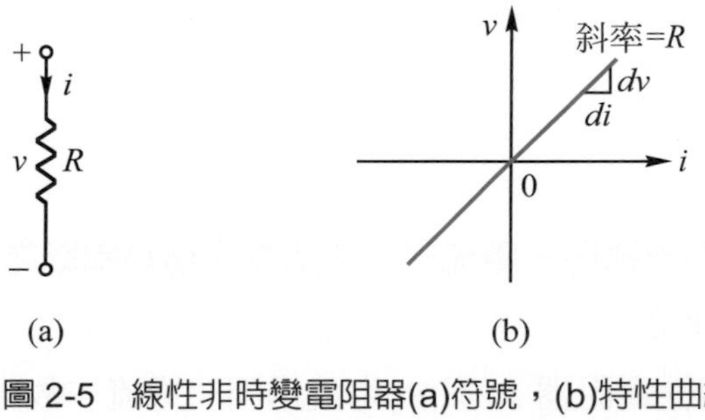

▲ 圖 2-5　線性非時變電阻器(a)符號，(b)特性曲線

因此瞬時電壓 $v(t)$和電流 $i(t)$之間的關係，可用歐姆定律表示如下：

$$v(t) = Ri(t) \tag{2-6}$$

或

$$i(t) = Gv(t) \tag{2-7}$$

其中，R 與 G 均爲定值，且與 i、v 和 t 之大小無關，R 爲**電阻**(resistance)，其單位(V/A)稱爲歐姆(Ohm)，以希臘字母Ω表示。G 稱爲**電導**(conductance)，其單位(A/V)稱爲姆歐(Mho)或西門子(Siemens, 簡寫 S)，以符號℧表示。由(2-6)與(2-7)兩式比較，可知 R 與 G 之關係爲：

$$R = \frac{1}{G} \tag{2-8}$$

由(2-6)式可知，在 iv 平面內的斜率 R 就是電阻值。

二種特殊型式的線性非時變電阻器是**斷路**(open circuit)及**短路**(short circuit)。所謂斷路，即不論分支電壓多大，其分支電流恆等於零的兩端元件。因爲斷路表示 $R=\infty$，故斷路的特性曲線是 iv 平面上的 v 軸(與 v 軸相重合)，其斜率是 ∞，如圖 2-6(a)所示。而所謂短路，即不論分支電流多大，其分支電壓恆等於零的兩端元件，因爲短路表示 $R=0$，故短路的特性曲線是 iv 平面上的 i 軸(與 i 軸相重合)，其斜率是 0，如圖 2-6(b)所示。

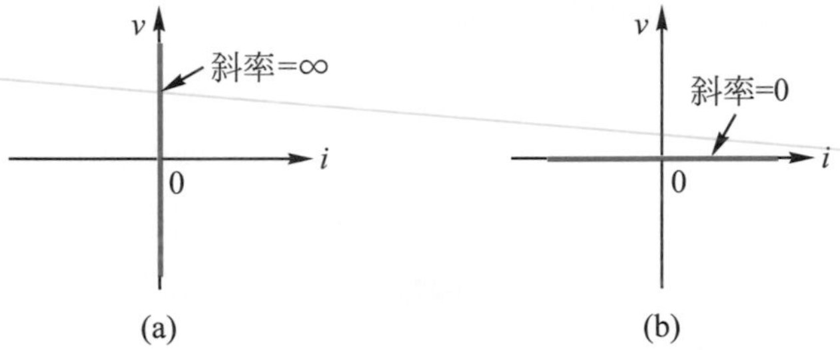

▲ 圖 2-6 (a)斷路之特性曲線，(b)短路之特性曲線

2-5 電阻器串並聯電路

一、電阻串聯電路

若**電路中所有元件均流過同一電流時，則此電路稱為串聯電路**。電阻器的串聯連接，我們將討論線性的串聯連接。

如圖 2-7(a)所示，線性電阻器 R_1 與 R_2 均流過同一電流，故爲一串聯電路。

此電路應用 KCL 可得：

$$i = i_1 = i_2 \tag{2-9}$$

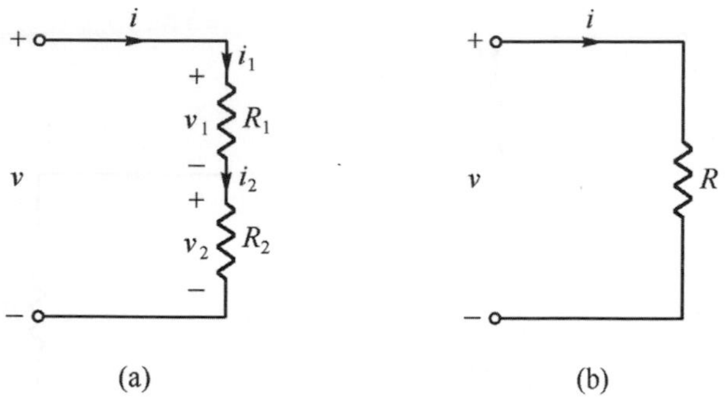

▲ 圖 2-7　(a)兩電阻器串聯連接，(b)等效電路

應用 KVL 可得：

$$v = v_1 + v_2 \tag{2-10}$$

又由歐姆定律可得：

$$v_1 = R_1 i_1 = R_1 i$$
$$v_2 = R_2 i_2 = R_2 i$$

將上兩式代入(2-10)式，可得：

$$v = R_1 i + R_2 i = (R_1 + R_2) i$$

故得：

$$i = \frac{v}{R_1 + R_2} \tag{2-11}$$

考慮圖 2-7(b)，由電阻 R 和電壓源組合的簡單電路，若選擇 R，使得：

$$i = \frac{v}{R} \tag{2-12}$$

則稱圖 2-7(b)電路爲圖 2-7(a)電路的等效電路，因爲對同一電壓 v，得到同一電流 i，亦即在電路端點看入時，可得同一電阻。比較(2-11)與(2-12)式，可得：

$$\boldsymbol{R = R_1 + R_2} \tag{2-13}$$

故 R 爲 R_1 與 R_2 之串聯等效電阻。

現若有 m 個線性電阻器串聯，如圖 2-8 所示。由 KCL 得知：

$$i = i_1 = i_2 = \cdots = i_m \tag{2-14}$$

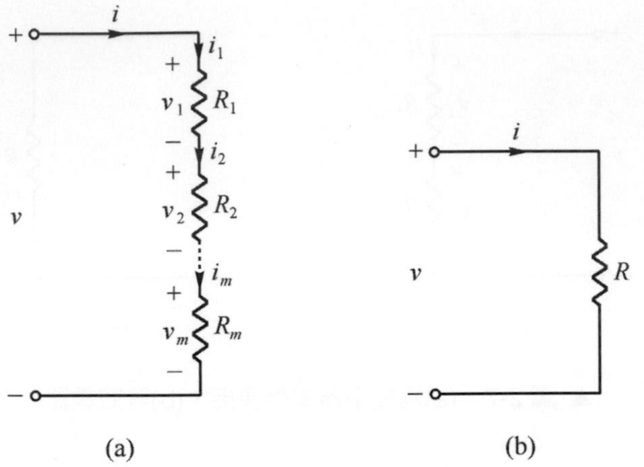

▲ 圖 2-8 (a)m 個電阻器串聯連接，(b)等效電路

由 KVL 得知：

$$v = v_1 + v_2 + \cdots + v_m$$

又由歐姆定律得知：

$$v_1 = R_1 i_1 = R_1 i$$
$$v_2 = R_2 i_2 = R_2 i$$
$$\vdots$$
$$v_m = R_m i_m = R_m i$$

則

$$v = R_1 i + R_2 i + \cdots + R_m i = (R_1 + R_2 + \cdots + R_m) i \tag{2-15}$$

解 i 得：

$$i = \frac{v}{R_1 + R_2 + \cdots + R_m} \tag{2-16}$$

因此，等效電阻為：

$$\boldsymbol{R} = \boldsymbol{R_1} + \boldsymbol{R_2} + \cdots + \boldsymbol{R_m} = \sum_{k=1}^{m} \boldsymbol{R_k} \tag{2-17}$$

此即表示，m 個串聯電阻的等效電阻，等於個別電阻的總和。

二、電阻並聯電路

當電路中所有元件均跨接於同一電壓時，則此電路稱為並聯電路。電阻器的並聯連接，我們將討論線性的並聯連接。

如圖 2-9 所示，線性電阻器 R_1 與 R_2 之電壓均相同為 v，故為一並聯電路。

此電路應用 KVL 可得：

$$v = v_1 = v_2 \tag{2-18}$$

應用 KCL 可得：

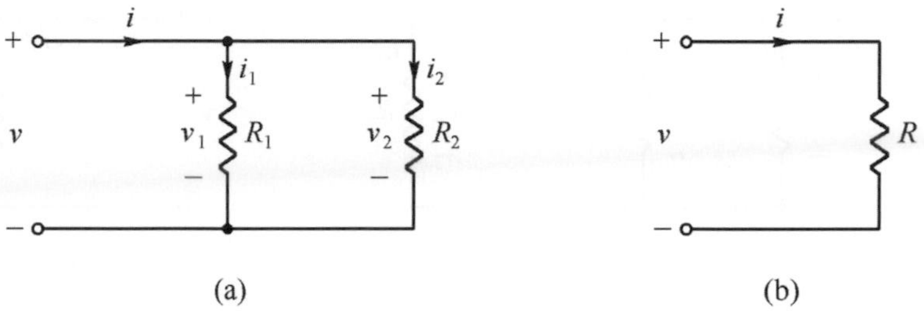

▲ 圖 2-9　(a)兩電阻器並聯連接，(b)等效電路

$$i = i_1 + i_2 \tag{2-19}$$

又由歐姆定律可得：

$$i_1 = \frac{v_1}{R_1} = \frac{v}{R_1}$$

$$i_2 = \frac{v_2}{R_2} = \frac{v}{R_2}$$

將上兩式代入(2-19)式，可得：

$$i = \frac{v}{R_1} + \frac{v}{R_2} = \left(\frac{1}{R_1} + \frac{1}{R_2}\right)v$$

故得：

$$v = \frac{1}{\dfrac{1}{R_1} + \dfrac{1}{R_2}} i = \frac{R_1 R_2}{R_1 + R_2} i \tag{2-20}$$

考慮圖 2-9(b)，由電阻 R 和電流源組合的簡單電路，並選擇 R，使得：

$$i = \frac{v}{R} \tag{2-21}$$

則稱圖 2-9(b)電路為圖 2-9(a)電路的等效電路，比較(2-20)式與(2-21)式，可得：

$$\frac{1}{R}=\frac{1}{R_1}+\frac{1}{R_2}$$

或 $$R=\frac{R_1R_2}{R_1+R_2} \tag{2-22}$$

故 R 為 R_1 與 R_2 之並聯等效電阻。

現若有 m 個線性電阻器並聯，如圖 2-10 所示。由 KVL

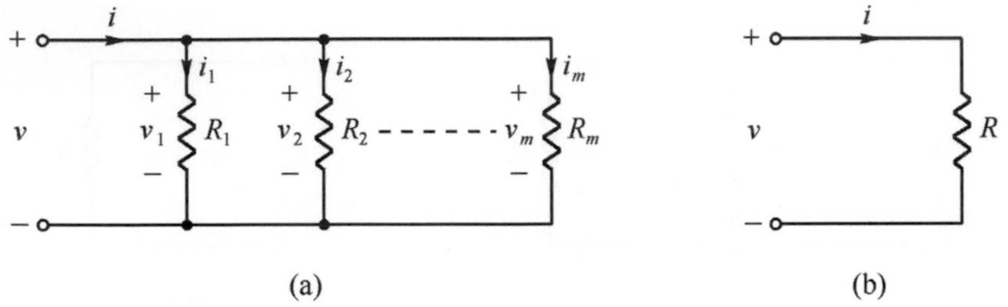

▲ 圖 2-10 (a)m 個電阻器並聯連接，(b)等效電路

得知：

$$v=v_1=v_2=\cdots=v_m \tag{2-23}$$

由 KCL 得知：

$$i=i_1+i_2+\cdots+i_m$$

又由歐姆定律得知：

$$i_1=\frac{v_1}{R_1}=\frac{v}{R_1}$$

$$i_2=\frac{v_2}{R_2}=\frac{v}{R_2}$$

$$\vdots \qquad \vdots$$

$$i_m=\frac{v_m}{R_m}=\frac{v}{R_m}$$

則 $$i=\frac{v}{R_1}+\frac{v}{R_2}+\cdots+\frac{v}{R_m}=\left(\frac{1}{R_1}+\frac{1}{R_2}+\cdots+\frac{1}{R_m}\right)v \tag{2-24}$$

解 v 得：

$$v=\frac{i}{\dfrac{1}{R_1}+\dfrac{1}{R_2}+\cdots+\dfrac{1}{R_m}} \tag{2-25}$$

由圖 2-10(b)得知：

$$v=Ri \tag{2-26}$$

由(2-24)式與(2-26)式知：

$$R=\frac{1}{\dfrac{1}{R_1}+\dfrac{1}{R_2}+\cdots+\dfrac{1}{R_m}}$$

或

$$\frac{1}{R}=\frac{1}{R_1}+\frac{1}{R_2}+\cdots+\frac{1}{R_m}=\sum_{k=1}^{m}\frac{1}{R_k} \tag{2-27}$$

此即表示，m 個並聯電阻的等效電阻之倒數等各個電阻倒數之和。

例題 2-3

如下圖所示電路，試求其等效電導 G。

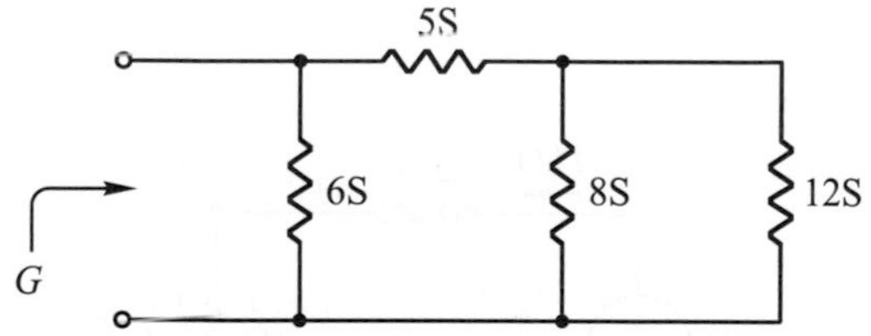

答　8S 與 12S 電阻是並聯，所以它們的電導為：8S + 12S = 20S

此 20S 電阻串聯 5S 電阻，所以合併後的電導為：$\dfrac{20\times5}{20+5}=4\text{S}$

而此 4S 電阻並聯 6S 電阻，因此 $G=6+4=10(\text{S})$

另解：我們可將上圖電導電路改成如下圖的電阻電路，單位西門子改成歐姆

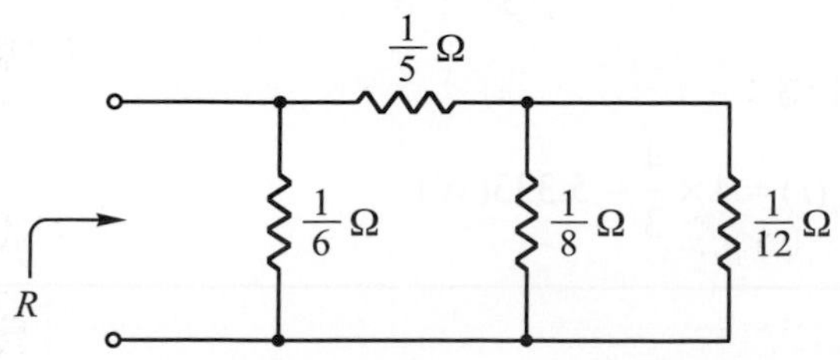

計算上圖的 R：

$$R=\frac{1}{6}//\left(\frac{1}{5}+\frac{1}{8}//\frac{1}{12}\right)=\frac{1}{6}//\left(\frac{1}{5}+\frac{1}{20}\right)=\frac{1}{6}//\frac{1}{4}=\frac{\frac{1}{6}\times\frac{1}{4}}{\frac{1}{6}+\frac{1}{4}}=\frac{1}{10}\Omega$$

$$\therefore\ G=\frac{1}{R}=10(\text{S})$$

此結果與前面使用電導所求的結果相同。

例題 2-4

如下圖所示電路，試求 $v_o(t)$與 $i_o(t)$，並計算 3Ω 電阻的功率消耗 $P_o(t)$。

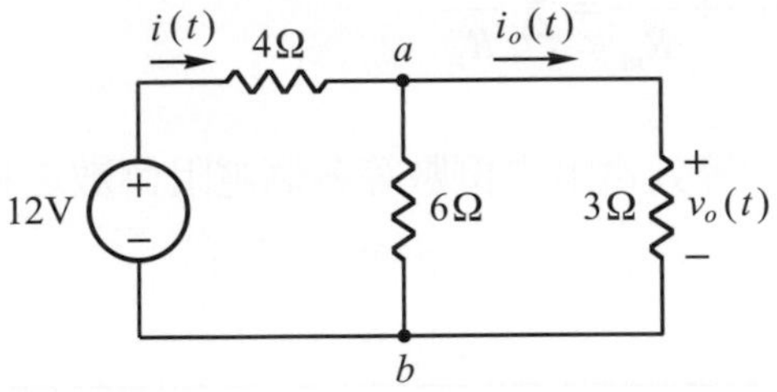

答 6Ω 與 3Ω 電阻並聯，合併後電阻為：6Ω // 3Ω = 2Ω

因此可將電路簡化成如下圖：

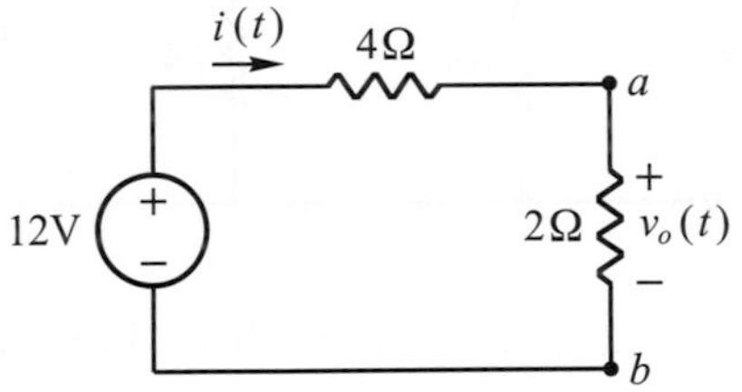

$$\therefore\ i(t)=\frac{12}{4+2}=2\text{A}，v_o(t)=2i(t)=4(\text{V})$$

$$\because\ v_o(t)=3i_o(t)\quad\therefore\ i_o(t)=\frac{v_o(t)}{3}=\frac{4}{3}(\text{A})$$

3Ω 電阻的功率消耗為：

$$P_o(t)=v_o(t)i_o(t)=4\times\frac{4}{3}=5.333(\text{W})$$

2-6 歐姆定律

德國科學家歐姆(George Simon Ohm)於 1827 年以實驗發現金屬導體中，若溫度恆定的情形下，導體兩端的電壓 $v(t)$ 和通過的電流 $i(t)$ 的比為一定值，此定值定義爲**電阻**，這種現象稱爲**歐姆定律**(Ohm's Low)，若以數學式表示，即：

$$R \triangleq \text{常數} = \frac{v(t)}{i(t)} \quad \text{或} \quad v(t) = Ri(t) \tag{2-28}$$

若以 $v(t)$爲橫坐標，$i(t)$爲縱座標，如圖 2-5 所示，則 $v(t)$-$i(t)$特性曲線爲一直線，即 $v(t)$與 $i(t)$的比值爲一常數，這種關係又稱爲**線性**(linear)。

由(2-28)式，可知電阻 R 的單位爲伏特／安培，定義爲歐姆(Ω)，也就是 1 歐姆等於 1 伏特／安培。式中可知，電壓愈大則電流愈大，電阻愈大則電流愈小，換言之，電流與所加之電壓成正比，而與電阻成反比。

由金屬材料製成的電路元件之電阻，在恆溫下爲定值，故其電流與電壓成直線變化關係，如圖 2-11 所示，此種電阻稱爲**線性電阻**(linear resistance)。但某些導體或非金屬材料如二極體，電晶體或碳化矽等製成之電路元件，它未必遵守歐姆定律，其 $v(t)$-$i(t)$特性曲線不是線性，即其電阻在恆溫下，並非爲定值(其電阻值隨所加電壓大小而變)，故其電流電壓間不呈直線變化關係，具有此性質的電阻，稱爲**非線性電阻**(non-linear resistance)。若電流與電壓之關係不爲線性關係時，則

$$R = \frac{dv(t)}{di(t)} \tag{2-29}$$

可利用微分求函數之斜率(slope)，以求電阻值之大小。本書以後考慮的電阻都是線性電阻。

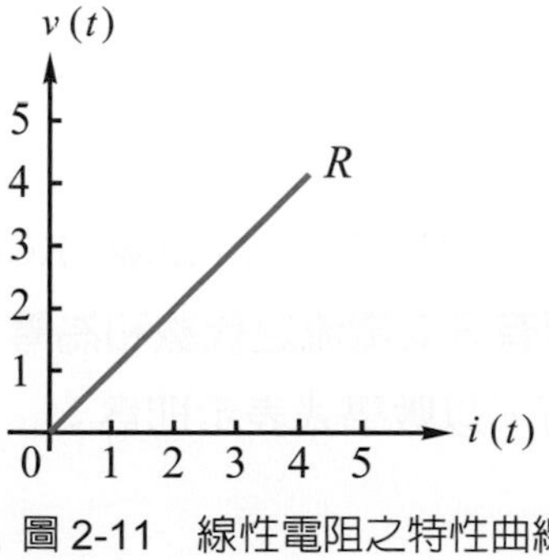

▲ 圖 2-11　線性電阻之特性曲線

例題 2-5

電阻器兩端電壓為 48V，試求當電阻值為(a)4Ω；(b)2kΩ 之電流值。

答 利用(2-28)式，可得：

(a) $i(t)=\dfrac{v(t)}{R}=\dfrac{48\text{V}}{4\Omega}=12(\text{A})$

(b) $i(t)=\dfrac{48\text{V}}{2\text{k}\Omega}=\dfrac{48}{2\times10^{3}}=24\times10^{-3}\ \text{A}=24(\text{mA})$

使用(2-6)式的歐姆定律時，必須注意電流的方向和電壓的極性。電流 $i(t)$的方向和電壓 $v(t)$的極性必須符合被動符號規則，如圖 2-12 所示。

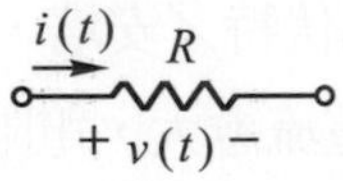

▲ 圖 2-12 電阻上電流和電壓的參考方向

$v(t)=Ri(t)$隱含電流從高電位流到低電位，而 $v(t)=-Ri(t)$則隱含電流從低電位流到高電位。

在電路分析中的一個有用的變數是電阻 R 的倒數，稱為電導(conductance)。

電導為**電阻的倒數**，其表示某種材料容許電流通過的能力，通常以 G 表示之，其單位為**姆歐**(mho)，或簡稱**莫**，符號為歐姆之倒寫℧表示。電導之單位有時使用**西門子**(Siemens)，以 S 表示之。它與 R 之關係為：

$$G=\frac{1}{R} \tag{2-30}$$

2-7 克希荷夫電流定律與電壓定律

一、克希荷夫電流定律

所謂克希荷夫電流定律(Kirchhoff's Current Law；KCL)是指任一電路，對於其任一節點，在任何時間，離開此節點所有分支電流之代數和為零。當然，若改為所有進入此節點所有分支電流之代數和為零亦可。以數學式表示即為：

$$\sum_{n=1}^{N} i_n(t)=0 \tag{2-31}$$

其中 N 是連接到節點的分支數，而 $i_n(t)$是離開(或進入)節點的第 n 個電流。根據這個定律，電流離開節點的電流為正；反之，進入節點的電流為負。如在圖 2-13 所示的電路中，將

KCL 應用到節點①時，可得到：

$$i_1(t) - i_2(t) - i_4(t) = 0 \qquad (2\text{-}32)$$

或

$$-i_1(t) + i_2(t) + i_4(t) = 0 \qquad (2\text{-}33)$$

(2-32)和(2-33)兩式將稱爲**節點方程式**(node equations)，由於電流符號是根據相關參數方向定義的，而分支間並沒有特定的關係，故電流 i 值可正可負。

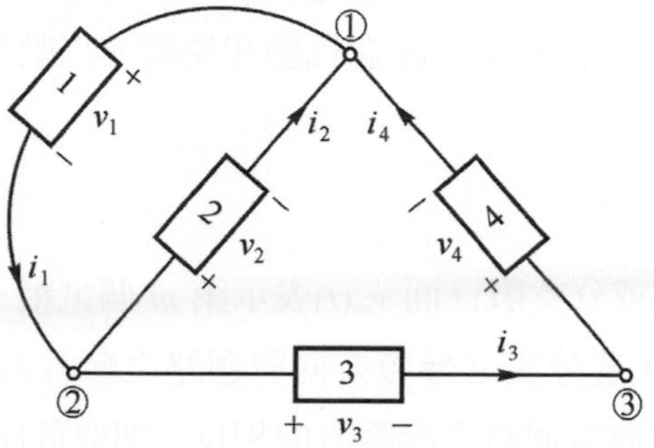

▲ 圖 2-13　具有四分支和三節點之集總電路

例題 2-6

試應用 KCL 求下圖中 150Ω 電阻器上的電流 $i_4(t)$。

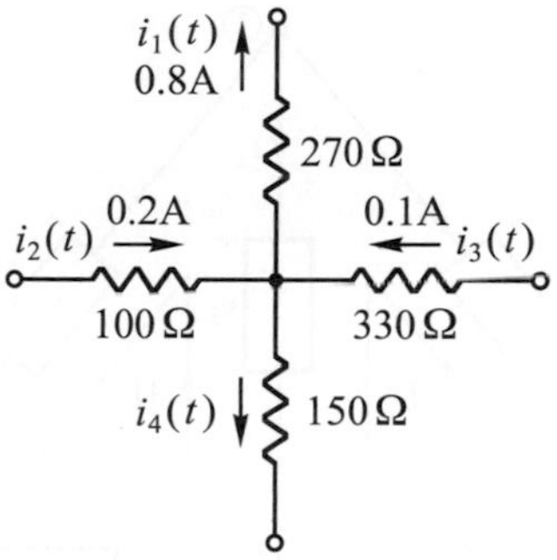

答　依(2-31)式，可得：

$$i_1(t) - i_2(t) - i_3(t) + i_4(t) = 0$$

$$0.8 - 0.2 - 0.1 + i_4(t) = 0$$

$$\therefore\ i_4(t) = -0.5(\text{A})$$

此處 – 0.5(A)離開節點是等於+ 0.5(A)進入節點，因此假設離開之未知電流，實際上是進入節點 0.5(A)之電流。故解電路後，若有負號出現，表示實際電流方向，與我們所假設的方向相反而已。

二、克希荷夫電壓定律

所謂克希荷夫電壓定律(Kirchhoff's Voltage Law；KVL)是指任一電路，對於其任一迴路，在任何時間，沿此迴路所有分支電壓之代數和為零。以數學式表示即為：

$$\sum_{m=1}^{M} v_m(t) = 0 \tag{2-34}$$

其中 M 為迴路中的電壓數(或分支數)，而 $v_m(t)$表示第 m 個電壓。如圖 2-14 所示的電路中，首先給予迴路一參考方向，若分支之參考方向與迴路之參考方向一致，則取正值分支電壓；反之，若分支之參考方向與迴路之參數方向相反，則取負值分支電壓。因此，將 KVL 應用到迴路 I 和迴路 II 時，可得到：

$$-v_1(t) + v_2(t) + v_3(t) = 0 \tag{2-35}$$

及

$$-v_3(t) - v_4(t) + v_5(t) = 0 \tag{2-36}$$

(2-35)和(2-36)兩式將稱之為**迴路方程式**(loop equations)。

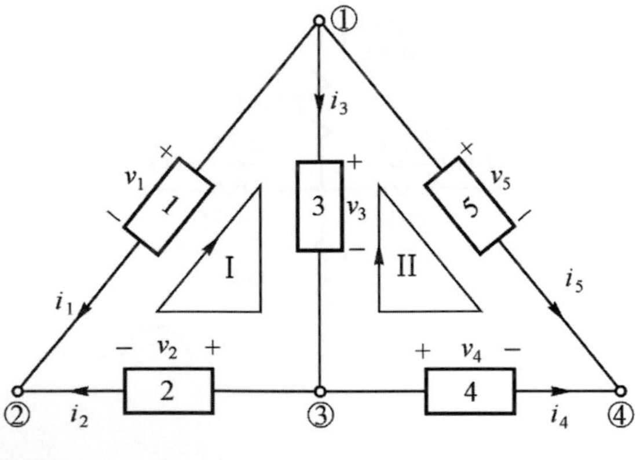

▲ 圖 2-14　KVL 之例子，迴路 1 與迴路 2 標明在圖上

例題 2-7

試利用 KVL 求出下圖中的 $v_1(t)$與 $v_2(t)$。

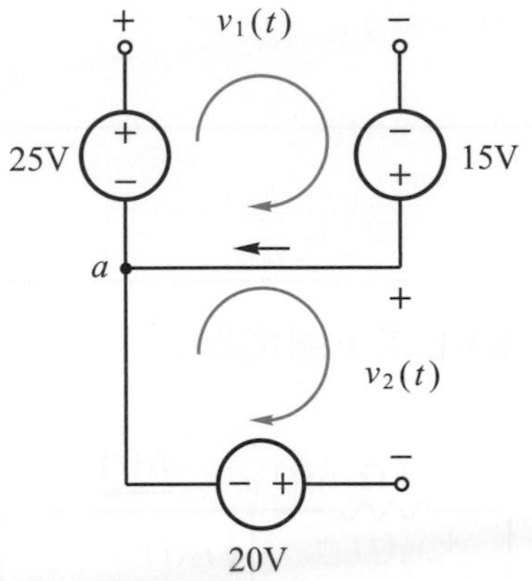

答 依(2-34)式，可得：

$25\text{V} - v_1(t) + 15\text{V} = 0$，$\therefore\ v_1(t) = 40(\text{V})$

$-v_2(t) - 20\text{V} = 0$，$\therefore\ v_2(t) = -20(\text{V})$

此處 $v_2(t)$是–20(V)，有負號出現表示 $v_2(t)$實際電壓極性，與我們所假設的極性相反而已。

例題 2-8

如下圖所示電路，試求電路中的 $v_o(t)$與 $i(t)$。

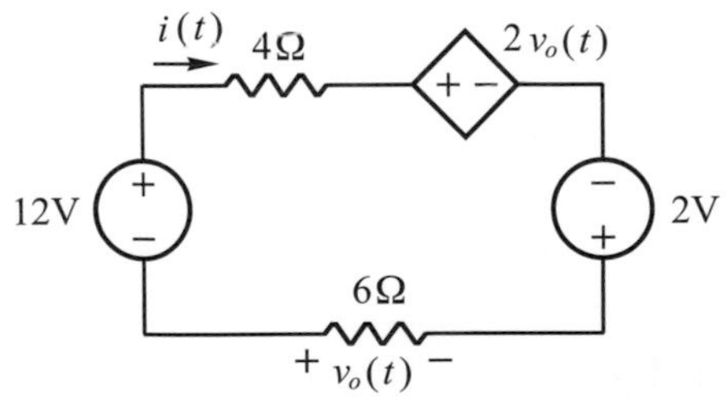

答 應用 KVL，可得

$12 = 4i(t) + 2v_o(t) - 2 + 6i(t)$

應用歐姆定律，可得：

$v_o(t) = -6i(t)$，代入上式，得

$14 = (4 - 12 + 6)\ i(t)$

$\therefore\ i(t) = -7(\text{A})$

且 $v_o(t) = 42(\text{V})$

例題 2-9

試應用歐姆定律、KCL 與 KVL 求下圖電路中的電流與電壓。

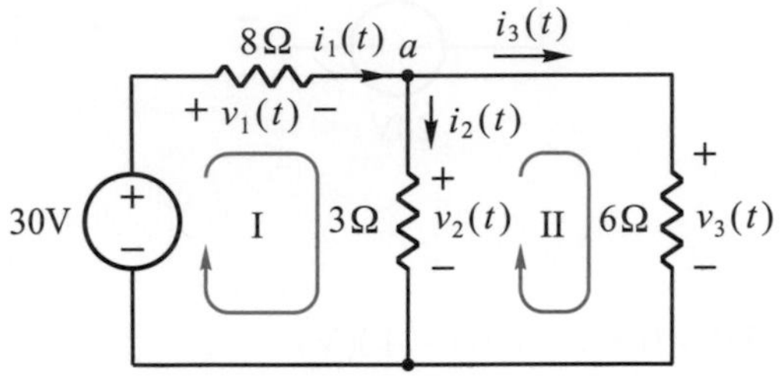

答 由歐姆定律，可得：

$v_1(t) = 8i_1(t)$，$v_2(t) = 3i_2(t)$，$v_3(t) = 6i_3(t)$ ....①

在節點 a 應用 KCL，可得：

$i_1(t) = i_2(t) + i_3(t)$ ....②

在迴路 I，應用 KVL，可得：

$30 = v_1(t) + v_2(t)$

將①式中的 $v_1(t)$與 $v_2(t)$代入上式，得

$8i_1(t) + 3i_2(t) = 30$

或 $i_1(t) = \dfrac{30 - 3i_2(t)}{8}$ ....③

在迴路 II，應用 KVL 可得：

$v_2(t) = v_3(t)$

將①式中的 $v_2(t)$與 $v_3(t)$代入上式，得

$3i_2(t) = 6i_3(t)$或 $i_3(t) = \dfrac{i_2(t)}{2}$ ....④

將③式與④式代入②式中，得：

$$\frac{30-3i_2(t)}{8}=i_2(t)+\frac{i_2(t)}{2}$$，或 $i_2(t)=2(\mathrm{A})$

將 $i_2(t)=2(\mathrm{A})$ 值代入①式至④式，可得：

$i_1(t)=3(\mathrm{A})$，$i_3(t)=1(\mathrm{A})$

$v_1(t)=24(\mathrm{V})$，$v_2(t)=6(\mathrm{V})$，$v_3(t)=6(\mathrm{V})$

2-8　Y 型與△型電路

在研究電路的問題中，可能遇到這樣的電路結構，多個電阻器連接成既非串聯也不像並聯，其型式有下列四種：三角型(△)、π 型、Y 型和 T 型。如圖 2-15 所示。

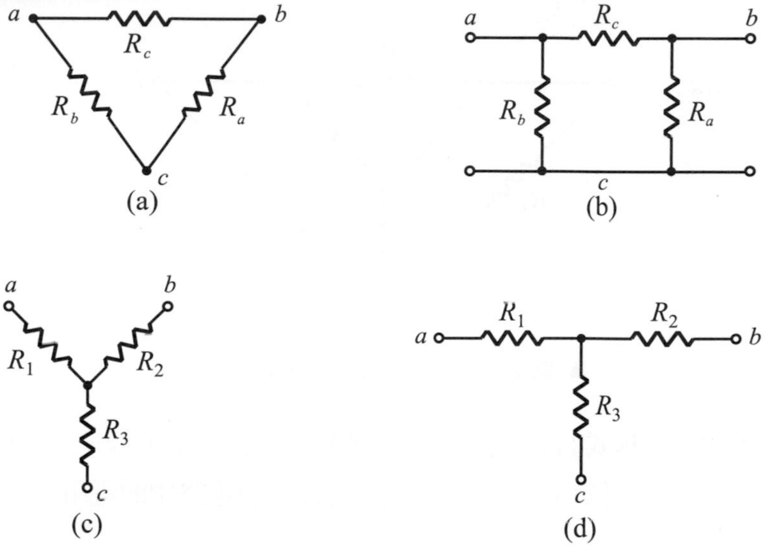

▲ 圖 2-15　(a)△型，(b)π 型，(c)Y 型，(d)T 型

△型(delta)連接，有時亦稱為 π 型(pi)連接，因爲它們是相同的電路，只是劃法不同而已。Y 型(wye)連接有時稱為 T 型(tee)連接，它們也是相同的電路，只是劃法不同而已。這些電路，看似簡單，但若用串聯或並聯的方法求解，卻不易求得結果，若用本節的 Y-△變換法，則將可化簡而得到解答。

一、Y→△轉換

我們可用克希荷夫定律來證明一 Y 型電路可以被一等效之△型電路所取代，反之亦然。如圖 2-16 所示，可以在端點 a、b 和 c 的 R_1、R_2 和 R_3 所組成的 Y 型電路被 R_a、R_b 和 R_c 所組成的△型電路所取代。Y→△的轉換公式為：

$$R_a = \frac{R_1R_2 + R_2R_3 + R_3R_1}{R_1}$$

$$R_b = \frac{R_1R_2 + R_2R_3 + R_3R_1}{R_2}$$

$$R_c = \frac{R_1R_2 + R_2R_3 + R_3R_1}{R_3} \qquad (2\text{-}37)$$

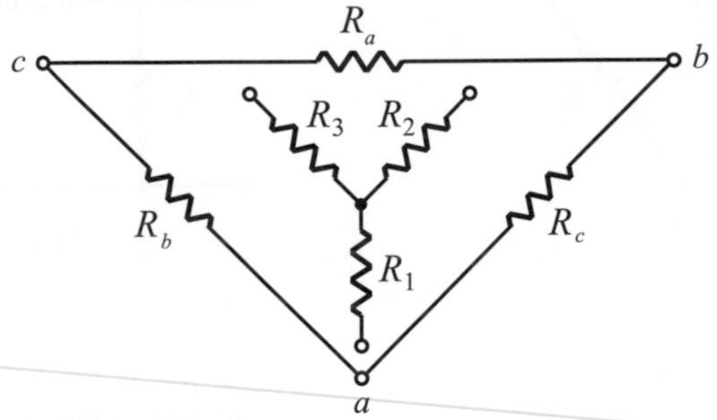

▲ 圖 2-16　Y→△或△→Y 轉換電路

由(2-37)式可知：方程式的分子部份，是把 Y 型電路中電阻每一次兩個相乘之和而組成；而分母部份，則是欲計算的△型電阻所對應的 Y 型電路中的電阻，即：

$$R_\Delta = \frac{\text{Y型中兩電阻乘積之和}}{\text{所對應的Y型之電阻}} \qquad (2\text{-}38)$$

若 Y 型為平衡電路，則因 $R_1 = R_2 = R_3 = R$

$$\therefore\ R_a = R_b = R_c = 3R \qquad (2\text{-}39)$$

或　　$R_\triangle = 3R_Y$　　(2-40)

故當 Y 型平衡電路時，其等效之△型亦為平衡，且其每一支路上之電阻為 Y 型的三倍。

例題 2-10

試將下圖所示之 Y 型電路，轉換成△型電路。

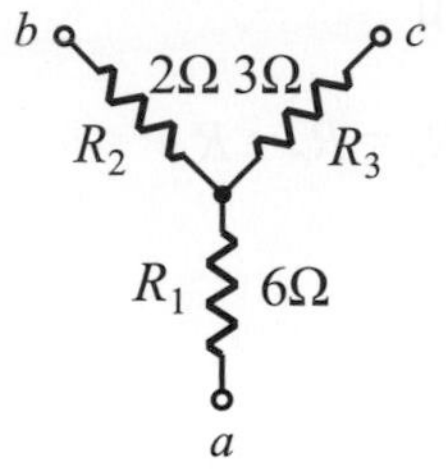

答　應用公式(2-37)，可得：

$$R_a = \frac{6\times2+2\times3+3\times6}{6} = 6(\Omega)$$

$$R_b = \frac{6\times2+2\times3+3\times6}{2} = 18(\Omega)$$

$$R_c = \frac{6\times2+2\times3+3\times6}{3} = 12(\Omega)$$

故可得下圖所示之△型電路

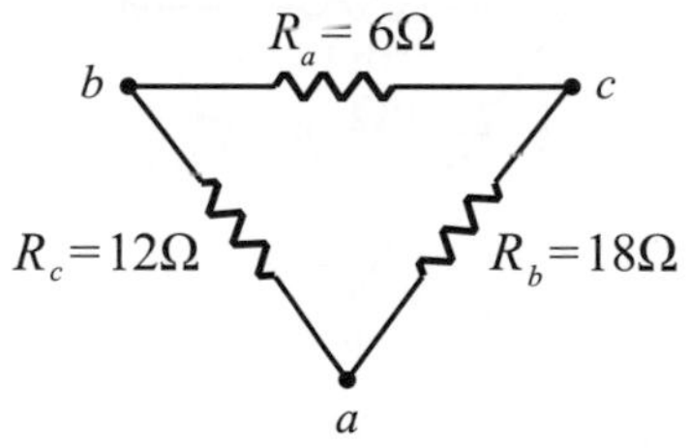

二、△→Y 轉換

由△型電路變為等效 Y 型電路，如圖 2-16 所示。△→Y 的轉換公式為：

$$R_1 = \frac{R_b R_c}{R_a + R_b + R_c}$$

$$R_2 = \frac{R_c R_a}{R_a + R_b + R_c} \qquad (2\text{-}41)$$

$$R_3 = \frac{R_a R_b}{R_a + R_b + R_c}$$

由(2-41)式可知：方程式的分母部份是△型中電阻之和；而分子部份是與 Y 型電阻相鄰的兩個△型電阻之乘積，即：

$$R_Y = \frac{\Delta\text{型中相鄰兩電阻之乘積}}{\Delta\text{型中電阻之和}} \tag{2-42}$$

若△型爲平衡電路，則因 $R_a = R_b = R_c = R$

$$\therefore\ R_1 = R_2 = R_3 = \frac{R}{3} \tag{2-43}$$

或

$$R_Y = \frac{1}{3}R_\Delta \tag{2-44}$$

故當△型爲平衡電路時，其等效之 Y 型亦爲平衡，且其每一支路上之電阻則爲△型的$\frac{1}{3}$倍。

例題 2-11

試將下圖所示之△型電路，轉換成 Y 型電路。

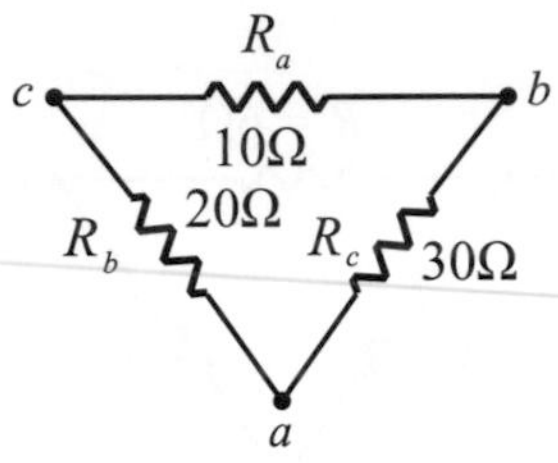

答 應用(2-41)式，可得：

$$R_1 = \frac{20\times30}{10+20+30} = 10(\Omega)，\ R_2 = \frac{30\times10}{10+20+30} = 5(\Omega)$$

$$R_3 = \frac{10\times20}{10+20+30} = 3\frac{1}{3}\,(\Omega)$$

故可得下圖所示之 Y 型電路。

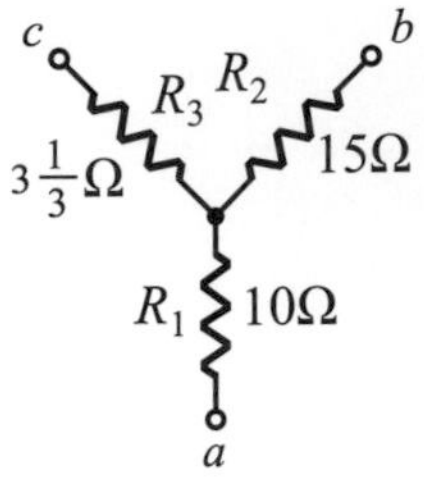

例題 2-12

下圖所示之電橋電路中，試求 a-b 兩點間之等效電阻 R_{ab}。

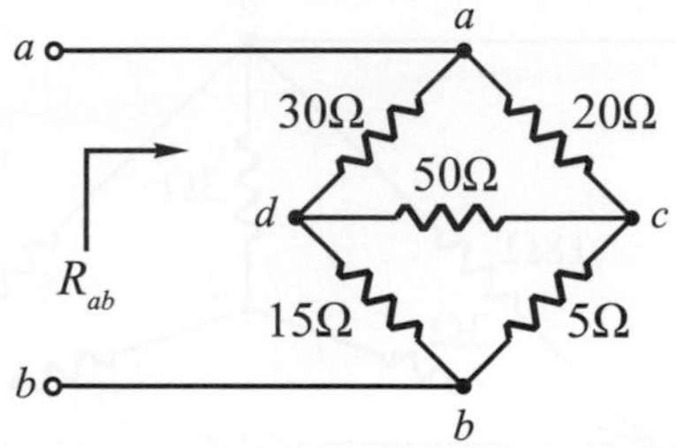

答　先將△型電路 acd 變成 Y 型電路，如下圖所示。

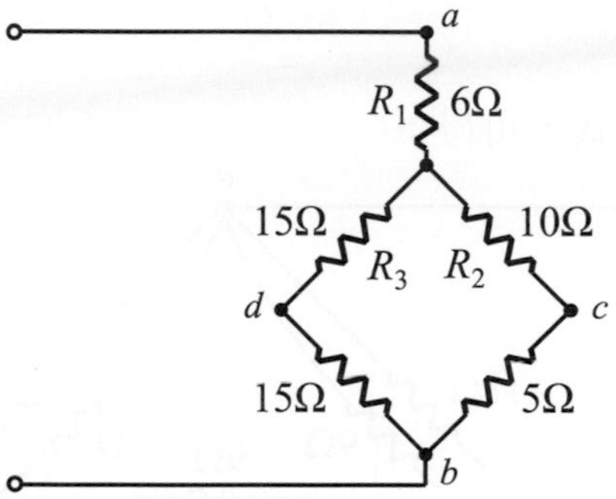

由(2-41)式，可得：

$$R_1 = \frac{20\times30}{20+30+50} = 6\Omega$$

$$R_2 = \frac{20\times50}{20+30+50} = 10\Omega$$

$$R_3 = \frac{30\times50}{20+30+50} = 15\Omega$$

故 a-b 兩點間之等效電阻為：

$$R_{ab} = 6 + [(15 + 15)//(10 + 5)] = 16(\Omega)$$

例題 2-13

如下圖所示，試求 a-b 兩點間之等效電阻 R_{ab}。

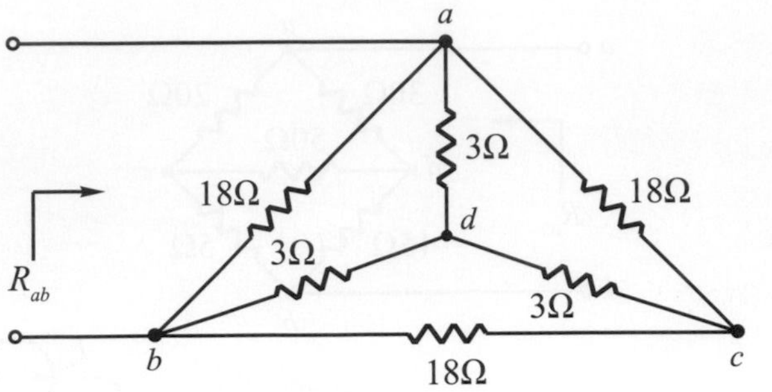

答 因爲△型或 Y 型的所有電阻都相同，所以可以用 Y→△轉換或△-Y 轉換。

(a)Y→△轉換

如下圖所示。由(2-40)式，可得：

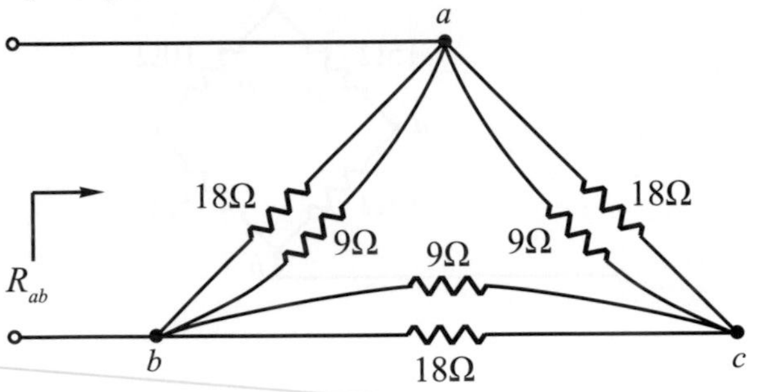

$$R_{\triangle} = 3R_Y = 3 \times 3 = 9\Omega$$

故所求 a-b 兩端之等值電阻 R_{ab} 爲：

$$R_{ab} = (18 // 9) // [(18 // 9) + (18 // 9)] = 4(\Omega)$$

(b)△→Y 轉換

如下圖所示。由(2-44)式，可得：

$$R_Y = \frac{1}{3}R_{\Delta} = \frac{1}{3}(18) = 6\Omega$$

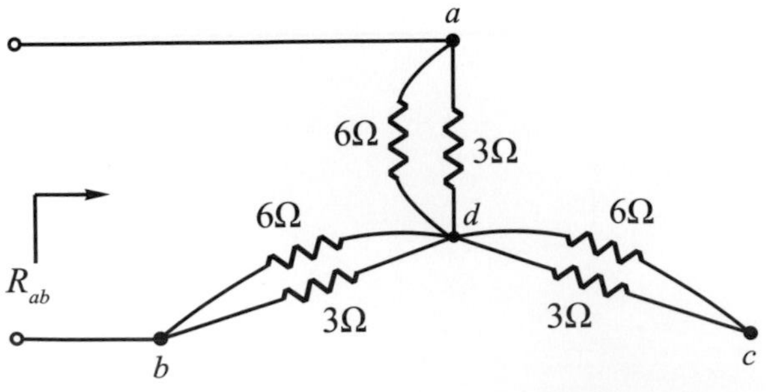

故所求 a-b 兩端之等值電阻 R_{ab} 為：

$$R_{ab} = (6 \,//\, 3) + (6 \,//\, 3) = 2 + 2 = 4(\Omega)$$

結果與(a)作法相同答案。

三、有源△型電路之轉換

若在△型之支路中有電源時，如圖 2-17 所示一**有電源△型電路**，如欲將其**化成有源的 Y 型電路時**，其轉換步驟如下：

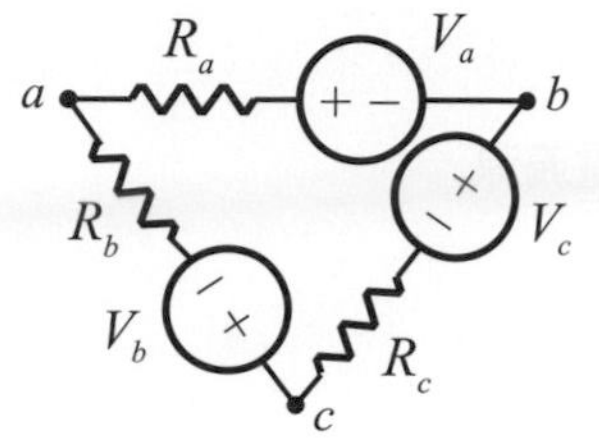

▲ 圖 2-17　含有電壓源之△型電路

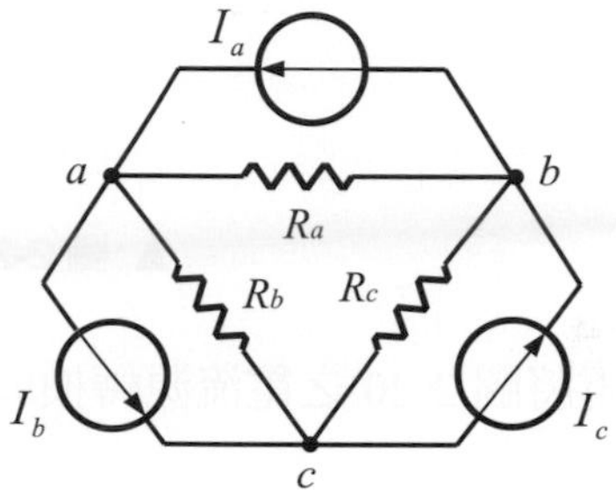

▲ 圖 2-18　將圖 2-17 中電壓源轉換成電流源

1. 將該電路之電壓源轉換成電流源，如圖 2-18 所示，其中

$$I_a = \frac{V_a}{R_a}，I_b = \frac{V_b}{R_b}，I_c = \frac{V_c}{R_c} \qquad (2\text{-}45)$$

2. 將電阻應用(2-41)式，化成 Y 型等效電阻 R_1、R_2 和 R_3，然後取代原△型之電阻，如圖 2-19 所示。

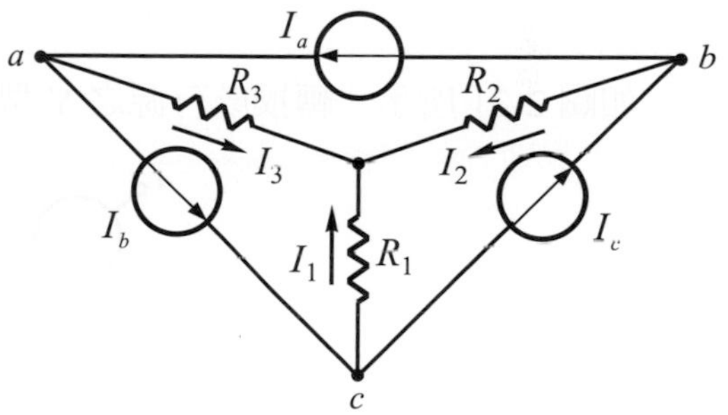

▲ 圖 2-19　將圖 2-18△型 *abc* 化成 Y 型

3. 在圖 2-19 中，每一節點上，應用克希荷夫電流定律，可得：

節點 c：$\boldsymbol{I_1 = I_b - I_c = \dfrac{V_b}{R_b} - \dfrac{V_c}{R_c}}$

節點 b：$I_2 = I_c - I_a = \dfrac{V_c}{R_c} - \dfrac{V_a}{R_a}$　　(2-46)

節點 a：$\boldsymbol{I_3 = I_a - I_b = \dfrac{V_a}{R_a} - \dfrac{V_b}{R_b}}$

其電路可改畫成圖 2-20 所示。在實際情況中，電流源的方向可以指向流入節點，或自節點流出，視網路的實際情形而定。圖 2-20 中所假定者，視圖 2-18 中所示者而定，流入節點者假定為正，自節點流出者則為負。

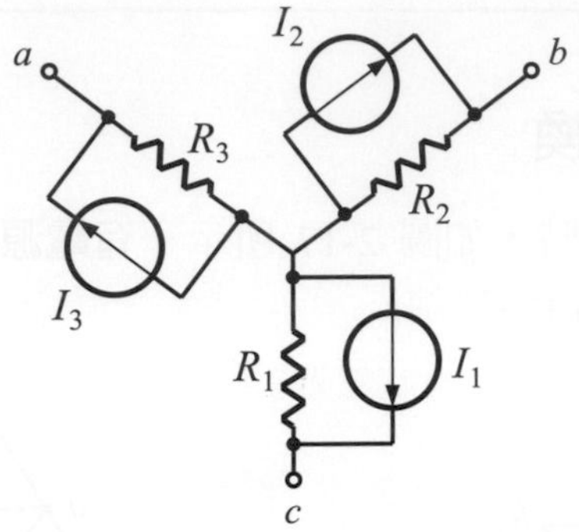

▲ 圖 2-20　應用 KCL 重畫電流源

4. 最後再將圖 2-20 之電流源轉換成電壓源，可得：

$$V_1 = I_1 R_1 = \left(\frac{V_b}{R_b} - \frac{V_c}{R_c}\right) R_1$$

$$V_2 = I_2 R_2 = \left(\frac{V_c}{R_c} - \frac{V_a}{R_a}\right) R_2 \tag{2-47}$$

$$V_3 = I_3 R_3 = \left(\frac{V_a}{R_a} - \frac{V_b}{R_b}\right) R_3$$

如圖 2-21 所示，轉換成有源之 Y 型電路。

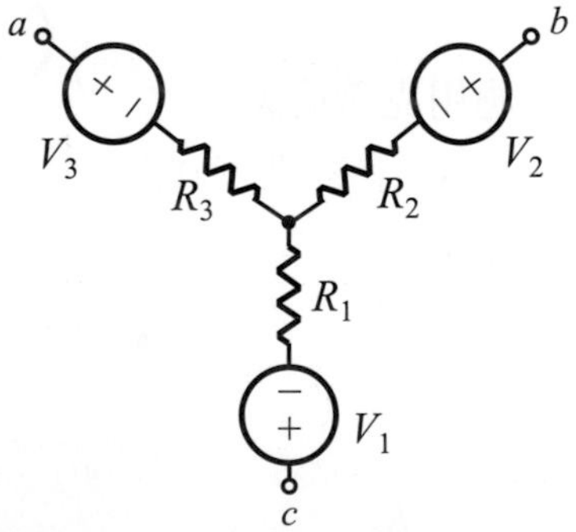

▲ 圖 2-21　有源△型電路轉換成有源 Y 型電路

四、有源 Y 型電路之轉換

若 Y 型之支路中有電源時，是**不能轉換**成有源之△型電路。

本章習題 LEARNING PRACTICE

2-1 如下圖所示，若 $V_o = 1\text{V}$，試利用線性性質求此電路 V_o 的實際值。

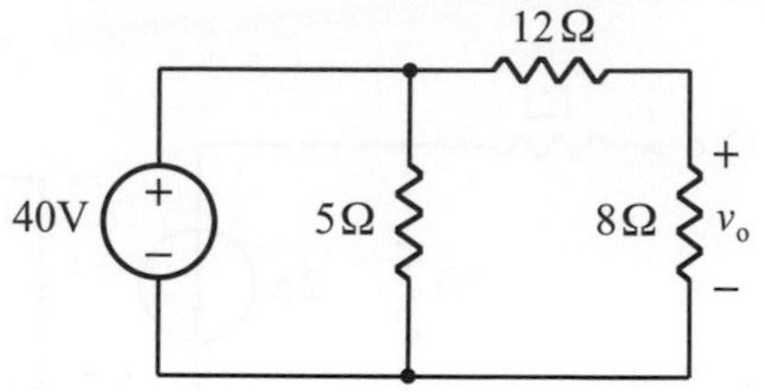

答 實際值 $V_o = 16(\text{V})$

2-2 試利用電源轉換求出下圖中電路的 I 值。

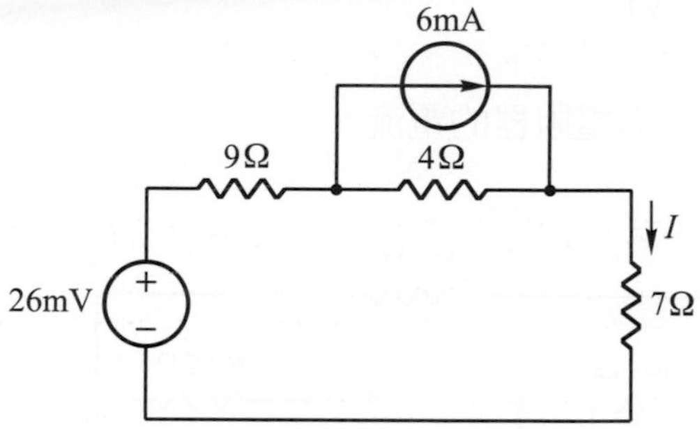

答 $I = 2.5(\text{mA})$

2-3 已知某導體的電導值為 40m℧，試求其電阻值？

答 25(Ω)

2-4 如下圖所示之電路，試由ⓐ與ⓑ看進去之單埠等效電阻為何？又若 $i = 6\text{A}$，則 i_1 又為何？

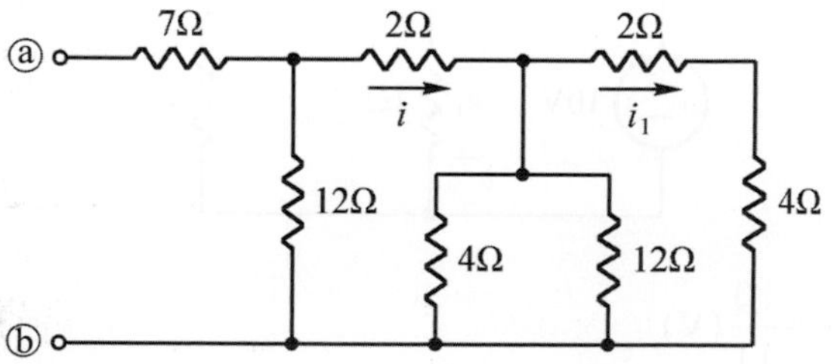

答 $R = 10(\Omega)$，$i_1 = 2(\text{A})$。

2-5 若將下圖(a)與圖(b)兩個單埠背對背相接，如圖(c)所示，則其合成電壓 v 為何？ 若將端點②連接到端點①，而端點①'連接到端點②，則其電壓 v 又為何？

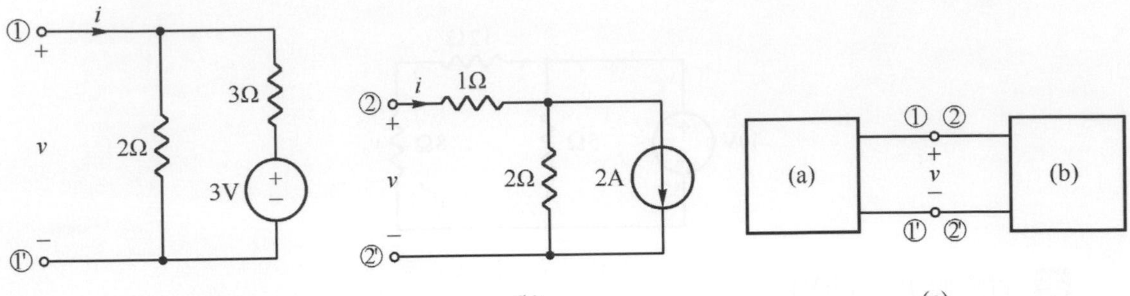

(a) (b) (c)

答 $v=-\frac{2}{7}$(V)，$v=2$(V)

2-6 試求下圖所示電路中所有電阻器的電流。

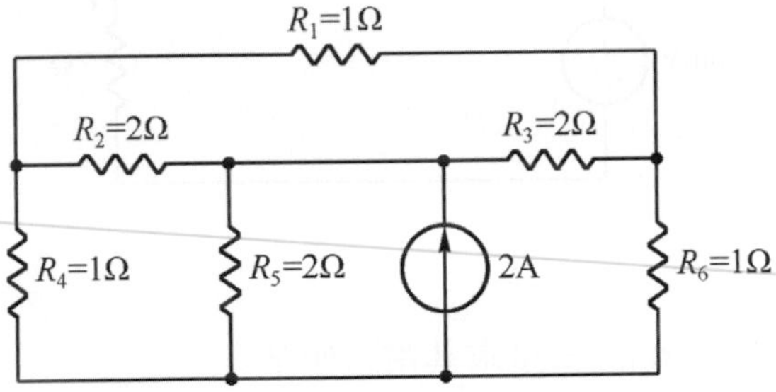

答 $i_1=0$(A)，$i_5=0.857$(A)，$i_2=i_3=i_4=i_6=0.571$(A)

2-7 試求下圖電路中 v_1 和 v_2 的值。

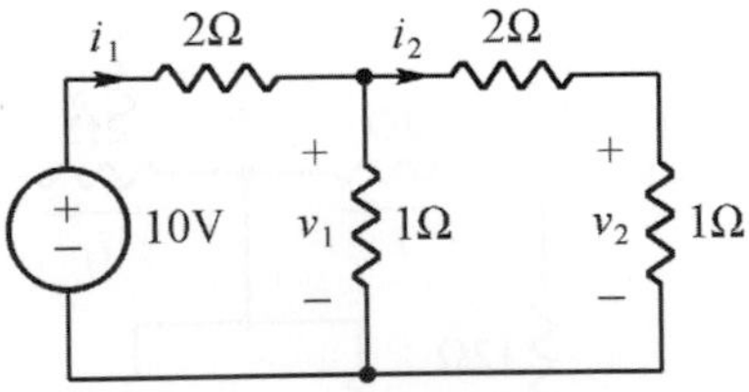

答 $v_1=\frac{30}{11}$(V)，$v_2=\frac{10}{11}$(V)

2-8 試求下圖電路中之電流 i 的值。

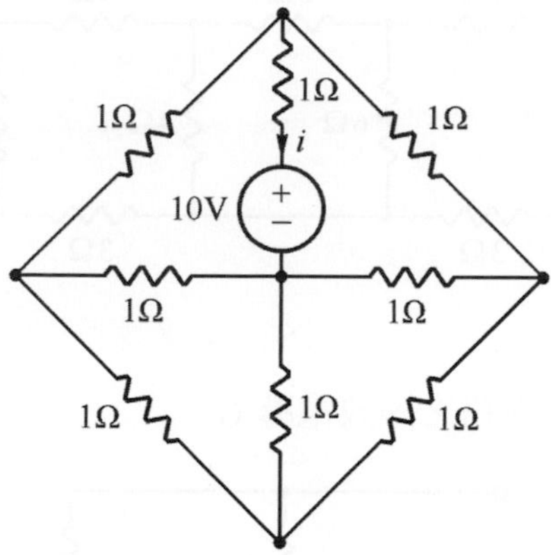

答　$i = 5.33(\text{A})$

2-9 試求下圖所示電路中 i_1 和 i_2 之值。

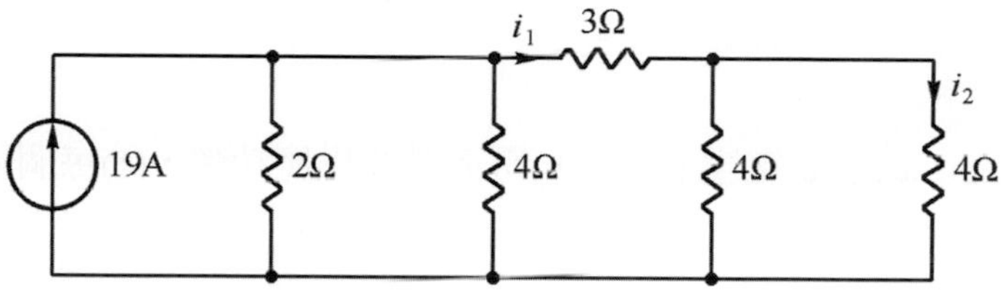

答　$i_1 = 4(\text{A})$，$i_2 = 2(\text{A})$

2-10 試求出下圖所示電路中，由 A、B 及由 C、B 看入之電阻值 R_{AB} 及 R_{CB} 為何？

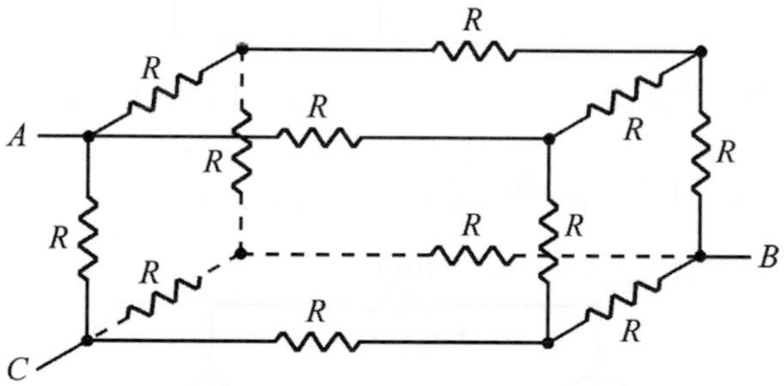

答　$R_{AB} = \dfrac{5}{6}R$，$R_{CB} = \dfrac{3}{4}R$

2-11 如下圖所示之串並聯電阻電路，試求其等效電阻 R。

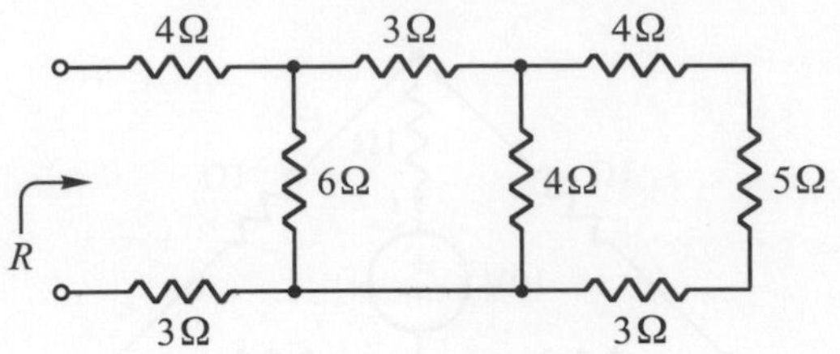

答 $R = 10(\Omega)$

2-12 試求下圖所示電導串並聯電路之等效電導 G。

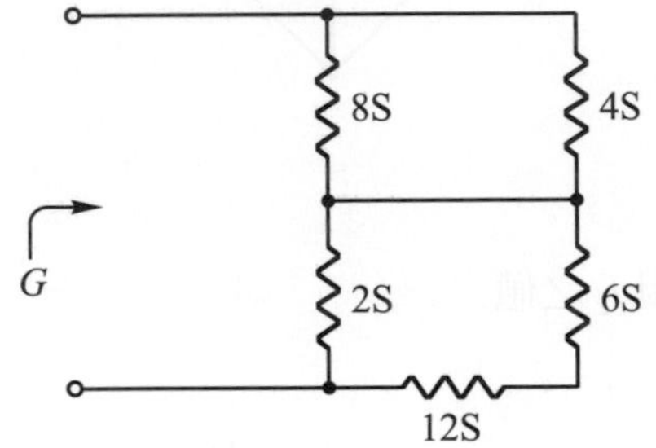

答 $G = 4(\text{S})$

2-13 如下圖所示電路，試求(a)電壓 $v_o(t)$，(b)電流源的供應功率，(c)每個電阻所吸收(消耗)的功率。

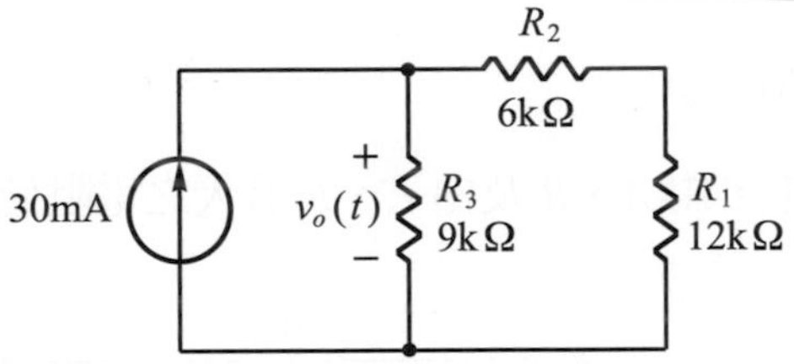

答 (a)$v_o(t) = 180(\text{V})$，(b)$P_o(t) = 5.4(\text{W})$，(c) $P_{R_1(t)} = 1.2(\text{W})$，$P_{R_2(t)} = 0.6(\text{W})$，$P_{R_3(t)} = 3.6(\text{W})$

2-14 應用 KVL 求下圖電路中的 $v_x(t)$與 $v_o(t)$。

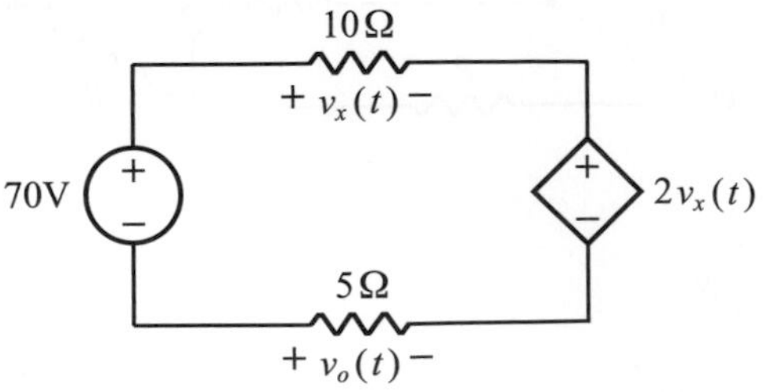

答 $v_x(t) = 20(\text{V})$，$v_o(t) = -10(\text{V})$

2-15 試應用 KCL 求下圖電路中的 $i_o(t)$與 $v_o(t)$。

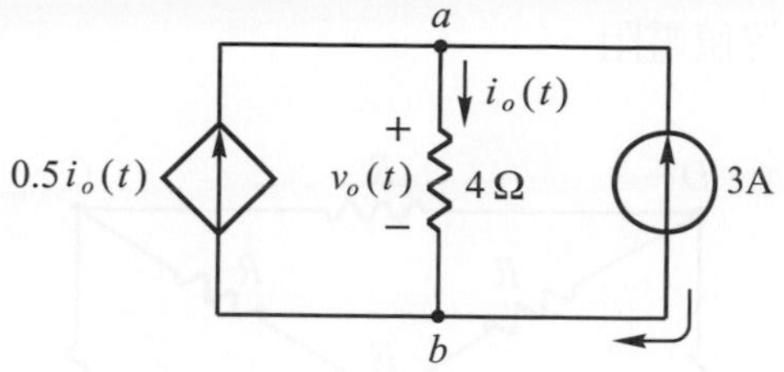

答　$i_o(t) = 6(A)$，$v_o(t) = 24(V)$

2-16 如下圖所示之電橋電路中，試求電流 I 之值。

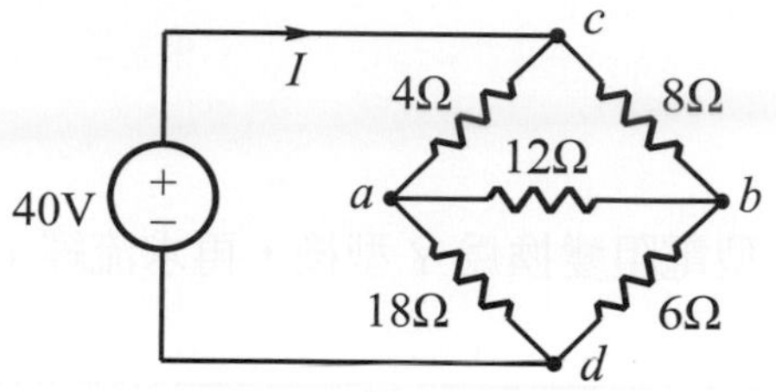

答　$I = 5(A)$

2-17 試求下圖所示電路中 80V 電源所供應之電流及功率。

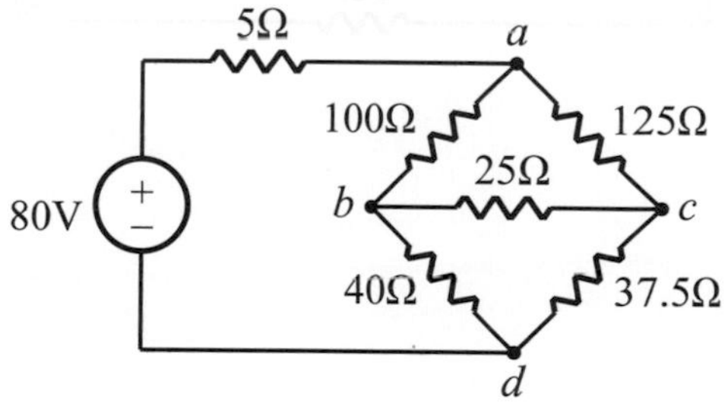

答　$I = 1(A)$，$P = 80(W)$

2-18 試求下圖所示電路，由 a-b 端點看入之總電阻 R_T。

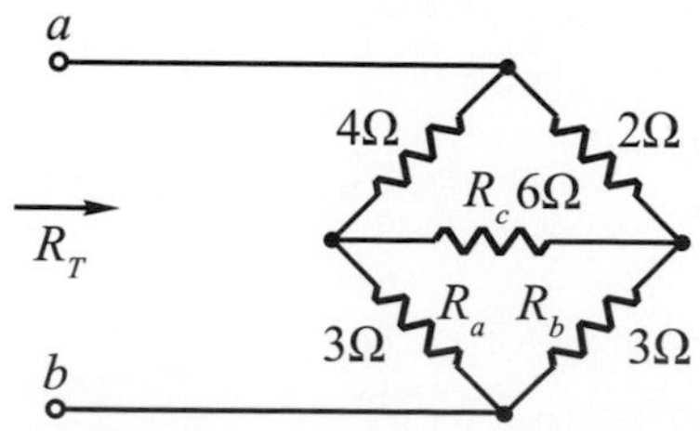

答　$R_T = 2.889(\Omega)$

2-19 一電阻為 R 之導體 8 根，聯成一立方角椎體，自 E 點頂圖俯視如下圖所示，試求相鄰兩頂點 A 與 B 間之等值電阻。

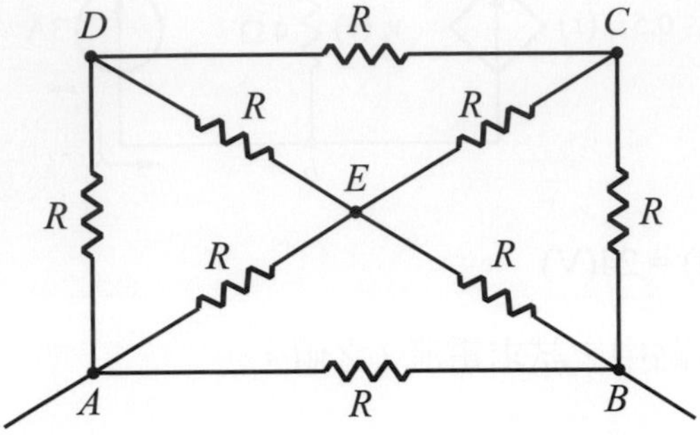

答 $R_{AB}=\dfrac{8}{15}R$

2-20 如下圖所示電路中的△型電阻變換為 Y 型後，再求流經 10V 電源之電流值。

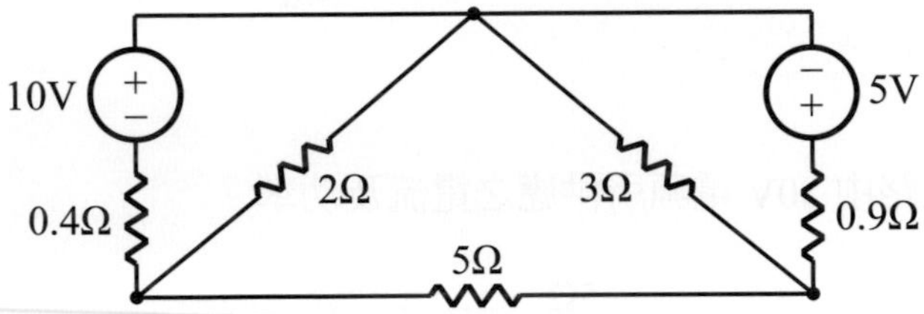

答 $I=5.85(\text{A})$

3 電阻電路定理

在第二章利用克希荷夫定律分析電路的主要優點是，可以在不修改原電路結構情況下分析電路；而它的主要缺點是分析複雜的電路時，計算過程將變得繁瑣。

隨著電子電路應用領域的增長，使得電子電路從簡單電路演變到複雜電路。爲了處理這些複雜的電路，本章將提出一些定理以簡化電路分析。

本章將再使用某些特定的電路理論，在很多狀況下，可以縮短分析電路的工作。所考慮的電路定理將應用在由線性元件和電源所組成的線性電路。電阻性電路爲線性電路，因爲電路的元件是電源和線性電阻之原故。其他線性元件將在後面章節所要討論的電容器和電感器，這兩種元件和電阻器是交流電路中的重要元件，因此電路定理不僅適用於直流電路，亦可應用於交流電路。

3-1 分壓定理

對於任何串聯電路中，跨於各電阻兩端之電壓等於電源電壓乘以此電阻與等效電阻之比值，這就是**分壓定理**(voltage divided theorem)。在任何串聯電路中，當外加電壓和電阻爲已知，而欲求跨於某一電阻之電壓時，此分壓定理甚爲有用。如圖 3-1 所示之串聯電路，每一元件皆有相同的電流 $i(t)$，因此每一個電阻器的 $Ri(t)$壓降和 R 成正比，$v_1(t)$和 $v_2(t)$的 $Ri(t)$壓降分別爲：

$$v_1(t) = R_1 i(t) \tag{3-1}$$

$$v_2(t) = R_2 i(t) \tag{3-2}$$

由歐姆定律知道電流是：

$$i(t)=\frac{v(t)}{R}=\frac{v(t)}{R_1+R_2} \tag{3-3}$$

將(3-1)式和(3-2)式中的 $i(t)$以(3-3)式之值取代，可得：

$$v_1(t)=\frac{R_1}{R}v(t)=\frac{R_1}{R_1+R_2}v(t) \tag{3-4}$$

$$v_2(t)=\frac{R_2}{R}v(t)=\frac{R_2}{R_1+R_2}v(t) \tag{3-5}$$

因此電源 $v(t)$的電壓分配於 R_1 與 R_2 與其電阻值成正比，這就是分壓的原則，而圖 3-1 的電路稱為**分壓器**。

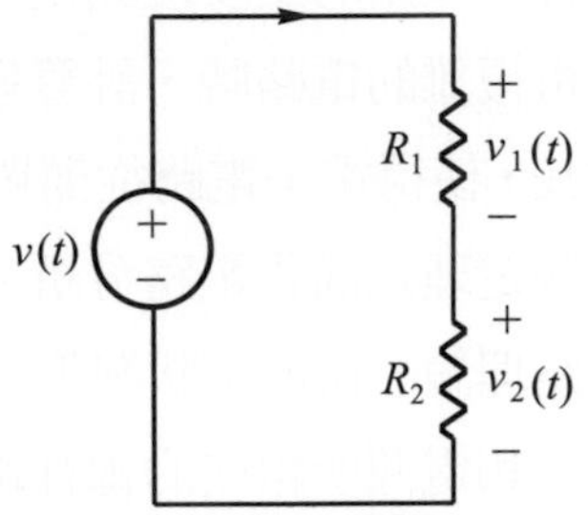

▲ 圖 3-1　具有兩個電阻的分壓器

由(3-4)式和(3-5)式可知，阻值較大者，其電壓較高，阻值較小者，其電壓較低，此因通過兩電阻之電流相同之故。

現若有 m 個電阻器串聯，R_1，R_2，…，R_m，各電阻器的電壓分別為 $v_1(t)$，$v_2(t)$，…，$v_m(t)$，可得：

$$R_T=R_1+R_2+\ldots+R_m$$

且 $Ri(t)$壓降為：

$$v_1(t)=R_1i(t)$$

$$v_2(t)=R_2i(t)$$

$$\vdots$$

$$v_m(t)=R_mi(t) \tag{3-6}$$

又　$$I=\frac{V_T}{R_T}$$

其 $v(t)$爲跨於串電阻的總電壓，將 $i(t)$值代入上列(3-6)各式，可得：

$$v_1(t)=\frac{R_1}{R}v(t)$$

$$v_2(t)=\frac{R_2}{R}v(t)$$

$$\vdots$$

$$v_m(t)=\frac{R_m}{R}v(t) \tag{3-7}$$

因此可知總電壓 $v(t)$分壓於各電阻器的壓降，與各電阻值成正比。分壓步驟的優點是不需計算電流 $i(t)$，即可求出 $Ri(t)$壓降。

例題 3-1

如下圖所示之串聯電路，試求 $v_1(t)$、$v_2(t)$和 $v_3(t)$之值。

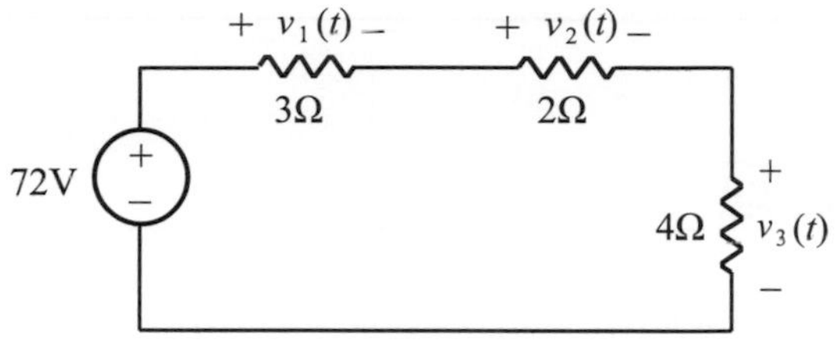

答 由分壓定理，可得：

$$v_1(t)=\frac{R_1}{R}v(t)=\frac{3}{3+2+4}\times 72=24(\text{V})$$

$$v_2(t)=\frac{R_2}{R}v(t)=\frac{2}{3+2+4}\times 72=16(\text{V})$$

$$v_3(t)=\frac{R_3}{R}v(t)=\frac{4}{3+2+4}\times 72=32(\text{V})$$

例題 3-2

如下圖所示之電路，試利用分壓定理，求出 $v_1(t)$值。

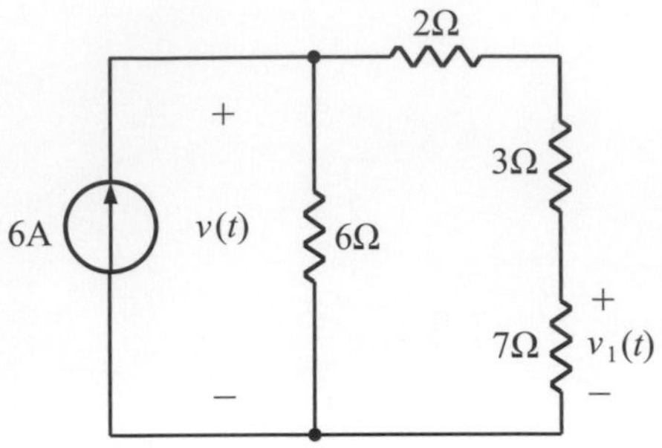

答 $R = 6 \,//\, (2 + 3 + 7) = 4\Omega$

$\therefore\ v(t) = Ri(t) = 4 \times 6 = 24\text{V}$

再利用分壓定理，可得：

$$v_1(t) = \frac{7}{R}v(t) = \frac{7}{2+3+7} \times 24 = 14(\text{V})$$

3-2 分流定理

對於任何並聯電路中，各支路之電流等於輸入電流乘以該支路電導與電路總電導之比值，這就是**分流定理**(current divided theorem)。此分流定理應用於三個或三個以上的電導相並聯時，特別方便。如圖 3-2 所示之並聯電路，每一元件皆有相同的電壓 $v(t)$，因此每一個電阻器的電流與電導 G 成正比，由歐姆定律，電流 $i_1(t)$和 $i_2(t)$分別為：

$$i_1(t) = G_1 v(t) \tag{3-8}$$

$$i_2(t) = G_2 v(t) \tag{3-9}$$

等效電導：

$$G = G_1 + G_2 \tag{3-10}$$

因此排電壓 $v(t)$為：

$$v(t) = \frac{i(t)}{G} = \frac{i(t)}{G_1 + G_2} \tag{3-11}$$

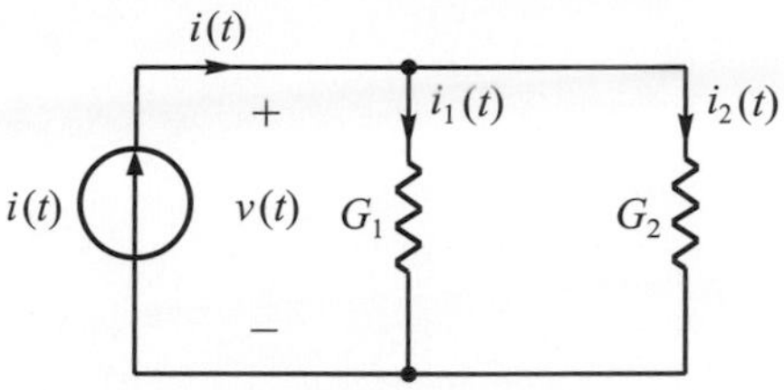

▲ 圖 3-2　具有兩個電阻器的分流器

將(3-11)式代入(3-8)式和(3-9)式中，可得：

$$i_1(t) = \frac{G_1}{G} i(t) = \frac{G_1}{G_1 + G_2} i(t) \tag{3-12}$$

$$i_2(t) = \frac{G_2}{G} i(t) = \frac{G_2}{G_1 + G_2} i(t) \tag{3-13}$$

因此可知圖 3-2 電路爲分流器，總電流 $i(t)$分別流入電阻器之電流與其電導 G_1 和 G_2 成正比。若(3-11)和(3-12)式以電阻表示時，則爲：

$$i_1(t) = \frac{\frac{1}{R_1}}{\frac{1}{R_1} + \frac{1}{R_2}} i(t) = \frac{1}{R_1(\frac{1}{R_1} + \frac{1}{R_2})} i(t) = \frac{R_1 R_2}{R_1(R_1 + R_2)} i(t)$$

$$= \frac{R_2}{R_1 + R_2} i(t) \tag{3-14}$$

同理：

$$i_2(t) = \frac{R_1}{R_1 + R_2} i(t) \tag{3-15}$$

因此可知，分流之值與電阻值成反比，較小的電阻通過較大的電流，較大的電阻通過較小的電流。換言之，**兩支路並聯時，流入一支路的電流為輸入電流乘以另一支路電阻與兩電阻之和的比值**。請特別注意：此爲兩電阻並聯時之特殊情況，如三個或三個以上的電阻並聯時，則不能應用此法。

現若有電導 G_1，G_2，…，G_m 及 $i_1(t)$，$i_2(t)$，…，$i_m(t)$的 m 個排電阻器，此時等效電導爲：

$$G = G_1 + G_2 + \ldots + G_m$$

註：排電阻(network resistor)=網路電阻(wire-wound resistor)

排電阻將參數完全相同的電阻集中封裝在一起。

且電流爲：

$$i_1(t) = G_1 v(t)$$

$$i_2(t) = G_2 v(t)$$

$$\vdots$$

$$i_m(t) = G_m v(t) \tag{3-16}$$

及有 $v(t) = \dfrac{i(t)}{G}$ 的關係式。$i(t)$爲進入分流器之總電流，將此 $v(t)$值代入(3-16)式中，可得：

$$i_1(t) = \frac{G_1}{G} i(t)$$

$$i_2(t) = \frac{G_2}{G} i(t)$$

$$\vdots$$

$$i_m(t) = \frac{G_m}{G} i(t) \tag{3-17}$$

因此可知總電流 $i(t)$分流於排中各個電阻器的電流與各自的電導值成正比。分流步驟的優點是不需知道排電阻兩端電壓就可求出各自的電流。

例題 3-3

如下圖所示之並聯電路，試求 $i_1(t)$、$i_2(t)$和 $i_3(t)$之值。

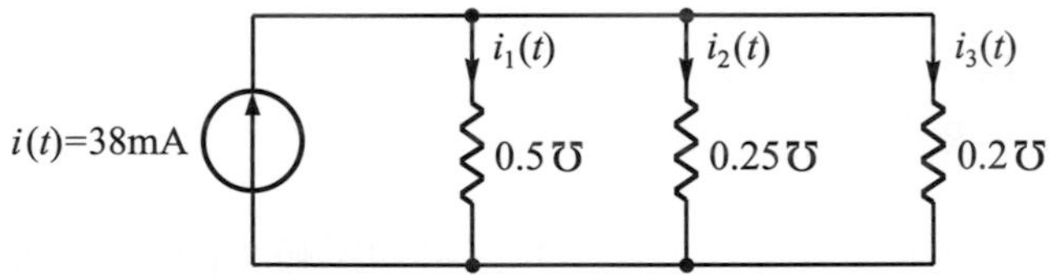

答 由分流定理，可得：

$$i_1(t) = \frac{G_1}{G} i(t) = \frac{0.5}{0.5+0.25+0.2} \times 38 = 20(\text{mA})$$

$$i_2(t) = \frac{G_2}{G} i(t) = \frac{0.25}{0.5+0.25+0.2} \times 38 = 10(\text{mA})$$

$$i_3(t) = \frac{G_3}{G} i(t) = \frac{0.2}{0.5+0.25+0.2} \times 38 = 8(\text{mA})$$

使用分壓定理和分流定理，常可使串並聯電路在分析時更簡化，尤其在分析階梯電路時，特別有用，現舉例題 3.4 及例題 3.5 二例題加以說明。

例題 3-4

如下圖所示之電路，試求：(a)使用分流定理求 $i(t)$值；(b)使用分壓定理求 $v_1(t)$和 $v_2(t)$。

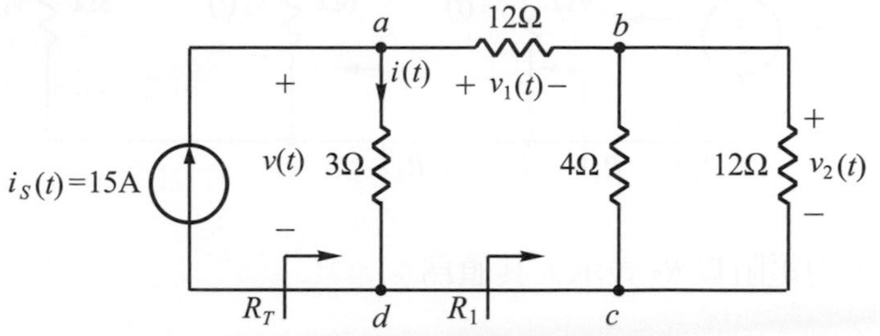

答 (a) 從 b、c 點看入的電阻以 R_1 表示，其值為：

$$R_1 = 4 \,//\, 12 = 3\Omega$$

從電源兩端看入的總電阻 R_T為：

$$R_T = 3 \,//\, (12 + R_1) = 2.5\Omega$$

電流 $i_s(t)$在節點 a 分成兩條路徑，一為 3Ω 路徑，另一為 $12 + R_1 = 15\Omega$ 路徑。因此利用分流定理，流經 3Ω 之電流 $i(t)$為：

$$i(t) = \frac{12+R_1}{3+(12+R_1)} i_s(t) = \frac{12+3}{3+(12+3)} \times 15 = 12.5(\text{A})$$

(b) 由(a)知道：

$$R_T = 2.5\Omega$$

故跨於電源兩端電壓 $v(t)$為：

$$v(t) = R_T i_s(t) = 2.5 \times 15 = 37.5\text{V}$$

此 $v(t)$電壓即為跨於 a、d 兩點之電壓，因此利用分壓定理，可得 $v_1(t)$為：

$$v_1(t) = \frac{12}{12+R_1} v(t) = \frac{12}{12+3} \times 37.5 = 30(\text{V})$$

又 $v_2(t) = v(t) - v_1(t) = 37.5 - 30 = 7.5(\text{V})$

例題 3-5

下圖所示係階梯電路，試使用分流定理及分壓定理求出 $i_1(t)$、$i_2(t)$、$v_1(t)$、$v_2(t)$和 $v_3(t)$ 之值。

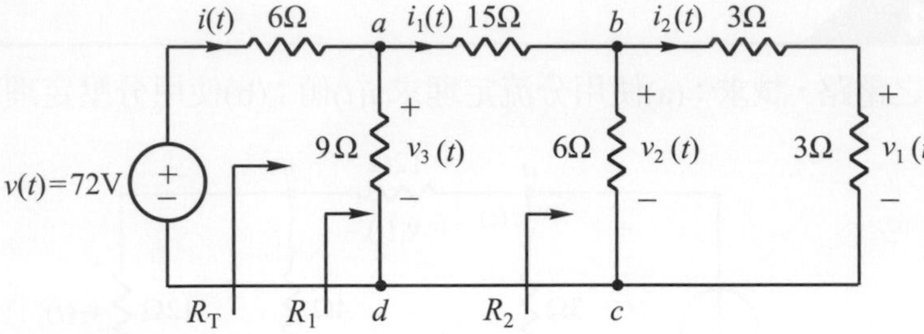

答 由 b、c 點看入的電阻以 R_2 表示，其值為：

$$R_2 = 6 \,//\, (3 + 3) = 3\Omega$$

由 a、d 點看入的電阻以 R_1 表示，其值為：

$$R_1 = 9 \,//\, (15 + R_2) = 9 \,//\, (15 + 3) = 6\Omega$$

由電源兩端看入的電阻 R_T 為：

$$R_T = 6 + R_1 = 12\Omega$$

因此電流 $i(t)$為：

$$i(t) = \frac{v(t)}{R_T} = \frac{72}{12} = 6\text{A}$$

電流在節點 a 分成兩條路徑，一為 9Ω 路徑，另一為 $15 + R_2 = 18\Omega$ 路徑，因此利用分流定理，流經 15Ω 之電流 $i_1(t)$為：

$$i_1(t) = \frac{9}{9+18} i(t) = 2(\text{A})$$

這 $i_1(t)$電流在節點 b 分別流入 6Ω 路徑及 3Ω 與 3Ω 串聯路徑，故 $i_2(t)$之值為：

$$i_2(t) = \frac{i_1(t)}{2} = 1(\text{A})$$

現利用分壓定理來求 $v_3(t)$、$v_2(t)$和 $v_1(t)$。

電壓 $v_3(t)$為跨於 9Ω 的電壓，用分壓定理可得：

$$v_3(t) = \frac{6}{6+R_1} v(t) = \frac{6}{6+6} \times 72 = 36(\text{V})$$

電壓 $v_2(t)$為跨於 6Ω 兩端之電壓，同理可得：

$$v_2(t) = \frac{3}{15+R_2} v_3(t) = \frac{3}{15+3} \times 36 = 6(\text{V})$$

最後 $v_1(t)$電壓平分跨於兩個 3Ω 的電阻上，故可得：

$$v_1(t) = \frac{v_2(t)}{2} = 3(\text{V})$$

例題 3-6

試求下圖電路中 $i(t)$、$v_1(t)$、$v_2(t)$與 $v_3(t)$之值。

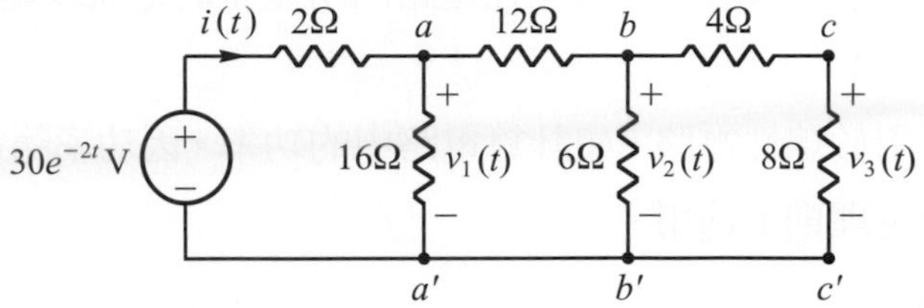

答　上圖之電路可分別簡化為圖(a)與(b)之電路。

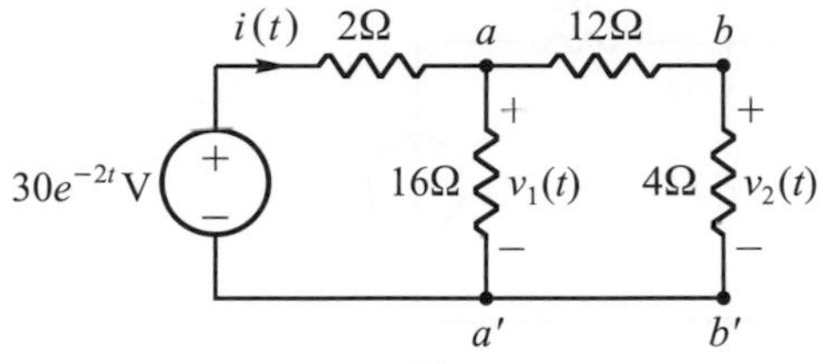

(a)

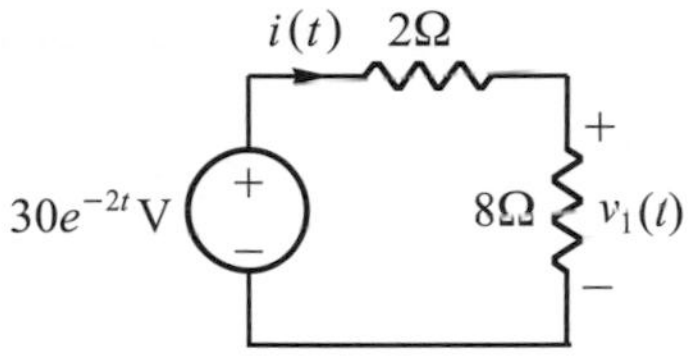

(b)

於圖(b)應用 KVL，可得

$2i(t) + 8i(t) = 30e^{-2t}$，即 $i(t) = 3e^{-2t}(\text{A})$

依分壓定理跨於 a-a'之電壓 $v_1(t)$為：

$$v_1(t) = (\frac{8}{2+8})30e^{-2t} = 24e^{-2t}\ (\text{V})$$

由圖(a)可得跨於 b-b'之電壓 $v_2(t)$為：

$$v_2(t) = (\frac{4}{12+4})v_1(t) = 6e^{-2t}\ (\text{V})$$

由原圖可得跨於 c-c'之電壓 $v_3(t)$為：

$$v_3(t) = (\frac{8}{4+8})v_2(t) = 4e^{-2t}\ (\text{V})$$

3-3 重疊定理

重疊定理(superposition Theorem)是解電路的重要方法之一，尤其要求特定之路電流或節點電壓時，最爲方便。所謂重疊定理：**若一線性電路，其響應為流過某特定支路之電流或某特定節點兩端之電壓，或為分支電流及節點電壓之線性組合，則由所有獨立電源同時作用所產生之零態響應，必等於所有獨立電源單獨作用所產生響應之總和**。

此定理適用於線性電路中，與獨立電源之形態、波形、位置無關。但有一點必須注意的是：**電壓源不作用時，應視為短路，電流源不作用時，應視為開路**。重疊定理的特性在單獨考慮各電源的效應，考慮各電源的效應時，可利用短路電壓電源及開路電流電源的方法，將其他電源移去，然後求出個別電源在電路內所產生的電流或電壓，並予以相加減，而求總電流或總電壓。

重疊定理只能應用於線性電路，如計算電路中的功率，因功率隨電流或電壓的平方而變，爲非線性，重疊定理則不適用。

例題 3-7

如下圖所示電路，試以重疊定理求出流經 6Ω 支路的電流 $i(t)$。

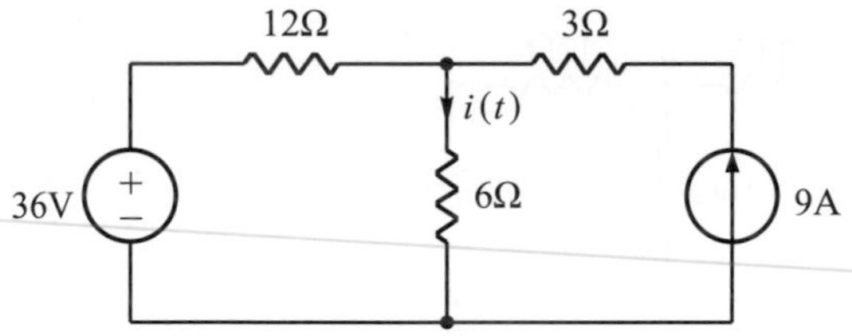

答 (a) 首先考慮 36V 電壓源單獨作用於電路時，而將 9A 電流源開路，如下圖(a)所示。故得流經 6Ω 電阻之電流 $i_1(t)$爲：

$$i_1(t)=\frac{36}{12+6}=2\text{A}$$

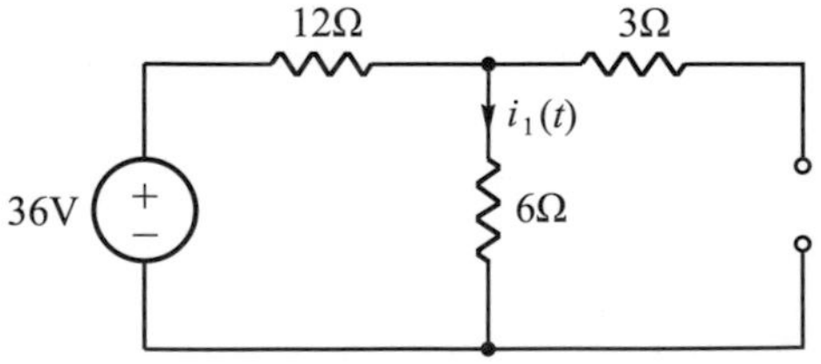

(a)

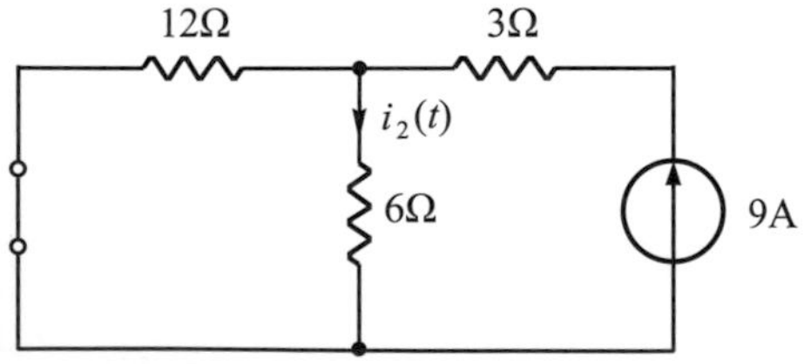

(b)

(b) 其次再考慮 9A 電流源單獨作用於電路時，而將 36V 電壓電源短路，如上圖(b)所示。故得流經 6Ω 電阻之電流 $i_2(t)$爲：

$$i_2(t)=\frac{12}{6+12}\times 9=6\text{A}$$

(c) 綜合(a)、(b)之結果，可得流過 6Ω 之電流 $i(t)$ 爲：

$$i(t) = i_1(t) + i_2(t) = 2 + 6 = 8(\text{A})$$

現計算供給 6Ω 電阻之功率爲：

$$P_1(t) = i_1^2(t)R = (2)^2 \times 6 = 24\text{W}$$

$$P_2(t) = i_2^2(t)R = (6)^2 \times 6 = 216\text{W}$$

而 $P(t) = i^2(t)R = (8)^2 \times 6 = 384\text{W}$

即 $P(t) = 384\text{W} \neq P_1(t) + P_2(t) = 240\text{W}$

故重疊定理不適用於功率之計算。

例題 3-8

試求下圖所示電路中，R_1 電阻兩端之電壓 $v(t)$。

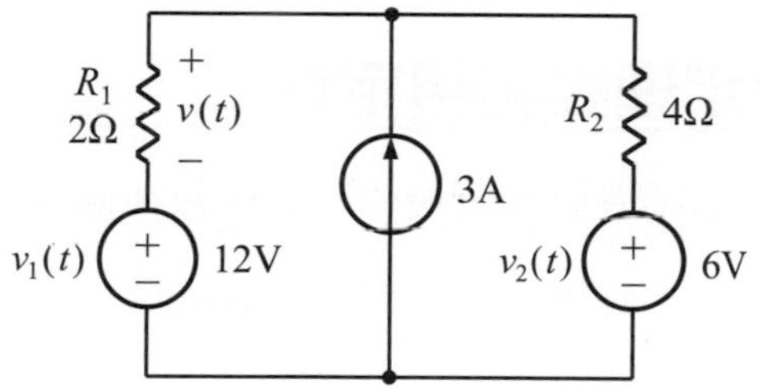

答　應用重疊定理：

(a) 先以 $v_1(t)$爲主，單獨作用於電路時，而移去 3A 之電流源，並將其兩端開路，移去 $v_2(t)$電壓源，並將其兩端短路。如下圖(a)所示。利用分壓定理，可得 R_1 電阻兩端之電壓 $v_1(t)$爲：

$$v'(t) = \frac{R_1}{R_1 + R_2} \times v_1(t) = \frac{2}{2+4} \times 12 = 4\text{V}$$ （其極性與原假設方向相反）

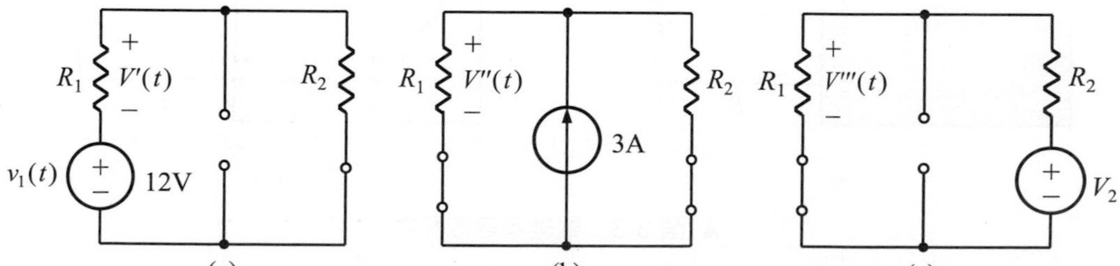

(a)　(b)　(c)

(b) 再以電流源 3A 為主，單獨作用於電路時，而將 $v_1(t)$和 $v_2(t)$短路，如圖(b)所示。

利用分流定理，可知流過 R_1 電阻之電流 $i_1(t)$為：

$$i_1(t)=\frac{R_2}{R_1+R_2}\times i(t)=\frac{4}{2+4}\times 3=2\text{A}$$

故 R_1 電阻兩端之電壓 $v_2(t)$為：

$$v_2''(t)=R_1 i_1(t)=2\times 2=4\text{V}$$

(c) 以 $v_2(t)$為主，單獨作用於電路時，而將 $v_1(t)$及電流源分別短路及開路，如圖(c)所示。利用分壓定理，可得 R_1 電阻兩端之電壓 $v_3(t)$為：

$$v'''(t)=\frac{R_1}{R_1+R_2}\times v_2(t)=\frac{2}{2+4}\times 6=2\text{V}$$

(d) 綜合(a)、(b)、(c)之結果，可得 R_1 電阻兩端之電壓 $v(t)$為：

$$v(t)=v'(t)+v''(t)+v'''(t)=-4+4+2=2(\text{V})$$

3-4 戴維寧定理與諾頓定理

在線性有源電路中，任何兩端點間可用一等效電路代換之。因此發展出戴維寧定理及諾頓定理，得以簡化複雜電路，應用此兩定理，在求電路中某元件的端電壓及其通過的電流時最為便捷。

1. 戴維寧定理

所謂戴維寧定理(Thevenin's theorem)是指在一含有電壓電源及／或電流電源的線性有源電路中，任意兩端點間的電路，可用一電壓電源與一電阻串聯的等效電路來取代，如圖 3-3 所示。

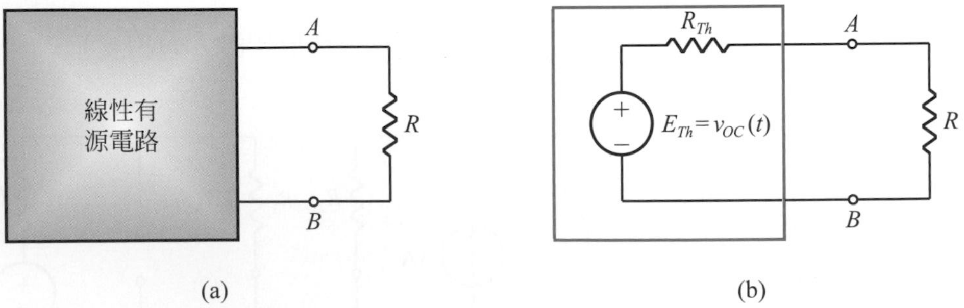

▲ 圖 3-3 戴維寧等效電路

其中 E_{Th} 是由 AB 兩端間的開路電壓 $V_{oc}(t)$；稱爲**戴維寧等效電壓**。而 R_{Th} 爲當電路中所有電壓電源短路，而電流電源開路時，在 A、B 端的驅動點阻抗；稱爲**戴維寧等效電阻**。

欲求電路中某一部分電路或元件的戴維寧等效電路等，其步驟如下：

(1) 將電路中某一部分電路或元件自電路中移去(不含相依電源在內)，其留下的二端點以 A、B 做記號。

(2) 將電壓源短路及電流源開路，求 A、B 兩端點間的等效電阻 R_{Th}。(若有相依電源時，利用驅動點法求解)。

(3) 將電壓源及電流源復原，再求 A、B 兩端點間的開路電壓，此開路電壓即爲戴維寧等效電壓 E_{Th}。

(4) 劃出戴維寧等效電路，並將(1)移去的部分接回原電路的 A、B 兩端，即得原電路的戴維寧等效電路。

例題 3-9

試求下圖 A、B 間之戴維寧等效電路。

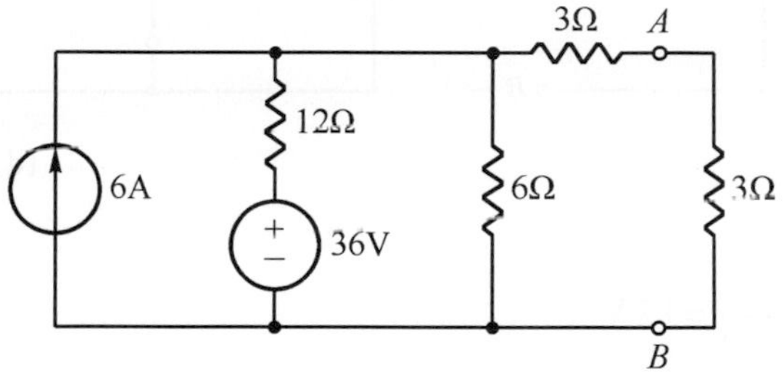

答　第一步，將 A、B 間之電路移去，如圖(a)所示。

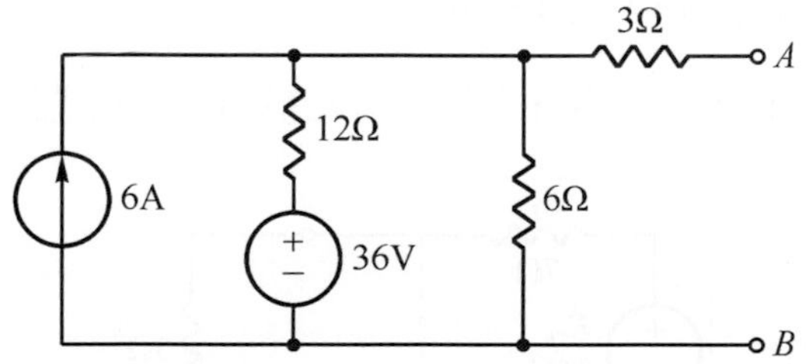

(a)

第二步，將電壓電源短路，電流電源開路，如圖(b)所示，並求出 A、B 間之電阻 R_{Th}。

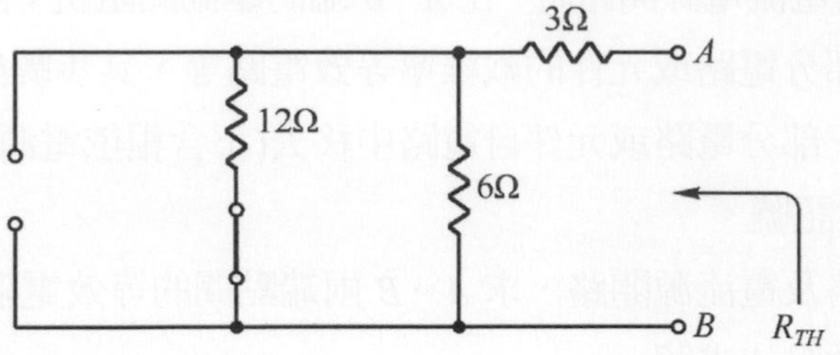

(b)

$$R_{Th}=(6\,//\,12)+3=4+3=7\,(\Omega)$$

第三步，將電壓電源及電流電源復原，再應用重疊定理求 A、B 兩端間之開路電壓即 E_{Th}。如圖(c)及(d)所示。

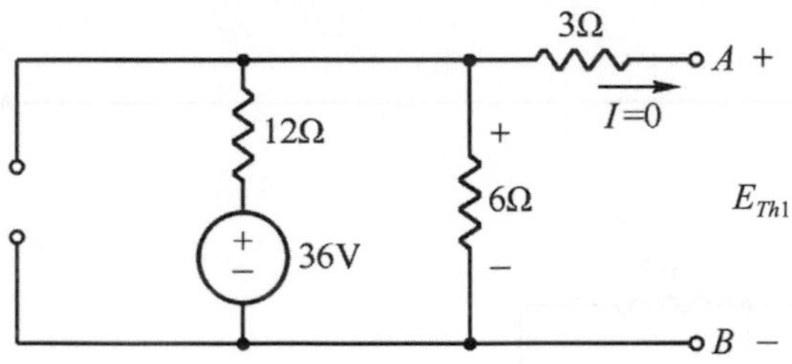

(c)

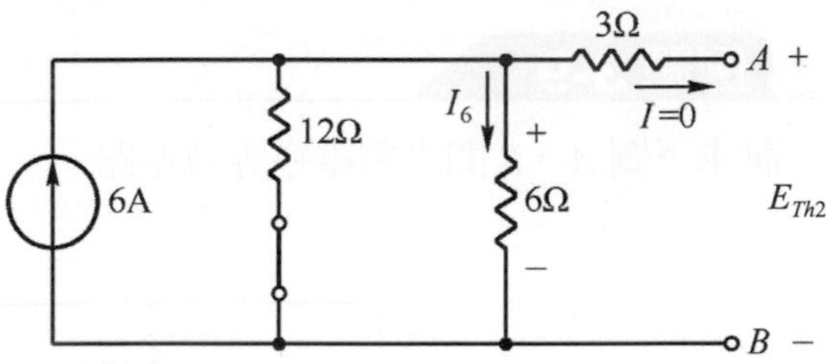

(d)

$$E_{Th1}=36\times\frac{6}{6+12}=12\,\text{V}$$

$$I_6=6\times\frac{12}{12+6}=4$$

$$E_{Th2}=I_6\times 6=4\times 6=24\,\text{V}$$

$$\therefore E_{Th}=E_{Th1}+E_{Th2}=12+24=36\,(\text{V})$$

最後劃成戴維寧等效電路，並將移去的部分接於 A、B 兩端即得，如圖(e)所示。

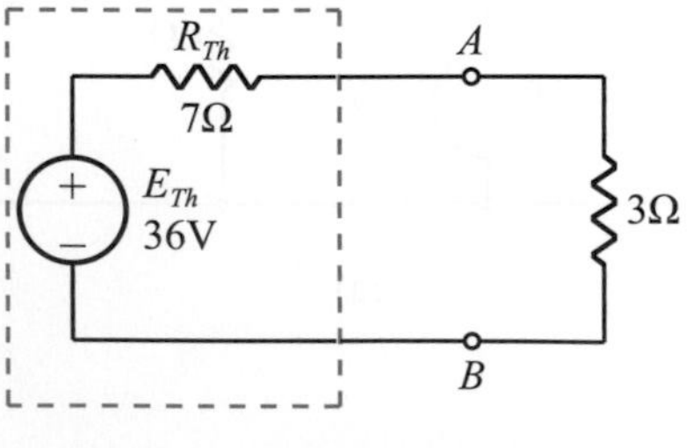

(e)

若電路中含有相依電源時，欲求戴維寧等效電路之方法，如例題 3-10 所示。

例題 3-10

如下圖所示含有相依電源之電路，試求 A、B 兩端點的戴維寧等效電路。

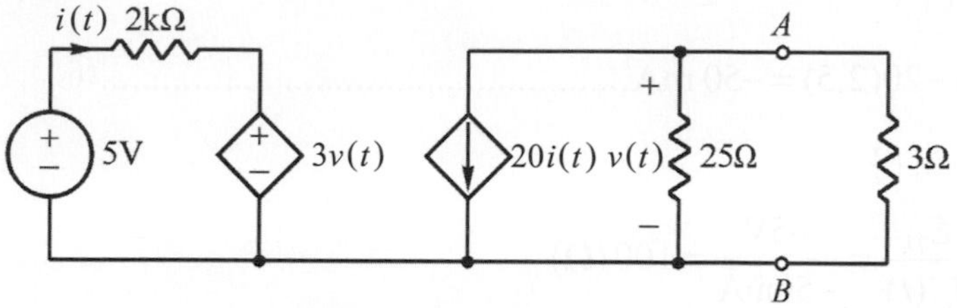

答 先將 3Ω 電阻移去，如圖(a)所示，求開路電壓，即 E_{Th}：

$$E_{Th}=(-20i(t))(25\Omega)=-500i(t) \quad \text{......①}$$

$$\text{而 } i(t)=\frac{5-3v(t)}{2k}=\frac{5-3E_{Th}}{2000} \quad \text{......②}$$

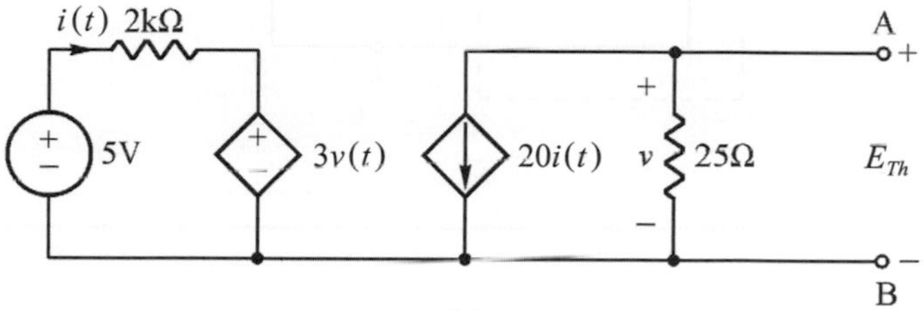

(a)

將②代入①即得：

$$E_{Th}=-5\ (\text{V}) \quad \text{......③}$$

欲求等效電阻，則須先求出 A、B 端之短路電流 $i_{sc}(t)$，然後再用 E_{Th} 除以短路電流，則可求出等效電阻 R_{Th}。要計算 A、B 兩端短路電流，則需如圖(b)，先將 A、B 兩端短路，此時，控制電壓 $v(t)=0$。

$$i_{sc}(t)=-20i \quad \text{......④}$$

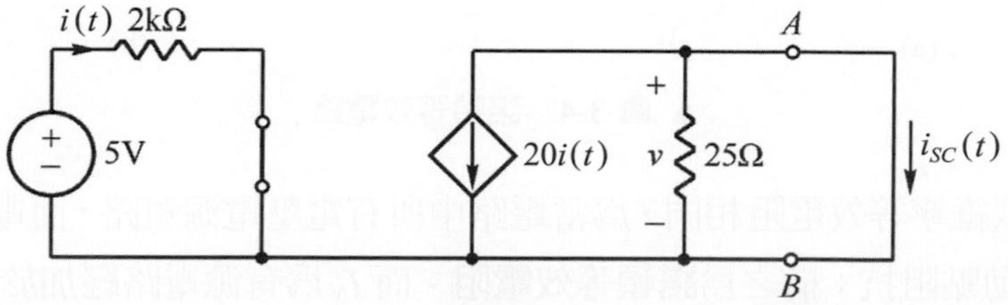

(b)

因控制相依電壓電源的電壓 $v(t)$為零，故 $3v(t)$的相依電壓電源爲零，因此如圖(b)左邊之短路，控制相依電流電源的電流 $i(t)$爲：

$$i(t)=\frac{5}{2\text{k}}=2.5\text{ mA} \quad \cdots\cdots ⑤$$

⑤代入④得

$$i_{sc}(t)=-20(2.5)=-50\text{ mA} \quad \cdots\cdots ⑥$$

直接由③與⑥可得

$$R_{Th}=\frac{E_{Th}}{i_{sc}(t)}=\frac{-5\text{V}}{-50\text{mA}}=100\,(\Omega)$$

因此，可得戴維寧等效電路，如圖(c)所示。

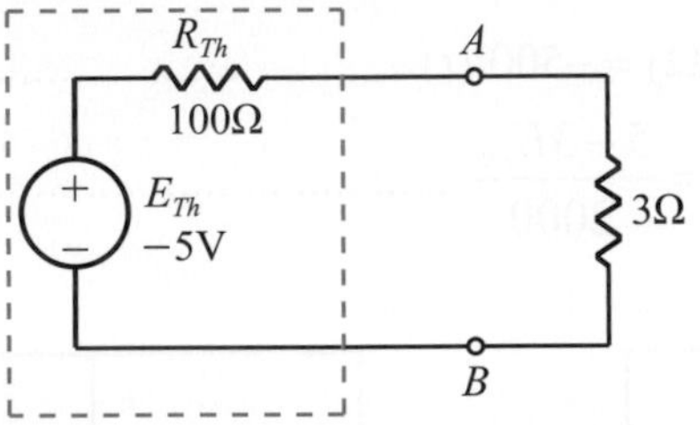

(c)

2. **諾頓定理**

所謂諾頓定理(Norton's Theorem)是指在一含有電壓電源及／或電流電源的線性有源電路中，任意兩端點間的電路，可用電流電源與一電阻並聯的等效電路來取代，如圖 3-14 所示。

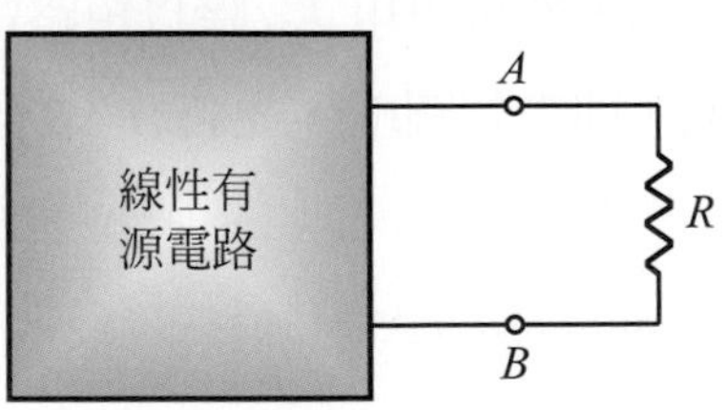

(a)

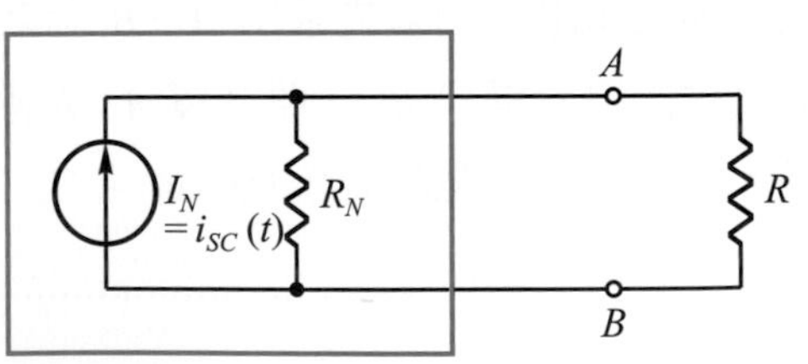

(b)

▲ 圖 3-4　諾頓等效電路

其中 R_N 與戴維寧等效電阻相同，爲當電路中所有電壓電源短路，而電流電源開路時，在 A、B 端的驅動點阻抗；稱之爲**諾頓等效電阻**。而 I_N 爲有源電路經加於輸出端的短路電流($i_{sc}(t)$)；稱爲**諾頓等效電流**。

欲求電路中某一部分電路或元件的諾頓等效電路時，其步驟如下：

(1) 將電路中某一部分電路或元件自電路中移去，並留下兩端點以 A、B 做記號。

(2) 將電壓電源短路及電流電源開路，求 A、B 兩端點間的等效電阻 R_N。(若電壓電源或電流電源的內阻已包含於原電路時，在移去電源時，它們必須保留在原處)。

(3) 將電壓電源及電流電源復原，再計算 A、B 兩端間在短路下所通過的電流，此短路電流即為諾頓等效電流 I_N。

(4) 劃出諾頓等效電路，並將(1)移去的部分接回原電路的 A、B 兩端，即得原電路的諾頓等效電路。

例題 3-11

試求下圖所示電路的諾頓等效電路。

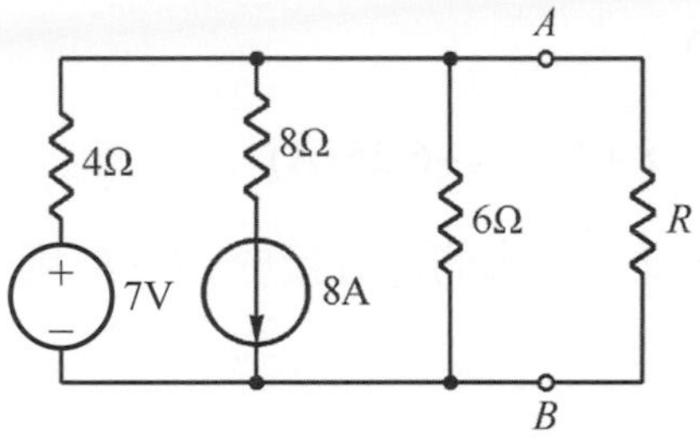

答 第一步，先將 A、B 兩端點間的 R 移去，如下圖(a)所示。

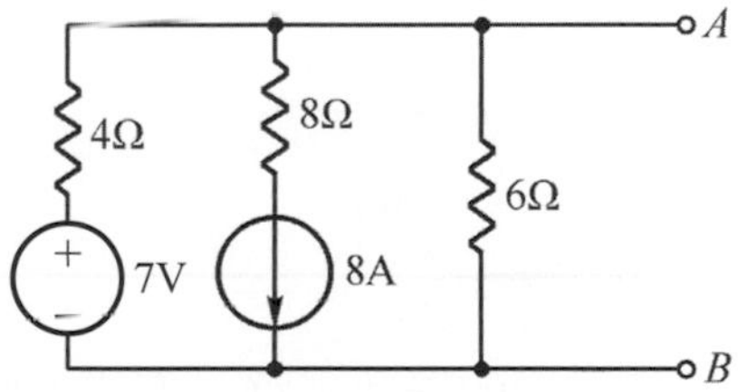

(a)

第二步，將電壓電源短路及電流電源開路，如圖(b)所示，並求出 A、B 間之電阻 R_N。

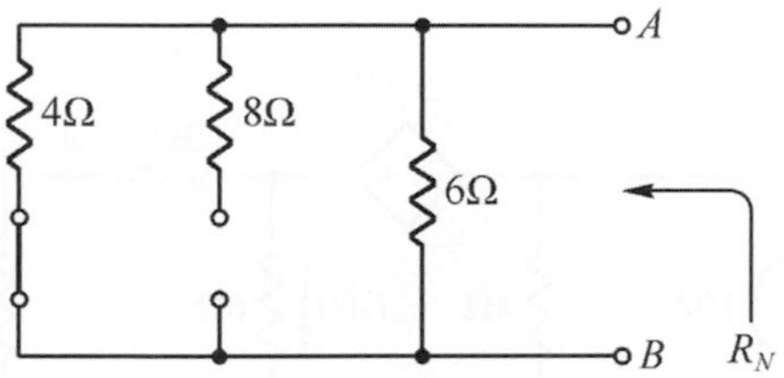

(b)

$$R_N = (6 // 4) = 2.4\ (\Omega)$$

第三步，將電壓電源及電流電源復原，再應用重疊定理，求 A、B 兩端間之短路電流 $i_{sc}(t)$，此短路電流即為 I_N，如圖(c)及(d)所示。

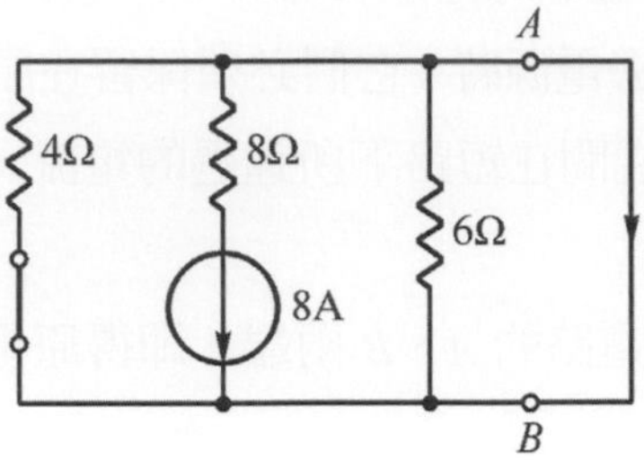

(c)

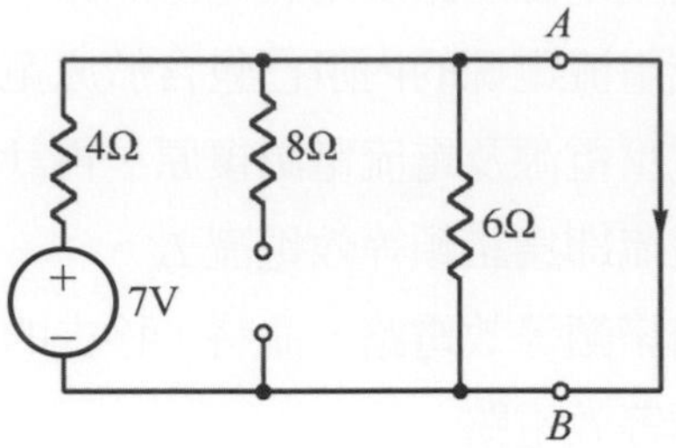

(d)

$$I_{N1} = -8\,\text{A}$$

$$I_{N2} = \frac{7\text{V}}{4\Omega} = 1.75\,\text{A}$$

$$\therefore I_N = I_{N1} + I_{N2} = -8 + 1.75 = -6.25\,(\text{A})$$

最後劃成諾頓等效電路，並將移去的部分接於 A、B 兩端即得，如圖(e)所示。**(注意電流源之方向)**。

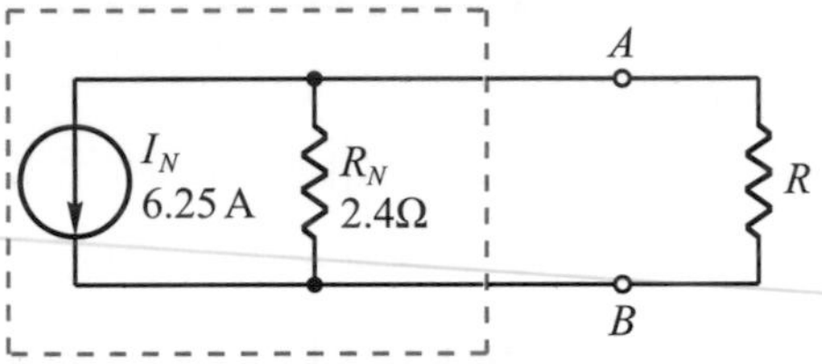

(e)

若電路中含有相依電源時，欲求諾頓等效電路之方法，如例題 3-12 所示。

例題 3-12

如下圖所示含有相依電源之電路，試求 A、B 兩端點的諾頓等效電路。

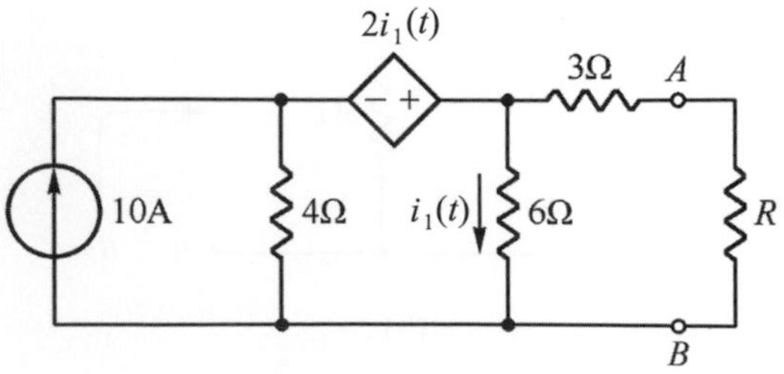

答 先將電阻 R 移去後，再將 A、B 兩端短路，求短路電流 $i_{sc}(t)$，即 I_N；如圖(a)所示。

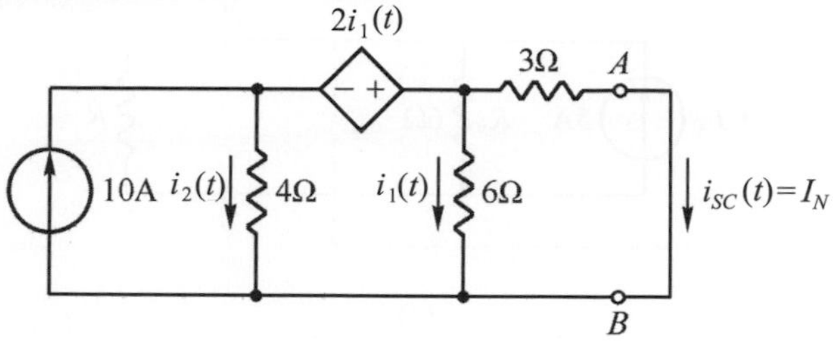

(a)

$$i_2(t)=10-i_1(t)-I_N$$

又由兩個網目，可得網目方程式：

$$-4(10-i_1(t)-I_N)-2i_1(t)+6i_1(t)=0 \quad \text{①}$$

$$-6i_1(t)+3I_N=0 \quad \text{②}$$

由①②解之，得：

$$I_N=5\,(\text{A})$$

欲求等效電阻，則須先求出 A、B 端之開路電壓，然後再用開路電壓 $V_{oc}(t)$除以短路電流，則可求出等效電阻 R_N。如圖(b)所示。

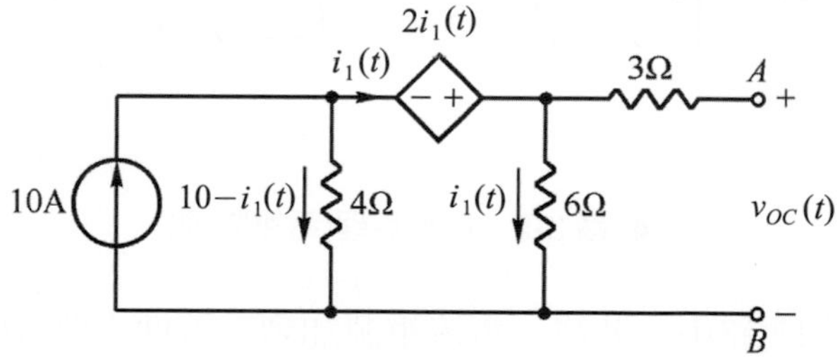

(b)

$$V_{oc}(t)=6i_1(t) \quad \text{③}$$

又 $6i_1(t)=2i_1(t)+4(10-i_1(t))$ ④

解④得：$i_1(t)=5\text{ A}$，代入③中，得

$$V_{oc}(t)=6(5)=30\text{ V}$$

故可得：$R_N=\dfrac{V_{oc}(t)}{I_N}=\dfrac{30\text{V}}{5\text{A}}=6\,(\Omega)$

因此，可得諾頓等效電路，如圖(c)所示。

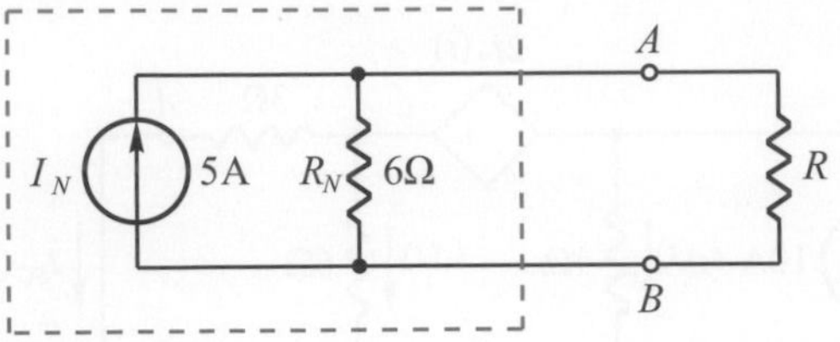

(c)

3-5 互易定理

互易定理(reciprocity theorem)其定義有很多種，最具代表性的有下列三個：

1. 在一不包含電源的電路中，若將一電壓電源加到一線性支路 AB 中，則在電路的另一支路 CD 中會產生一定大小的電流；若將該電壓電源加到 CD 支路中，則在支路 AB 中可得到同樣大小的電流，如圖 3-5 所示。

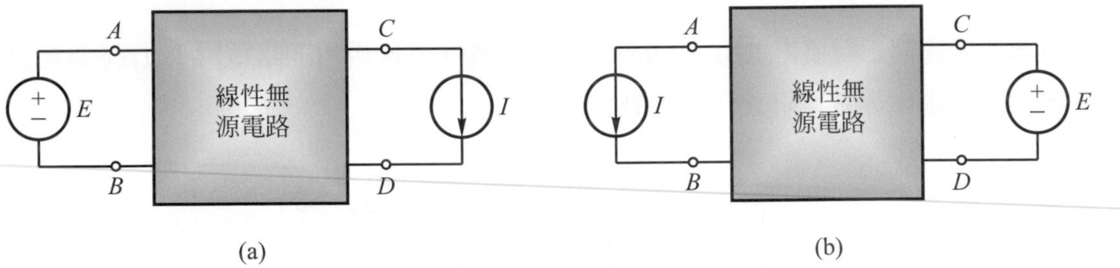

▲ 圖 3-5 互易定理(電壓電源)

2. 在一不包含電源的電路中，若將一電流電源加到一線性支路 AB 中，則在電路的另一支路 CD 兩點間會產生一定大小的電壓；若將該電流電源加到 CD 支路中，則在支路 AB 兩點間可得到同樣大小的電壓，如圖 3-6 所示。

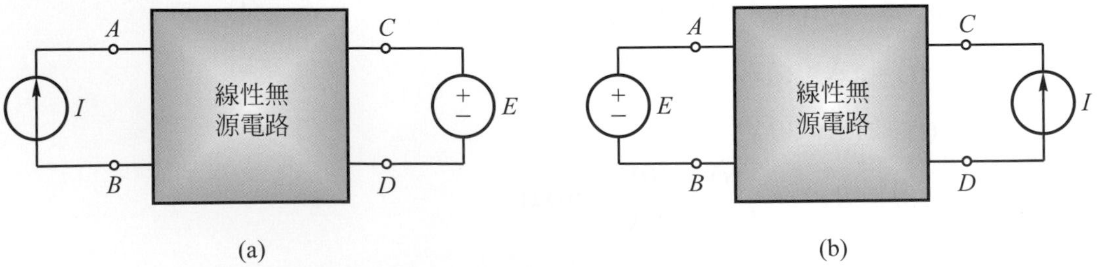

▲ 圖 3-6 互易定理(電流電源)

3. 在一線性無源電路中，激勵(excitation)與響應(response)之位置可互換，且二者之比永遠爲一常數。

互易定理僅適用於無源電路，互易時應注意下列事項：

(1) 若將電壓電源自電路的 AB 支路移去時，該處應以短路代替之，若移至 CD 支路時，電壓源應與 CD 支路相串聯。

(2) 若將電流電源自電路的 AB 支路移去時，該處應以開路代替之，若移至 CD 支路時，電流電源應與 CD 支路相並聯。

(3) 應用互易定理時，其電路中之元件必爲非時變，且不含相依電源、獨立電源與迴旋器(gyrator)。

例題 3-13

試利用下圖(a)、(b)含有電壓源電路，證明互易定理成立。

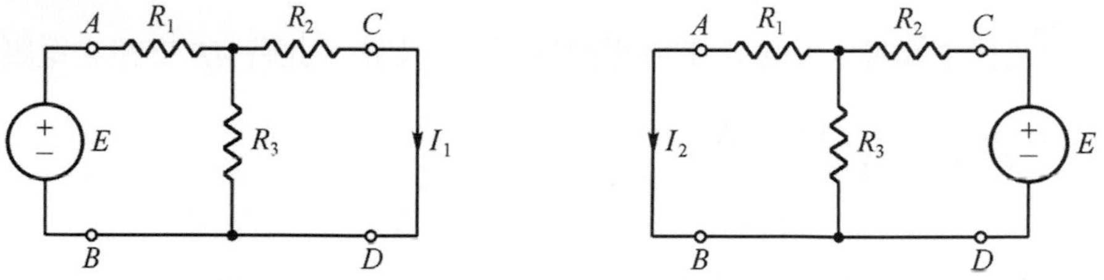

(a)　　(b)

答 在(a)圖電路中，電壓電源在 AB 支路，其在 CD 支路產生的電流 I_1 爲：

$$I_1 = \frac{E}{R_1 + (R_2 // R_3)}\left(\frac{R_3}{R_2 + R_3}\right) = \frac{R_3 E}{R_1 R_2 + R_2 R_3 + R_3 R_1}$$

(b)圖爲互易後之電路，電壓電源移至 CD 支路(注意其極性應與 I_1 方向一致)，此時 AB 支路的電流 I_2 爲：

$$I_2 = \frac{E}{R_2 + (R_1 // R_3)}\left(\frac{R_3}{R_1 + R_3}\right) = \frac{R_3 E}{R_1 R_2 + R_2 R_3 + R_3 R_1}$$

$\because I_1 = I_2$，故互易定理成立。

例題 3-14

試利用下圖(a)、(b)含有電流源電路，證明互易定理成立。

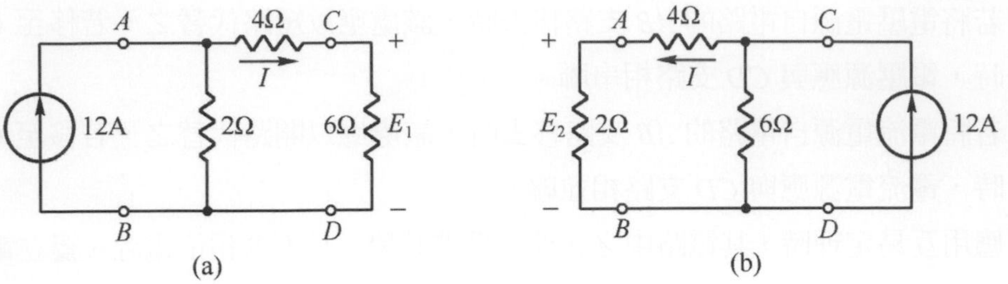

答 在(a)圖電路中，電流電源在 AB 支路，其在 CD 支路所產生的電壓 E_1 為：

$$I=\frac{2}{2+(4+6)}\times 12=2\text{ A}$$

$$E_1=I\times 6=2\times 6=12\,(\text{V})$$

(b)圖為互易後之電路，12A 之電流電源移至 CD 支路，此時 AB 支路之電壓 E_2 為：

$$I=\frac{6}{6+(4+2)}\times 12=6\text{ A}$$

$$E_2=I\times 2=6\times 2=12\,(\text{V})$$

$\because E_1=E_2$，故互易定理成立。

3-6 最大功率轉移定理

在許多實際情況下，設計電路是為了提供功率給負載。有些應用領域如通訊，則希望轉移最大功率給負載。本節將討論在已知系統與內部損耗的情況下，轉移最大功率給負載的問題。

所謂**最大功率轉移定理(maximum power tronsfer theorem)為當負載之總電阻等於負載兩端之戴維寧等效電阻時，負載可自直流電源接收最大功率**。如圖 3-7(a)所示，當 $R_L=R_{TH}$ 時，則會有最大功率傳送到負戴上。對於電晶體結構，較相似於圖 3-7(b)所示之諾頓等效電路，若要有最大功率傳送到負載 R_L 上，則必須滿足之條件為 $R_L=R_N$。

圖 3-7(a)所示電路中的負載電流為：

$$i_L(t)=\frac{E_{Th}}{R_{Th}+R_L} \tag{3-18}$$

跨越負載電阻 R_L 上的功率爲：

$$P_L(t) = i_L^2(t)R_L = \left(\frac{E_{Th}}{R_{Th}+R_L}\right)^2 R_L = \frac{E_{Th}^2 R_L}{(R_{Th}+R_L)^2} \tag{3-19}$$

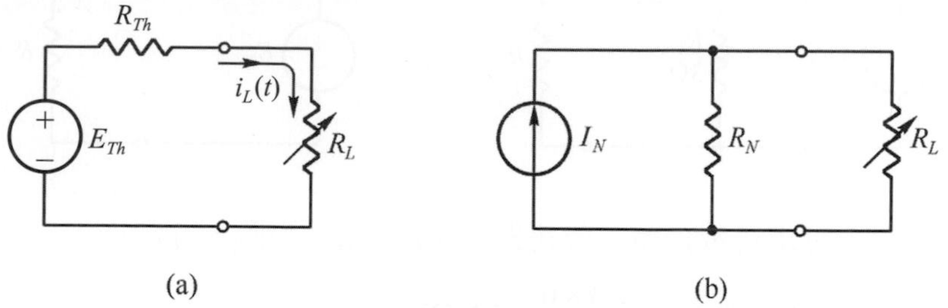

▲ 圖 3-7　可變電阻負載求最大功率轉移

在檢驗最大功率轉移時，最初的趨勢一定認爲是較大的 R_L 值將會有較多的功率傳送到負載，但是因爲 $P_L(t)=\dfrac{v_L^2(t)}{R_L}$，當 R_L 值變大時，$v_L(t)$ 值亦會變大，如此時使 $P_L(t)$ 的淨值減少。若認爲較小的 R_L 值會有較大的電流與功率，但因爲 $P_L(t)=i_L^2(t)R_L$，其爲電流平方與電阻相乘，故 R_L 太小反而會使 $P_L(t)$ 減少。而 R_L 應取何值才會得到最大功率轉移呢？我們可由(3-19)式的分母中看出，因 R_{Th} 爲固定值，故可看出當 $R_L=R_{Th}$ 時，其分母值爲最小，跨越負載電阻 R_L 上的功率爲最大。或可由下面的證明，可得知：欲求最大功率轉移，可將負載功率 $P_L(t)$ 對負載電阻 R_L 微分，使 $\dfrac{dP_L(t)}{dR_L}$ 等於零而解 R_L 即可得最大功率轉移，即：

$$\frac{dP_L(t)}{dR_L} = \frac{d}{dR_L}\left[\frac{E_{Th}^2 R_L}{(R_{Th}+R_L)^2}\right]$$

$$= E_{Th}^2\left[\frac{(R_{Th}+R_L)^2 - R_L(2)(R_{Th}+R_L)}{(R_{Th}+R_L)^4}\right] = 0$$

或　$$(R_{Th}+R_L)^2 - 2R_L(R_{Th}+R_L) = 0$$

而得　$$\boldsymbol{R_L = R_{Th}} \tag{3-20}$$

當 $R_L = R_{Th}$ 時，則由(3-18)式知道負載電流 $i_L(t)$ 爲：

$$i_L(t) = \frac{E_{Th}}{R_{Th}+R_L} = \frac{E_{Th}}{2R_{Th}} \tag{3-21}$$

最大功率 $P_{L\max}(t)$ 由(3-19)式，可得：

$$\boldsymbol{P_{L\max}(t) = i_L^2(t)R_L = \left(\frac{E_{Th}}{2R_{Th}}\right)^2 R_{Th} = \frac{E_{Th}^2}{4R_{Th}}} \tag{3-22}$$

例題 3-15

如下圖所示之電路，試求送至負載 R 的最大功率及負載電阻 R 的值。

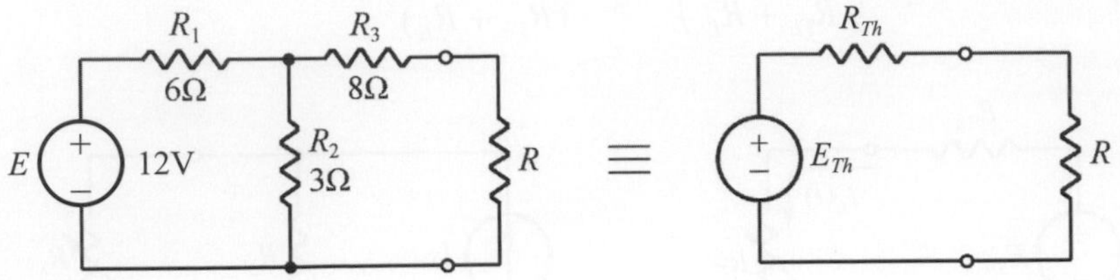

答 由戴維寧定理，可求得戴維寧等效電路中 R_{Th} 及 E_{Th} 的值，分別爲：

$$R_{Th}=R_3+(R_1 // R_2)=8+\frac{3\times 6}{3+6}=10\,(\Omega)$$

$$E_{Th}=\frac{R_2}{R_1+R_2}E=\frac{3}{3+6}\times 12=4\,(\text{V})$$

$\therefore R=R_{Th}=10\,(\Omega)$時，有最大功率轉移，其最大功率爲：

$$P_{L\max}(t)=\frac{E_{Th}^2}{4R_{Th}}=\frac{(4)^2}{4\times 10}=0.4\,(\text{W})$$

例題 3-16

由例題 3.13 的結果，所得諾頓等效電路如下圖所示，試求電路所能釋放的最大功率。

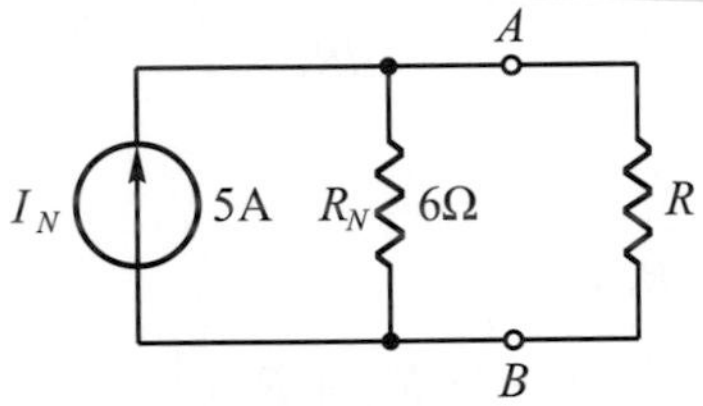

答 將上圖轉換成戴維寧等效電路，如下圖所示

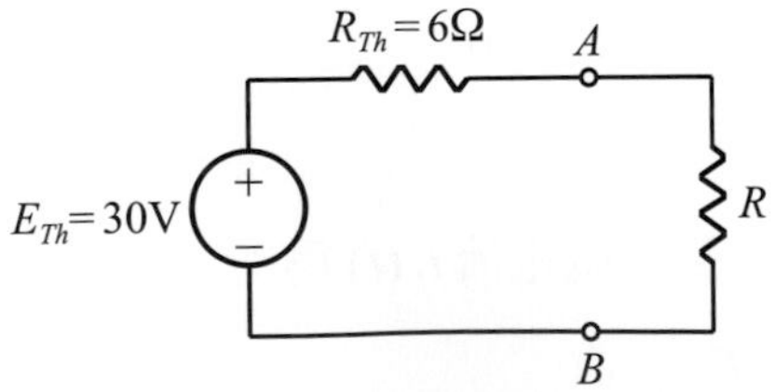

其中，$R_{Th}=6\Omega$，$E_{Th}=v_{oc}(t)=i_{sc}(t)R_{Th}=5\times 6=30\text{V}$

由最大功率轉移定理，(3-22)式可得：

$$\rho_{L\max}(t)=\frac{E_{Th}^2}{4R_{Th}}=\frac{30^2}{4\times 6}=37.5\,(\text{W})$$

本章習題 LEARNING PRACTICE

3-1 如下圖所示電路中，若 $v_1(t) = 12\text{V}$，$v(t) = 30\text{V}$，$R_2 = 6\Omega$，試利用分壓求出 R_1 和 $i(t)$ 值。

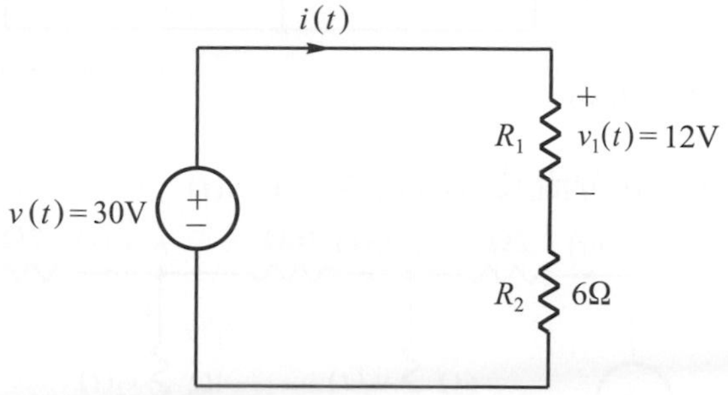

答 $R_1 = 4(\Omega)$，$i(t) = 3(\text{A})$

3-2 有 m 個電阻器的分壓器，所有電阻都是 R，若 $v(t)$為總電壓，試求每一電阻器的端電壓。

答 $\dfrac{v(t)}{m}$

3-3 如下圖所示之電路中，試利用分流定理求 $i_1(t)$和 $i_2(t)$之值。

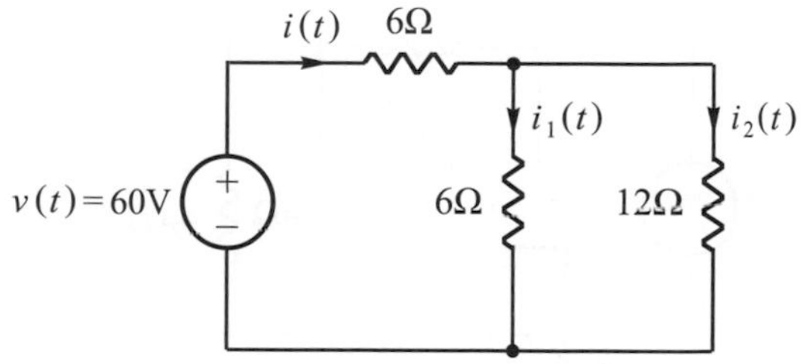

答 $i_1(t) = 4(\text{A})$，$i_2(t) = 2(\text{A})$

3-4 有 10 個排電阻所組成的分流器，其中 9 個具有相同 20m℧的電導，第 10 個為 70m℧，若進入分流器總電流 $i(t) = 50\text{mA}$，試求進入第 10 個電阻器的電流。

答 14(mA)

3-5 如下圖所示之電路，試利用分流定理和分壓定理求 $i_1(t)$和 $v_1(t)$之值。

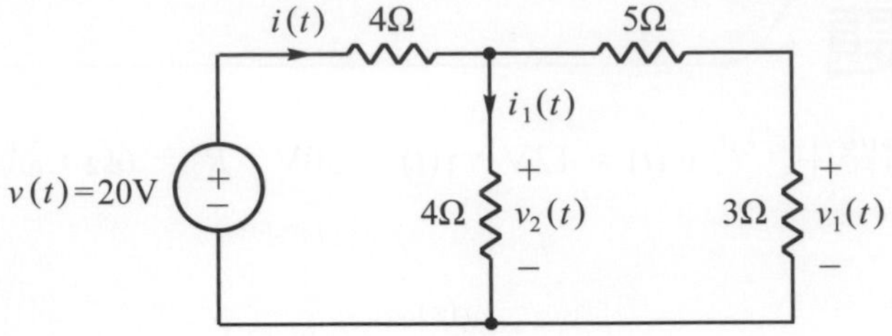

答 $i_1(t) = 2(A)$，$v_1(t) = 3(V)$

3-6 下圖係階梯電路，試利用分流及分壓定理求出 $i_1(t)$、$i_2(t)$、$v_1(t)$、$v_2(t)$和 $v_3(t)$之值。

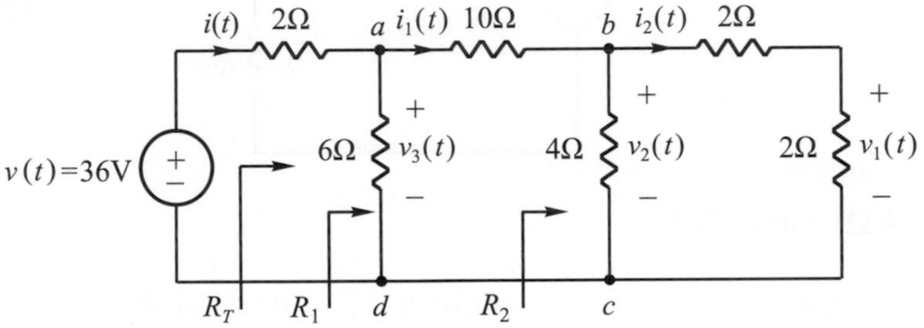

答 $i_1(t) = 2(A)$，$i_2(t) = 1(A)$，$v_1(t) = 2(V)$，$v_2(t) = 4(V)$，$v_3(t) = 24(V)$

3-7 試求下圖所示階梯電路的 $i(t)$、$i_1(t)$、$v_1(t)$、$v_2(t)$和 $v_3(t)$之值。

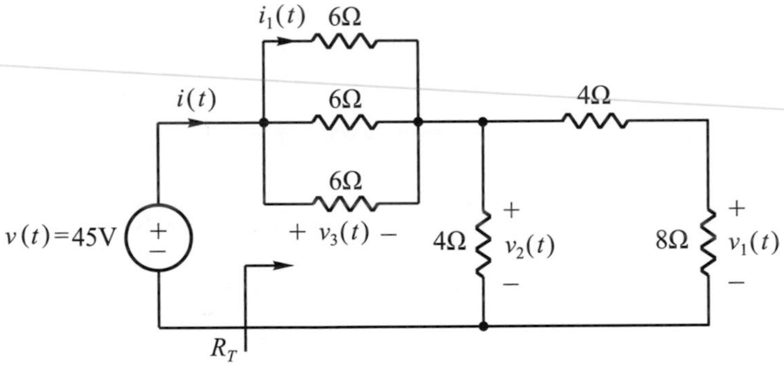

答 $i(t) = 9(A)$，$i_1(t) = 3(A)$，$v_1(t) = 18(V)$，$v_2(t) = 27(V)$，$v_3(t) = 18(V)$

3-8 試求下圖電路中 $i_1(t)$與 $i_2(t)$之值。

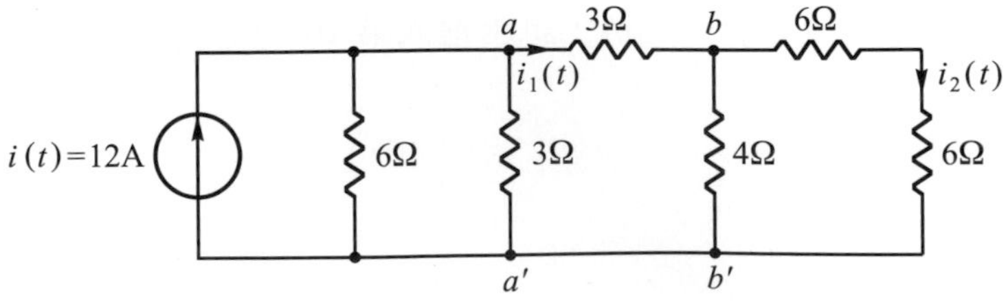

答 $i_1(t) = 3(A)$，$i_2(t) = \frac{3}{4}(A)$

3-9　如下圖所示電路，試利用重疊定理求流過 6Ω 電阻上之電流 $i(t)$。

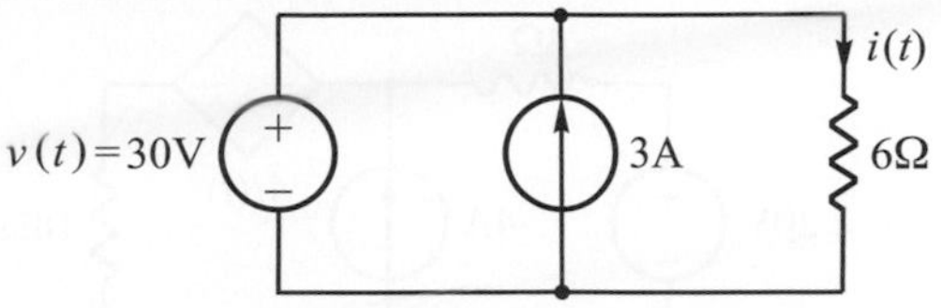

答　$i(t) = 5(A)$

3-10 試利用重疊定理求出下圖所示電路中，流過 R_2 電阻上之電流 $i(t)$。

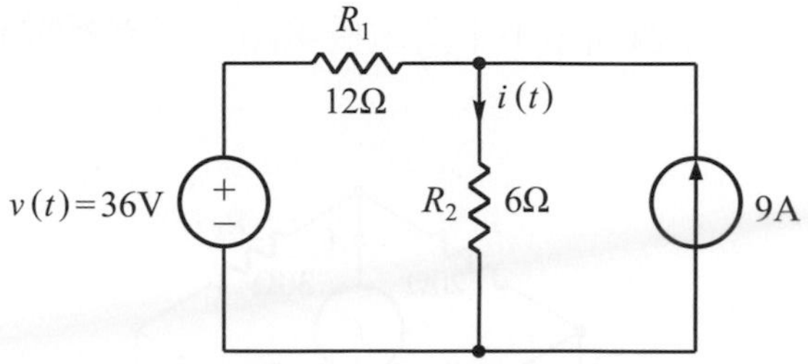

答　$i(t) = 8(A)$

3-11 試以重疊定理求出下圖所示電路中 6kΩ 電阻之電壓 $v(t)$。

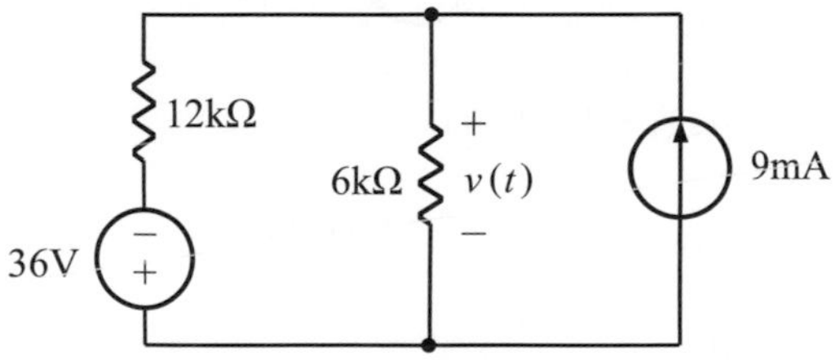

答　$v(t) = 24(V)$

3-12 如下圖所示電路，試用重疊定理求流過 6Ω 電阻器之電流 $i(t)$。

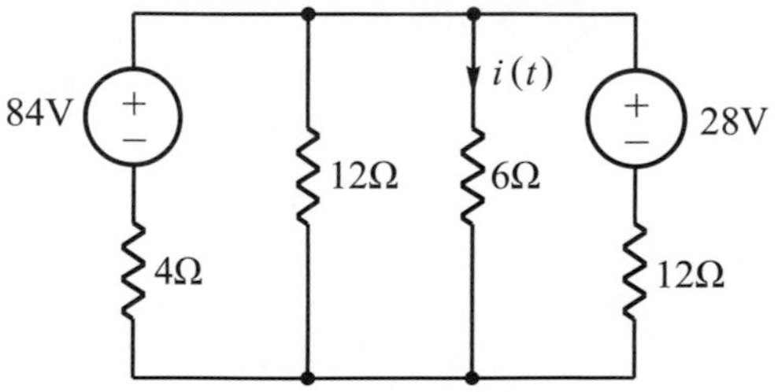

答　$i(t) = 6.67(A)$

3-13 試應用重疊定理求下圖之電流 $i(t)$之值。

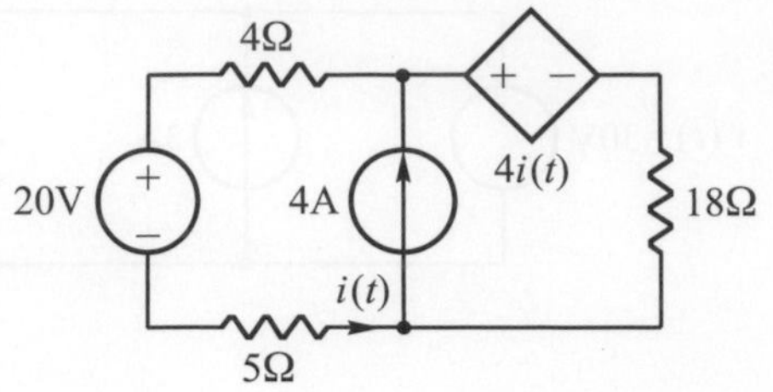

答 $i(t) = 2.26(A)$

3-14 試利用戴維寧定理求下圖所示不平衡電橋電路中，流經電流表 Ⓘ 的電流。設電流表之內阻爲 9Ω。

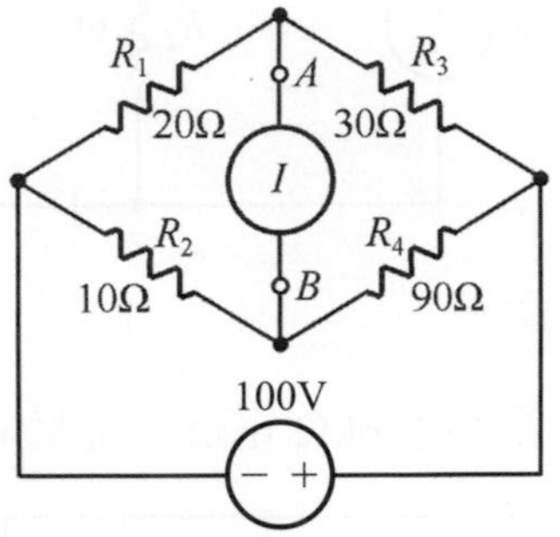

答 $E_{Th} = 30(V)$，$R_{Th} = 21(\Omega)$，$I = 1(A)$

3-15 試求下圖含有相依電源及獨立電源電路的 $i(t)$值。

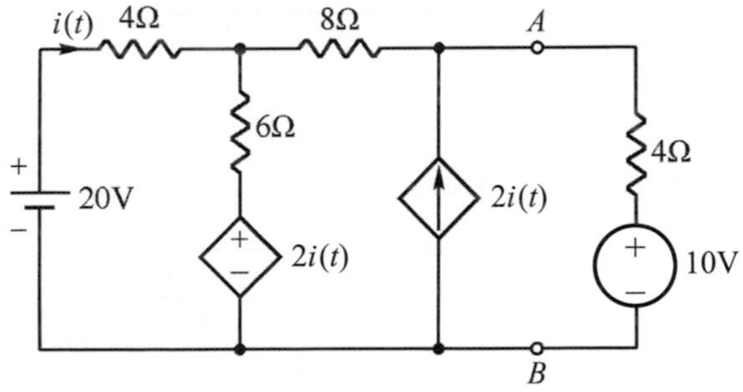

答 $i(t) = 1.389(A)$

3-16 以戴維寧定理求出下圖電路中的 $v_1(t)$值。

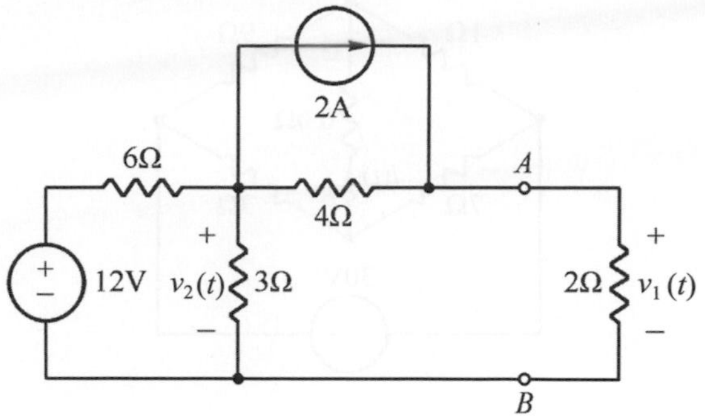

答　$v_1(t) = 3(\text{V})$

3-17 試利用戴維寧等效電路求出下圖電路中的 $i(t)$值。

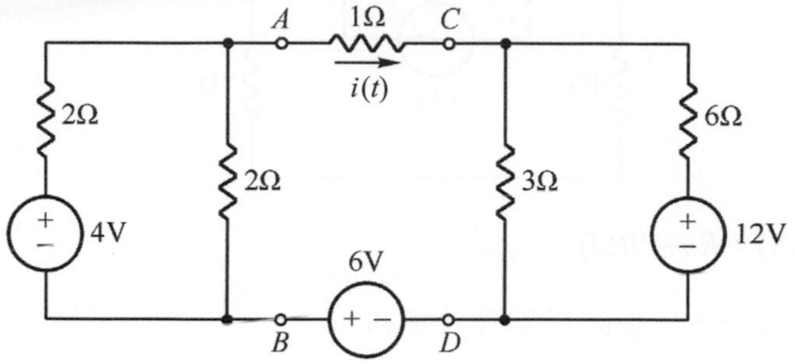

答　$i(t) = 1(\text{A})$ (提示：先求 AB 端以左及 CD 端以右之戴維寧等效電路，再以 KVL 即可求出 $i(t)$值)。

3-18 試求下圖所示電路 a、b 二端的戴維寧等效電路。

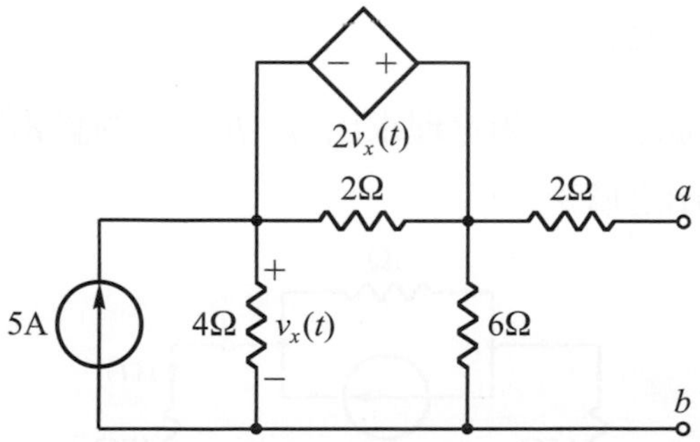

答　$R_{Th} = 6(\Omega)$，$E_{Th} = 20(\text{V})$

3-19 試利用諾頓定理求出下圖中流經 0.6Ω 支路的電流 $i(t)$。

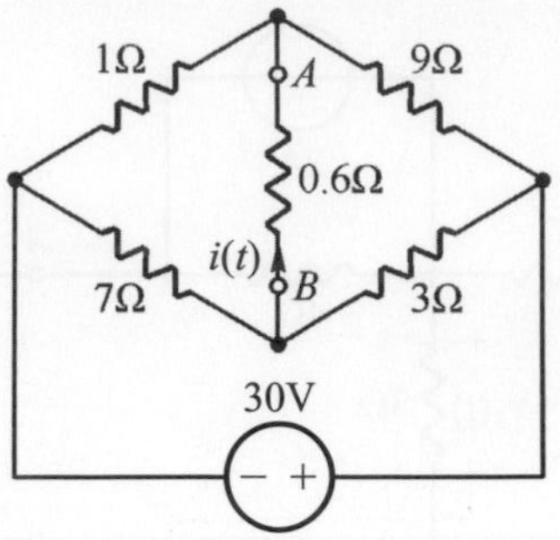

答 $i(t) = 5(\mathrm{A})$

3-20 試求下圖 A、B 端之諾頓等效電路。

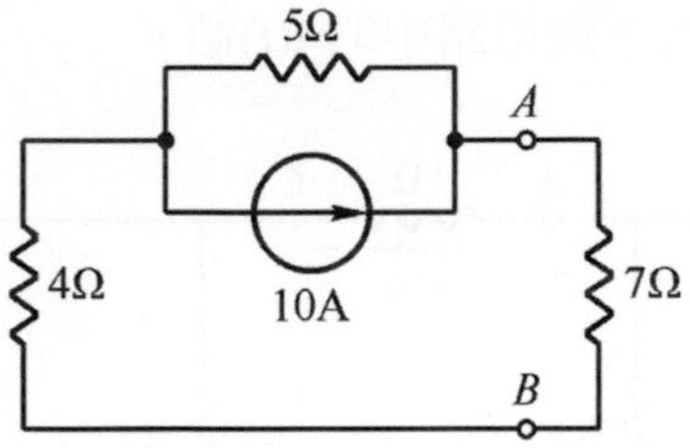

答 $I_N = 5.556(\mathrm{A})$，$R_N = 9(\Omega)$

3-21 試求下圖電路中 a、b 二端的諾頓等效電路。

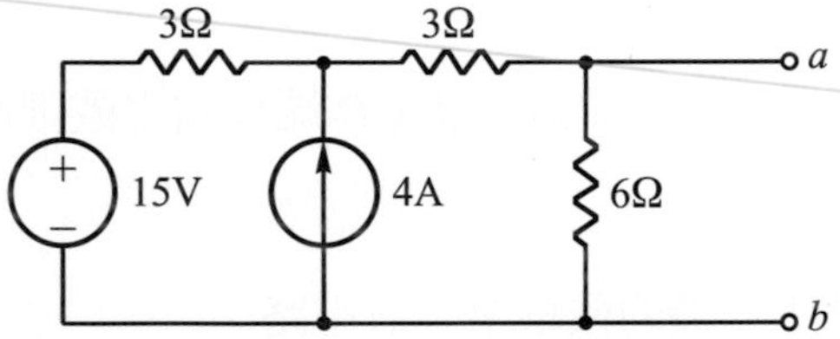

答 $I_N = 4.5(\mathrm{A})$，$R_N = 5(\Omega)$

3-22 如下圖所示之電路，試利用諾頓定理求出 a、b 二端的諾頓等效電路，並利用此結果求出 10Ω 上的電流 $i(t)$之值。

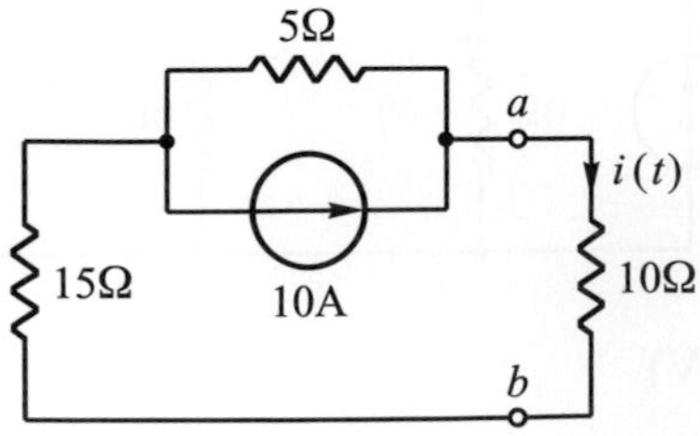

答 $I_N = 2.5(\mathrm{A})$，$R_N = 20(\Omega)$，$i(t) = 1.67(\mathrm{A})$

3-23 如下圖所示之電橋電路，試以諾頓定理求出 a、b 二端的諾頓等效電路，並利用此結果求出流經 0.3Ω 電阻上的電流 $i(t)$之值。

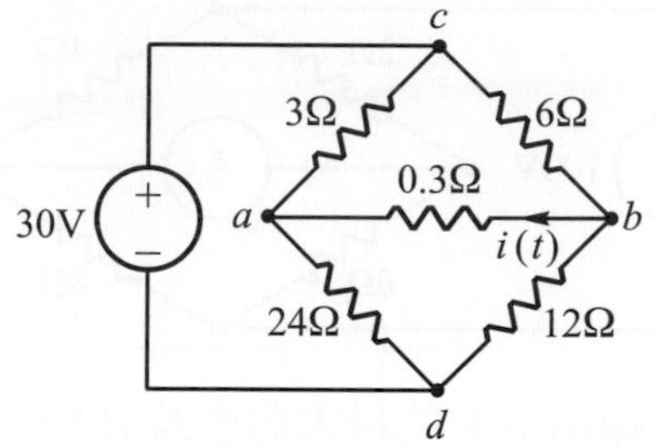

答 $I_N = 1(\text{A})$，$R_N = 6.7(\Omega)$，$i(t) = 0.96(\text{A})$

3-24 如下圖所示之電路，兩電源並聯供電於一負載，設電源之電壓各為 V_1 及 V_2，其內阻各為 R_1 及 R_2，負載之電阻 R_3，試由諾頓定理求出此並聯電源之等效電路，並求此電路負載電流及短路電流之比。

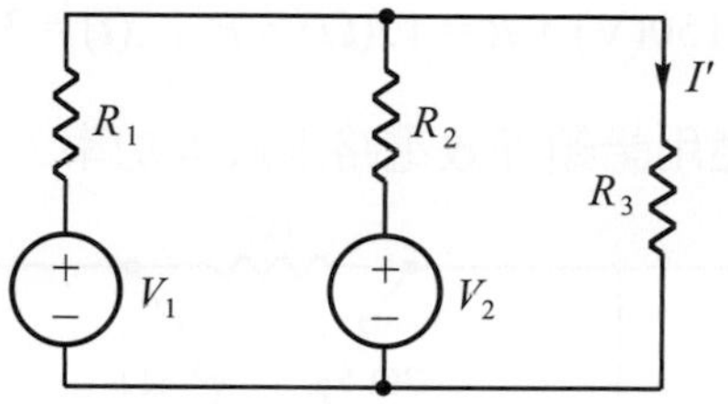

答 $I_N = i_{sc}(t) = \dfrac{V_1}{R_1} + \dfrac{V_2}{R_2}$，$R_N = R_1 \,//\, R_2 = \dfrac{R_1R_2}{R_1 + R_2}$

$I' = \dfrac{R_2V_1 + R_1V_2}{R_1R_2 + R_2R_3 + R_3R_1}$，$\dfrac{I'}{I_N} = \dfrac{R_1R_2}{R_1R_2 + R_2R_3 + R_3R_1}$

3-25 如下圖(a)、(b)所示之電路，其中 $R_5 = 10\Omega$，$v_1(t) = 0.9E$，$v_2(t) = 0.5E$，$v_3(t) = 0.3E$，$v_4(t) = 0.5E$，試應用互易定理求出 R_1 之值。

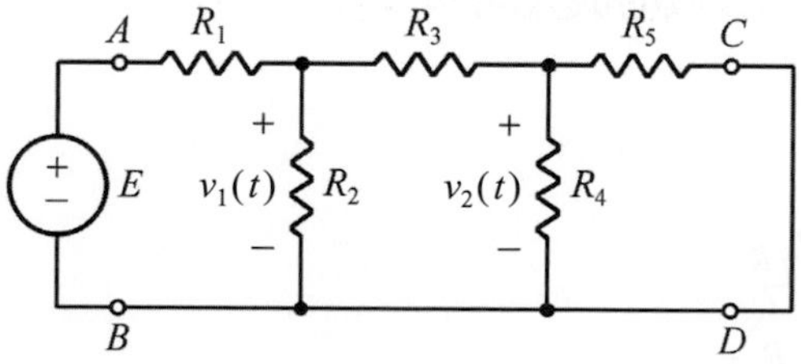

(a)

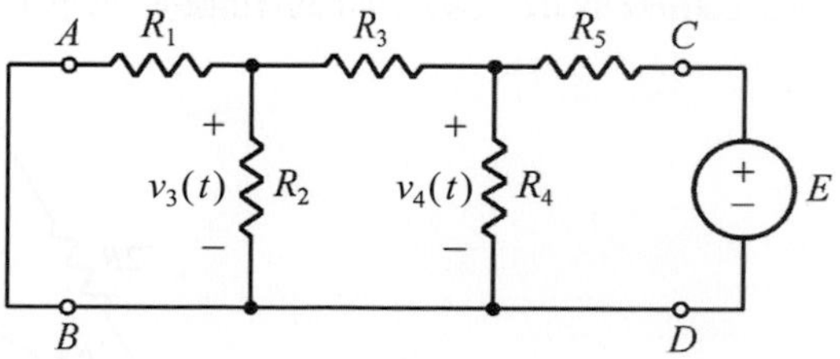

(b)

答 $R_1 = 6(\Omega)$

3-26 如下圖所示，試計算安培表的電流，若電壓源與安培表互換，再計算安培表電流，證明互易定理成立。

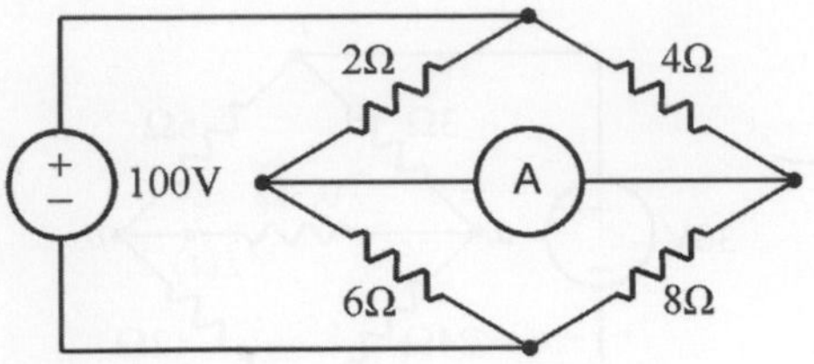

3-27 如下圖所示電路中，試求輸出至 R 的最大功率及 R 值。

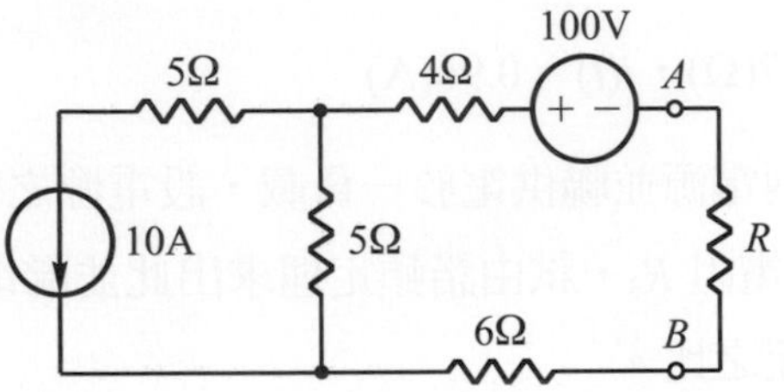

答 $R_{Th}=15(\Omega)$，$E_{Th}=-150(\text{V})$，$R=15(\Omega)$，$P_{L\max}(t)=375(\text{W})$

3-28 如下圖所示之電路，試應用諾頓等效電路求最大功率。

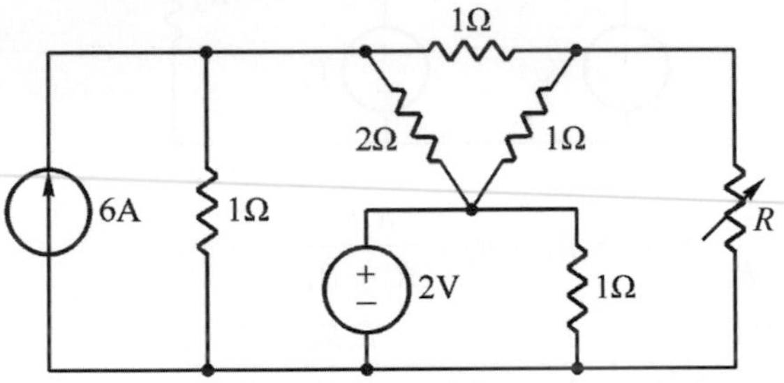

答 $R=\dfrac{5}{8}(\Omega)$，$P_{L\max}(t)=\dfrac{18}{5}(\text{W})$

3-29 如下圖所示電路，若一電壓爲 6V，內阻爲 0.1Ω 之電源直接跨接於 A、D 兩端，試求此電路吸收最大功率時 R 的值，並求其由電源吸收的最大功率。

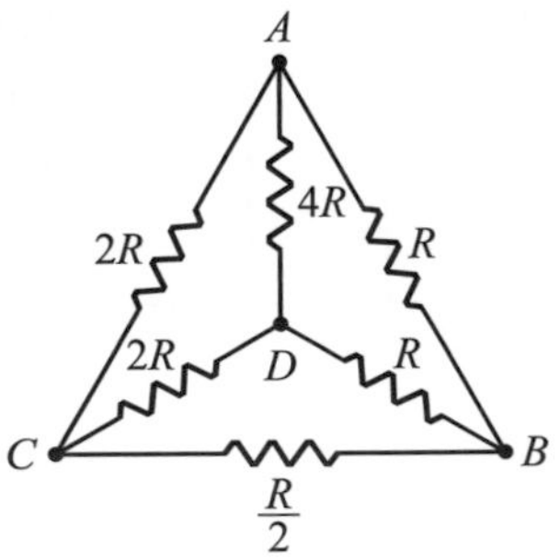

答 $R=0.1(\Omega)$，$P_{L\max}(t)=90(\text{W})$

3-30 如下圖所示電路，試求電路中最大功率轉移時的 R 值和最大功率。

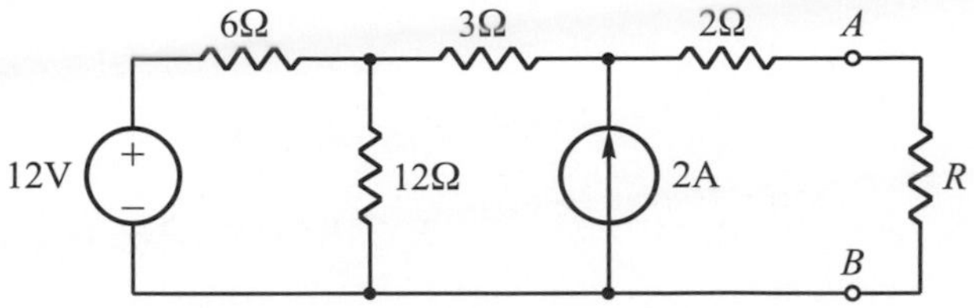

答　$R = 9(\Omega)$，$P_{L\max}(t) = 13.44(\mathrm{W})$

3-31 如下圖所示電路中，試求輸出至 R 的最大功率與電阻 R 的值。

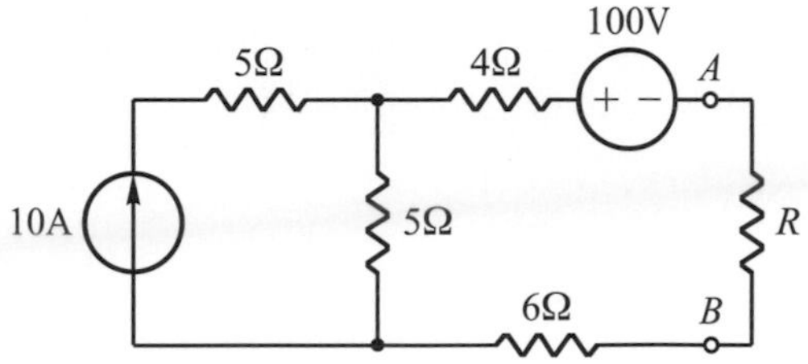

答　$P_{L\max}(t) = 375(\mathrm{W})$，$R = 15(\Omega)$

3-32 如下圖所示電路，試求電路中負載 R_L 之最大功率輸出。

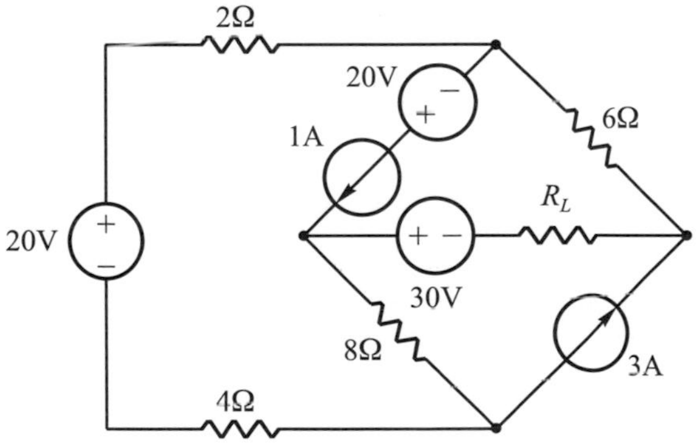

答　$P_{L\max}(t) = 64.8(\mathrm{W})$

4 直流電阻電路分析

常見的電路為多網目或多節點的電路，且在電路中同時連接若干電壓源或電流源，故形成一較為複雜的電路，解答時，可用克希荷夫的電壓及電流定律，寫出適當數目的方程式，把這些方程式聯立後，再利用行列式等代數方法求解，即可解出欲求電路中的電壓或電流。

本章將討論三種分析電路的方法：**支路電流法、網目電流和節點電壓法**；這三種分析方法都可應用在任何電路上。在前面之章節中，分析的方法僅限於串聯、並聯、或串並聯電路的分析之用，但本章所提供的方法，可用來分析任何類型的電路。

三種分析法列出電壓或電流方程式後，需用消去法、行列式法、克拉姆法則或矩陣法來求解欲求之電壓或電流。最後再介紹相依電源及含相依電源電路的分析法。在許多電子元件中，當分析許多小信號時，可用各種等效電路模型來代表此元件，而這些模型中就含有各種相依電源。

4-1 支路電流法(branch current method)

支路是指相鄰接點間的元件或串聯元件。支路電流法，如圖 4-1 所示，是採用特定的迴路，或封閉路徑。首先以元件電流當作電流，再考慮一組稱為**網目**(mesh)電流當作電路電流，以能擁有更系統化的分析方法，有時亦稱之為**使用元件電流的迴路分析法**。如圖 4-1 所示，電路中有兩個迴路，迴路由箭頭和所標示的 1 和 2 加以區別。此種電路亦有一迴路繞著電路的外圍，這迴路在分析上是不需要的。

所謂網目，就是一組支路，在電路上形成封閉後，如任一支路取去，其剩下的支路不形成封閉；及迴路的最小單位，稱為網目。在圖 4-1 中的迴路 1 和迴路 2 就是網目的例子，外圍的迴路不是網目，因為內部包含了一個 6Ω 的電阻器。

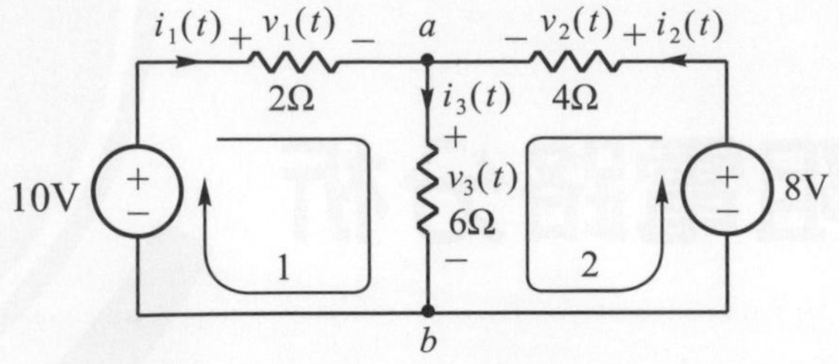

▲ 圖 4-1 支路電流法

網目的數目剛好是分析電路所需組成聯立方程式的正確數目。在圖 4-1 中，電路有兩個網目，而電路中每一元件不是在一網目上，就是在另一網目上。

支路電流法就是寫出迴路方程式開始，此方程式是使用 KVL 環繞這迴路而獲得。因電阻器兩端的電壓是 $i(t)R$ 壓降，在方程式中的未知數是電流。不論迴路中前進電流方向是否正確，只要克希荷夫定律及歐姆定律正確使用即可，**若求出的值為負的，則表示假設方向與實際方向相反**。

如圖 4-1 所示，由 KVL 按箭頭所指方向環繞迴路 1 可得：

$$v_1(t) + v_3(t) - 10 = 0 \tag{4-1}$$

同理，依箭頭所指方向環繞迴路 2 可得：

$$v_2(t) + v_3(t) - 8 = 0 \tag{4-2}$$

再利用元件電流 $i_1(t)$、$i_2(t)$和 $i_3(t)$來代替，配合歐姆定律的 $i(t)R$ 壓降可得：

$$v_1(t) = 2i_1(t)$$

$$v_2(t) = 4i_2(t)$$

$$v_3(t) = 6i_3(t) \tag{4-3}$$

將(4-3)式各數值代入(4-1)式和(4-2)式中，可得迴路方程式爲：

$$2i_1(t) + 6i_3(t) = 10$$

$$4i_2(t) + 6i_3(t) = 8 \tag{4-4}$$

利用 KCL 在節點 a 上而獲得另一方程式爲：

$$i_3(t) = i_1(t) + i_2(t) \tag{4-5}$$

將 $i_3(t)$之值代入(4-4)式中可得：

$$8i_1(t) + 6i_2(t) = 10$$
$$6i_1(t) + 10i_2(t) = 8 \qquad (4\text{-}6)$$

在(4-6)式的聯立方程式解法有很多種。其中一種是**消去法**，把一適當的常數乘上一個或數個方程式，再把這些方程式相加或相減以消去一未知數。另一種方法是利用**行列式法**，在使用行列式定理簡化後，可直接的寫出答案。現用行列式法來解(4-6)式的聯立方程式，可得：

$$i_1(t) = \frac{\Delta_1}{\Delta} = \frac{\begin{vmatrix} 10 & 6 \\ 8 & 10 \end{vmatrix}}{\begin{vmatrix} 8 & 6 \\ 6 & 10 \end{vmatrix}} = \frac{52}{44} = \frac{13}{11}\,(\text{A})$$

$$i_2(t) = \frac{\Delta_2}{\Delta} = \frac{\begin{vmatrix} 8 & 10 \\ 6 & 8 \end{vmatrix}}{\begin{vmatrix} 8 & 6 \\ 6 & 10 \end{vmatrix}} = \frac{4}{44} = \frac{1}{11}\,(\text{A})$$

$$i_3(t) = i_1(t) + i_2(t) = \frac{14}{11}\,(\text{A})$$

各元件上電流求出後，則各元件上的電壓可由(4-3)式求出 $v_1(t) = \frac{26}{11}\,(\text{V})$，$v_2(t) = \frac{4}{11}\,(\text{V})$，$v_3(t) = \frac{84}{11}\,(\text{V})$。

支路電流法應用克希荷夫定律及歐姆定律寫出聯立方程式，倘若聯立方程式是電流方程式，那麼方程式的數目，當較電路中節點數目少一個；倘若聯立方程式是電壓方程式，則方程式數目與電路中的獨立網目數目相同。

例題 4-1

試利用支路電流法，求下圖所示中各支路的電流。

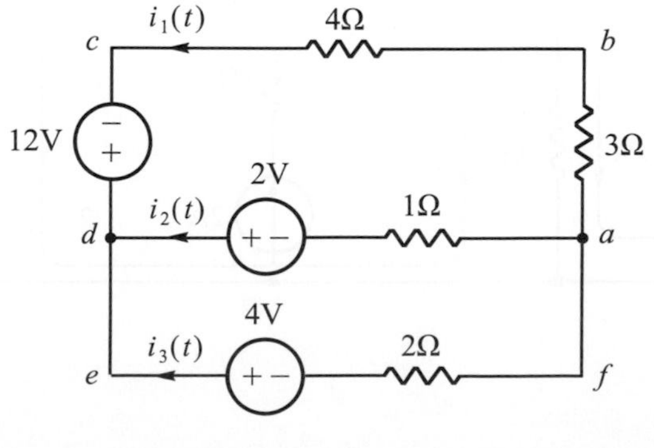

答 利用 KCL，在節點 d 得到：

$i_1(t)+i_2(t)+i_3(t)=0$ ......①

再利用 KVL 可得：

$abcda$ 迴路：$3i_1(t)+4i_1(t)-i_2(t)=12-2$，即

$7i_1(t)-i_2(t)=10$ ......②

$adefa$ 迴路：$i_2(t)-2i_3(t)=2-4=-2$ ......③

將①式中 $i_3(t)=-i_1(t)-i_2(t)$代入③式中得：

$2i_1(t)+3i_2(t)=-2$ ......④

利用行列式解②與④式的聯立方程式：

$$i_1(t)=\frac{\Delta_1}{\Delta}=\frac{\begin{vmatrix}10 & -1\\ -2 & 3\end{vmatrix}}{\begin{vmatrix}7 & -1\\ 2 & 3\end{vmatrix}}=\frac{28}{23}\,(\text{A})$$

$$i_2(t)=\frac{\Delta_2}{\Delta}=\frac{\begin{vmatrix}7 & 10\\ 2 & -2\end{vmatrix}}{\begin{vmatrix}7 & -1\\ 2 & 3\end{vmatrix}}=\frac{-34}{23}\,(\text{A})$$

$$i_3(t)=-i_1(t)-i_2(t)=\frac{6}{23}\,(\text{A})$$

$i_2(t)$為負值，即表示圖中假設 $i_2(t)$的方向與實際方向相反。

例題 4-2

如下圖所示之電路，試利用支路電流法求流過 R 中之電流及電流源兩端之電壓。

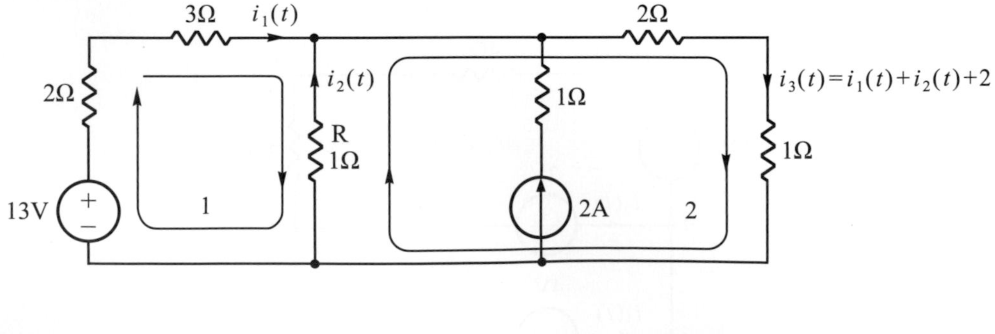

答　圖中電流源因無電阻與之並聯且有端電壓存在，故電流源之支路不能走，故僅有兩迴路，如圖中迴路 1 和迴路 2。

由迴路 1 寫 KVL 方程式，得：

$$2i_1(t) + 3i_1(t) - i_2(t) = 13 \quad \text{......①}$$

由迴路 2 寫 KVL 方程式，得：

$$i_2(t) + (2 + 1)(i_1(t) + i_2(t) + 2) = 0 \quad \text{......②}$$

將①、②式整理後，可得：

$$5i_1(t) - i_2(t) = 13 \quad \text{......③}$$

$$3i_1(t) + 4i_2(t) = -6 \quad \text{......④}$$

解③、④式，可得：

$$i_1(t) = 2(\text{A}),\ i_2(t) = -3(\text{A})$$

∵ $i_2(t)$電流為負，表示實際電流方向與所假設方向相反，故流過 R 上的電流為 3A 向下。而電流源兩端之電壓為：

$$v_{2\text{A}}(t) = 2 \times 1 + 1 \times (-i_2(t)) = 5(\text{V})$$

4-2　網目電流分析法(mesh current method)

網目電流法是將克希荷夫電壓定律直接用於電路上，先指定各網目之電流，然後循各網目依一定之方向寫出克希荷夫電壓定律方程式，解出各網目聯立方程式，便得網目電流，於是可求出各支路上之電流。

在電路中沿支路上任一節點循環前進後又回到該節點，形成一閉合電路稱為**迴路**(loop)，如圖 4-2 中的迴路 *abcdefa*、迴路 *abehkfa* 和迴路 *abcdghkfa* 等。而**迴路之最小單位，其間不包括其他支路者，稱為網目(mesh)**，如圖 4-2 所示之 *abef*、*bcde*、*edgh* 和 *fehk* 皆為網目。

迴路電流法或網目電流法是電路分析中常用的方法之一，其步驟是先在各網目中假設一網目電流，通常都假設同一方向，這樣計算方便除錯，採順時針方向或逆時針方向均可。然後利用 KVL 分別列出各網目的聯立方程式，解出網目電流後，再計算各支路電流值與電壓值。

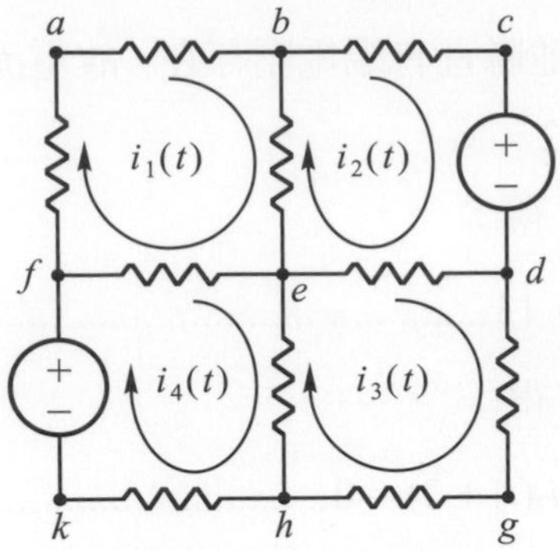

▲ 圖 4-2 迴路與網目

對包含 n 個網目電路進行網目分析時，將依下列三個步驟：

1. 在 n 個網目中，指定網目電流 $i_1(t)$，$i_2(t)$，⋯，$i_n(t)$。
2. 對 n 個網目分別應用 KVL，並應用歐姆定律以網目電流來表示各分支的電壓。
3. 求解 n 個聯立方程式，以取得各網目的電流。

以圖 4-3 的電路來說明上述步驟。

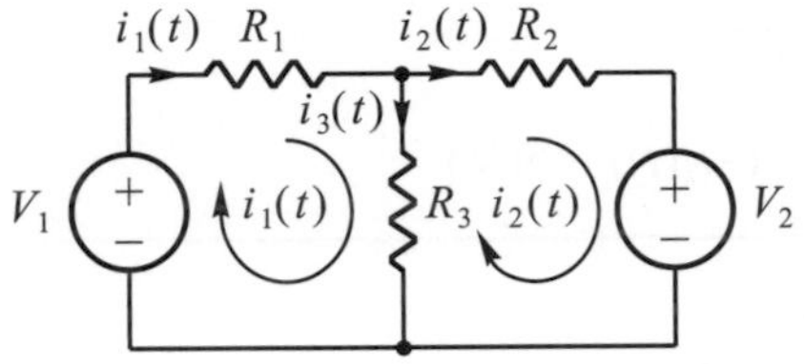

▲ 圖 4-3 網目分析的典型電路

第一步指定網目 1 和 2 的網目電流 $i_1(t)$和 $i_2(t)$。雖可任意指定每個網目電流的方向，但習慣上都假設電流方向為順時針方向。

第二步在每個網目應用 KVL。

在網目 1 應用得 KVL：

$$-V_1 + R_1 i_1(t) + R_3(i_1(t) - i_2(t)) = 0$$

或 $$(R_1 + R_3)i_1(t) - R_3 i_2(t) = V_1 \tag{4-7}$$

在網目 2 應用得 KVL：

$$R_2 i_2(t) + V_2 + R_3(i_2(t) - i_1(t)) = 0$$

或 $$-R_3 i_1(t) + (R_2 + R_3)i_2(t) = -V_2 \tag{4-8}$$

第三步求解網目電流。

將(4-7)式與(4-8)式寫成向量-矩陣形式如下：

$$\begin{bmatrix} R_1+R_3 & -R_3 \\ -R_3 & R_2+R_3 \end{bmatrix}\begin{bmatrix} i_1(t) \\ i_2(t) \end{bmatrix}=\begin{bmatrix} V_1 \\ -V_2 \end{bmatrix} \tag{4-9}$$

可使用任何標準方法，如代入消去法、行列式法、克拉姆法則或矩陣法求解聯立方程式，(4-7)式與(4-8)式，或(4-9)式，可求得網目電流 $i_1(t)$和 $i_2(t)$。

例題 4-3

試以網目電流法求出下圖中各支路之電流。

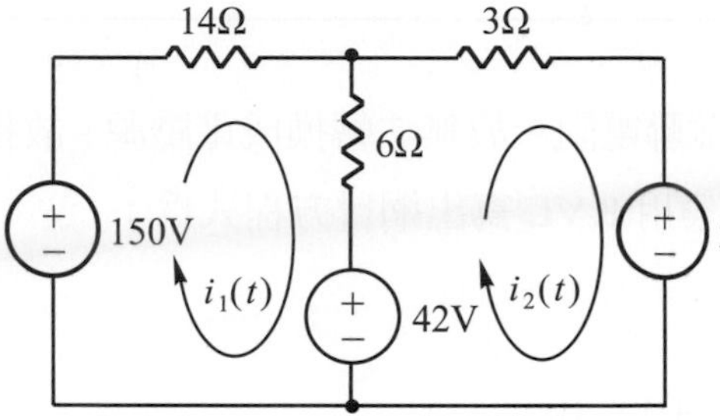

答 先指定兩個網目電流 $i_1(t)$與 $i_2(t)$，再應用 KVL，寫出網目方程式為：

網目 1：$14i_1(t) + 6(i_1(t) - i_2(t)) = 150 - 42$

網目 2：$6(i_2(t) - i_1(t)) + 3i_2(t) + 24 = 42$

整理後為：

$$20i_1(t) - 6i_2(t) = 108$$

$$6i_1(t) - 9i_2(t) = -18$$

依行列式法可得：

$$i_1(t)=\frac{\Delta_1}{\Delta}=\frac{\begin{vmatrix}108 & -6\\ -18 & -9\end{vmatrix}}{\begin{vmatrix}20 & -6\\ 6 & -9\end{vmatrix}}=\frac{-1080}{-144}=7.5(\text{A})$$

$$i_2(t)=\frac{\Delta_2}{\Delta}=\frac{\begin{vmatrix}20 & 108\\ 6 & -18\end{vmatrix}}{\begin{vmatrix}20 & -6\\ 6 & -9\end{vmatrix}}=\frac{-1008}{-144}=7(\text{A})$$

例題 4-4

以網目電流法，求下圖中流過各電阻之電流及電流源兩端之電壓。

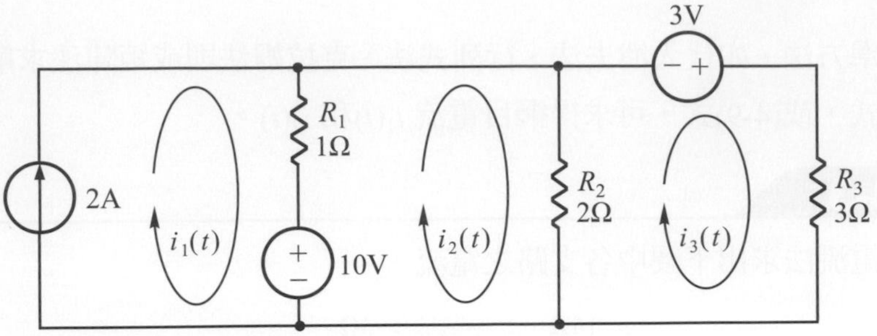

答 由圖中可知，電流源無並聯電阻，故無法轉換成電壓源。故指定三個網目之網目電流爲 $i_1(t)$，$i_2(t)$與 $i_3(t)$，再應用 KVL 寫出網目方程式爲：

$$i_1(t) = 2\text{A}$$

$$-1i_1(t) + 3i_2(t) - 2i_3(t) = 10$$

$$0i_1(t) - 2i_2(t) + 5i_3(t) = 3$$

整理後爲：

$$3i_2(t) - 2i_3(t) = 12$$

$$2i_2(t) - 5i_3(t) = -3$$

利用消去法或行列式法，可得：

$$i_2(t) = 6\text{A}，i_3(t) = 3\text{A}$$

則 R_1 上之電流爲：$i_2(t) - i_1(t) = 6 - 2 = 4(\text{A})$ (向上)

R_2 上之電流爲：$i_2(t) - i_3(t) = 6 - 3 = 3(\text{A})$ (向下)

R_3 上之電流爲：$i_3(t) = 3(\text{A})$ (向下)

電流源兩端之電壓爲：$(i_2(t) - i_3(t)) \times 2 = 3 \times 2 = 6(\text{V})$

4-3 網目分析的視察法

由前述(4-7)(4-8)(4-9)式逐步計算網目方程式，雖然它十分清楚地指出分析電路所必須使用的各項事實。若電路具有三個或更多個網目時，則計算很麻煩。因此本節提出一種快捷方法是**視察**(inspection)法。

當一個線性電阻電路只包含獨立電壓源時，不需要像 4-2 節那樣對各網目應用 KVL 以取得網目電流方程式，可用單純視察法電路以取得方程式，以圖 4-3 為例，此電路推導的矩陣方程式如(4-9)式所示。

視察(4-9)式，當非對角線的元素是網目 1 和網目 2 之間共同電阻的負數，而各對角線的元素為相關網目的電阻之和。(4-9)式右邊的元素是相關網目中順時針方向上所有獨立電壓源之和。

一般而言，若電路含有 N 個網目，則其網目電流方程式可用電阻表示如下：

$$\begin{bmatrix} R_{11} & R_{12} & \cdots & R_{1N} \\ R_{21} & R_{22} & \cdots & R_{2N} \\ \vdots & \vdots & \vdots & \vdots \\ R_{N1} & R_{N2} & \cdots & R_{NN} \end{bmatrix} \begin{bmatrix} i_1(t) \\ i_2(t) \\ \vdots \\ i_N(t) \end{bmatrix} = \begin{bmatrix} v_1(t) \\ v_2(t) \\ \vdots \\ v_N(t) \end{bmatrix} \tag{4-10}$$

或簡化為：$\boldsymbol{RI} = \boldsymbol{V}$ (4-11)

其中，R_{kk} = 網目 k 的所有電阻之和。

$R_{kj} = R_{jk}$ = 網目 k 和網目 j 共同電阻之和的負數。

$i_k(t)$ = 網目 k 順時針方向上未知的網目電流。

$v_k(t)$ = 網目 k 順時針方向上所有獨立電壓源之和，以電壓上升為正，反之則負。

(4-11)式中 R 稱為電阻矩陣(resistance matrix)；I 是輸出向量；V 是輸入向量。求解(4-10)式即可得未知的網目電流方程式。請記住：(4-10)式只對包含獨立電壓源和線性電阻有效。

例題 4-5

試用視察法求下圖所示電路之網目電流，$i_1(t)$、$i_2(t)$之值。

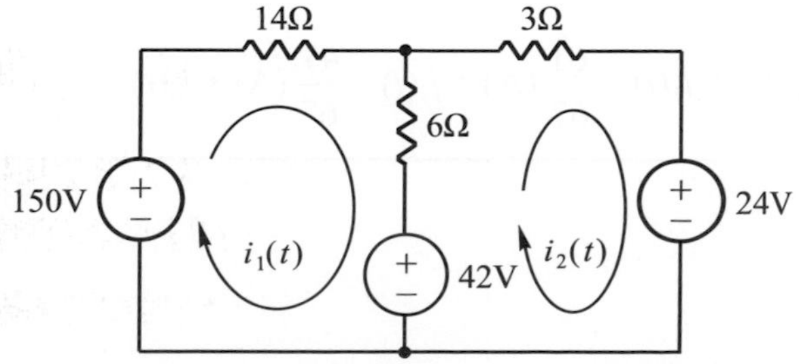

答 電路含有 2 個網目，則其網目方程式可寫成向量-矩陣形式如下：

$$\begin{bmatrix} R_{11} & R_{12} \\ R_{21} & R_{22} \end{bmatrix}\begin{bmatrix} i_1(t) \\ i_2(t) \end{bmatrix}=\begin{bmatrix} v_1(t) \\ v_2(t) \end{bmatrix}$$

R_{11} 為網目 1 所有電阻之和 $= 14 + 6 = 20\Omega$

R_{22} 為網目 2 所有電阻之和 $= 6 + 3 = 9\Omega$

$R_{12} = R_{21}$ 為網目 1 和網目 2 共同電阻之和 $= 6\Omega$（取負數）

$v_1(t)$為網目 1 沿電流方向之電壓升 $= 150 - 42 = 108\text{V}$

$v_2(t)$為網目 2 沿電流方向之電壓升 $= 42 - 24 = 18\text{V}$

依視察法；可得：

$$\begin{bmatrix} 20 & -6 \\ -6 & 9 \end{bmatrix}\begin{bmatrix} i_1(t) \\ i_2(t) \end{bmatrix}=\begin{bmatrix} 108 \\ 18 \end{bmatrix}$$

依克拉姆法則可解出：$i_1(t) = 7.5(\text{A})$，$i_2(t) = 7(\text{A})$

例題 4-6

試用視察法求下圖所示電路之網目電流方程式與求 $i_1(t)$、$i_2(t)$和 $i_3(t)$之值。

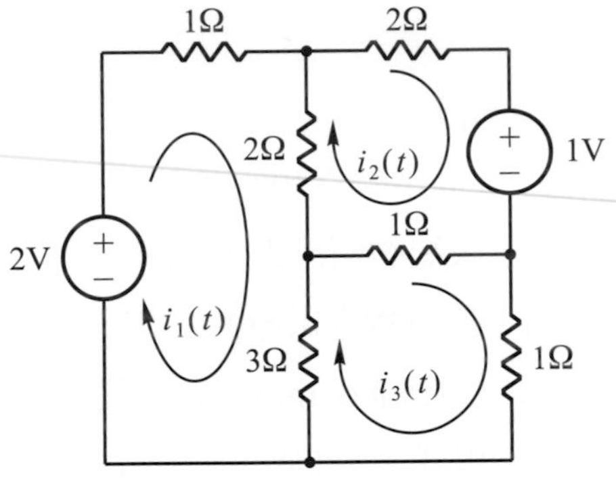

答 依視察法，可得其網目電流方程式之向量-矩陣表示如下：

$$\begin{bmatrix} 6 & -2 & -3 \\ -2 & 5 & -1 \\ -3 & -1 & 5 \end{bmatrix}\begin{bmatrix} i_1(t) \\ i_2(t) \\ i_3(t) \end{bmatrix}=\begin{bmatrix} 2 \\ 1 \\ 0 \end{bmatrix}$$

依克拉姆法則可解出：$i_1(t) = \dfrac{61}{67}(\text{A})$，$i_2(t) = \dfrac{47}{67}(\text{A})$，$i_3(t) = \dfrac{46}{67}(\text{A})$

4-4　節點電壓分析法(node voltage method)

節點電壓法係將克希荷夫電流定律直接應用在電路上，首先指定各節點對某一參考節點(reference node)（或接地節點）的電位，因此各支路的電流可藉歐姆定律用電壓來表示，然後在各節點（除參考點之外）寫出克希荷夫電流定律方程式，找出各節點電壓，進而求出各支路的電流。

節點電壓法和網目電流法是對偶的，兩者在數學上的程序相同，而所應用的基本定理不同而已。網目電流法是應用 KVL，沿一迴路（或網目），求其電壓和；而節點電壓法是應用 KCL，在一節點上求其電流和。

在作節點電壓分析時，若遇到電壓源時，可依 2-2 節電源轉換法，先將電壓源轉換成電流源，然後再計算。

對於包含 n 個節點電路進行節點分析時，將依下列三個步驟：

1. 選取一個節點作爲參考節點，其餘 $n-1$ 個節點電壓爲 $v_1(t)$、$v_2(t)\cdots$、$v_{n-1}(t)$，這些電壓爲相對於參考節點的參考電壓，（參考節點電壓爲 0V）。
2. 對 $n-1$ 個非參考節點分別應用 KCL，並應用歐姆定律以節點電壓來表示各分支的電流。
3. 求解 $n-1$ 個聯立方程式，以取得各節點的電壓。

以圖 4-4 的電路來說明上述步驟。

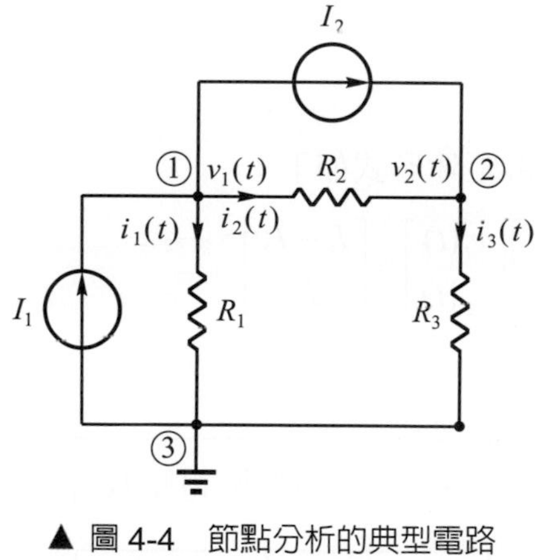

▲ 圖 4-4　節點分析的典型電路

第一步是選取節點③爲參考節點，並指定非參考節點①和②的電壓爲 $v_1(t)$和 $v_2(t)$。

第二步是在電路中的非參考節點應用 KCL，並依序加入電阻 R_1、R_2 和 R_3 的電流 $i_1(t)$，$i_2(t)$ 和 $i_3(t)$。

在節點①應用 KCL 得：

$$I_1 = I_2 + i_1(t) + i_2(t) \tag{4-12}$$

在節點②應用 KCL 得：

$$I_2 + i_2(t) = i_3(t) \tag{4-13}$$

再利用歐姆定律以節點電壓來表示未知電流 $i_1(t)$、$i_2(t)$和 $i_3(t)$，得：

$$i_1(t) = \frac{v_1(t)}{R_1} \text{ 或 } i_1(t) = G_1 v_1(t)$$

$$i_2(t) = \frac{v_1(t) - v_2(t)}{R_2} \text{ 或 } i_2(t) = G_2(v_1(t) - v_2(t)) \tag{4-14}$$

$$i_3(t) = \frac{v_2(t)}{R_3} \text{ 或 } i_3(t) = G_3 v_2(t)$$

將(4-14)代入(4-12)式與(4-13)式，可得：

$$I_1 = I_2 + \frac{v_1(t)}{R_1} + \frac{v_1(t) - v_2(t)}{R_2} \tag{4-15}$$

$$I_2 + \frac{v_1(t) - v_2(t)}{R_2} = \frac{v_2(t)}{R_3} \tag{4-16}$$

以電導來表示(4-15)式與(4-16)式，則得：

$$I_1 = I_2 + G_1 v_1(t) + G_2(v_1(t) - v_2(t)) \tag{4-17}$$

$$I_2 + G_2(v_1(t) - v_2(t)) = G_3 v_2(t) \tag{4-18}$$

第三步求解節點電壓。

將(4-17)式與(4-18)式寫成向量-矩陣形式如下：

$$\begin{bmatrix} G_1 + G_2 & -G_2 \\ -G_2 & G_2 + G_3 \end{bmatrix} \begin{bmatrix} v_1(t) \\ v_2(t) \end{bmatrix} = \begin{bmatrix} I_1 - I_2 \\ I_2 \end{bmatrix} \tag{4-19}$$

例題 4-7

試應用節點電壓分析法，求解下圖之各節點電壓及各分支電流。

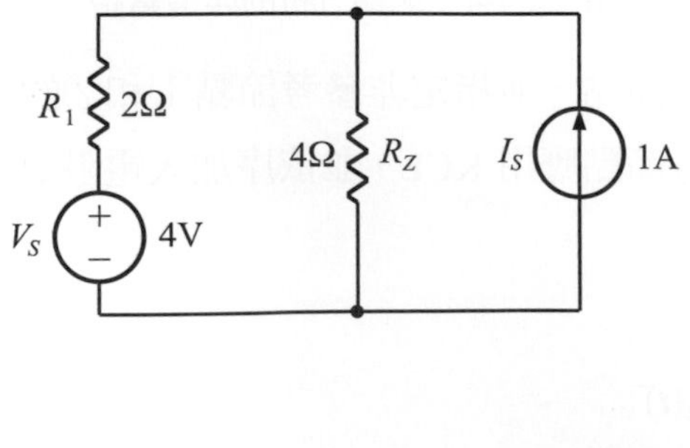

答 先將上圖之電壓源 V_S 轉換成電流源 I，如下圖所示。其中 $I = \dfrac{V_s}{R_1} = 2\text{A}$

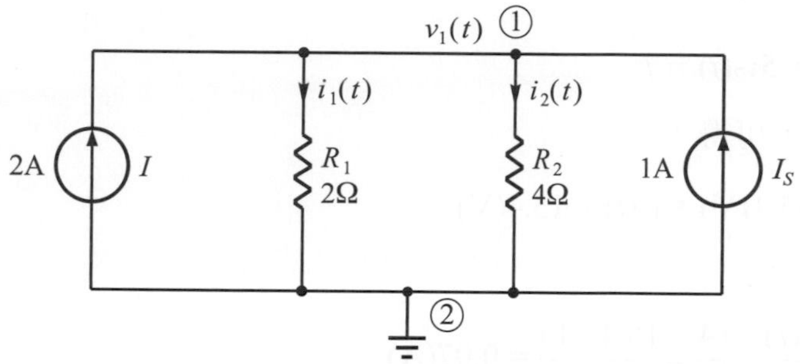

選擇節點②為參考節點，並應用 KCL 及歐姆定律可得：

$$I + I_S = i_1(t) + i_2(t) = \frac{v_1(t)}{R_1} + \frac{v_1(t)}{R_2} = (\frac{1}{R_1} + \frac{1}{R_2})v_1(t)$$

代入數值，可得：

$$v_1(t)(\frac{1}{2} + \frac{1}{4}) = 2 + 1 = 3$$

解出 $v_1(t) = 4(\text{V})$，則 $i_1(t) = \dfrac{v_1(t)}{R_1} = 2(\text{A})$，$i_2(t) = \dfrac{v_1(t)}{R_2} = 1(\text{A})$

例題 4-8

試求下圖所示電路中之節點電壓 $v_1(t)$和 $v_2(t)$，以及 $i(t)$之值。

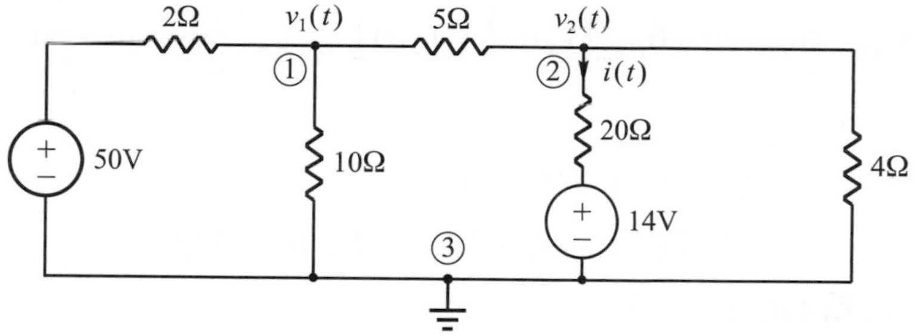

答 應用 KCL 和歐姆定律在節點①的節點方程式是：

$$\frac{v_1(t) - 50}{2} + \frac{v_1(t) - v_2(t)}{5} + \frac{v_1(t)}{10} = 0 \quad \text{......①}$$

在節點②的節點方程式是：

$$\frac{v_2(t) - v_1(t)}{5} + \frac{v_2(t) - 14}{20} + \frac{v_2(t)}{4} = 0 \quad \text{......②}$$

整理①式和②式後，可得：

$$4v_1(t) - v_2(t) = 125$$

$$-2v_1(t) + 5v_2(t) = 7$$

解此二方程式，可得：

$$v_1(t) = 35.1(\text{V})，v_2(t) = 15.4(\text{V})$$

最後由電路可知：

$$i(t) = \frac{v_2(t) - 14}{20} = \frac{15.4 - 14}{20} = 0.07(\text{A})$$

4-5 節點分析的視察法

同理當一個線性電阻電路只包含獨立電流源時，也可以使用視察法取得節點電壓方程式。以圖 4-4 爲例，此電路推導的矩陣方程式如(4-19)式所示。

視察(4-19)式，當非對角線的元素是二節點間電導的負數，而對角線元素為節點①或②的電導與二節點間電導之和。(4-19)式右邊的元素是電流流入節點的代數和。

一般而言，若電路含有 N 個非參考節點，則其節點電壓方程式可用電導表示如下：

$$\begin{bmatrix} G_{11} & G_{12} & \cdots & G_{1N} \\ G_{21} & G_{22} & \cdots & G_{2N} \\ \vdots & \vdots & \vdots & \vdots \\ G_{N1} & G_{N2} & \cdots & G_{NN} \end{bmatrix} \begin{bmatrix} v_1(t) \\ v_2(t) \\ \vdots \\ v_N(t) \end{bmatrix} = \begin{bmatrix} i_1(t) \\ i_2(t) \\ \vdots \\ i_N(t) \end{bmatrix} \tag{4-20}$$

或簡化爲：$\boldsymbol{GI} = \boldsymbol{V}$ (4-21)

其中，$G_{kk} =$ 連接到節點 k 的所有電導之和。

$G_{kj} = G_{jk} =$ 連接到節點 k 和節點 j 之間電導之和的負數。

$v_k(t) =$ 節點 k 的未知電壓。

$i_k(t) =$ 連接到節點 k 的所有獨立電源之和，且電流以流進節點方向爲正。

(4-21)式中 G 稱為電導矩陣(conductance matrix)；V 是輸出向量；I 是輸入向量。求解(4-20)式即可得未知的節點電壓。請記住：(4-20)式只對包含獨立電流源和線性電阻有效。

例題 4-9

試用視察法求下圖所示電路之節點電壓方程式，與求 $v_1(t)$、$v_2(t)$和 $v_3(t)$之值。

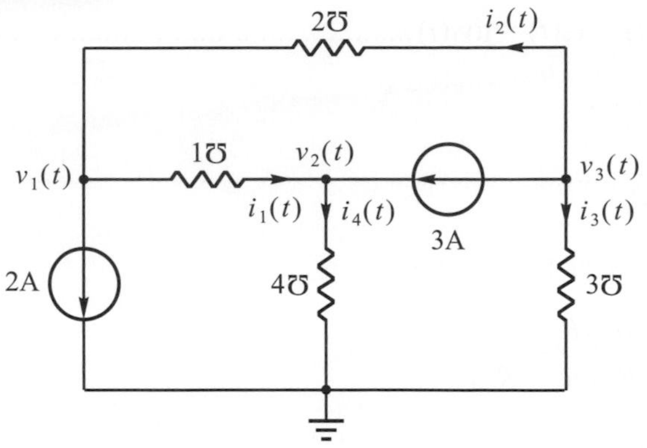

答 依視察法，可得其節點電壓方程式之向量-矩陣表示如下：

$$\begin{bmatrix} 3 & -1 & -2 \\ -1 & 5 & 0 \\ -2 & 0 & 5 \end{bmatrix} \begin{bmatrix} v_1(t) \\ v_2(t) \\ v_3(t) \end{bmatrix} = \begin{bmatrix} -2 \\ 3 \\ -3 \end{bmatrix}$$

依克拉姆法則，可解出

$v_1(t) = -1.3(\text{V})$，$v_2(t) = 0.34(\text{V})$，$v_3(t) = -1.12(\text{V})$

4-6 含相依電源的電路分析

在電路分析中，當寫出電路方程式時，相依電源係如獨立電源般來處理，現舉數例來說明。

例題 4-10

如下圖所示的簡單電路中，相依電源為一電壓控制電壓電源，試求輸出電壓 V_L 之值。

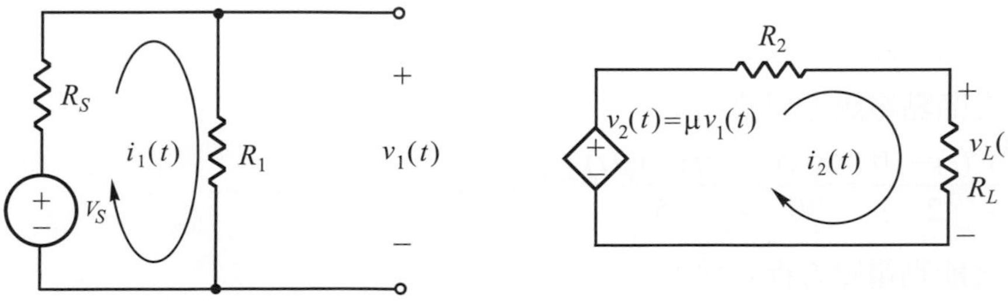

答 令網目電流 $i_1(t)$和 $i_2(t)$爲變數，寫出兩個網目方程式爲：

$$(R_S + R_1)\, i_1(t) = V_S \quad \cdots\cdots ①$$

$$(R_2 + R_L)\, i_2(t) = v_2(t) = \mu v_1(t) \quad \cdots\cdots ②$$

由①式，可得：

$$i_1(t) = \frac{V_S}{R_S + R_1} \quad \cdots\cdots ③$$

③式代入②式，並整理之，可得：

$$i_2(t) = \frac{\mu V_S R_1}{(R_S + R_1)(R_2 + R_L)}$$

故輸出電壓 V_L 爲：

$$v_L(t) = R_L i_2(t) = \frac{\mu V_S R_1 R_L}{(R_S + R_1)(R_L + R_2)}$$

由例題 4-10 可知，若常數 μ 很大且各電阻選得適當，則輸出電壓 $v_L(t)$將遠大於輸入電壓 V_S，在此情形下，此**電路即代表一簡單的電壓放大器**。又如圖所示，其包含兩個不相連接的網目，相依電源係當作網目 1 和網目 2 之間，或**輸入和輸出之間的耦合元件**。

例題 4-11

試以節點電壓法求出下圖所示電路中 5Ω 電阻器所消耗的功率。

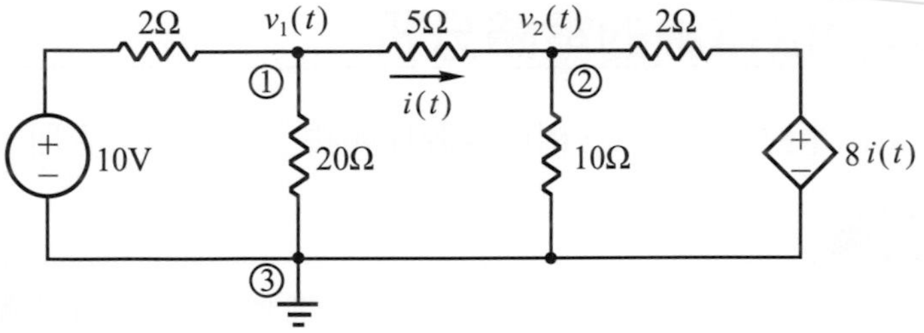

答 本電路有三個節點，故需兩個節點電壓方程式。

節點①之節點電壓方程式爲：

$$\frac{v_1(t)-10}{2} + \frac{v_1(t)}{20} + \frac{v_1(t)-v_2(t)}{5} = 0 \quad \cdots\cdots ①$$

節點②之節點電壓方程式爲：

$$\frac{v_2(t)-v_1(t)}{5} + \frac{v_2(t)}{10} + \frac{v_2(t)-8i(t)}{2} = 0 \quad \cdots\cdots ②$$

此兩節點電壓方程式包含三個未知數 $v_1(t)$、$v_2(t)$及 $i(t)$，欲消去 $i(t)$，必須以節點電壓來表示此相依電流源，即：

$$i(t) = \frac{v_1(t) - v_2(t)}{5} \quad \cdots\cdots ③$$

將③式代入②式中，並整理之，可得此兩節點電壓方程式為：

$$0.75v_1(t) - 0.2v_2(t) = 5，-v_1(t) + 1.6v_2(t) = 0$$

解此聯立方程式，可得：$v_1(t) = 8\text{V}$，$v_2(t) = 5\text{V}$

代入③式，可得：$i(t) = \dfrac{v_1(t) - v_2(t)}{5} = 0.6\text{A}$

故 $P = i(t)R = 0.6 \times 5 = 3(\text{W})$

由例題 4-11 可知，若電路中包含相依電源，則節點電壓方程式必須考慮因相依電源所增加的限制方程式，如例題 4-11 中的第③式。

例題 4-12

如下圖所示，受控電源由兩個分支 ab 和 cd 代表，阻抗 Z_L 與分支 cd 連接成並聯，輸入為獨立電流電源，試求由輸入端看入之輸入阻抗 Z_{in}。

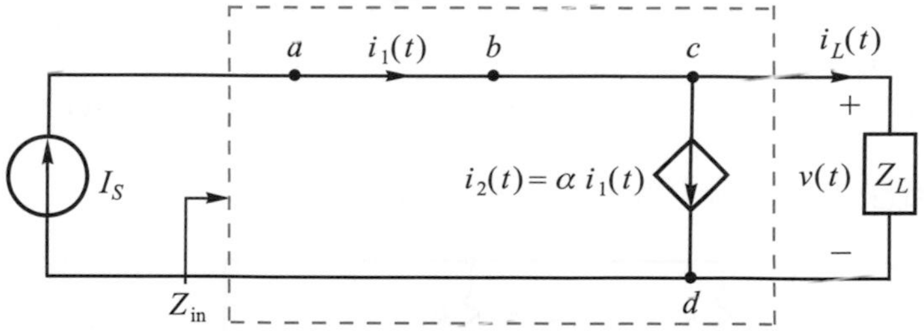

答 於節點 a 和 b；應用克希荷夫電流定律，可得：

$$I_S = i_1(t)，及\ i_1(t) = i_2(t) + i_L(t) = \alpha i_1(t) + i_L(t)$$

由上式，可知：$i_L(t) = (1 - \alpha)\, i_1(t)$，即 $i_1(t) = \dfrac{i_L(t)}{1-\alpha}$

故輸入阻抗 Z_{in} 為 $Z_{in} = \dfrac{V}{I_S} = \dfrac{v(t)}{i(t)} = \dfrac{Z_L i_L(t)}{\dfrac{i_L(t)}{1-\alpha}} = (1-\alpha)Z_L$

由例題 4-12，我們可看出：若參數 α 為 2，則 $Z_{in} = -Z_L$，即表示輸入阻抗等於接在輸出端任何阻抗的負值，故相依電源可當負阻抗轉換器使用。

本章習題 LEARNING PRACTICE

4-1 如下圖所示之電路，以支路電流法求出各支路上之電流。

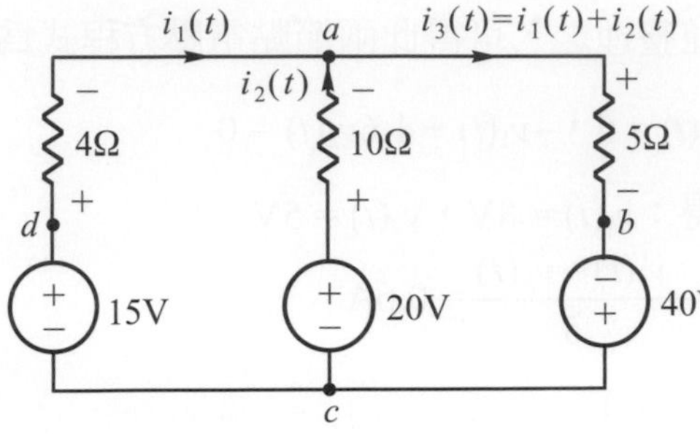

答 $i_1(t) = 4.773(A)$，$i_2(t) = 2.409(A)$，$i_3(t) = 7.182(A)$

4-2 如下圖所示之電路，試以支路電流去求出流經各電阻器之電流及各電阻器之端電壓。

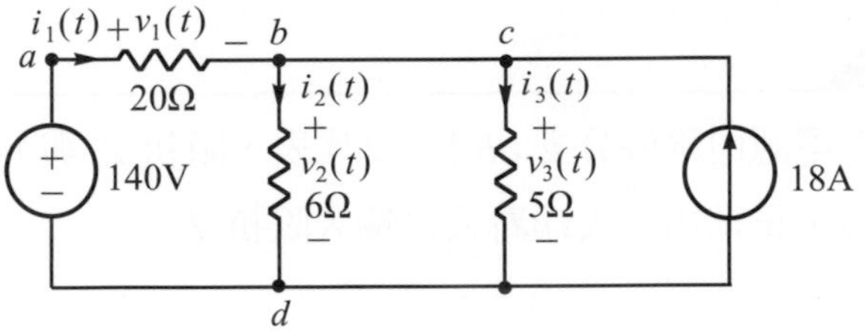

答 $v_1(t) = 80(V)$，$v_2(t) = v_3(t) = 60(V)$，$i_1(t) = 4(A)$，$i_2(t) = 10(A)$，$i_3(t) = 12(A)$

4-3 試用網目電流法求出下圖中各支路之電流值。

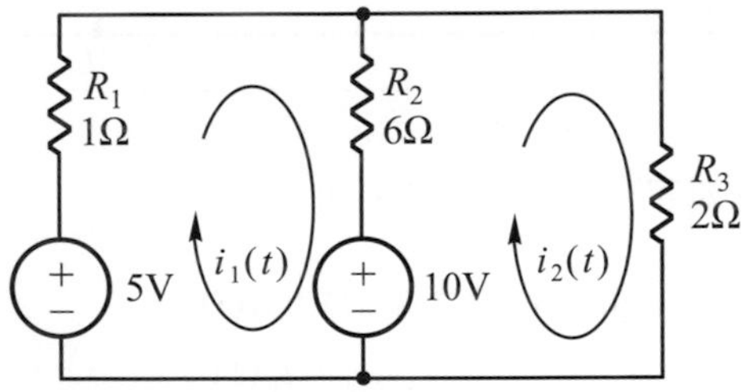

答 $i_1(t) = 1(A)$，$i_2(t) = 2(A)$，R_1 上電流= 1(A)（向上），R_2 上電流= 1(A)（向下），R_3 上電流= 2(A)（向上）

4-4 試求下圖所示電路的網目電流，元件電流，和各電阻上電壓。

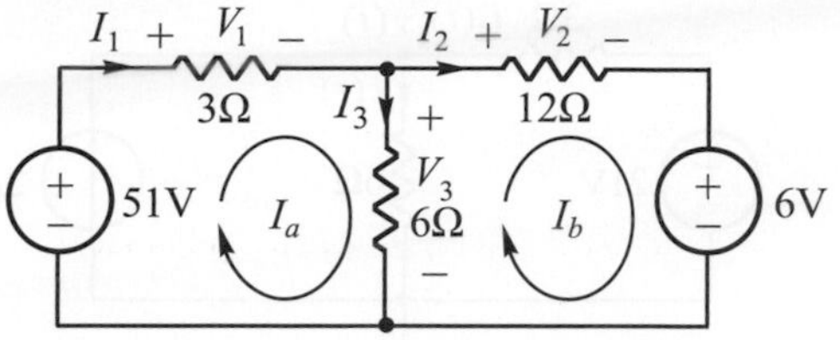

答 $I_a = 7(A)$，$I_b = 2(A)$，$I_1 = 7(A)$，$I_2 = 2(A)$，$I_3 = 5(A)$，$V_1 = 21(V)$，$V_2 = 24(V)$，$V_3 = 30(V)$

4-5 試用網目電流法求出下圖中各網目電流及分支電流。

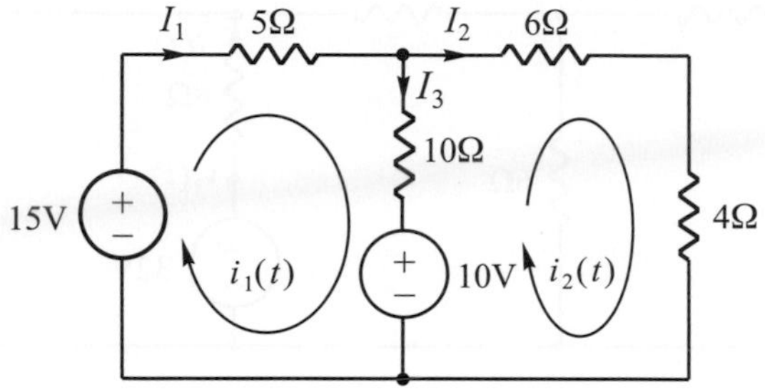

答 $i_1(t) = 1(A)$，$i_2(t) = 1(A)$，$I_1 = 1(A)$，$I_2 = 1(A)$，$I_3 = 0(A)$

4-6 試列出下圖所示電路之網目方程式，並求其網目電流。（將原電路圖改畫成平面電路圖後；再定網目電流 $i_1(t)$、$i_2(t)$和 $i_3(t)$）。

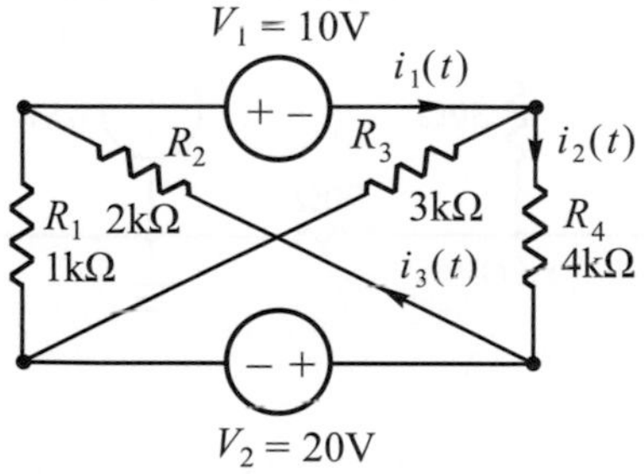

答 $i_1(t) = -5(mA)$，$i_2(t) = -5(mA)$，$i_3(t) = 5(mA)$

4-7 試利用節點電壓分析法，求下圖所示電路中電壓值 $v_1(t)$及 $i_1(t)$、$i_2(t)$、$i_3(t)$之電流值。

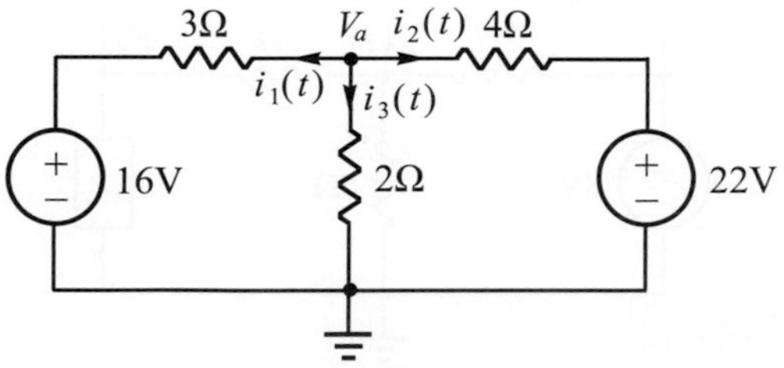

答 $V_a = 10(V)$，$i_1(t) = -2(A)$，$i_2(t) = -3(A)$，$i_3(t) = 5(A)$

4-8 試使用節點電壓法求下圖所示電路中的 $i(t)$值。

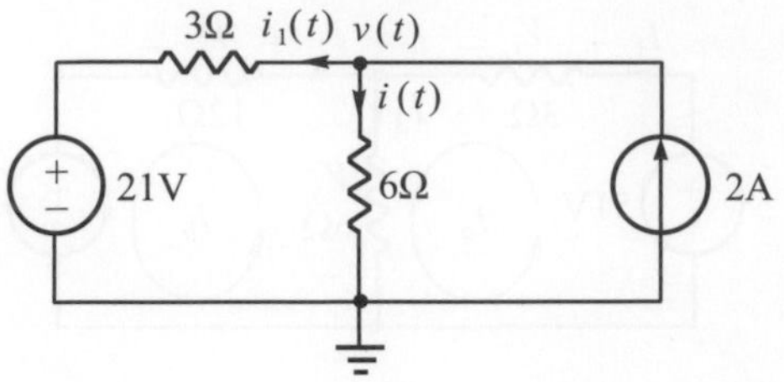

答 $i(t) = 3(A)$

4-9 試求下圖所示電路中節點電壓 $v_1(t)$和 $v_2(t)$，以及電流 $i(t)$之值。

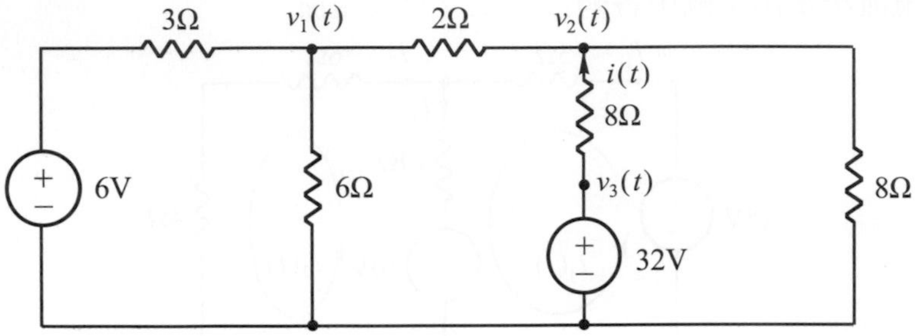

答 $v_1(t) = 7(V)$，$v_2(t) = 10(V)$，$i(t) = 2.75(A)$

4-10 試以節點電壓法，求出下圖所示電路中流過 10Ω 電阻器的電流 $i_1(t)$及電壓電源輸出的 $i_2(t)$。

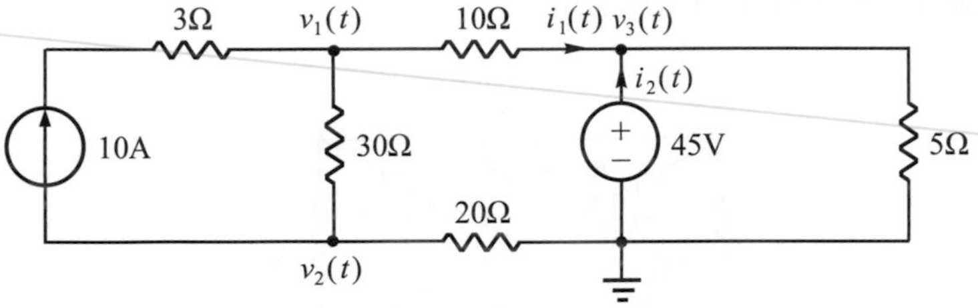

答 $i_1(t) = 4.25(A)$，$i_2(t) = 4.75(A)$

4-11 如下圖所示電路若元件 X 之(a)上端為正 12V 電源；(b)往上 8A 的電流源；(c)為 12Ω 的電阻，試利用節點電壓法求 6Ω 電阻器上之電壓 $v(t)$。

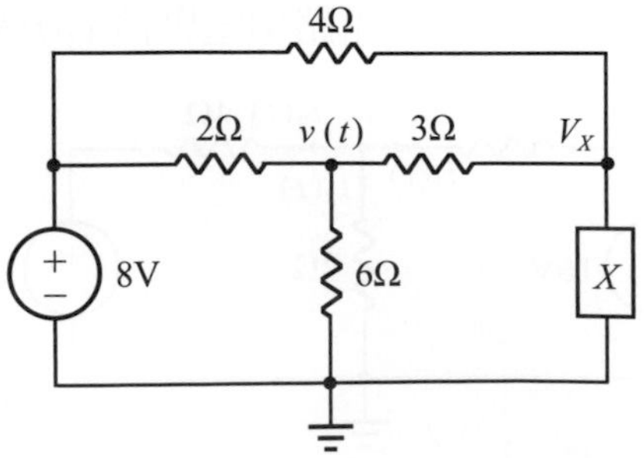

答 (a)$v(t) = 8(V)$，(b)$v(t) = 12(V)$，(c)$v(t) = 6(V)$

4-12 試求下圖所示相依電源電路中 $i(t)$的值。

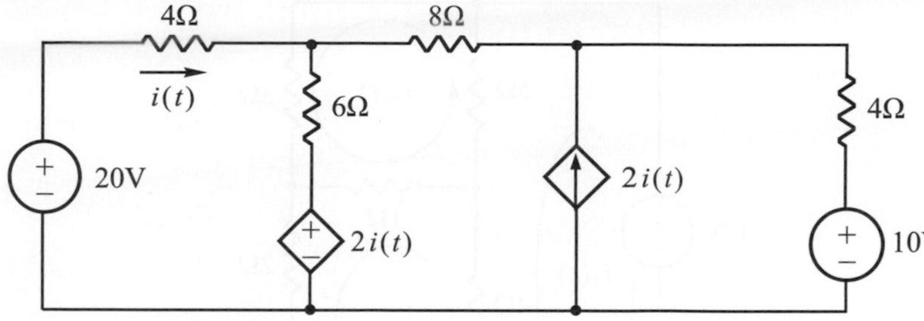

答　$i(t) = 1.39(\text{A})$

4-13 如下圖所示電路代表電晶體放大器在低頻時的另一模型，試求電壓 $v_1(t)$和 $v_2(t)$之值。

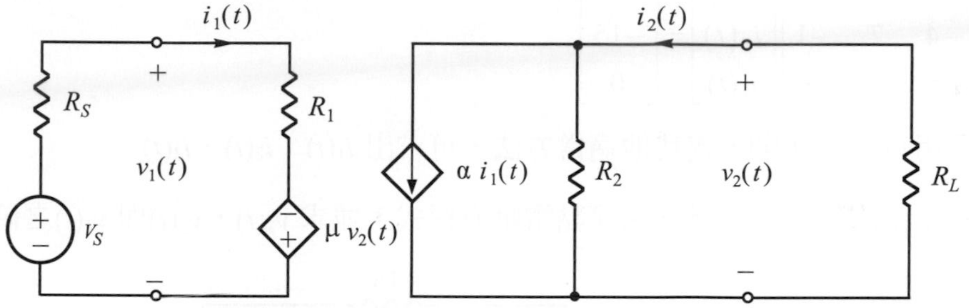

答　$v_1(t) = [\dfrac{R_1(R_2+R_L)+\mu\alpha R_2 R_L}{(R_1+R_S)(R_2+R_L)+\mu\alpha R_2 R_L}]V_S$

$$v_2(t) = [\frac{-\alpha R_2 R_L}{(R_1+R_S)(R_2+R_L)+\mu\alpha R_2 R_L}]V_S$$

4-14 試用網目電流法求下圖含相依電源電路之網目電流。

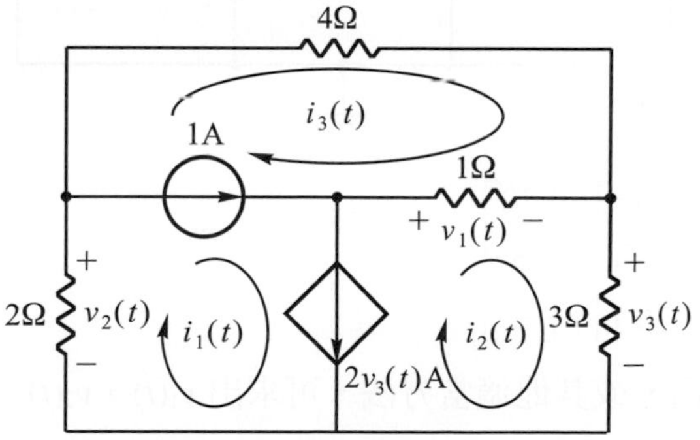

答　$i_1(t) = \dfrac{28}{45}(\text{A})$，$i_2(t) = \dfrac{4}{45}(\text{A})$，$i_3(t) = \dfrac{-17}{45}(\text{A})$

4-15 試用視察法求下圖所示電路之網目電流方程式，並求 $i_1(t)$、$i_2(t)$與 $i_3(t)$之值。

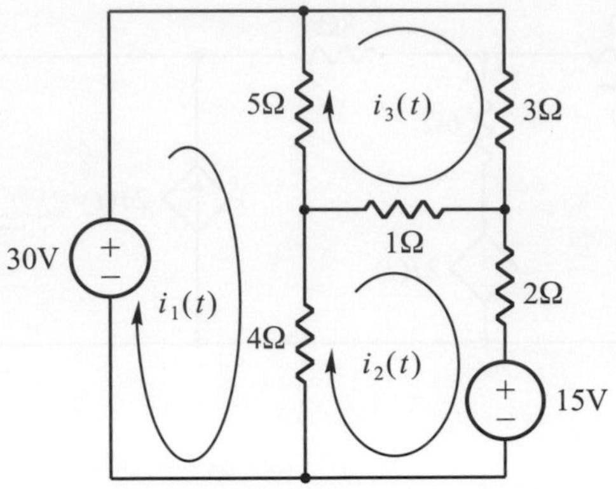

答

$$\begin{bmatrix} 9 & -4 & -5 \\ -4 & 7 & -1 \\ -5 & -1 & 9 \end{bmatrix}\begin{bmatrix} i_1(t) \\ i_2(t) \\ i_3(t) \end{bmatrix}=\begin{bmatrix} 30 \\ -15 \\ 0 \end{bmatrix}$$

利用克拉姆法則，或其他適當方法，可求出 $i_1(t)$、$i_2(t)$、$i_3(t)$

4-16 試用視察法求下圖所示電路之節點電壓方程式，並求 $v_1(t)$，$v_2(t)$與 $v_3(t)$之值。

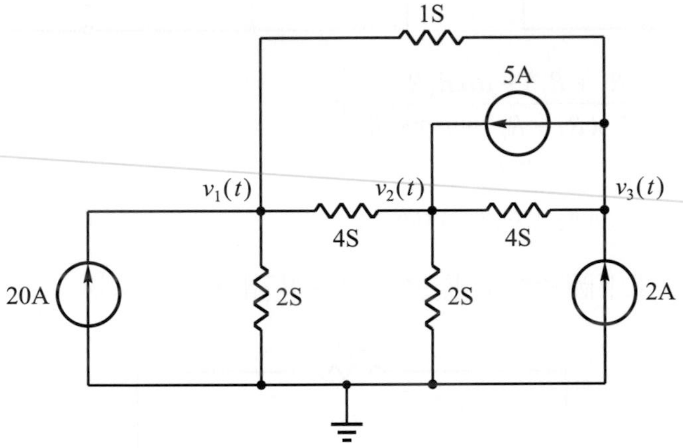

答

$$\begin{bmatrix} 7 & -4 & -1 \\ -4 & 10 & -4 \\ -1 & -4 & 5 \end{bmatrix}\begin{bmatrix} v_1(t) \\ v_2(t) \\ v_3(t) \end{bmatrix}=\begin{bmatrix} 20 \\ 5 \\ -3 \end{bmatrix}$$

利用克拉姆法則，或其他適當方法，可求出 $v_1(t)$、$v_2(t)$、$v_3(t)$

5 電容器與電感器

至目前爲止，學習內容均限定在電阻性電路。本章將介紹二種重要的被動線性元件：電容器與電感器。與電阻器不同的是：電容器與電感器不消耗能量，且能儲存能量，供以後使用。因此，電容器與電感器被稱為儲能元件(storage element)。

電阻性電路的應用有限，本章介紹電容器和電感器後，我們就可以分析更重要、更實用的電路了。第三章與第四章的電路分析方法，同樣適用於包括電容器與電感器的電路上。本章首先介紹電容器及探討如何以串聯或並聯方式混合。之後，以同樣方式介紹電感器。最後，我們再介紹儲存於電容器與電感器中的能量。

5-1 電容器

若一兩端元件，在任意時刻 t，其所儲存的電荷 $q(t)$與其電壓 $v(t)$若能滿足 vq 平面上某一條曲線所定義的關係，則稱此兩端元件為電容器(capacitor)。此曲線規定電荷的瞬時值 $q(t)$和電壓的瞬時值 $v(t)$之間有一關係存在。如同電阻器一樣，若其特性曲線不隨時間 t 而改變者，則稱之**非時變**電容器。若其特性曲線隨時間 t 而改變者，則稱之爲**時變**電容器。若特性曲線在所有時間 t 內均通過 vq 平面原點之直線，則稱之爲**線性**電容器。反之，若在任何時間內，其特性曲線不是通過 vq 平面上原點之直線，則稱之爲非線性電容器。就如同電阻器一樣，本課程僅討論線性非時變電容器。

線性非時變電容器爲一兩端元件，流過其上之電流 $i(t)$與跨接其兩端之電壓 $v(t)$的微分成正比，可寫成：

$$i(t) = C\frac{dv(t)}{dt} \tag{5-1}$$

其中比例常數 C 稱爲電容器的**電容**(capacitance)或**電容量**，單位爲法拉(Farad)。圖 5-1 所示爲線性非時變電容器之符號和特性曲線。

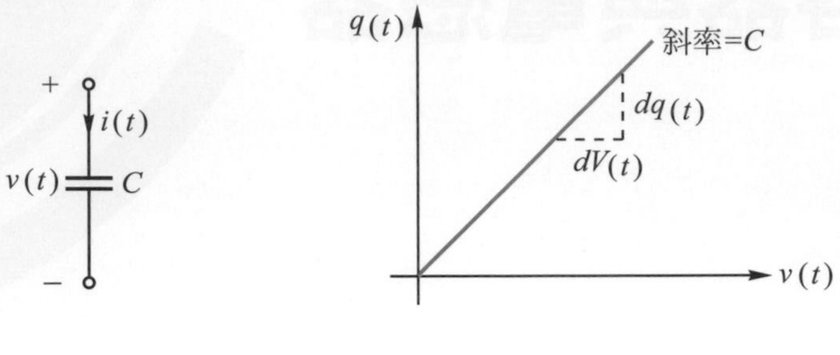

(a) (b)

▲ 圖 5-1 線性非時變電容器(a)符號，(b)特性曲線

將(5-1)式由 $-\infty$ 積分到任一時間 t，得：

$$\boldsymbol{v(t)=\frac{1}{C}\int_{-\infty}^{t} i(t)dt} \tag{5-2}$$

(5-2)式的積分式等於電流 $i(t)$從 $t=-\infty$ 到時間 t 流入電容器所累積的電荷，亦即：

$$q(t)=\int_{-\infty}^{t} i(t)dt \tag{5-3}$$

所以在任何時間 t，(5-2)式可簡寫爲：

$$v(t)=\frac{1}{C}q(t)$$

或 $$q(t)=cv(t) \tag{5-4}$$

(5-4)式符合線性元件的定義，故其特性曲線如圖 5-1(b)所示，爲一條經過原點的直線。

由(5-2)式，我們可將 $v(t)$表示成：

$$v(t)=\frac{1}{C}\int_{-\infty}^{0} i(t)dt+\frac{1}{C}\int_{0}^{t} i(t)dt$$

$$\boldsymbol{=v(0)+\frac{1}{C}\int_{0}^{t} i(t)dt} \tag{5-5}$$

由(5-1)式知道，$i(t)$是 $\frac{dv(t)}{dt}$ 的函數，即 $i(t)=f\left(\frac{dv(t)}{dC}\right)$，且爲線性的函數。另外，由(5-5)式所定義的是以 $v(0)$ 和在$[0, t]$期間的電流波形 $i(t)$ 來表示 $v(t)$ 的一種函數，所以只有當 $v(0)=0$ 時，(5-5)式所定義的函數，才是**線性函數**。(5-5)式中第一項積分是 $t=0$ 之前累積的靜電荷，此項因其積分區間是常數，故此項積分爲一常數，再除以 C 之後變成 $t=0$

時電容器兩端的電壓 $v(0)$，電容器因爲有此項存在，故**電容器具有記憶性**。

(5-5)式中，每一項均代表電壓，式中兩項電壓相加，即表示有兩個元件串聯：一個是固定(直流)電壓 $v(0)$，稱之爲**初值條件**(initial condition)，另一個是電容器，它在 $t=0$ 之前沒有電流，亦即在 $t=0$ 之前沒有充電。因此，我們可以看出在 $t=0$ 之後任何時刻，一個電容器可以視爲另一個相同電容值的電容器($t=0$ 之前沒有電流)串聯一個直流電壓電源(電壓等於原電容器在 $t=0$ 時之電壓)。所以電容器之等效電路可表示成如圖 5-2 所示。

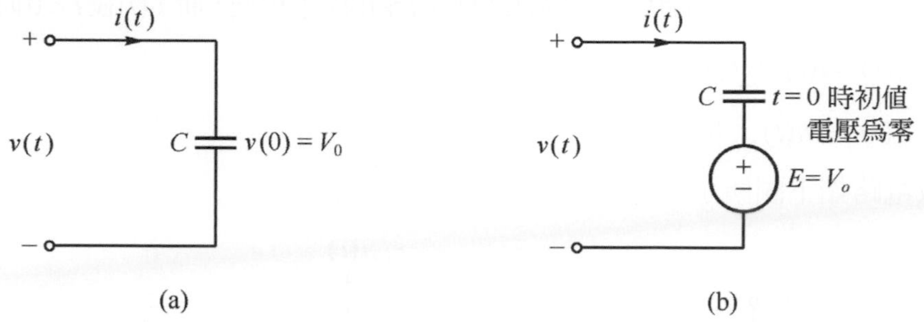

▲ 圖 5-2　電容器之等效電路(a)含初值電壓 $v(0)=V_0$ 之電容器，(b)初值電壓為零之同一電容器與一個定值電壓電源 $E=V_0$ 相串聯

例題 5-1

一個 $4F$ 之電容器有如下之電流：

$$i(t)=2u(t+1)+u(t)\text{A} \text{，對所有的 } t$$

如下圖所示，試利用初值條件描述 $t>0$ 時電容器兩端之電壓。

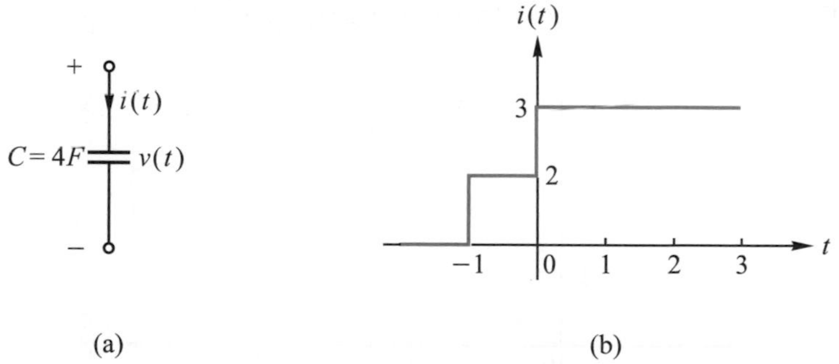

答 由(5-5)式，得：

$$v(t)=\frac{1}{C}\int_{-\infty}^{t} i(t)dt=\frac{1}{C}\left[\int_{-\infty}^{0} i(t)dt+\int_{0}^{t} i(t)dt\right]$$

$$=\frac{1}{4}\left[\int_{-1}^{0} 2dt+\int_{0}^{t} 3dt\right]=\frac{1}{2}+\frac{3}{4}t$$

由計算結果知道，$v(0)=\frac{1}{2}$ V，所以等效電路為 $\frac{1}{2}$ V 的電壓電源串接一個起始無電荷的 4F 電容器，其中 $i_1(t)$與原先的 $i(t)$只有在 $t>0$時才相同，而 $i_1(t)$在 $t<0$時為零，即：

$$i_1(t)=i(t)\ ，\ t>0$$

亦即 $i_1(t)=3u(t)$

其等效電路如下圖所示

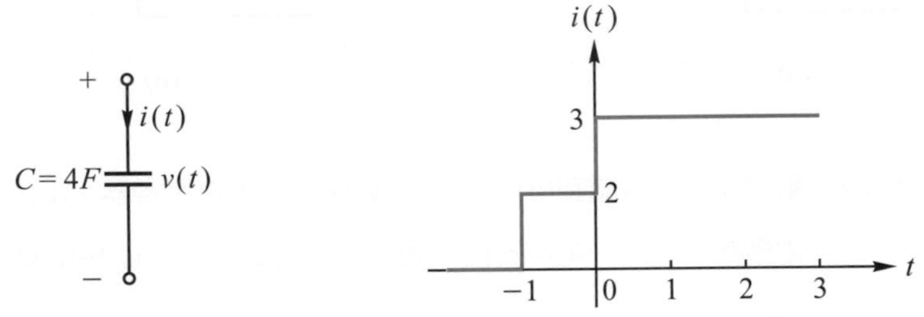

(a) (b)

由 $i_1(t)$所產生之起始無電荷 4F 電容器兩端之電壓為：

$$v_1(t)=\frac{1}{4}\int_{0}^{t} 3u(t)dt=\frac{3}{4}t\ (\text{V})$$

其 $v(t)$之波形如下：

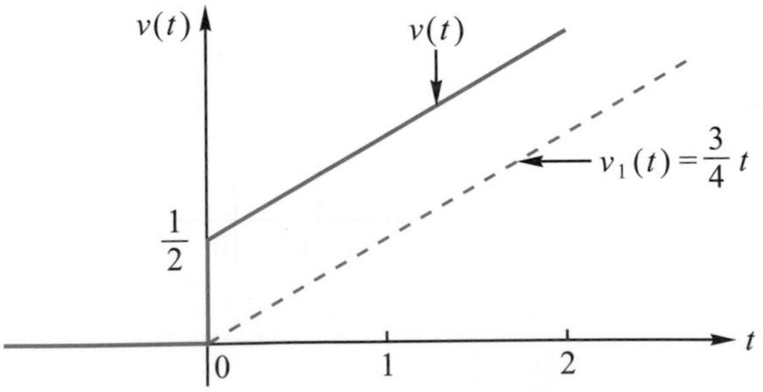

線性非時變電容器有一重要性質如下：若一線性非時變電容中之電流 $i(t)$，於閉區間 $[0, T]$中所有時間均爲有限，則跨於電容器兩端的電壓 $v(t)$在開路區間$(0, T)$中爲連續的；即只要電流保持有限，則此種電容器的分支電壓不可能像步級函數一樣，瞬間地由一值跳到另一值。換言之，線性非時變電容器上之電壓波形 $v(t)$為連續的。由例題 5-2 之證明，可確信此敘述爲眞。

例題 5-2

試證明線性非時變電容器上之電壓波形 $v(t)$爲連續的。

答 設於時間 t 及 $t+\Delta t$ 時之(5-5)式得：

$$v(t) = v(0) + \frac{1}{C}\int_0^t i(t)dt \quad \text{……①}$$

及 $$v(t+\Delta t) = v(0) + \frac{1}{C}\int_0^{t+\Delta t} i(t)dt \quad \text{……②}$$

②－①得：

$$v(t+\Delta t) - v(t) = \frac{1}{C}\int_t^{t+\Delta t} i(t)dt \quad \text{……③}$$

兩邊取極限值且令 Δt 趨近於 0，得

$$\lim_{\Delta t\to 0}[v(t+\Delta t) - v(t)] = \lim_{\Delta t\to 0}\frac{1}{C}\int_t^{t+\Delta t} i(t)dt = 0 \quad \text{……④}$$

設對於所時間 t，$i(t)$均爲有限；即一有限常數 M 能使對於所考慮之所有 t，均有 $|i(t)| \le M$。故當 $\Delta t \to 0$時，波形 $i(t)$在$(t, t+\Delta t)$區間的面積將趨於零。同時由④式知，當 $\Delta t \to 0$時，則 $v(t+\Delta t) \to v(t)$ ；即

$$v(t+\Delta t) = v(t)$$

故得證線性非時變電容器之電壓波形 $v(t)$爲連續的。

5-2 電容器串並聯電路

一、電容串聯電路

若有 m 個線性非時變電容器串聯連接，如圖 5-3(a)所示，可用一等效電容 C 如圖 5-3(b)所示來代表。

由 KCL 可得：

$$i_1(t)=i_2(t)=\cdots=i_m(t)=i(t) \tag{5-6}$$

由 KVL 可得：

$$v(t)=v_1(t)+v_2(t)+\cdots+v_m(t) \tag{5-7}$$

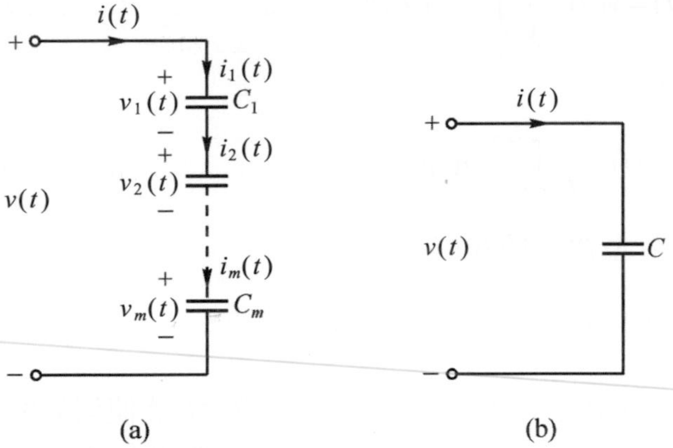

▲ 圖 5-3 (a)m 個電容器串聯之電路，(b)等效電容電路

線性非時變電容器，其分支電壓特性由(5-5)式，可知為：

$$v_k(t)=v_k(0)+\frac{1}{C_k}\int_0^t i_k(t)dt \tag{5-8}$$

將(5-8)式代入(5-7)式中，並代入(5-6)式，可得：

$$\begin{aligned} v(t)&=v_1(0)+\frac{1}{C_1}\int_0^t i_1(t)dt+v_2(0)+\frac{1}{C_2}\int_0^t i_2(t)dt+\cdots+v_m(0)+\frac{1}{C_m}\int_0^t i_m(t)dt \\ &=[v_1(0)+v_2(0)+\cdots+v_m(0)]+\left[\frac{1}{C_1}+\frac{1}{C_2}+\cdots+\frac{1}{C_m}\right]\int_0^t i(t)dt \end{aligned} \tag{5-9}$$

又由圖 5-3(b)電路，可知：

$$v(t) = v(0) + \frac{1}{C}\int_0^t i(t)dt \tag{5-10}$$

因此，若圖 5-3(a)與圖 5-3(b)之電路為等效，則由(5-9)式與(5-10)式可得：

$$v(0) = v_1(0) + v_2(0) + \cdots + v_m(0) = \sum_{k=1}^{m} v_k(0) \tag{5-11}$$

且

$$\frac{1}{C} = \frac{1}{C_1} + \frac{1}{C_2} + \cdots + \frac{1}{C_m} = \sum_{k=1}^{m}\frac{1}{C_k} \tag{5-12}$$

因此，串聯電容器等效電容之求法與並聯電阻器等效電阻之求法相同，串聯愈多，則總電容值愈小。

例題 5-3

如下圖所示之電容串聯電路，試求(a)總電容 C；(b)每一電容器的電荷 Q；(c)跨於每一個電容器的電壓。

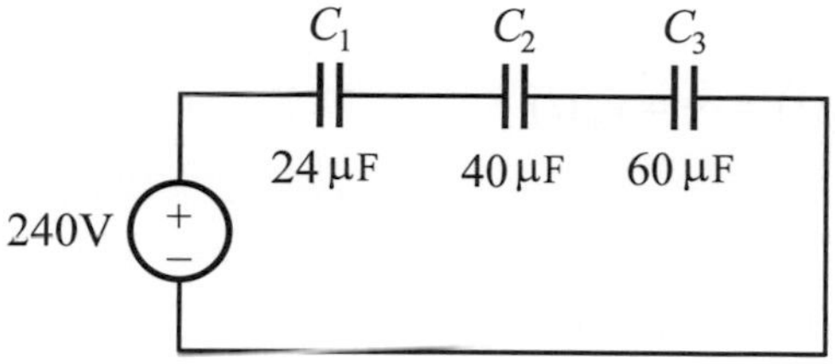

答 (a) 由(5.12)式，總電容為：

$$\frac{1}{C} = \frac{1}{C_1} + \frac{1}{C_2} + \frac{1}{C_3} = \frac{1}{24\times10^{-6}} + \frac{1}{40\times10^{-6}} + \frac{1}{60\times10^{-6}} = \frac{1}{12\times10^{-6}}$$

$\therefore\ C = 12(\mu\text{F})$

(b) 因電容器串聯，故每一電容器的電荷都是相等

故 $Q = Q_1 = Q_2 = Q_3$

又 $Q = CV = 12\times10^{-6}\times240 = 2880\times10^{-6}(\text{C})$

(c) 每一電容器的電壓分別為：

$$V_1 = \frac{Q_1}{C_1} = \frac{2880\times10^{-6}}{24\times10^{-6}} = 120(\text{V})$$

$$V_2 = \frac{Q_2}{C_2} = \frac{2880\times10^{-6}}{40\times10^{-6}} = 72(\text{V})$$

$$V_3 = \frac{Q_3}{C_3} = \frac{2880\times10^{-6}}{60\times10^{-6}} = 48(\text{V})$$

二、電容並聯電路

對於 m 個電容器之並聯連接，必須假設所有電容器的初值電壓均相同，否則當 $t=0$ 時，就會違反 KVL 而無意義，如圖 5-4(a)所示 m 個初值電壓 $v_k(0)$均相同的電容器相並聯時，亦可用一個等效電容 C 如圖 5-4(b)所示來代表。

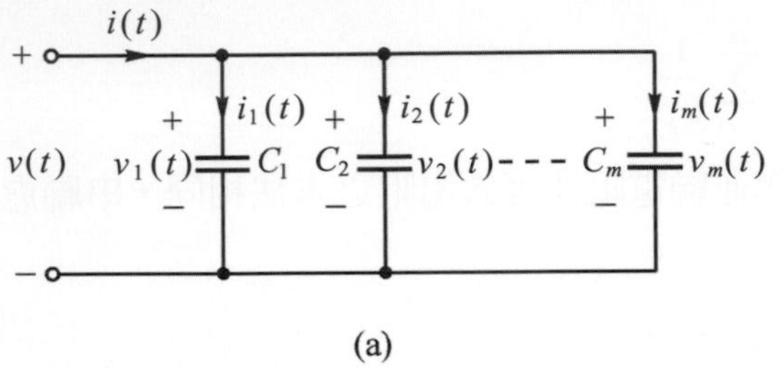

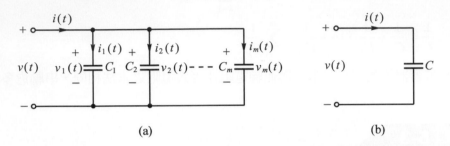

▲ 圖 5-4 (a)m 個電容器並聯之電路，(b)等效電容電路

由 KVL 可得：

$$v(t)=v_1(t)=v_2(t)=\cdots=v_m(t) \tag{5-13}$$

由 KCL 可得：

$$i(t)=i_1(t)+i_2(t)+\cdots+i_m(t) \tag{5-14}$$

依線性非時變電容器，其分支電流特性由(5-1)式，可知為：

$$i_k(t)=C_k\frac{dv_k(t)}{dt} \tag{5-15}$$

將(5-15)式代入(5-14)式中，並代入(5-13)式，可得：

$$\begin{aligned} i(t)&=C_1\frac{dv_1(t)}{dt}+C_2\frac{dv_2(t)}{dt}+\cdots+C_m\frac{dv_m(t)}{dt} \\ &=(C_1+C_2+\cdots+C_m)\frac{dv(t)}{dt} \end{aligned} \tag{5-16}$$

又由圖 5-4(b)電路，可知：

$$i(t)=C\frac{dv(t)}{dt} \tag{5-17}$$

因此，若圖 5-4(a)與圖 5-4(b)之電路為等效，則由(5-16)式與(5-17)式可得：

$$\boldsymbol{C=C_1+C_2+\cdots+C_m=\sum_{k=1}^{m}C_k} \tag{5-18}$$

其中 $v(0)=v_1(0)=v_2(0)=\cdots=v_m(0)=v_k(0)$，$k=1, 2, \cdots, m$

故並聯電容器等效電容之求法與電阻器串聯電阻等效電阻之求法相同，並聯愈多，則總電容值愈大。

例題 5-4

如下圖所示之電容並聯電路，試求(a)總電容爲若干？(b)每一電容器的電荷及總電荷各爲若干？(c)以另一個電容器與該並聯電路並聯時，總電荷爲 9000μC，則此電容器的電容爲若干？

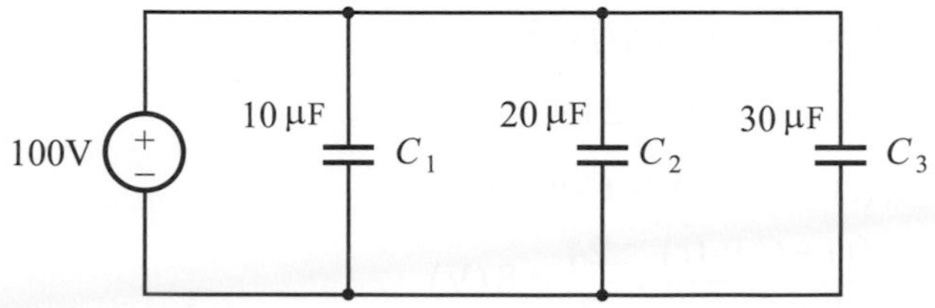

答 (a)總電容 C 爲：

$$C=C_1+C_2+C_3=10\mu\text{F}+20\mu\text{F}+30\mu\text{F}=60(\mu\text{F})$$

(b)每一電容器的電荷分別爲：

$$Q_1=C_1V=10\mu\text{F}\times 100\text{V}=1000(\mu\text{C})$$

$$Q_2=C_2V=20\mu\text{F}\times 100\text{V}=2000(\mu\text{C})$$

$$Q_3=C_3V=30\mu\text{F}\times 100\text{V}=3000(\mu\text{C})$$

總電荷 Q 爲：

$$Q=Q_1+Q_2+Q_3=1000\mu\text{C}+2000\mu\text{C}+3000\mu\text{C}=6000(\mu\text{C})$$

(c)$C=\dfrac{Q}{V}=\dfrac{9000\mu\text{C}}{100\text{V}}=90\mu\text{F}$

$\therefore\ C_P=90\mu\text{F}-60\mu\text{F}=30(\mu\text{F})$

例題 5-5

兩個不同電壓之線性非時變電容器並聯連接，如右圖所示。電容器 C_1 之電容爲 1F，電壓 $v_1(t)$爲 12V，而電容器 C_2 之電容爲 2F，電壓 $v_2(t)$爲 6V，當 $t=0$ 時，將開關 SW 閉合，試求當開關剛閉合之後，跨於並聯連接兩端之電壓？

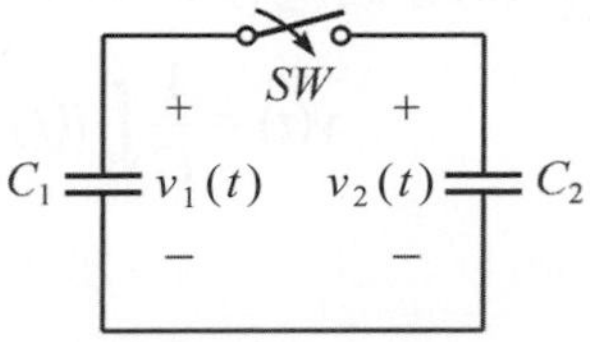

解 由(5-18)式可知並聯連接之等效電容為：

$$C = C_1 + C_2 = 1 + 2 = 3\,\text{F}$$

在 $t = 0\_$ 時，儲存於二電容器內的電荷為：

$$Q(0_-) = Q_1(0_-) + Q_2(0_-) = C_1 v_1(t) + C_2 v_2(t) = 24\,\text{C}$$

依物理上的基本原則；電荷是守恆的，故於 $t = 0_+$ 時，$Q(0_+) = Q(0_-)$；故當 $t = 0_+$ 時，若跨於電容器並聯連接兩端的新電壓 $v(t)$，則 $Q(0_+) = Cv(t) = (C_1 + C_2)v(t) = 3\,\text{V}$，因為 $Q(0_-) = Q(0_+)$，故得：

$$Q(0_+) = Cv(t) = (C_1 + C_2)v(t) = 3v(t)$$

$$Q(0_-) = C_1 v_1(t) + C_2 v_2(t) = 24$$

$$\therefore (C_1 + C_2)v(t) = C_1 v_1(t)_1 + C_2 v_2(t)$$

$$\therefore v(t) = \frac{C_1 v_1(t) + C_2 v_2(t)}{C_1 + C_2} = \frac{24}{3} = 8\,(\text{V})$$

串並聯電容電路可以用與串並聯電阻電路相同的方法來分析：把串並聯的元件以簡單等效電路取代，再經由等效電路一步一步把原先電路解出。像歐姆定律用於串並聯電阻電路一樣，關係式 $C = \dfrac{Q}{v(t)}$ 常用來解電容電路的未知數，而記得電荷是如何分佈在串並聯電容器中對解題是相當重要的。將於 5-4 節電感器的串並聯電路，其分析方法亦同。

例題 5-6

如下圖所示電路，其中 $i(t) = e^{-t}\text{A}$，試求：(a)$v(t)$，(b)$i_1(t)$和 $i_2(t)$之值。

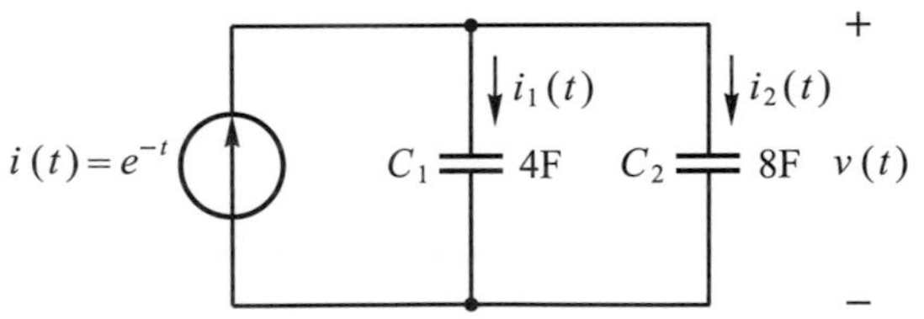

答 (a)等效電容 $C = C_1 + C_2 = 12\text{F}$

$$v(t) = \frac{1}{C}\int_0^t i(t)\,dt = \frac{1}{12}(-1)e^{-t} = -\frac{1}{12}e^{-t}\,(\text{V})$$

$$(b)\ i_1(t) = C_1\frac{dv(t)}{dt} = 4(-\frac{1}{12})(-1)e^{-t} = \frac{1}{3}e^{-t}\ (A)$$

$$i_2(t) = C_2\frac{dv(t)}{dt} = 8(-\frac{1}{12})(-1)e^{-t} = \frac{2}{3}e^{-t}\ (A)$$

由此可知：$i_1(t) + i_2(t) = i(t) = e^{-t}A$

5-3 電感器

若一兩端元件，在任意時刻 t，其通量$\phi(t)$與其電流 $i(t)$，若能滿足 $i\phi$ 平面上某一條曲線所定義的關係，則稱此兩端元件為電感器(inductor)。此曲線規定通量的瞬時值 $\phi(t)$ 和電流的瞬時值 $i(t)$之間有一關係存在。若其特性曲線不隨時間 t 而改變者，則稱之爲**非時變**電感器。若特性曲線隨時間 t 而改變者，則稱之爲**時變**電感器。若特性曲線在所有時間 t 內均通過 $i\phi$ 平面原點之直線，則稱之爲**線性**電感器。反之，若在任何時間內，其特性曲線不是通過 $i\phi$ 平面上原點之直線，則稱之爲**非線性**電感器。因此，也可依其爲線性或非線性及其是時變或非時變而可分爲四類。本課程亦僅討論線性非時變電感器。

線性非時變電感器爲一兩端元件，跨接於其上之電壓 $v(t)$與流過其上之電流 $i(t)$的微分成正比，可寫成：

$$v(t) = L\frac{di(t)}{dt} \tag{5-19}$$

其中比例常數 L 稱為電感器的電感(inductance)或電感量，單位爲亨利(Henry)。圖 5-5 所示爲線性非時變電感器之符號和特性曲線。

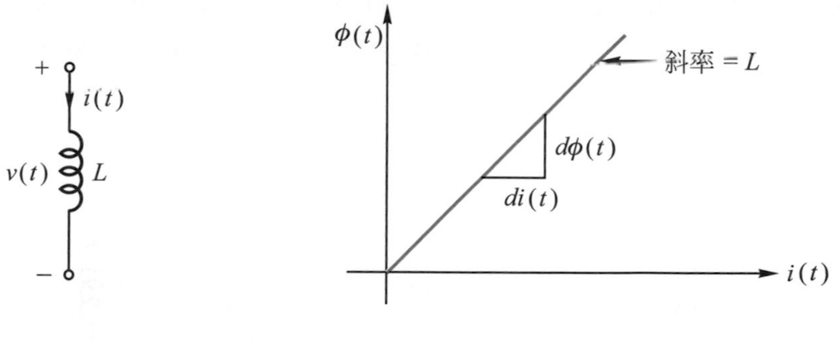

(a)　(b)

圖 5-5　線性非時變電感器(a)符號，(b)特性曲線

將(5-19)式由 $-\infty$ 積分到時間 t，得到：

$$i(t)=\frac{1}{L}\int_{-\infty}^{t}v(t)dt \tag{5-20}$$

依法拉第感應定律，可知 $v(t)$ 與 $\phi(t)$ 之關係爲：

$$\phi(t)=\int_{-\infty}^{t}v(t)dt \tag{5-21}$$

所以在任何時間 t，(5-20)式可簡寫爲：

$$i(t)=\frac{1}{L}\phi(t)$$

或

$$\phi(t)=Li(t) \tag{5-22}$$

(5-22)式符合線性元件的定義，故其特性曲線如圖 5-5(b)所示，爲一條經過原點的直線。

由(5-20)式，我們可將 $i(t)$ 表示成：

$$i(t)=\frac{1}{L}\int_{-\infty}^{0}v(t)dt+\frac{1}{L}\int_{0}^{t}v(t)dt$$

$$=i(0)+\frac{1}{L}\int_{0}^{t}v(t)dt \tag{5-23}$$

由(5-23)式知道，積分是電壓曲線在時間 $t=0$ 到時間爲 t 之間的淨面積。顯然地，在 t 時的 i 值 $i(t)$ 是由其初值 $i(0)$ 和在[0, t]區間內所有電壓波形 $v(t)$ 的值來決定。此一事實，就如同電容器的情況，即**電感器具有記憶性**。

(5-23)式第一項是常數，它是電感器在 $t=0$ 時之電流。第二項可以視爲另一個電感器之電流，此新電感器與原先的電感值相同，但它是 $t=0$ 之前沒有電流也沒有電壓，在 $t=0$ 之後，電壓 $v(t)$ 與原先之電感器相同。因(5-23)式是兩項電流之和，可視爲並聯相接，因此(5-23)式描述了圖 5-6 的等效電路。

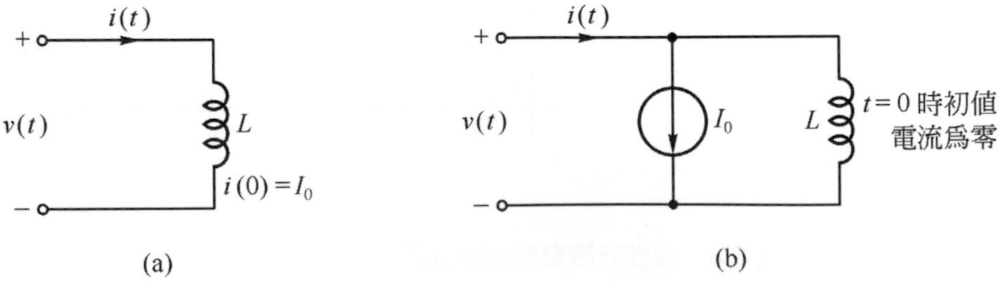

圖 5-6　電感器之等效電路(a)含初值電流 $i(0)=I_0$ 之電感器，(b)初值電流為零之同一電感器與一個定值電流電源 $I=I_0$ 相並聯

例題 5-7

一個 2H 之電感器有如下圖所示之電壓，試利用初值條件描述 $t \geq 0$ 時之等效電路。

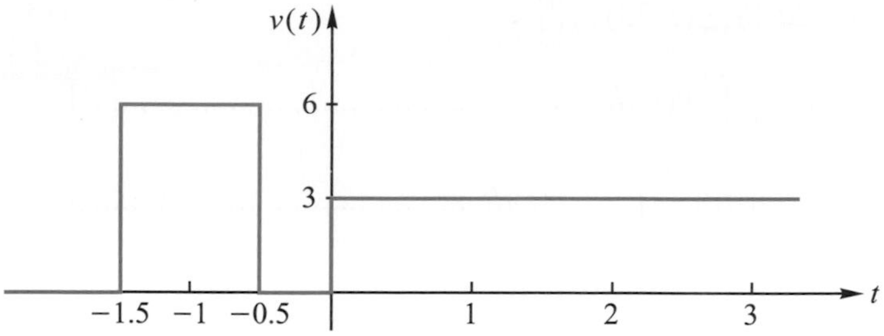

答 當 $t > 0$ 時

$$i(t) = i(0) + \frac{1}{L}\int_0^t v(t)dt$$

其中，$i(0) = \frac{1}{L}\int_{-\infty}^{0} v(t)dt = \frac{1}{2}\int_{-1.5}^{-0.5} 6dt = 3\,(\text{A})$

因此，$t \geq 0$ 時之等效電路如下圖(a)所示，其中電感器兩端之電壓 $v_1(t) = 3u(t)$ ，如下圖(b)所示。

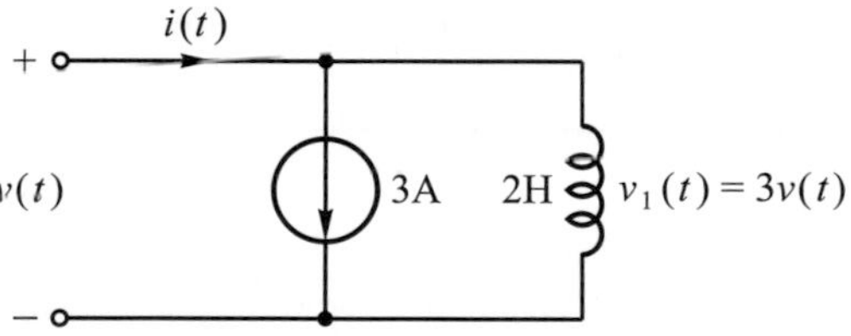

(a)

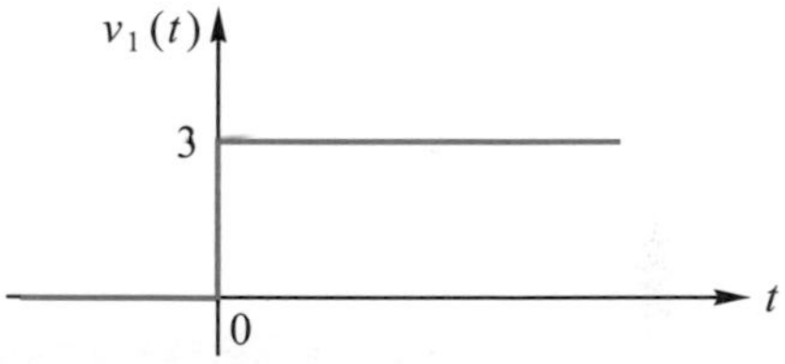

(b)

就如同線性非時變電容器一樣，電感器亦有一重要性質如下：若一線性非時變電感器，其兩端之電壓 $v(t)$在閉區間$[0, t]$中所有時間均為有限，則電流 $i(t)$為開區間$(0, t)$中，不可能瞬間地由一值跳到另一值。換言之，**線性非時變電感器上之電流波形 $i(t)$ 為連續的**，此結果，可由例題 5-8 得到證明。

例題 5-8

試證明線性非時變電感器上之電流波形 $i(t)$爲連續的。

答 設於時間 t 及 $t+\Delta t$ 時之(5-23)式得：

$$i(t)=i(0)+\frac{1}{L}\int_0^t v(t)dt \quad ①$$

及 $$i(t+\Delta t)=i(0)+\frac{1}{L}\int_0^{t+\Delta t} v(t)dt \quad ②$$

② － ①得：

$$i(t+\Delta t)-i(t)=\frac{1}{L}\int_t^{t+\Delta t} v(t)dt \quad ③$$

兩邊取極限值且令 Δt 趨近於 0，則得：

$$\lim_{\Delta t\to 0}[i(t+\Delta t)-i(t)]=\lim_{\Delta t\to 0}\frac{1}{L}\int_t^{t+\Delta t} v(t)dt=0 \quad ④$$

對於所有時間 t，$v(t)$均爲有限；即一有限常數 M 能使對於所考慮之所有 t，均有 $|v(t)|\le M$ 。故當 $\Delta t\to 0$ 時，波形 $v(t)$在 $(t,t+\Delta t)$ 區間的面積趨近於零。同時由④式知，當 $\Delta t\to 0$ ，則 $i(t+\Delta t)\to i(t)$ ；即：

$i(t+\Delta t)=i(t)$ 得證。

5-4 電感器串並聯電路

一、電感串聯電路

若有 m 個線性非時變電感器之串聯連接，依 KCL 之要求，必須通過**所有電感器之初值電流均相等**，否則串聯就無意義。如圖 5-7(a)所示，若有 m 個初值電流均相等的電感器相串聯，亦可用一等效電感 L 如圖 5-7(b)所示來代表。

由 KCL 可得：

$$i(t)=i_1(t)=i_2(t)=\cdots=i_m(t) \tag{5-24}$$

由 KVL 可得：

$$v(t)=v_1(t)+v_2(t)+\cdots+v_m(t) \tag{5-25}$$

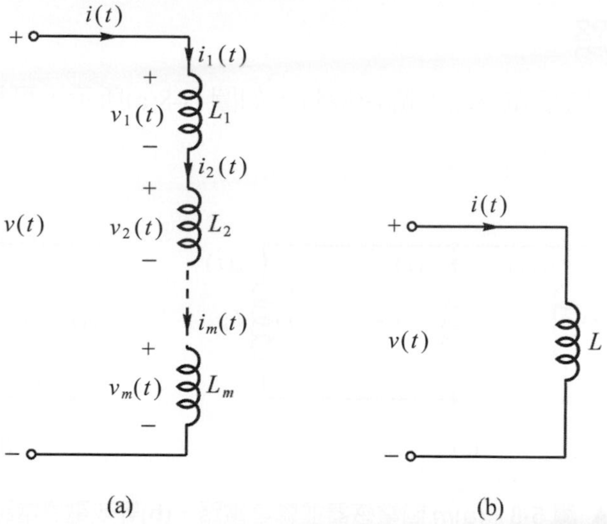

▲圖 5-7　(a)m 個電感器串聯之電路，(b)等效電感電路

線性非時變電感器，其分支電壓特性由(5-23)式，可知

$$v_k(t) = L_k \frac{di_k(t)}{dt} \tag{5-26}$$

將(5-26)式代入(5-25)式，並代入(5-24)式，可得：

$$\begin{aligned} v(t) &= L_1 \frac{di_1(t)}{dt} + L_2 \frac{di_2(t)}{dt} + \cdots + L_m \frac{di_m(t)}{dt} \\ &= (L_1 + L_2 + \cdots + L_m)\frac{di(t)}{dt} \end{aligned} \tag{5-27}$$

又由圖 5-7(b)電路，可知：

$$v(t) = L\frac{di(t)}{dt} \tag{5-28}$$

因此，若圖 5-7(a)與圖 5-7(b)之電路為等效，則由(5-27)式與(5-28)式可得：

$$L = L_1 + L_2 + \cdots + L_m = \sum_{k=1}^{m} L_k \tag{5-29}$$

其中　$i(0) = i_1(0) = i_2(0) = \cdots = i_m(0) = i_k(0)$， $k = 1, 2, \cdots, m$

因此串聯電感器等效電感之求法與串聯電阻器等效電阻之求法相同，串聯愈多，總電感值愈大。

二、電感並聯電路

若有 m 個線性非時變電感器並聯連接時，如圖 5-8(a)所示，可用一等效電感 L 如圖 5-8(b)所示來代表。

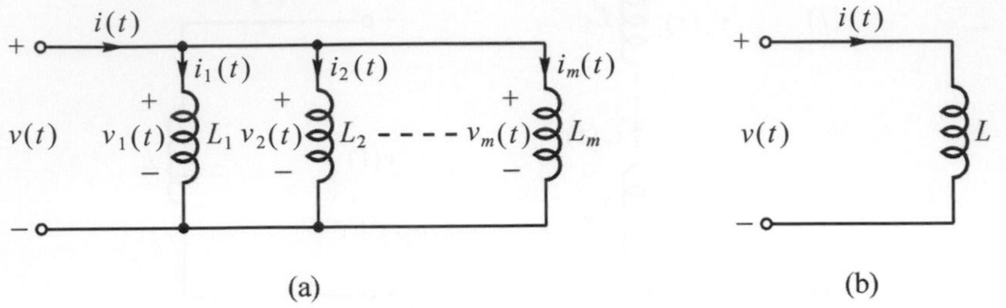

▲ 圖 5-8 (a)m 個電感器並聯之電路，(b)等效電感電路

由 KVL 可得：

$$v(t)=v_1(t)=v_2(t)=\cdots=v_m(t) \tag{5-30}$$

由 KCL 可得：

$$i(t)=i_1(t)+i_2(t)+\cdots+i_m(t) \tag{5-31}$$

線性非時變電感器，其分支電流特性由(5-23)式，可知為：

$$i_k(t)=i_k(0)+\frac{1}{L_k}\int_0^t v_k(t)dt \tag{5-32}$$

將(5-32)式代入(5-31)式中，並代入(5-30)式，可得：

$$\begin{aligned} i(t)&=i_1(0)+\frac{1}{L_1}\int_0^t v_1(t)dt+i_2(0)+\frac{1}{L_2}\int_0^t v_2(t)dt+\cdots+i_m(0)+\frac{1}{L_m}\int_0^t v_m(t)dt \\ &=[i_1(0)+i_2(0)+\cdots+i_m(0)]+\left(\frac{1}{L_1}+\frac{1}{L_2}+\cdots+\frac{1}{L_m}\right)\int_0^t v(t)dt \end{aligned} \tag{5-33}$$

又由圖 5-8(b)電路，可知：

$$i(t)=i(0)+\frac{1}{L}\int_0^t v(t)dt \tag{5-34}$$

因此若圖 5-8(a)與圖 5-8(b)之電路為等效，則由(5-33)式與(5-34)式可得：

$$i(0)=i_1(0)+i_2(0)+\cdots+i_m(0)=\sum_{k=1}^{m} i_k(0) \tag{5-35}$$

且　$$\frac{1}{L}=\frac{1}{L_1}+\frac{1}{L_2}+\cdots+\frac{1}{L_m}=\sum_{k=1}^{m}\frac{1}{L_k} \tag{5-36}$$

因此，並聯電感器等效電感之求法與並聯電阻器等效電阻之求法相同。各個電感倒數之和等於總電感之倒數。並聯愈多，電感值愈小。

例題 5-9

如下圖所示，試求等效電感 L 之值。

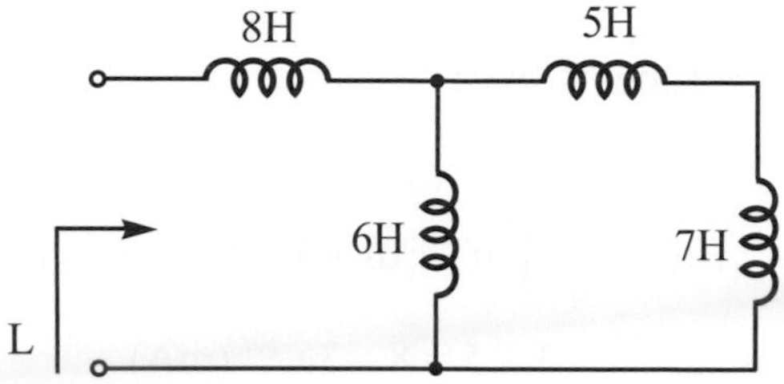

答　5H 與 7H 串聯，其等效電感是 $5+7=12\text{H}$，此數再和 6H 並聯，其等效電感為：

$$\frac{1}{\frac{1}{12}+\frac{1}{6}}=\frac{12\times 6}{12+6}=4\text{H}$$

最後 4H 再和 8H 串聯，所以

$$L=4+8=12(\text{H})$$

例題 5-10

如下圖所示電路中，$i(t)=4(2-e^{-10t})$A，若 $i_2(0)=-1$mA，試求：(a)$i_1(0)$，(b)$v(t)$、$v_1(t)$ 與 $v_2(t)$，(c)$i_1(t)$與 $i_2(t)$之值。

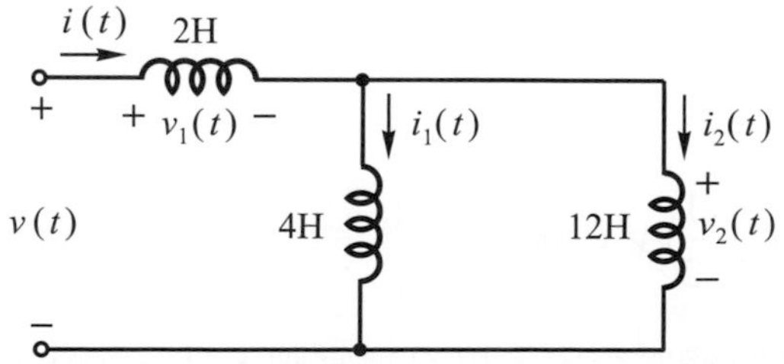

答 (a) 由 $i(t)=4(2-e^{-10t})$，可得：$i(0)=4(2-1)=4\text{mA}$

因為 $i(t)=i_1(t)+i_2(t)$ ∴ $i_1(0)=i(0)-i_2(0)=4-(-1)=5(\text{mA})$

(b) 等效電感 $L=2+4\,//\,12=5\text{H}$

所以，$v(t)=L\dfrac{di(t)}{dt}=5(4)(-1)(-10)e^{-10t}=200e^{-10t}(\text{mV})$

及 $v_1(t)=2\dfrac{di(t)}{dt}=2(-4)(-10)e^{-10t}=80e^{-10t}\,(\text{mV})$

因 $v(t)=v_1(t)+v_2(t)$，則

$v_2(t)=v(t)-v_1(t)=120e^{-10t}(\text{mV})$

(c) 電流 $i_1(t)$為：

$$i_1(t)=\frac{1}{4}\int_0^t v_2(t)\,dt+i_1(0)=\frac{120}{4}\int_0^t e^{-10t}\ dt+5$$

$$=-3e^{-10t}\Big|_0^t+5=-3e^{-10t}+3+5=8-3e^{-10t}\,(\text{mA})$$

同理，$i_2(t)=\dfrac{1}{12}\displaystyle\int_0^t v_2(t)\,dt+i_2(0)=\dfrac{120}{12}\int_0^t e^{-10t}\ dt-1$

$$=-e^{-10t}\Big|_0^t-1=-e^{-10t}+1-1=-e^{-10t}\,(\text{mA})$$

由此可知，$i_1(t)+i_2(t)=i(t)$

5-5 儲存於電容器之能量

我們應用第一章中(1.7)式來計算線性非時變電容器中的能量。電容器充電時，可以儲存能量，而放電時可以提供外界能量。電容器的能量是儲存於極板間的電場中。因為能量 $W_c(t)$是功率的積分，故在時間 t 時之 $W_c(t)$可表示為：

$$W_c(t)=\int_{-\infty}^t P(t)\,dt=\int_{-\infty}^t v(t)i(t)\,dt=\int_{-\infty}^t v(t)(c\frac{dv(t)}{dt})\,dt$$

$$=\int_{v(-\infty)}^{v(t)} cv\,dv=\frac{1}{2}cv^2\Bigg|_{v(-\infty)}^{v(t)}$$

$$=\frac{1}{2}cv^2(t)-\frac{1}{2}cv^2(-\infty) \tag{5-37}$$

上式中，C 為限性非時變電容器，故 C 為常數，又 $v(-\infty)=0$，故(5-25)式可寫成：

$$\varepsilon_E(t)=W_c(t)=\frac{1}{2}cv^2(t) \tag{5-38}$$

又根據(5-4)式，$q(t) = cv(t)$

故上式亦可表示為：

$$W_C(t) = \frac{1}{2c}q^2(t) \tag{5-39}$$

$$= \frac{1}{2}q(t)v(t) \tag{5-40}$$

理想電容器不消耗能量。電容器取得功率後，儲存能量在其電場中，當有需要時，會傳遞儲存的能量給電路。

實際的**非理想電容器會並聯一個漏電阻**，如圖 5-9 所示。漏電阻可達 100MΩ，在大多數的應用是可忽略不計的，因此本書假定電容器均為理想的。

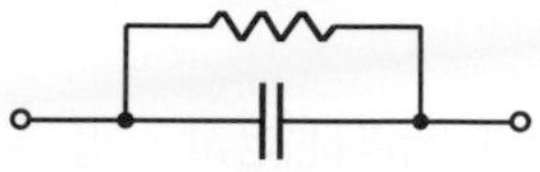

▲ 圖 5-9　非理想電容器的電路模型

例題 5-11

流經一個 0.5F 電容器上之電流為 $i(t) = 4t$A，且 $v(0) = 2$V，試求 $t = 1$ 秒時，電容器兩端之電壓 $v(t)$及其上儲存的能量 $W_C(t)$。

答　$v(t) = \frac{1}{C}\int_0^t i(t)\,dt + v(0) = \frac{1}{0.5}\int_0^1 4t\,dt + 2 = 2\times 4\times \frac{1}{2}t^2\Big|_0^1 + 2 = 6(\text{V})$

$\therefore W_C(t) = \frac{1}{2}cv^2(t) = \frac{1}{2}0.5\times 6^2 = 9(\text{J})$

5-6 儲存於電感器的能量

電感器與電容器相同，可以儲存能量及可能供能量給外界，只是這些能量儲存在環繞電感器的磁場中。故在時間 t 時，儲存在電感器中的能量 $W_L(t)$為：

$$W_L(t) = \int_{-\infty}^{t} v(t)i(t)\,dt = \int_{-\infty}^{t} (L\frac{di(t)}{dt})i(t)\,dt$$

$$= \int_{i(-\infty)}^{i(t)} Li\,di = \frac{1}{2}Li^2(t) - \frac{1}{2}Li^2(-\infty) \quad (5\text{-}41)$$

上式中，L 為線性非時變電感器，故 L 為常數，又 $i(-\infty) = 0$，故(5-41)式可寫成：

$$\varepsilon_M(t) = W_L(t) = \frac{1}{2}Li^2(t) \quad (5\text{-}42)$$

如同理想電容器，理想電感器也不消耗能量。電感器取得功率後，儲存功率在其磁場中，當有需要時，可傳遞其功率給電路使用。

實際上，非理想電感器有一個重要的電阻值，如圖 5-10 所示。電感器一般是由銅等良導電線材料製成，而導電材料會有電阻值，此電阻值稱為**繞線電阻**(winding resistance)R_W，其與電感串聯。R_W 使得電感器為一個儲能元件及一個耗能元件。此 R_W 通常很小，一般可以忽略。又由於線圈中的電容性耦合，在非理想電感器，也存在一**繞線電容**(winding capacitance)C_W，而此 C_W 通常亦很小，除非在高頻下，否則亦可以忽略不計，因此本書假定電感器為理想電感器。

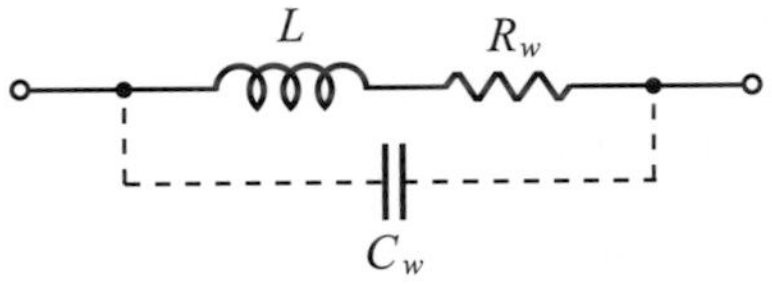

▲ 圖 5-10　非理想電感器的電路模型

例題 5-12

若流經一 0.1H 電感器的電流爲 $i(t) = 10te^{-5t}$A，試求該電感器兩端之電壓 $v(t)$及其上儲存的能量 $W_L(t)$。

答　由(5-28)式知：

$$v(t) = L\frac{di(t)}{dt} = 0.1\frac{d}{dt}(10te^{-5t}) = e^{-5t} + t(-5)e^{-5t}$$

$$= e^{-5t}(1 - 5t)\ (\mathrm{V})$$

則電感器儲存的能量爲：

$$W_L(t) = \frac{1}{2}Li^2(t) = \frac{1}{2}(0.1)100t^2e^{-10t} = 5t^2e^{-10t}\ (\mathrm{J})$$

現將學過的三個基本電路元件重要的特性，整理在表 5-1 中。

▼ 表 5-1　三個基本元件的重要特性

關係	電阻器(R)	電容器(C)	電感器(L)
$v(t) - i(t)$	$v(t) = i(t)R$	$v(t) = \frac{1}{C}\int_{t_0}^{t} i(t)\,dt + v_0$	$v(t) = L\frac{di(t)}{dt}$
$i(t) - v(t)$	$i(t) = \frac{v(t)}{R}$	$i(t) = C\frac{dv(t)}{dt}$	$i(t) = \frac{1}{L}\int_{t_0}^{t} v(t)\,dt + i_0$
$P(t)$或 $W(t)$	$P(t) = i^2(t)R = \frac{v^2(t)}{R}$	$W_C(t) = \frac{1}{2}cv^2(t)$	$W_L(t) = \frac{1}{2}Li^2(t)$
串聯	$R = R_1 + R_2$	$C = \frac{C_1C_2}{C_1 + C_2}$	$L = L_1 + L_2$
並聯	$R = \frac{R_1R_2}{R_1 + R_2}$	$C = C_1 + C_2$	$L = \frac{L_1L_2}{L_1 + L_2}$
直流工作下	相同	開路	短路

本章習題 LEARNING PRACTICE

5-1 設流經 50mH 電感器的電流為：$i(t)=400\sin 800t$ mA，試求跨於電感器兩端之電壓。

答 $v(t)=16\cos 800t$ (V)

5-2 在時間 $t=0$ 時，流經 200mH 電感器的電流為 5A，此時將一電壓 $v(t)=60e^{-40t}$ V，外加於電感器上，試求當 $t=50$ ms 時，電感器內之電流。

答 $i(t)=11.48$ (A)

5-3 將電流電源 $i_s(t)$ 和一電容為 C 的線性非時變電容器相聯接且 $v(0)=0$，試求當電流 $i_s(t)$ 為下列情形下，跨於電容器兩端的電壓波形 $v(t)$。

(1) $i_s(t)=u(t)$

(2) $i_s(t)=\delta(t)$

(3) $i_s(t)=A\cos(\omega t+\varphi)$

答 (1) $v(t)=\dfrac{1}{c}t$ (V)

(2) $v(t)=\dfrac{1}{c}u(t)$ (V)

(3) $v(t)=\dfrac{A}{C\omega}[\sin(\omega t+\phi)-\sin\phi]$ (V)

5-4 已知 2F 電容器的電流 $i(t)=4\delta(t)-12e^{-3t}u(t)$A，試求電容器兩端之電壓 $v(t)$？

答 $v(t)=2e^{-3t}u(t)$ (V)

5-5 依下列所給之電壓 $v(t)$，其中 $v(t)$為 2F 電容器兩端之電壓，試分別求出電容器上之電流 $i(t)$？

(1) $v(t)=3\sin(4t+45°)$ V　　(2) $v(t)=3\sin(4t+45°)u(t)$ V

(3) $v(t)=r(t)$ 或 $v(t)=tu(t)$ V　　(4) $v(t)=tu(t)u(1-t)$ V

答 (1) $i(t)=24\cos(4t+45°)$ (A)

(2) $i(t)=24\cos(4t+45°)u(t)+4.242\delta(t)$ (A)

(3) $i(t)=2u(t)$ (A)

(4) $i(t)=-2\delta(1-t)+2u(t)u(1-t)$ (A)

5-6 一電流電源連接一電容值為 2F 線性非時變電容器的兩端如下圖(a)所示，其初值電壓 $v(0)=-\frac{1}{2}$ V，電流電源如圖(b)所示，試求其電壓 $v(t)$並繪出 $v(t)$之波形。

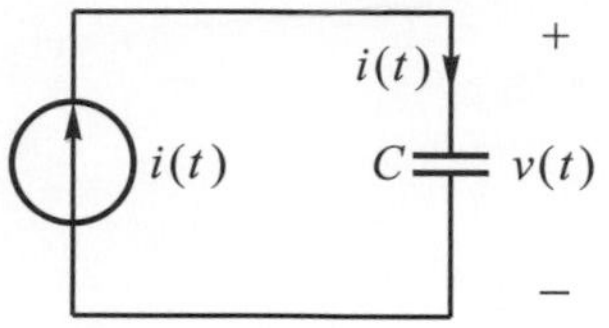

(a)

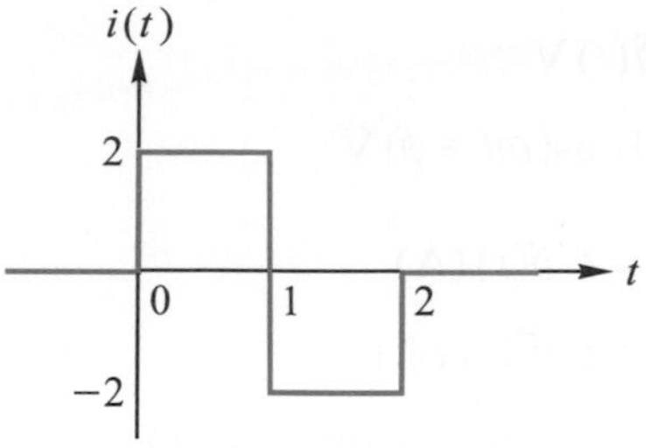

(b)

答　$v(t)=-\frac{1}{2}+\frac{1}{2}\int_0^t i(t)dt$ (V)

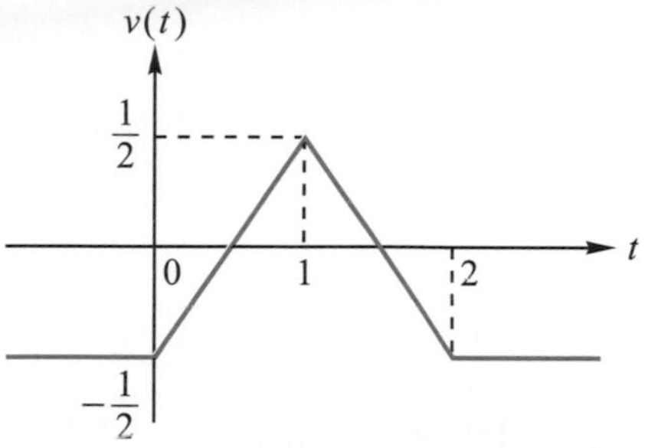

(c)

5-7 如上題，電容值為 5F，初值電壓 $v(0)=0$，而電流電源如下圖所示，試求其電壓 $v(t)$並繪出 $v(t)$之波形。

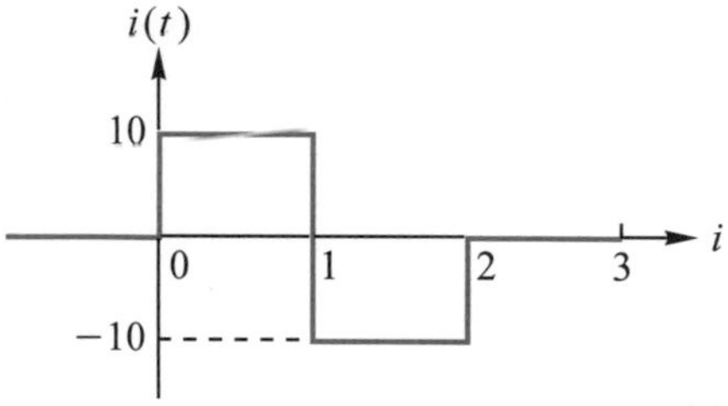

答　$v(t)=\frac{1}{5}\int_0^t i(t)dt$ (V)

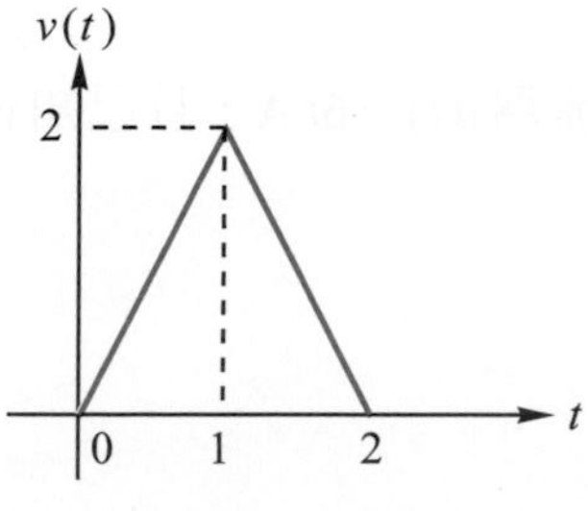

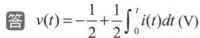

5-8 將電壓電源 $v_s(t)$ 和一電容爲 C 之線性非時變電容器相聯接且 $v(0)=0$，試求當電壓 $v_S(t)$ 爲下列情形下，電容器的電流波形 $i(t)$。

(1) $v_S(t)=u(t)$ V

(2) $v_S(t)=\delta(t)$ V

(3) $v_S(t)=A\cos(\omega t+\phi)$ V

答 (1) $i(t)=C\delta(t)$ (A)

(2) $i(t)=C\delta'(t)$ (A)

(3) $i(t)=-CA\omega\sin(\omega t+\phi)$ (A)

5-9 將電流電源 $i_s(t)$ 和一電感爲 L 之線性非時變電感器相聯接且 $i(0)=0$，就求當電流 $i_s(t)$ 爲下列情形下，電感器兩端的電壓波形 $v(t)$。

(1) $i_s(t)=u(t)$ A

(2) $i_s(t)=\delta(t)$ A

(3) $i_s(t)=A\cos\omega t$ A

答 (1) $v(t)=L\delta(t)$ (V)

(2) $v(t)=L\delta'(t)$ (V)

(3) $v(t)=-LA\omega\sin\omega t$ (V)

5-10 將電壓電源 $v_s(t)$ 和一電感爲 L 之線性非時變電感器相聯接且 $i(0)=0$，試求當電壓 $v_s(t)$ 爲下列情形下，電感器的電流波形 $i(t)$。

(1) $v_s(t)=u(t)$ V

(2) $v_s(t)=\delta(t)$ V

(3) $v_s(t)=A\cos\omega t$ V

答 (1) $i(t)=\dfrac{1}{L}r(t)$ (A)

(2) $i(t)=\dfrac{1}{L}u(t)$ (A)

(3) $i(t)=\dfrac{A}{L\omega}\sin\omega t$ (A)

5-11 一個 0.5F 電容器上的電流爲 $i(t)=6t$ A，且已知 $v(0)=2$ V，試求 $t=1$ 秒時，儲存於電容器中的能量。

答 $\varepsilon_E(t)=W_C(t)=16$ (J)

5-12 一個 0.5H 電感器上的電壓爲 $v(t)=6t$ V，且已知 $i(0)=2$ A，試求 $t=2$ 秒時，儲存於電感器中的能量。

答 $\varepsilon_M(t)=W_L(t)=169$ (J)

5-13 設有三個分開之線非時變電容器，其電容分別爲 1F、2F 和 3F，且初值電壓分別爲 1V、2V 和 3V，若瞬間將此三個電容器並聯連接：試求跨於並聯連接兩端之合成電壓爲何？並計算在並聯前後儲存於電容器中之電能。

答 $V=\frac{7}{3}$ V 並聯前各電容器儲存能量分別爲：$\frac{1}{2}$(J)、4(J)及 13.5(J)。

並聯後各電容器儲存之能量分別爲：$\frac{49}{18}$(J)、$\frac{49}{9}$(J)及$\frac{49}{6}$(J)。

5-14 兩非線性電容器 C_1 和 C_2，其 vq 特性曲線如下圖所示，試分別繪出其串聯後與並聯後之 vq 特性曲線(假設 $t=0$時無初始電荷儲存)。

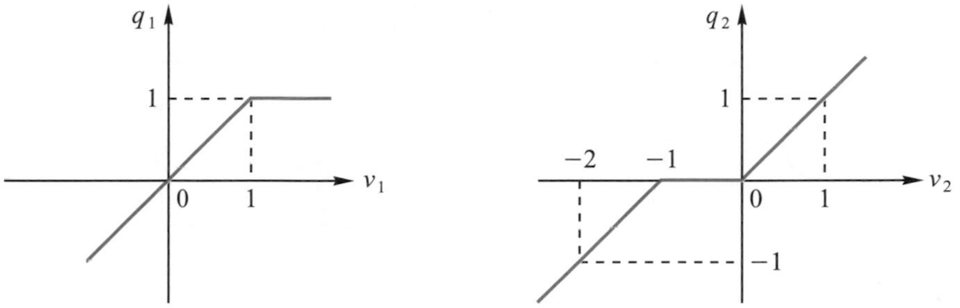

(a)　　(b)

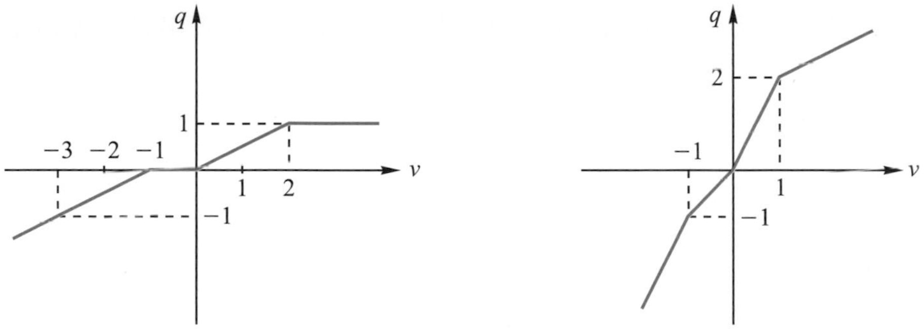

(a) 串聯　　(b) 並聯

5-15 試求出下圖電路中，由 AB 看入之等效電容值 C_{AB}。

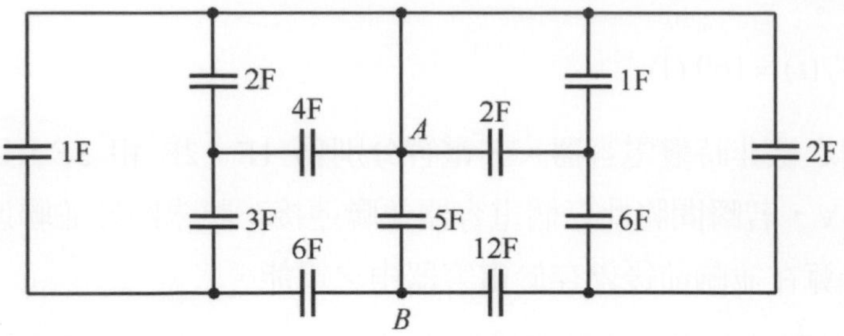

答 $C_{AB} = 10\,(\text{F})$。

5-16 設下圖已達穩態，試求 $i(t)$ 值。

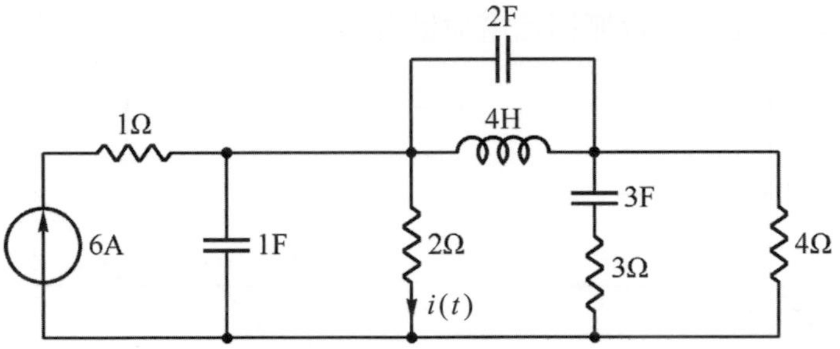

答 $i(t) = 4\,(\text{A})$。

5-17 設有二個線性非時變電感器，其電感值分別為 1H 和 2H，且初值電流分別為 2A 和 1A，若以開關連接成串聯，試求其合成電流為何？並計算在串聯前後儲存於各電感器中之磁能。

答 $i = \dfrac{4}{3}\,(\text{A})$

串聯前：2(J)、1(J)

串聯後：$\dfrac{8}{9}\,(\text{J})$，$\dfrac{16}{9}\,(\text{J})$

5-18 試計算 3PF 電容器二端跨接 20V 電壓時，其儲存的電荷量，並求此電容器儲存的能量。

答 $q(t) = 60(\text{PC})$，$W_C(t) = 600(\text{PJ})$

5-19 試導出下圖所示電容器串聯的分壓方程式。設 $v_1(0) = v_2(0) = 0$。

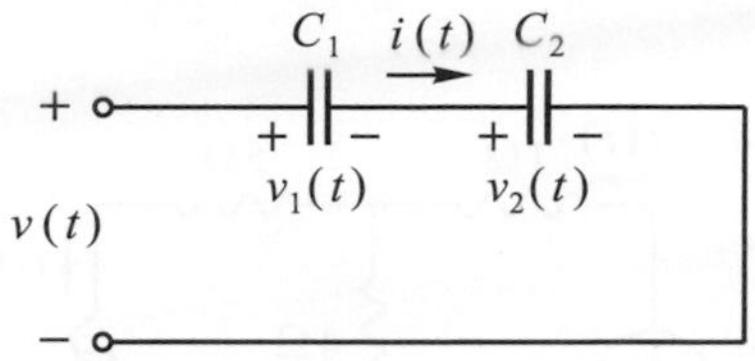

答 $v_1(t) = \dfrac{C_2}{C_1 + C_2} v(t)$，$v_2(t) = \dfrac{C_1}{C_1 + C_2} v(t)$

5-20 如下圖所示，試求在直流情況下各電容器儲存的能量。

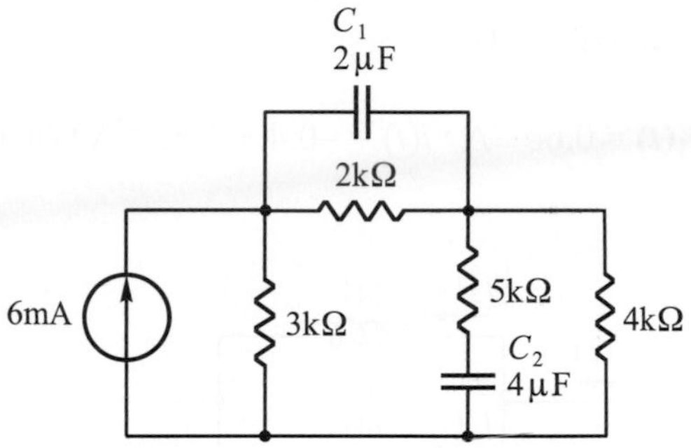

答 $W_{C_1}(t) = 16(\text{mJ})$，$W_{C_2}(t) = 128(\text{mJ})$

5-21 試導出下圖所示電感器並聯的分流方程式，設 $i_1(0) = i_2(0) = 0$。

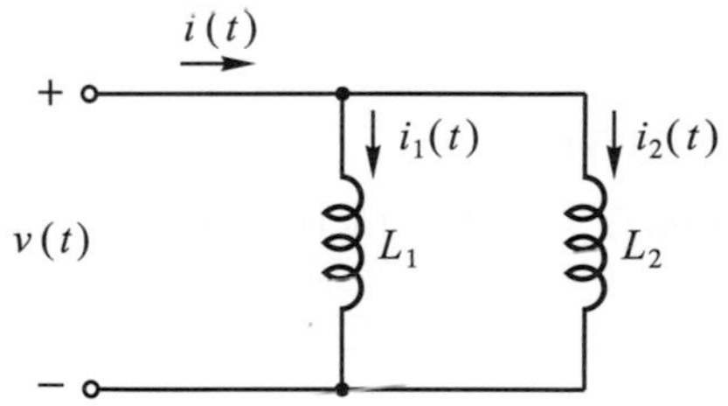

答 $i_1(t) = \dfrac{L_2}{L_1 + L_2} i(t)$，$i_2(t) = \dfrac{L_1}{L_1 + L_2} i(t)$

5-22 如下圖所示電路，在直流情況下，試求(a)$i(t)$、$v_C(t)$與 $v_L(t)$ (b)電容器及電感中所儲存的能量。

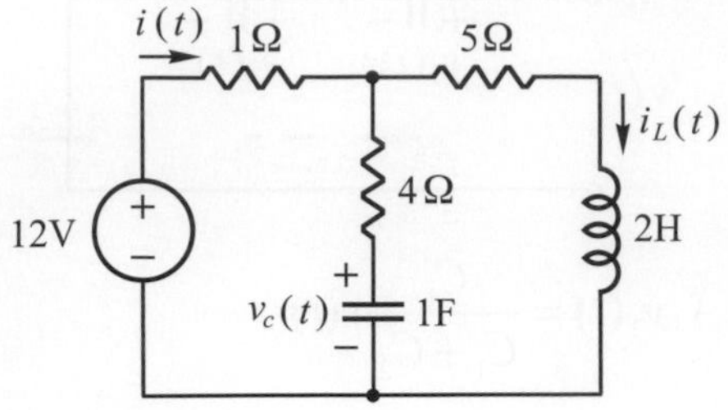

答 (a)$i(t)=2$(A)，$v_C(t)=10$(V)，$i_L(t)=2$(A)

(b)$W_C(t)=50$(J)，$W_L(t)=4$(J)

5-23 如下圖所示電路中，$i_1(t)=0.6e^{-2t}$A，$i(t)=-0.4+1.8e^{-2t}$A，試求(a)$i_2(0)$，(b)$i_2(t)$，(c)$v_1(t)$、$v_2(t)$與 $v(t)$。

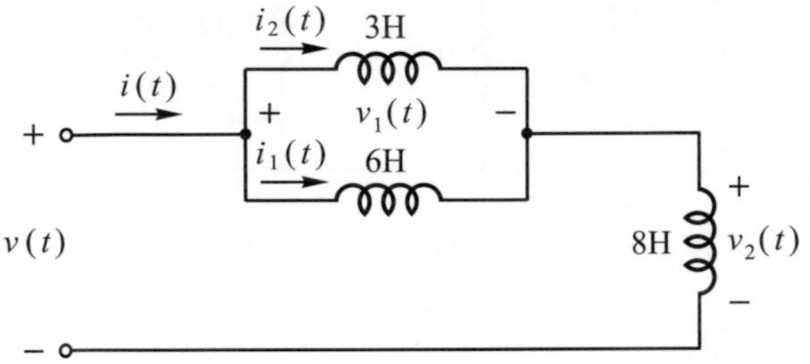

答 (a)$i_2(0)=0.8$(A)

(b)$i_2(t)=(-0.4+1.2e^{-2t})$ (A)

(c)$v(t)=-36e^{-2t}$ (V)、$v_1(t)=-7.2e^{-2t}$ (V)與 $v_2(t)=-28.8e^{-2t}$ (V)

6 一階電路：*RC* 與 *RL* 電路

在本章中，我們將進一步分析由電阻器和電容器，以及電阻器和感器所組成的電路。爲方便說明，前者簡稱爲 *RC* 電路，後者簡稱爲 *RL* 電路。由於電路中包含有儲能元件 *C* 及 *L*，所以 *RC* 及 *RL* 電路，可用一階微分方程式來描述，故稱之為一階電路(first-order circuits)。在解析此類電路的方法有很多種，諸如拉氏轉換法及頻域分析法都很有效且很實用，這些方法留待第十三章章再介紹。

本章中，我們重點放在電路的解析，首先提出零輸入響應、零態響應及完全響應等觀念，同時說明如何求出步級響應與脈衝響應。至於高階電路的處理，即要以高階微分方程式來描述的電路，將在第六章及以後各章中再行討論。

本章中，我們將分三種響應來討論 *RC* 及 *RL* 電路：

1. **零輸入響應**(zero-input response)：係指電路中儲能元件具有初值(inital value)，即 $v_C(0)$ 或 $i_L(0)$，但無輸入電源之情況下的響應。此種電路有時亦稱之爲**無源電路**。其響應，有時亦稱之爲**自然響應**。
2. **零態響應**(zero-state response)：係指電路中儲能元件不具有初值，即 $v_C(0)$或 $v_L(0)$爲零，但有輸入電源之情況下的響應。
3. **完全響應**(complete response)：係指電路中儲能元件具有初值且有輸入電源之情況下的響應。此種電路有時亦稱之爲**有源電路**。

6-1 零輸入響應

一、RC 電路之零輸入響應

考慮圖 6-1 之無源 RC 電路，若 $v_C(0)=V_0$，現欲求解 $t\geq 0$ 時，此放電電路中所有電壓與電流之響應。

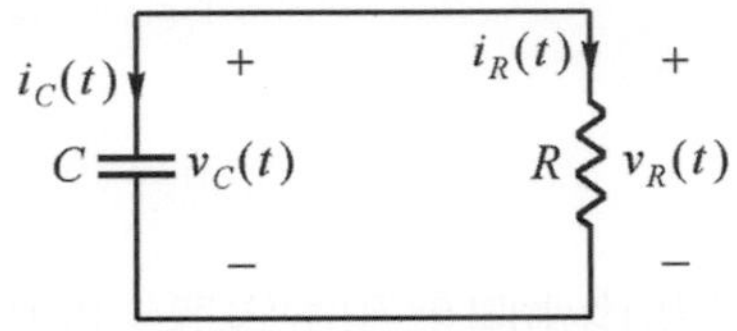

▲ 圖 6-1 $v_C(0)=V_0$ 的 RC 電路

由 KVL 可知：

$$v_C(t)=v_R(t)\text{，}t\geq 0 \tag{6-1}$$

由 KCL 可知：

$$i_C(t)+i_R(t)=0\text{，}t\geq 0 \tag{6-2}$$

電路元件 R 和 C，其分支方程式分別為：

$$v_R(t)=Ri_R(t) \tag{6-3}$$

$$i_C(t)=C\frac{dv_C(t)}{dt} \tag{6-4}$$

以 $v_C(t)$為變數，將(6-1)、(6-3)及(6-4)式代入(6-2)式中，且加上初值條件，即可導出 RC 電路之一階微分方程式：

$$\begin{cases} C\dfrac{dv_c(t)}{dt}+\dfrac{1}{R}v_C(t)=0, t\geq 0 \\ v_C(0)=V_0 \end{cases} \tag{6-5}$$

(6-5)式為一常係數之一階線性齊次微分方程式，其解為指數形式：

$$v_C(t)=V_0e^{-\frac{1}{RC}t}\text{，}t\geq 0 \tag{6-6}$$

由(6-1)式，可得：

$$v_R(t) = v_C(t) = V_0 e^{-\frac{1}{RC}t} \text{，} t \geq 0 \tag{6-7}$$

由(6-3)式，我們可得：

$$i_R(t) = \frac{v_R(t)}{R} = \frac{V_0}{R} e^{-\frac{1}{RC}t} \text{，} t \geq 0 \tag{6-8}$$

又由(6-2)式，可得：

$$i_C(t) = -i_R(t) = -\frac{V_0}{R} e^{-\frac{1}{RC}t} \text{，} t \geq 0 \tag{6-9}$$

由上述結果可知，無源 RC 電路中之電壓與電流響應，係以指數形式而衰減至零，如圖 6-2 所示為電路四個未知數：即兩分支電壓 $v_C(t)$和 $v_R(t)$及兩分支電流 $i_C(t)$和 $i_R(t)$的響應圖。

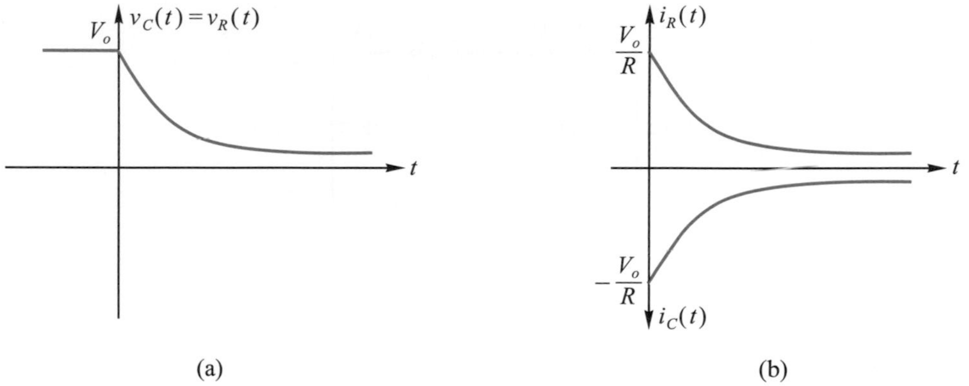

▲ 圖 6-2　當 $t \geq 0$ 時

(a)RC 電路變數 $v_C(t)$和 $v_R(t)$之響應曲線，(b)RC 電路變數 $i_C(t)$和 $i_R(t)$之響應曲線

由圖 6-2 可看出指數變化之快慢係由 RC 值來決定，因此，一般稱為 RC **時間常數** T(time cnstant)，T 愈大，則 $v(t)$或 $i(t)$下降的速度愈慢，反之則愈快。我們以圖 6-2(a)及(6-6)式說明時間常數的作用，當 $t = RC = T$ 時，$v_C(t) = V_0 e^{-1} = 0.368V_0$，當 $t = 2RC = 2T$ 時，$v_C(t) = V_0 e^{-2} = 0.135V_0$，當 $t = 3RC = 3T$ 時，$v_C(t) = V_0 e^{-3} = 0.05V_0$，因此當 t 為三個時間常數時，電容器上之電壓已降為 V_0之 5%，所以通常 $t \geq 5RC = 5T$ 時，即可將 $v_C(t)$視為零，即表示電容器已完全放電，如圖 6-3 所示。若 T 愈大的電路，則表示 $v_C(t)$下降至 $0.368V_0$ 或其他值所需的時間較久。

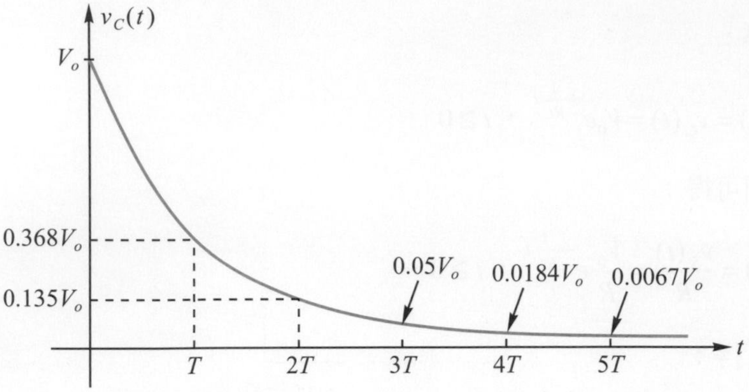

▲ 圖 6-3 *RC* 電路中電容器電壓之零輸入指數衰減曲線

例題 6-1

下圖所示係由線性非時變元件組成，在 $t=0$ 之前左邊電容器最初充電到 $V_0=6\,\text{V}$，而右邊電容器則未充電。在 $t=0$ 時開關閉合，試求 $t\geq 0$ 時之電流 $i(t)$ 值。

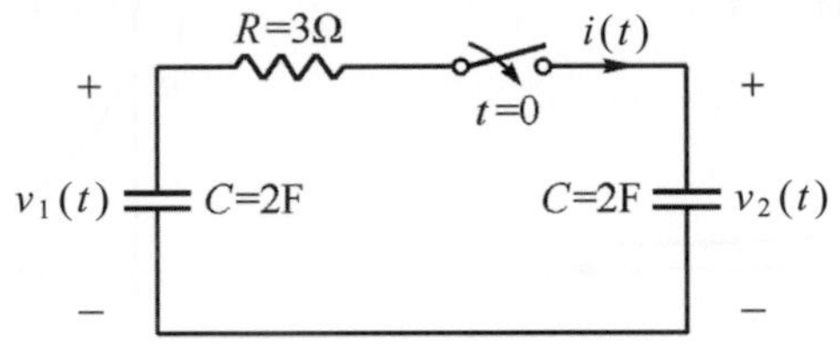

答 由 KVL 可得：

$$v_2(t)-v_1(t)+Ri(t)=0 \quad \text{①}$$

微分①式，得 $\dfrac{dv_2(t)}{dt}-\dfrac{dv_1(t)}{dt}+R\dfrac{di(t)}{dt}=0$

但由 KCL 得：

$$C\frac{dv_1(t)}{dt}=-i(t)=-C\frac{dv_2(t)}{dt}$$

故 $$R\frac{di(t)}{dt}+\frac{2}{C}i(t)=0 \quad \text{②}$$

由①得 $i(0)=\dfrac{V_0}{R}=\dfrac{6}{3}=2$ ①代入②式解微分方程得

$$i(t)=\frac{V_0}{R}e^{-\frac{2}{RC}t}=2e^{-\frac{1}{3}t}\,(\text{A})，\ t\geq 0$$

二、RL 電路之零輸入響應

考慮圖 6-4 之無源 RL 電路，其中電感器含有初值值電流 $i_L(0)=I_0$，現欲求解 $t\geq 0$ 時，此電路所有電壓與電流之響應。

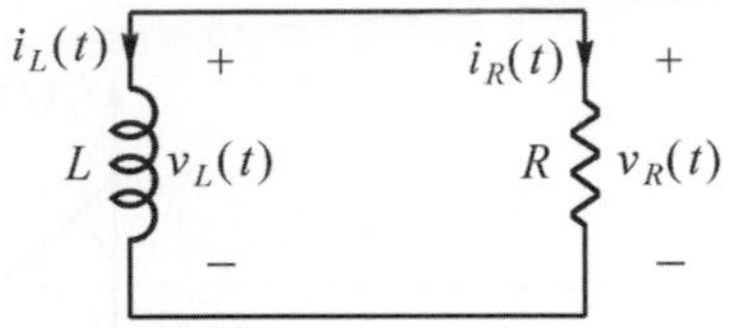

▲ 圖 6-4　$i_L(0)=I_0$ 的 RL 電路

由 KVL 可知：

$$v_L(t)=v_R(t)\text{ ， }t\geq 0 \tag{6-10}$$

由 KCL 可知：

$$i_L(t)+i_R(t)=0\text{ ， }t\geq 0 \tag{6-11}$$

對 R 和 L 而言，其元件電流和電壓的關係分別為：

$$v_R(t)=Ri_R(t)=-Ri_L(t) \tag{6-12}$$

$$v_L(t)=L\frac{di_L(t)}{dt} \tag{6-13}$$

以 $i_L(t)$為變數，將(6-11)、(6-12)和(6-13)式代入(6-10)式中，可得電流之微分方程式為：

$$\begin{cases} L\dfrac{di_L(t)}{dt}+Ri_L(t)=0, t\geq 0 \\ i_L(0)=I_0 \end{cases} \tag{6-14}$$

(6-14)式為一常係數之一階線性齊次微分方程式，其解為指數形式：

$$i_L(t)=I_0e^{-\frac{R}{L}t}\text{ ， }t\geq 0 \tag{6-15}$$

其中，時間常數 $T=\dfrac{L}{R}$ ，由(6-11)式，可得：

$$i_R(t)=-i_L(t)=-I_0e^{-\frac{R}{L}t}\text{ ， }t\geq 0 \tag{6-16}$$

由(6-12)式知：

$$v_R(t)=Ri_R(t)=-RI_0e^{-\frac{R}{L}t}\text{ ， }t\geq 0 \tag{6-17}$$

再由(6-10)式知：

$$v_L(t)=v_R(t)=-RI_0e^{-\frac{R}{L}t}，t\geq 0 \qquad (6\text{-}18)$$

圖 6-5 所示爲電路四個未知數的響應圖。

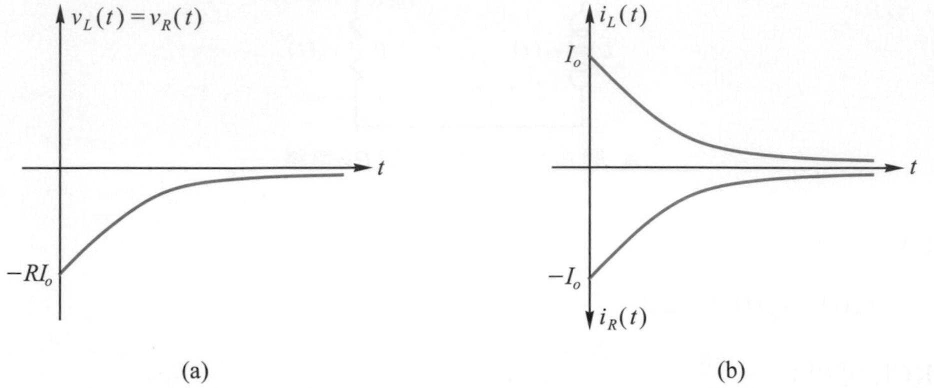

▲ 圖 6-5　當 $t\geq 0$ 時，(a)RL 電路變數 $i_L(t)$和 $i_R(t)$之響應曲線，(b)RL 電路變數 $v_L(t)$和 $v_R(t)$之響應曲線

例題 6-2

下圖所示的電路中，開關 SW 一直關閉著，直到穩態後才將開關打開，假設在 $t=0$ 時打開，試求當 $t\geq 0$ 時的 $i_L(t)$和 $v_R(t)$。

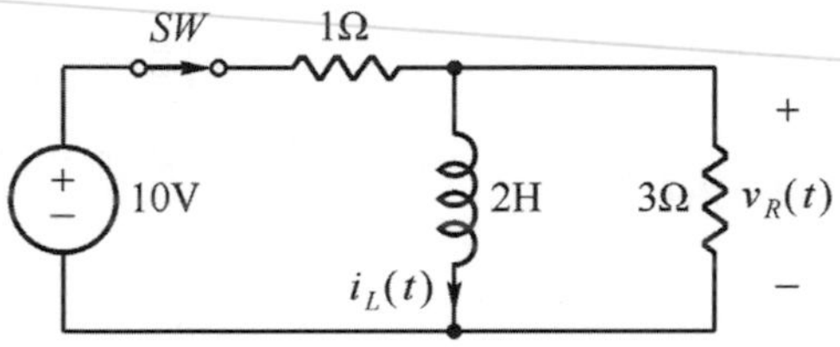

答　當電路達穩態時

$$i_L(0)=\frac{10(\text{V})}{1(\Omega)}=10\text{ A}$$

由 KVL 及初值條件可得：

$$L\frac{di_L(t)}{dt}+Ri_L(t)=0，i_L(0)=10\text{ A}$$

即
$$\begin{cases}2\dfrac{di_L(t)}{dt}+3i_L(t)=0\\ i_L(0)=10\end{cases}$$

解之得

$$i_L(t)=10e^{-\frac{3}{2}t}\text{ (A)}，t\geq 0$$

$$v_R(t)=-Ri_L(t)=-30e^{-\frac{3}{2}t}\text{ (V)}，t\geq 0$$

6-2 零態響應

一、*RC* 電路之零態響應

考慮圖 6-6 之 *RC* 電路，電流電源 $i_S(t)=Iu(t)$，此即表示電流電源在 $t\geq 0$ 時才加入定值電流 I 於電路，故 C 上之初始電壓 $v_C(0)=0$。當 $t>0$ 後，電流源之電流往 C 與 R，將會對 C 充電，使 $v_C(t)$ 漸增，直到電壓穩定爲止。

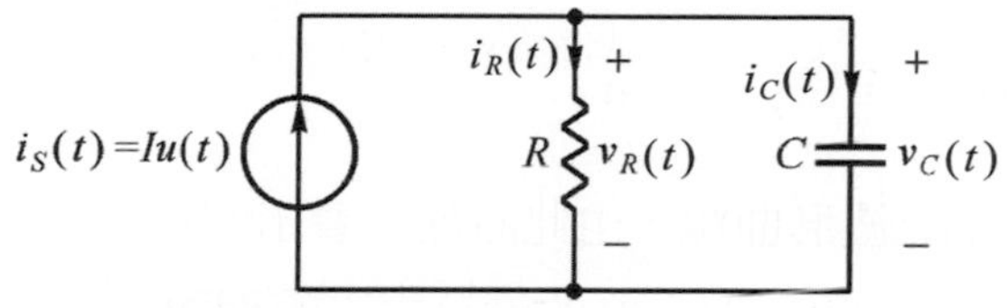

▲ 圖 6-6　含有定值電流電源之 *RC* 電路

由 KVL 得知：

$$v_C(t)=v_R(t)，t\geq 0 \tag{6-19}$$

由 KCL 得知：

$$i_C(t)+i_R(t)=I，t\geq 0 \tag{6-20}$$

以 $v_C(t)$ 爲變數，可得電壓的微分方程式爲：

$$\begin{cases} C\dfrac{dv_C(t)}{dt}+\dfrac{v_C(t)}{R}=I, t\geq 0 \\ v_C(0)=0 \end{cases} \tag{6-21}$$

此爲一線性非齊次微分方程式，其一般解有如下的形式：

$$v(t)=v_h(t)+v_p(t) \tag{6-22}$$

其中 $v_h(t)$為齊次微分方程式的解，而 $v_p(t)$為非齊次微分方程式的任一特解。齊次微分方程式的通解 $v_h(t)$為下列形式：

$$v_h(t)=k_1e^{-\frac{1}{RC}t} \tag{6-23}$$

其中，k_1 為任意常數。當定值電流輸入時其特解 $v_p(t)$為：

$$v_p(t)=RI \tag{6-24}$$

將(6-23)與(6-24)式代入(6-22)式，即可得到(6-21)的通解：

$$v_C(t)=k_1e^{-\frac{1}{RC}t}+RI \text{，} t\geq 0 \tag{6-25}$$

其中 k_1 可由(6-21)式所規定的初值條件來決定，於(6-25)式中，令 $t=0$ 即得：

$$v_C(0)=k_1+RI=0 \tag{6-26}$$

因此，$k_1=-RI$，故(6-25)可寫成：

$$\boldsymbol{v_C(t)=RI(1-e^{-\frac{1}{RC}t})} \text{，} \boldsymbol{t\geq 0} \tag{6-27}$$

圖 6-7 所示即為 $v_c(t)$之波形曲線，由此曲線可看出電壓是以指數形式趨近穩態，在大約四倍時間常數時，則電壓即達終值 RI 的百分之二範圍內。

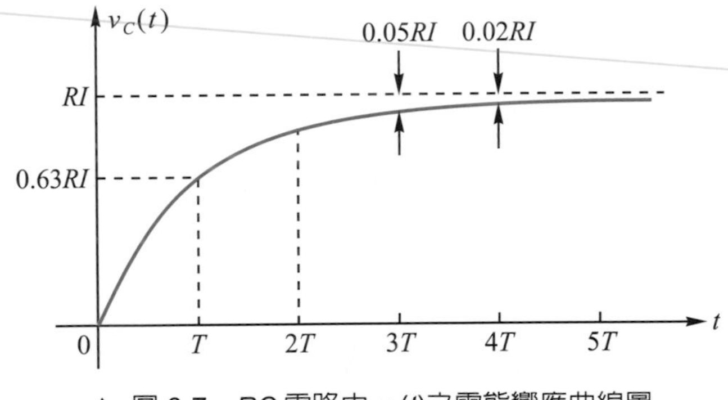

▲ 圖 6-7 *RC* 電路中 $v_c(t)$之零態響應曲線圖

例題 6-3

如下圖所示之電路，試求其零態響應 $v(t)$。

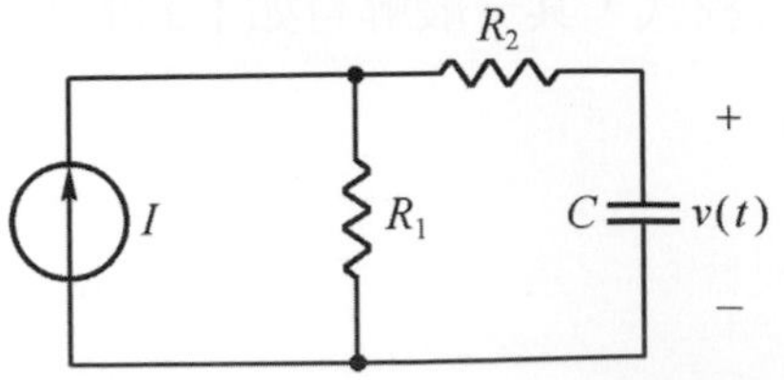

答 由 KCL 可得：

$$C\frac{dv(t)}{dt}+\frac{c\dfrac{dv(t)}{dt}R_2+v(t)}{R_1}=I$$

整理之，可得此電路之微分方程式爲：

$$\begin{cases} C(R_1+R_2)\dfrac{dv(t)}{dt}+v(t)=R_1I \\ v(0)=0 \end{cases}$$

解之得：

$$v(t)=R_1I(1-e^{-\frac{1}{(R_1+R_2)C}t})\text{，}t\ge 0$$

二、*RL* 電路之零態響應

考慮圖 6-8 之 *RL* 電路，電流電源 $i_s(t)$於 $t=0$時加至 *RL* 電路，且 *L* 上之初值電流 $i_L(0)=0$。現欲求解其零態響應 $i_L(t)$及 $v_L(t)$：

由 KVL 可知：

$$v_L(t)=v_R(t) \tag{6-28}$$

由 KCL 可知：

$$i_R(t)+i_L(t)=I\text{，}t\ge 0 \tag{6-29}$$

以 $i_L(t)$爲變數，可得電流之微分方程式爲：

$$\frac{v_L(t)}{R}+i_L(t)=I$$

或

$$\begin{cases} \dfrac{L}{R}\dfrac{di_L(t)}{dt}+i_L(t)=I \\ i_L(0)=0 \end{cases} \tag{6-30}$$

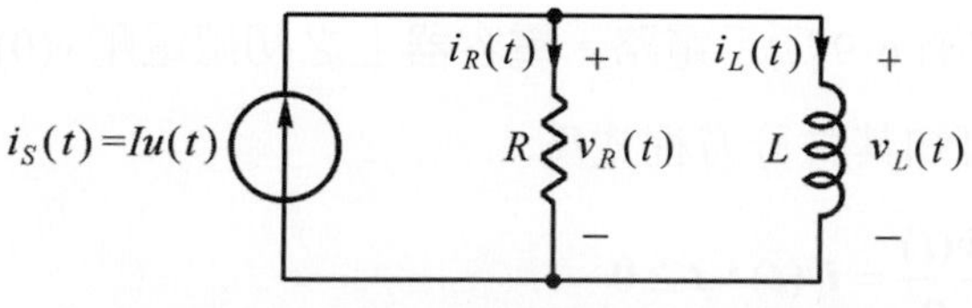

▲ 圖 6-8　含有定值電流電源之 *RL* 電路

依前述之方法，解此線性非齊次微分方程式可得：

$$i_L(t) = I(1 - e^{-\frac{R}{L}t})\text{，}t \geq 0 \tag{6-31}$$

因爲 $v_L(t) = L\dfrac{di_L(t)}{dt}$，故得電壓方程式爲：

$$v_L(t) = RIe^{-\frac{R}{L}t}\text{，}t \geq 0 \tag{6-32}$$

例題 6-4

如下圖所示之 RL 串聯電路，其電壓電源 $v_s(t) = Vu(t)$，其中 V 爲常數，試求其零態響應 $i(t)$與 $v(t)$之值。

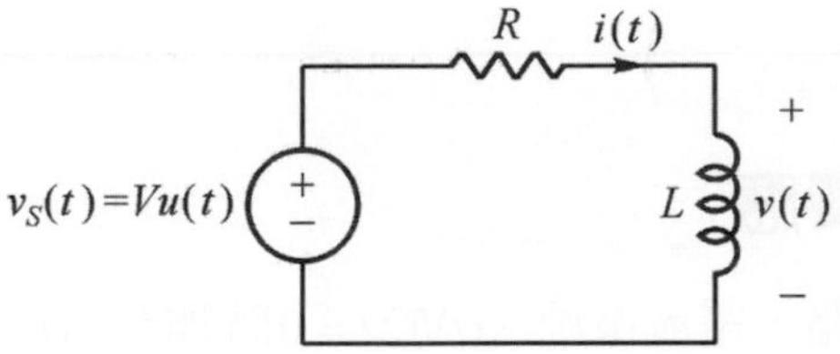

答 依 KVL 可得電流表示之微分方程式爲：

$$\begin{cases} L\dfrac{di(t)}{dt} + Ri(t) = V\text{，}t \geq 0 \\ i(0) = 0 \end{cases}$$

解之得：

$$i(t) = \frac{V}{R}(1 - e^{-\frac{R}{L}t})\text{，}t \geq 0$$

又 $$v(t) = L\frac{di(t)}{dt} = Ve^{-\frac{R}{L}t}\text{，}t \geq 0$$

6-3 完全響應

凡電路對輸入及初值條件兩者之響應和稱之爲**完全響應**。即**完全響應為零輸入響應及零態響應之和**。試考慮圖 6-9 所示電路，電容器上之初值電壓 $v(0) = V_0$，且亦有輸入電流電源 $i_s(t)$，則由 KCL 可知其微分方程式爲：

$$\begin{cases} C\dfrac{dv(t)}{dt} + \dfrac{v(t)}{R} = i_s(t)\text{，}t \geq 0 \\ v(0) = V_0 \end{cases} \tag{6-33}$$

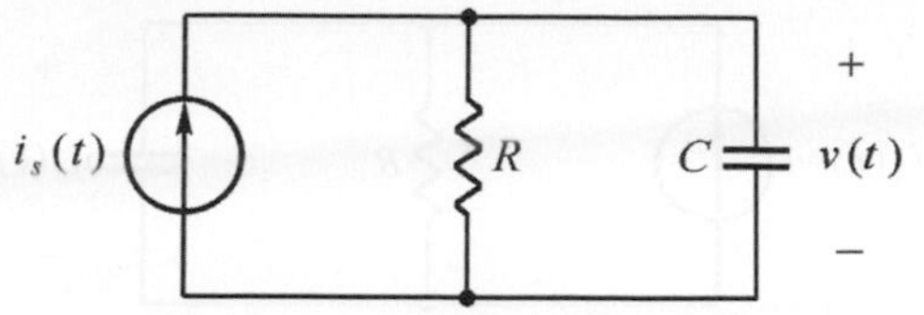

▲ 圖 6-9　含有初值條件及輸入之 RC 電路

令 v_i 爲零輸入響應之解，即 v_i 滿足

$$\begin{cases} C\dfrac{dv_i(t)}{dt}+\dfrac{v_i(t)}{R}=0，t\geq 0 \\ v_i(0)=V_0 \end{cases} \tag{6-34}$$

令 v_0 爲零態響應之解，即 v_0 滿足

$$\begin{cases} C\dfrac{dv_0(t)}{dt}+\dfrac{v_0(t)}{R}=i_s(t)，t\geq 0 \\ v_0(0)=0 \end{cases} \tag{6-35}$$

若將(6-34)與(6-35)式相加，可得：

$$\begin{cases} C\dfrac{d(v_i(t)+v_0(t))}{dt}+\dfrac{v_i(t)+v_0(t)}{R}=i_s(t)，t\geq 0 \\ v_i(0)+v_0(0)=V_0 \end{cases} \tag{6-36}$$

比較(6-36)式與(6-33)式，可得：

$$\boldsymbol{v(t)=v_i(t)+v_0(t)，t\geq 0} \tag{6-37}$$

因此，完全響應 $v(t)$爲零輸入響應 $v_i(t)$與零態響應 $v_0(t)$之和。

完全響應之求解，讀表可先閱讀 6-6 節的觀察法，可快速的求得其解。

一、RC 電路之完全響應

考慮圖 6-10 所示之 RC 電路，若電容器上之初值電壓 $v_C(0)=V_0$，若輸入於 $t=0$ 時外加 $i_S(t)=I$ 於電路上。

則其零輸入響應由(6-6)式可知爲：

$$v_C(t)=V_0e^{-\frac{1}{RC}t}，t\geq 0 \tag{6-38}$$

其零態響應由(6-27)式知爲：

$$v_C(t)=RI(1-e^{-\frac{1}{RC}t})，t\geq 0 \tag{6-39}$$

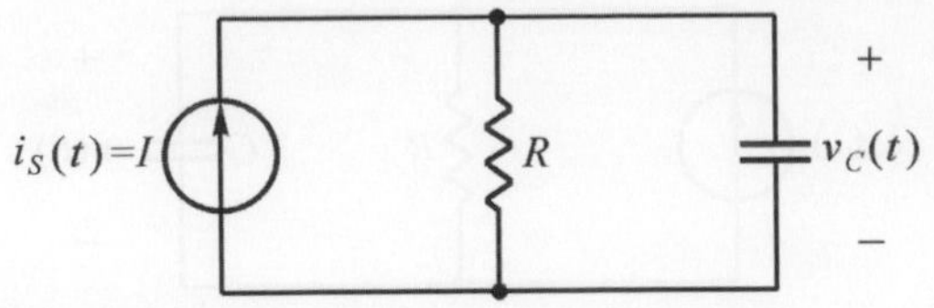

▲ 圖 6-10 含有初值條件及定值電流源輸入之 RC 電路

因此，其完全響應為零輸入響應與零態響應之和，即：

$$v_C(t)=V_0e^{-\frac{1}{RC}t}+RI(1-e^{-\frac{1}{RC}t})\text{，}t\geq 0 \tag{6-40}$$

如圖 6-11 所示為其完全響應曲線圖。

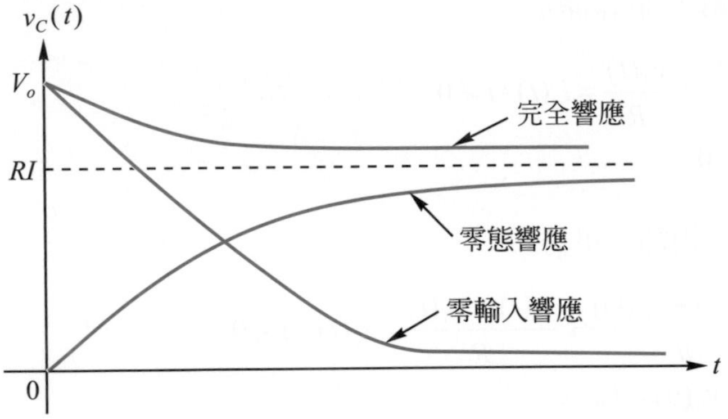

▲圖 6-11 RC 電路之零輸入、零態及完全響應曲線圖

例題 6-5

如下圖所示之 RC 串聯電路，電容器上之初值電壓 $V_C(0)=15\text{V}$，試求 $t=0$ 時完全響應 $V_C(t)$之值。

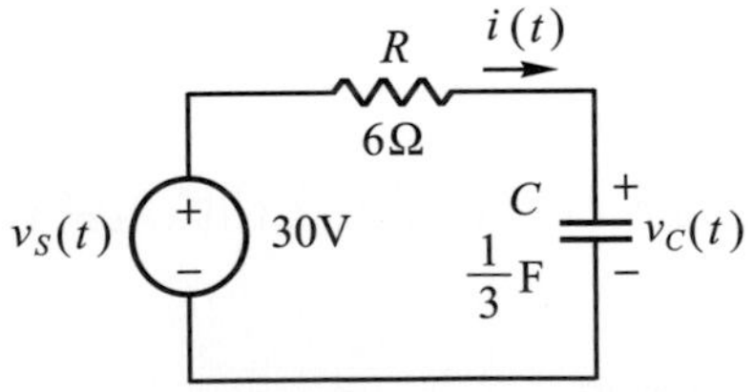

答 依 KVL，可得電壓表示之微分方程式為：

$$Ri(t)+v_C(t)=v_S(t)$$

得：$\begin{cases} RC\dfrac{dv_C(t)}{dt}+v_C(t)=v_S(t) \\ V_C(0)=V_0 \end{cases}$ 即 $\begin{cases} 2\dfrac{dv_C(t)}{dt}+v_C(t)=30 \\ V_C(0)=15 \end{cases}$

其零輸入響應 $v_1(t)$為：

$$v_1(t) = 15e^{-\frac{1}{2}t}$$

其零態響應 $v_2(t)$為：

$$v_2(t) = 30(1 - e^{-\frac{1}{2}t})$$

因此，完全響應 $v_C(t) = v_1(t) + v_2(t) = 30 - 15e^{-\frac{1}{2}t}$ (V)，$t \geq 0$

二、*RL* 電路之完全響應

考慮圖 6-12 所示之 *RL* 電路，若電感器上之初值電流 $i_L(0) = I_0$，當 $t = 0$時，外加電流源 $i_S(t) = I$ 加上電路。

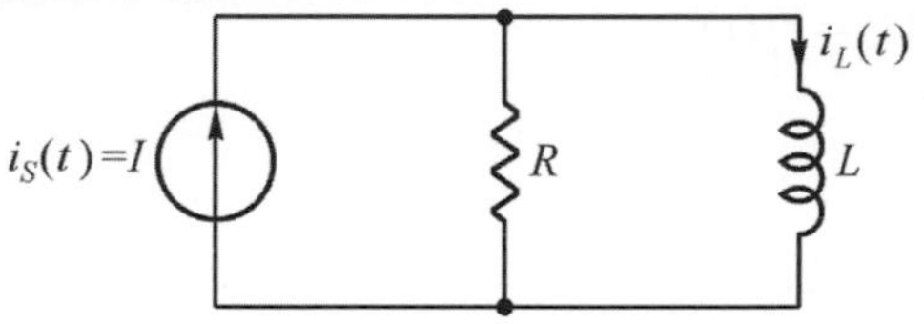

▲ 圖 6-12　含有初值條件及定值電流源輸入之 *RL* 電路

則其零輸入響應由(6-15)式可知為：

$$i_L(t) = I_0 e^{-\frac{R}{L}t}\text{，} t \geq 0 \qquad (6\text{-}41)$$

其零態響應由(6-31)式可知為：

$$i_L(t) = I(1 - e^{-\frac{R}{L}t})\text{，} t \geq 0 \qquad (6\text{-}42)$$

因此，其完全響應為：

$$\boldsymbol{i_L(t) = I_0 e^{-\frac{R}{L}t} + I(1 - e^{-\frac{R}{L}t})\text{，} t \geq 0} \qquad (6\text{-}43)$$

例題 6-6

如下圖所示電路，已知電感器之初值電流 $i_L(0) = 4$A，試求 $t \geq 0$ 時完全響應 $i_L(t)$之值。

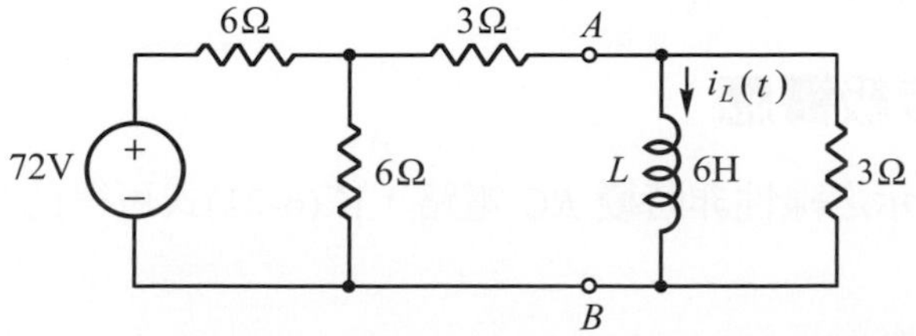

答 依戴維寧定理，求得其開路電壓與等效電阻為：

$$E_{Th} = V_{AB} = V_S(t) = (72 \times \frac{3}{6+3})\frac{3}{3+3} = 12(\text{V})$$

$$R_{Th} = R = [(6 // 6) + 3] // 3 = 2(\Omega)$$

可得戴維寧等效電路如下：

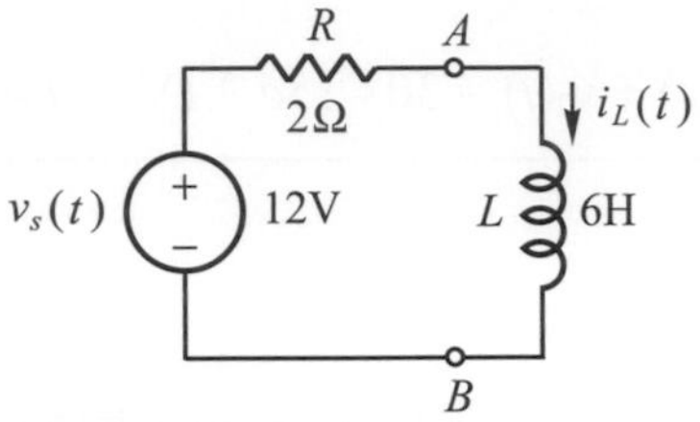

依 KVL 可得電流表示之微分方程式為：

$$\begin{cases} L\dfrac{di_L(t)}{dt} + Ri_L(t) = V_s(t) \\ i_L(0) = 4 \end{cases}$$

即
$$\begin{cases} 6\dfrac{di_L(t)}{dt} + 2i_L(t) = 12 \\ i_L(0) = 4 \end{cases}$$

因此，完全響應 $i_L(t)$為零輸入響應與零態響應之和，即

$$i_L(t) = 4e^{-\frac{2}{6}t} + \frac{12}{2}(1 - e^{-\frac{2}{6}t}) = 6 - 2e^{-\frac{1}{3}t}(\text{V})，t \ge 0$$

6-4 步級響應

所謂**步級響應**(step response)是指**一電路對於單位步級** $u(t)$**輸入的零態響應**。通常以 $S(t)$ 表示，更詳細地說是⑴電路之輸入是步級函數 $u(t)$，⑵加入步級函數之前此電路為**零態**，則 $S(t)$為電路在時間 t 之步級響應。在求解步級響應時，通常設電路之初值為零，因此步級響應即指零態響應。步級響應與下節介紹之脈衝響應同為測試一電路(或網路)系統之暫態行為最可靠的方法，為電路(或網路)在時域中精確且重要的特性。

一、*RC* 電路之步級響應

考慮圖 6-13(a)所示之線性非時變 *RC* 電路，依(6-21)式可得此電路之一階微分方程式為：

$$\begin{cases} C\dfrac{dv(t)}{dt}+\dfrac{v(t)}{R}=u(t) \\ v(0)=0 \end{cases} \tag{6-44}$$

故得其解爲：

$$S(t)=v(t)=R(1-e^{-\frac{1}{RC}t})u(t) \tag{6-45}$$

其響應 $S(t)$波形如圖 6-13(b)所示。於(6-44)與(6-45)式中，因有 $u(t)$存在，因此我們不需指出此項結果唯有在$t\geq 0$時才成立。

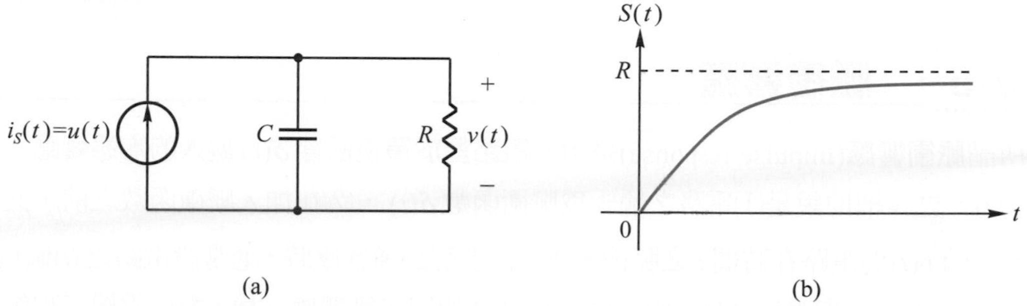

▲ 圖 6-13　(a)輸入為 $u(t)$之 RC 電路，(b)其步級響應圖

二、RL 電路之步級響應

考慮圖 6-14(a)所示之線性非時變 RL 電路，輸入爲 $i_s(t)$，響應爲 $v(t)$，依(6-30)式可得此電路之一階微分方程式爲：

$$\begin{cases} \dfrac{v(t)}{R}+\dfrac{1}{L}\displaystyle\int_0^t v(t)dt=u(t) \\ v(0)=0 \end{cases} \tag{6-46}$$

若將電感器之通量$\phi(t)$當做變數，即$v(t)=\dfrac{d\phi(t)}{dt}$代入(6-46)式，則(6-46)式即變爲：

$$\begin{cases} \dfrac{1}{R}\dfrac{d\phi(t)}{dt}+\dfrac{1}{L}\phi(t)=u(t) \\ \phi(0)=0 \end{cases}$$

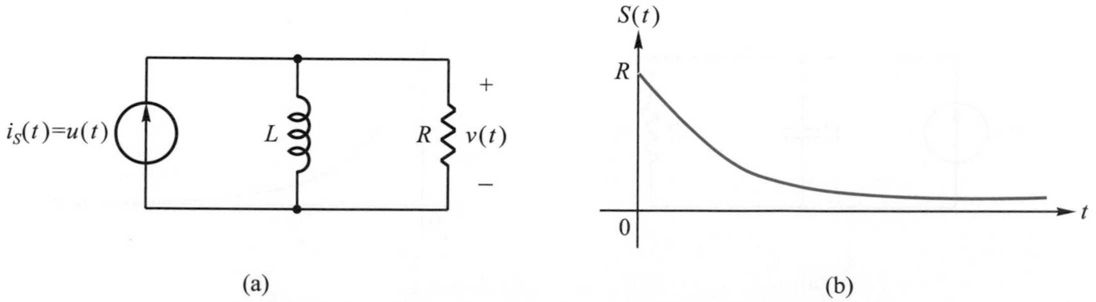

▲ 圖 6-14　(a)輸入為 $u(t)$之 RL 電路，(b)其步級響應圖

故得其解爲：

$$\phi(t) = Lu(t)(1 - e^{-\frac{R}{L}t}) \tag{6-47}$$

再微分之，則電壓的步級響應爲：

$$S(t) = v(t) = \frac{d\phi(t)}{dt} = Re^{-\frac{R}{L}t}u(t) \tag{6-48}$$

其響應 $S(t)$波形如圖 6-14(b)所示。

6-5 脈衝響應

所謂**脈衝響應**(impulse response)是指**一電路對於單位脈衝 $\delta(t)$ 輸入的零態響應**。通常寫成 $h(t)$，更詳細地說是(1)電路之輸入爲脈衝函數 $\delta(t)$ ，(2)在加入脈衝函數之前，此電路爲**零態**，則 $h(t)$爲電路在時間 t 之脈衝響應。在求解脈衝響應時，通常設電路之初值爲零，因此脈衝響應亦即指零態響應。由於脈衝響應就如同步級響應一樣，對於電機工程師而言極爲重要。求脈衝響應之方法有很多種，我們將提出三種較簡單且常用的方法，以資應用。

一、*RC* 電路之脈衝響應

方法一 利用**步級響應之時間導數**，即：

$$h(t) = \frac{dS(t)}{dt} \tag{6-49}$$

由於線性非時變電路之脈衝響應爲其步級響應之時間導數，(留待讀者當習題來證明)，在求解時，先求電路之步級響應 $S(t)$，然後再將 $S(t)$對時間微分，即得到 $h(t)$。試考慮圖 6-15(a)所示之 *RC* 線性非時變一階電路。此電路的輸入是電流電源 $i_s(t)$，其響應爲輸出電壓 $v(t)$，由(6-47)式知，其步級響應 $S(t)$爲：

$$S(t) = R(1 - e^{-\frac{1}{RC}t})u(t)$$

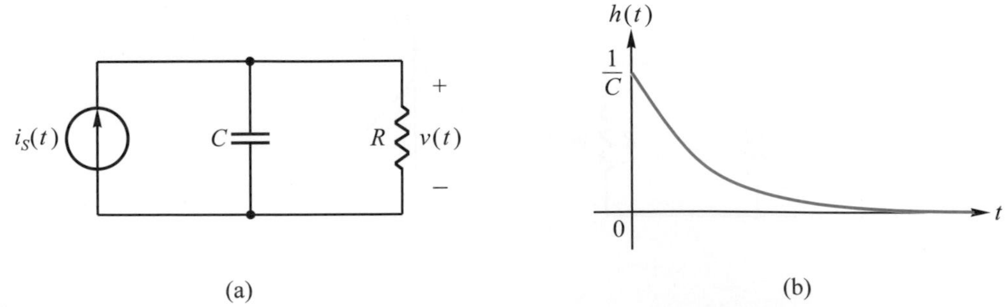

▲ 圖 6-15 (a)線性非時變 *RC* 電路，(b)其脈衝響應圖

上式右側可看成兩函數的乘積，再利用微分的規則 $(uv)' = u'v + uv'$，我們可得脈衝響應為：

$$h(t) = R(1 - e^{-\frac{1}{RC}t})\delta(t) + \frac{1}{C}e^{-\frac{1}{RC}t}u(t)$$

上式第一項恆為零，因為當 $t \neq 0$ 時，$\delta(t) = 0$。而當 $t = 0$ 時，$(1 - e^{-\frac{1}{RC}t}) = 0$，因此

$$h(t) = \frac{1}{c}e^{-\frac{1}{RC}t}u(t) \tag{6-50}$$

其響應如圖 6-15(b)所示。

方法二　利用**比較係數法**，此法是直接由圖 6-15(a)所示之電路所得之微分方程式在 $i_s(t) = \delta(t)$ 下求解得之，但需注意 $\delta(t)$ 函數之數學特性處理。由圖 6-15(a)電路圖，可得其一階微分方程式如下：

$$\begin{cases} C\dfrac{dv(t)}{dt} + \dfrac{v(t)}{R} = \delta(t) \\ v(0_-) = 0 \end{cases} \tag{6-51}$$

需注意的是 $\delta(t)$ 只在 $t = 0$ 時才有意義，而當 $t \neq 0$ 時，$\delta(t) = 0$，故(6-51)式中 $v(t)$的初值應表示成 $v(0_-) = 0$ 才有意義，又 $v(t)$之解即為 $h(t)$。此解題的關鍵在於 $\delta(t)$ 的處理，我們可假設在 $0_- \le t \le 0_+$ 期間內，$\delta(t)$ 輸入且已完成工作，在 $t > 0$ 後，電路相當於具有初值之零輸入響應，故我們可假設其響應之基本形式為：

$$v(t) = h(t) = ke^{-\frac{1}{RC}t}u(t) \tag{6-52}$$

將(6-52)式代入(6-51)式中，得到：

$$C\left[ke^{-\frac{1}{RC}t}\delta(t) + ku(t)\left(-\frac{1}{RC}e^{-\frac{1}{RC}t}\right)\right] + \frac{ke^{-\frac{1}{RC}t}u(t)}{R} = \delta(t)$$

整理之，得：

$$Cke^{-\frac{1}{RC}t}\delta(t) = \delta(t)$$

上式左側因 $\delta(t)$ 只在 $t=0$ 時，才有意義，而 $e^{-\frac{1}{RC}t}$ 在 $t=0$ 時，剛好等於 1，所以可省略，故得：

$$Ck\delta(t)=\delta(t)$$

比較上式之係數，可得：

$$k=\frac{1}{C} \tag{6-53}$$

將(6-53)式代入(6-52)式，可得：

$$\boldsymbol{h(t)=\frac{1}{C}e^{-\frac{1}{RC}t}u(t)} \tag{6-54}$$

很明顯，此結果與方法一之結果(6-50)式完全相同。

方法三 利用**零態響應轉換成零輸入響應法**，此法較單純直接，亦即將(6-51)式由 0_- 積分到 0_+，可得：

$$\int_{0^-}^{0^+} C\frac{dv(t)}{dt}\cdot dt+\int_{0^-}^{0^+}\frac{v(t)}{R}dt=\int_{0^-}^{0^+}\delta(t)dt=1 \tag{6-55}$$

上式左側第二項因爲 $v(t)$ 爲有限值，故第二項積分結果等於零，且 $v(0_-)=0$，故(6-55)可整理成爲：

$$Cv(0_+)-Cv(0_-)=1$$

即 $$v(0_+)=\frac{1}{C} \tag{6-56}$$

故可將零態響應微分方程式：

$$\begin{cases} C\dfrac{dv(t)}{dt}+\dfrac{v(t)}{R}=\delta(t) \\ v(0_-)=0 \end{cases} \tag{6-57}$$

轉換成零輸入響應微分方程式：

$$\begin{cases} C\dfrac{dv(t)}{dt}+\dfrac{v(t)}{R}=0 \\ v(0_+)=\dfrac{1}{C} \end{cases} \tag{6-58}$$

再由(6-58)式，求此一階微分方程式的解，並代入初值條件，即得脈衝響應為：

$$h(t)=\frac{1}{C}e^{-\frac{1}{RC}t}u(t) \tag{6-59}$$

此法不須經由繁雜的計算，直接由電路特性而快速求得在 $t>0_+$ 後適用之初值 $v(0_+)$。

二、*RL* 電路之脈衝響應

考慮圖 6-16(a)所示之 *RL* 線性非時變一階電路，此電路的輸入為電壓電源 $v_S(t)$，其響應為輸出電流 $i(t)$，此電路之微分方程式為：

$$\begin{cases} L\dfrac{di(t)}{dt}+Ri(t)=v_S(t) \\ i(0)=0 \end{cases} \tag{6-60}$$

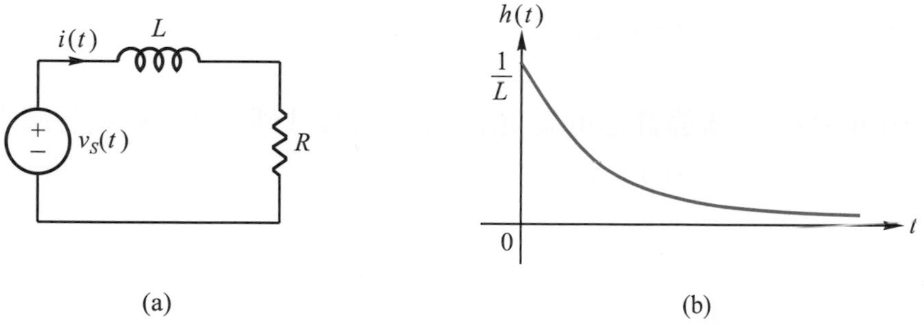

▲ 圖 6-16　(a)線性非時變 *RL* 電路，(b)其脈衝響應圖

方法一　當輸入 $v_S(t)=u(t)$ 時，則(6-60)式微分方程式之解 $i(t)$即為步級響應 $S(t)$，故得：

$$S(t)=i(t)=\frac{1}{R}(1-e^{-\frac{R}{L}t})u(t) \tag{6-61}$$

脈衝響應為 $S(t)$之微分，即：

$$h(t)=\frac{dS(t)}{dt}=\frac{1}{L}e^{-\frac{R}{L}t}u(t) \tag{6-62}$$

其響應如圖 6-16(b)所示。

方法二 當輸入 $v_s(t)=\delta(t)$，則(6-60)式之微分方程式改寫成為：

$$\begin{cases} L\dfrac{di(t)}{dt}+Ri(t)=\delta(t) \\ i(0_-)=0 \end{cases} \tag{6-63}$$

假設脈衝響應的基本形式為：

$$i(t)=h(t)=ke^{-\frac{R}{L}t}u(t) \tag{6-64}$$

將(6-64)式代入(6-63)式中，並比較其係數，可得：

$$k=\frac{1}{L} \tag{6-65}$$

將(6-65)式代入(6-64)式中，可得脈衝響應為：

$$h(t)=\frac{1}{L}e^{-\frac{R}{L}(t)}u(t) \tag{6-66}$$

(6-66)式之結果與(6-62)相同。

方法三 由(6-63)式的零態響應電流 $i(t)$的微分方程式轉換成零輸入響應之微分方程式，如下所示：當 $t>0$ 時

$$\begin{cases} L\dfrac{di(t)}{dt}+Ri(t)=0 \\ i(0_+)=\dfrac{1}{L} \end{cases} \tag{6-67}$$

其解為：

$$h(t)=i(t)=\frac{1}{L}u(t)e^{-\frac{R}{L}t} \tag{6-68}$$

例題 6-7

如下圖所示線性非時變電阻器 R 和電容器 C 串聯之 RC 電路，其中輸入為 $v_s(t)$，響應為 $i(t)$，試求其步級響應與脈衝響應並繪其響應圖。

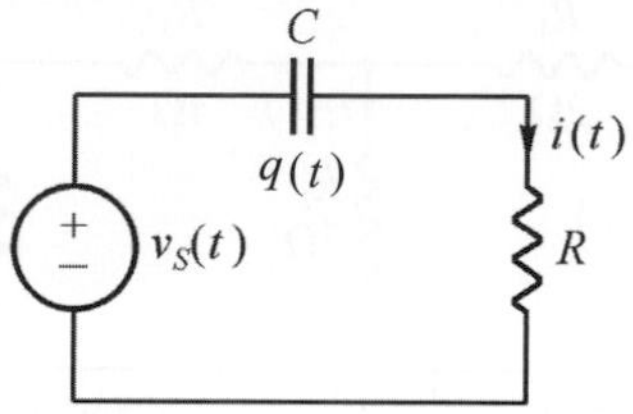

答 電流 $i(t)$的方程式可由 KVL 而得到：

$$\frac{1}{C}\int_0^t i(t)dt + Ri(t) = v_s(t)$$

若將電容器上之電荷 $q(t)$當作變數，則上式變為：

$$\frac{q(t)}{C} + R\frac{dq(t)}{dt} = v_s(t) \quad \text{且} \quad q(0) = 0$$

若 $v_s(t) = u(t)$ ，則上式之解為：

$$q(t) = u(t)C(1 - e^{-\frac{1}{RC}t})$$

再微分之，則電流的步級響應為：

$$S(t) = i(t) = \frac{dq(t)}{dt} = \frac{1}{R}e^{-\frac{1}{RC}t}u(t)$$

而脈衝響應為：

$$h(t) = \frac{dS(t)}{dt} = \frac{1}{R}\delta(t) - \frac{1}{R^2C}e^{-\frac{1}{RC}t}u(t)$$

其響應圖如下圖所示。

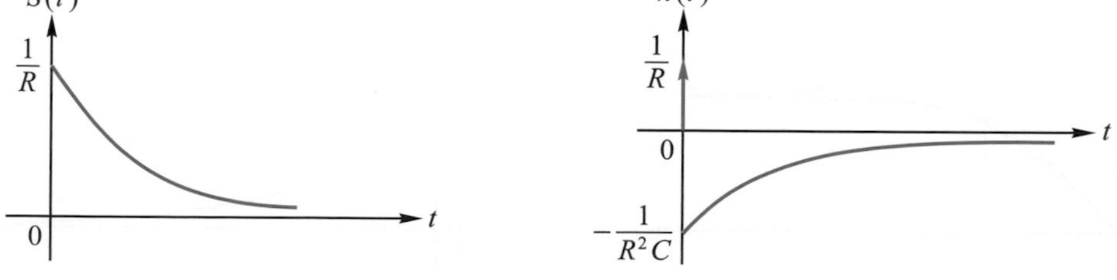

(a)　(b)

例題 6-8

如下圖所示之線性非時變 RL 串並聯電路，其中 $i_S(t)$爲輸入，$i_L(t)$爲響應，試求其步級響應及脈衝響應，並繪出其響應圖。

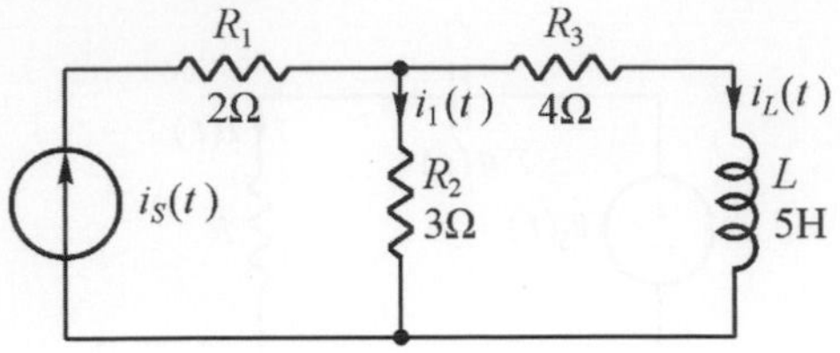

答 由 KCL 可知：

$$i_L(t)+i_1(t)=i_s(t)$$

若將電感器上之電流 $i_L(t)$當變數，則上式變爲：

$$i_L(t)+\frac{R_3 i_L(t)+L\dfrac{di_L(t)}{dt}}{R_2}=i_s(t)$$

整理之，並代入數值，則得：

$$\frac{5}{3}\frac{di_L(t)}{dt}+\frac{7}{3}i_L(t)=i_s(t)$$

若輸入 $i_S(t)=u(t)$，則響應 $i_L(t)$即爲步級響應 $S(t)$，故步級響應爲：

$$S(t)=i_L(t)=\frac{3}{7}(1-e^{-\frac{7}{5}t})u(t)\,(\mathrm{A})$$

脈衝響應爲：

$$h(t)=\frac{dS(t)}{dt}=\frac{3}{5}e^{-\frac{7}{5}t}u(t)\,(\mathrm{A})$$

其響應圖如下圖(a)、(b)所示。

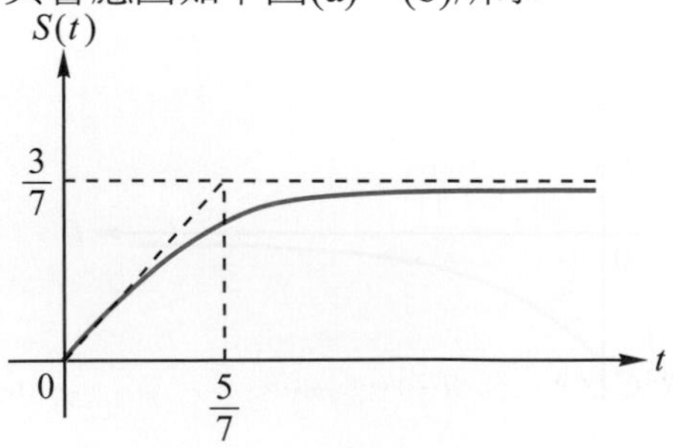

(a)

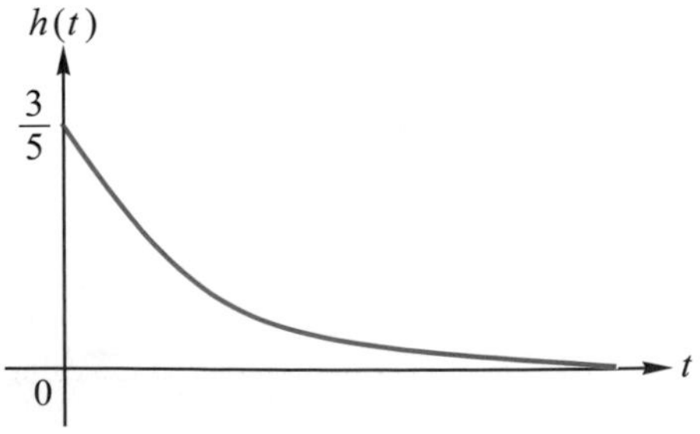

(b)

線性非時變一階電路之步級響應與脈衝響應分別列表 6-1 中，以供讀者參閱。

▼ 表 6-1　線性非時變一階電路之步級響應與脈衝響應

<table>
<tr><th>i_S (輸入)　v (響應)</th><th>$S(t)$</th><th>$h(t)$</th></tr>
<tr>
<td>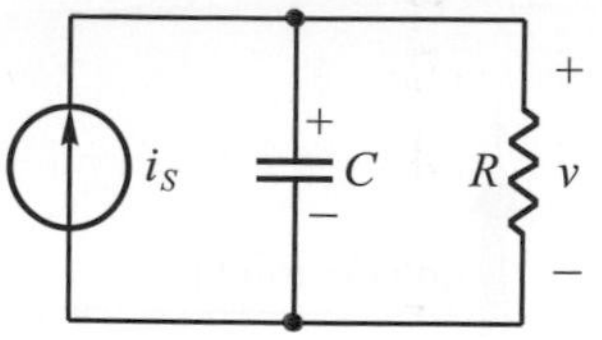
$C\frac{d}{dt}v+\frac{1}{R}v=i_S$</td>
<td>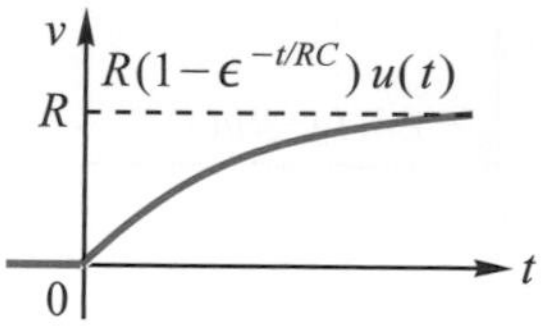</td>
<td>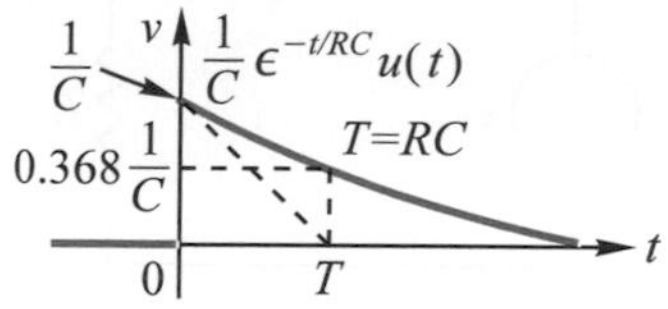</td>
</tr>
<tr>
<td>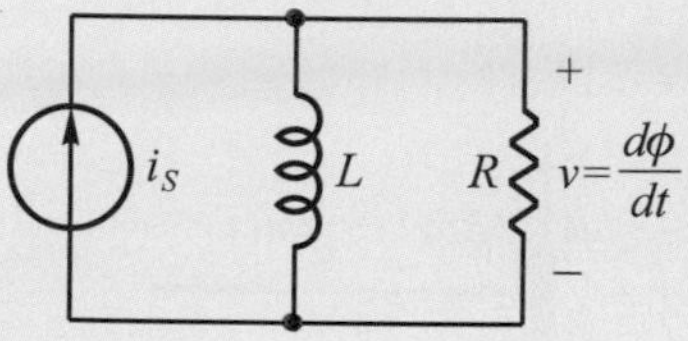
$\frac{1}{R}\frac{d}{dt}\phi+\frac{1}{L}\phi=i_S$</td>
<td>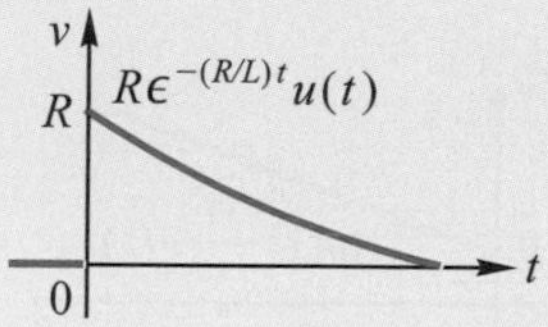</td>
<td>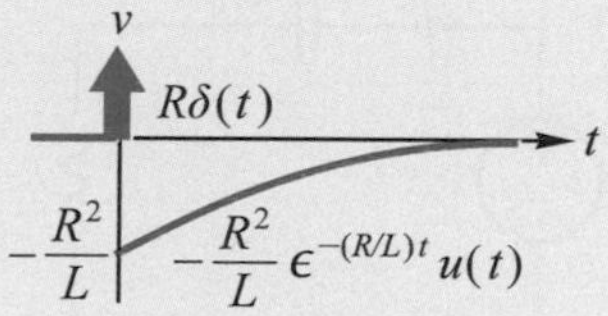</td>
</tr>
<tr>
<td>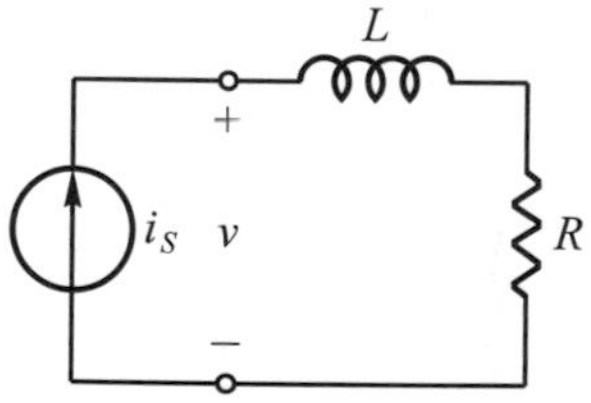
$L\frac{di}{dt}+Ri=e_S$</td>
<td>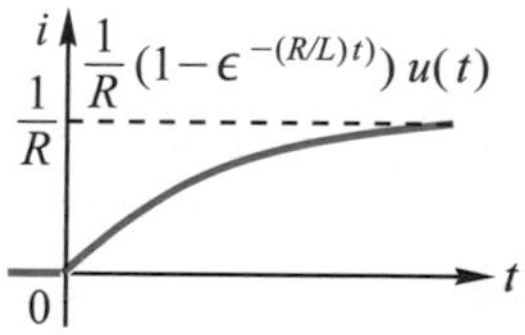</td>
<td>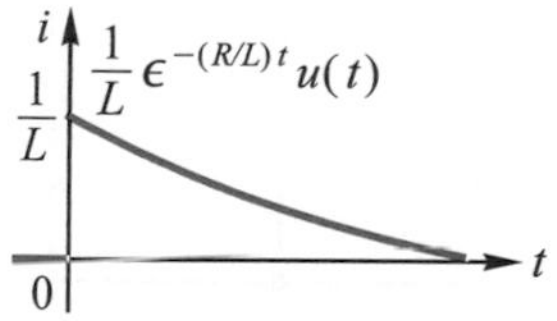</td>
</tr>
<tr>
<td>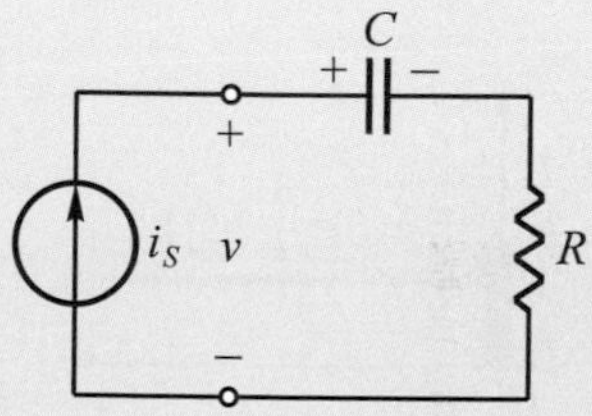
$R\frac{d}{dt}q+\frac{1}{C}q=e_S$</td>
<td>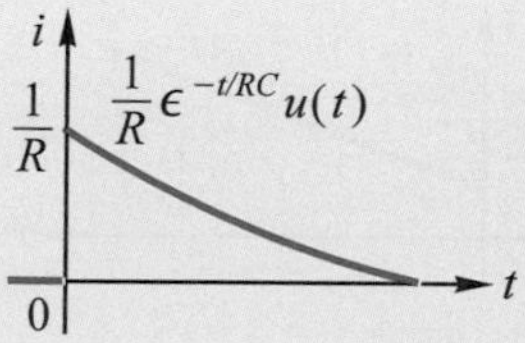</td>
<td>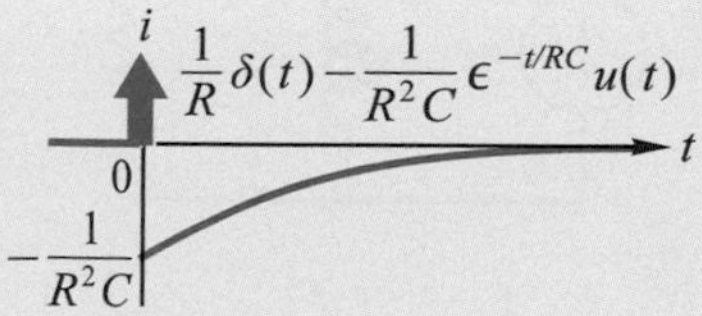</td>
</tr>
</table>

▼表 6-1　線性非時變一階電路之步級響應與脈衝響應(續)

e_S (輸入)　i(響應)	$S(t)$	$h(t)$
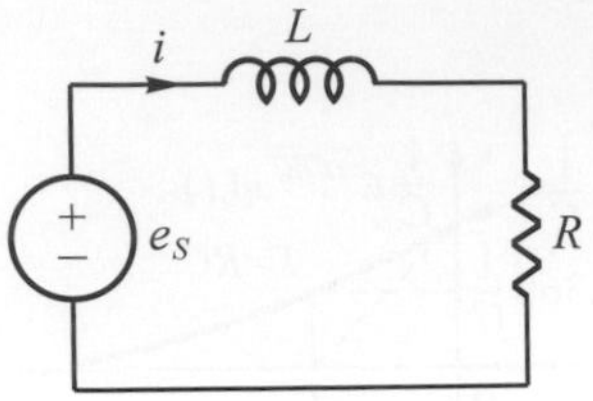 $v = Ri_S + L\frac{di_S}{dt}$	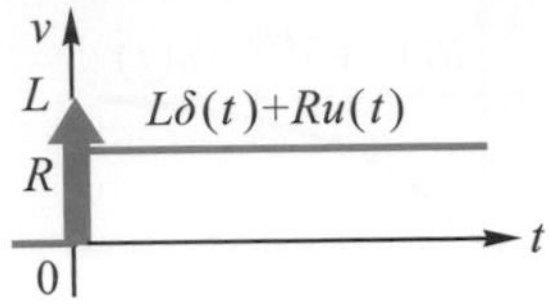	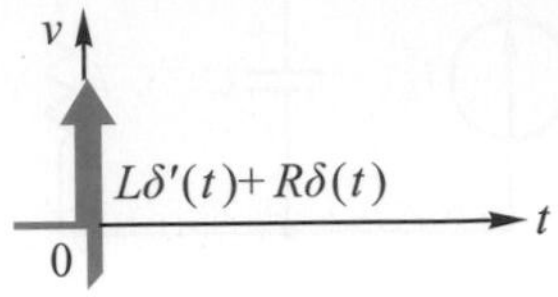
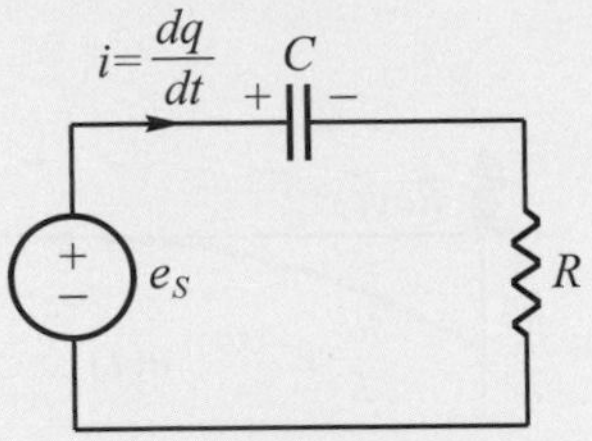 $v = Ri_S + \frac{1}{C}\int_0^t i_S(t)dt$	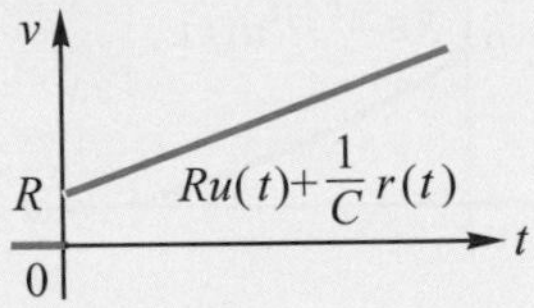	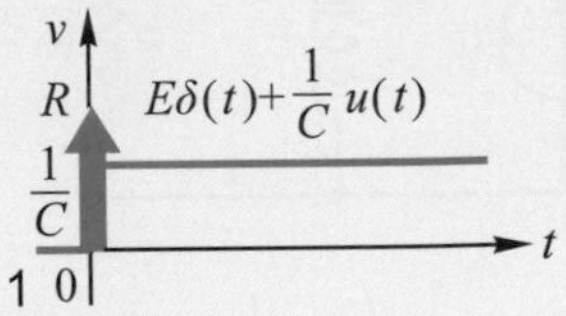
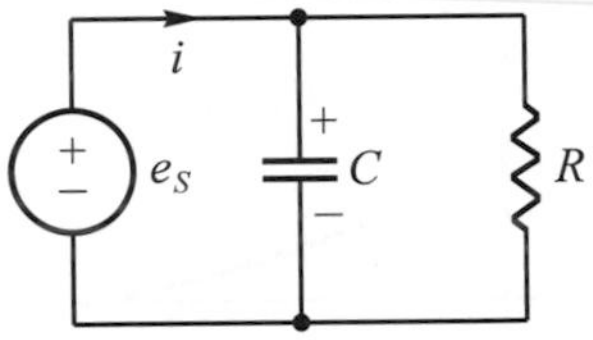 $i = C\frac{de_S}{dt} + \frac{1}{R}e_S$	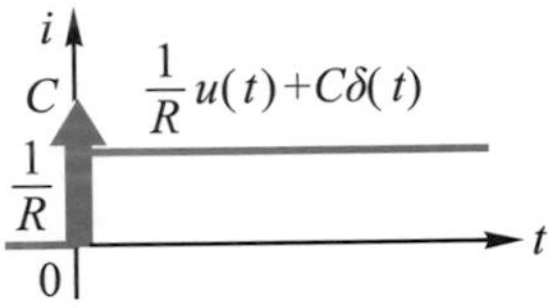	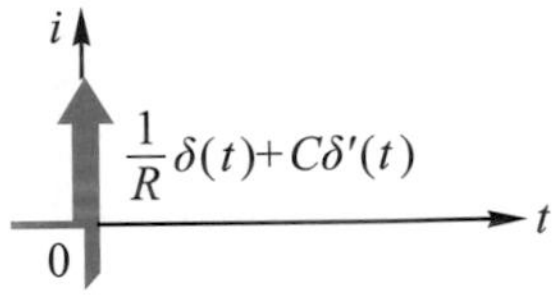
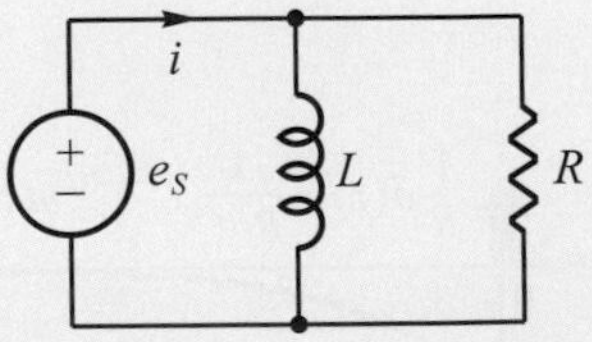 $i = \frac{1}{R}e_S + \frac{1}{L}\int_0^t e_S(t')dt'$	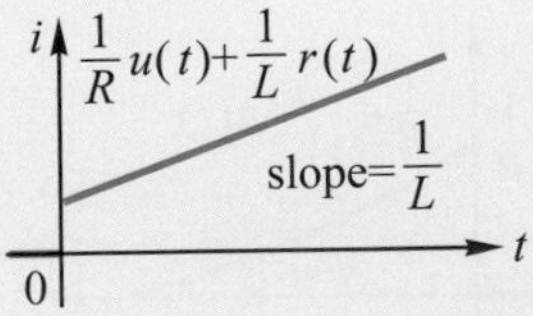	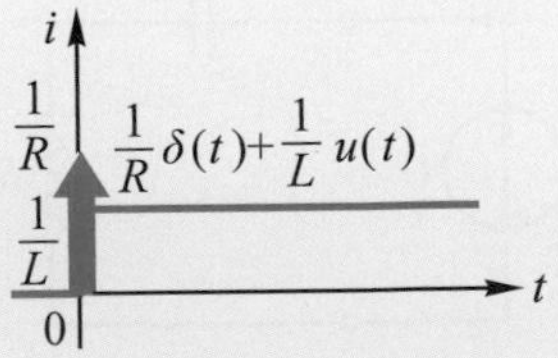

(摘自 Basic Circuit Theory by Desore and Kuh, p.152-p.153)

6-6　應用視察法求一階電路響應的解

一階微分方程式逐步計算其解，雖然它十分清楚地使用工程數學的各項事實，但計算較煩，因此本節告訴讀者，可直接由視察法(inspection)直接求解。

一、零輸入響應

若零輸入響應的微分方程式為：

$$\begin{cases} A\dfrac{dy(t)}{dt}+By(t)=0 \\ y(0)=c \end{cases}$$

則其解為：$y(t)=ce^{-\frac{B}{A}t}$，$t\geq 0$

例題 6-9

如下圖所示電路，若 $v_C(0)=5\text{V}$，試求 $t\geq 0$ 時之電壓 $V_c(t)$之值。

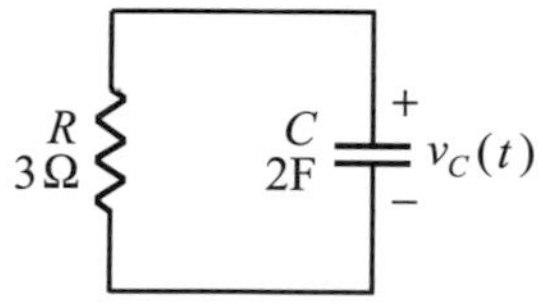

答　依 KCL 可得電壓表示之微分方程式為：

$$\begin{cases} C\dfrac{dv_C(t)}{dt}+\dfrac{1}{R}v_C(t)=0 \\ v_C(0)=5 \end{cases}$$

即

$$\begin{cases} 3\dfrac{dv_C(0)}{dt}+\dfrac{1}{2}v_C(t)=0 \\ v_C(0)=5 \end{cases}$$

依視察法可得其解 $v_c(t)$為

$$v_C(t)=5e^{-\frac{1}{6}t}\ (\text{V})，t\geq 0$$

二、零態響應

若零態響應的微分方程式為：

$$\begin{cases} A\dfrac{dy(t)}{dt} + By(t) = C \\ y(0) = 0 \end{cases}$$

則其解為：$y(t) = \dfrac{C}{B}(1 - e^{-\frac{B}{A}t}) \quad t \geq 0$

例題 6-10

如下圖所示電路，試求其零態響應 $i_C(t)$之值。

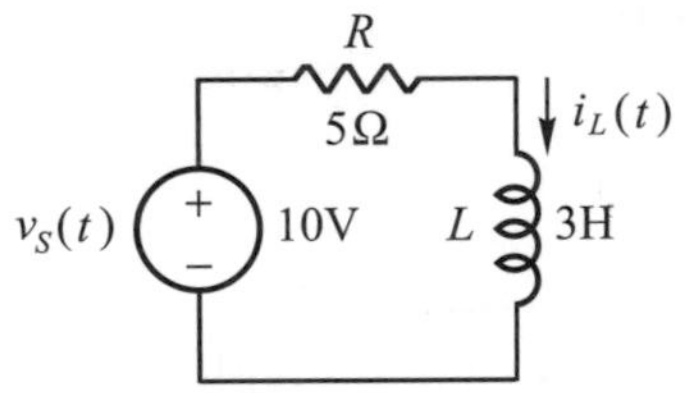

答 依 KVL 可得電流表示之微分方程式為：

$$\begin{cases} L\dfrac{di_L(t)}{dt} + Ri_L(t) = v_S(t) \\ i_L(0) = 0 \end{cases} \quad \text{即} \begin{cases} 3\dfrac{di_L(t)}{dt} + 5i_L(t) = 10 \\ i_L(0) = 0 \end{cases}$$

依視察法可得其解 $i_L(t)$為：

$$i_L(t) = \frac{10}{5}(1 - e^{-\frac{5}{3}t}) = 2(1 - e^{-\frac{5}{3}t})\text{(V)}，t \geq 0$$

三、完全響應

若完全響應的微分方程式為：

$$\begin{cases} A\dfrac{dy(t)}{dt} + By(t) = C \\ y(0) = D \end{cases}，t \geq 0$$

則其零輸入響應 $y_1(t)$爲：

$$y_1(t) = De^{-\frac{B}{A}t}\text{，}t \geq 0$$

其零態響應 $y_2(t)$爲：

$$y_2(t) = \frac{C}{B}(1 - e^{-\frac{B}{A}t})\text{，}t \geq 0$$

則完全響應之解爲：

$$y(t) = y_1(t) + y_2(t) = De^{-\frac{B}{A}t} + \frac{C}{B}(1 - e^{-\frac{B}{A}t})$$

$$= \frac{C}{B} + \left(D - \frac{C}{B}\right)e^{-\frac{B}{A}t}\text{，}t \geq 0$$

例題 6-11

如下圖所示電路，當 $i_L(0) = 2\text{A}$，試求其完全響應 $i_L(t)$之値。

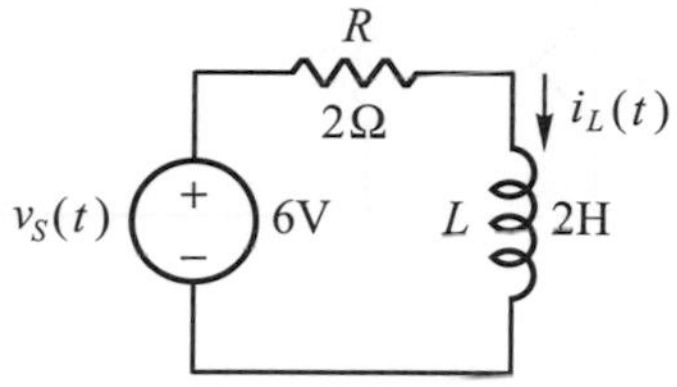

答 依 KVL 可得電壓表示之微分方程式爲：

$$\begin{cases} L\dfrac{di_L(t)}{dt} + Ri_L(t) = V_S(t) \\ i_L(0) = 2 \end{cases} \qquad \text{即} \begin{cases} 2\dfrac{di_L(t)}{dt} + 2\dfrac{di_L(t)}{dt} = 6 \\ i_L(0) = 2 \end{cases}$$

依視察法可得其零輸入響應 $i_1(t) = 2e^{-\frac{2}{2}t} = 2e^{-t}$，其零態響應 $i_2(t) = \dfrac{6}{2}(1 - e^{-\frac{2}{2}t}) = 3(1 - e^{-t})$

則其完全響應 $i_L(t)$爲：

$$i_L(t) = i_1(t) + i_2(t) = 3 - e^{-t}(\text{A})\text{，}t \geq 0$$

本章習題 LEARNING PRACTICE

6-1 如下圖所示之電路，已知 $v(0) = 4$ V，試求 $t \geq 0$ 時之 $i(t)$ 值。

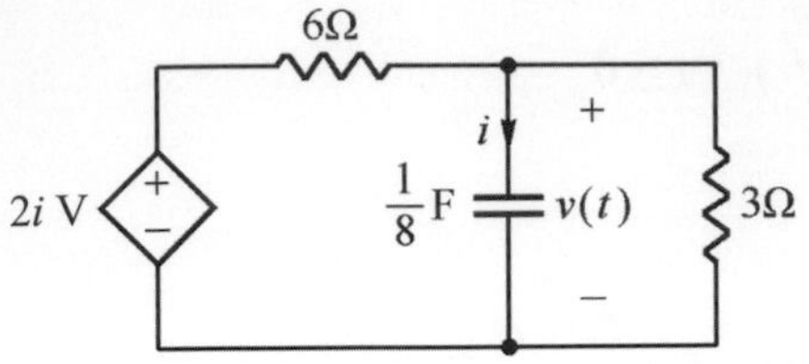

答 $i(t) = -3e^{-6t}$ (A)，$t \geq 0$

6-2 如下圖所示之電路，其中 $i_L(0) = 2$ A，試求 $t \geq 0$ 時之 $i_L(t)$ 值。

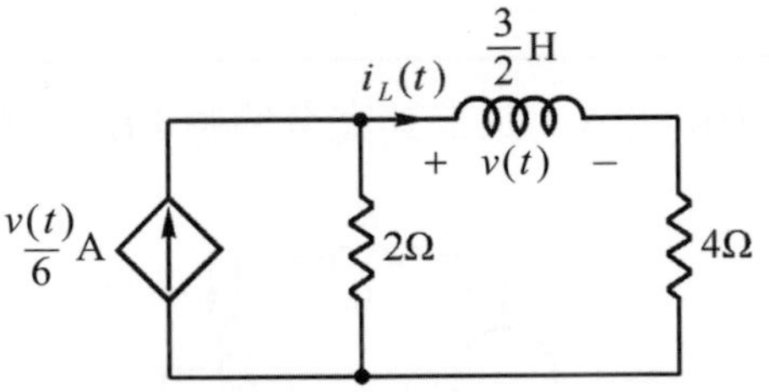

答 $i_L(t) = 2e^{-6t}$ (A)，$t \geq 0$

6-3 如下圖所示之電路，當 $t = 0$ 時開關打開，且 $v_S(t)$ 為一常數，試求其零輸入響應 $v_C(t)$ 之值。

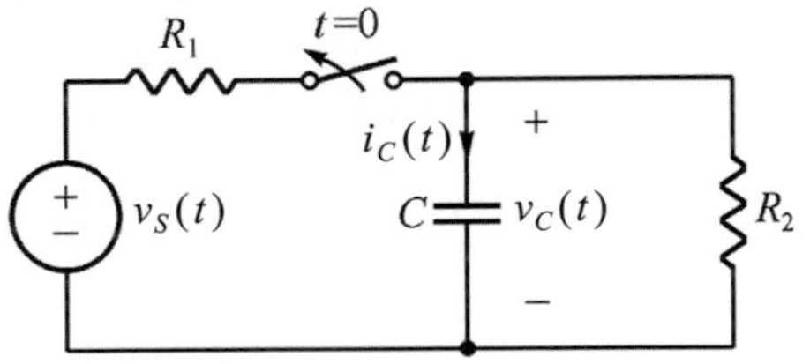

答 $v_C(t) = \dfrac{R_2 v_S(t)}{R_1 + R_2} e^{-\frac{1}{R_2 C}t}$，$t \geq 0$

6-4　如下圖所示之電路，當 $t=0$ 時，開關由 a 換到 b，試求 $i_L(t)$。

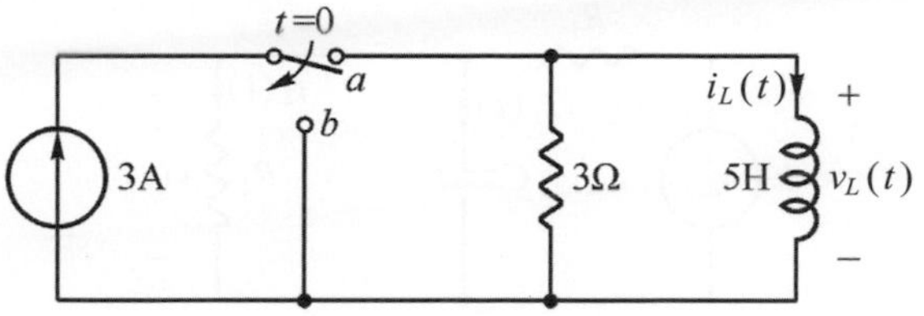

答　$i_L(t)=3e^{-\frac{3}{5}t}$ (A)，$t\geq 0$

6-5　如下圖所示之電路，試求對所有的 t 之 $i_L(t)$。

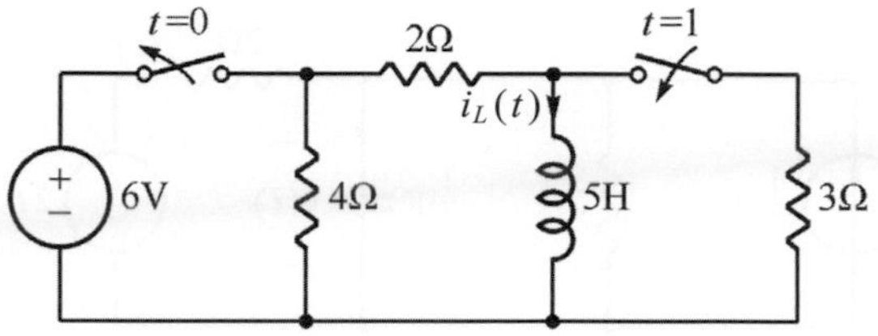

答　$i_L(t)=\begin{cases}3(\text{A}) & ，t\leq 0\\ 3e^{-\frac{6}{5}t}(\text{A}) & ，0\leq t\leq 1\\ 0.904e^{-\frac{2}{5}(t-1)}(\text{A}) & ，t\geq 1\end{cases}$

6-6　試求下圖所示電路的零輸入響應 $v_c(t)$。

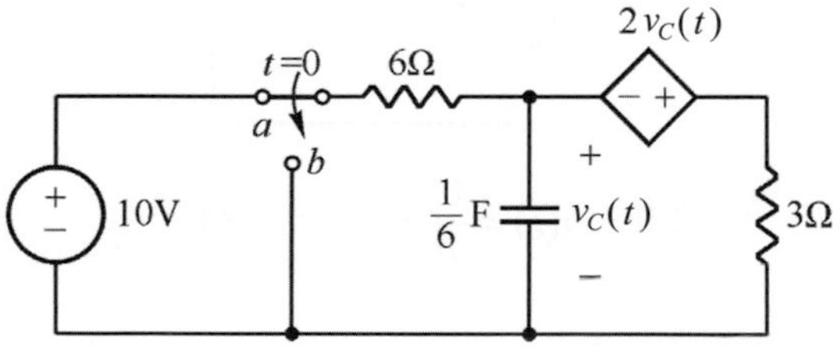

答　$v_C(t)=\dfrac{10}{7}e^{-7t}$ (V)，$t\geq 0$

6-7 如下圖所示之電路，試求其零態響應 $v(t)$。

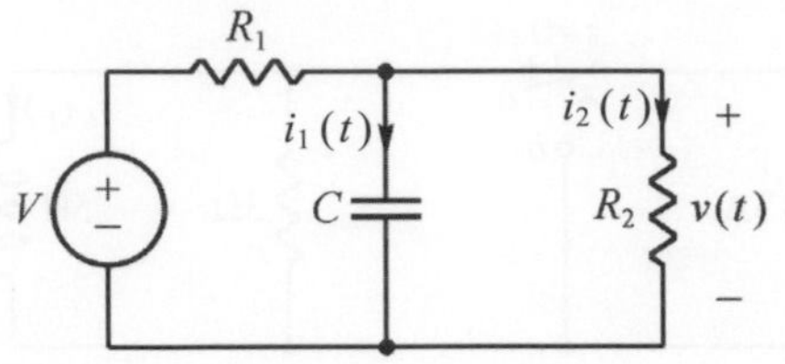

答 $v(t)=\dfrac{R_2V}{R_1+R_2}(1-e^{-\frac{R_1+R_2}{R_1R_2C}t})$，$t\geq 0$

6-8 如下圖所示之電路，試求其零態響應 $i(t)$及 $v(t)$之值。

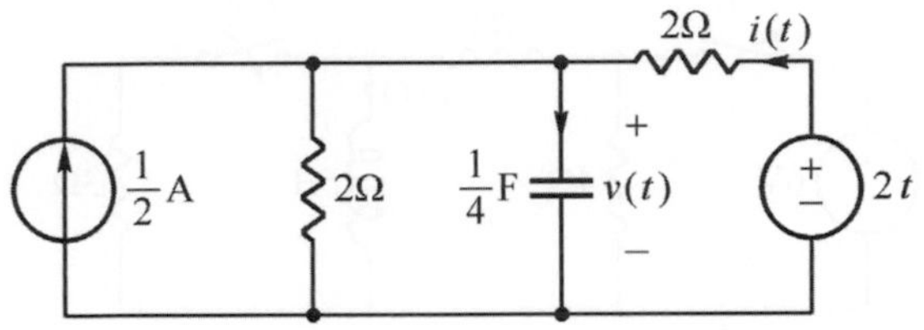

答 $i(t)=\dfrac{1}{2}t-\dfrac{1}{8}(1-e^{-4t})$(A)，$t\geq 0$，$v(t)=t+\dfrac{1}{4}(1-e^{-4t})$(V)，$t\geq 0$

6-9 如下圖所示之 RC 串聯電路，試求其零態響應 $v_C(t)$及 $i(t)$之值。

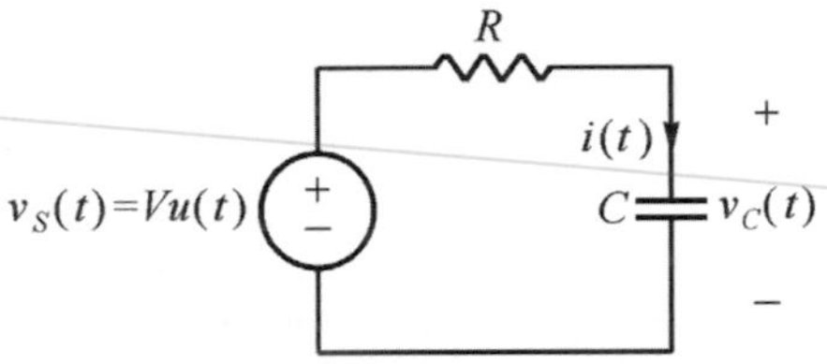

答 $v_C(t)=V(1-e^{-\frac{1}{RC}t})$，$t\geq 0$，$i(t)=\dfrac{V}{R}e^{-\frac{1}{RC}t}$，$t\geq 0$

6-10 考慮下圖的電路，在零態時 $v_C(0)=0$，$i_S(t)=Iu(t)$，$e_S(t)=E\delta(t)$，I 與 E 為常數，試求 $v_C(t)$的零態響應。

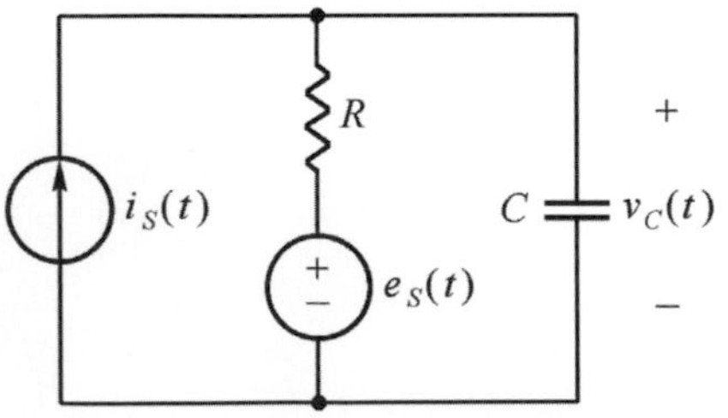

答 $v_C(t)=IR+\left(\dfrac{E}{RC}-IR\right)e^{-\frac{1}{RC}t}$，$t\geq 0$

6-11 下圖所示電路中，電容器的初值電壓 $v_C(0)=V_0$，且開關在 $t=0$ 時關上，試求 $t\geq 0$ 時之完全響應 $v_C(t)$ 之值。

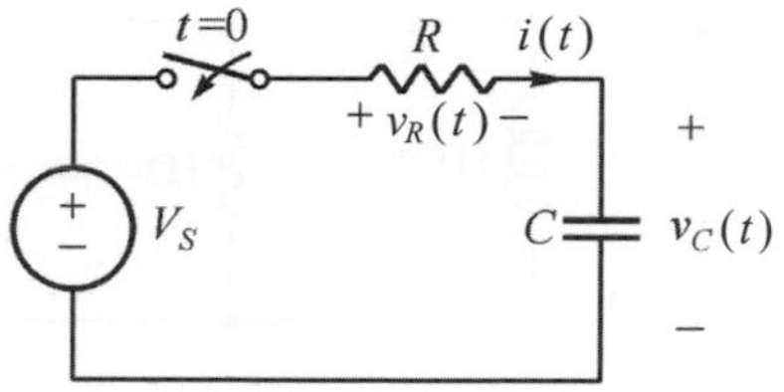

答　$v_C(t)=V_S+(V_0-V_S)e^{-\frac{1}{RC}t}$，$t\geq 0$

6-12 下圖所示電路中，設電感器的初值電流 $i_L(0)=I_0$，且在 $t=0$ 時，將開關關上，試求 $t\geq 0$ 時之完全響應 $i_L(t)$ 之值。

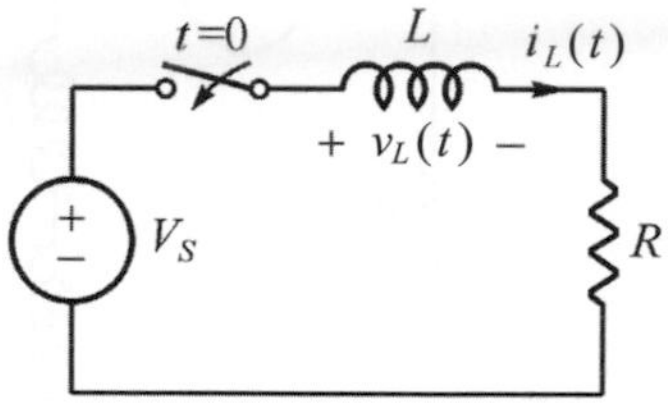

答　$i_L(t)=\dfrac{V_S}{R}+\left(I_0-\dfrac{V_S}{R}\right)e^{-\frac{R}{L}t}$，$t\geq 0$

6-13 如下圖所示之電路中 $v_C(0)=15\text{ V}$，試求 $t\geq 0$ 時之 $v_C(t)$ 值。

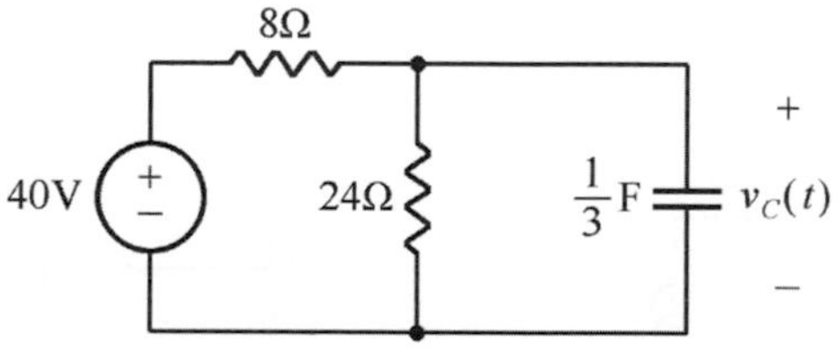

答　$v_C(t)=30-15e^{-0.5t}\text{(V)}$，$t\geq 0$

6-14 如下圖電路中，已知 $i_L(0)=2\text{ A}$，試求 $t\geq 0$ 時之 $i_L(t)$。

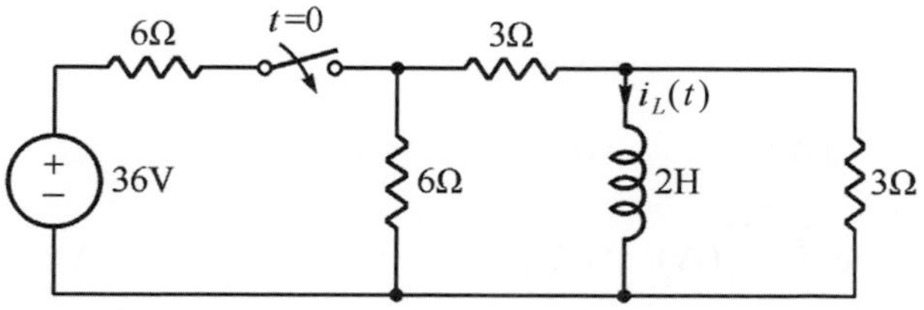

答　$i_L(t)=3-e^{-t}\text{(A)}$，$t\geq 0$

6-15 下圖電路在 $t=0$ 時為穩態，試利用重疊定理求出 $t\geq 0$ 時之 $v(t)$ 值。

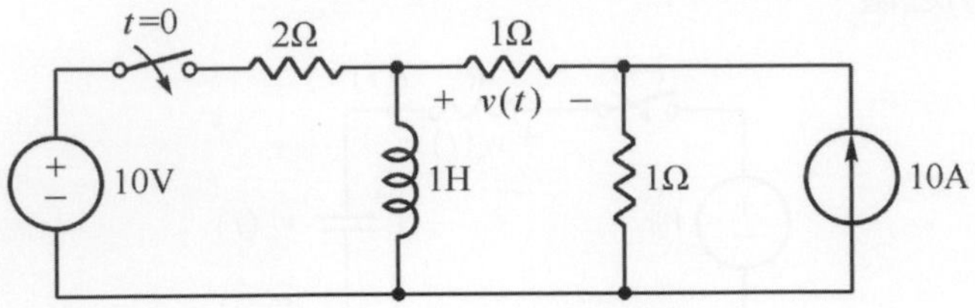

答 $v(t)=2.5e^{-t}-5\,(\text{V})$，$t\geq 0$

6-16 如下圖所示為線性非時變電路，其輸入 $v_S(t)$ 為單位脈衝，響應為 $i_L(t)$，試求其脈衝響應。

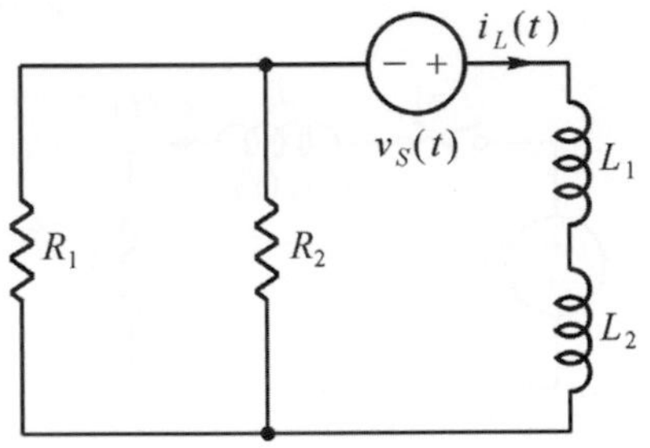

答 $h(t)=\dfrac{1}{L_1+L_2}e^{-\frac{R_1R_2}{(L_1+L_2)(R_1+R_2)}t}u(t)$

6-17 下圖(a)所示係線性非時變 RL 電路，其輸入 $v(t)$ 如圖(b)所示，其響應為 $i(t)$，試求其步級響應。

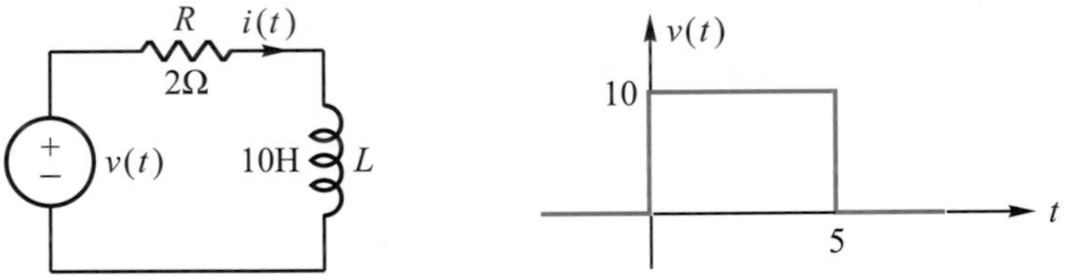

(a)　　(b)

答 $S(t)=\begin{cases}0(\text{A}) & ，t<0\\ 5(1-e^{-\frac{1}{5}t})(\text{A}) & ，0\leq t\leq 5\\ 5(1-e^{-1})e^{-\frac{1}{5}(t-5)}(\text{A}) & ，t\geq 5\end{cases}$

6-18 如下圖所示係由電壓源所推動之線性非時變 RL 串聯電路，響應為 $i(t)$，試求其步級響應與脈衝響應。

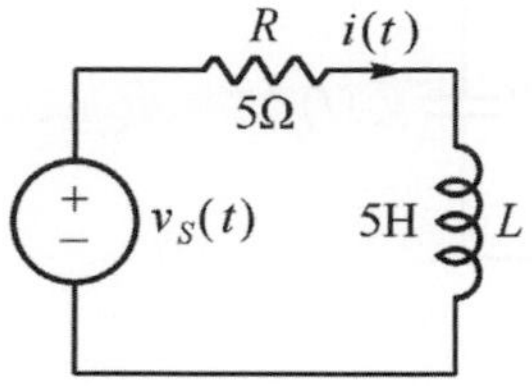

答　$S(t)=\frac{1}{5}(1-e^{-t})u(t)\,(\text{A})$，$h(t)=\frac{1}{5}e^{-t}u(t)\,(\text{A})$

6-19 下圖是線性非時變 RC 串並聯電路，其輸入為 $v_S(t)$，響應為 $v_C(t)$，試求其步級響應與脈衝響應。

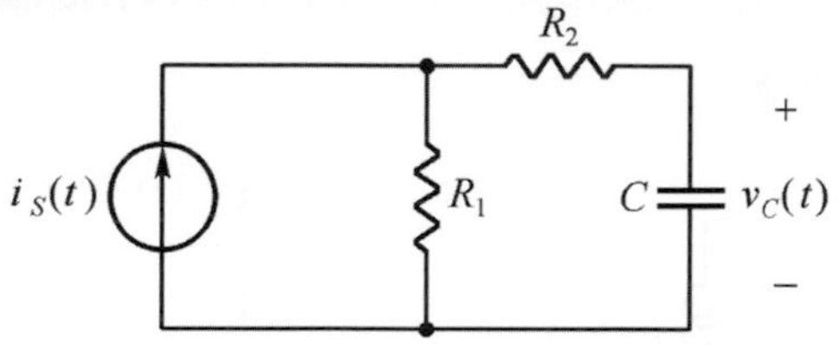

答　$S(t)=\frac{R_2}{R_1+R_2}(1-e^{-\frac{R_1+R_2}{R_1R_2C}t})u(t)$

$h(t)=\frac{1}{R_1C}e^{-\frac{R_1+R_2}{R_1R_2C}t}u(t)$

6-20 下圖是線性非時變 RC 串並聯電路，其輸入為 $i_S(t)$，響應為 $v_C(t)$，試求其步級響應與脈衝響應。

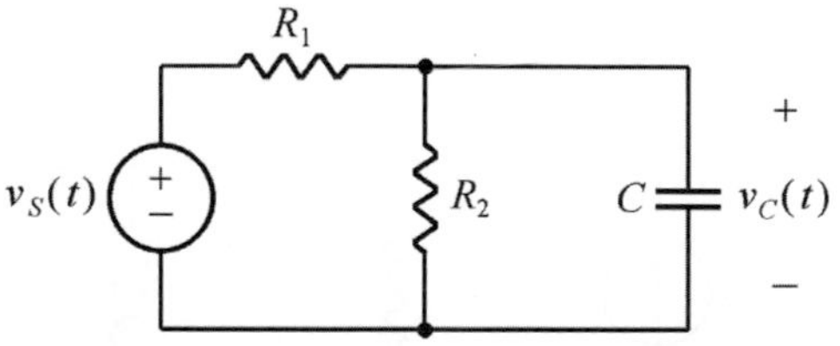

答　$S(t)=R_1(1-e^{-\frac{1}{(R_1+R_2C)}t})u(t)$

$h(t)=\frac{R_1}{(R_1+R_2)C}e^{-\frac{1}{(R_1+R_2)C}t}u(t)$

6-21 如下圖(a)所示之線性非時變 RC 並聯電路，其中輸入 $i_S(t)=1\text{ A}$，$0\le t\le 1$，如圖(b)所示，試求其完整的響應 $v_C(t)$。

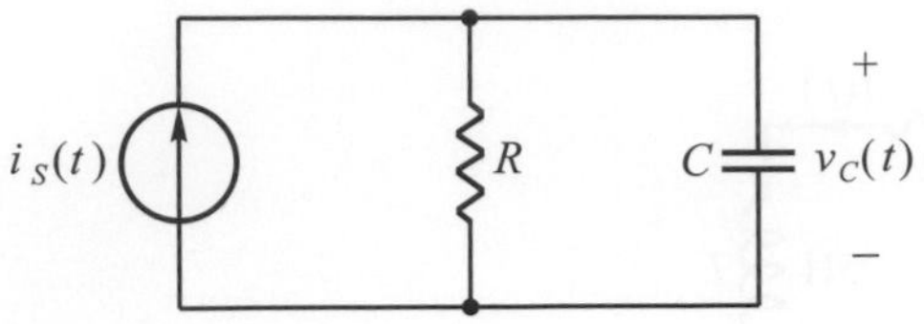

(a)

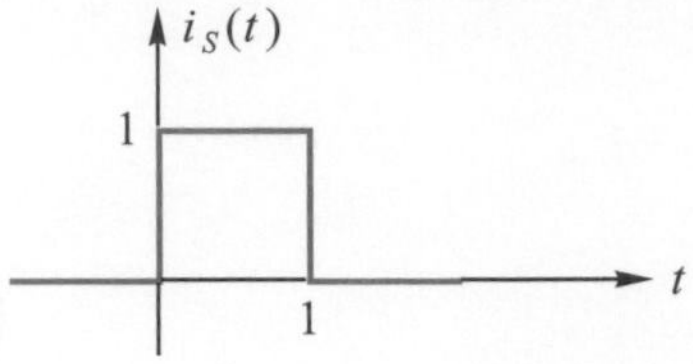

(b)

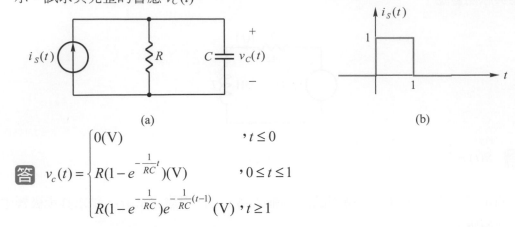

答 $$v_c(t)=\begin{cases}0(\text{V}) & ,t\le 0\\ R(1-e^{-\frac{1}{RC}t})(\text{V}) & ,0\le t\le 1\\ R(1-e^{-\frac{1}{RC}})e^{-\frac{1}{RC}(t-1)}(\text{V}) & ,t\ge 1\end{cases}$$

6-22 下圖(a)為一線性非時變 RL 串聯電路，其中輸入為 $v_S(t)$如圖(b)所示，響應為 $i(t)$，試求其步級響應與脈衝響應。

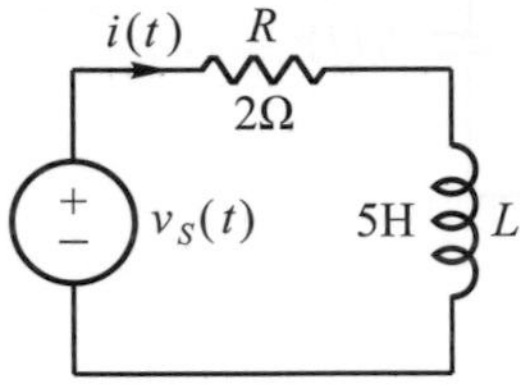

(a)

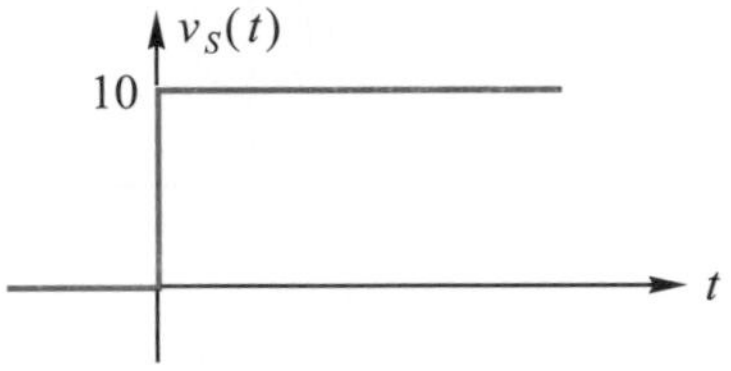

(b)

答 $S(t)=5(1-e^{-\frac{2}{5}t})u(t)\,(\text{A})$

$h(t)=2e^{-\frac{2}{5}t}u(t)(\text{A})$

6-23 下圖係線性非時變 RL 串並聯電路，其中 $i_S(t)$為輸入，$i_L(t)$為響應，試求其脈衝響應。

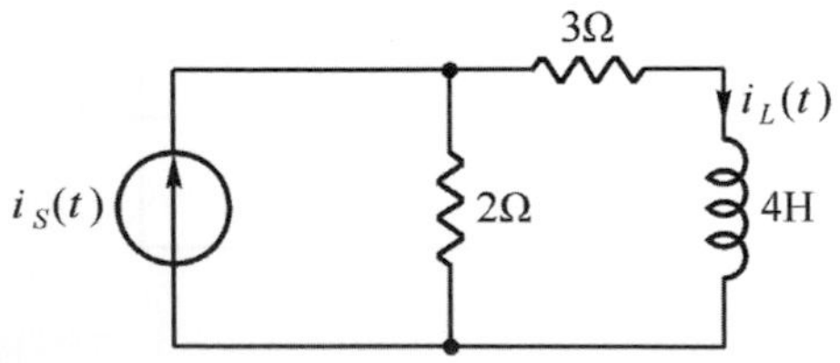

答 $h(t)=\frac{1}{2}e^{-\frac{5}{4}t}u(t)\,(\text{A})$

6-24 下圖所示係線性時變電路，試證明零輸入響應爲初值的線性函數，而零態響應則爲輸入的線性函數。

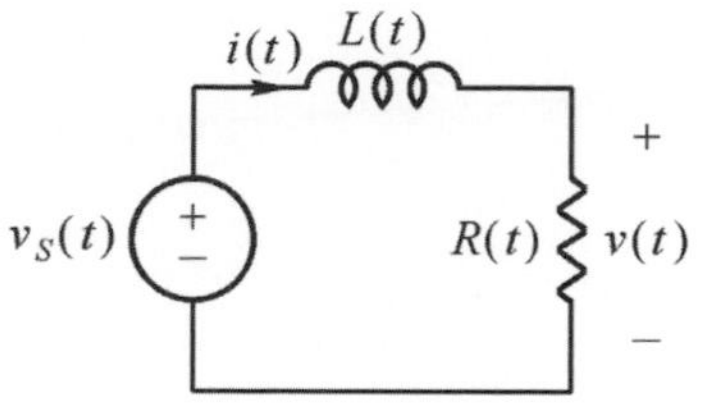

答　$v(t)=\phi(t,t_0)v(t_0)+\int_{\tau}^{t}\phi(t,\tau)\dfrac{v_S(\tau)}{T(\tau)}d\tau$ ， $t\geq 0$

6-25 如下圖所示之非線性電路，輸入 $i_S(t)=r(t)$ A(斜波函數)，響應爲 $v_C(t)$，試求其斜波響應 $v_C(t)$並證明其步級響應不爲斜波響應之函數。

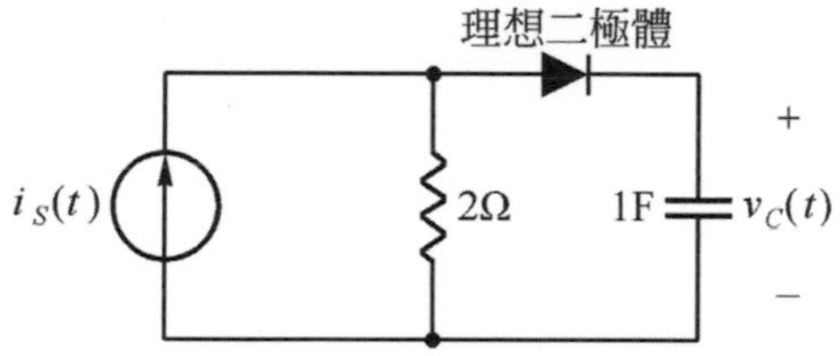

答　$v_C(t)=(-4+2t+4e^{-\frac{1}{2}t})u(t)(\mathrm{V})$

$S(t)=2(1-e^{-\frac{1}{2}t})u(t)(\mathrm{V})$

7 二階電路：*RLC* 電路

在本章中，我們將討論含有兩個儲能元件的電路，如 *RLC* 電路，由於此種電路的方程式，可由二階的線性微分方程式來加以描述，因此這種電路被稱為二階電路(second order circuits)。在本章中，我們將用簡單的 *RLC* 並聯電路來說明零輸入響應與零態響應的計算，同時還介紹描述電路的另一種新方法：**狀態空間法**(state-space method)，此種方法不但可應用於線性電路，亦可應用於非線性電路中。

在討論二階電路時，我們也依下列三種情況分別討論二階電路的響應：

1. 電路含有初值，但無外加輸入，此種響應即爲零輸入響應。
2. 電路上無初值，但有外加輸入，此種響應即爲零態響應。
3. 電路含有初值，亦有外加的輸入，此種響應即爲完全響應，爲前述兩種響應之和。

7-1 零輸入響應

圖 7-1 所示爲由三個線性非時變被動元件電阻器、電感器與電容器所組成 *RLC* 並聯連接電路，其中 L 與 C 之初值分別爲 $i_L(0)=I_0$ 與 $v_C(0)=V_0$ ，其分支上電壓與電流關係之方程式分別爲：

$$v_R(t)=Ri_R(t)$$

或 $$i_R(t)=\frac{1}{R}v_R(t) \tag{7-1}$$

$$v_L(t)=L\frac{di_L(t)}{dt}，\ i_L(0)=I_0$$

或 $$i_L(t)=I_0+\frac{1}{L}\int_0^t v_L(t)dt \tag{7-2}$$

$$i_C(t)=C\frac{dv_C(t)}{dt}\text{，}v_C(0)=V_0$$

或 $$v_C(t)=V_o+\frac{1}{C}\int_0^t i_C(t)dt \tag{7-3}$$

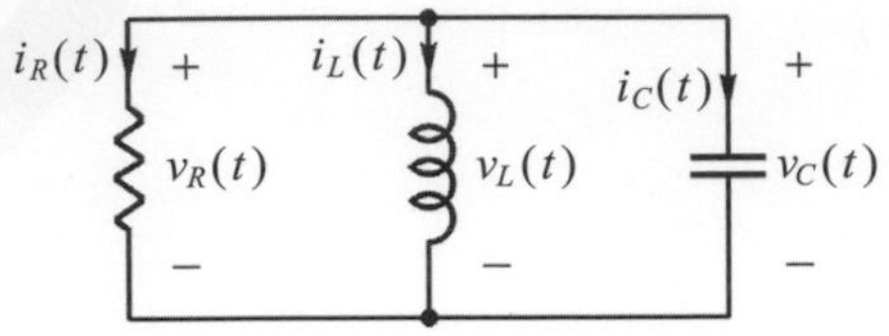

▲ 圖 7-1 線性非時變 *RLC* 電路

因為 *RLC* 三者並聯，故由 KVL 可得：

$$v_R(t)=v_L(t)=v_C(t) \tag{7-4}$$

再由 KCL 可得：

$$i_R(t)+i_L(t)+i_C(t)=0 \tag{7-5}$$

1. **若以電容器電壓 $v_C(t)$ 當作變數**，則由上述式子，代入(7-5)式，可得以 $v_C(t)$來表示之積微分方程式為：

$$\frac{1}{R}v_C(t)+I_0+\frac{1}{L}\int_0^t v_C(t)dt+C\frac{dv_C(t)}{dt}=0 \tag{7-6}$$

及 $v_C(0)=V_0$

微分(7-6)式，可得：

$$\begin{cases}LC\dfrac{d^2v_C(t)}{dt^2}+\dfrac{L}{R}\dfrac{dv_C(t)}{dt}+v_C(t)=0\\ v_C(0)=V_0\\ \dfrac{dv_C(0)}{dt}=-\dfrac{1}{C}\left(I_0+\dfrac{V_0}{R}\right)\end{cases} \tag{7-7}$$

其中，在 $t\le 0$ 時，電容器上之電流為 $C\left.\dfrac{dv_C(t)}{dt}\right|_{t=0}$，電感器上之電流為 I_0，而電阻器上之電流為 $\dfrac{v_C(0)}{R}=\dfrac{V_0}{R}$，故在 $t\le 0$ 時，$C\left.\dfrac{dv_C(t)}{dt}\right|_{t=0}+I_0+\dfrac{V_0}{R}=0$，整理之，故得：

$$\frac{dv_C(0)}{dt}=-\frac{1}{C}\left(I_0+\frac{V_0}{R}\right) \tag{7-8}$$

2. **若以電感器電流 $i_L(t)$ 當作變數**，則由上述式子代入(7-5)式，可得以 $i_L(t)$ 來表示之積微分方程式爲：

$$\frac{v_L(t)}{R}+i_L(t)+C\frac{dv_L(t)}{dt}=0 \tag{7-9}$$

因爲 $v_L(t)=L\frac{di_L(t)}{dt}$，代入(7-9)式中並列入必要的初值條件，可得二階之微分方程式：

$$\begin{cases} LC\dfrac{d^2i_L(t)}{dt^2}+\dfrac{L}{R}\dfrac{di_L(t)}{dt}+i_L(t)=0 & (7\text{-}10)\\ i_L(0)=I_0 & (7\text{-}11)\\ \dfrac{di_L(0)}{dt}=\dfrac{v_L(0)}{L}=\dfrac{v_C(0)}{L}=\dfrac{V_0}{L} & (7\text{-}12)\end{cases}$$

(7-10)式具有唯一解 $i_L(t)$，一旦求出 $i_L(t)$ 後，則由(7-1)至(7-5)式，可求出其他五個電路變數，此電路因無電源在推動，所以響應 $i_L(t)$ 即爲**零輸入響應**。

3. **定義 α 與 ω_0**。爲了運算方便起見，我們定義二個參數 α 與 ω_0 如下：

$$\alpha \triangleq \frac{1}{2RC} \tag{7-13}$$

$$\omega_0 \triangleq \frac{1}{\sqrt{LC}}=2\pi f_0 \tag{7-14}$$

其中參數 α 稱爲**阻尼常數**(damping constant)。參數 ω_0 稱爲**諧振頻率**(resonant frequency)。而 f_0 爲電感器和電容器的諧振頻率。此兩參數 α 與 ω_0 即代表 *RLC* 電路的行爲特性。

將(7-13)與(7-14)式代入(7-10)中，可得

$$\frac{d^2i_L(t)}{dt^2}+2\alpha\frac{di_L(t)}{dt}+\omega_0^2 i_L(t)=0 \tag{7-15}$$

(7-15)式爲一具有常係數之二階微分方程式，其**特性多項式**爲：

$$s^2+2\alpha s+\omega_0^2=0 \tag{7-16}$$

此特性多項式的零點稱爲**特性根**，其值爲：

$$s_1,s_2=-\alpha\pm\sqrt{\alpha^2-\omega_0^2} \tag{7-17}$$

4. **依 α 與 ω_0 之相對值來對零輸入響應分類**

我們可將零輸入響應依 α 與 ω_0 相對值的大小分爲四種情況：**過阻尼**(over damped)、**臨界阻尼**(critically damped)、**欠阻尼**(under damped)與**無損失**(lossless)。現分別討論之。

情況一 過阻尼($\alpha > \omega_0$)

此時兩自然頻率 s_1 和 s_2 爲兩相異的**負實數**，因此其響應爲：

$$i_L(t) = k_1 e^{s_1 t} + k_2 e^{s_2 t} \tag{7-18}$$

其中 k_1 和 k_2 依初値條件而定。將(7-11)與(7-12)式代入(7-18)式，可得：

$$k_1 + k_2 = I_0 \tag{7-19}$$

$$k_1 s_1 + k_2 s_2 = \frac{V_0}{L} \tag{7-20}$$

由(7-19)與(7-20)式解出 k_1 和 k_2，即得：

$$k_1 = \frac{1}{s_1 - s_2}\left(\frac{V_0}{L} - s_2 I_0\right) \tag{7-21}$$

$$k_2 = \frac{1}{s_1 - s_2}\left(s_1 I_0 - \frac{V_0}{L}\right) \tag{7-22}$$

將 k_1 和 k_2 之値代入(7-18)式，可得：

$$i_L(t) = \frac{V_0}{L(s_1 - s_2)}(e^{s_1 t} - e^{s_2 t}) + \frac{I_0}{s_1 - s_2}(s_1 e^{s_2 t} - s_2 e^{s_1 t}) \tag{7-23}$$

由於 $v_C(t) = v_L(t) = L\dfrac{di_L(t)}{dt}$ 故跨於電容器兩端之電壓爲：

$$v_C(t) = \frac{V_0}{s_1 - s_2}(s_1 e^{s_1 t} - s_2 e^{s_2 t}) + \frac{L I_0 s_1 s_2}{s_1 - s_2}(e^{s_2 t} - e^{s_1 t}) \tag{7-24}$$

因爲過阻尼之兩自然頻率 s_1 和 s_2 爲兩相異之負實數，故自然頻率之位置應在 S-平面的左半平面如圖 7-2(a)所示，且由(7-23)式可知，$i_L(t)$之變化隨指數而下降，如圖 7-2(b)所示。

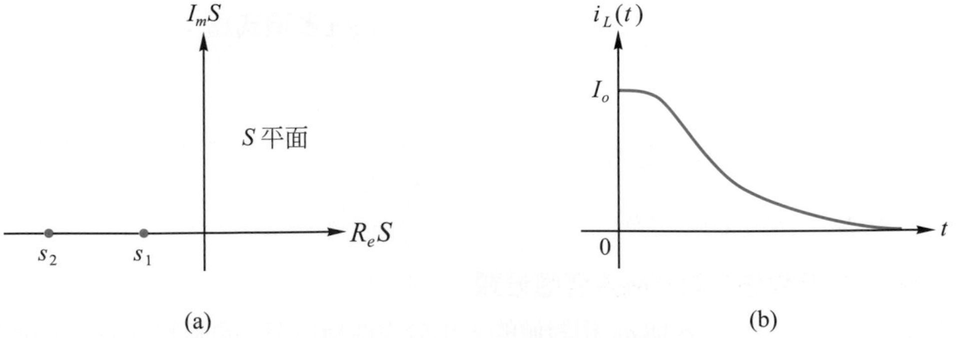

▲ 圖 7-2 *RLC* 並聯電路過阻尼情況下，(a)自然頻率位置圖，(b)零輸入響應 $i_L(t)$之響應圖

情況二　臨界阻尼($\alpha = \omega_0$)

此時兩自然頻率 s_1 和 s_2 爲兩相等的負實數；即 $s_1 = s_2 = -\alpha$ 。因此其響應爲：

$$i_L(t) = (k_1 + k_2 t)e^{-\alpha t} \tag{7-25}$$

其中 k_1 和 k_2 依初值條件而定。將(7-11)和(7-12)式代入(7-25)式，可得：

$$k_1 = I_0 \tag{7-26}$$

$$-k_1\alpha + k_2 = \frac{V_0}{L} \tag{7-27}$$

由(7-26)與(7-27)式解出 k_1 和 k_2，即得：

$$k_1 = I_0 \tag{7-28}$$

$$k_2 = \frac{V_0}{L} + \alpha I_0 \tag{7-29}$$

將 k_1 和 k_2 之值代入(7-25)式，可得：

$$i_L(t) = \left(I_0 + \frac{V_0}{L}t + \alpha I_0 t \right) e^{-\alpha t} \tag{7-30}$$

由於 $v_C(t) = v_L(t) = L\frac{di_L(t)}{dt}$ ，故知跨於電容器兩端之電壓爲：

$$v_C(t) = (V_0 - \alpha V_0 t - L\alpha^2 I_0 t)e^{-\alpha t} \tag{7-31}$$

因爲臨界阻尼之兩自然頻率 s_1 和 s_2 爲兩相等的負實數，故自然頻率之位置應在 S-平面的左半平面，如圖 7-3(a)所示。且由(7-30)式可知，$i_L(t)$之變化隨指數而下降，如圖 7-3(b)所示。

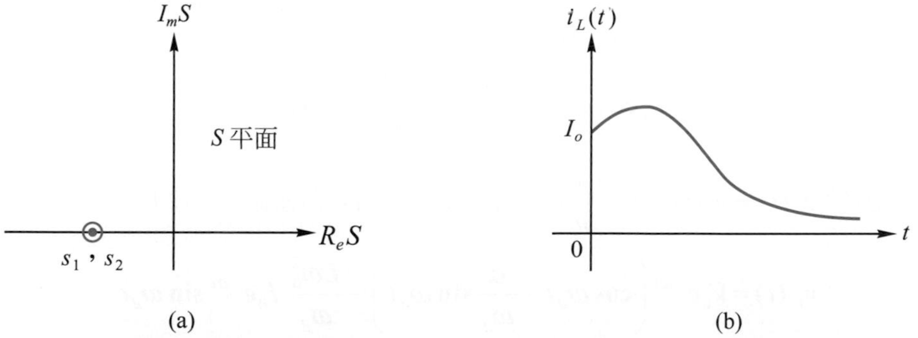

▲ 圖 7-3　*RLC* 並聯電路臨界阻尼阻尼情況下，(a)自然頻率位置圖，(b)零輸入響應 $i_L(t)$之響應圖

情況三 欠阻尼($\alpha < \omega_0$)

此時兩自然頻率 s_1 和 s_2 爲共軛複數；即 $s_1, s_2 = -\alpha \pm j\omega_d$，其中 $\omega_d = \sqrt{\omega_0^2 - \alpha^2}$，因此其響應爲：

$$\boldsymbol{i_L(t) = e^{-\alpha t}[k_1 \cos \omega_d t + k_2 \sin \omega_d t]} \tag{7-32}$$

其中 k_1 和 k_2 由初值條件決定。

或 $$\begin{aligned} i_L(t) &= k_1 e^{(-\alpha + j\omega_d)t} + k_2 e^{(-\alpha - j\omega_d)t} \\ &= e^{-\alpha t}[k_1 e^{j\omega_d t} + k_2 e^{-j\omega_d t}] \\ &= e^{-\alpha t}[k_1(\cos \omega_d t + j \sin \omega_d t) + k_2(\cos \omega_d t - j \sin \omega_d t)] \\ &= e^{-\alpha t} k\left[\cos \omega_d t\left(\frac{k_1 + k_2}{k}\right) + j \sin \omega_d t\left(\frac{k_1 - k_2}{k}\right)\right] \\ &= k e^{-\alpha t} \cos(\omega_d t - \theta) \end{aligned} \tag{7-33}$$

其中，$\theta = \tan^{-1}\dfrac{k_1 - k_2}{k_1 + k_2}$，且 θ 及 k 均爲實常數，且依初值條件而定。將(7-11)和(7-12)式代入(7-32)式，可得：

$$k_1 = I_0 \tag{7-34}$$

$$-\alpha k_1 + k_2 \omega_d = \frac{V_0}{L} \tag{7-35}$$

由(7-34)和(7-35)式解出 k_1 和 k_2 之值，即得：

$$k_1 = I_0 \tag{7-36}$$

$$k_2 = \frac{V_0}{L\omega_d} + \frac{\alpha I_0}{\omega_d} \tag{7-37}$$

將(7-36)和(7-37)代入(7-32)式，可得：

$$\boldsymbol{i_L(t) = e^{-\alpha t}\left[I_0 \cos \omega_d t + \left(\frac{V_0}{L\omega_d} + \frac{\alpha I_0}{\omega_d}\right)\sin \omega_d t\right]} \tag{7-38}$$

由於 $v_C(t) = v_L(t) = L\dfrac{di_L(t)}{dt}$，故得跨於電容器兩端之電壓爲：

$$\boldsymbol{v_C(t) = V_0 e^{-\alpha t}\left(\cos \omega_d t - \frac{\alpha}{\omega_d}\sin \omega_d t\right) - \frac{L\omega_0^2}{\omega_d} I_0 e^{-\alpha t} \sin \omega_d t} \tag{7-39}$$

因爲欠阻尼之兩自然頻率 s_1 和 s_2 爲共軛複數，故其位置在 S 平面的左半平面，如圖 7-4(a)所示，且由(7-38)式可知，$i_L(t)$之變化呈現減幅振盪，若時間夠長，則終止於零，如圖 7-4(b)所示。

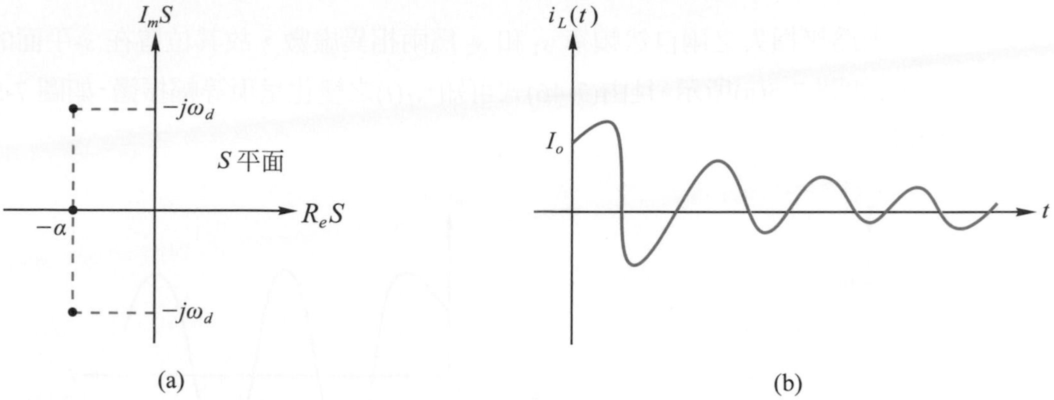

▲ 圖 7-4　RLC 並聯電路欠阻尼情況下，(a)自然頻率位置圖，(b)零輸入響應 $i_L(t)$之響應圖

情況四　無損失($\alpha = 0$)

此時兩自然頻率 s_1 和 s_2 爲兩相異虛數；即 s_1, $s_2 = \pm j\omega_0$ 或 s_1, $s_2 = \pm j\omega_d$ 。因此其響應爲：

$$i_L(t) = k_1 \cos\omega_0 t + k_2 \sin\omega_0 t \tag{7-40}$$

其中 k_1 和 k_2 由初值條件決定。

或　$$i_L(t) = k\cos(\omega_0 t - \theta) \tag{7-41}$$

其中 k 和 θ 均爲實常數，且依初值條件而定。將(7-11)和(7-12)式代入(7-40)式，可得：

$$k_1 = I_0 \tag{7-42}$$

$$\omega_0 k_2 = \frac{V_0}{L} \tag{7-43}$$

由(7-42)和(7-43)式，可解出 k_1 和 k_2 之値，即得：

$$k_1 = I_0 \tag{7-44}$$

$$k_2 = \frac{V_0}{L\omega_0} \tag{7-45}$$

將(7-44)和(7-45)式代入(7-40)式，可得：

$$i_L(t) = I_0 \cos\omega_0 t + \frac{V_0}{L\omega_0}\sin\omega_0 t \tag{7-46}$$

由於 $v_C(t) = v_L(t) = L\dfrac{di_L(t)}{dt}$ ，故得電容器兩端之電壓爲：

$$v_C(t) = V_0 \cos\omega_0 t - \omega_0 L I_0 \sin\omega_0 t \tag{7-47}$$

因為無損失之兩自然頻率 s_1 和 s_2 為兩相異虛數，故其位置在 s-平面的虛軸上，如圖 7-5(a)所示。且由(7-46)式可知，$i_L(t)$之變化呈現等幅振盪，如圖 7-5(b)所示。

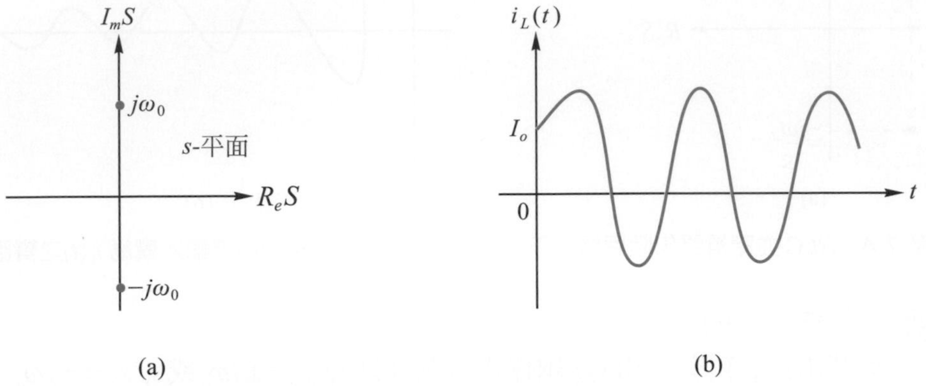

▲ 圖 7-5　*RLC* 並聯電路無損失情況下，(a)自然頻率位置圖，(b)零輸入響應 $i_L(t)$之響應圖

例題 7-1

已知一線性非時變，*RLC* 並聯電路如下圖所示，其初值條件為 $I_0 = 1\,\text{A}$，$V_0 = 1\text{V}$，試求其零輸入響應 $i_L(t)$，並求 $v_C(t)$之值，且繪出 $i_L(t)$和 $v_C(t)$之波形。

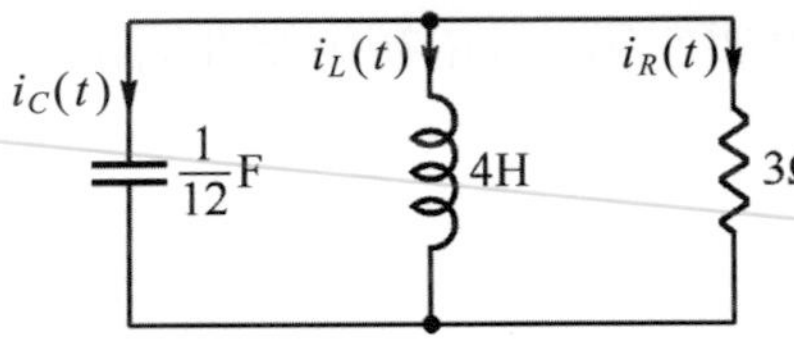

答　以 $i_L(t)$為變數，依(7-10)，(7-11)及(7-12)式可寫出此電路之二階微分方程式為：

$$\begin{cases} \dfrac{1}{3}\dfrac{d^2 i_L(t)}{dt^2} + \dfrac{4}{3}\dfrac{di_L(t)}{dt} + i_L(t) = 0 \\ i_L(0) = 1 \\ i_L'(0) = \dfrac{1}{4} \end{cases}$$

其特性方程式依(7-16)式，可得：

$$\frac{1}{3}s^2 + \frac{4}{3}s + 1 = 0$$

故得其特性根 $s_1 = -1$ 及 $s_2 = -3$，因 s_1, s_2 為兩相異實數根，所以知道其屬於情況一的過阻尼電路。或由 α 與 ω_0 之大小，亦可判斷其屬於那種情況，因為 $\alpha = \dfrac{1}{2RC} = 2$，

$\omega_0 = \frac{1}{\sqrt{LC}} = \sqrt{3}$，即 $\alpha > \omega_0$，因此知道此電路為情況一的過阻尼電路。因此電路之自然頻率 $s_1, s_2 = -\alpha \pm \sqrt{\alpha^2 - \omega_0^2} = -1, -3$。所以由(7-18)式，其響應為：

$$i_L(t) = k_1 e^{-t} + k_2 e^{-3t}\text{，}t \geq 0$$

將初值 $i_L(0) = I_0 = 1$，$i'_L(0) = \frac{V_0}{L} = \frac{1}{4}$，代入上式，得到：$k_1 + k_2 = 1$ 及 $-k_1 - 3k_2 = \frac{1}{4}$，解之，得 $k_1 = \frac{13}{8}$，$k_2 = -\frac{5}{8}$ 代入上式，得到：

$$i_L(t) = \frac{13}{8}e^{-t} - \frac{5}{8}e^{-3t}\ (\text{A})\text{，}t \geq 0$$

及　$$v_C(t) = v_L(t) = L\frac{di_L(t)}{dt} = -\frac{13}{2}e^{-t} + \frac{15}{2}e^{-3t}\ (\text{V})\text{，}t \geq 0$$

其響應圖如下圖所示。

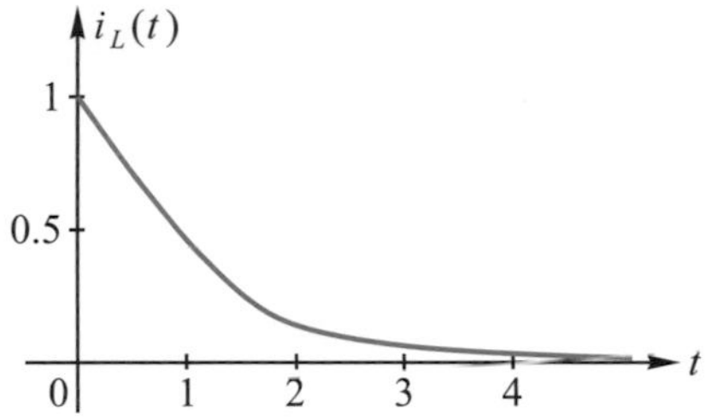

(a)

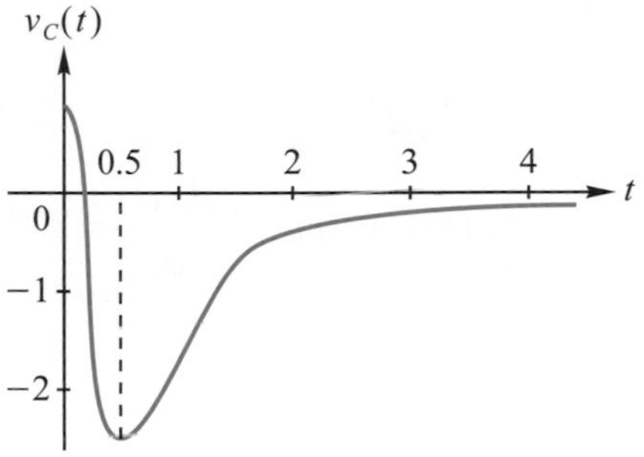

(b)

例題 7-2

已知一線性非時變 *RLC* 並聯電路，如下圖所示，其初值條件為 $I_0 = 1\text{ A}$，$V_0 = 1\text{V}$，試求其零輸入響應 $i_L(t)$，並求 $v_C(t)$，且繪出 $i_L(t)$之波形。

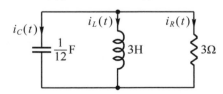

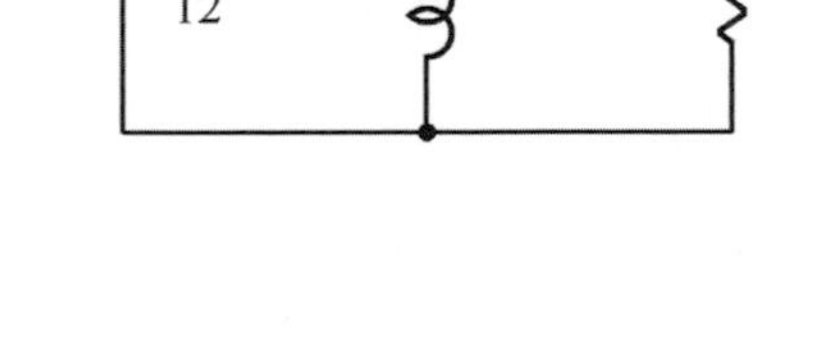

答 以 $i_L(t)$為變數，依(7-10)、(7-11)及(7-12)式寫出其二階微分方程式，得到：

$$\begin{cases} \frac{1}{4}\frac{d^2 i_L(t)}{dt^2}+\frac{di_L(t)}{dt}+i_L(t)=0 \\ i_L(0)=1 \\ i_L'(0)=\frac{1}{3} \end{cases}$$

其特性方程式為：

$$\frac{1}{4}s^2+s+1=0$$

故得，$s_1=s_2=-2$，兩相等負實數根，屬於情況二臨界阻尼，故得其響應為：

$$i_L(t)=(k_1+k_2t)e^{-2t}$$

代入初值，可得 $k_1=1$，$k_2=\frac{7}{3}$，故得：

$$i_L(t)=(1+\frac{7}{3}t)e^{-2t}\text{ (A)，}t\geq 0$$

$$v_C(t)=v_L(t)=L\frac{di_L(t)}{dt}=e^{-2t}-14te^{-2t}\text{ (V)，}t\geq 0$$

其響應圖如下圖所示。

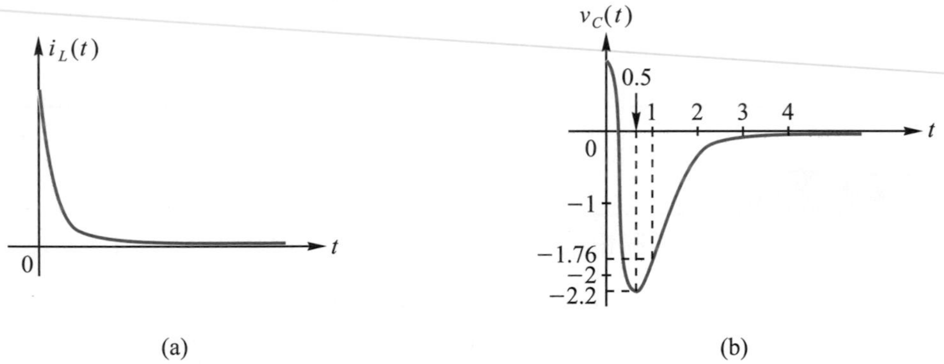

例題 7-3

已知一線性非時變，*RLC* 並聯電路，其中 $R=1\Omega$，$L=1\text{H}$，而 $C=1\text{F}$，且其初值條件爲 $I_0=1\text{A}$，$V_0=1\text{V}$，試求其零輸入響應 $i_L(t)$，並求 $v_C(t)$，且繪出 $i_L(t)$與 $v_C(t)$之波形。

答 因爲 $\alpha=\dfrac{1}{2RC}=\dfrac{1}{2}$，$\omega_0=\dfrac{1}{\sqrt{LC}}=1$，$\alpha<\omega_0$，故知此電路屬於情況三的欠阻尼電路，

且 $\omega_d=\sqrt{\omega_0^2-\alpha^2}=\dfrac{\sqrt{3}}{2}$，故得 $s_1,s_2=-\dfrac{1}{2}\pm j\dfrac{\sqrt{3}}{2}$，代入(7-32)式，可得其響應爲：

$$i_L(t)=e^{-\frac{1}{2}t}\left[k_1\cos\frac{\sqrt{3}}{2}t+k_2\sin\frac{\sqrt{3}}{2}t\right]$$

代入初值 $i_L(0)=I_0=1$，$i_L'(0)=\dfrac{V_0}{L}=1$ 得到 $k_1=1$，$k_2=\sqrt{3}$ 將 k_1 和 k_2 值代入上式，故

得到：

$$\begin{aligned}i_L(t)&=e^{-\frac{1}{2}t}\left[\cos\frac{\sqrt{3}}{2}t+\sqrt{3}\sin\frac{\sqrt{3}}{2}t\right]\\&=2e^{-\frac{1}{2}t}\cos\left[\frac{\sqrt{3}}{2}t-60^\circ\right]\text{(A)},\ t\geq 0\end{aligned}$$

$$\begin{aligned}v_C(t)=v_L(t)=L\frac{di_L(t)}{dt}&=e^{-\frac{1}{2}t}\left[\cos\frac{\sqrt{3}}{2}t-\sqrt{3}\sin\frac{\sqrt{3}}{2}t\right]\\&=2e^{-\frac{1}{2}t}\cos\left(\frac{\sqrt{3}}{2}t+60^\circ\right)\text{(V)},\ t\geq 0\end{aligned}$$

其響應圖如下圖所示。

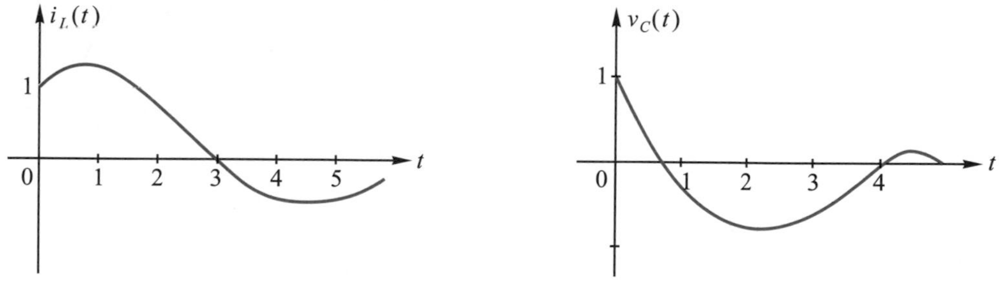

(a)　(b)

例題 7-4

已知一線性非時變 RLC 並聯電路，其中 $R=\infty\,\Omega$，$L=4\text{H}$，而 $C=1\text{F}$，且其初值條件為 $I_0=1\text{A}$，$V_0=\dfrac{2}{\sqrt{3}}\text{V}$，試求其零輸入響應 $i_L(t)$並求 $v_C(t)$，且繪出 $i_L(t)$與 $v_C(t)$之波形。

答 因為 $\alpha=\dfrac{1}{2RC}=0$，$\omega_0=\dfrac{1}{\sqrt{LC}}=\dfrac{1}{2}$，$\alpha=0$，故知此電路屬於情況四的無損失電路，而 $s_1, s_2=\pm j\dfrac{1}{2}$，代入(7-40)式可得其響應為：

$$i_L(t)=k_1\cos\frac{1}{2}t+k_2\sin\frac{1}{2}t$$

代入初值 $i_L(0)=I_0=1$，$i_L'(0)=\dfrac{V_0}{L}=\dfrac{1}{2\sqrt{3}}$，得到 $k_1=1$，$k_2=\dfrac{1}{\sqrt{3}}$，將 k_1 和 k_2 的值代入上式，可得：

$$\begin{aligned}i_L(t)&=\cos\frac{1}{2}t+\frac{1}{\sqrt{3}}\sin\frac{1}{2}t\\&=\frac{2}{\sqrt{3}}\cos(\frac{1}{2}t-30^\circ)=1.155\cos(\frac{1}{2}t-30^\circ)\,(\text{A}),\ t\ge 0\\v_C(t)&=v_L(t)=L\frac{di_L(t)}{dt}=\frac{2}{\sqrt{3}}\cos\frac{1}{2}t-2\sin\frac{1}{2}t\\&=\frac{4}{\sqrt{3}}\cos(\frac{1}{2}t+60^\circ)\,(\text{V}),\ t\ge 0\end{aligned}$$

其響應圖如下圖所示。

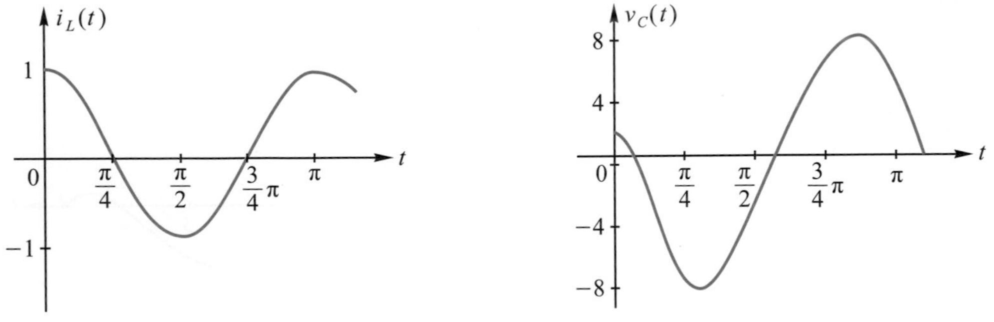

(a) (b)

5. 依 Q 值大小來對零輸入響應分類

由以上之討論，可知 α 與 ω_0 之大小關係，可決定電路之特性。當 $\alpha > \omega_0$ 時，電路是屬於過阻尼電路，當 $\alpha = \omega_0$ 時，電路是屬於臨界阻尼電路，當 $\alpha < \omega_0$ 時，電路是屬於欠阻尼電路。而當 $\alpha = 0$ 時，電路是屬於無損失電路，而此時其零輸入響應是等幅振盪。參數 ω_0 和阻尼振盪頻率 ω_d 之間的關係爲 $\omega_d = \sqrt{\omega_0^2 - \alpha^2}$ ，而 α 則決定指數遞降的時率。阻尼振盪中阻尼的相對程度常以**品質因素**(quality factor)Q 來表示，其定義爲：

$$Q \triangleq \frac{\omega_0}{2\alpha} = \omega_0 RC = \frac{R}{\omega_0 L} = \frac{R}{\sqrt{\dfrac{L}{C}}} \tag{7-48}$$

由 Q 值之大小可決定電路的特性。對於過阻尼情況，因為 $\alpha > \omega_0$，故 $Q < \frac{1}{2}$；對於臨界阻尼情況，因為 $\alpha = \omega_0$ ，故 $Q = \frac{1}{2}$ ；對於欠阻尼情況，因為 $\alpha < \omega_0$ ，故 $Q > \frac{1}{2}$ ；對於無損失情況，因為 $\alpha = 0$ ，故 $Q = \infty$ 。圖 7-6 所示即爲 Q 值與四種情況的自然頻率之位置的關係圖。

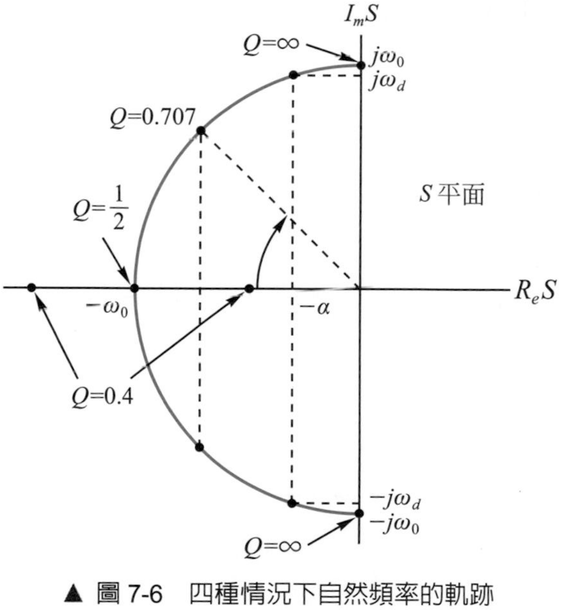

▲ 圖 7-6　四種情況下自然頻率的軌跡

例題 7-5

已知一線性非時變 RLC 並聯電路，其 $\omega_0 = 10\,\text{rad/s}$，$Q = \frac{1}{2}$，而 $C = 1\text{F}$，試寫出其微分方程式並求跨於電容器兩端的電壓 $v_C(t)$所引起的零輸入響應，若其初值條件為 $v_C(0) = 2\,\text{V}$，$i_L(0) = 5\,\text{A}$。

答 由(7-48)式 $Q = \omega_0 RC = \frac{R}{\omega_0 L}$，代入數值，解得 $R = \frac{1}{20}\,\Omega$，$L = \frac{1}{100}\,\text{H}$，將以上數值代入(7-7)式得到以 $v_C(t)$為變數的微分方程式為：

$$\begin{cases} \frac{1}{100}\frac{dv_C^2(t)}{dt^2} + \frac{1}{5}\frac{dv_C(t)}{dt} + v_C(t) = 0 \\ v_C(0) = 2 \\ v_C'(0) = -45 \end{cases}$$

解上列微分方程式，由特性方程式：

$$\frac{1}{100}s^2 + \frac{1}{5}s + 1 = 0$$
$$s_1 = s_2 = -10$$
$$\therefore v_C(t) = (k_1 + k_2 t)e^{-10t}\text{，}\ t \ge 0$$

代入初值條件得到：

$$v_C(0) = k_1 = 2$$
$$v_C'(0) = -10k_1 + k_2 = -45$$

解上兩式，得到 $k_1 = 2$，$k_2 = -25$，代入上式，得：

$$v_C(t) = (2 - 25t)e^{-10t}\,(\text{V})\text{，}\ t \ge 0$$

7-2　零態響應

所謂零態響應是指電路在某任意時間 t_0 所外加之輸入起引起的響應，其條件是電路在 t_0 時必須為零態。如圖 7-7 所示 *RLC* 並聯電路，在 $t=0$ 之前，初值條件 $v_C(0)=0$ 且 $i_L(0)=0$，而 $t=0$ 時加入輸入電流電源 $i_s(t)$。

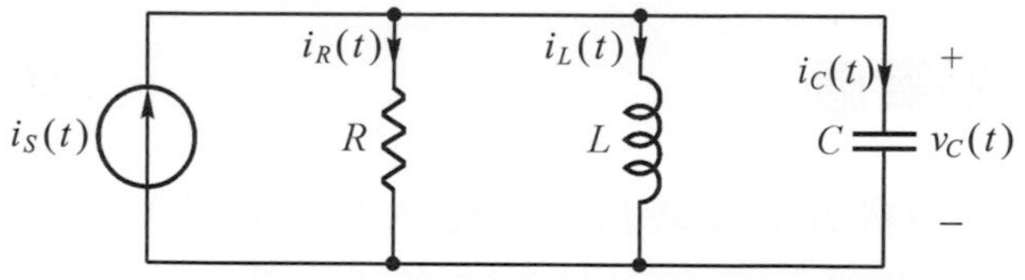

▲ 圖 7-7　以電流電源當輸入的 *RLC* 並聯電路

由 KCL 得出：

$$i_C(t)+i_R(t)+i_L(t)=i_S(t) \tag{7-49}$$

由 KVL 得出：

$$v_C(t)=v_R(t)=v_L(t) \tag{7-50}$$

又由分支上電壓與電流之關係及(7-50)式可得到：

$$i_C(t)=C\frac{dv_C(t)}{dt}=C\frac{dv_L(t)}{dt}=C\frac{d}{dt}\left(L\frac{di_L(t)}{dt}\right)=LC\frac{d^2i_L(t)}{dt^2} \tag{7-51}$$

$$i_R(t)=\frac{v_R(t)}{R}=\frac{v_L(t)}{R}=\frac{L}{R}\frac{di_L(t)}{dt} \tag{7-52}$$

將(7-51)及(7-52)式代入(7-49)式，可得 *RLC* 並聯電路以電感器電流 $i_L(t)$為變數的二階微分方程式：

$$\begin{cases} LC\dfrac{d^2i_L(t)}{dt^2}+\dfrac{L}{R}\dfrac{di_L(t)}{dt}+i_L(t)=i_S(t),\ t\ge 0 & \text{(7-53)} \\ i_L(0)=0 & \text{(7-54)} \\ i_L'(0)=\dfrac{V_0}{L}=0 & \text{(7-55)} \end{cases}$$

上面三個方程式與 7-1 節中的(7-10)、(7-11)和(7-12)式相比較，所不同的是上節中輸入為零，而初值條件不為零；而現在，(7-53)式中有輸入 $i_S(t)$，而(7-54)、(7-55)式的初值條件為零，故(7-53)式為常係數線性非齊次微分方程式，其解包括兩項之和；即：

$$i_L(t)=i_h(t)+i_p(t) \tag{7-56}$$

其中 $i_h(t)$爲齊次微分方程式的解，即$i_S(t)=0$時(7-53)式的解；而 $i_p(t)$則爲非齊次微分方程式的特解。$i_h(t)$在上節已計算過，因爲其爲零輸入響應，故其解依電路特性，有四種情況。而 $i_p(t)$則依輸入而變；在本節，我們只計算當輸入爲步級函數和脈衝函數的步級響應與脈衝響應。至於對任意輸入的零態響應或弦波輸入的零態響應，我們將在後面的其他章節中再介紹。

7-2-1 步級響應

RLC 並聯電路的步級響應定義爲：若輸入爲單位步級，且初值條件爲零，即 $i_S(t)=u(t)$，$i_L(0)$與$i'_L(0)$爲零，則(7-53)至(7-55)各式可得：

$$\begin{cases} LC\dfrac{d^2i_L(t)}{dt^2}+\dfrac{L}{R}\dfrac{di_L(t)}{dt}+i_L(t)=u(t) & (7\text{-}57)\\ i_L(0)=0 & (7\text{-}58)\\ i'_L(0)=0 & (7\text{-}59)\end{cases}$$

(7-57)式因輸入$i_s(t)=u(t)$，故其特解爲：

$$i_p(t)=1\text{，}t\ge 0 \tag{7-60}$$

而(7-57)式之齊次解有四種情況，現分別討論如下：

1. 過阻尼情況

由(7-18)式，可知其齊次解爲：

$$i_h(t)=k_1e^{s_1t}+k_2e^{s_2t} \tag{7-61}$$

將(7-60)與(7-61)式代入(7-56)式，可得過阻尼電路的通解爲：

$$i_L(t)=[k_1e^{s_1t}+k_2e^{s_2t}+1]u(t) \tag{7-62}$$

將初值條件(7-58)與(7-59)式代入(7-62)式，可得：

$$k_1+k_2+1=0$$

與　$$s_1k_1+s_2k_2=0$$

解上兩式，可得$k_1=\dfrac{s_2}{s_1-s_2}$，$k_2=\dfrac{-s_1}{s_1-s_2}$，代入(7-62)式，可得步級響應 $S(t)$爲：

$$S(t)=i_L(t)=\left[\frac{1}{s_1-s_2}(s_2e^{s_1t}-s_1e^{s_2t})+1\right]u(t) \tag{7-63}$$

而電容器兩端之電壓 $v_C(t)$為：

$$v_C(t) = v_L(t) = L\frac{di_L(t)}{dt} = \frac{LS_1S_2}{S_1 - S_2}(e^{s_1 t} - e^{s_2 t})u(t) \tag{7-64}$$

圖 7-8 所示為過阻尼電路之步級響應 $i_L(t)$與 $v_C(t)$之曲線圖

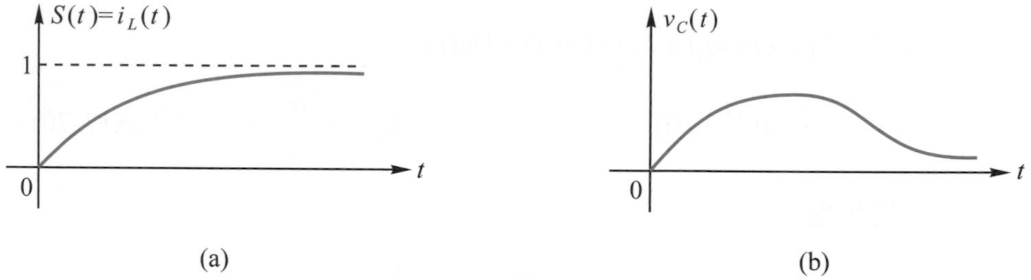

▲ 圖 7-8　*RLC* 並聯過阻尼電路之步級響應 $i_L(t)$與 $v_C(t)$之響應圖

2.　臨界阻尼情況

由(7-25)式，可知其齊次解為：

$$i_h(t) = (k_1 + k_2 t)e^{-\alpha t} \tag{7-65}$$

將(7-65)及(7-60)式代入(7-56)式，可得臨界阻尼電路的通解為：

$$i_L(t) = [(k_1 + k_2 t)e^{-\alpha t} + 1]u(t) \tag{7-66}$$

代入其初值條件 $i_L(0) = 0$ 及 $i'_L(0) = 0$，可得 $k_1 = -1$， $k_2 = -\alpha$ ，將之代入(7-66)式，可得臨界阻尼電路的步級響應為：

$$\boldsymbol{S(t) = i_L(t) = [(-1 - \alpha t)e^{-\alpha t} + 1]u(t)} \tag{7-67}$$

而

$$v_C(t) = L\frac{di_L(t)}{dt} = L\alpha^2 t e^{-\alpha t}u(t) \tag{7-68}$$

圖 7-9 所示為臨界阻尼電路之步級響 $i_L(t)$與 $v_C(t)$之曲線圖

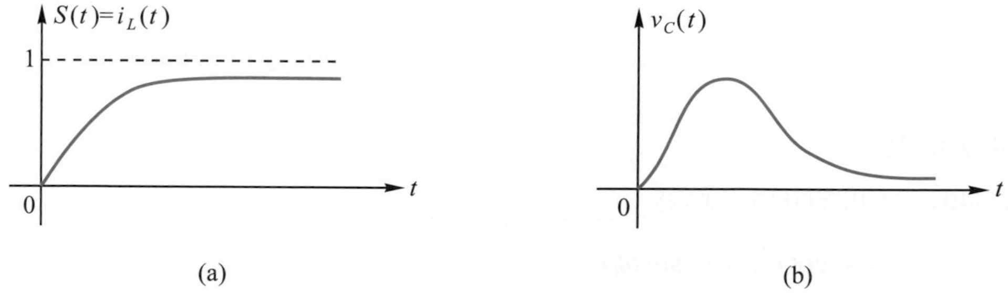

▲ 圖 7-9　*RLC* 並聯臨界阻尼電路之步級響應 $i_L(t)$與 $v_C(t)$之響應圖

3. 欠阻尼情況

由(7-32)式，可知其齊次解為：

$$i_h(t)=e^{-\alpha t}(k_1\cos\omega_d t+k_2\sin\omega_d t) \tag{7-69}$$

將(7-69)與(7-60)式代入(7-56)式，可得欠阻尼電路的通解為：

$$i_L(t)=[e^{-\alpha t}(k_1\cos\omega_d t+k_2\sin\omega_d t)+1]u(t) \tag{7-70}$$

代入初值條件 $i_L(0)=0$ 及 $i_L'(0)=0$ 可得 $k_1=-1$，$k_2=-\dfrac{\alpha}{\omega_d}$，將之代入(7-70)式，即得欠阻尼電路的步級響應：

$$\begin{aligned}\boldsymbol{S(t)=i_L(t)}&=\left[e^{-\alpha t}\left(-\cos\omega_d t-\frac{\alpha}{\omega_d}\sin\omega_d t\right)+1\right]u(t)\\&=\left[-\frac{\omega_0}{\omega_d}e^{-\alpha t}\cos(\omega_d t-\phi)+1\right]u(t)\end{aligned} \tag{7-71}$$

其中 $\phi=\tan^{-1}\dfrac{\alpha}{\omega_d}$

而 $$v_C(t)=v_L(t)=L\frac{di_L(t)}{dt}=\frac{\omega_0}{\omega_d}\sqrt{\frac{L}{C}}e^{-\alpha t}\sin\omega_d t\,u(t) \tag{7-72}$$

圖 7-10 所示為欠阻尼電路之步級響應 $i_L(t)$與 $v_C(t)$之響應圖

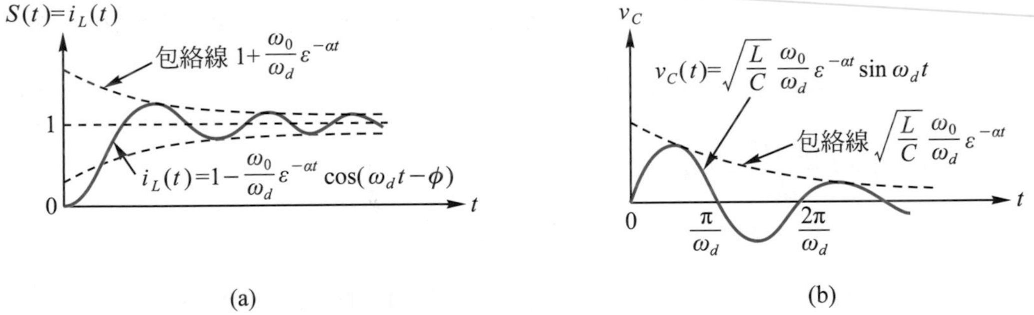

▲ 圖 7-10 *RLC* 並聯欠阻尼電路之步級響應 $i_L(t)$與 $v_C(t)$之響應圖

4. 無損失情況

由(7-40)式，可知其齊次解為：

$$i_h(t)=k_1\cos\omega_0 t+k_2\sin\omega_0 t \tag{7-73}$$

將(7-73)與(7-60)式代入(7-56)式，可得無損失電路之通解為：

$$i_L(t)=[k_1\cos\omega_0 t+k_2\sin\omega_0 t+1]u(t) \tag{7-74}$$

代入其初值條件 $i_L(0)=0$ 及 $i'_L(0)=0$，可解得 $k_1=-1$，$k_2=0$，將 k_1 和 k_2 代入(7-74)式，可得無損失電路之步級響應為：

$$\boldsymbol{S(t)=i_L(t)=(-\cos\omega_0 t+1)u(t)} \tag{7-75}$$

$$v_C(t)=v_L(t)=L\frac{di_L(t)}{dt}=L\omega_0\sin\omega_0 tu(t) \tag{7-76}$$

圖 7-11 所示為無損失電路之步級響應 $i_L(t)$ 與 $v_C(t)$ 之響應圖。

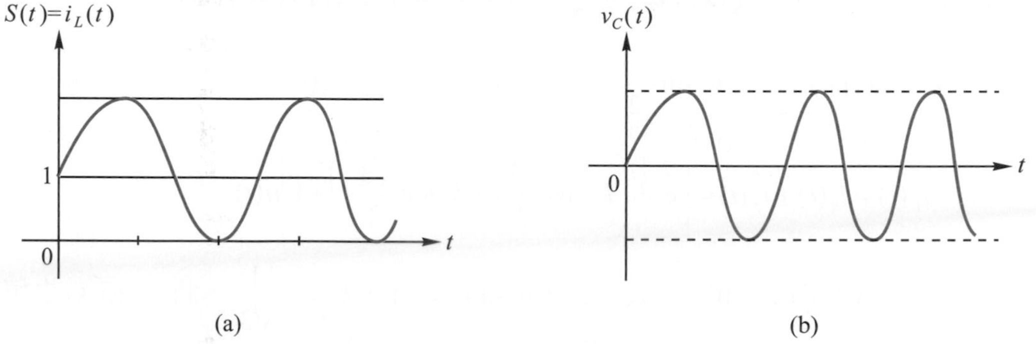

▲ 圖 7-11　*RLC* 並聯無損失電路之步級響應 $i_L(t)$ 與 $v_C(t)$ 之響應圖

例題 7-6

如例題 7-5 的 *RLC* 並聯電路，令其輸入為與之並聯的電流電源 $i_S(t)$，試求電流 $i_L(t)$ 的步級響應。

答　由例題 7-5 之解，令其輸入 $i_S(t)=u(t)$，可得此電路之二階微分方程式為：

$$\begin{cases}\dfrac{1}{100}\dfrac{d^2i_L(t)}{dt^2}+\dfrac{1}{5}\dfrac{di_L(t)}{dt}+i_L(t)=u(t)\\ i_L(0)=0\\ i'_L(0)=0\end{cases}$$

上式微分方程式之齊次解為：

$$i_h(t)=(k_1+k_2t)e^{-10t}\text{，}t\geq 0$$

故其步級響應為：

$$S(t)=i_L(t)=[(k_1+k_2t)e^{-10t}+1]u(t)$$

將 $i_L(0)=0$，$i'_L(0)=0$ 代入上式，可得 $k_1=-1$，$k_2=-10$，代入上式，可得電流 $i_L(t)$ 之步級響應為：

$$S(t)=i_L(t)=[(-1-10t)e^{-10t}+1]u(t)\ (\text{A})$$

例題 7-7

已知一線性非時變 RLC 電路，其中 $R=1\Omega$，$L=1\text{H}$，$C=1\text{F}$，令其輸入為與之並聯的電流電源 $i_S(t)$，試求電流 $i_L(t)$之步級響應。

答 由 α 與 ω_0 之關係，$\alpha=\dfrac{1}{2RC}=\dfrac{1}{2}$，$\omega_0=\dfrac{1}{\sqrt{LC}}=1$，知 $\alpha<\omega_0$，故此電路是屬於欠阻尼情況，又因為 $\omega_d=\sqrt{\omega_0^2-\alpha^2}=\dfrac{\sqrt{3}}{2}$，故由(7-69)式可得其齊次解為：

$i_h(t)=e^{-\frac{1}{2}t}\left(k_1\cos\dfrac{\sqrt{3}}{2}t+k_2\sin\dfrac{\sqrt{3}}{2}t\right)$，$t\geq 0$，其特解為 $i_p(t)=1$，故其通解為：

$$i_L(t)=i_h(t)+i_p(t)=\left[e^{-\frac{1}{2}t}\left(k_1\cos\frac{\sqrt{3}}{2}t+k_2\sin\frac{\sqrt{3}}{2}t\right)+1\right]u(t)$$

因為 $i_L(0)=0$，$i_L'(0)=0$，代入上式，可得 $k_1=-1$，$k_2=-\dfrac{1}{\sqrt{3}}$，將 k_1 和 k_2 之值代入 $i_L(t)$中，可得電流 $i_L(t)$之步級響應為：

$$\begin{aligned}S(t)=i_L(t)&=\left[-e^{-\frac{1}{2}t}\left(\cos\frac{\sqrt{3}}{2}t+\frac{1}{\sqrt{3}}\sin\frac{\sqrt{3}}{2}t\right)+1\right]u(t)\\&=\left[-\frac{2}{\sqrt{3}}e^{-\frac{1}{2}t}\cos\left(\frac{\sqrt{3}}{2}t-30^\circ\right)+1\right]u(t)\,(\text{A})\end{aligned}$$

7-2-2 脈衝響應

RLC 並聯電路之脈衝響應定義為：若輸入為單位脈衝，同時在 $t=0_-$ 時電路為零態；即 $i_S(t)=\delta(t)$ 時，脈衝響應 $i_L(t)$為下列各式的解：

$$\begin{cases}LC\dfrac{d^2i_L(t)}{dt^2}+\dfrac{L}{R}\dfrac{di_L(t)}{dt}+i_L(t)=\delta(t) & (7\text{-}77)\\ i_L(0_-)=0 & (7\text{-}78)\\ i_L'(0_-)=0 & (7\text{-}79)\end{cases}$$

脈衝響應的計算方法有很多種，我們提出兩種較常用且計算較容易的方法：即**步級響應導數法與零態響應轉換成變零輸入響應法**。現分述如下：

方法一　利用線性非時變電路之脈衝響應為其步級響應之時間導數關係；即 $h(t)=\dfrac{dS(t)}{dt}$。此種方法只能用於含有線性非時變元件的電路上。利用上節所敘述的方法求出步級響應 $s(t)$後，再微分之，即可求出脈衝響應。現由前節所介紹過的四種情況的步級響應來計算脈衝響應。

1.　過阻尼情況

由(7-63)式的步級響應 $S(t)$，可求得該電路之脈衝響應爲：

$$h(t)=\frac{dS(t)}{dt}=\frac{d}{dt}\left[\frac{1}{s_1-s_2}(s_2e^{s_1t}-s_1e^{s_2t})+1\right]u(t)$$

$$=\frac{s_1s_2}{s_1-s_2}(e^{s_1t}-e^{s_2t})u(t) \tag{7-80}$$

2.　臨界阻尼情況

由(7-67)式的步級響應 $S(t)$，可求得該電路之脈衝響應爲：

$$h(t)=\frac{dS(t)}{dt}=\frac{d}{dt}[(-1-\alpha t)e^{-\alpha t}+1]u(t)$$

$$=\alpha^2te^{-\alpha t}u(t) \tag{7-81}$$

3.　欠阻尼情況

由(7-71)式的步級響應 $S(t)$，可求得該電路之脈衝響應爲：

$$h(t)=\frac{dS(t)}{dt}=\frac{d}{dt}\left[e^{-\alpha t}\left(-\cos\omega_dt-\frac{\alpha}{\omega_d}\sin\omega_dt\right)\right]u(t)$$

$$=\left(\omega_d+\frac{\alpha^2}{\omega_d}\right)e^{-\alpha t}\sin\omega_dt$$

$$=\frac{\omega_0^2}{\omega_d}e^{-\alpha t}\sin\omega_dtu(t) \tag{7-82}$$

4.　無損失情況

由(7-75)式的步級響應 $S(t)$，可求得該電路之脈衝響應爲：

$$h(t)=\frac{dS(t)}{dt}=\frac{d}{dt}(-\cos\omega_0t+1)u(t)$$

$$=\omega_0\sin\omega_0tu(t) \tag{7-83}$$

例題 7-8

一線性非時變 RLC 並聯電路，已知 $R=3\Omega$，$L=4\text{H}$，$C=\frac{1}{12}\text{F}$，若其輸入為與之並聯的電流電源 $i_S(t)$，而其響應為電感器上之電流 $i_L(t)$，試求其脈衝響應。

答 $\alpha=\frac{1}{2RC}=2$，$\omega_0=\frac{1}{\sqrt{LC}}=\sqrt{3}$，所以 $\alpha>\omega_0$，屬於過阻尼情況，因此其兩自然頻率 $s_1,s_2=-\alpha\pm\sqrt{\alpha^2-\omega_0^2}=-1,-3$。故知當 $i_S(t)=u(t)$ 時，其步級響應為：

$$S(t)=i_L(t)=k_1e^{-t}+k_2e^{-3t}+1\text{，}t\geq 0$$

代入初值條件 $i_L(0)=0$ 及 $i_L'(0)=0$，可得 $k_1=-\frac{3}{2}$，$k_2=\frac{1}{2}$，代入上式，可得步級響應為：

$$S(t)=\left(-\frac{3}{2}e^{-t}+\frac{1}{2}e^{-3t}+1\right)u(t)\,(\text{A})$$

而脈衝響應為步級響應之微分，故可得：

$$h(t)=\frac{dS(t)}{dt}=\frac{3}{2}(e^{-t}-e^{-3t})u(t)\,(\text{A})$$

方法二 利用零態響應轉換成零輸入響應法。由於當 $t>0$ 時，脈衝函數 $\delta(t)$ 恆等於零，因此我們可將脈衝響應當作由 $t=0_+$ 時間始的零輸入響應，在 $t=0$ 時的脈衝形成在 $t=0_+$ 時的初值條件，而 $t>0$ 時的脈衝響應實質上即為由此初值條件所引起的零輸入響應。因此我們首先要決定此初值條件，由(7-77)式的兩邊由 $t=0_-$ 積分至 $t=0_+$，可得：

$$LC\frac{di_L}{dt}(0_+)-LC\frac{di_L}{dt}(0_-)+\frac{L}{R}i_L(0_+)-\frac{L}{R}i_L(0_-)+\int_{0_-}^{0_+}i_L(t)dt=\int_{0_-}^{0_+}\delta(t)dt=1$$

即 $$\frac{di_L(0_+)}{dt}=\frac{di_L(0_-)}{dt}+\frac{1}{LC}=\frac{1}{LC} \tag{7-84}$$

就 $t>0$ 而言，含有由(7-78)與(7-79)兩式所限定之初值條件的非齊次微分方程式(7-77)式就相當於：

$$\begin{cases}LC\dfrac{d^2i_L(t)}{dt^2}+\dfrac{L}{R}\dfrac{di_L(t)}{dt}+i_{L(t)}=0 & (7\text{-}85)\\ i_L(0_+)=0 & (7\text{-}86)\\ i_L'(0_+)=\dfrac{1}{LC} & (7\text{-}87)\end{cases}$$

顯然地，即將(7-77)至(7-79)所示之零態電路轉換至(7-85)至(7-87)所示之零輸入電路，再由此零輸入電路，求此二階微分方程式的解，並代入初值條件，即得脈衝響應。

例題 7-9

若一線性非時變 *RLC* 並聯電路，其中 $R=3\Omega$，$L=4\text{H}$，$C=\dfrac{1}{12}\text{F}$，且其輸入為與之並聯的電流電源 $i_S(t)$，其中 $i_S(t)=\delta(t)\text{ A}$，試求 $i_L(t)$之脈衝響應 $h(t)$。

答　依(7-77)式至(7-79)式，寫出其二階微分方程式為：

$$\begin{cases}\dfrac{1}{3}\dfrac{d^2i_L(t)}{dt^2}+\dfrac{4}{3}\dfrac{di_L(t)}{dt}+i_L(t)=\delta(t)\\ i_L(0_-)=0\\ i_L'(0_-)=0\end{cases}$$

將上三式改寫成零輸入狀態，即：

$$\begin{cases}\dfrac{1}{3}\dfrac{d^2i_L(t)}{dt^2}+\dfrac{4}{3}\dfrac{di_L(t)}{dt}+i_L(t)=0\\ i_L(0_+)=0\\ i_L'(0_+)=3\end{cases}$$

上式二階微分方程式之特性方程式為：

$$\frac{1}{3}s^2+\frac{4}{3}s+1=0\text{，}\therefore s_1,\ s_2=-1,\ -3$$

故得脈衝響應：

$$h(t)=i_L(t)=k_1e^{-t}+k_2e^{-3t}\text{，}\ t\geq 0$$

代入初值條件，因為 $i_L(0_+)=0$ 及 $i_L'(0_+)=3$，故得：

$$k_1+k_2=0$$

$$-k_1-3k_2=3$$

由上兩式，可得 $k_1=\dfrac{3}{2}$，$k_2=-\dfrac{3}{2}$，將 k_1, k_2 值代入 $h(t)$中，得脈衝響應為：

$$h(t)=\frac{3}{2}(e^{-t}-e^{-3t})u(t)\,(\text{A})$$

7-3 完全響應

如同一階電路，二階電路的完全響應仍為零輸入響應與零態響應之和。如圖 7-12 所示 *RLC* 並聯電路，輸入為電流電源 $i_S(t)$與之並聯，且其初值條件 $i_L(0)$及 $v_C(0)$不完全為零。

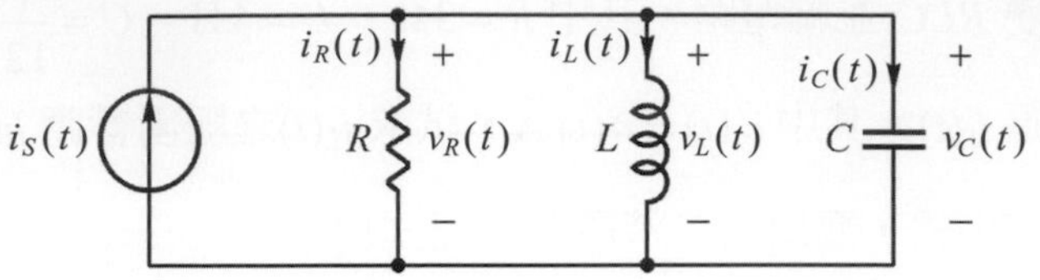

▲ 圖 7-12　含有輸入及初值之 *RLC* 並聯電路

因為三元件並聯，故由 KVL 及 KCL 及可得：

$$v_R(t) = v_C(t) = v_L(t) \tag{7-88}$$

$$i_C(t) + i_R(t) + i_L(t) = i_S(t) \tag{7-89}$$

1. 若以電容器電壓 $v_C(t)$當作變數，則(7-89)式可寫成：

$$C\frac{dv_C(t)}{dt} + \frac{v_C(t)}{R} + I_0 + \frac{1}{L}\int_0^t v_C(t)dt = i_S(t) \tag{7-90}$$

取(7-90)式之微分，可得：

$$\begin{cases} LC\dfrac{d^2v_C(t)}{dt^2} + \dfrac{L}{R}\dfrac{dv_C(t)}{dt} + v_C(t) = L\dfrac{di_S(t)}{dt} & (7\text{-}91) \\ v_C(0) = V_0 & (7\text{-}92) \\ v'_C(0) = -\dfrac{1}{C}\left(I_0 + \dfrac{V_0}{R}\right) & (7\text{-}93) \end{cases}$$

上述(7-91)至(7-92)式三式為以 $v_C(t)$來表示之二階非齊次微分方程式，其含有輸入，且初值條件不為零。

2. 若以電感器電流 $i_L(t)$當作變數，則類似 7-1 節所敘述的方式可得：

$$\begin{cases} LC\dfrac{d^2i_L(t)}{dt^2} + \dfrac{L}{R}\dfrac{di_L(t)}{dt} + i_L(t) = i_S(t) & (7\text{-}94) \\ i_L(0) = I_0 & (7\text{-}95) \\ i'_L(0) = \dfrac{V_0}{L} & (7\text{-}96) \end{cases}$$

上述(7-94)至(7-96)式三式為以 $i_L(t)$來表示之二階非齊次微分方程式。

不論以 $v_C(t)$或 $i_L(t)$當作變數，求解的方法均相同。先求出其齊次解，再求出其特解，其完全響應爲齊次解與特解之和，再代入其初值條件，即可求得其完全響應。

例題 7-10

下圖所示係 RLC 並聯電路，其中 $i_S(t)=t^2u(t)$ A，其初值條件 $v_C(0)=4$ V，$i_L(0)=1$ A，試求當 $t\geq 0$時之 $v_c(t)$完全響應。

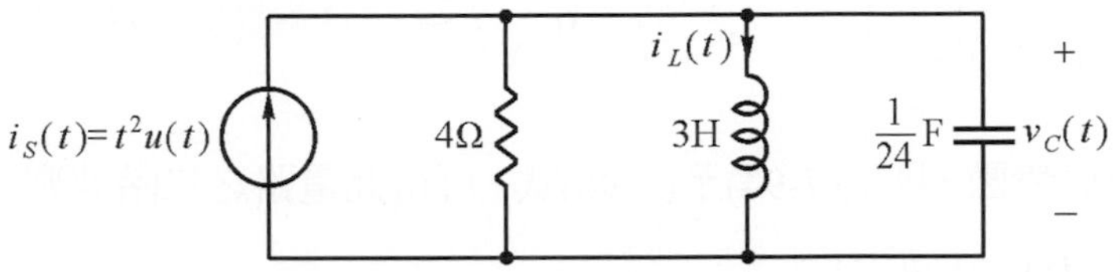

答　解一：以 $v_C(t)$爲變數，依(7-91)至(7-93)式，可得此電路之二階非齊次微分方程式爲：

$$\begin{cases}\dfrac{1}{8}\dfrac{d^2v_C(t)}{dt^2}+\dfrac{3}{4}\dfrac{dv_C(t)}{dt}+v_C(t)=6t\\ v_C(0)=4\\ v'_C(0)=-48\end{cases}$$

①齊次解

$$\frac{1}{8}s^2+\frac{3}{4}s+1=0$$

$\therefore s_1=-2$，$s_2=-4$，故得齊次解爲：

$$v_h(t)=k_1e^{-2t}+k_2e^{-4t}$$

②特解

因其輸入爲 $6t$，故可令 $v_P(t)=At+B$，代入原微分方程式，可得 $A=6$，$B=-\dfrac{9}{2}$，故得其特解爲：

$$v_P(t)=6t-\frac{9}{2}$$

故完全響應的型式爲：

$$v_C(t)=v_h(t)+v_P(t)=k_1e^{-2t}+k_2e^{-4t}+6t-\frac{9}{2}$$

再利用初值條件求 k_1 和 k_2，其中 $v_C(0)=4$，$v'_C(0)=-48$ 代入上式，可得

$$k_1+k_2-\frac{9}{2}=4$$

$$-2k_1-4k_2+6=-48$$

解上二式，可得 $k_1=-10$，$k_2=\frac{37}{2}$

因此完全的響應為：

$$v_C(t)=-10e^{-2t}+\frac{37}{2}e^{-4t}+6t-\frac{9}{2}\text{(V)}，\ t\geq 0$$

解二：以 $i_L(t)$為變數，則依(7-94)至(7-96)式，可得此電路之二階非齊次微分方程式為：

$$\begin{cases}\frac{1}{8}\frac{d^2i_L(t)}{dt^2}+\frac{3}{4}\frac{di_L(t)}{dt}+i_L(t)=t^2\\ i_L(0)=1\\ i'_L(0)=\frac{4}{3}\end{cases}$$

其齊次解如同解一，可得：

$$i_h(t)=k_1e^{-2t}+k_2e^{-4t}$$

其特解因輸入 $i_S(t)=t^2$，故可令 $i_P(t)=At^2+Bt+C$，代入原微分方程式，可得 $A=1$，$B=-\frac{3}{2}$和 $C=\frac{7}{8}$，故得其特解為：

$$i_P(t)=t^2-\frac{3}{2}t+\frac{7}{8}$$

故得電感器上之電流 $i_L(t)$為：

$$i_L(t)=i_h(t)+i_P(t)=k_1e^{-2t}+k_2e^{-4t}+t^2-\frac{3}{2}t+\frac{7}{8}$$

再利用初值條件求 k_1 和 k_2，其中 $i_L(0)=1$，$i'_L(0)=\frac{4}{3}$ 代入上式，可得：

$$k_1+k_2+\frac{7}{8}=1$$

$$-2k_1-4k_2-\frac{3}{2}=\frac{4}{3}$$

解上二式，可得 $k_1=\frac{5}{3}$，$k_2=-\frac{37}{24}$，故得 $i_L(t)$為：

$$i_L(t)=\frac{5}{3}e^{-2t}-\frac{37}{24}e^{-4t}+t^2-\frac{3}{2}t+\frac{7}{8}$$

又因 $v_C(t)=v_L(t)=L\dfrac{di_L(t)}{dt}=3\left[-\dfrac{10}{3}e^{-2t}+\dfrac{37}{6}e^{-4t}+2t-\dfrac{3}{2}\right]$

$$=-10e^{-2t}+\frac{37}{2}e^{-4t}+6t-\frac{9}{2}(\text{V})，t\geq 0$$

結果與解一相同。故不論用 $v_C(t)$或 $i_L(t)$來寫微分方程式，其解應為相同。

※ 7-4 狀態空間法

本節討論另一種描述電路的方法，在第六章中，當我們在處理一階非線性時變電路時，我們發現有時可用解析方法來解這些電路。除了說明簡單的解析解答之外，在第六章中，我們強調說明：線性性質在非線性中並不存在，同時非時變的性質，在時變電路中亦不存在。這些描述電路的方法，不太適合用電腦來解。其次，除非求出完全且詳細的解，否則無法獲得很多關於電路的訊息。因此才有另一種描述電路方法－**狀態空間法**(state space approach)，此法具有上述方法所不能的特性，可以提供工程師看到電路內部的行為。它能應用於非線性與時變的電路，而且它所得出的一組方程式，可以寫成電腦程式。

前述解一階及二階電路的方法是：先選取一適當的變數(如 $v_C(t)$或 $i_L(t)$等)，並以此變數寫出微分方程式；一旦此方程式解出之後，則其餘變數就很容易計算出來；但解法卻相當費時麻煩。而狀態空間法是選擇電感器的電流 $i_L(t)$和電容器的的電壓 $v_C(t)$或是兩者的線性函數來當做一組變數，以描述電路的狀態。當電感器電流和電容器電壓以狀態變數表示時，狀態方程式的形成即是將電感器兩端的電壓 $L\dfrac{di_L(t)}{dt}$ 以及流過電容器的電流 $C\dfrac{dv_C(t)}{dt}$ 表示成狀態變數和輸入的函數。

如第一節所示之 *RLC* 並聯電路，在零輸入下，我們選取 $i_L(t)$與 $v_C(t)$為變數，由電路之特性可知：

$$\frac{di_L(t)}{dt}=\frac{1}{L}v_C(t) \tag{7-97}$$

$$\frac{dv_C(t)}{dt}=\frac{i_C(t)}{C}=\frac{-i_L(t)-i_R(t)}{C}=-\frac{1}{C}i_L(t)-\frac{1}{RC}v_C(t) \tag{7-98}$$

(7-97)與(7-98)為兩個聯立的一階微分方程式，稱為此電路的**狀態方程式**(state equations)，而($i_L(t)$, $v_C(t)$)則稱為**電路在 t 時的狀態**，($i_L(0)$, $v_C(0)$)則稱為**初態**。由 $i_L(t)$與 $v_C(t)$所構成之平面即稱為電路的**狀態空間**(state-space)，而在 t 改變時，$i_L(t)$與 $v_C(t)$所對應之位置稱為**狀態空間軌跡**(state-space trajectory)。我們可將($i_L(t)$，$v_C(t)$)此一對變數當做向量 $X(t)$分量，此向量之原點是在座標之原點，因此我們可寫成：

$$X(t)=\begin{bmatrix} i_L(t) \\ v_C(t) \end{bmatrix}$$

向量 $X(t)$稱爲狀態向量，或簡稱爲**狀態**(state)。而 $i_L(t)$，$v_C(t)$稱之爲**狀態變數**(state variables)。

我們可將(7-97)與(7-98)式之狀態方程式寫成向量－矩陣形式：

$$\begin{bmatrix} \dfrac{di_L(t)}{dt} \\ \dfrac{dv_C(t)}{dt} \end{bmatrix}=\begin{bmatrix} 0 & \dfrac{1}{L} \\ -\dfrac{1}{C} & -\dfrac{1}{RC} \end{bmatrix}\begin{bmatrix} i_L(t) \\ v_C(t) \end{bmatrix} \tag{7-99}$$

即 $$X'(t)=AX(t) \tag{7-100}$$

其中 $$A=\begin{bmatrix} 0 & \dfrac{1}{L} \\ -\dfrac{1}{C} & -\dfrac{1}{RC} \end{bmatrix} \tag{7-101}$$

而初值條件 $i_L(0)=I_0$，$v_C(0)=V_0$，可寫成向量－矩陣形式：

$$\begin{bmatrix} i_L(0) \\ v_C(0) \end{bmatrix}=\begin{bmatrix} I_0 \\ V_0 \end{bmatrix} \tag{7-102}$$

即 $$X(0)=X_0=\begin{bmatrix} I_0 \\ V_0 \end{bmatrix} \tag{7-103}$$

例題 7-11

下圖所示 RLC 串聯電路，試寫出其狀態方程式，若其初值爲 $i_L(0)=I_0$，$v_C(0)=V_0$。

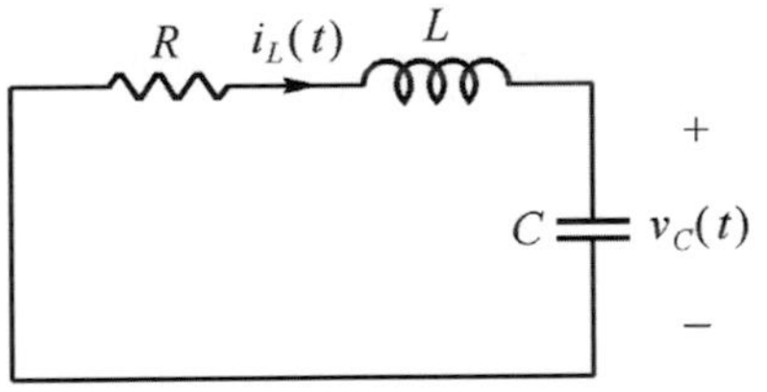

答 我們首先選取電感器電流 $i_L(t)$與電容器電壓 $v_C(t)$爲狀態變數，再由 KVL 得電感器兩端之電壓爲：

$$L\frac{di_L(t)}{dt}=-Ri_L(t)-v_C(t)$$

即 $$\frac{di_L(t)}{dt}=-\frac{R}{L}i_L(t)-\frac{1}{L}v_C(t) \quad \cdots\cdots ①$$

又由 KCL 可得流經電容器之電流爲：

$$C\frac{dv_C(t)}{dt}=i_L(t)$$

即 $$\frac{dv_C(t)}{dt}=\frac{1}{C}i_L(t) \quad\text{②}$$

①、②兩式即爲狀態方程式，寫成向量－矩陣形式爲：

$$\begin{bmatrix}\frac{di_L(t)}{dt}\\ \frac{dv_C(t)}{dt}\end{bmatrix}=\begin{bmatrix}-\frac{R}{L} & -\frac{1}{L}\\ \frac{1}{C} & 0\end{bmatrix}\begin{bmatrix}i_L(t)\\ v_C(t)\end{bmatrix}$$

其中 $$X(0)=\begin{bmatrix}I_0\\ V_0\end{bmatrix}$$

若 *RLC* 並聯電路如 7-3 節所述，其由電流電源所推動，且具有初值條件，如圖 7-12 所示，其狀態方程式亦可同樣地寫出來。首先我們選擇 $i_L(t)$與 $v_C(t)$爲狀態變數，且電感器兩端之電壓等於電容器兩端之電壓，因此可得：

$$\frac{di_L(t)}{dt}=\frac{1}{L}v_C(t) \tag{7-104}$$

再由 KCL，可得：

$$\frac{dv_C(t)}{dt}=-\frac{1}{C}i_L(t)-\frac{1}{RC}v_C(t)+\frac{1}{C}i_S(t) \tag{7-105}$$

將(7-104)與(7-105)寫成向量一矩形式，可得：

$$\begin{bmatrix}\frac{di_L(t)}{dt}\\ \frac{dv_C(t)}{dt}\end{bmatrix}=\begin{bmatrix}0 & \frac{1}{L}\\ -\frac{1}{C} & -\frac{1}{RC}\end{bmatrix}\begin{bmatrix}i_L(t)\\ v_C(t)\end{bmatrix}+\begin{bmatrix}0\\ \frac{1}{C}\end{bmatrix}i_S(t) \tag{7-106}$$

即 $$X'(t)=AX(t)+Bu(t) \tag{7-107}$$

其中，$X(t)$爲狀態向量，$u(t)$爲輸入 $i_s(t)$，且 A, B 爲常係數矩陣，

$$A=\begin{bmatrix}0 & \frac{1}{L}\\ -\frac{1}{C} & -\frac{1}{RC}\end{bmatrix}，B=\begin{bmatrix}0\\ \frac{1}{C}\end{bmatrix}$$

又初態爲：

$$X(0)=\begin{bmatrix} I_0 \\ V_0 \end{bmatrix} \tag{7-108}$$

由以上所討論，我們知道狀態方程式有一定的格式，在每個方程式等號的左邊是某個(且僅有一個)狀態變數的微分，等號右邊是任一或所有狀態變數及電源所組成的函數，且在等號右邊沒有微分項。

我們可以自由地選擇任意變數爲**輸出變數**(output variables)，例如我們可選擇電阻器電壓 $v_R(t)$，電感器電壓 $v_L(t)$或電阻器電流 $i_R(t)$等爲輸出變數，並將它表示成狀態變數與輸入電源的函數，則稱之爲**輸出方程式**(output equation)，一般寫成向量一矩陣形式爲：

$$y(t)=CX(t)+Du(t) \tag{7-109}$$

因爲狀態方程式(7-107)式與輸出方程式(7-109)式，此兩式可表示一電路的動態行爲，故此兩式又合稱爲**動態方程式**(dynamic equation)。

例題 7-12

如下圖所示之電路，其輸入爲 $v_s(t)$，響應爲 $v_{R1}(t)$和 $v_{R2}(t)$，試寫出用向量一矩陣表示之動態方程式。

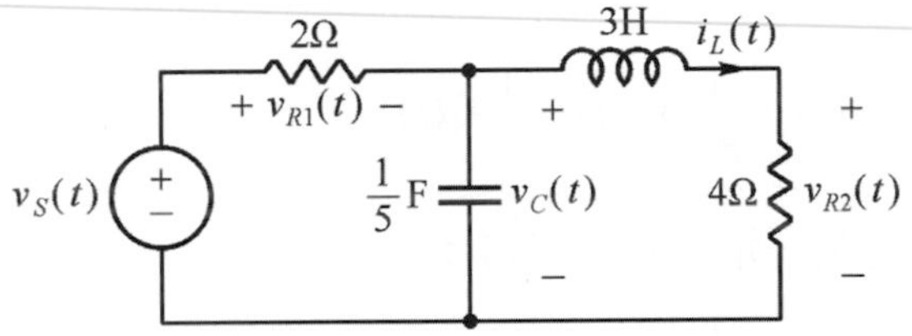

答 我們選擇 $i_L(t)$和 $v_C(t)$當作狀態變數，依下列步驟求 $\dfrac{di(t)}{dt}$ 和 $\dfrac{dv_C(t)}{dt}$：

$$v_L(t)=L\frac{di_L(t)}{dt}=v_C(t)-v_{R2}(t)=v_C(t)-4i_L(t)$$

$$\therefore \frac{di_L(t)}{dt}=-\frac{4}{3}i_L(t)+\frac{1}{3}v_C(t) \quad \text{......①}$$

$$\text{又}\ i_C(t)=C\frac{dv_C(t)}{dt}=\frac{v_s(t)-v_C(t)}{2}-i_L(t)$$

$$\therefore \frac{dv_C(t)}{dt}=-5i_L(t)-\frac{5}{2}v_C(t)+\frac{5}{2}v_s(t) \quad \text{......②}$$

①與②兩式即為此電路之狀態方程式，將它寫成向量一矩陣形式，則為：

$$\begin{bmatrix} \dfrac{di_L(t)}{dt} \\ \dfrac{dv_C(t)}{dt} \end{bmatrix} = \begin{bmatrix} -\dfrac{4}{3} & \dfrac{1}{3} \\ -5 & -\dfrac{5}{2} \end{bmatrix} \begin{bmatrix} i_L(t) \\ v_C(t) \end{bmatrix} + \begin{bmatrix} 0 \\ \dfrac{5}{2} \end{bmatrix} v_s(t)$$

又　$v_{R1}(t) = v_s(t) - v_C(t)$

$v_{R2}(t) = 4i_L(t)$

上兩式為輸出方程式，將它寫成向量一矩陣形式為：

$$\begin{bmatrix} v_{R1}(t) \\ v_{R2}(t) \end{bmatrix} = \begin{bmatrix} 0 & -1 \\ 4 & 0 \end{bmatrix} \begin{bmatrix} i_L(t) \\ v_C(t) \end{bmatrix} + \begin{bmatrix} 1 \\ 0 \end{bmatrix} v_s(t)$$

有關狀態方程式的解法，就如同微分方程式一樣，只不過將微分方程式中的純量(scale)在狀態方程式中以矩陣代替，故讀者應對微分方程式之解法應徹底瞭解。狀態方程式可分為齊次狀態方程式如(7-100)式與非齊次狀態方程式如(7-107)式兩種，其觀念與齊次微分方程式和非齊次微分方程式相同。其解法有很多種，較常用的有冪級數法、拉普拉斯轉換法、卡里一漢米爾頓定理法和座標轉移法等。在此限於篇幅不再介紹其解法，讀者可參考本人著作的「信號與線性系統」，全華圖書出版，第三章，在該書內將有詳細的介紹。

7-5　對偶電路

到現在為止，我們已討論過線性的、非線性的，時變以及非時變的各種二階電路，然而我們只限於 *RLC* 並聯電路的討論。現在我們再考慮另一種簡單的 *RLC* 串聯電路，其行為和 *RLC* 並聯電路極為相似。因此由 *RLC* 並聯電路的特性將可預測 *RLC* 串聯電路的特性，這種電路分析我們稱之為 **RLC 並聯與 RLC 串聯具有對偶性**(duality)。

試考慮圖 7-13 所示電路，其中 *RLC* 串聯連接並由一電壓電源來推動。其分析法與 *RLC* 並聯電路相類似。若欲求其完全響應，即由輸入與初值兩者共同引起的響應。由 KCL 可得到：

$$i_L(t) = i_R(t) = i_C(t) \tag{7-110}$$

由 KVL 可得到：

$$v_L(t) + v_R(t) + v_C(t) = v_s(t) \tag{7-111}$$

若我們以電容器兩端電壓 $v_C(t)$為變數，則(7-111)式即變成二階微分方程式：

$$LC\frac{d^2v_C(t)}{dt^2}+RC\frac{dv_C(t)}{dt}+v_C(t)=v_s(t) \qquad (7\text{-}112)$$

其初值條件爲：

$$v_C(0)=V_0 \qquad (7\text{-}113)$$

及

$$v'_C(0)=\frac{i_L(0)}{C}=\frac{I_0}{C} \qquad (7\text{-}114)$$

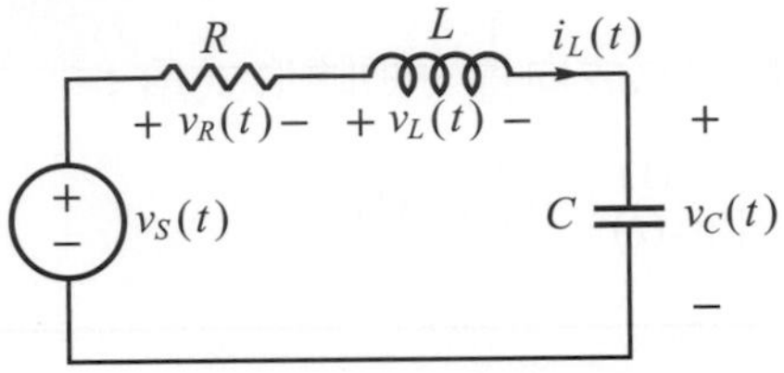

▲ 圖 7-13　含有輸入及初值的 *RLC* 串聯電路

由上述之結果，很明顯地可以看 *RLC* 串聯電路的分析與 *RLC* 並聯電路的分析兩者之間的相似性。事實上，若我們於符號上的一致改變即可得出完全相同的方程式。由(7-112)式至(7-114)各式可知，在 *RLC* 串聯電路中電容器電壓與(7-94)至(7-96)式 *RLC* 並聯電路中的電感器電流均扮演同一角色。因此，若適當地變換符號，則 *RLC* 串聯電路的解答即可由 *RLC* 並聯電路的解答求得。

對偶性的觀念在電路上極爲重要，許多電路只要知道其對偶電路的性質，則不需再經詳細的分析即可瞭解。在此特別將電路上常用的一些典型對偶項列於表 7-1 中，以供讀者參考。

▼ 表 7-1

KVL	KCL
電流電源	電壓電源
網目	節點及與之連接的一組分支
串聯元件	並聯元件
電流	電壓
電阻器	電阻器
電容器	電感器
電感器	電容器

例題 7-13

如下圖所示之電路，試繪出其對偶電路。

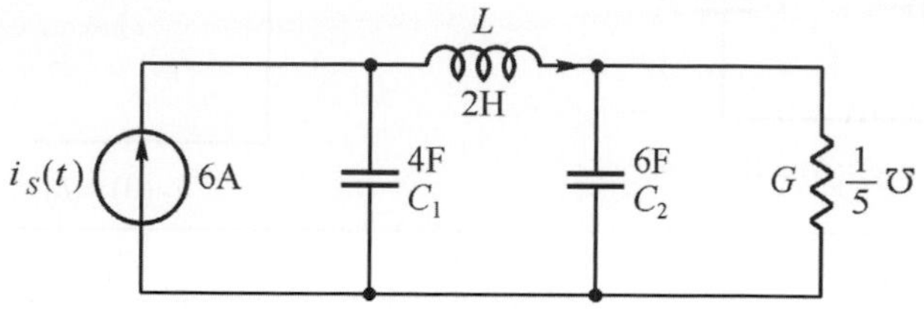

答 由表 7-1 之對偶項，可得對偶電路如下圖所示。

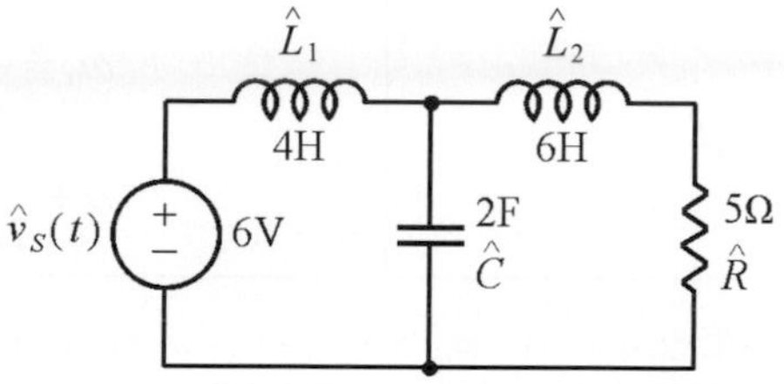

爲了區別並清楚比較彼此間之相關對偶性，特將對偶電路中之所有對偶元件加上帽號 ∧，如串聯電路 KVL 方程式爲：

$$v_R + v_L + v_C = v_S$$

同樣地，寫出 KCL 即得到：

$$\hat{i}_R + \hat{i}_L + \hat{i}_C = \hat{i}_S$$

假定 $L = \hat{C}$，$R = \hat{G}$，$C = \hat{L}$，且 $v_C(0) = \hat{i}_L(0)$，則此兩方程式具有相同的係數，只是記號不同而已。因此，若 $i(0) = \hat{v}(0)$，且在所有 $t \geq 0$ 時，$v_S(t) = \hat{i}_S(t)$，則響應完全相同。即在所有 $t \geq 0$ 時，$i(t) = \hat{v}(t)$，此兩電路就稱爲**對偶**(dual)，尤其此兩電路具有相同的步級響應與脈衝響應。最後，我們將 *RLC* 二階電路的零輸入響應均列於表 7-2 中。

▼ 表 7-2　*RLC* 二階電路之零輸入響應

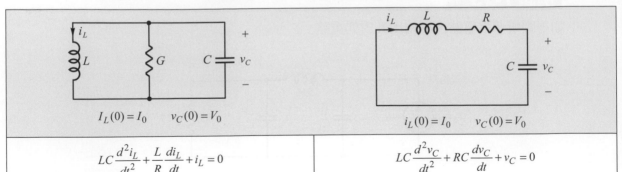

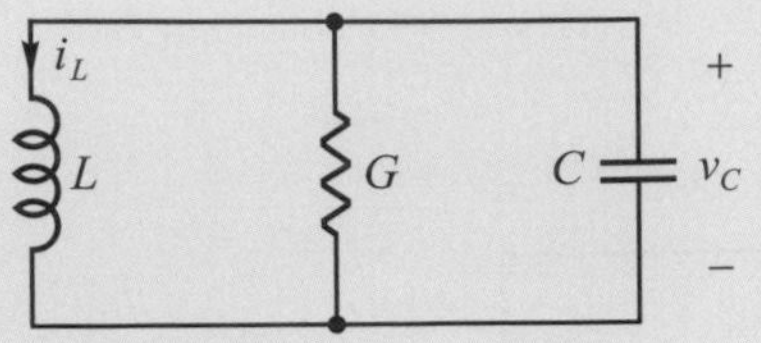 $I_L(0)=I_0 \quad v_C(0)=V_0$	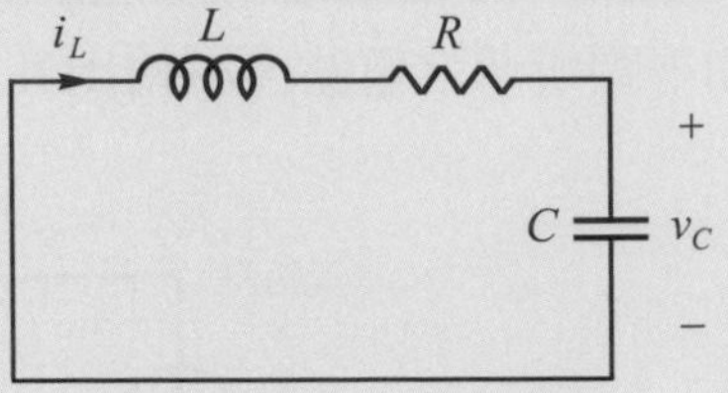 $i_L(0)=I_0 \quad v_C(0)=V_0$
$LC\dfrac{d^2i_L}{dt^2}+\dfrac{L}{R}\dfrac{di_L}{dt}+i_L=0$	$LC\dfrac{d^2v_C}{dt^2}+RC\dfrac{dv_C}{dt}+v_C=0$
此兩方程式具有相同的形式 $\dfrac{d^2x}{dt^2}+2\alpha\dfrac{dx}{dt}+\omega_0^2x=0$，$\alpha$ 與 ω_0 間的關係以 Q 來加以表示，其定義爲：$Q\triangleq\omega_0/2\alpha$	
$\left.\begin{array}{l}\omega_0\triangleq\dfrac{1}{\sqrt{LC}}\\ \alpha\triangleq\dfrac{1}{2RC}\end{array}\right\}Q\triangleq\dfrac{\omega_0}{2\alpha}=\omega_0RC$	$\left.\begin{array}{l}\omega_0\triangleq\dfrac{1}{\sqrt{LC}}\\ \alpha\triangleq\dfrac{R}{2L}\end{array}\right\}Q\triangleq\dfrac{\omega_0}{2\alpha}=\dfrac{\omega_0L}{R}$
情況一：$\alpha>\omega_0$ 或 $Q<1/2$，過阻尼的情況($s_1=-\alpha+\omega_d$，$s_2=-\alpha-\omega_d$)其中 $\omega_d\triangleq\sqrt{\alpha^2-\omega_0^2}$	
$i_L(t)=\dfrac{I_0}{s_1-s_2}(s_1e^{s_2t}-s_2e^{s_1t})+\dfrac{V_0}{(s_1-s_2)L}(e^{s_1t}-e^{s_2t})$ $v_C(t)=I_0\dfrac{s_1s_2L}{s_1-s_2}(e^{s_2t}-e^{s_1t})+\dfrac{V_0}{s_1-s_2}(s_1e^{s_1t}-s_2e^{s_2t})$	$v_C(t)=\dfrac{V_0}{s_1-s_2}(s_1e^{s_2t}-s_2e^{s_1t})+\dfrac{I_0}{(s_1-s_2)C}(e^{s_1t}-e^{s_2t})$ $i_L(t)=V_0\dfrac{s_1s_2C}{s_1-s_2}(e^{s_2t}-e^{s_1t})+\dfrac{I_0}{s_1-s_2}(s_1e^{s_1t}-s_2e^{s_2t})$
情況二：$\alpha=\omega_0$ 或 $Q=1/2$，臨界阻尼的情況($s_1=s_2=-\alpha$)	
$i_L(t)=I_0(1+\omega_0t)e^{-\omega_0t}+\dfrac{V_0}{\omega_0L}\omega_0te^{-\omega_0t}$ $v_C(t)=-I_0\omega_0^2Lte^{-\omega_0t}+V_0(1-\omega_0t)e^{-\omega_0t}$	$v_C(t)=V_0(1+\omega_0t)e^{-\omega_0t}+\dfrac{I_0}{\omega_0C}\omega_0te^{-\omega_0t}$ $i_L(t)=-V_0\omega_0^2Cte^{-\omega_0t}+I_0(1-\omega_0t)e^{-\omega_0t}$
情況三：$\alpha<\omega_0$ 或 $Q>1/2$，欠阻尼的情況($s_1=-\alpha+j\omega_d$，$s_2=-\alpha-j\omega_d$)其中 $\omega_d\triangleq\sqrt{\omega_0^2-\alpha^2}$，及 $\sin\phi=\dfrac{\alpha}{\omega_0}$	
$i_L(t)=I_0\dfrac{\omega_0}{\omega_d}e^{-\alpha t}\cos(\omega_dt-\phi)+\dfrac{V_0}{\omega_0L}\dfrac{\omega_0}{\omega_d}e^{-\alpha t}\sin\omega_dt$ $v_C(t)=-I_0\dfrac{\omega_0^2L}{\omega_d}e^{-\alpha t}\sin\omega_dt+V_0\dfrac{\omega_0}{\omega_d}e^{-\alpha t}\cos(\omega_dt+\phi)$	$v_C(t)=V_0\dfrac{\omega_0}{\omega_d}e^{-\alpha}\cos(\omega_dt-\phi)+\dfrac{I_0}{\omega_0C}\dfrac{\omega_0}{\omega_d}e^{-\alpha t}\sin\omega_dt$ $i_L(t)=-V_0\dfrac{\omega_0^2C}{\omega_d}e^{-\alpha t}\sin\omega_dt+I_0\dfrac{\omega_0}{\omega_d}e^{-\alpha t}\cos(\omega_dt+\phi)$
情況四：$\alpha=0$ 或 $Q=\infty$，無損失的情況($s_1=j\omega_0$，$s_2=-j\omega_0$)	
$i_L(t)=I_0\cos\omega_0t+\dfrac{V_0}{\omega_0L}\sin\omega_0t$ $v_C(t)=-I_0\omega_0L\sin\omega_0t+V_0\cos\omega_0t$	$v_C(t)=V_0\cos\omega_0t+\dfrac{I_0}{\omega_0C}\sin\omega_0t$ $i_L(t)=-V_0\omega_0C\sin\omega_0t+I_0\cos\omega_0t$

本章習題

LEARNING PRACTICE

7-1 已知一線性非時變 *RLC* 並聯電路，其中 $R = 1\,\Omega$，$L = \frac{1}{2}\,\text{H}$ 而 $C = \frac{1}{8}\,\text{F}$，且其初值條件爲 $i_L(0) = 3\,\text{A}$，$v_C(0) = 2\,\text{V}$，試求電容器兩端之電壓 $v_C(t)$的零輸入響應。

答　$v_C(t) = (2 - 32t)e^{-4t}u(t)\,(\text{V})$

7-2 已知一線性非時變，*RLC* 並聯電路，其中 $R = \frac{1}{20}\,\Omega$，$L = \frac{1}{100}\,\text{H}$，$C = 1\,\text{F}$，其初值 $I_0 = 5\,\text{A}$，$V_0 = 2\,\text{V}$，試求其零輸入響應 $i_L(t)$及 $v_C(t)$。

答　$i_L(t) = (5 + 250t)e^{-10t}u(t)\,(\text{A})$

$v_C(t) = (2 - 25t)e^{-10t}u(t)\,(\text{V})$

7-3 已知一線性非時變，*RLC* 串聯電路，如下圖所示，若 $i_L(0) = 1\,\text{A}$，$v_C(0) = 2\,\text{V}$，試求其零輸入響應 $i_L(t)$與 $v_C(t)$。

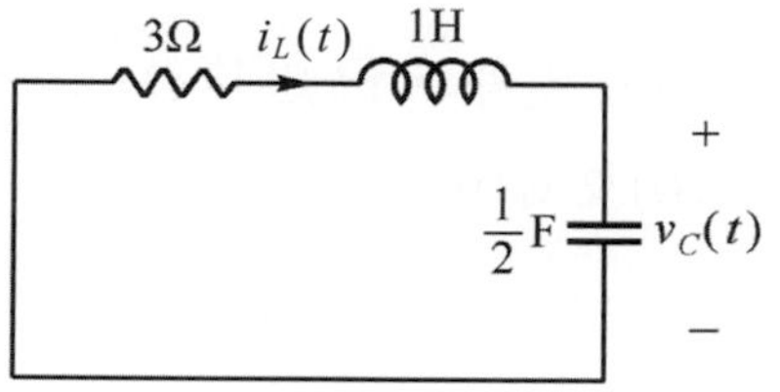

答　$i_L(t) = -3e^{-t} + 4e^{-2t}\,(\text{A})$，$t \geq 0$

$v_C(t) = 6e^{-t} - 4e^{-2t}\,(\text{V})$，$t \geq 0$

7-4 已知一線性非時變 *RLC* 串聯電路，如上圖所示，其中 $R = 2\,\Omega$，$L = 1\,\text{H}$，$C = \frac{1}{2}\,\text{F}$，若 $i_L(0) = 1\,\text{A}$，$v_C(0) = 2\,\text{V}$，試求其零輸入響應 $i_L(t)$及 $v_C(t)$。

答　$i_L(t) = e^{-t}(\cos t - 3\sin t)u(t)\,(\text{A})$

$v_C(t) = e^{-t}(2\cos t + 4\sin t)u(t)\,(\text{V})$

7-5 如下圖之 *RLC* 串聯電路，設 $i_L(0) = 1\,\text{A}$，$v_C(0) = 2\,\text{V}$，試求其零輸入響應 $i_L(t)$和 $v_C(t)$。

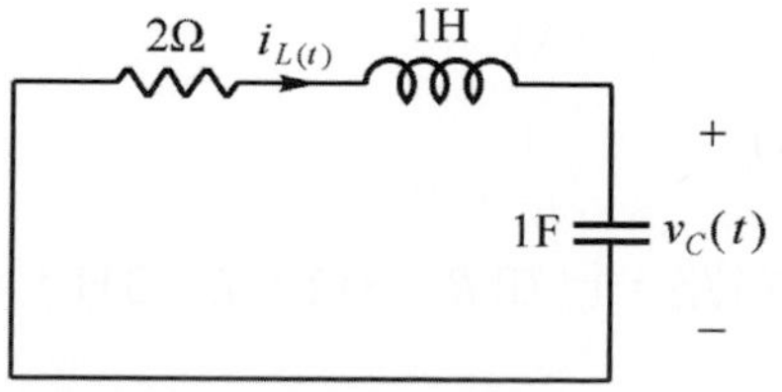

答　$i_L(t) = (1 - 3t)e^{-t}\,(\text{A})$，$t \geq 0$

$v_C(t) = (2 + 3t)e^{-t}\,(\text{V})$，$t \geq 0$

7-6 下圖為線性非時變 RLC 並聯電路，已知$i_L(0)=1\,\text{A}$，$v_C(0)=2\,\text{V}$，試求其零輸入響應 $v_C(t)$，若

(1) $R=1\,\Omega$，$L=\dfrac{2}{3}\,\text{H}$，$C=\dfrac{1}{8}\,\text{F}$

(2) $R=\dfrac{1}{2}\,\Omega$，$L=\dfrac{1}{2}\,\text{H}$，$C=1\,\text{F}$

(3) $R=\dfrac{1}{2}\,\Omega$，$L=1\,\text{H}$，$C=1\,\text{F}$

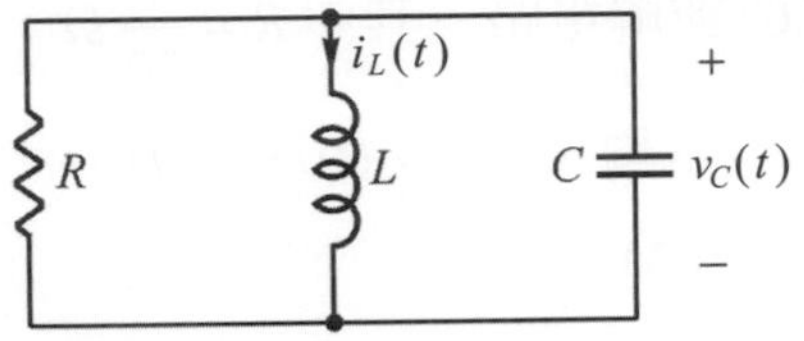

答 (1) $v_C(t)=5e^{-6t}-3e^{-2t}\,(\text{V})$，$t\geq 0$

(2) $v_C(t)=e^{-t}(2\cos t-3\sin t)u(t)\,(\text{V})$

(3) $v_C(t)=(2-3t)e^{-t}u(t)\,(\text{V})$

7-7 已知一線性非時變 RLC 並聯電路，已知其 $Q=\infty$，且初值條件為 $i_L(0)=I_0$，$v_C(0)=V_0$，試求此電路之 $i_L(t)$及 $v_C(t)$。

答 $i_L(t)=I_0\cos\omega_0 t+\dfrac{V_0}{L\omega_0}\sin\omega_0 t$，$t\geq 0$

$v_C(t)=V_0\cos\omega_0 t-\omega_0 L I_0\sin\omega_0 t$，$t\geq 0$

7-8 若兩線性非時變 RLC 電路，其一為並聯電路元件值為 R'、L 及 C，另一電路為串聯電路，其元件值為 R、L 及 C。若此兩電路欲獲得相同的 Q 值，則 R 與 R'之間的關係應如何？當 $Q\to\infty$時則又如何？

答 $RR'=\dfrac{L}{C}$

7-9 已知一線性非時變 RLC 並聯電路，若 $R=\dfrac{1}{20}\,\Omega$，$L=\dfrac{1}{100}\,\text{H}$，$C=1\,\text{F}$，若輸入為與之並聯之電流源 $i_s(t)$，而其響應為電感器上之電流 $i_L(t)$，試求其步級響應與脈衝響應。

答 $S(t)=[(-1-10t)e^{-10t}+1]u(t)\,(\text{A})$

$h(t)=100te^{-10t}u(t)\,(\text{A})$

7-10 一線性非時變 RLC 並聯電路，已知 $R=3\,\Omega$，$L=3\,\text{H}$，$C=\dfrac{1}{12}\,\text{F}$，且輸入為並聯之電流源 $i_S(t)$，若響應為電感器上之電流 $i_L(t)$，試求其步級響應與脈衝響應。

答 $S(t)=[(-1-2t)e^{-2t}+1]u(t)\,(\text{A})$，$h(t)=4te^{-2t}u(t)\,(\text{A})$

7-11 已知一線性非時變 *RLC* 並聯電路，其中 $R = 1\,\Omega$，$L = 1\,\text{H}$，$C = 1\,\text{F}$，若其輸入為 $i_S(t) = \delta(t)$ 且與電路並聯，響應為電感器上電流 $i_L(t)$，試求其脈衝響應。

答 $h(t) = \dfrac{2}{\sqrt{3}} e^{-\frac{1}{2}t} \sin\dfrac{\sqrt{3}}{2} t u(t)\ (\text{A})$

7-12 一線性非時變 *RLC* 並聯電路，其中 $R = \infty\,\Omega$，$L = 4\,\text{H}$，$C = 1\,\text{F}$，若輸入為與之並聯的電流電源 $i_S(t)$，響應為電感器上之電流 $i_L(t)$，試求其步級響應與脈衝響應。

答 $S(t) = \left[-\cos\dfrac{1}{2}t + 1\right] u(t)\ (\text{A})$

$h(t) = \dfrac{1}{2} \sin\dfrac{1}{2} t u(t)\ (\text{A})$

7-13 如下圖所示之 *RLC* 串聯電路，若輸入 $v_s(t) = u(t)$，輸出變數為電容器電壓 $v_C(t)$，試求其響應。

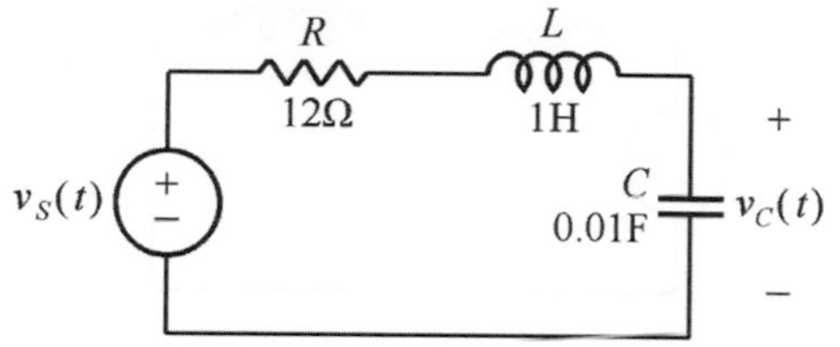

答 $S(t) = v_C(t) = \left[-e^{-6t}\left(\cos 8t + \dfrac{3}{4}\sin 8t\right) + 1\right] u(t)$

$= [-1.25e^{-6t} \cos(8t - 36.9°) + 1] u(t)\ (\text{V})$

7-14 如下圖所示之電路，設 $v_C(0) = 0$，$i_L(0) = 0$，試求 $v_C(t)$ 及 $i_L(t)$。

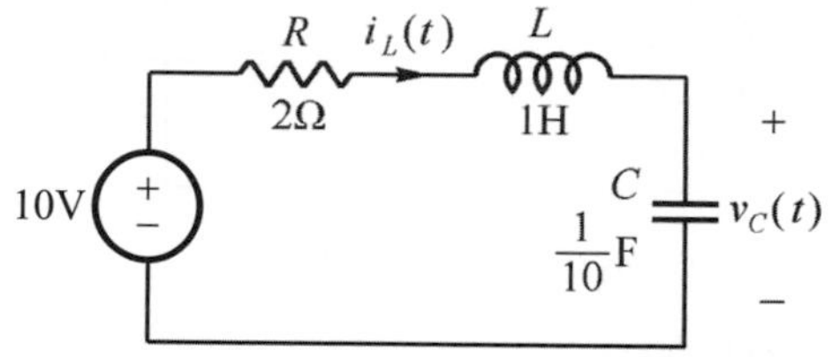

答 $v_C(t) = \left[-e^{-t}\left(\dfrac{10}{3}\sin 3t + 10\cos 3t\right) + 10\right] u(t)\ (\text{V})$

$i_L(t) = \dfrac{10}{3} e^{-t} \sin 3t u(t)\ (\text{A})$

7-15 試求下圖所示電路之 $v_C(t)$及 $i_L(t)$，設 $v_C(0)=0$，$i_L(0)=0$。

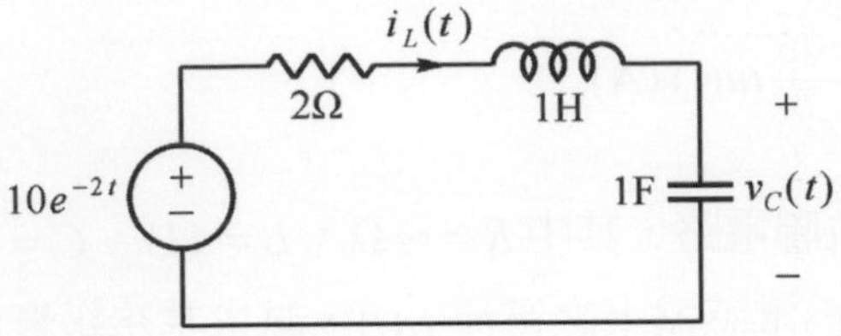

答 $v_C(t)=[(-10+10t)e^{-t}+10e^{-2t}]u(t)\,(\text{V})$

$i_L(t)=[-10te^{-t}+20e^{-t}-20e^{-2t}]u(t)\,(\text{A})$

7-16 如下圖所示之電路，若電壓電源 $v_s(t)=(t^2+1)u(t)$ V，初值條件 $v_C(0)=\dfrac{1}{2}$ V，$i_L(0)=\dfrac{1}{9}$ A，試求對所有 t 之 $i_L(t)$。

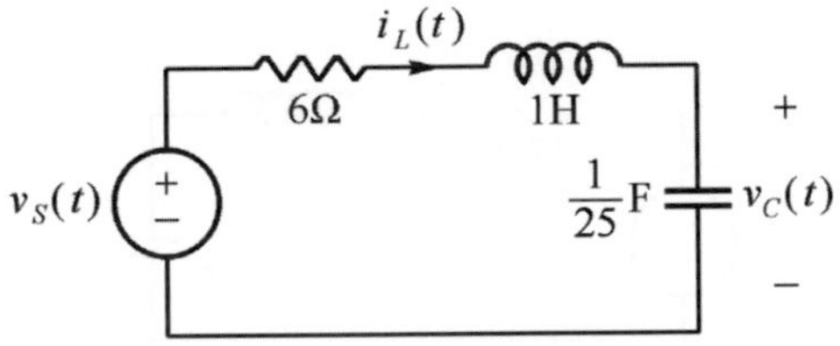

答 $i_L(t)=e^{-3t}(0.13\cos 4t+0.0358\sin 4t)+0.08t-0.0192$

$=e^{-3t}[0.13\cos(4t-15.4°)]+0.08t-0.0192\,(\text{A})$

7-17 如下圖所示之電路，設 $i_L(0)=1$ A，$v_C(0)=2$ V，試求 $v_C(t)$與 $i_L(t)$之完全響應。

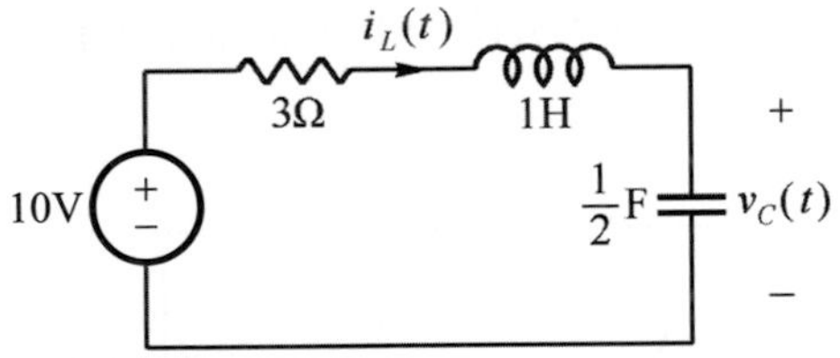

答 $v_C(t)=[-14e^{-t}+6e^{-2t}+10]u(t)\,(\text{V})$

$i_L(t)=[7e^{-t}-6e^{-2t}]u(t)\,(\text{A})$

7-18 試求第 7-15 題電路之 $v_C(t)$及 $i_L(t)$，但 $i_L(0)=1$ A，$v_C(0)=2$ V。

答 $v_C(t)=(13t-8)e^{-t}+10e^{-2t}\,(\text{V})$，$t\ge 0$

$i_L(t)=(21-13t)e^{-t}-20e^{-2t}\,(\text{A})$，$t\ge 0$

7-19 試求下圖所示電路之步級響應 $i_L(t)$。

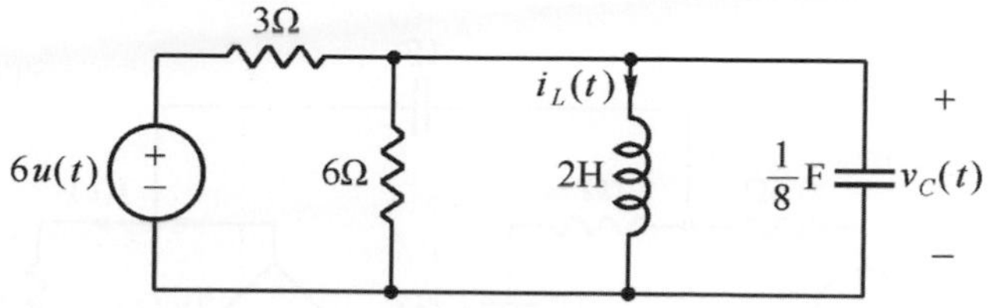

答　$S(t) = i_L(t) = [(-2-4t)e^{-2t} + 2]u(t)\ (\mathrm{A})$

7-20 試求下圖所示電路之步級響應 $v_C(t)$。

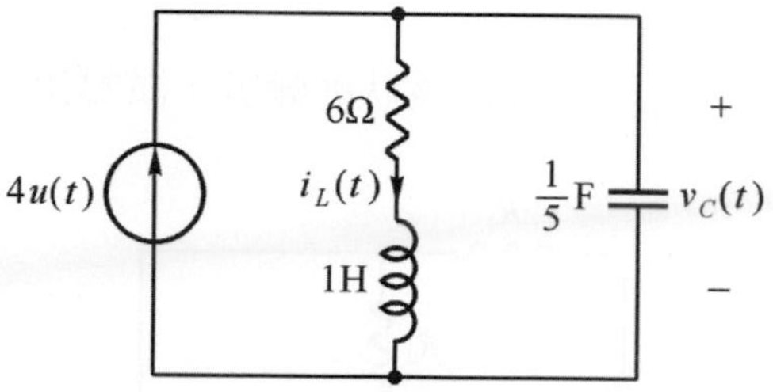

答　$S(t) = v_C(t) = [(-25e^{-t} + 1e^{-5t}) + 24]u(t)\ (\mathrm{V})$

7-21 下圖電路中，若 $v_C(0) = 4\ \mathrm{V}$，$i_L(0) = 2\ \mathrm{A}$，試求 $t \geq 0$ 時之 $i_L(t)$。

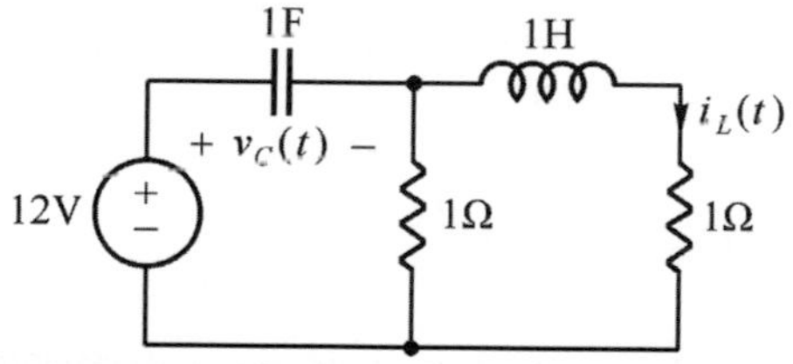

答　$i_L(t) = e^{-t}(2\cos t + 6\sin t)u(t)\ (\mathrm{A})$

7-22 試求下圖所示電路之步級響應 $v_C(t)$，其中 $v_S(t) = (1-e^{-3t})u(t)\ \mathrm{V}$。

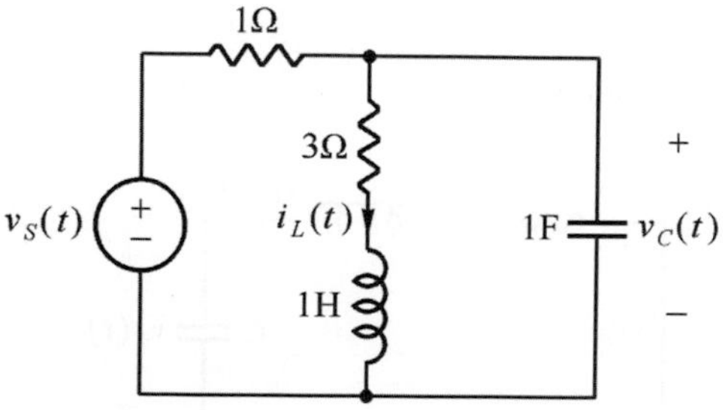

答　$v_C(t) = \left[\left(-\frac{3}{4} - \frac{3}{2}t\right)e^{-2t} + \frac{3}{4}\right]u(t)\ (\mathrm{V})$

7-23 試求下圖所示電路之步級響應 $i(t)$。

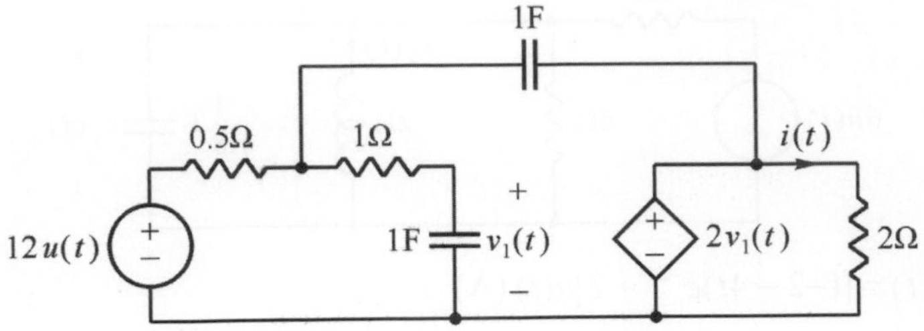

答 $i(t)=[12-e^{-t}(12\cos t+12\sin t)]u(t)$ (A)

7-24 如下圖所示之電路，若以 $i_L(t)$ 及 $v_C(t)$ 爲狀態變數，試寫出其狀態方程式。

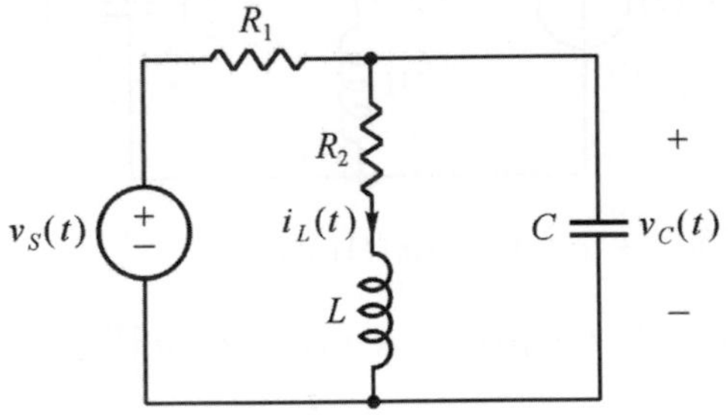

答
$$\begin{bmatrix}\dfrac{di_L(t)}{dt}\\ \dfrac{dv_C(t)}{dt}\end{bmatrix}=\begin{bmatrix}-\dfrac{R_2}{L} & \dfrac{1}{L}\\ -\dfrac{1}{C} & -\dfrac{1}{R_1C}\end{bmatrix}\begin{bmatrix}i_L(t)\\ v_C(t)\end{bmatrix}+\begin{bmatrix}0\\ \dfrac{1}{R_1C}\end{bmatrix}v_S(t)$$

7-25 利用 $X(t)=\begin{bmatrix}i_L(t)\\ v_C(t)\end{bmatrix}$ 當作下圖所示線性非時變 RLC 串聯電路之狀態向量。由此電路所能測定的唯一數據是在兩個不同狀態下之狀態向量的時間導數，即於 $X(t)=\begin{bmatrix}2\\ 1\end{bmatrix}$ 時，$X'(t)=\begin{bmatrix}-15\\ 10\end{bmatrix}$，同時於 $X(t)=\begin{bmatrix}-1\\ 1\end{bmatrix}$ 時，$X'(t)=\begin{bmatrix}3\\ -5\end{bmatrix}$。

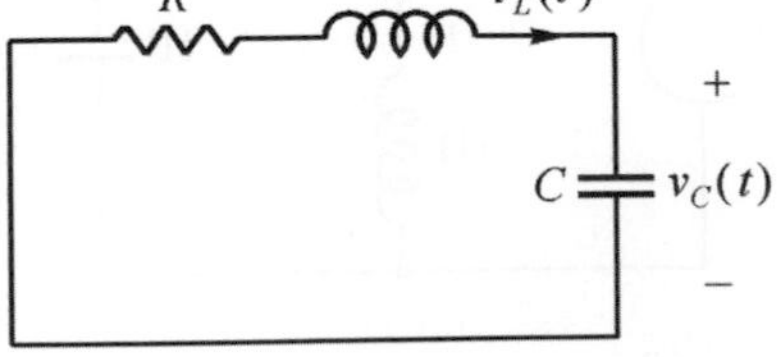

答 (1) 決定 R、L 和 C 元件之值。

(2) 先用 $X'(t)=AX(t)$ 方法，其次令未知數的導數等於兩已知導數的適當線性組合來求當 $X(t)=\begin{bmatrix}3\\0\end{bmatrix}$ 時狀態向量之導數值。

(3) 求 $X(t)=\begin{bmatrix}3\\0\end{bmatrix}$ 處之狀態空間軌線的斜率 $\dfrac{dv_C(t)}{di_L(t)}$。

① $R=2\,(\Omega)$，$L=\dfrac{1}{3}\,(\text{H})$，$C=\dfrac{1}{5}\,(\text{F})$

② $X'(t)=\begin{bmatrix}-18\\15\end{bmatrix}$

③ $\dfrac{dv_C(t)}{di_L(t)}=-\dfrac{5}{6}$

7-26 如下左圖所示之 RLC 並聯電路，在零輸入情況下，已知 $i_L(0)=I_0$，$v_C(0)=V_0$，且電阻器電流的特性為 $g(v)=-\alpha+\beta\, v^3$ 如下右圖所示，其中 α、β 均為常數，試寫出此電路之正常形式的狀態方程式。

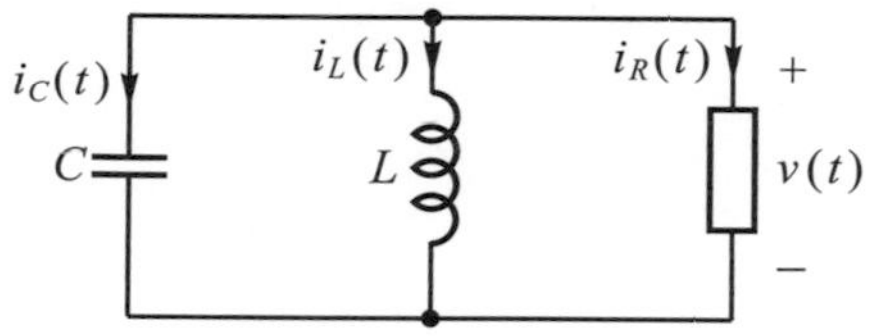

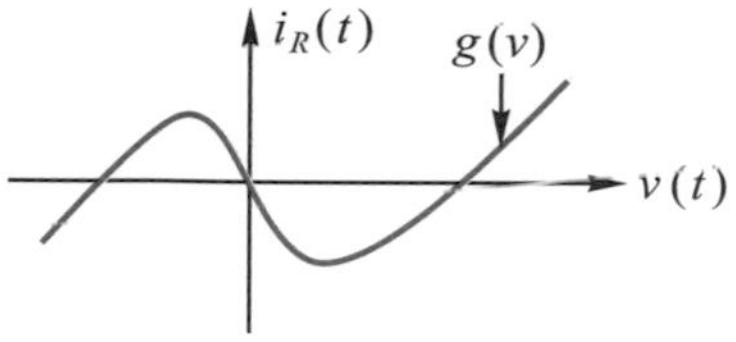

答 $$X'(t)=\begin{bmatrix}\dfrac{di_L(t)}{dt}\\[2mm]\dfrac{dv(t)}{dt}\end{bmatrix}=\begin{bmatrix}\dfrac{1}{L}v(t)\\[2mm]-\dfrac{1}{C}i_L(t)-\dfrac{1}{C}g(v(t))\end{bmatrix}，X(0)=\begin{bmatrix}i_L(0)\\v(0)\end{bmatrix}=\begin{bmatrix}I_0\\V_0\end{bmatrix}$$

7-27 如下圖所示 LC 並聯電路中，已知 C 為非時變元件，L 為時變元件，其特性以 $L(t)$ 表示之，$i_S(t)$ 為輸入電流電源，試寫出此電路之狀態方程式。

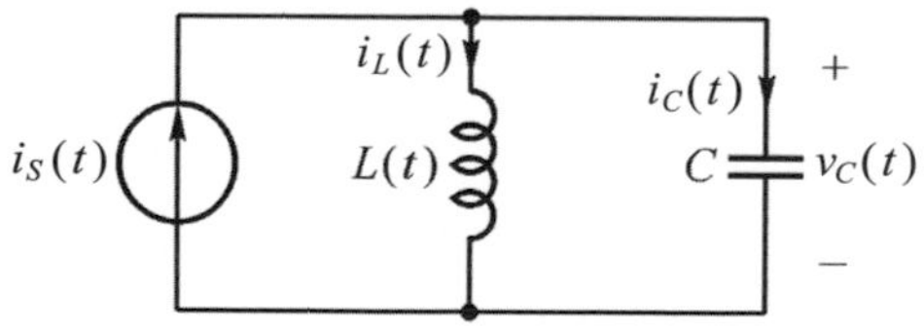

答 $$\begin{bmatrix}\dfrac{dq(t)}{dt}\\[2mm]\dfrac{d\phi(t)}{dt}\end{bmatrix}=\begin{bmatrix}0 & -\dfrac{1}{L(t)}\\[2mm]\dfrac{1}{C} & 0\end{bmatrix}\begin{bmatrix}q(t)\\\phi(t)\end{bmatrix}+\begin{bmatrix}1\\0\end{bmatrix}i_s(t)$$

8 弦波交流電路與相量

到目前爲止，我們所討論之電路的電源都是直流固定電壓或電流，以後各章所討論的是交流部份，其電源皆是弦波。**凡波形能以正弦波或餘弦波表示者**，我們統稱之爲**弦波**(sinusoidal)。弦波是個非常重要且普遍存在的函數，一般工業和家庭用電的電壓波形就是弦波。除外，如通信、光電或電機等所產生的信號，大部份雖非弦波函數，但基本上它們是由不同頻率之弦波函數的分量和，因此弦波函數之分析實爲研討電路的一個基本課題。

本章中，我們首先介紹頻率與週期的意義，交流波的種類，再對正弦波做一說明，且定義正弦波的相位角、相位差、有效值及平均值，最後再說明電阻器、電容器、電感器交流電路的電壓與電流之關係。

8-1 弦波信號

一、頻率及週期

不論波形形狀爲如何，自一波上之一點，行進至次一波之相同點上所需的時間是相同的，我們稱此時間爲週期(period)T，亦即**一週之時間**，如圖 8-1 所示不同的週期波。

所有交流電壓或電流，均在一規律性及週期性的基礎上，變動其極性，使對每一正及負的半週(極性變化)之平均値相同，此電壓或電流稱爲交流(AC)電壓或電流。

AC 電壓或電流之一週，需正及負半週才能完整。而**每秒之週數**，稱爲一交流波之**頻率**(frequency) f。頻率的單位爲赫芝(Hz)；電力公司供應的，通常爲交流，美國及台灣之電力的頻率爲 60Hz，某些國家，如日本、英國，其頻率爲 50Hz。

因爲週期乃指一週之時間；及頻率爲每秒之週數，故兩者之關係如下：

$$T=\frac{1}{f} \text{ 或 } f=\frac{1}{T} \qquad (8\text{-}1)$$

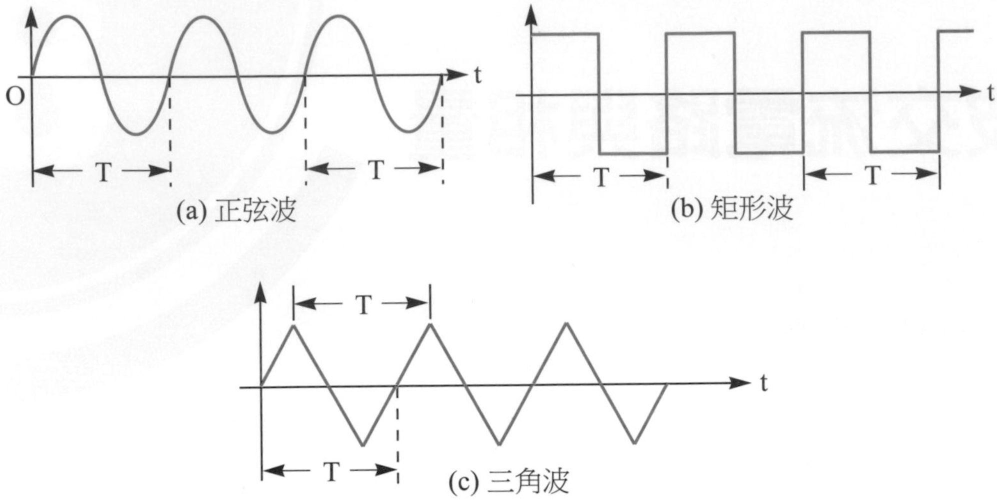

▲ 圖 8-1　週期波

例題 8-1

(a)一 FM 廣播電台工作於 103.2MHz，試求其週期。

(b)某雷達波的週期爲 0.5ns，試求其頻率。

答 (a)由(8-1)式，可知

$$T=\frac{1}{f}=\frac{1}{103.2\times10^{6}}=0.00969\times10^{-6}\text{s}=9.69(\text{ns})$$

(b) $f=\dfrac{1}{T}=\dfrac{1}{0.5\times10^{-9}}=2\times10^{9}\text{Hz}=2(\text{GHz})$

二、交流波之種類

交流波可爲任何波形，唯一之一致需求者，是它們的週期性。週期波之量，稱爲**波幅**(或稱之**振幅**)，可在數週內變動，如聲頻及視頻中者。或每週不變，如電力系統中者。交流波之種類有很多種，現介紹實驗室中函數波產生器(function generator)常用的四種波形如下：

1. 弦波(sinusoidal wave)

弦波含正弦波及餘弦波。任一週期波，不論其波形爲如何，都可由多數個正弦波組合而成。如圖 8-2 所示爲一正弦波形，一開始由零慢慢增加，最後到達其最大正值，然後再慢慢衰減到零，而後再反向最大負值變化，而後再回到零，如此稱爲一週期。

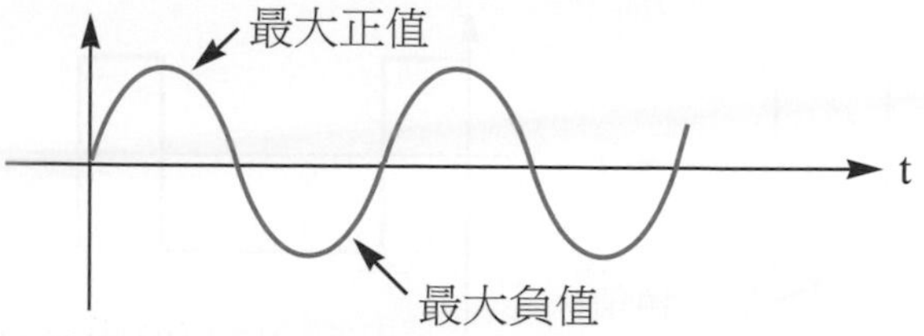

▲ 圖 8-2　正弦波形

2.　三角波(triangle wave)

三角波其上升率和下降率是恆等及相等的。其最大負值至最大正值之間，是直線上升的，再隨之以相似的直線，回到最大負值。如圖 8-3 所示。

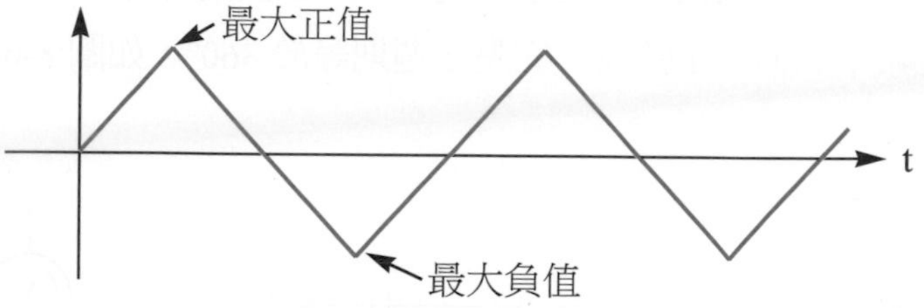

▲ 圖 8-3　三角波形

3.　鋸齒波(sawtooth wave)

它與三角波形相似，但有不同的上升率及下降率。典型的波形，其上升率要較下降率小得多。此種波形有緩慢但恆等的上升，達到最大正值，再隨以一快速但恆等之速率，變化至最大負值。此種波形常用在測試儀器中作爲時基(time base)，如圖 8-4 所示。

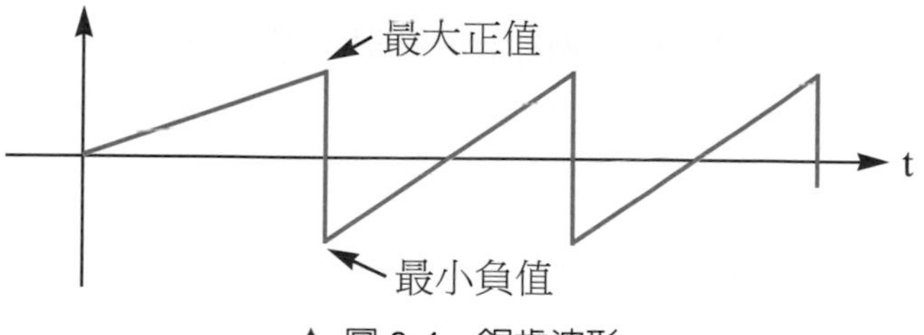

▲ 圖 8-4　鋸齒波形

4.　脈波(pulse wave)

脈波波形是在一定的水準間，快速地轉變其正負值。典型的波形是自一最大正值，轉變至一相等的負值，若其最大正值與最大負值持續時間相等，則稱之爲**方波**(square wave)，如圖 8-5(a)所示。若其最大正值與最大負值持續時間不同，則稱之爲**脈波**(pulse wave)，如圖 8-5(b)所示。

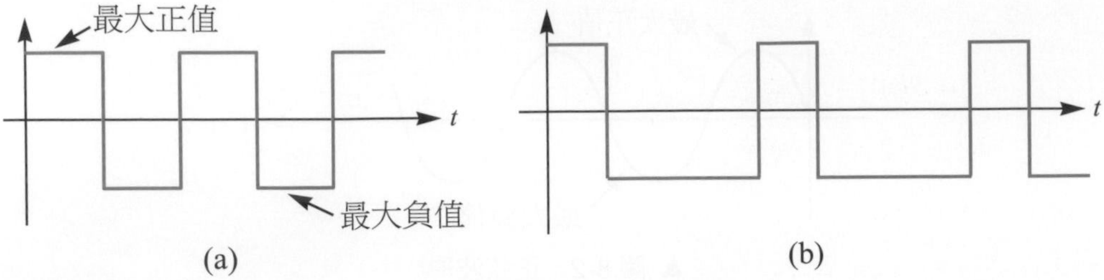

▲ 圖 8-5　(a)方波，(b)脈波

三、正弦波

前述各種波形是以時間來描述一完整之週期。對正弦波而言，常用度數來描述其一完整之週期。不論其頻率如何，正弦波一完整之週期等於 360°，如圖 8-6(a)所示。

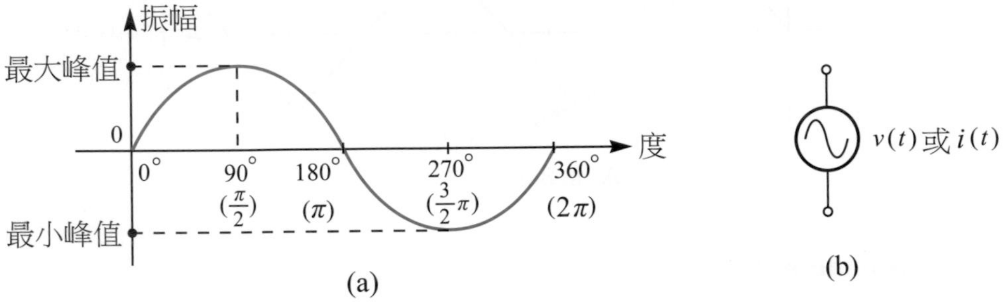

▲ 圖 8-6　(a)以度表示之正弦波，(b)正弦波電壓或電流之符號

在 0°時，正弦波之值爲 0，大於 0 度以後，其值爲正值且緩慢以指數曲線上升。當達到 90°時，其值達到最大波幅，在 90°和 180°之間，其值爲正，但緩慢以指數曲線下降至 0，180°與 270°之間，其值由 0 再緩慢下降至最大負波幅。在 270°與 360°之間，其值爲負，但逐漸減少至 0。在 360°，等於 0°，又開始重複另一週。

對任一角度，它實際代表一週之一部份，可說明波幅峰值與在一週之該部份的波幅間之關係。

一正弦波電壓或電流之公式，可用下式表示：

$$v(t) = V_m \sin\theta \text{ 或 } i(t) = I_m \sin\theta \tag{8-2}$$

其中　V_m、I_m 爲電壓、電流之振幅峰值

$\sin\theta$ 爲任一角之正弦函數。

$v(t)$、$i(t)$爲在 θ 角時之瞬時電壓、電流值。

其符號常以圖 8-6(b)表示之。

例題 8-2

(a)有一正弦波電壓，其峰值爲 15V，試求在 30°時之瞬時電壓值。

(b)在 45°時，一電流之瞬時值爲 30mA，試求其峰值電流。

答 (a)由(8-2)式，可得：

$$v(t) = 15\sin 30° = 15 \times 0.5 = 7.5(\text{V})$$

(b)因爲 $i(t) = I_m \sin\theta$，故

$$I_m = \frac{i(t)}{\sin\theta} = \frac{30\text{mA}}{\sin 45°} = \frac{30\text{mA}}{0.707} = 42.43(\text{mA})$$

四、相位角及相位差

如前節所述之正弦波，在 0°時其値爲 0，就是說這正弦波開始於 0°。但在電學及電子學中，常有正弦波並非開始於 0°，如圖 8-7 所示的正弦波電壓，即有**相位偏移**或有一**相位角**(phase angle)。

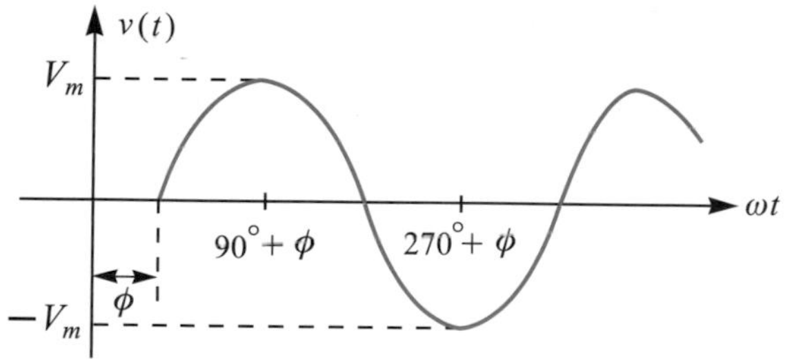

▲ 圖 8-7　具有相位角 ϕ 的正弦波電壓(超前的相位角)

通常把角度以弳度(radian)來表示，英文縮寫成 rad，並定義爲：

$$2\pi \text{ rad} = 360° \tag{8-3}$$

若以 ω(小寫希臘字母 omega)之弳／秒(rad/s)來表示旋轉角速度，則 ωt 將以弳爲旋轉角度(t 爲時間)。因一正弦波之角位移爲 2π，相當於週期波之一週期 T，故在任何瞬間 t 時之角位移 θ 應爲：

$$\theta = \frac{2\pi}{T}t = 2\pi f t = \omega t$$

故(8-2)式可寫成：

$$v(t) = V_m \sin\omega t \text{ 或 } i(t) = I_m \sin\omega t \tag{8-4}$$

其中，ω 是弳頻率以 rad/s 爲單位。圖 8-6(a)爲(8-4)式一週期的曲線圖($0 \le \omega t \le 2\pi$ 弳)，圖中最大正值是在 $\omega t = \dfrac{\pi}{2}$ 弳(90°)時到達，而最大負值是在 $\omega t = \dfrac{3}{2}\pi$ 弳(270°)時到達。

如圖 8-7 具有相位角 ϕ 的正弦波電壓一般的表示式爲：

$$v(t) = V_m \sin(\omega t + \phi) \tag{8-5}$$

其中 V_m 是振幅(或波幅)，$\omega = 2\pi f$ 爲角頻率，而 ϕ 爲相位角。

由(8-5)式可知具有

$$\omega t + \phi = 0$$

或 $\omega t = -\phi$ 的關係時，電壓 $v(t) = V_m \sin 0 = 0$。因此除了(8-5)式當 $\omega t = -\phi$ 時 $v(t) = 0$ 開始外，(8-5)式及(8-4)式是相同的。換言之，它向左邊移動了 $\omega t = \phi$ 弳的正弦波，如圖 8-7 所示，由圖可知在 $90° - \phi$ 及 $270° - \phi$ 時達到它的最大值及最小值。

在數學上，(8-5)式中的 ωt 和 ϕ 的單位必須相同。但習慣上，ω 單位是弳／秒，而 ϕ 是度，如表示式爲：

$$v(t) = 110\sqrt{2}\sin(377t + 30°)$$

此處 $377t$ 單位爲弳，必須轉換成角度(或 30°轉換成弳)才能計算 $v(t)$值。

如經相位偏移之正弦波，在 0°參考點上有一正值，即波形在 0°前有正的斜率，如圖 8-7 所示，我們認爲此波有一超前(lead)的相位角。在 0°及 180°間之正角，稱爲**超前**的相位角。

如一正弦波在 0°參考點上有一瞬時值爲負，即波形的正斜率出現在 0°後邊，如圖 8-8 所示，則此波有一**落後**(lag)的相位角。在 0°及 180°間之負角，或在 180°及 360°間之正角，代表落後的相位角。

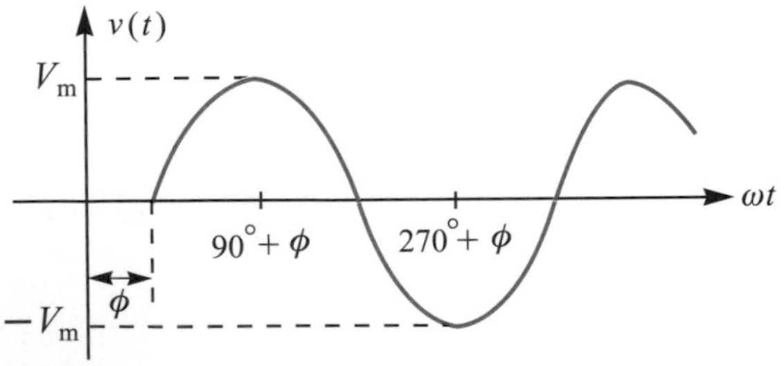

▲ 圖 8-8 具有相位角 ϕ 的正弦波電壓(落後的相位角)

若兩相同頻率的正弦波，繪在同一軸上，則常利用超前或落後來表示兩者之間的關係。若兩波形在水平軸上有相同斜率的兩點間有相位角的差，則稱爲**相位差**(phase difference)。若兩波形在同一位置上有相同的斜率，則稱爲**同相**(in phase)。

例題 8-3

若一正弦波電壓爲 $v(t) = 10\sin(4t + 30°)$V，試計算在 $t = 0.5$ 秒時之 $v(t)$值。

答　先把 $4t = 4 \times 0.5 = 2$ 徑轉換成角度

$$2\text{ rad} = 2 \times \frac{180°}{\pi} = 114.6°$$

因此電壓是：

$$v(t) = 10\sin(114.6° + 30°) = 10\sin 144.6° = 5.79(\text{V})$$

8-2　頻域相量

所謂**相量(phasors)是一個表示弦波大小和相位的複數**。用相量來表示弦波，要比用正弦和餘弦函數的處理來得方便。相量是一種分析由弦波所激勵之線性電路的簡易方法，否則難以處理這類電路的解。在完整定義相量及應用在電路分析前，我們需要熟悉複數的知識。

複數 z 直角坐標形式爲：

$$z = x + jy \text{ (直角坐標形式)} \tag{8-6}$$

其中，$j = \sqrt{-1}$，x 是 z 的實部，y 是 z 的虛部。在此變數 x 和 y 不是表示在二維向量分析中的位置，而是複數 z 在複數平面上的實部和虛部。然而，在複數的運算與二維向量的運算間仍有些許的類似。

複數 z 亦可用極坐標或指數形式表示爲：

$$z = r\angle\phi = rej\phi \tag{8-7}$$

其中，r 是 z 的大小，ϕ 爲 z 的相位。複數 z 的三種表示形式：

$$\begin{aligned} &z = x + jy \text{ 直角坐標形式} \\ &z = r\angle\phi \text{ 極坐標形式} \\ &z = rej\phi \text{ 指數形式} \end{aligned} \tag{8-8}$$

直角坐標與極坐標形式間之關係，如圖 8-9 所示。

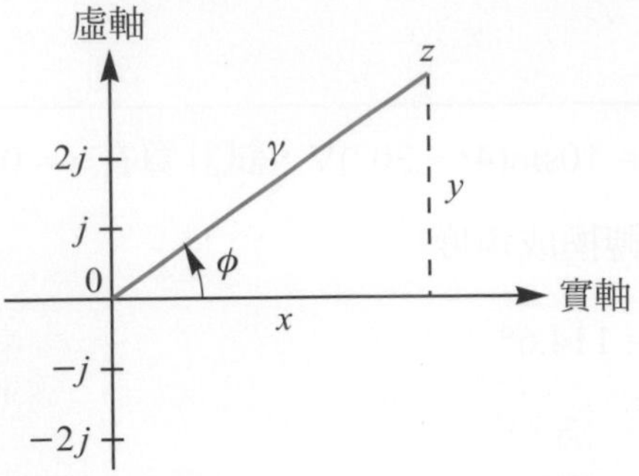

▲圖 8-9　複數 $z = x + jy = r\angle\phi$ 的表示方式

其中，x 軸表示複數 z 的實部，y 軸表示複數 z 的虛部。給定 x 與 y，即可得到 r 與 ϕ 爲：

$$r=\sqrt{x^2+y^2}\ ，\ \phi=\tan^{-1}\frac{y}{x} \tag{8-9}$$

若 r 與 ϕ 已知，可求得 x 與 y：

$$x=r\cos\phi，y=r\sin\phi \tag{8-10}$$

因此，複數 z 亦可寫成：

$$z=x+jy=r\angle\phi=r(\cos\phi+j\sin\phi) \tag{8-11}$$

複數的加減運算利用直角坐標形式，乘除運算則利用極坐標較方便。

若已知複數爲：

$$z=x+jy=r\angle\phi\ ，z_1=x_1+jy_1=r_1\angle\phi_1，z_2=x_2+jy_2=r_2\angle\phi_2$$

則有如下運算公式：

加法：$z_1+z_2=(x_1+x_2)+j(y_1+y_2)$ (8-12)

減法：$z_1-z_2=(x_1-x_2)+j(y_1-y_2)$ (8-13)

乘法：$z_1z_2=r_1r_2\angle\phi_1+\phi_2$ (8-14)

除法：$\dfrac{z_1}{z_2}=\dfrac{r_1}{r_2}\angle\phi_1-\phi_2$ (8-15)

倒數：$\dfrac{1}{z}=\dfrac{1}{r}\angle-\phi$ (8-16)

平方根：$\sqrt{z}=\sqrt{r}\angle\dfrac{\phi}{2}$ (8-17)

共軛複數：$z^*=x-jy=r\angle-\phi=re^{-j}\phi$ (8-18)

由(8-16)式可得

$$\frac{1}{j} = -j \tag{8-19}$$

以上是複數的基本性質。通常相量可表示為：

$$e^{\pm j\phi} = \cos\phi \quad \pm j\sin\phi \tag{8-20}$$

上式表示，可將 $\cos\phi$ 與 $\sin\phi$ 分別看成 $e^{j\phi}$ 的實部與虛部，即可寫成：

$$\cos\phi = \mathrm{Re}(e^{j\phi}) \tag{8-21}$$

$$\sin\phi = \mathrm{Im}(e^{j\phi}) \tag{8-22}$$

其中，Re 與 Im 分別表示實部運算與虛部運算。

已知一弦波信號 $v(t) = V_m\cos(\omega t + \phi)$，利用(8-21)式可將 $v(t)$表示成

$$v(t) = V_m\cos(\omega t + \phi) = \mathrm{Re}(V_m e^{j(\omega t + \phi)}) \tag{8-23}$$

或者　$$v(t) = \mathrm{Re}(V_m e^{j\phi} e^{j\omega t}) \tag{8-24}$$

因此，　$$v(t) = \mathrm{Re}(V e^{j\omega t}) \tag{8-25}$$

其中，　$$V = V_m e^{j\phi} = V_m\angle\phi \tag{8-26}$$

一時域函數 $v(t)$，可用相量(phasor)簡潔地表示：若角頻率 ω 已知，則 $v(t)$完全地被其振幅與相位所特定，依**尤拉公式**(Euler's fomula)可得：

$$v(t) = V_m\cos(\omega t + \phi) = \mathrm{Re}(V_m e^{j\phi} e^{j\omega t}) = \mathrm{Re}(V e^{j\omega t}) \tag{8-27}$$

因此可定義 $V = V_m e^{j\phi}$ 稱為**相量表示式**，其中以 V_m 值為相量的大小，因此可將時域函數轉換為頻域函數。由(8-27)式可知：V 稱為弦波 $v(t)$之**相量**，而 $Ve^{j\omega t}$ 稱為**旋轉相量**(votating phaser)，如：弦波 $v(t) = \sqrt{2}110\cos(2\pi 60t + \frac{\pi}{3})$，則其相量可表示為 $V = \sqrt{2}110e^{j\frac{\pi}{3}}$：，亦即 $V(t) = \mathrm{Re}(Ve^{j2\pi 60t})$。

由(8-27)式顯示出求一弦波信號對應的相量時，首先要將弦波信號表示為餘弦形式，為了將弦波信號寫成複數的實部，如此即可去掉時間因子 $e^{j\omega t}$，剩下即對應於弦波相量。時間因子去掉，可將時間信號由時域轉換到相量域，此轉換可以結論為：

$$\underset{\text{(時域表示)}}{v(t) = V_m\cos(\omega t + \phi)} \quad \Leftrightarrow \quad \underset{\text{(相量域表示)}}{V = V_m e^{j\phi} = V_m\angle\phi} \tag{8-28}$$

由(8-28)式可見，**取得一弦波的相量表示式，需將其表示為餘弦形式並取其大小及相位即可**。反之，若已知一相量，獲得時域餘弦函數的表示，該餘弦函數的大小與相量的大小相同，角度等於 ωt 加上相量的相位角。(8-28)式中去掉頻率(或時間)因子 $e^{j\omega t}$，在相量域表示中明確標示頻率，因爲 ω 是常數。但電路響應仍取決於頻率 ω，因此**相量域亦稱為頻域**(frequency domain)。

由(8-25)和(8-26)式，$v(t) = \text{Re}(Ve^{j\omega t}) = V_m\cos(\omega t + \phi)$，因此

$$\frac{dv(t)}{dt} = -\omega V_m \sin(\omega t + \phi) = \omega V_m \cos(\omega t + \phi + 90°)$$

$$= \text{Re}(\omega V_m e^{j\omega t} e^{j\phi} e^{j90°}) = \text{Re}(j\omega V e^{j\omega t}) \quad (8\text{-}29)$$

(8-29)式說明 $v(t)$的導數(微分)被轉換爲相量域中的 $j\omega V$，即

$$\frac{dv(t)}{dt} \Leftrightarrow j\omega V \quad (8\text{-}30)$$

(時域)　(相量域)

(8-30)式說明弦波信號的微分等效於其對應的相量乘上 $j\omega$。

同理，$v(t)$的積分被轉換爲相量域中的 $\dfrac{V}{j\omega}$，即

$$\int v(t)\,dt \Leftrightarrow \frac{V}{j\omega} \quad (8\text{-}31)$$

(時域)　(相量域)

(8-31)式說明弦波信號的積分等效於其對應的相量除以 $j\omega$。

(8-30)與(8-31)二式，對於求解電路穩態解是很有用的，且不需要知道電路中變量的初值，這是相量的重要應用。除了時域的微分與積分的應用外，對於相同頻率下弦波信號的相加，也是另一個重要的應用。

$v(t)$與 V 之間的區別可強調如下：

1. $v(t)$是瞬時或時域的表示，而 V 是頻域或相量式的表示。
2. $v(t)$是時間相關的，而 V 與時間無關。
3. $v(t)$是實數而沒有複數項，而 V 通常是複數。

最後，必須記住相量分析只能適用在頻率為固定的情況下，才能進行二個或多個弦波信號的相量運算。

例題 8-4

試以相量來表示下列(a)(b)兩弦波信號

(a)$v(t) = 7\cos(30t - 40°)$　(b)$i(t) = -4\sin(50t + 50°)$

答　(a) $v(t) = 7\cos(30t - 40°)$的相量為：$V = 7\angle -40° = 7e^{-j40°}$

(b) $i(t) = -4\sin(50t + 50°) = 4\cos(50t + 50° + 90°) = 4\cos(5t + 140°)$

所以 $i(t)$的相量為：$I = 4\angle 140° = 4e^{j140°}$

例題 8-5

已知 $i_1(t) = 4\cos(\omega t + 30°)$和 $i_2(t) = 5\sin(\omega t - 20°)$，試求二信號之和。

答　$i_1(t)$之相量為：$I_1 = 4\angle 30°$

需將 $i_2(t)$表示為餘弦的標準形式，將正弦轉換為餘弦函數是減去 90°，因此，

$i_2(t) = 5\cos(\omega t - 20° - 90°) = 5\cos(\omega t - 110°)$

其對應的相量是 $I_2 = 5\angle -110°$

若令 $i(t) = i_1(t) + i_2(t)$，則

$$
\begin{aligned}
I &= I_1 + I_2 = 4\angle 30° + 5\angle -110° \\
&= 3.464 + j2 - 1.71 - j4.698 = 1.754 - j2.698 \\
&= 3.218\angle -56.97°
\end{aligned}
$$

將結果轉換為時域，可得：

$$i(t) = 3.218\cos(\omega t - 56.97°)$$

例題 8-6

利用相量方法，試決定由下列積微分方程式所描述電路的電流 $i(t)$。

$$4i(t) + 8\int i(t)\,dt - 3\frac{di(t)}{dt} = 50\cos(2t + 75°)$$

答　先將方程式中之每項由時域轉換為相量域。利用(8-30)和(8-31)式，即可得到其對應的相量

$$4I + \frac{8I}{j\omega} - 3j\omega I = 50\angle 75°$$

因 $\omega = 2$ 代入上式，得：

$$I(4 - j4 - j6) = 50\angle 75°$$

$$I = \frac{50\angle 75^\circ}{4 - j10} = \frac{50\angle 75^\circ}{10.77\angle -68.2^\circ} = 4.642\angle 143.2^\circ$$

將上式相量轉換為時域，得：

$$i(t) = 4.642\cos(2t + 143.2^\circ)$$

8-3 電路元件之電壓-電流相量關係

電路元件 R、L 和 C 之電壓-電流相量關係，非常類似直流電路的歐姆定律。事實上，電壓相量和電流相量之比為一常數或角頻率 ω 的函數。

我們假設所考慮的電路元件係連接至一線性非時變電路，如圖 8-10 所示，且此電路是在角頻率為 ω 的弦波穩態下。設此元件在弦波穩態下，分支電壓與分支電流分別為：

$$v(t) = \text{Re}[Ve^{j\omega t}] = |V|\cos(\omega t + \measuredangle V) \tag{8-32}$$

$$i(t) = \text{Re}[Ie^{j\omega t}] = |I|\cos(\omega t + \measuredangle I) \tag{8-33}$$

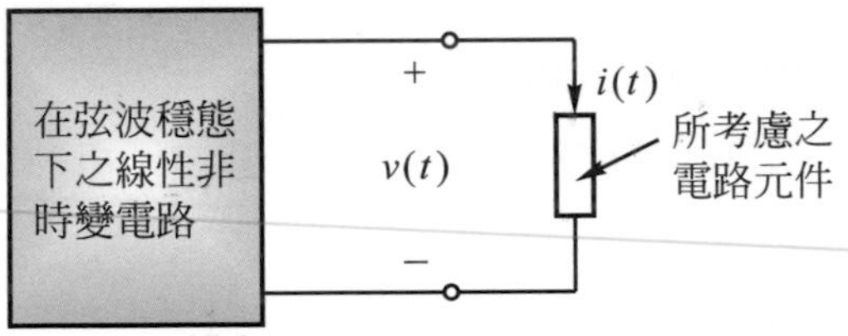

▲ 圖 8-10 在弦波穩態下之線性非時變電路推動所考慮之元件

我們欲求出 R、L 和 C 三種電路元件中每個元件的電壓相量 V 和電流相量 I 間的關係。

1. 電阻器之電壓-電流相量關係

電阻為 R 的線性非時變電阻器的特性為：

$$v(t) = Ri(t) \tag{8-34}$$

將(8-32)式與(8-33)式代入上式，可得：

$$\text{Re}[Ve^{j\omega t}] = R\,\text{Re}[I\,e^{j\omega t}] = \text{Re}[RI\,e^{j\omega t}] \tag{8-35}$$

由(8-35)式可得：

$$V = RI \tag{8-36}$$

因電壓相量 V 和電流相量 I 均為複數，若將電壓相量和電流相量畫在複數平面內，則如圖 8-11(a)所示。因為 R 為實數，故複數 V 和 I 在同一條直線上，且具有相同的角度；即 $\measuredangle V=\measuredangle I$，電壓和電流的波形如圖 8-11(b)所示，此種情形稱之為**同相**(in phase)。即當 $v(t)=|V|\cos(\omega t+\measuredangle V)$時，則：

$$i(t)=\frac{v(t)}{R}=\frac{|V|}{R}\cos(\omega t+\measuredangle V)$$

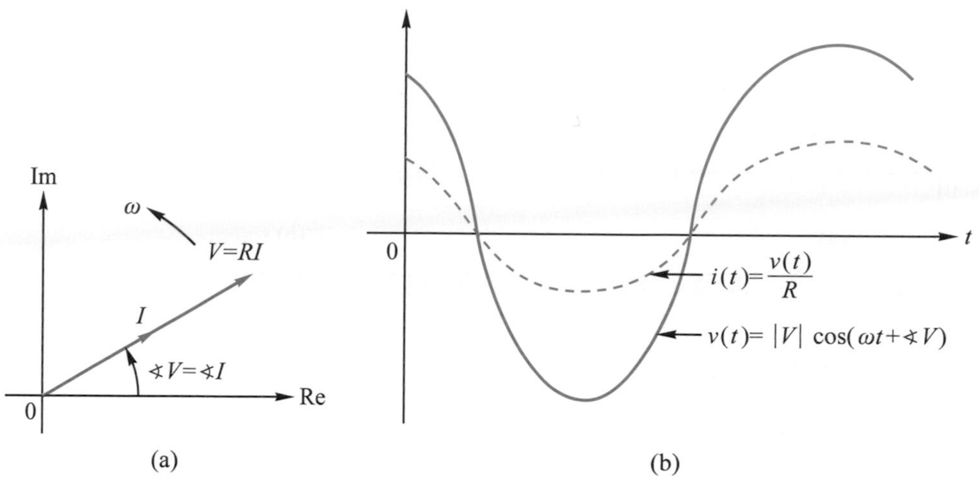

▲ 圖 8-11　線性非時變電阻器之弦波穩態特性

2. 電容器之電壓-電流相量關係

電容為 C 的線性非時變電容器的特性為：

$$i(t)=C\frac{dv(t)}{dt} \tag{8-37}$$

將(8-32)與(8-33)式代入上式，可得：

$$\begin{aligned}\text{Re}[Ie^{j\omega t}]&=C\frac{d}{dt}\text{Re}[Ve^{j\omega t}]=C\,\text{Re}[Vj\omega e^{j\omega t}]\\&=\text{Re}[j\omega CVe^{j\omega t}]\end{aligned} \tag{8-38}$$

由(8-38)式可得：

$$\boldsymbol{I=j\omega CV \text{ 或 } V=\frac{1}{j\omega C}I} \tag{8-39}$$

因電壓相量 V 與電流相量 I 的比例常數為 $\dfrac{1}{j\omega C}$，故畫在複數平面上電流相量 I 與電壓相量 V 相差 90°，如圖 8-12(a)所示。由於 $I=j\omega CV$，$\measuredangle I=90°+\measuredangle V$，故電流相量 I

領先(lead)電壓相量 V。圖 8-12(b)所示爲電流波形領先電壓波形 90°。即當 $v(t)=|V|\cos(\omega t+\measuredangle V)$時，則 $i(t)=\omega C|V|\cos(\omega t+\measuredangle V+90°)$。

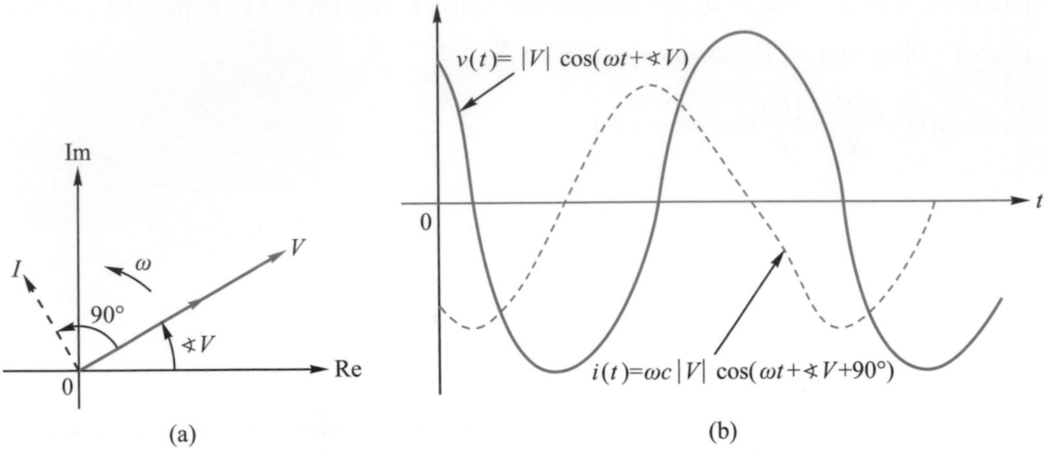

▲ 圖 8-12 線性非時變電容器之弦波穩態特性

3. 電感器之電壓-電流相量關係

電感爲 L 的線性非時變電感器的特性爲：

$$v(t)=L\frac{di(t)}{dt} \tag{8-40}$$

將(8-32)與(8-33)式代入上式，可得：

$$\begin{aligned}\mathrm{Re}[Ve^{j\omega t}]&=L\frac{d}{dt}\mathrm{Re}[Ie^{j\omega t}]=L\,\mathrm{Re}[j\omega Ie^{j\omega t}]\\&=\mathrm{Re}[j\omega LI]\end{aligned} \tag{8-41}$$

由(8-41)式，亦可得到：

$$V=j\omega LI \text{ 或 } I=\frac{1}{j\omega L}V \tag{8-42}$$

因此電壓相量 V 和電流相量 I，有一比例常數 $j\omega L$，故劃在複數平面上電壓相量 V 與電流相量 I 相差 90°，如圖 8-13(a)所示。由於 $V=j\omega LI$，$\measuredangle V=90°+\measuredangle I$，或$\measuredangle I=\measuredangle V-90°$，故電流相量 I **落後**(lag)電壓相量 V。圖 8-13(b)所示爲電流波形落後電壓波形 90°。即當 $v(t)=|V|\cos(\omega t+\measuredangle V)$ 時，則 $i(t)=\frac{|V|}{\omega L}\cos(\omega t+\measuredangle V-90°)$。

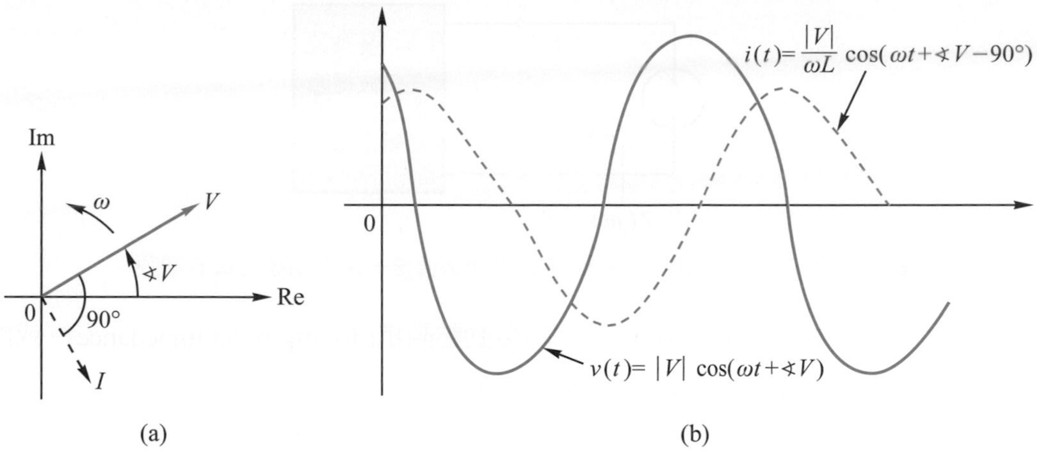

▲ 圖 8-13　線性非時變電感器之弦波穩態特性

例題 8-7

電壓 $v(t) = 12\cos(60t + 45°)$V 作用於 0.1H 電感器之二端，試求流過該電感器之電流 $i(t)$。

答 由(8-42)式可知：$V = j\omega I$，其中 $\omega = 60$ rad/s，且 $V = 12\angle 45°$。因此

$$I=\frac{V}{j\omega L}=\frac{12\angle 45°}{j60\times 0.1}=\frac{12\angle 45°}{6\angle 90°}=2\angle -45°$$

轉換該電流至時域，

$$i(t) = 2\cos(60t - 45°)\ (\text{A})$$

8-4　阻抗與導納

1. 阻抗

設有如圖 8-14 所示的電路，其中單埠(one-port)係由線性非時變元件任意相互連接所形成，輸入係角頻率 ω 的弦波電流電源 $i_S(t)$：

$$i_S(t) = \text{Re}[I_S e^{j\omega t}] = |I_S|\cos(\omega t + ∢I_S) \tag{8-43}$$

而弦波穩態響應爲電壓 $v(t)$：

$$v(t) = \text{Re}[V e^{j\omega t}] = |V|\cos(\omega t + ∢V) \tag{8-44}$$

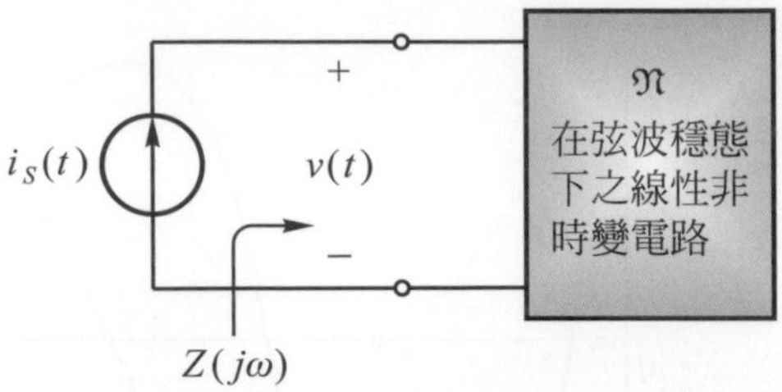

▲ 圖 8-14　弦波穩態下之線性非時變電路連接一輸入為弦波電流電源

我們定義：單埠 $\mathfrak{N}$ 在角頻率 ω 時的**驅動點阻抗**(driving-point impedance)，或簡稱阻抗(impedance)爲**輸出電壓相量 V 和輸入電流相量 I_S 之比**；即：

$$Z(j\omega) \triangleq \frac{V}{I_s} \tag{8-45}$$

阻抗之大小與相角分別爲：

$$|Z(j\omega)| = \frac{|V|}{|I_s|} \tag{8-46}$$

及

$$\measuredangle Z(j\omega) = \measuredangle V - \measuredangle I_S \tag{8-47}$$

以阻抗表示時，輸出電壓的波形爲：

$$v(t) = |Z(j\omega)||I_S|\cos(\omega t + \measuredangle Z(j\omega) + \measuredangle I_S) \tag{8-48}$$

2.　導納

設有如圖 8-15 所示的電路，若輸入係角頻率 ω 的弦波電壓電源 $v_S(t)$

$$v_S(t) = \mathrm{Re}[V_S e^{j\omega t}] = |V_S|\cos(\omega t + \measuredangle V_S) \tag{8-49}$$

而弦波穩態響應爲電流 $i(t)$：

$$i(t) = \mathrm{Re}[Ie^{j\omega t}] = |I|\cos(\omega t + \measuredangle I) \tag{8-50}$$

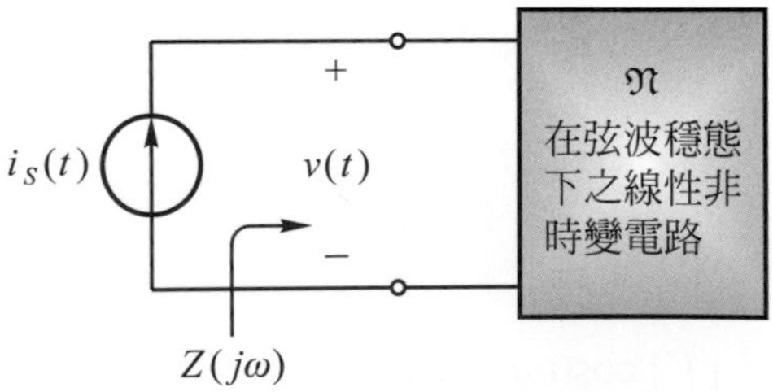

▲ 圖 8-15　弦波穩態下之線性非時變電路連接一輸入為弦波電壓電源

我們定義：單埠 $\mathfrak{N}$ 在角頻率 ω 時的**驅動點導納**(driving-point admittance)，或簡稱爲**導納**(admittance)爲**輸出電流相量 I 與輸入電壓相量 V_S 之比**；即：

$$Y(j\omega) \triangleq \frac{I}{V_S} \tag{8-51}$$

導納之大小與相角分別爲：

$$|Y(j\omega)| = \frac{|I|}{|V_S|} \tag{8-52}$$

及

$$\measuredangle Y(j\omega) = \measuredangle I - \measuredangle V_S \tag{8-53}$$

以導納表示時，輸出電流波形爲：

$$i(t) = |Y(j\omega)||V_S|\cos(\omega t + \measuredangle Y(j\omega) + \measuredangle V_S) \tag{8-54}$$

3. 阻抗與導納之關係

若電路係由線性非時變元件所組成，則由圖 8-14 與圖 8-15 之電壓 $v(t)$與電流 $i(t)$之關係爲：

$$V = Z(j\omega)I$$

及

$$I = Y(j\omega)V$$

由上兩式，顯然地，對於所有角頻率 ω，有

$$Z(j\omega) = \frac{1}{Y(j\omega)} \tag{8-55}$$

亦即

$$|Z(j\omega)| = \frac{1}{|Y(j\omega)|} \tag{8-56}$$

且

$$\measuredangle Z(j\omega) = -\measuredangle Y(j\omega) \tag{8-57}$$

依上述阻抗與導納的定義，我們可歸納出 R、L 和 C 各元件的阻抗和導納，如表 8-1 所示。

▼ 表 8-1　R、L 和 C 阻抗與導納表

角頻率為 ω 之元件	阻抗 $Z(j\omega)$	導納 $Y(j\omega)$
R	R	$\frac{1}{R}$
L	$j\omega L$	$\frac{1}{j\omega L}$
C	$\frac{1}{j\omega C}$	$j\omega C$

例題 8-8

如下圖所示電路，試求電容器兩端之電壓 $v(t)$與電流 $i(t)$。

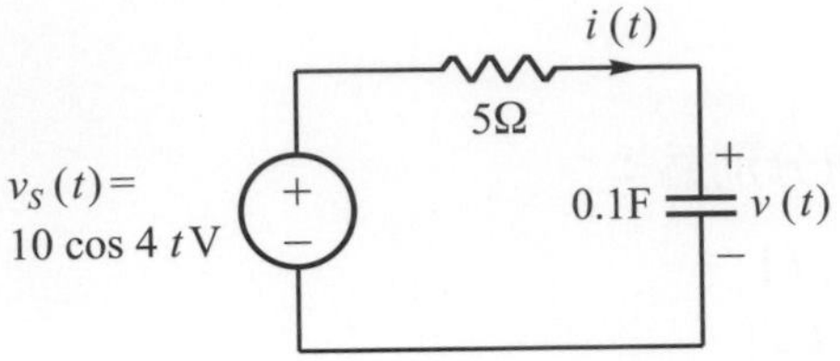

答 由電壓源 $V_S(t) = 10\cos 4t$，$\omega = 4$，可得：$V = 10\angle 0°$

阻抗爲：

$$Z = 5 + \frac{1}{j\omega C} = 5 + \frac{1}{j4 \times 0.1} = 5 - j2.5$$

因此電流爲：

$$I = \frac{V_S}{Z} = \frac{10\angle 0°}{5 - j2.5} = \frac{10(5 + j2.5)}{5^2 + 2.5^2}$$

$$= 16 + j0.8 = 1.789\angle 26.57° \cdots\cdots\cdots \text{(a)}$$

則電容器二端的電壓爲：

$$V = IZ = \frac{I}{j\omega C} = \frac{1.789\angle 26.57°}{j4 \times 0.1} = \frac{1.789\angle 26.57°}{0.4\angle 90°} = 4.47\angle -63.43° \cdots\cdots \text{(b)}$$

轉換(a)(b)二式中的 I 與 V 至時域，可得：

$$i(t) = 1.789\cos(4t + 26.57°) \text{ (A)}$$

$$v(t) = 4.47\cos(4t - 63.43°) \text{ (V)}$$

8-5 克希荷夫定律與阻抗組合

克希荷夫定律除了可應用於時域電路外，亦可適用於頻域相量電路的分析。因此，在弦波穩態時，**克希荷夫方程式可直接以電壓相量和電流相量寫出**。若一電路應用 KVL 寫出之方程式爲：

$$v_1(t) + v_2(t) + v_3(t) = 0 \tag{8-58}$$

設每一電壓均具有相同角頻率 ω 的弦波，且電路處於弦波穩態時，則(8-58)式可寫成：

$$V_{m1}\cos(\omega t + \phi_1) + V_{m2}\cos(\omega t + \phi_2) + V_{m3}\cos(\omega t + \phi_3) = 0$$

亦即　$\mathrm{Re}[V_1 e^{j\omega t}] + \mathrm{Re}[V_2 e^{j\omega t}] + \mathrm{Re}[V_3 e^{j\omega t}] = 0$

$\mathrm{Re}[(V_1 + V_2 + V_3)\, e^{j\omega t}] = 0$

我們可用電壓相量 V_1、V_2 和 V_3 寫出等效的方程式：

$$V_1 + V_2 + V_3 = 0 \tag{8-59}$$

由(8-58)和(8-59)式可知，在弦波穩態時，KVL 可直接以電壓相量寫出方程式。同理，在弦波穩態下，KCL 亦可直接以電流相量寫出方程式，如

$$i_1(t) + i_2(t) + i_3(t) = 0$$

可直接寫成：

$$I_1 + I_2 + I_3 = 0$$

因此，若電路的輸入為弦波時，則可將時域電路轉換成頻域的相量電路，再利用克希荷夫定律分析電路。分析方法與直流電路相同，只要以阻抗取代電阻，頻域相量值取代時域值，求得頻域相量解後，再將其響應相量解轉換成時域的弦波響應即可。

1.　串聯連接之阻抗

如圖 8-16 所示為 N 個不同阻抗 Z_1，Z_2，⋯，Z_N 電路元件之串聯連接電路，在已知頻率為 ω 之弦波穩態下，欲求其整體之阻抗值 $Z(j\omega)$時，我們可由 KCL 得知：

$$I = I_1 = I_2 = \cdots = I_N \tag{8-60}$$

由 KVL 得：

$$V = V_1 + V_2 + \cdots + V_N \tag{8-61}$$

又跨於每一元件之電壓為：

$$V_k = Z_k I_k，k = 1，2，\cdots，N \tag{8-62}$$

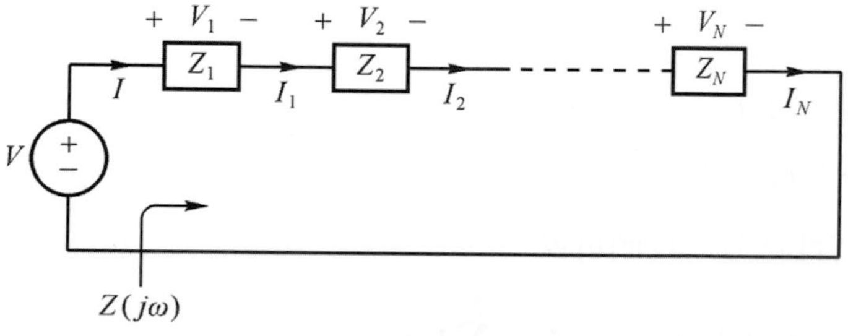

▲ 圖 8-16　N 個阻抗串聯連接

將(8-62)與(8-60)式代入(8-61)式，可得：

$$V = Z_1 I_1 + Z_2 I_2 + \cdots + Z_N I_N$$
$$= (Z_1 + Z_2 + \cdots + Z_N) I$$

與整體特性比較，可得：

$$\boldsymbol{Z(j\omega) = Z_1 + Z_2 + \cdots + Z_N = \sum_{k=1}^{N} Z_k(j\omega)} \tag{8-63}$$

此結果，如同直流電路中串聯電阻器的情形。

2. 並聯連接之導納

如圖 8-17 所示爲 N 個不同導納 Y_1，Y_2，…，Y_N 電路元件之並聯連接電路，亦在已知頻率爲 ω 之弦波穩態下，欲求其整體之導納 $Y(j\omega)$時，我們可由 KVL 得知：

$$V = V_1 = V_2 = \cdots = V_N \tag{8-64}$$

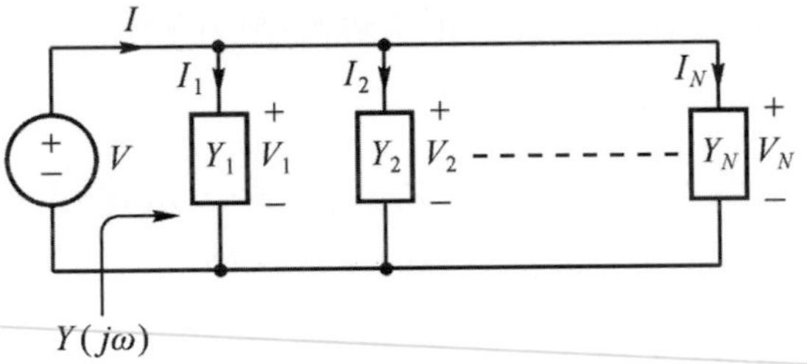

▲ 圖 8-17　N 個導納並聯連接

由 KCL 得：

$$I = I_1 + I_2 + \cdots + I_N \tag{8-65}$$

又流過每一元件之電流爲：

$$I_k = Y_k V_k \text{，} k = 1 \text{，} 2 \text{，} \cdots \text{，} N \tag{8-66}$$

將(8-66)與(8-64)式代入(8-65)式中，可得：

$$I = Y_1 V_1 + Y_2 V_2 + \cdots + Y_N V_N$$
$$= (Y_1 + Y_2 + \cdots + Y_N) V$$

與整體特性比較，我們可得：

$$\boldsymbol{Y(j\omega) = Y_1 + Y_2 + \cdots + Y_N = \sum_{k=1}^{N} Y_k(j\omega)} \tag{8-67}$$

由上述的結果可得一結論：單埠的**串聯連接之阻抗**係各別單埠阻抗之總和。單埠**並聯連接之導納**係各別單埠導納之總和。

例題 8-9

試求下圖驅動點阻抗 $Z(j\omega)$，若弦波電壓 $v_s(t) = 10\cos 2t$V 加至此單埠，求弦波穩態下埠端之電流 $i(t)$。

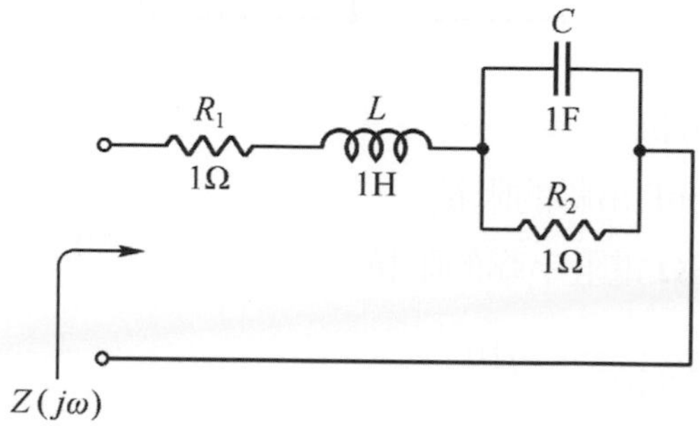

答　$$Z(j\omega) = R_1 + j\omega L + \left(\frac{1}{j\omega C} // R_2\right) = R_1 + j\omega L + \frac{1}{j\omega C + \dfrac{1}{R_2}}$$

$$= R_1 + j\omega L + \frac{R_2}{j\omega C R_2 + 1} = 1 + j\omega + \frac{1}{j\omega + 1}$$

以 $\omega = 2$ 代入，可得：

$$Z(j\omega) = \frac{6}{5} + j\frac{8}{5} = 2e^{j53^\circ}$$

因 $v_S(t) = 10\cos 2t$，故 $V_S = 10e^{j0^\circ}$，且 $\omega = 2$

所以 $I = \dfrac{V_S}{Z} = \dfrac{10e^{j0^\circ}}{2e^{j53^\circ}} = 5e^{-j53^\circ}$

故

$$i(t) = \text{Re}[5e^{j(2t-53^\circ)}] = 5\cos(2t - 53^\circ)$$
$$= 3\cos 2t + 4\sin 2t \text{ (A)}$$

例題 8-10

如下圖所示電路，若電路之工作角頻率 $\omega = 50$ rad/s，試求該電路的輸入阻抗 Z_{in} 之值。

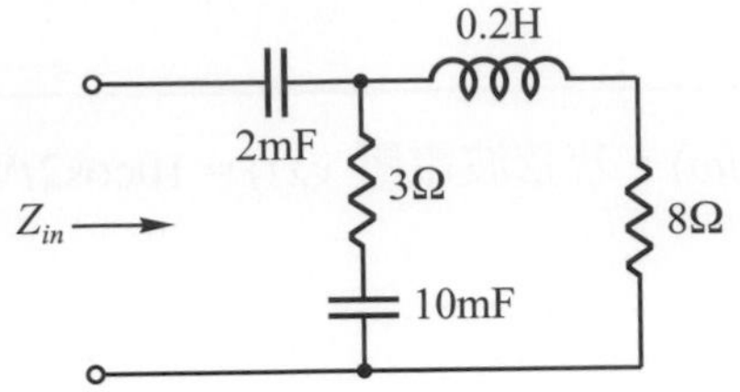

答 令 $Z_1 = 2$mF 電容之阻抗

$Z_2 = 3\Omega$ 電阻與 10mF 串聯的阻抗

$Z_3 = 0.2$H 電感與 8Ω 電阻串聯的阻抗

則 $Z_1 = \dfrac{1}{j\omega C} = \dfrac{1}{j50\times 2\times 10^{-3}} = -j10$

$$Z_2 = 3 + \frac{1}{j\omega C} = 3 + \frac{1}{j50\times 10\times 10^{-3}} = (3 - j2)$$

$$Z_3 = 8 + j\omega L = 8 + j50\times 0.2 = (8 + j10)$$

其輸入阻抗為：

$$Z_{\text{in}} = Z_1 + (Z_2 // Z_3) = -j10 + \frac{(3-j2)(8+j10)}{11+j8}$$

$$= -j10 + \frac{(44+j14)(11-j8)}{11^2+8^2}$$

$$= -j10 + 3.22 - j1.07$$

$$= 3.22 - j11.07(\Omega)$$

由上述之敘述可知 KVL 和 KCL 適用於頻域相量電路之分析，同樣地，分壓定理和分流定理，亦適用於含有阻抗的頻域相量電路。若一電路有相依電源的情況下，其亦可用相量來表示，處理方式如同前述。

事實上，相量電路和直流電路的分析方法完全相似，只是以複數取代實數而已，故凡適用於直流電路的分析法均可適用於相量電路，若相量電路是簡單的電路，可直接由歐姆定律、分壓定理、分流定理等來分析，對於較複雜的相量電路，則可使用節點分析、網目分析、電源轉換、重疊定理、戴維寧和諾頓定理、最大輸出功率等電路理論來分析。

本章習題 LEARNING PRACTICE

8-1 已知下列諸頻率(a)60Hz；(b)10kHz；(c)5MHz；試求它們各別的週期。

答 (a)16.7(ms)；(b)100(μs)；(c)0.2(μs)

8-2 試決定下列 AC 信號之頻率，已知它們的週期為(a)50μs；(b)0.5ms；(c)0.02μs。

答 (a)20(kHz)；(b)2(kHz)；(c)50(MHz)

8-3 有一正弦波電壓，其峰值為 30V，試求在(a)45°，(b)120°，(c)210°，(d)270°時之瞬時電壓值。

答 (a)21.21(V)，(b)25.98(V)，(c)–15(V)，(d)–30(V)

8-4 在 30°時，一電流有瞬時值為 5mA，試求其峰值電流。

答 10(mA)

8-5 求正弦函數 $v(t) = 20\sin(100\pi t + 60°)$V 的波幅、頻率、週期和相位。

答 20(V)，50(Hz)，20(ms)，60°

8-6 上題中，試求若(a)$t = 1$ms，(b)$t = 15$ms 和(c)$t = \dfrac{1}{600}$ 秒時之 $v(t)$值。

答 (a)19.56(V)，(b)–10(V)，(c)20(V)

8-7 試以相量來表示下列(a)(b)的弦波信號。

(a) $v(t) = 7\cos(2t + 40°)$

(b) $i(t) = -4\sin(10t + 10°)$

答 (a) $V = 7\angle 40° = 7e^{j40°}$，(b) $I = 4\angle 100° = 4e^{j100°}$

8-8 試求對應於下列相量的弦波信號。

(a)$V = -25\angle 40°$V，(b)$I = j\,(12 - j5)$A。

答 (a) $v(t) = 25\cos(\omega t - 140°)$或 $25\cos(\omega t + 220°)$ (V)

(b) $i(t) = 13\cos(\omega t + 67.38°)$ (A)

8-9 若 $v_1(t) = -10\sin(\omega t - 30°)$，$v_2(t) = 20\cos(\omega t + 45°)$，試求 $v(t) = v_1(t) + v_2(t)$之值。

答 $v(t) = 29.77\cos(\omega t + 49.98°)$

8-10 試利用相量法，求下列積微分方程式所描述電路的電壓 $v(t)$之值。

$$2\frac{dv(t)}{dt} + 5v(t) + 10\int v(t)\,dt = 50\cos(5t - 30°)$$

答 $v(t) = 5.3\cos(5t - 88°)$ (V)

8-11 若一電壓 $v(t) = 10\cos(100t + 30°)$V 作用於一 50μF 電容器之二端，試求流經該電容器之電流 $i(t)$。

答 $i(t) = 50\cos(100t + 120°)$ (mA)

8-12 如下圖所示電路，試求電感器二端之電壓 $v(t)$與電流 $i(t)$。

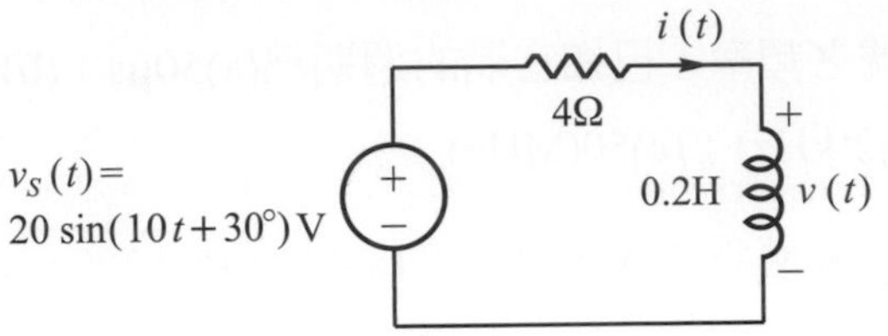

答 $v(t) = 8.944\sin(10t + 93.43°)$ (V)，$i(t) = 4.472\sin(10t + 3.43°)$ (A)

8-13 試求下圖所示電路之驅動點導納 $Y(j\omega)$。

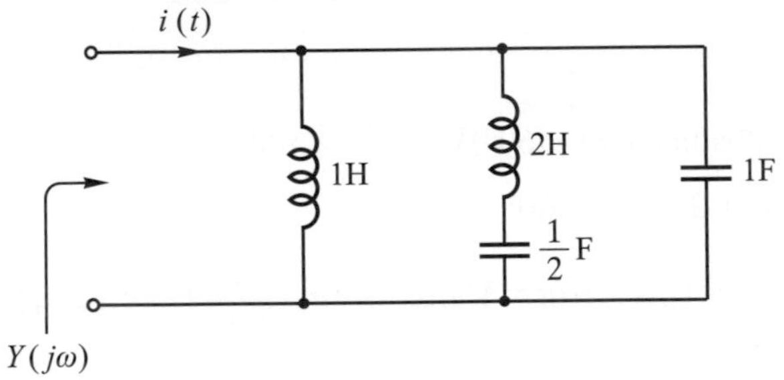

答 $Y(j\omega) = j\left[\omega + \dfrac{\omega}{2(1-\omega^2)} - \dfrac{1}{\omega}\right]$(s)

8-14 試求下圖所示電路在 $\omega = 10$ rad/s 時之輸入阻抗。

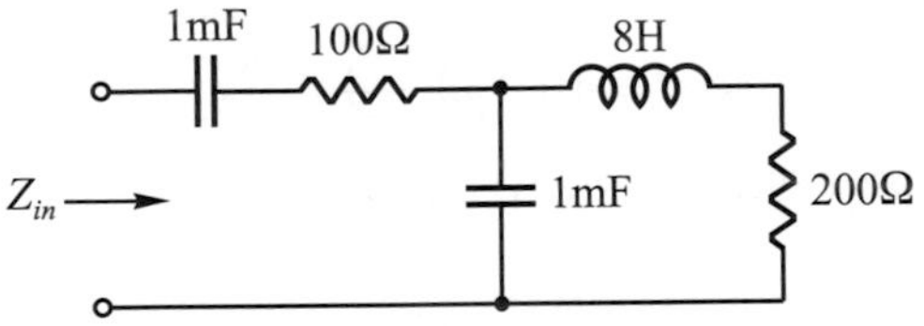

答 $Z_{in} = 149.52 - j195(\Omega)$

8-15 試求下圖所示電路之電感器兩端電壓 $v_L(t)$之值。

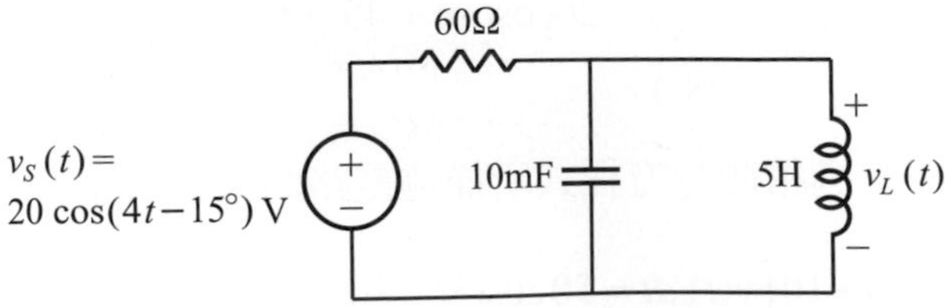

答 $v_L(t) = 17.15\cos(4t + 15.96°)$ (V)

9 弦波穩態分析

凡波形能以正弦或餘弦表示者，我們統稱之爲**弦波**(sinusoidal)。弦波是個非常重要且普遍存在的函數，一般工業和家庭用電的電壓波形就是弦波。除外，如通信、光電或電機等所產生的信號，大部份雖非弦波函數，但基本上它們是由不同頻率之弦波函數的分量和，因此弦波函數之分析實爲研討電路的一個基本課題。在第八章中已介紹弦波的**相量**(phasor)表示法，並將弦波相量表示法的一些特性作說明。

本章介紹的線性非時變電路中，加上任意弦波信號後的響應，其響應包含零態響應與完全響應，或含隨時間而變的**暫態**行爲及時間無限長後的**穩態**行爲。若欲求整個電路的完全響應，用前述的時域分析法，將弦波代入微分方程式求解，所需的數學運算相當繁雜且費時，但若僅求穩態部份的響應，則可用相量表示的頻域分析法去求解電路，既可省去複雜的運算過程，且快速而有效。用相量法來解弦波穩態響應時，可將時域電路直接轉換成頻域相量電路，並寫出相量方程式，然後對相量方程式求解，再把所得之相量解轉回時域，即可得弦波時域的響應。

事實上，相量電路和時域電路的分析法完全相似，只是以複數取代實數而已。故凡適用於時域電路分析法均適用於相量電路，若相量電路是簡單的電路，可直接以歐姆定律及電壓電流分配原理分析，對於較複雜的相量電路，則可使用節點分析法，網目分析法、重疊定理，戴維寧和諾頓定理，最大功率輸出等電路理論來分析。

9-1 弦波輸入之穩態響應

所謂弦波穩態響應係當$t \to \infty$時，對弦波輸入之響應，其與電路之初值無關，而其頻率與輸入信號相同。以相量法極易計算此種弦波之穩態響應。若一線性非時變電路，其可用以$x(t)$爲變數之n階微分方程式來描述爲：

$$a_0 \frac{d^n x(t)}{dt^n} + a_1 \frac{d^{n-1} x(t)}{dt^{n-1}} + \cdots\cdots + a_{n-1} \frac{dx(t)}{dt} + a_n x(t) = A_m \cos(\omega t + \phi) \qquad (9\text{-}1)$$

其中a_0，a_1，…，a_n，A_m，ω與ϕ均爲實數。引入相量時，可令：

$$A = A_m e^{j\phi} \text{ 與 } X = X_m e^{j\phi} \qquad (9\text{-}2)$$

將(9-2)式代入微分方程式(9-1)式中，逐次可得：

$$a_0 \frac{d^n}{dt^n} \text{Re}[Xe^{j\omega t}] + \cdots\cdots + a_n \text{Re}[Xe^{j\omega t}] = \text{Re}[Ae^{j\omega t}] \qquad (9\text{-}3)$$

應用線性性質，(9-3)式可寫爲：

$$\frac{d^n}{dt^n} \text{Re}[a_0 Xe^{j\omega t}] + \cdots\cdots + \text{Re}[a_n Xe^{j\omega t}] = \text{Re}[Ae^{j\omega t}]$$

即
$$\text{Re}[a_0 (j\omega)^n Xe^{j\omega t}] + \cdots\cdots + \text{Re}[a_n Xe^{j\omega t}] = \text{Re}[Ae^{j\omega t}]$$

整理之，可得：

$$\text{Re}\{[a_0 (j\omega)^n + a_1 (j\omega)^{n-1} + \cdots\cdots + a_{n-1}(j\omega) + a_n] Xe^{j\omega t}\} = \text{Re}[Ae^{j\omega t}]$$

對於X的代數方程式如下：

$$[a_0 (j\omega)^n + a_1 (j\omega)^{n-1} + \cdots\cdots + a_{n-1}(j\omega) + a_n] X = A$$

或
$$X = \frac{A}{a_0 (j\omega)^n + a_1 (j\omega)^{n-1} + \cdots\cdots + a_{n-1}(j\omega) + a_n} \qquad (9\text{-}4)$$

於是，其大小爲：

$$X_m = \frac{A_m}{[(a_n - a_{n-2}\omega^2 + \cdots\cdots)^2 + (a_{n-1}\omega - a_{n-3}\omega^3 + \cdots\cdots)^2]^{\frac{1}{2}}} \qquad (9\text{-}5)$$

而相位(角)爲：

$$\psi = \phi - \tan^{-1} \frac{a_{n-1}\omega - a_{n-3}\omega^3 + \cdots\cdots}{a_n - a_{n-2}\omega^2 + \cdots\cdots} \qquad (9\text{-}6)$$

其中，(9-5)式分母第一項表示 ω 之偶次冪，而第二項代表 ω 之奇次冪。在此(9-4)式爲微分方程式(9-1)式的特解，亦即爲 $t=\infty$ 時之弦波穩態解。若一線性非時變電路，其單一輸入爲弦波 $x(t)$，而單一響應爲 $y(t)$。如圖 9-1 所示，則此電路可用

▲ 圖 9-1　輸入為弦波之線性非時變電路，其響應為 $y(t)$

下列微分方程式來描述：

$$\frac{d^n y(t)}{dt^n}+a_1\frac{d^{n-1}y(t)}{dt^{n-1}}+\cdots\cdots+a_{n-1}\frac{dy(t)}{dt}+a_n y(t)$$
$$=\frac{d^m x(t)}{dt^m}+b_1\frac{d^{m+1}x(t)}{dt^{m-1}}+\cdots\cdots+b_{m-1}\frac{dx(t)}{dt}+b_m x(t) \tag{9-7}$$

其中 a_1，a_2，……，a_n，與 b_1，b_2，……，b_m 均爲實數。若輸入爲下式所示的弦波：

$$x(t)=\mathrm{Re}[Xe^{j\omega t}]=|X|\cos(\omega t+\phi) \tag{9-8}$$

其中 $X=|X|e^{j\phi}$，則(9-7)式的特解具有下列形式：

$$y(t)=\mathrm{Re}[Ye^{j\omega t}]=|Y|\cos(\omega t+\psi) \tag{9-9}$$

其中，$Y=|Y|e^{j\psi}$

故以相量 X 表示的輸入與以相量 Y 表示的輸出部份(僅穩態解)間的關係可獲自下列方程式：

$$[(j\omega)^n+a_1(j\omega)^{n-1}+\cdots\cdots+a_{n-1}(j\omega)+a_n]Y$$
$$=[(j\omega)^m+b_1(j\omega)^{m-1}+\cdots\cdots+b_{m-1}(j\omega)+b_m]X \tag{9-10}$$

(9-10)式是直接由(9-7)式得來，其中以 $(j\omega)^k X$ 取代 $x(t)$ 的 k 次導數，$k=0$ 至 m；以 $(j\omega)^k Y$ 取代 $y(t)$ 的 k 次導數，$k=0$ 至 n。因此(9-7)式所表示的微分方程式之特解(穩態解)，在本質上立刻可直接由(9-10)式之頻域相量方程式加以決定。然後對相量方程式求解，再把所得之相量解轉回時域，即可得弦波時域的穩態響應。

例題 9-1

設有一線性非時變 RC 並聯電路如下圖所示。令輸入為弦波電流電源 $i_S(t)=110\cos(377t+20°)$ A，設輸出變數為電容器兩端之電壓 $v_C(t)$，試求此電路之弦波穩態解 $v_C(t)$。

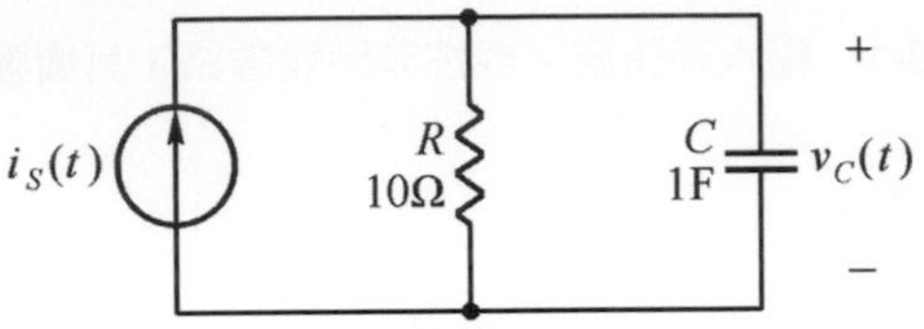

答 此電路可用微分方程式的解法來求解，但若用微分方程式方法求解時非常繁雜且費時，現可用相量法可簡化電路的分析。由 KCL 可得電路之微分方程式為：

$$C\frac{dv_C(t)}{dt}+\frac{1}{R}v_C(t)=i_S(t)=110\cos(377t+20°)$$

所欲決定的輸出相量 V_S 與已知的輸入相量 I_S 間的關係可由(9-10)式得知為：

$$\left[C(j\omega)+\frac{1}{R}\right]V_C=I_S$$

由上式，可得：

$$V_C=\frac{I_S}{C(j\omega)+\frac{1}{R}}=\frac{I_S}{\frac{1}{10}+j377}$$

其中 $I_S=110e^{j20°}$，於是 V_C 的大小與相位分別為：

$$|V_C|=\frac{110}{\sqrt{\left(\frac{1}{10}\right)^2+(377)^2}}=0.3$$

$$\psi=\phi-\tan^{-1}\frac{\omega}{\frac{1}{R}}=20°-\tan^{-1}\frac{377}{\frac{1}{10}}=-70°$$

故其穩態解為：

$$v_C(t)=|V_C|\cos(\omega t+\psi)=0.3\cos(377t-70°)\,(\text{V})$$

例題 9-2

一線性非時變 RLC 串聯電路，如下圖所示，若其輸入為弦波電壓電源 $v_S(t) = \text{Re}[V_S e^{j\omega t}] = |V_S|\cos(\omega t + \phi)$，若輸出變數為電容器兩端電壓 $v_C(t)$，試求其穩態響應 $v_C(t)$。

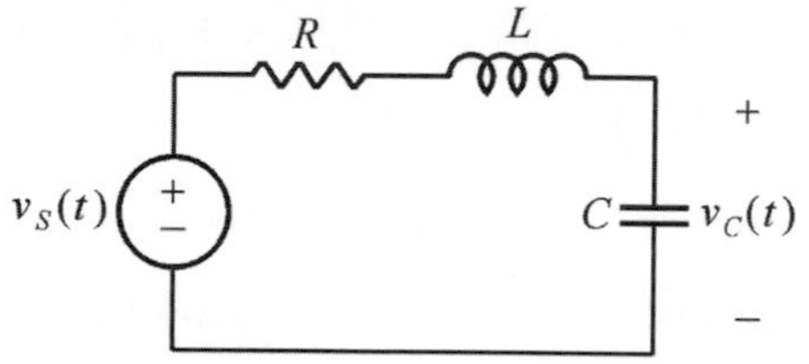

答 上圖 RLC 串聯電路對於所有時間 t 的微分方程式為：

$$LC\frac{d^2v_C(t)}{dt^2} + RC\frac{dv_C(t)}{dt} + v_C(t) = v_S(t)$$

則其特解具有下列形式：

$$v_C(t) = \text{Re}[V_C e^{j\omega t}] = |V_C|\cos(\omega t + \psi)$$

所欲決定的輸出相量 V_c 與已知的輸入相量 V_s 間的關係如下：

$$[LC(j\omega)^2 + RC(j\omega) + 1]V_C = V_S$$

故得：$V_C = \dfrac{V_S}{1 - \omega^2 LC + j\omega RC}$

於是 V_c 的大小與相位分別為：

$$|V_C| = \frac{|V_S|}{[(1-\omega^2 LC)^2 + (\omega RC)^2]^{\frac{1}{2}}}$$

$$\psi = \phi - \tan^{-1}\frac{\omega RC}{1-\omega^2 LC}$$

故其穩態響應為：

$$v_C(t) = \frac{|V_S|}{[(1-\omega^2 LC)^2 + (\omega RC)^2]^{\frac{1}{2}}}\cos\left(\omega t + \phi - \tan^{-1}\frac{\omega RC}{1-\omega^2 LC}\right)$$

9-2 弦波輸入之完全響應

線性非時變電路對於弦波輸入，其完全響應為下列形式：

$$y(t) = y_h(t) + y_p(t) \text{，對於所有之 } t \tag{9-11}$$

其中 $y_h(t)$為齊次解，與輸入、初值及電路之自然頻率有關。而 $y_p(t)$為特解，即弦波穩態響應，其頻率與輸入信號相同，均為 ω 。

在計算弦波輸入之完全響應時，可利用前述零輸入響應法先求其零輸入響應的一般解 $y_h(t)$，然後再利用 9-1 節的弦波輸入之穩態響應求 $y_p(t)$，再依(9-11)式，將 $y_h(t)$與 $y_p(t)$相加，並代入初值條件，即可求得完全響應 $y(t)$。為清楚解析過程，以例題 9-3 說明之。

例題 9-3

下圖所示為一 *RLC* 串聯電路，若輸入為在時間 $t=0$ 時加上的弦波電壓電源 $v_S(t) = \cos 2tu(t)\,\text{V}$ ，輸出為電容器上之電壓 $v_C(t)$，且已知其初值條件為 $i_L(0) = I_0 = 2\,\text{A}$，$v_C(0) = V_0 = 1\,\text{V}$，試求 $v_C(t)$之完全響應。

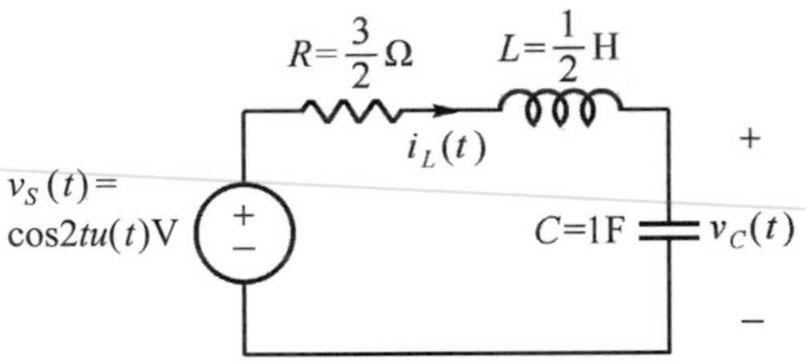

答 上圖 *RLC* 串聯電路，對於所有時間 t 的微分方程式為：

$$LC\frac{d^2v_C(t)}{dt^2} + RC\frac{dv_C(t)}{dt} + v_C(t) = v_S(t)$$

代入其數值，並列出初值條件，可得微分方程式為：

$$\begin{cases} \dfrac{1}{2}\dfrac{d^2v_C(t)}{dt^2} + \dfrac{3}{2}\dfrac{dv_C(t)}{dt} + v_C(t) = \cos 2tu(t) \cdots\cdots\cdots\cdots ① \\ v_C(0) = 1\text{V} \cdots\cdots\cdots\cdots\cdots\cdots\cdots\cdots ② \\ v_C'(0) = \dfrac{I_0}{C} = 2\text{V/s} \cdots\cdots\cdots\cdots\cdots\cdots ③ \end{cases}$$

由①式之特性方程式為：

$$\frac{1}{2}S^2 + \frac{3}{2}S + 1 = 0$$

得自然頻率 $s_1=-1$ 和 $s_2=-2$，因此，齊次微分方程式的解答具有下列形式：

$$v_h(t)=k_1e^{-t}+k_2e^{-2t} \quad \text{......④}$$

而特解 $v_p(t)$ 具有下列形式：

$$v_p(t)=\mathrm{Re}[V_C e^{j2t}]=|V_C|\cos(2t+\psi) \quad \text{......⑤}$$

其中 V_S 代表輸出變數的相量，稱出輸出電壓相量，我們亦可以電壓相量 V_s 代表輸入如下：

$$v_S(t)=\mathrm{Re}[V_S e^{j2t}]=\cos 2t$$

其中 $V_S=1e^{j0^\circ}$，由(9-10)式，可求得①式為：

$$\left[\frac{1}{2}(j\omega)^2+\frac{3}{2}(j\omega)+1\right]V_C=V_S$$

或 $$V_C=\frac{V_S}{\left(1-\frac{1}{2}\omega^2\right)+j\left(\frac{3}{2}\omega\right)}=\frac{1e^{j0^\circ}}{\left(1-\frac{1}{2}\omega^2\right)+j\left(\frac{3}{2}\omega\right)}$$

當 $\omega=2$ 時

$$V_C=\frac{1e^{j0^\circ}}{-1+j3}=0.316e^{-j108.4^\circ}$$

由⑤式，我們求得其特解為：

$$v_p(t)=0.316\cos(2t-108.4^\circ)$$

所以完全響應為：

$$v_C(t)=v_h(t)+v_p(t)=k_1e^{-t}+k_2e^{-2t}+0.316\cos(2t-108.4^\circ)$$

常數 k_1 和 k_2 可由②和③式之初值條件決定，可得：

$$v_C(0)=k_1+k_2+0.316\cos(-108.4)=1$$

或 $$k_1+k_2=1.1$$

及 $$v_C'(0)=-k_1-2k_2-0.316\times 2\sin(-108.4^\circ)=2$$

或 $$k_1+2k_2=-1.4$$

因此可得：$k_1=3.6$ 和 $k_2=-2.5$

所以完全響應為：

$$v_C(t)=3.6e^{-t}-2.5e^{-2t}+0.316\cos(2t-108.4^\circ)\ (\mathrm{V})$$

$v_C(t)$的曲線如下圖所示。此完全響應可分爲兩部份，即暫態與穩態。暫態與④式中的 $v_h(t)$相同，即$v_h(t)=3.6e^{-t}-2.5e^{-2t}$，其與輸入、初值及電路的自然頻率有關。而穩態則爲⑤式中的 $v_p(t)$，其與輸入弦波有關，但與初值無關。由下圖可知，當$t>4$秒後，完全響應實質上已成爲弦波穩態響應。

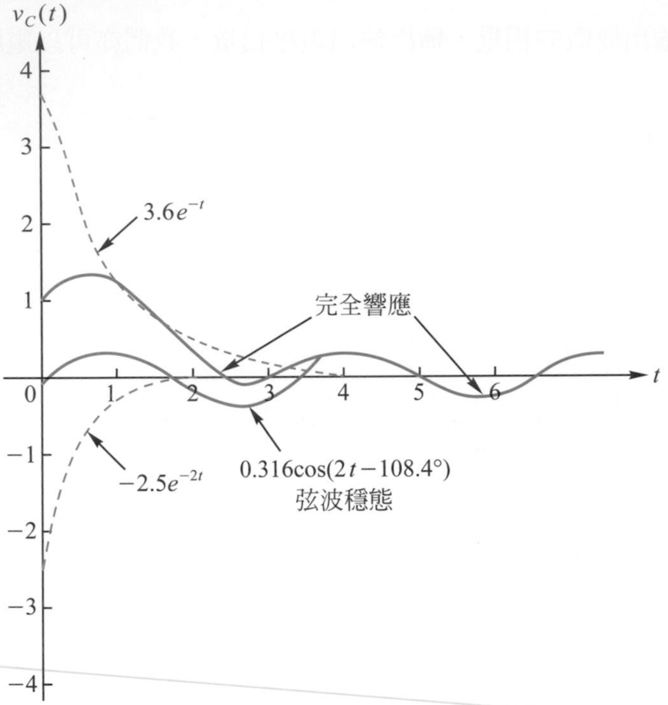

9-3 節點分析法

對於較複雜的電路，其不屬於由電路元件的串聯並聯連接類型的線性非時變電路，我們可使用節點分析法和網目分析法來分析。要強調的是：我們僅討論弦波穩態分析，因此在寫 KVL 和 KCL 方程式時，我們可應用電壓相量、電流相量、阻抗和導納。所得的相量方程式為線性代數方程式，而可利用克拉姆法則求解，再把所得的相量解轉回時域，即可得弦波時域的弦波穩態響應。本節我們將針對節點分析法以例題作說明。

例題 9-4

如下圖所示電路，若輸入爲一電流電源 $i_s(t) = 10\cos(2t + 30°)$ A，試利用節點分析法求弦波穩態電壓 $v_3(t)$之值。

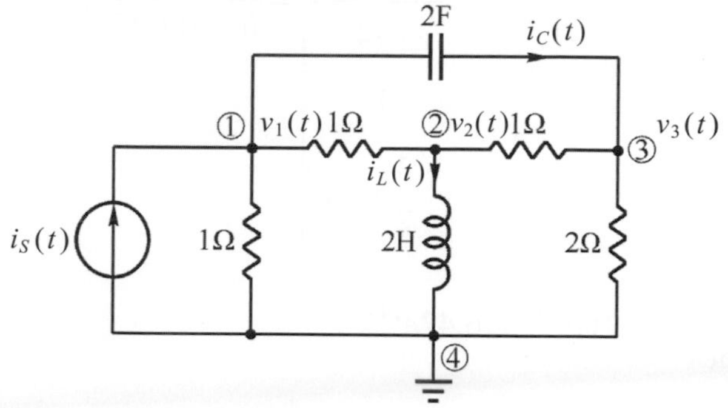

答　我們決定節點①、②、③和④，首先選取參考點④接地，並令各節點至參考點電壓分別爲 $v_1(t)$, $v_2(t)$和 $v_3(t)$。我們以此三節點至參考點電壓的相量寫出三個節點的 KCL 方程式，故得：

節點①：$\dfrac{V_1}{1} + \dfrac{V_1 - V_2}{1} + j4(V_1 - V_3) = I_s$

或　$(2 + j4)V_1 - V_2 - j4V_3 = I_s$ ……………………①

節點②：$\dfrac{V_2}{j4} + \dfrac{V_2 - V_3}{1} = \dfrac{V_1 - V_2}{1}$

或　$V_1 - \left(2 + \dfrac{1}{j4}\right)V_2 + V_3 = 0$ ……………………②

節點③：$\dfrac{V_3}{2} = \dfrac{V_2 - V_3}{1} + j4(V_1 - V_3)$

或　$j4V_1 + V_2 - \left(\dfrac{3}{2} + j4\right)V_3 = 0$ ……………………③

將①、②和③式三個具有複數係數的線性代數方程式，重新整理，並寫成向量—矩陣型式爲：

$$\begin{bmatrix} (2+j4) & -1 & -j4 \\ 1 & -\left(2+\dfrac{1}{j4}\right) & 1 \\ j4 & 1 & -\left(\dfrac{3}{2}+j4\right) \end{bmatrix} \begin{bmatrix} V_1 \\ V_2 \\ V_3 \end{bmatrix} = \begin{bmatrix} I_S \\ 0 \\ 0 \end{bmatrix}$$

再利用克拉姆法則，即可得電壓相量 V_3，因此：

$$V_3 = \frac{\begin{vmatrix} (2+j4) & -1 & I_s \\ 1 & -\left(2+\dfrac{1}{j4}\right) & 0 \\ j4 & 1 & 0 \end{vmatrix}}{\begin{vmatrix} (2+j4) & -1 & -j4 \\ 1 & -\left(2+\dfrac{1}{j4}\right) & 1 \\ j4 & 1 & -\left(\dfrac{3}{2}+j4\right) \end{vmatrix}} = \frac{2+j8}{6+j11.25} I_S$$

$$= \frac{8.25e^{j75.9^\circ}}{12.75e^{j61.9^\circ}} \cdot 10e^{j30^\circ} = 6.47e^{j44^\circ}$$

因此弦波穩態電壓為：

$$v_3(t) = 6.47\cos(2t + 44^\circ)\ \text{(V)}$$

9-4 網目分析法

網目分析法與節點分析法相似，只是在分析時應先將諾頓等效電路，利用電源轉換法，將電流電源轉換成電壓電源，再利用相量法計算，以例題 9-5 加以說明。

例題 9-5

將例題 9-4 電路之電流電源 $i_s(t)$與 1Ω 電阻並聯之諾頓等效電路轉換成戴維寧等效電路，如下圖所示，再利用網目分析法，求弦波穩態電壓 $v_3(t)$之值。

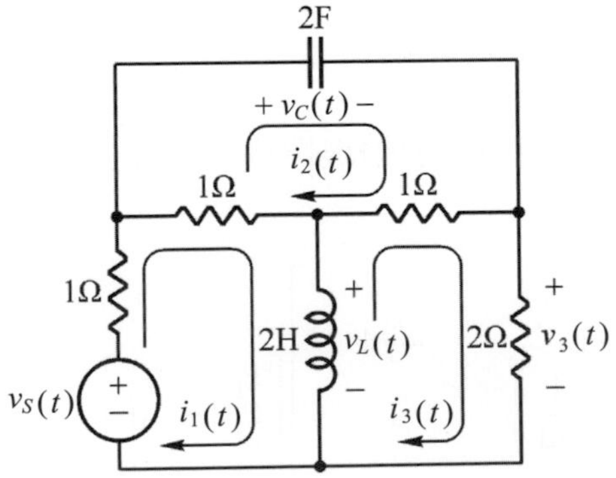

答　我們將先決定網目，並選取網目電流 $i_1(t)$、$i_2(t)$和 $i_3(t)$。再以此三網目電流的相量利用 KVL 寫出網目方程式，故得：

網目 1：$1I_1+1(I_1-I_2)+j4(I_1-I_3)=V_S$

或　$(2+j4)I_1-I_2-j4I_3=V_S$ ....①

網目 2：$\dfrac{I_2}{j4}+1(I_2-I_3)+1(I_2-I_1)=0$

或　$I_1-\left(2+\dfrac{1}{j4}\right)I_2+I_3=0$ ....②

網目 3：$2I_3+1(I_3-I_2)+j4(I_3-I_1)=0$

或　$j4I_1+I_2-(3+j4)I_3=0$ ....③

將①、②和③式三個具有複數係數的線性代數方程式，重新整理，並寫成向量－矩陣型式為：

$$\begin{bmatrix}(2+j4) & -1 & -j4\\ 1 & -\left(2+\dfrac{1}{j4}\right) & 1\\ j4 & 1 & -(3+j4)\end{bmatrix}\begin{bmatrix}I_1\\ I_2\\ I_3\end{bmatrix}=\begin{bmatrix}V_S\\ 0\\ 0\end{bmatrix}$$

再利用克拉姆法則，即可求得電流相量 I_3，因此：

$$I_3=\frac{\begin{vmatrix}2+j4 & -1 & V_S\\ 1 & -\left(2+\dfrac{1}{j4}\right) & 0\\ j4 & 1 & 0\end{vmatrix}}{\begin{vmatrix}(2+j4) & -1 & -j4\\ 1 & -\left(2+\dfrac{1}{j4}\right) & 1\\ j4 & 1 & -(3+j4)\end{vmatrix}}=\frac{2+j8}{12+j22.5}V_S$$

$$=\frac{8.25e^{j75.9^\circ}}{25.5e^{j61.9^\circ}}10e^{j30^\circ}=3.235e^{j44^\circ}$$

因為 $V_3=2I_3=6.47e^{j44^\circ}$

故得弦波穩態電壓為：

$$v_3(t)=6.47\cos(2t+44^\circ)\ (\text{V})$$

9-5 重疊定理

若弦波相量電路含有兩個或兩個以上的電源時，則可利用**重疊定理**(superposition theorem)求解電流或電壓。所謂重疊定理，即是由多輸入弦波所產生的穩態，係當每一輸入弦波單獨作用於電路時所存在的弦波穩態之和。在求每一弦波電源所產生的電流或電壓(其他電流電源開路，電壓電源短路)時，若所有電源之頻率相同時，可將個別電源所產生的相量，電流相量或電壓相加而獲得總電流相量或電壓相量。若頻率不同，則必須各別建立各個不同頻率的電路，再利用重疊定理個別求出其相量解後，將個別相量解轉換成時域值，然後再相加而得時域電流或電壓。現分別舉例說明如下：

1. 具有相同頻率電源之電路

例題 9-6

如下圖所示之 RC 並聯電路，若輸入為 $i_S(t) = 2\cos 2t + 10\cos(2t + 30°)$ A，試求穩態電壓 $v(t)$。

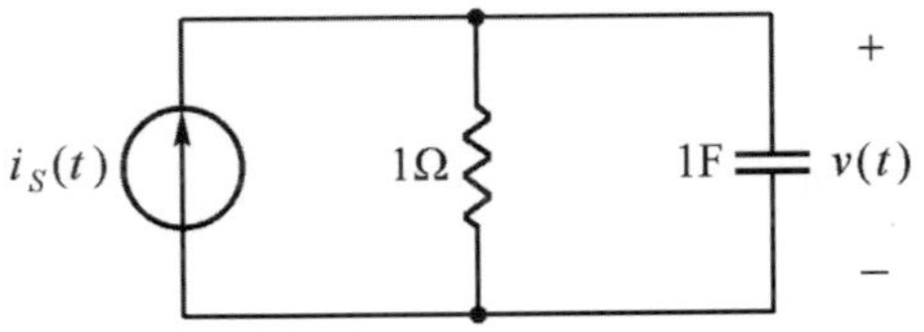

答 由 KCL 可得：

$$C\frac{dv(t)}{dt} + \frac{1}{R}v(t) = i_S(t)$$

代入數值，得：

$$\frac{dv(t)}{dt} + v(t) = i_S(t)$$

以相量表示之，得到電壓相量：

$$j\omega V + V = I_S$$

或 $$V = \frac{I_S}{1 + j\omega} \quad \text{......①}$$

因為 $i_s(t) = 2\cos 2t + 10\cos(2t + 30°)$

故可令 $i_{S1}(t) = 2\cos 2t$，其相量表示式為：$I_{S1} = 2e^{j0°}$。

$i_{S2}(t) = 10\cos(2t + 30°)$，其相量表示式為：$I_{S2} = 10e^{j30°}$。

(1)當 $I_{S1}=2e^{j0^\circ}$，$\omega=2$ 代入①式，得到：

$$V_1=\frac{I_{S1}}{1+j\omega}=\frac{2e^{j0^\circ}}{1+j2}=\frac{2}{\sqrt{5}}e^{-j(\tan^{-1}\frac{2}{1})}=\frac{2}{\sqrt{5}}e^{-j63.4^\circ}$$

(2)當 $I_{S2}=10e^{j30^\circ}$，$\omega=2$ 代入①式，得到：

$$V_2=\frac{I_{S2}}{1+j\omega}=\frac{10e^{j30^\circ}}{1+j2}=\frac{10}{\sqrt{5}}e^{j(30^\circ-\tan^{-1}2)}=\frac{10}{\sqrt{5}}e^{-j33.4^\circ}$$

由重疊定理，可知：

$$V=V_1+V_2=\frac{2}{\sqrt{5}}e^{-j63.4^\circ}+\frac{10}{\sqrt{5}}e^{-j33.4^\circ}$$
$$=(0.4-j0.8)+(3.7-j2.5)=4.1-j3.3$$
$$=5.26e^{-j38.8^\circ}$$

因此，穩態電壓為：

$$v(t)=5.26\cos(2t-38.8^\circ)\,(\text{V})$$

2. 具有不同頻率電源之電路

例題 9-7

如例題 9-6 所示之電路，若輸入為 $i_S(t)=2\cos 2t+3\cos(3t+30^\circ)$ A 試求穩態電壓 $v(t)$。

答 由例題 9-6 知道：

$$V=\frac{I_S}{1+j\omega} \quad \text{......①}$$

因為 $i_S(t)=2\cos 2t+3\cos(3t+30^\circ)$，具有不同頻率電源

故可令 $i_{S1}(t)=2\cos 2t$，其相量表示式為：$I_{S1}=2e^{j0^\circ}$。

$i_{S2}(t)=3\cos(3t+30^\circ)$，其相量表示式為：$I_{S2}=3e^{j30^\circ}$。

(1)當 $I_{S1}=2e^{j0^\circ}$，$\omega=2$，代入①式，可得：

$$V_1=\frac{I_{S1}}{1+j\omega}=\frac{2e^{j0^\circ}}{1+j2}=\frac{2}{\sqrt{5}}e^{-j63.4^\circ}$$

(2)當 $I_{S2}=3e^{j30^\circ}$，$\omega=3$，代入①式，可得：

$$V_2=\frac{I_{S2}}{1+j\omega}=\frac{3e^{j30^\circ}}{1+j3}=\frac{3}{\sqrt{10}}e^{j(30^\circ-\tan^{-1}3)}=\frac{3}{\sqrt{10}}e^{-j41.6^\circ}$$

因此，利用重疊定理，可得：

$$v(t)=v_1(t)+v_2(t)=\frac{2}{\sqrt{5}}\cos(2t-63.4°)+\frac{3}{\sqrt{10}}\cos(3t-41.6°)\ (\text{V})$$

9-6 弦波穩態功率和能量

在 1-4 節我們曾計算在時間 t 進入單埠的瞬時功率及由時間 t_0 至 t 之間內輸送至單埠的能量。其方程式由(1-6)式和(1-7)式，重寫如下：

進入單埠 $\mathfrak{N}$ 的瞬時功率爲：

$$p(t)=v(t)i(t) \tag{9-12}$$

及時間區間(t_0，t)內輸送至單埠 $\mathfrak{N}$ 的能量爲：

$$\omega(t_0, t)=\int_{t_0}^{t} p(t)dt=\int_{t_0}^{t} v(t)\cdot i(t)dt \tag{9-13}$$

在本節中，我們利用上述方程式計算弦波穩態的功率和能量。

假設在弦波穩態下，單埠 $\mathfrak{N}$ 的埠端電壓及埠端電流分別爲：

$$v(t)=V_m\cos(\omega t+\measuredangle V)=\text{Re}[Ve^{j\omega t}] \tag{9-14}$$

$$i(t)=I_m\cos(\omega t+\measuredangle I)=\text{Re}[Ie^{j\omega t}] \tag{9-15}$$

一、瞬時功率

由(9-12)式，我們知道**瞬時功率**(instantaneous power)$p(t)$爲 $v(t)$和 $i(t)$的乘積，即：

$$\begin{aligned}p(t)&=v(t)i(t)=V_m\cos(\omega t+\measuredangle V)\cdot I_m\cos(\omega t+\measuredangle I)\\&=\frac{1}{2}V_mI_m[\cos(2\omega t+\measuredangle V+\measuredangle I)+\cos(\measuredangle V-\measuredangle I)]\end{aligned} \tag{9-16}$$

電壓 $v(t)$，電流 $i(t)$和瞬時功率均劃於圖 9-2 中，由(9-16)之功率表示式中，我們知道第二項爲定值，而第一項則是角頻率 2ω 的弦波，即功率的脈動頻率爲電壓與電流的兩倍，因此，當我們路過一大功率變壓器旁，會聽到嗡嗡聲，其頻率爲 120Hz，日光燈閃爍的頻率也是 120Hz。

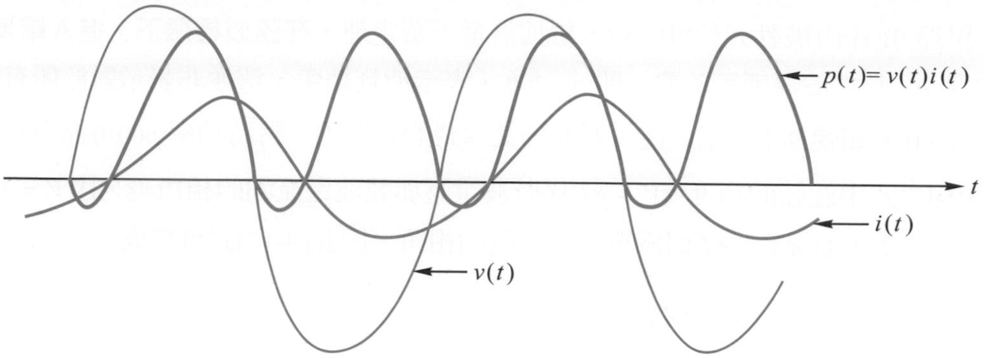

▲ 圖 9-2　弦波穩態電流、電壓與瞬時功率之波形

二、平均功率

瞬時功率 $p(t)$在每個週期的波形都很相像，所以我們將 $p(t)$以下之面積除以兩個週期之時間，即得**平均功率**(average power)。因爲 $p(t)$脈動的頻率爲 2ω，兩個 $p(t)$週期等於 T 秒，此即 $v(t)$或 $i(t)$的一個週期，因此以 p_{av} 表示平均功率，我們可得：

$$
\begin{aligned}
p_{av} &= \frac{1}{T}\int_0^T p(t)dt \\
&= \frac{1}{T}\int_0^T \frac{1}{2}V_m I_m[\cos(2\omega t + \measuredangle V + \measuredangle I) + \cos(\measuredangle V - \measuredangle I)]dt \\
&= \frac{1}{2}V_m I_m \cos(\measuredangle V - \measuredangle I) \qquad (9\text{-}17)
\end{aligned}
$$

上式之積分式中，我們計算整個週期 $T = \dfrac{2\pi}{\omega}$ 的平均功率，因任意弦波在其週期之任意整倍數的平均値恆等於零，故第一項的積分恆爲零。圖 9-3 所示爲電壓 $v(t)$、電流 $i(t)$ 和平均功率的波形。

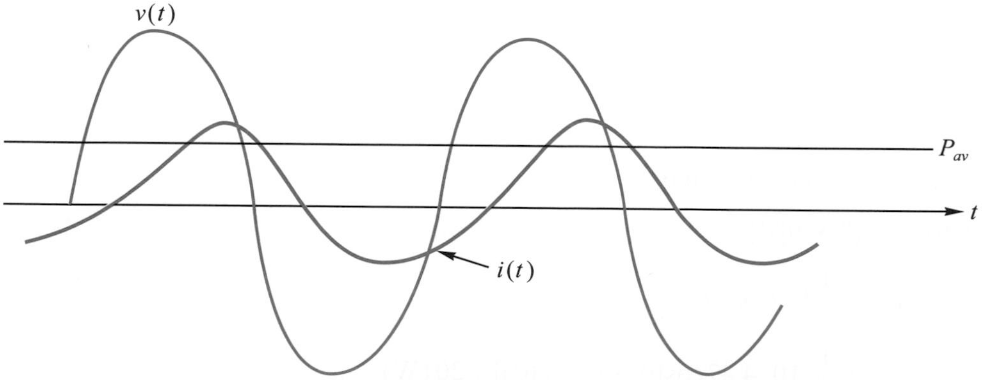

▲ 圖 9-3　弦波穩態電流、電壓與平均功率之波形

若單埠 $\mathfrak{N}$ 係由被動元件組成時，根據能量不滅定理，**在弦波穩態下，進入單埠 N 的平均功率 p_{av} 必大於零或等於零**，即 $p_{av} \geq 0$，表示消耗功率。這並非表示對於所有時間 t 均係 $p(t) \geq 0$。如圖 9-2 所示，在一週期的某些時間區間內，瞬時功率 $p(t)$可能為負值。

由(9-17)式中餘弦的角度 $\measuredangle V - \measuredangle I$ 係弦波電壓與弦波電流間的相角差，因 $V = ZI$，故 $\measuredangle Z = \measuredangle V - \measuredangle I$，而 $\measuredangle V - \measuredangle I$ 即為單埠之阻抗的相角，因此(9-17)式可寫成：

$$p_{av} = \frac{1}{2} V_m I_m \cos(\measuredangle Z) \tag{9-18}$$

因此可知，若阻抗的大小為定值，而**改變阻抗之相角，即可改變單埠所接收到的平均功率**。

在弦波穩態下，若單埠 $\mathfrak{N}$ 由兩個不同頻率 ω_1 和 ω_2 的弦波之和的輸入所驅動時，由於兩弦波互相作用的關係，可知合成後的總瞬時功率並不等於僅有 ω_1 及僅有 ω_2 時單獨所引起的瞬時功率之和，亦即**對瞬時功率而言，相加性不成立**。但若取其平均功率，則可得總平均功率為僅有 ω_1 及僅有 ω_2 時單獨平均功率之和，亦即**在弦波穩態時，若頻率不同，則平均功率符合相加性**。

例題 9-8

如下圖所示 RL 串聯電路，若電壓電源 $v_S(t) = 10\cos 5t$ A 試求電壓電源所提供之 p_{av} 為多少？

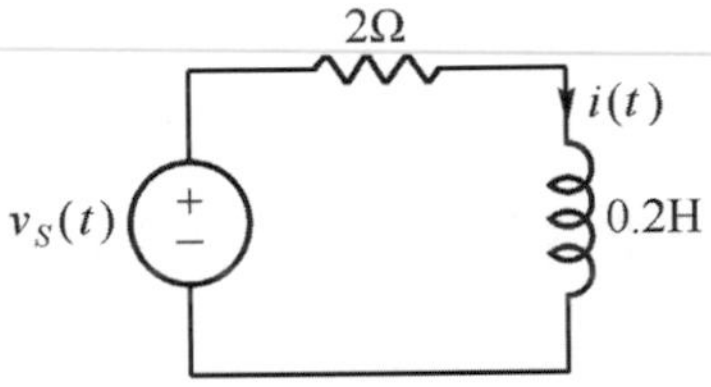

答 先用相量求 $i(t)$

$$I = \frac{V}{Z} = \frac{V_S}{R + j\omega L} = \frac{V_S}{2 + j} = \frac{10e^{j0^\circ}}{2.24e^{j26.6^\circ}}$$

$$= 4.47e^{-j26.6^\circ}$$

故得 $i(t) = 4.47\cos(5t - 26.6^\circ)$

利用(9-17)式，可得：

$$p_{av} = \frac{1}{2} V_m I_m \cos(\measuredangle V - \measuredangle I)$$

$$= \frac{1}{2} \cdot 10 \cdot 4.47\cos[0^\circ - (-26.6^\circ)] = 20\,(\text{W})$$

三、複數功率

在弦波穩態下，輸送至單埠 $\mathfrak{N}$ 的**複數功率**(complex power)定義爲：

$$P \triangleq \frac{1}{2}V\bar{I} \tag{9-19}$$

其中 $V = V_m e^{j\sphericalangle V}$ ，$I = I_m e^{j\sphericalangle I}$ ，而 $\bar{I} = I_m e^{-j\sphericalangle I}$

故
$$P = \frac{1}{2}V_m I_m e^{j(\sphericalangle V - \sphericalangle I)}$$
$$= \frac{1}{2}V_m I_m \cos(\sphericalangle V - \sphericalangle I) + j\frac{1}{2}V_m I_m \sin(\sphericalangle V - \sphericalangle I)$$
$$= P_{av} + jQ \tag{9-20}$$

因此，由(9-20)式和(9-17)式可知，**複數功率的實數部份即為平均功率**，而虛數部份 Q 是**無效**(reactive)或**正交**(qudrature)**功率**，量度單位是乏(Volt-Ampere Reactive，VAR)，P 是複數功率，單位是伏特－安培(V-A)，以及 p_{av} 的單位是瓦特(W)。

由上述可知：

$$P_{av} = \text{Re}[P] = \text{Re}\left[\frac{1}{2}V\bar{I}\right] = \frac{1}{2}V_m I_m \cos(\sphericalangle V - \sphericalangle I) \tag{9-21}$$

若單埠係由被動元件所組成者，我們可令 $Z(j\omega)$ 和 $Y(j\omega)$ 分別爲單埠在頻率 ω 時的驅動點阻抗和驅動點導納，由於 $V = ZI$ ，且 $I = YV$ ，故(9-21)式變爲：

$$p_{av} = \text{Re}\left[\frac{1}{2}V\bar{I}\right] = \text{Re}\left[\frac{1}{2}ZI\bar{I}\right] = \frac{1}{2}|I_m|^2 \text{Re}[Z(j\omega)]$$
$$= \frac{1}{2}|V_m|^2 \text{Re}[Y(j\omega)] \tag{9-22}$$

由(9-22)式，顯然 p_{av} 必大於零，故任意由被動元件所組成的單埠驅動點阻抗 $Z(j\omega)$ 和驅動點導納 $Y(j\omega)$，不論 ω 爲何值，均滿足下列不等式：

$$\text{Re}[Z(j\omega)] \geq 0 \text{，} \text{Re}[Y(j\omega)] \geq 0 \text{，對於所有之 } \omega \tag{9-23}$$

或由(9-17)式，又因爲 $\cos(\sphericalangle V - \sphericalangle I) \geq 0$ ，此即相當於：

$$|\sphericalangle Z(j\omega)| \leq 90° \text{，} |\sphericalangle Y(j\omega)| \leq 90° \text{，對於所有之 } \omega \tag{9-24}$$

例題 9-9

如下圖所示的 RL 串聯電路，若總電壓 $v(t)=110\sqrt{2}\cos(377t+30°)$ V，試求複數功率、平均功率與無效功率。

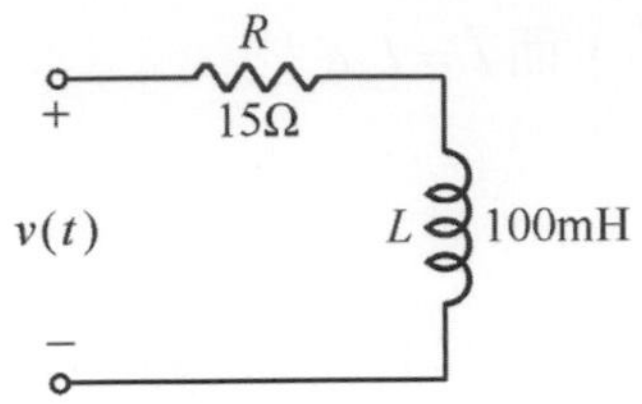

答 電壓 $v(t)$之相量表示式為：$V=110\sqrt{2}e^{j30°}$，而 $Z=R+j\omega L=15+j37.7=40.6e^{j68.3°}$

因為 $I=\dfrac{V}{Z}=\dfrac{110\sqrt{2}e^{j30°}}{40.6e^{j68.3°}}=3.83e^{-j38.3°}$

由(9-19)式，可得複數功率為：

$$P=\frac{1}{2}V\bar{I}=\frac{1}{2}110\sqrt{2}e^{j30°}\cdot 3.83e^{j38.3°}=298e^{j68.3°}$$

$$=298(\cos 68.3°+j\sin 68.3°)=110+j277$$

因此，可得複數功率 $P=110+j277(V-A)$，平均功率 $P_{av}=110$ (W)，而無效功率 $Q=277$ (VAR)

四、有效值或均方根值

1. 弦波之有效值

弦波之有效值(effective values)定義為：弦波之振幅或峰值除以 $\sqrt{2}$；即：

$$I_{\text{eff}}\triangleq\frac{I_m}{\sqrt{2}}，V_{\text{eff}}\triangleq\frac{V_m}{\sqrt{2}} \tag{9-25}$$

設有一電阻為 R 之線性非時變電阻器，在弦波穩態下之弦波穩態響應：由(9-12)式，可得其瞬時功率為：

$$p(t)=v(t)i(t)=Ri^2(t)=RI_m^2\cos^2(\omega t+\measuredangle I) \tag{9-26}$$

其平均功率為：

$$p_{av}=\frac{1}{T}\int_0^T p(t)dt=\frac{1}{T}\int_0^T RI_m^2\cos^2(\omega t+\sphericalangle I)dt$$
$$=\frac{1}{T}\int_0^T \frac{RI_m^2}{2}[1+\cos(2\omega t+2\sphericalangle I)]dt$$
$$=\frac{1}{2}I_m^2R=\frac{1}{2}V_mI_m \tag{9-27}$$

故由弦波送至 R 的平均功率為：

$$P_{av}=\frac{1}{2}\sqrt{2}V_{\text{eff}}\cdot\sqrt{2}I_{\text{eff}}=V_{\text{eff}}I_{\text{eff}}=RI_{\text{eff}}^2=\frac{V_{\text{eff}}^2}{R} \tag{9-28}$$

2. 週期函數之有效值

對於非弦波之週期函數，其有效值可定義為下列積分式：

$$I_{\text{eff}}=\sqrt{\frac{1}{T}\int_0^T i^2(t)dt}\ ,\ V_{\text{eff}}=\sqrt{\frac{1}{T}\int_0^T v^2(t)dt} \tag{9-29}$$

其中 $i(t)$和 $v(t)$係週期為 T 的週期函數，(9-26)式的意義為：由週期函數(非弦波)送至 R 的平均功率為：

$$P_{av}=\frac{1}{2}V_mI_m=\frac{1}{2}RI_m^2=RI_{\text{eff}}^2=\frac{V_{\text{eff}}^2}{R}=V_{\text{eff}}I_{\text{eff}} \tag{9-30}$$

再由(9-17)式的定義，顯然平均功率為：

$$p_{av}=\frac{1}{T}\int_0^T p(t)dt=\frac{1}{T}\int_0^T v(t)i(t)dt$$
$$=\frac{1}{T}\int_0^T Ri^2(t)dt=\frac{1}{T}\int_0^T\frac{1}{R}v^2(t)dt \tag{9-31}$$

將(9-29)式與(9-31)式相比較，即可得(9-30)式。於是(9-29)式中，有效值係以電壓和電流值的平方的平均值的平方根所定義，故有**均方根值**(root-mean-square values)之稱。

五、視在功率

由(9-17)式可知：並令 $\sphericalangle V-\sphericalangle I=\theta$

$$p_{av}=\frac{1}{2}V_mI_m\cos(\sphericalangle V-\sphericalangle I)=\frac{1}{2}\sqrt{2}V_{\text{eff}}\sqrt{2}I_{\text{eff}}\cos\theta$$
$$=V_{\text{eff}}I_{\text{eff}}\cos\theta \tag{9-32}$$

上式中，電壓與電流的有效值(均方根值)之乘積；稱爲**視在功率**(apparent power)。簡言之，即負載爲純電阻時，所消耗功率之量，其單位爲 V-A(伏特－安培)；即 $\boldsymbol{S}=\boldsymbol{V}_{\text{eff}}\boldsymbol{I}_{\text{eff}}$ 。實際的功率應小於視在功率，因(9-32)式中有個 $\cos\theta$ 因數存在。式中 $\cos\theta$ 稱為功率因數(power factor)，記爲 PF；即：

$$PF=\cos\theta \tag{9-33}$$

其中 $0\le\cos\theta\le1$，因此阻抗的角度在決定多少實際功率輸入阻抗中，也佔有一重要角色。對一個純電阻器，因阻抗角度爲零，功率因數爲單位值(UPF)，因此視在功率與實際功率相等。但對於純電感器與純電容器，阻抗角度是 90°，因此功率因數等於零，故無論視在功率如何大，仍沒有實際平均功率注入一個純電抗元件。

例題 9-10

若一負載之阻抗爲 $Z=10e^{j15^\circ}\Omega$ ，電壓 $v(t)=50\sqrt{2}\cos\omega t\text{V}$ ，試求負載之複數功率、視在功率，功率因數、平均功率及無效功率。

答 電壓 $v(t)=50\sqrt{2}\cos\omega t$ ，故其相量表示式爲：$V=50\sqrt{2}e^{j0^\circ}$

所以電流相量爲：

$$I=\frac{V}{Z}=\frac{50\sqrt{2}e^{j0^\circ}}{10e^{j15^\circ}}=5\sqrt{2}e^{-j15^\circ}$$

電流之共軛複數 $\bar{I}=5\sqrt{2}e^{j15^\circ}$

複數功率：$P=\frac{1}{2}V\bar{I}=\frac{1}{2}V_mI_me^{j(\measuredangle V-\measuredangle I)}$

$$=\frac{1}{2}50\sqrt{2}\cdot5\sqrt{2}e^{j15^\circ}=250e^{j15^\circ}\text{ (V-A)}$$

視在功率：$S=V_{\text{eff}}I_{\text{eff}}=\frac{50\sqrt{2}}{\sqrt{2}}\cdot\frac{5\sqrt{2}}{\sqrt{2}}=250\text{ (V-A)}$

功率因數：$\text{PF}=\cos\theta=\cos(\measuredangle V-\measuredangle I)=\cos15^\circ=0.966$

平均功率：$p_{av}=\frac{1}{2}V_mI_m\cos(\measuredangle V-\measuredangle I)$

$$=\frac{1}{2}50\sqrt{2}\cdot5\sqrt{2}\cos15^\circ=250\cos15^\circ=241.5\text{ (W)}$$

無效功率：$Q=\frac{1}{2}V_mI_m\sin(\measuredangle V-\measuredangle I)$

$$=\frac{1}{2}50\sqrt{2}\cdot5\sqrt{2}\sin15^\circ=250\sin15^\circ=64.7\text{ (VAR)}$$

9-7 最大功率轉移定理

我們在 3-6 節已討論過直流部份的最大功率轉移定理：若直流電路之負載總電阻等於自負載端向內看之戴維寧等效電阻時，此負載將獲得最大功率。現在我們來討論交流部份的最大功率轉移定理。

如圖 9-4 所示的電路，Z_s 代表一已知被動阻抗，V_s 代表已知頻率爲 ω 之弦波電壓相量，Z_L 代表一被動的負載阻抗。

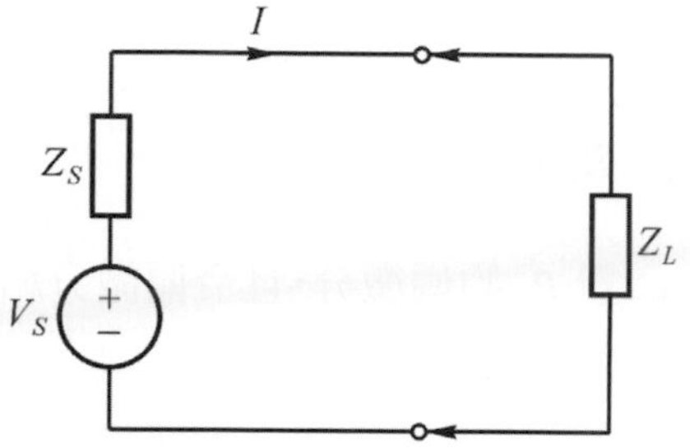

▲ 圖 9-4 最大功率轉移定理電路分析

最大功率轉移定理的敘述是：**交流電路之負載阻抗 Z_L 等於電源被動阻抗 Z_S 的共軛值時；即 $Z_L = \overline{Z}_S$ ，負載即得最大功率。**

假設 $Z_S = R_S + jX_S$ ，$Z_L = R_L + jX_L$ ，若以電流相量 I 表示，則由(9-22)式可知送至負載 Z_L 的平均功率爲：

$$p_{av} = \frac{1}{2}|I|^2 \operatorname{Re}[Z_L] \tag{9-34}$$

又由電路可知：

$$I = \frac{V_S}{Z_S + Z_L} = \frac{V_S}{(R_S + jX_S) + (R_L + jX_L)} = \frac{V_S}{(R_S + R_L) + j(X_S + X_L)}$$

故其大小

$$|I| = \frac{|V_S|}{\sqrt{(R_S + R_L)^2 + (X_S + X_L)^2}}$$

所以

$$|I|^2 = \frac{|V_S|^2}{(R_S + R_L)^2 + (X_S + X_L)^2}$$

代入(9-34)式，可得：

$$p_{av} = \frac{1}{2}|V_S|^2 \frac{R_L}{(R_S+R_L)^2+(X_S+X_L)^2} \tag{9-35}$$

因爲電抗 X_L 可能爲正亦可能爲負，欲使(9-31)式中的 p_{av} 較大，故我們可選取 $(X_S+X_L)^2$ 項爲零，即：

$$X_L = -X_S \tag{9-36}$$

因此(9-31)式 p_{av} 變爲：

$$p_{av} = \frac{1}{2}|V_S|^2 \frac{R_L}{(R_S+R_L)^2} \tag{9-37}$$

欲使 p_{av} 爲最大，故可取 p_{av} 對 R_L 的偏微分，且令偏微分結果爲零；即 $\frac{\partial p_{av}}{\partial R_L}=0$，故(9-37)式可得：

$$\frac{\partial p_{av}}{\partial R_L} = \frac{1}{2}|V_S|^2 \frac{(R_S+R_L)^2-2(R_S+R_L)R_L}{(R_S+R_L)^4}$$

$$= \frac{1}{2}|V_S|^2 \frac{R_S^2-R_L^2}{(R_S+R_L)^4} = 0$$

即 $R_s^2 - R_L^2 = 0$，或 $(R_S+R_L)(R_S-R_L)=0$

因 $R_S+R_L \neq 0$，故可得 $R_S - R_L = 0$

$$即\ R_L = R_S \tag{9-38}$$

由(9-36)和(9-38)式，可得：

$$Z_L = R_L + jX_L = R_S - jX_S = \bar{Z}_S \tag{9-39}$$

當此條件滿足時，即**負載阻抗與電源阻抗共軛匹配**時負載可得最大功率。

當 $Z_L = \bar{Z}_S$ 時，輸送至負載的最大平均功率爲：

$$\max p_{av} = \frac{1}{2}|V_S|^2 \frac{R_L}{(R_S+R_L)^2} = \frac{1}{2}|V_S|^2 \frac{R_S}{(2R_S)^2} = \frac{|V_S|^2}{8R_S} \tag{9-40}$$

當負載得到最大功率時，由電源所輸送出的平均功率爲：

$$p_{s,av} = \frac{1}{2}|I|^2 \operatorname{Re}[Z_S+Z_L] = \frac{1}{2}\left|\frac{V_S}{R_S+R_L}\right|^2 (R_S+R_L)$$

$$= \frac{1}{2}\left|\frac{V_S}{2R_S}\right|^2 (2R_S) = \frac{|V_S|^2}{4R_S} \tag{9-41}$$

由(9-40)與(9-41)式相比較，可知由電源 V_S 輸送至負載的平均功率之轉移效率僅有50%，此轉移效率對電子工程師而言，此項事實並不重要。但對電力工程師而言，情況則正好相反，因由電源所輸送出的能量需要費用，所以電力公司對於效率特別注重，他們希望所產生的平均功率盡可能地輸送至負載(即用戶)，故大型交流發電機都不做共軛匹配。

例題 9-11

如下圖所示之電路，當 $e_S(t)=9\cos t$ V 時，試求：

(1)負載得最大功率時 Z_L 之值爲何？

(2)此時負載上之最大功率爲何？

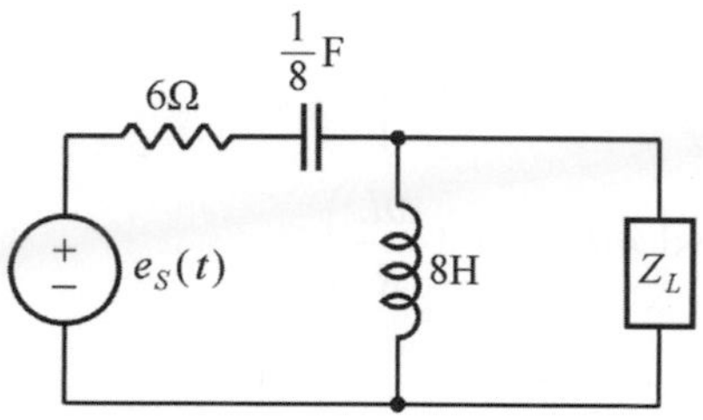

答 $e_S(t)=9\cos t$，故相量爲 $E_S=9e^{j0^\circ}$，$\omega=1$

電容器之阻抗：$Z_C(j\omega)=\dfrac{1}{j\omega C}=-j8$

電感器之阻抗：$Z_L(j\omega)=j\omega L=j8$

(1)先求戴維寧等效電路阻抗得：

$$Z_S=\frac{(6-j8)j8}{(6-j8)+j8}=\frac{64+j48}{6}=10.7+j8$$

故　$Z_L=\bar{Z}_S=10.7-j8=13.4e^{-j36.8^\circ}\,(\Omega)$

(2)欲得最大功率，必須先求戴維寧等效電壓得：

$$V_S=\frac{E_S(j8)}{(6-j8)+j8}=\frac{9(j8)}{6}=j12=12e^{j90^\circ}$$

故負載最大功率爲：

$$\max p_{av}=\frac{|V_S|^2}{8R_S}=\frac{(12)^2}{8\times 10.7}=1.68\,(\text{W})$$

本章習題 LEARNING PRACTICE

9-1 有一 RL 串聯電路，如下圖所示，若輸入爲一弦波電壓電源 $v_S(t)=V_m\cos\omega t$，試求其穩態響應 $i(t)$。

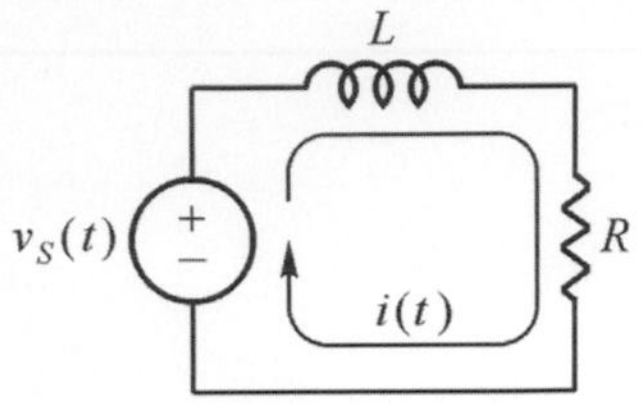

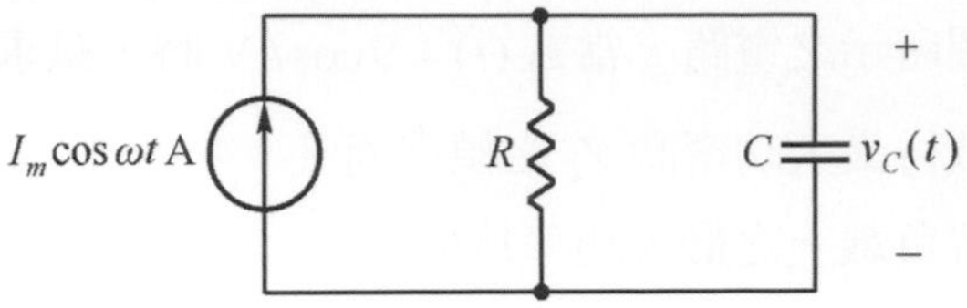

答 $$i(t)=\text{Re}\left[\frac{V_m}{\sqrt{R^2+\omega^2L^2}}e^{j(\omega t-\tan^{-1}\frac{\omega L}{R})}\right]$$
$$=\frac{V_m}{\sqrt{R^2+\omega^2L^2}}\cos\left(\omega t-\tan^{-1}\frac{\omega L}{R}\right)$$

9-2 試求下列電路方程式之穩態響應。

(1) $\dfrac{d^2i(t)}{dt^2}+2\dfrac{di(t)}{dt}+8i(t)=30\cos(2t-15°)$

(2) $\dfrac{d^3v(t)}{dt^3}+6\dfrac{d^2v(t)}{dt^2}+11\dfrac{dv(t)}{dt}+6v(t)=\cos 2t$

答 (1) $i(t)=5.3\cos(2t-60°)$

(2) $v(t)=0.044\cos(2t-142.13°)$

9-3 如下圖所示之 RC 電路，試用相量法求電容器兩端的穩態電壓 $v_C(t)$。

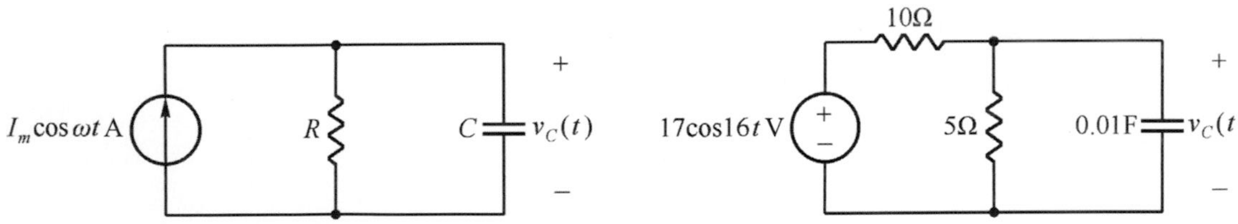

(a) (b)

答 (1) $v_C(t)=\dfrac{RI_m}{\sqrt{1+(\omega RC)^2}}\cos(\omega t-\tan^{-1}\omega RC)$

(2) $v_C(t)=5\cos(16t-28.1°)$ (V)

9-4　如下圖所示之 RL 電路，試用相量法，求穩態電流 $i_L(t)$。

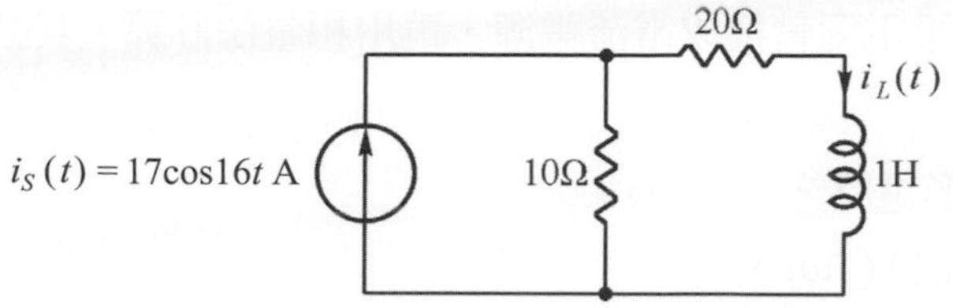

答　$i_L = 5\cos(16t - 28.1°)$ (A)

9-5　下圖所示為 RLC 串聯電路，試求當 $\omega = 4$ rad/s 時之穩態電流 $i(t)$。

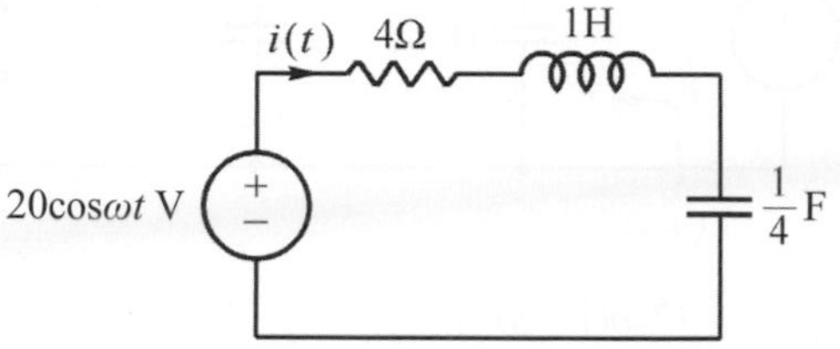

答　$i(t) = 4\cos(4t - 36.9°)$ (A)

9-6　下圖所示為 RLC 並聯電路，試用相量法，求穩態電壓 $v_C(t)$。

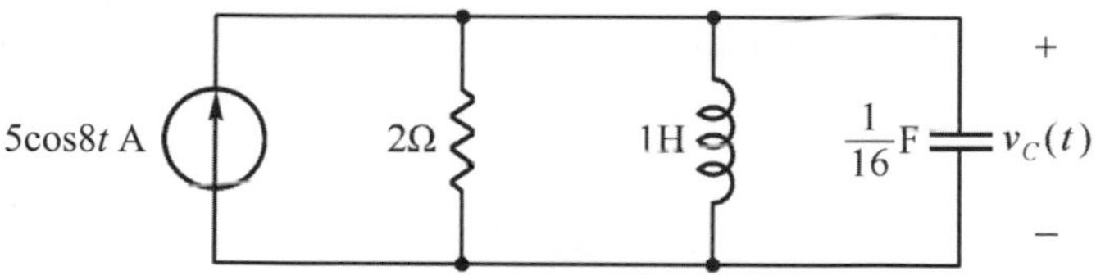

答　$v_C(t) = 8\cos(8t - 36.9°)$ (V)

9-7　如下圖所示之電路，若輸入為一電壓電源 $v_S(t) = \cos 2t$ A，試利用網目分析法跨於 1 法拉電容器兩端的弦波穩態電壓 $v_C(t)$。

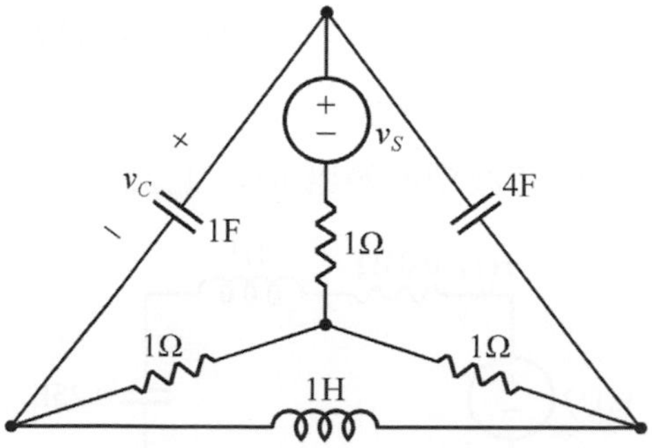

答　$v_C(t) = \dfrac{1}{1385}(-101\cos 2t - 243\sin 2t)$ (V)

9-8 如第 9-7 題所示之電路，試以節點分析法，求 $v_C(t)$。

(提示：須先將電壓電源轉換成電流電源，再用相量法計算，其結果 $v_C(t)$與 7.10 題答案相同。)

9-9 如下圖所示之梯形電路。

(1)試求驅動點導納 $Y(j\omega)$。

(2)若輸入為弦波電壓電源 $v_S(t) = 2\cos 2t$ A，試求弦波穩態電流 $i_1(t)$。

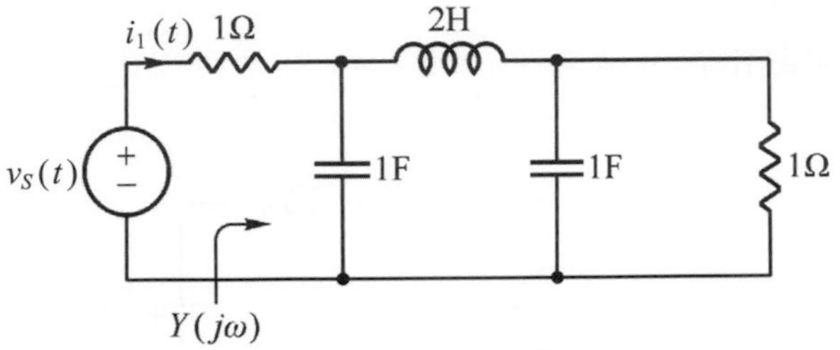

答 (1) $Y(j\omega) = \dfrac{(1-2\omega^2) + j2\omega(1-\omega^2)}{2(1-2\omega^2) + j2\omega(2-\omega^2)}$ (S)

(2) $i_1(t) = 1.72\cos(2t + 30°)$ (A)

9-10 試求下圖在頻率為 ω 時的輸入阻抗 $Z(j\omega)$。若輸入電壓為 $10\cos\omega t$ V，且電路是在弦波穩態下，試求送至電路上的瞬時功率為何？

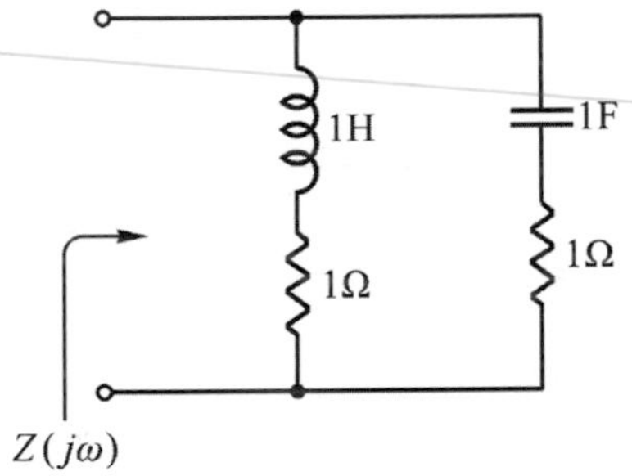

答 $Z(j\omega) = 1\,(\Omega)$，$p(t) = 100\cos^2\omega t = 50(1+\cos 2\omega t)$ (W)

9-11 下圖所示的 *RLC* 串聯電路係由線性非時變元件所組成，試以相量法計算當 $\omega = 2$ rad/sec 時，對於 $v_S(t) = \sin\omega t$ V 的弦波穩態響應 $i(t)$。且計算電阻所消耗的平均功率 p_{av}。

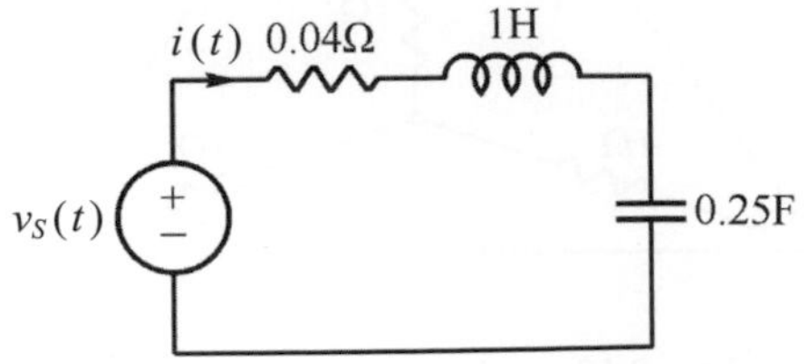

答 $i(t) = 25\sin 2t$ (A)，$p_{av} = 12.5$ (W)

9-12 如下圖所示之線性非時變電路，試利用網目分析法，求穩態電流 $i_1(t)$和 $i_2(t)$。

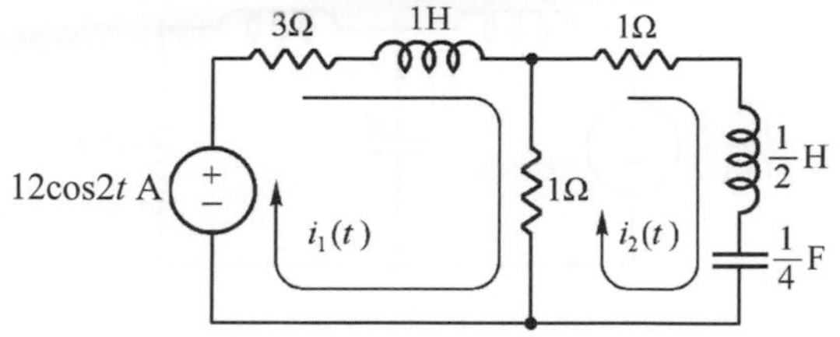

答　$i_1(t) = 4.47\cos(2t - 26.6°)\,(A)$

$i_2(t) = 2\cos 2t\,(A)$

9-13 如下圖所示之電路，若輸入弦波電流 $v_S(t) = 3 + 10\cos t + 3\cos(3t + 30°)$ V，試應用重疊定理求其穩態電壓 $v_C(t)$。

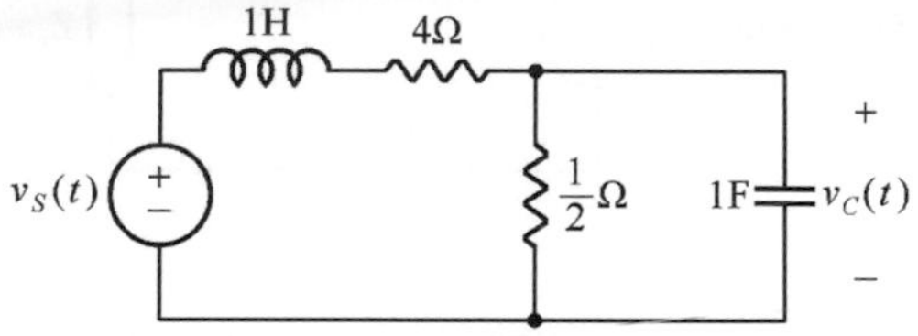

答　$v_C(t) = \frac{1}{3} + \cos(t - 36.9°) + \frac{1}{6}\cos(3t - 60°)\,(V)$

9-14 如下圖所示之 *RLC* 串聯電路，若 $v_S(t) = 10\sin 2t$ V，試求由電源看入之功率因數。

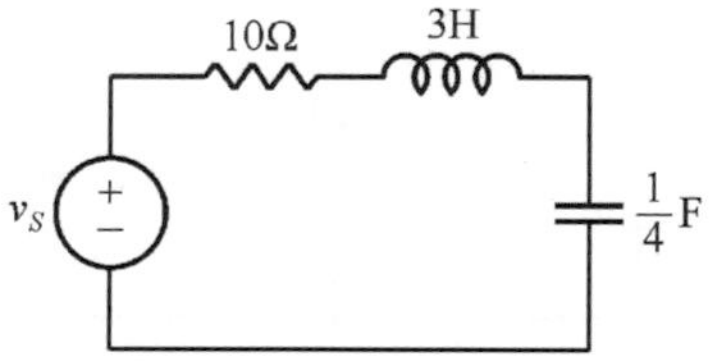

答　$\cos\theta = \cos 21.8° = 0.928$

9-15 如下圖所示之線性非時變電路，且在弦波穩態下，試求當 $v(t)$比 $v_S(t)$落後 45°時，以 R 和 C 表示的 ω 值，並求出 $v(t)$在此頻率下的振幅。

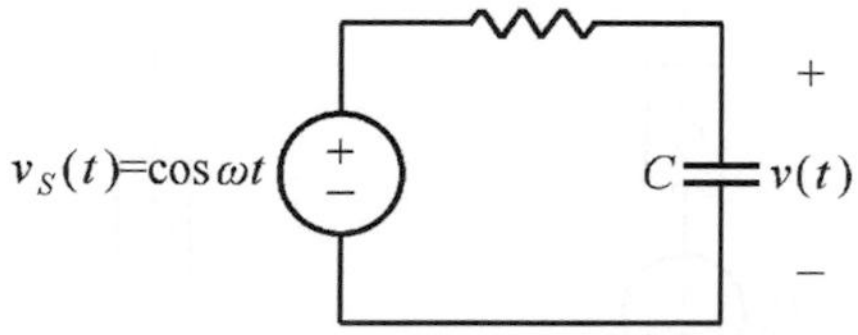

答　$\omega = \frac{1}{RC}$，$|V| = \frac{\sqrt{2}}{2}$

9-16 如下圖所示之電路，試求當電阻器中功率為最大時，可變電容器之電容值。

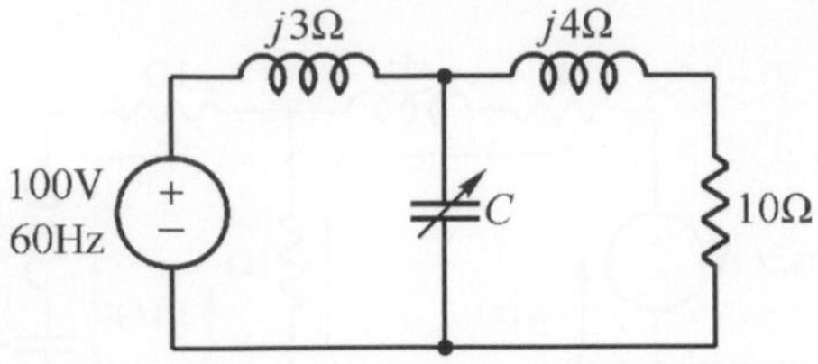

答 $C = 422\,(\mu\mathrm{F})$

9-17 如下圖所示之電路，若負載 Z_L 係由純電阻 R_L 組成，試求當負載可以得到最大的功率輸出時 R_L 的值，並決定負載上最大功率 $\max p_{av}$ 的值。

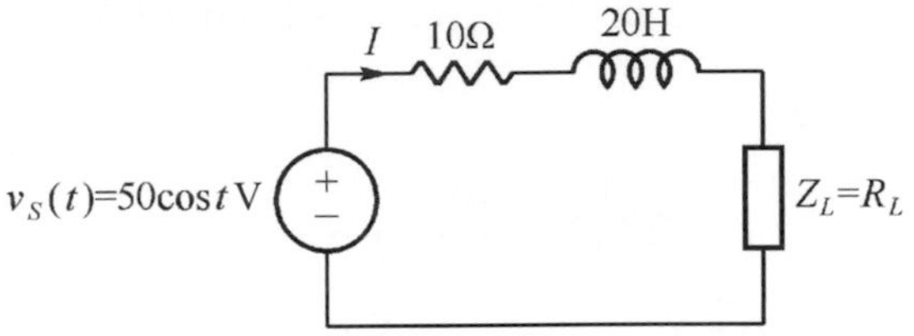

答 $R_L = 22.4\,(\Omega)$， $\max p_{av} = 19.25\,(\mathrm{W})$

9-18 如下圖所示之電路中，試求 10Ω 電阻器所吸收的平均功率為何？若其輸入 $v_s(t) = 10\sin 5t$ V。

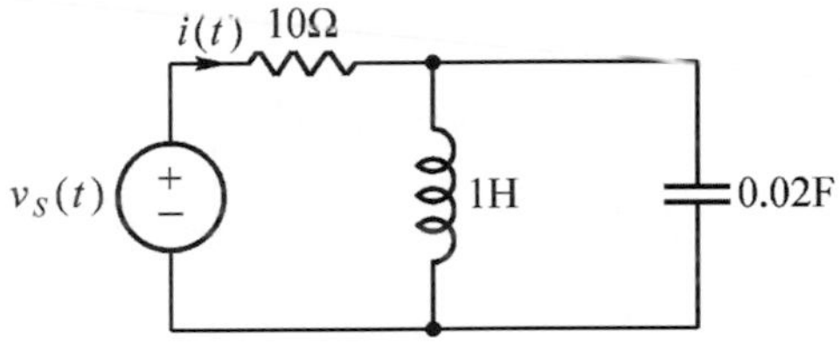

答 $p_{av} = 2.5\,(\mathrm{W})$

9-19 如下圖所示之電路，若 $V_S = 60e^{j0^\circ}$ V，$Z_S = 10 + j6\,\Omega$，試求最大功率轉移的 Z_L 值，及供給 Z_L 值的最大功率。

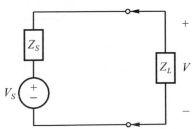

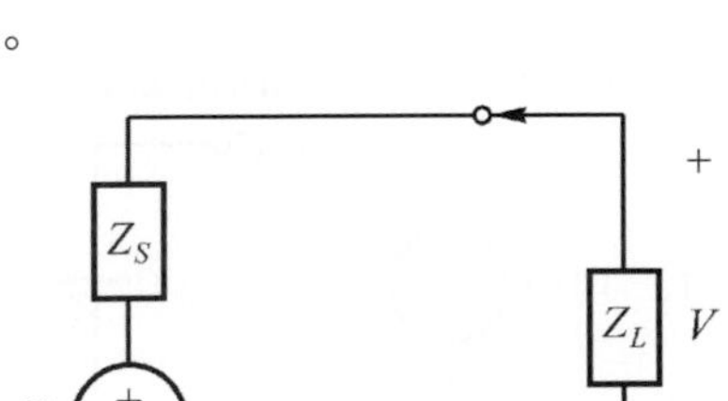

答 $Z_L = 10 - j6\,(\Omega)$， $p_{sav} = 45\,(\mathrm{W})$

10 磁耦合電路

我們在第五章中曾提及電磁感應時，會在線圈（或電感）中電流的變化會產生磁場的變化，而此變化磁場在線圈中產生一電壓。如果兩個線圈靠得足夠近而有共同的磁場，這就是互相耦合(coupled)。在此情形下，在一線圈有電流的變化時，將會產生變化的磁通而使所有的線圈產生電壓。由基本電學中所了解，電感是測量線圈中由變化電流所感應產生電壓的能力。同樣的，**一線圈由另一線圈電流所感應產生電壓的能力，稱為互感(mutual inductance)**，互感存在線圈中。爲了區別，稱 L 爲本身的自感，自感是取決於線圈的匝數，磁芯的導磁係數，以及外形（線圈長度和截面積）。而互感則決定線圈互相耦合的性質，及這些線圈彼此靠近的程度和彼此間的方向。

兩個或兩個以上互相耦合的線圈繞在單結構或芯上，稱為變壓器(transformer)。最通用變壓器的型式爲具有兩個線圈，它是用來使另一線圈產生較高或較低的電壓，且爲不同的應用設計各種不同的大小和外觀。本章中，將定義互感極性，耦合係數，電感矩陣，最後將討論其等效電路，用來代替電路中含有變壓器的電路，而使更容易分析及計算電路，最後再討論變壓器的種類及自耦變壓器。

10-1 互感

變壓器它主要原理是利用電流通過一線圈，產生磁場，經由磁路之流通，將磁場耦合至另一線圈，由此線圈感應出不同量之電流值，達到耦合的目的。其基本原理是由兩個電感器組成，如圖 10-1(a)、(b)所示，每個線圈可獨立定義其參數方向，左方線圈 1 稱爲**初級(primary)線圈**，而右方線圈 2 稱爲**次級(secondary)**線圈。由於電流通過線圈會有**磁通量(flux)**產生。由圖 10-1(a)可看出，由線圈 2 之電流 $i_2(t)$所產生的磁通會有一部份耦合至線圈 1，其大小爲ϕ_{12}，因此，線圈 1 所產生的磁通ϕ_{12}除與其通過的電流 $i_1(t)$有關外，且亦與線圈 2 的電流 $i_2(t)$有關。

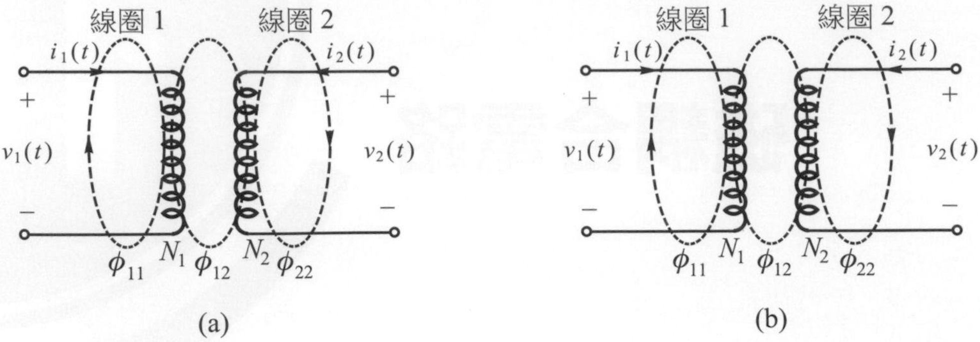

▲ 圖 10-1　變壓器及其參考方向

令ϕ_{11}為線圈 1 本身因通過電流 $i_1(t)$所產生的磁通，ϕ_{12}為線圈 2 電流 $i_2(t)$所產生之磁通而耦合元件線圈 1 的磁通，因ϕ_{11}和ϕ_{12}具有相同的參考方向，故線圈 1 產生的磁通為：

$$\phi_1 = \phi_{11} + \phi_{12} \tag{10-1}$$

若線圈 1 的匝數為 N_1，則此線圈之**磁通鏈**(flux linkage)為：

$$\lambda_1 = N_1\phi_1 = N_1\phi_{11} + N_1\phi_{12} \tag{10-2}$$

應用法拉第感應定律，則圖 10-1(a)所示線圈 1 因磁通變化而在其兩端產生的感應電壓為：

$$v_1(t) = \frac{d\lambda_1}{dt} = N_1\frac{d\phi_{11}}{dt} + N_1\frac{d\phi_{12}}{dt} \tag{10-3}$$

但因ϕ_{11}係由電流 $i_1(t)$所產生，而ϕ_{12}則由電流 $i_2(t)$所產生，故ϕ_{12}和ϕ_{12}可分別視為 $i_1(t)$和 $i_2(t)$的合成函數，因此(10-3)式根據微分的**鏈鎖法則**(chain rule)可另寫成：

$$v_1(t) = \left[N_1\frac{d\phi_{11}}{di_1(t)}\right]\frac{di_1(t)}{dt} + \left[N_1\frac{d\phi_{12}}{di_2(t)}\right]\frac{di_2(t)}{dt} \tag{10-4}$$

上式等號右邊第一項係代表線圈 1 本身電流 $i_1(t)$在其兩端所產生的電感電壓，而第二項則表示為線圈 2 電流 $i_2(t)$因磁通耦合至線圈 1 而在其兩端產生的感應電壓。故依此可定義**線圈 1 的自感**(self-inductance)為：

$$L_1 = N_1\frac{d\phi_{11}}{di_1} \tag{10-5}$$

並定義線圈 1 對線圈 2 的**互感**(mutual inductance)為：

$$M_{12} = N_1\frac{d\phi_{12}}{di_2} \tag{10-6}$$

於是(10-4)式變成：

$$v_1(t) = L_1 \frac{di_1}{dt} + M_{12} \frac{di_2}{dt} \tag{10-7}$$

同理，圖 10-1(b)所示爲線圈 2 因電流 $i_1(t)$和 $i_2(t)$所產生的磁通爲：

$$\phi_2 = \phi_{21} + \phi_{22} \tag{10-8}$$

其中ϕ_{21}爲線圈 1 之電流 $i_1(t)$在線圈 2 內所產生的耦合磁通，而ϕ_{22}則爲線圈 2 本身電流 $i_2(t)$所產生的磁通。

若線圈 2 的匝數爲 N_2，則此線圈之磁通鏈爲：

$$\lambda_2 = N_2\phi_2 = N_2\phi_{21} + N_2\phi_{22} \tag{10-9}$$

同理，在線圈 2 兩端之電感電壓爲：

$$v_2(t) = \frac{d\lambda_2}{dt} = N_2\frac{d\phi_{21}}{dt} + N_2\frac{d\phi_{22}}{dt} \tag{10-10}$$

或寫成：

$$v_2(t) = N_2\left[\frac{d\phi_{21}}{di_1(t)}\right]\frac{di_1(t)}{dt} + N_2\left[\frac{d\phi_{22}}{di_2(t)}\right]\frac{di_2(t)}{dt} \tag{10-11}$$

定義線圈 1 對線圈 2 的互感爲：

$$M_{21} = N_2\frac{d\phi_{22}}{di_1(t)} \tag{10-12}$$

及線圈 2 的自感爲：

$$L_2 = N_2\frac{d\phi_{22}}{di_2(t)} \tag{10-13}$$

因此(10-11)式變成爲：

$$v_2(t) = M_{21}\frac{di_1(t)}{dt} + L_2\frac{di_2(t)}{dt} \tag{10-14}$$

若圖 10-1(a)、(b)的線圈爲線性非時變時，則 M_{12}、M_{21}、L_1 和 L_2 必皆爲常數，且互感 $M_{12} = M_{21} = M$，故(10-7)和(10-14)式可寫成：

$$v_1(t) = L_1\frac{di_1(t)}{dt} + M\frac{di_2(t)}{dt} \tag{10-15}$$

$$v_2(t) = M\frac{di_1(t)}{dt} + L_2\frac{di_2(t)}{dt} \tag{10-16}$$

在弦波穩態下，以相量表示之，則上兩式成爲：

$$V_1 = j\omega L_1 I_1 + j\omega M I_2 \tag{10-17}$$

$$V_2 = j\omega M I_1 + j\omega L_2 I_2 \tag{10-18}$$

10-2 互感的極性

所謂互感的極性，是指兩個或兩個以上之電感器在同一瞬間其感應電壓相對極性之同與異而言。

互感 M 有正負極性，其正負與線圈繞著磁路之方向有關，即當初級與次級之電流方向隨意選定後，M 的正負值將視線圈繞的方向來決定；M 值正負的決定，可由圖 10-2(a)、(b)之磁路來說明，當 $i_1(t)$ 與 $i_2(t)$ 選定後，流過分別之線圈所造成之磁場方向（即磁通）在磁路上是具有相加性的，即磁通方向相同時，則 M 為正，反之，若磁通方向相反時，則 M 為負，而磁通之方向可依右手定則而定。

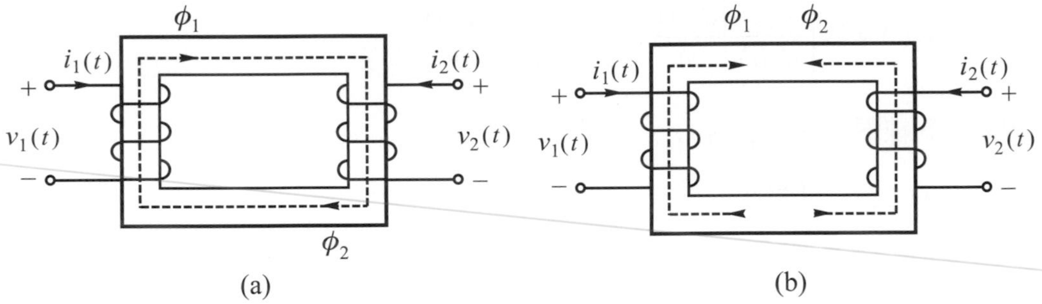

▲ 圖 10-2　M 極性(a)磁通方向相同故 M 為正，(b)磁通方向相反故 M 為負

為了方便辨識，一般是在兩側線圈之某端點標上黑點，如圖 10-3(a)、(b)所示，當電流 $i_1(t)$ 與 $i_2(t)$ 同時流入或同時流出標有黑點的端點時，M 取正，如圖 10-3(a)所示。反之，則 M 取負值，如圖 10-3(b)所示。

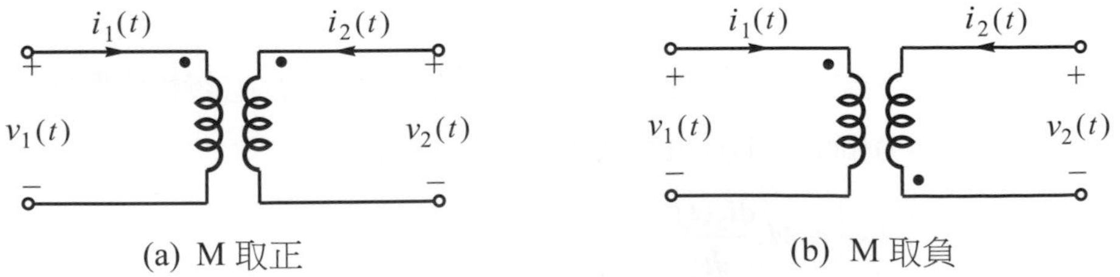

▲ 圖 10-3　電感器黑點標示法

10-3　耦合係數

兩線圈沒有耦合（如有屏蔽或分離很遠），則互感 M 為零，另一方面，若兩線圈靠很近幾乎沒有漏磁通，則 M 值很大（接近於 1），因此兩線圈彼此間之耦合能力除了與兩線圈之遠近有關外，亦與材料有關，為了量度此耦合程度，我們可定義一**耦合係數**(cofficient of couoling)作為耦合電感器特性之參數，定義耦合係數 k 如下：

$$k = \triangleq \frac{|M|}{\sqrt{L_1 L_2}} \tag{10-19}$$

由(10-19)式可知 k 為正值，且 $0 \le k \le 1$。由習題 10.1 可知儲存於耦合電感器內之能量為：

$$\begin{aligned}\varepsilon(i_1(t), i_2(t)) &= \frac{1}{2}L_1 i_2^2(t) + M i_1(t) i_2(t) + \frac{1}{2}L_2 i_2^2(t) \\ &= \frac{1}{2}L_1 i_2^2(t) + M i_1(t) i_2(t) + \frac{1}{2}\frac{M^2}{L_1} i_2^2(t) + \frac{1}{2}L_2 i_2^2(t) - \frac{1}{2}\frac{M^2}{L_1} i_2^2(t) \\ &= \frac{1}{2}L_1\left[i_1(t) + \frac{M}{L_1} i_2(t)\right]^2 + \frac{1}{2}\left[L_2 - \frac{M^2}{L_1}\right] i_2^2(t)\end{aligned} \tag{10-20}$$

對於任意電流 $i_1(t)$和 $i_2(t)$而言，(10-20)式右邊第一項$\left(i_1(t) + \frac{M}{L_1} i_2(t)\right)^2$之電流 $i_1(t)$和 $i_2(t)$的值亦必定不為負，且儲存在耦合電感器內的能量 $\varepsilon(i_1(t), i_2(t))$對於任意之電流 $i_1(t)$和 $i_2(t)$的值亦必定不為負，故(10-20)式右邊第二項$\left(L_2 - \frac{M^2}{L_1}\right)$亦必不為負。因此我們可得下列條件：

$$L_2 - \frac{M^2}{L_1} \ge 0$$

即　$L_1 L_2 \ge M^2$

所以　$k = \dfrac{|M|}{\sqrt{L_1 L_2}} \le 1$ 　(10-21)

當兩線圈相離很遠而無耦合時，則 $k = 0$，因此 k 的值是 $0 \le k \le 1$。若兩線圈緊密耦合而沒漏磁通，此時稱為完全耦合，則 $k = 1$。當 $k = 1$ 時，則由(10-19)式可知：

$$|M| = k\sqrt{L_1 L_2} = \sqrt{L_1 L_2} \tag{10-22}$$

故互感 M 可能從 0(當 $k = 0$ 時)變化到$\sqrt{L_1 L_2}$（當 $k = 1$ 時），耦合係數是用來量度線圈耦合的緊密程度。

例題 10-1

如下圖所示之耦合電感器，若 $L_1 = 2$H，$L_2 = 8$H，$k = 0.8$，電流之變化率為 $\frac{di_1(t)}{dt} = 20$A/S 及 $\frac{di_2(t)}{dt} = -7$A/S 試求 $v_1(t)$與 $v_2(t)$。

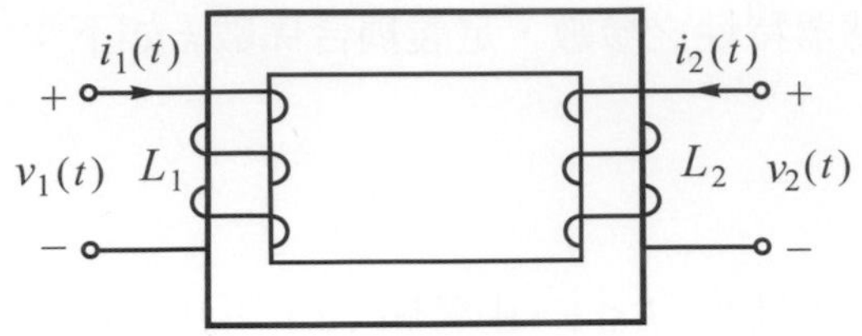

答 由(10-19)式可得：

$$|M| = k\sqrt{L_1L_2} = 0.8\sqrt{2\times 8} = 3.2\text{H}$$

因此，利用(10-15)和(10-16)式，電壓為：

$$v_1(t) = L_1\frac{di_1(t)}{dt} + M\frac{di_2(t)}{dt} = 2(20) + 3.2(-7) = 17.6\ (\text{V})$$

$$v_2(t) = M\frac{di_1(t)}{dt} + L_2\frac{di_2(t)}{dt} = 3.2(20) + 8(-7) = 8\ (\text{V})$$

例題 10-2

如下圖所示，包含變壓器的電路中，試求相量電流 I_1、I_2 及穩態電壓 $v(t)$之值。

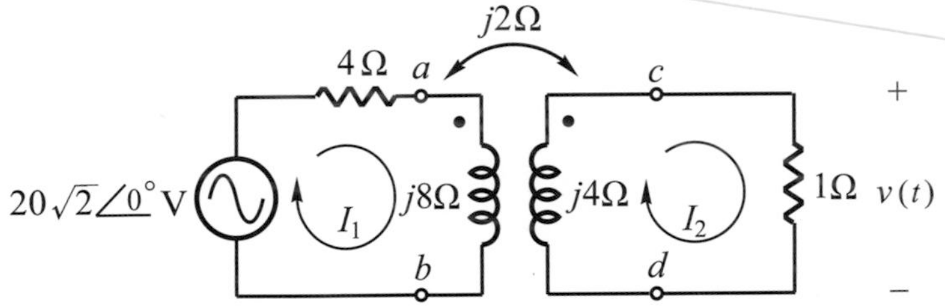

答 $\omega = 2$rad/sec，相量電路示於下圖中，環路電流 I_1 和 I_2 都從標有黑點處流入，所以變壓器 V_{ab} 及 V_{dc} 值為：

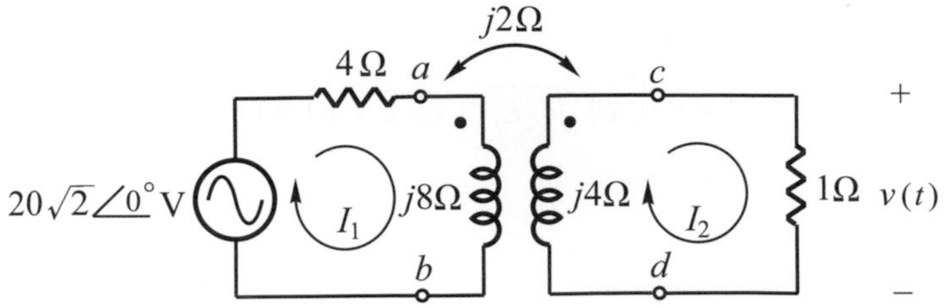

$$V_{ab} = j8I_1 + j2I_2$$

$$V_{dc} = -V = j2I_1 + j4I_2$$

因此環路方程式是

$$\begin{cases} 4I_1 + V_{ab} = 4I_1 + j8I_1 + jI_2 = 20\sqrt{2} \\ 1I_2 + V_{dc} = I_2 + j2I_1 + j4I_2 = 0 \end{cases}$$

整理之，得

$$\begin{cases} (4+j8)I_1 + j2I_2 = 20\sqrt{2} \\ j2I_1 + (1+j4)I_2 = 0 \end{cases}$$

解 I_1、I_2 得

$$I_1 = 1.72\angle 300.96°(\text{A})$$

$$I_2 = 0.833\angle 135°(\text{A})$$

$$V = 1I_2 = 0.83\angle 135°\text{V}$$

故時域電壓 $v(t)$爲

$$v(t) = 0.833\sin(2t + 135°)\ (\text{V})$$

例題 10-3

如例題 10-2 中變壓器在 $t = 0$ 時所儲存的能量爲多少？

答　由上例題之解知道

$$I_1 = 17.2\angle 300.96°\text{A}$$

及　$I_2 = 0.833\angle 135°\text{A}$

故得 $i_1(t)$在 $t = 0$ 是：

$$i_1(t) = 1.72\sin(2t + 300.96°)$$
$$= 1.72\sin(300.96°) = -1.475\text{A}$$

$i_2(t)$在 $t = 0$ 是：

$$i_2(t) = 0.833\sin(2t + 135°)$$
$$= 0.833\sin 135° = 0.59\text{A}$$

因電流都是從標有黑點的端點流入，故儲存的能量可由(10-20)式出得，在 $t=0$ 時是：

$$\begin{aligned}\varepsilon(i_1(t), i_2(t)) &= \frac{1}{2}L_1 i_1^2(t) + M i_1(t) i_2(t) + \frac{1}{2}L_2 i_2^2(t) \\ &= \frac{1}{2}(4)(-1.475)^2 + 1(-1.475)(0.59) + \frac{1}{2}(2)(0.59)^2 \\ &= 3.83(\text{J})\end{aligned}$$

10-4 電感矩陣

若有兩個以上的電感器耦合在一起，稱之爲多繞組電感器(multiwinding indutors)，如圖 10-4 所示爲三繞組電感器，則其電流和通量之關係爲：

$$\begin{aligned}\phi_1 &= L_{11}i_1 + L_{12}i_2 + L_{13}i_3 \\ \phi_2 &= L_{21}i_1 + L_{22}i_2 + L_{23}i_3 \\ \phi_3 &= L_{31}i_1 + L_{32}i_2 + L_{33}i_3\end{aligned} \tag{10-23}$$

其中 L_{11}、L_{22} 與 L_{33} 爲自感，$L_{12}=L_{21}$，$L_{23}=L_{32}$ 與 $L_{13}=L_{31}$ 爲互感。若將(10-23)式寫成向量一矩陣的形式，則爲：

$$\begin{bmatrix}\phi_1\\ \phi_2\\ \phi_3\end{bmatrix} = \begin{bmatrix}L_{11} & L_{12} & L_{13}\\ L_{21} & L_{22} & L_{23}\\ L_{31} & L_{32} & L_{33}\end{bmatrix}\begin{bmatrix}i_1(t)\\ i_2(t)\\ i_3(t)\end{bmatrix} \tag{10-24}$$

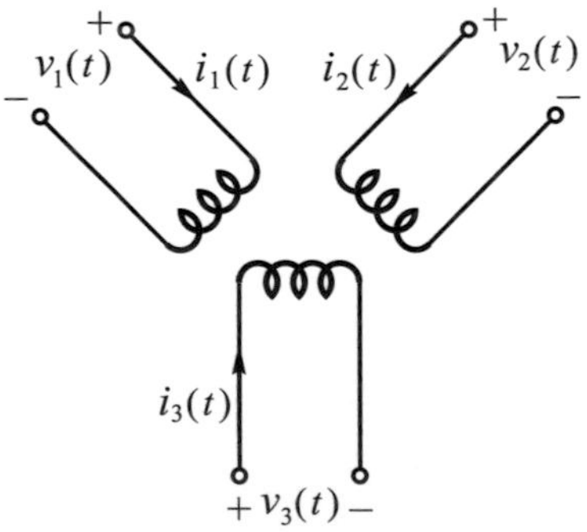

▲ 圖 10-4　三繞組電感器

用一方程式表示，則為：

$$\mathbf{\Phi = LI} \tag{10-25}$$

其中 Φ 稱為通量向量，I 為電流向量，而 L 為一方陣，稱為**電感矩陣**(inductance matix)，即：

$$\Phi = \begin{bmatrix} \phi_1 \\ \phi_2 \\ \phi_3 \end{bmatrix}，I = \begin{bmatrix} i_1(t) \\ i_2(t) \\ i_3(t) \end{bmatrix}，L = \begin{bmatrix} L_{11} & L_{12} & L_{13} \\ L_{21} & L_{22} & L_{23} \\ L_{31} & L_{32} & L_{33} \end{bmatrix} \tag{10-26}$$

電感矩陣 L 的階次(order)等於電感器的數目，如圖 10-4 所示為三繞組電感器，故其階次為 3×3 的矩陣，故電感矩陣 L 的各元素均為常數且對稱（如 $L_{12} = L_{21}$ 等）。

電感器電壓與電流之關係若用向量表示時，可寫成：

$$V = L\frac{dI}{dt} \tag{10-27}$$

即

$$\begin{bmatrix} v_1(t) \\ v_2(t) \\ v_3(t) \end{bmatrix} = \begin{bmatrix} L_{11} & L_{12} & L_{13} \\ L_{21} & L_{22} & L_{23} \\ L_{31} & L_{32} & L_{33} \end{bmatrix} \begin{bmatrix} \dfrac{di_1(t)}{dt} \\ \dfrac{di_2(t)}{dt} \\ \dfrac{di_3(t)}{dt} \end{bmatrix} \tag{10-28}$$

因此，在計算電感矩陣時，用(10-28)式來求電感矩陣比用(10-24)式來求時較易。讀者可由例題 10-4 得知。

電感矩陣之倒矩陣，我們可定義成**倒感矩陣**(reciprocal inductance matrix) Γ，倒感矩陣在求並聯電感器之總電感量時，非常有用。倒感矩陣 Γ 定義成：

$$\Gamma \triangleq \frac{1}{L} = L^{-1} \tag{10-29}$$

因此由(10-25)式，可得：

$$I = \Gamma\,\Phi \tag{10-30}$$

若以兩繞組電感器為例，則其電流方程式可寫如下：

$$i_1(t) = \Gamma_{11}\phi_1 + \Gamma_{12}\phi_2$$

$$i_2(t) = \Gamma_{21}\phi_1 + \Gamma_{22}\phi_2 \tag{10-31}$$

其中電感矩陣元素與倒感矩陣內元素之關係，由矩陣之數學特性可知為：

$$\Gamma_{11} = \frac{L_{22}}{\det L} \text{，} \Gamma_{22} = \frac{L_{11}}{\det L} \tag{10-32}$$

$$\Gamma_{12} = \Gamma_{21} = \frac{-L_{12}}{\det L} \text{，} = \frac{-L_{21}}{\det L} \tag{10-33}$$

其中 det$L$ 表示電感矩陣 L 的行列式值，而 $\Gamma_{12} = \Gamma_{21}$ 稱之為**互倒感**(mutal reciprocal inductance)。

例題 10-4

如下圖所示電感器電路中，試求此電路之電感矩陣。

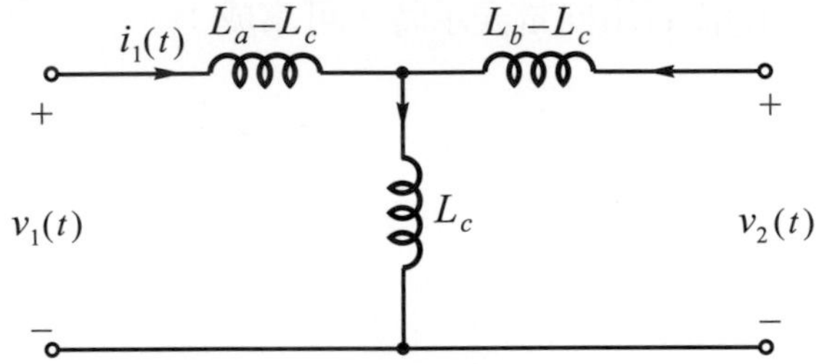

答

$$v_1(t) = (L_a - L_c)\frac{di_1(t)}{dt} + L_c\frac{d(i_1(t) - i_2(t))}{dt} = L_a\frac{di_1(t)}{dt} + L_c\frac{di_2(t)}{dt}$$

$$v_2(t) = (L_b - L_c)\frac{di_2(t)}{dt} + L_c\frac{d(i_1(t) - i_2(t))}{dt} = L_c\frac{di_1(t)}{dt} + L_b\frac{di_2(t)}{dt}$$

寫成向量一矩陣形式，則得：

$$\begin{bmatrix} v_1 \\ v_2 \end{bmatrix} = \begin{bmatrix} L_a & L_c \\ L_c & L_b \end{bmatrix} \begin{bmatrix} \frac{di_1}{dt} \\ \frac{di_2}{dt} \end{bmatrix}$$

故電感矩陣

$$L = \begin{bmatrix} L_a & L_c \\ L_c & L_b \end{bmatrix}$$

10-5　理想變壓器

所謂理想變壓器(ideal transformer)是指一耦合電感器其具有下述四理想化的特性：(a)元件不消耗能量，(b)無漏磁通量(leakage flux)，即耦合係數 $k = 1$，(c)每一繞組的自感為無限大，(d)磁路材料的導磁係數 μ 為無限大。具有上述四種理想化特性的耦合電感器即稱之爲理想變壓器。理想變壓器是在網路分析或合成中常用的一種理想元件。我們可將兩線圈繞於導磁係數 μ 爲無限大的磁心上，即可獲得一理想變壓器，如圖 10-5 所示。我們假設線圈既無損失亦無雜散電容。因磁心材料之導磁係數爲無限大，故所有磁場將局限於磁心內，而無任何漏磁通量，且假設各線圈的匝數分別爲 n_1 和 n_2，故理想變壓器可用圖 10-6 的符號來表示。

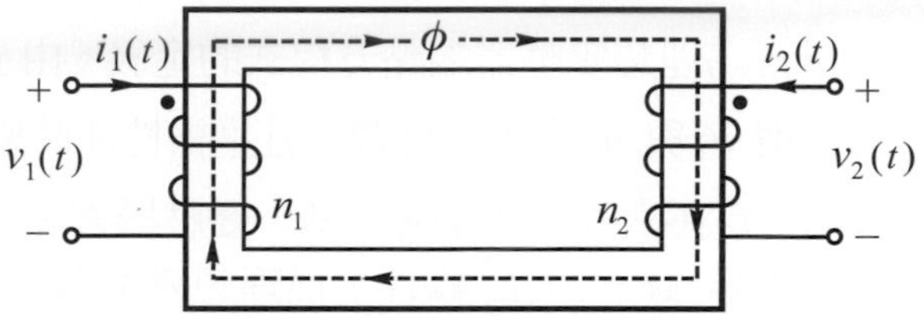

▲ 圖 10-5　兩線圈繞於共同磁心上而形成一變壓器

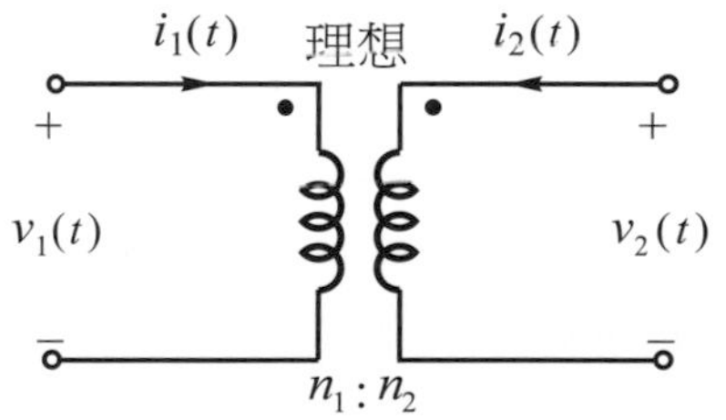

▲ 圖 10-6　理想變壓器之符號

一、理想變壓器端點電壓及電流方程式：

由圖 10-5 所示之變壓器，我們可知經過線圈 1 和線圈 2 之總通量 ϕ_1 和 ϕ_2 分別爲：

$$\phi_1 = n_1\phi \text{ 與 } \phi_2 = n_2\phi \tag{10-34}$$

因爲 $v_1(t) = \dfrac{d\phi_1}{dt}$ 與 $v_2(t) = \dfrac{d\phi_2}{dt}$，故可得：

$$\frac{v_1(t)}{v_2(t)} = \frac{n_1\dfrac{d\phi}{dt}}{n_2\dfrac{d\phi}{dt}} = \frac{n_1}{n_2} \tag{10-35}$$

上式對於所有時間 t 與對於所有電壓 $v_1(t)$和 $v_2(t)$均成立。

又整個磁路之**磁動勢**(magnetomotive force, mmf)和**磁阻**(magnetic reluctance)之關係爲：

$$\text{mmf} = n_1 i_1(t) + n_2 i_2(t) = \Re\phi \tag{10-36}$$

若導磁係數 μ 爲無限大，因磁阻與 μ 成反比，故$\Re$爲零，因此(10-37)式爲：

$$n_1 i_1(t) + n_2 i_2(t) = 0 \tag{10-37}$$

所以

$$\frac{i_1(t)}{i_2(t)} = -\frac{n_2}{n_1} \tag{10-38}$$

上式亦對於所有時間 t 與對於所有電流 $i_1(t)$和 $i_2(t)$均成立。

(10-35)和(10-38)兩式可視爲理想變壓器端點方程式的定義。由上兩式可知，兩側電壓的比值與兩側電流之比值僅與 n_1 與 n_2 的比值有關，且呈線性非時變之關係。一實際的變壓器之特性須由其繞線電阻，自感與互感來決定。當一變壓器被認爲是理想的，則繞線電阻可視爲零，而其電感量須滿足 $M=\sqrt{L_1L_2}$ 條件，而理想變壓器特性則由匝數比 n_1 和 n_2 來決定。

二、理想變壓器之特性

1. 理想變壓器無功率消耗

由(10-35)和(10-38)兩式可知：

$$v_1(t) = \left(\frac{n_1}{n_2}\right) v_2(t) \text{ 與 } i_2(t) = -\frac{n_1}{n_2} i_1(t) \tag{10-39}$$

故理想變壓器之功率爲：

$$\begin{aligned} P &= P_1 + P_2 = v_1(t)i_1(t) + v_2(t)i_2(t) \\ &= \left(\frac{n_1}{n_2}\right) v_2(t)i_1(t) + v_2(t)\left(-\frac{n_1}{n_2}\right) i_1(t) \\ &= 0 \end{aligned} \tag{10-40}$$

由(10-40)式可知，理想變壓器不消耗能量，亦不會儲存能量。

2. 理想變壓器的每一電感器之自感爲無限大

如下圖 10-7 所示之理想變壓器，若將次級 CD 開路，則 $i_2(t) = 0$，由(10-38)式可知 $i_1(t) = 0$，其表示雖然加上 $v_1(t)$的電壓，但可視如開路。因$\phi_1 = L_1 i_1(t) + M i_2(t)$，現因

CD 開路，$i_2(t)=0$，故$\phi = L_1 i_1(t)$，又因 $i_1(t)=0$，故 $L_1 = \dfrac{\phi}{i_1(t)}$，故 $L_1 = \infty$。同理，若 AB 開路，則 $i_1(t)=0$，故雖然加上 $v_2(t)$的電壓，而 $i_2(t)=0$ 之下，L_2 之值亦為無限大。此事實表示一理想變壓器的每一電感器之自感為無限大。

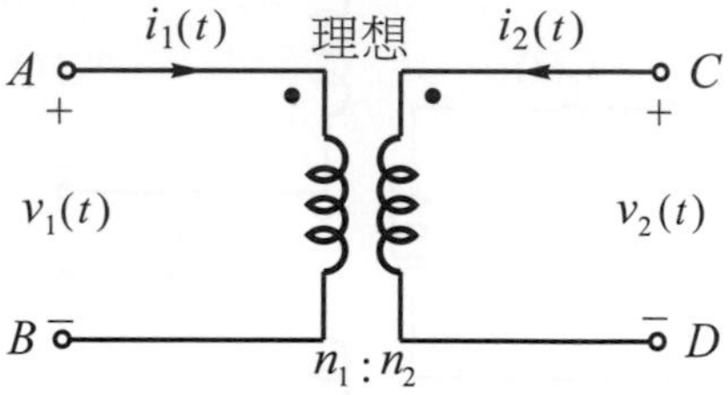

▲ 圖 10-7　理想變壓器

3.　理想變壓器之耦合係數 $k = 1$

由習題 10.1 可知，在 $i_1(t)$和 $i_2(t)$下，儲存於耦合電感器之能量為：

$$\begin{aligned}\varepsilon(i_1(t), i_2(t)) &= \frac{1}{2}L_1 i_1^2(t) + M i_1(t) i_2(t) + \frac{1}{2}L_2 i_2^2(t) \\ &= \frac{1}{2}(L_1 i_1^2(t) + 2\sqrt{L_1 L_2}\, i_1(t) i_2(t) + L_2 i_2^2(t))^2 + \left(\frac{M}{\sqrt{L_1 L_2}} - 1\right)\sqrt{L_1 L_2}\, i_1(t) i_2(t) \\ &= \frac{1}{2}(\sqrt{L_1}\, i_1(t) + \sqrt{L_2}\, i_2(t))^2 + (k-1)\sqrt{L_1 L_2}\, i_1(t) i_2(t) \qquad (10\text{-}41)\end{aligned}$$

由(10-40)式的結果可知，對於一理想變壓器，$\varepsilon(i_1(t), i_2(t)) = 0$ 故得

$$k = 1 \qquad (10\text{-}42)$$

及

$$\frac{i_1(t)}{i_2(t)} = \frac{\sqrt{L_2}}{\sqrt{L_1}} \qquad (10\text{-}43)$$

又因(10-38)式，$\dfrac{i_1(t)}{i_2(t)} = -\dfrac{n_2}{n_1}$，與(10-43)式比較，故得：

$$\frac{L_1}{L_2} = \frac{n_1^2}{n_2^2} \qquad (10\text{-}44)$$

若三繞組理想變壓器，如圖 10-8 所示，其繞組匝數分別為 n_1、n_2 和 n_3，則由雙繞組理想變壓器的觀念加以延伸至三繞組理想變壓器，則其電壓與電流方程式可寫成如下：

$$\frac{v_1(t)}{n_1} = \frac{v_2(t)}{n_2} = \frac{v_3(t)}{n_3} \qquad (10\text{-}45)$$

而且

$$n_1i_1(t)+n_2i_2(t)+n_3i_3(t)=0 \tag{10-46}$$

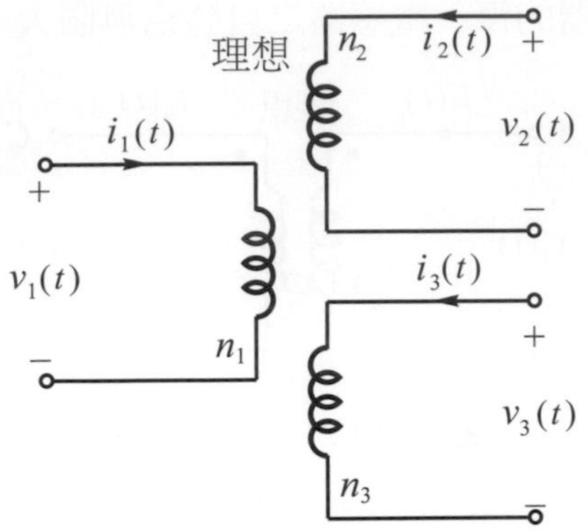

▲ 圖 10-8　三繞組理想變壓器

三、反射阻抗

所謂**反射阻抗**(reflected inpedance)是由於電流在耦合電感器的次級線圈中流動，而在初級線圈中兩端呈現的阻抗值。此阻抗由互感而生，亦代表互感電壓之效應。

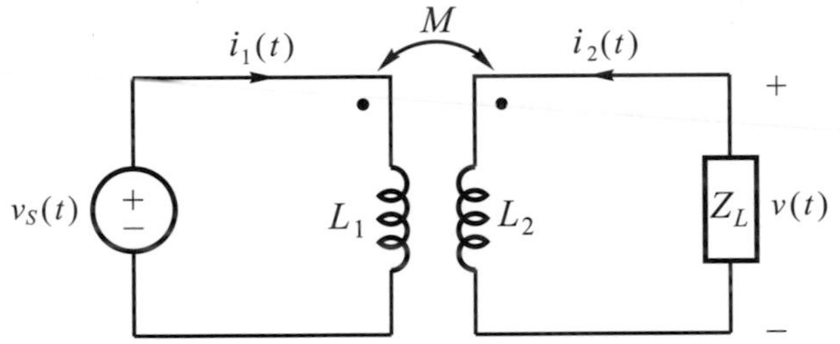

▲ 圖 10-9　兩繞組之耦合電感器

利用迴路分析法來解含有互感之電路雖亦十分方便，但此法不能顯示互感電路特有的性質，若用反射阻抗法就可達此目的，因為耦合電感器有互感存在時，將感應一電壓，此電壓會限制流過耦合電感器之電流，此感應電壓之效果，就相當於有一阻抗反射到電路中一樣，如圖 10-9 所示，電壓源 $v_S(t)$接於初級線圈，負載 Z_L 則接於次級線圈。因此利用相量表示法及 KVL 可得：

$$I_1(j\omega L_1)+I_2(j\omega M)=V_S \tag{10-47}$$

$$I_1(j\omega M)+I_2(j\omega L_2+Z_L)=0 \tag{10-48}$$

利用行列式解之，可得初級線圈中之電流爲：

$$I_1 = \frac{\begin{vmatrix} V_S & j\omega M \\ 0 & (j\omega L_2 + Z_L) \end{vmatrix}}{\begin{vmatrix} j\omega L_1 & j\omega M \\ j\omega M & (j\omega L_2 + Z_L) \end{vmatrix}} = \frac{V_S(j\omega L_2 + Z_L)}{j\omega L_1(j\omega L_2 + Z_L) + \omega^2 M^2} \tag{10-49}$$

初級線圈之總有效阻抗爲輸入電壓與輸入電流之比，即：

$$Z_1(j\omega) = \frac{V_S}{I_1} = \frac{j\omega L_1(j\omega L_2 + Z_L) + \omega^2 M^2}{(j\omega L_2 + Z_L)}$$

$$= j\omega L_1 + \frac{\omega^2 M^2}{j\omega L_2 + Z_L} \tag{10-50}$$

上式中右側第一項表示初級線圈之阻抗，第二項係由於互感而多加到原電路之阻抗，此阻抗係因次級線圈阻抗的特性而在輸入端呈現的阻抗，故稱之爲反射阻抗，即

$$Z_r = \frac{\omega^2 M^2}{j\omega L_2 + Z_L} \tag{10-51}$$

上式分母 $j\omega L_2 + Z_L$ 爲次線圈之總阻抗，故令 $Z_S = j\omega L_2 + Z_L$ 則：

$$Z_r = \frac{\omega^2 M^2}{Z_S} \tag{10-52}$$

由(10-52)式可知，若 Z_S 爲電感性，則反射阻抗 Z_r 爲電容性，反之亦然。若次級線圈上之負載端開路，即 Z_S 爲無限大，Z_r 爲零，M 之正負對 Z_r 無影響，因 Z_r 之分子爲 $\omega^2 M^2$。

若圖 10-9 所示爲一理想變壓器，則其輸入阻抗爲：

$$\boldsymbol{Z}_{\text{in}}(\boldsymbol{j\omega}) = \frac{V_S}{I_1} = \frac{\left(\frac{n_1}{n_2}\right)V}{-\left(\frac{n_2}{n_1}\right)I_2} = \left(\frac{n_1}{n_2}\right)^2\left(\frac{V}{-I_1}\right) = \left(\frac{\boldsymbol{n_1}}{\boldsymbol{n_2}}\right)^{\boldsymbol{2}} \boldsymbol{Z_L} \tag{10-53}$$

若次級線圈上之負載爲電阻性負載 R_L，接到理想變壓器之次級線圈上，則輸入電阻爲：

$$\boldsymbol{R}_{\text{in}} = \frac{v_S}{i_1} = \frac{\left(\frac{n_1}{n_2}\right)v}{-\left(\frac{n_2}{n_1}\right)i_2}$$

$$= \left(\frac{n_1}{n_2}\right)^2\left(\frac{v}{-i_2}\right) = \left(\frac{\boldsymbol{n_1}}{\boldsymbol{n_2}}\right)^{\boldsymbol{2}} \boldsymbol{R_L} \tag{10-54}$$

由(10-53)與(10-54)式可知，理想變壓器可改變負載的視在阻抗，且能用以匹配不同阻抗之電路。

例題 10-5

下圖(a)、(b)所示電路爲線性非時變者，試求(a)圖之等效阻抗與 $i_1(t)$及(b)圖之等效電阻。

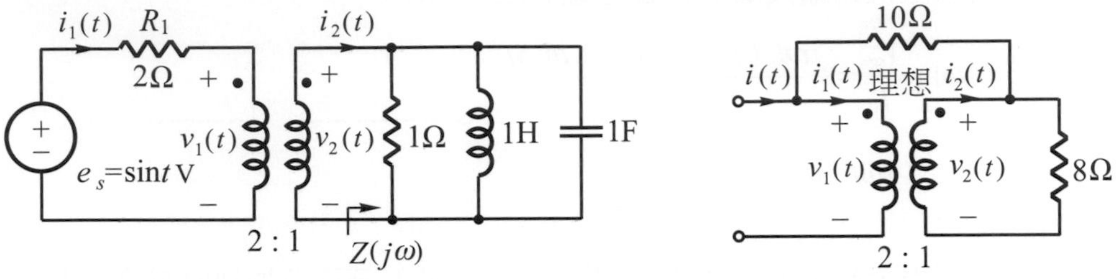

(a) (b)

答 (a)圖

$$Z_L(j\omega)=\frac{1}{Y(j\omega)}=\frac{1}{\frac{1}{R}+\frac{1}{j\omega L}+j\omega C}=\frac{1}{\frac{1}{1}+\frac{1}{j\omega\times 1}+j\omega\times 1}$$

$$=\frac{1}{1+j\left(\omega-\frac{1}{\omega}\right)}$$

$\therefore \omega=1$，故 $Z_L(j1)=1$，由(10-53)式，可知：

$$Z_{\text{in}}(j\omega)=\left(\frac{n_1}{n_2}\right)^2 Z_L(j\omega)=\left(\frac{2}{1}\right)^2\times 1=4(\Omega)$$

亦即將次級阻抗轉換至初級側爲 4 歐姆，故：

$$I_1=\frac{E_S}{R_1+Z_{\text{in}}(j\omega)}=\frac{1}{6}\angle 0^\circ$$

$$\therefore i_1(t)=\frac{1}{6}\sin t\ (\text{A})$$

(b)圖

圖中 10Ω 電阻由 KCL 特性知道無迴路形成，故 10Ω 上無電流流通，因此其視同斷路，與等效電阻無關，故：

$$R_{\text{in}}=\left(\frac{n_1}{n_2}\right)^2 R_L=\left(\frac{2}{1}\right)^2\times 8=32(\Omega)$$

例題 10-6

有一理想變壓器 $n_1 = 100$ 匝，$n_2 = 1000$ 匝，$V_1 = 50\angle 0°$ V，$I_2 = 0.5\angle 30°$ A，若標點位置如下圖(a)及圖(b)所示，試求其 V_2 及 I_1。（題目中 V_1、V_2、I_1 和 I_2 是 $v_1(t)$、$v_2(t)$、$i_1(t)$和 $i_2(t)$的相量）。

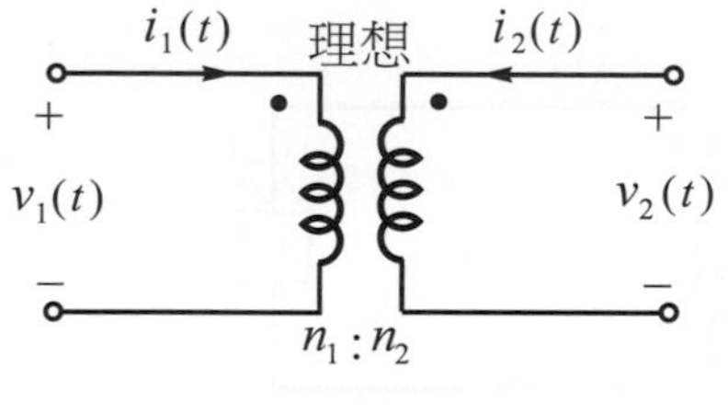

(a)

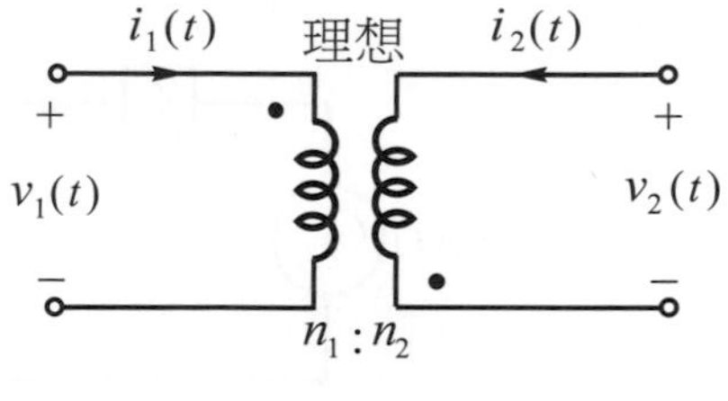

(b)

答　圖(a)中，由(10-35)式，可知

$$V_2 = \left(\frac{n_2}{n_1}\right)V_1 = \left(\frac{1000}{100}\right)50\angle 0° = 500\angle 0°\,(\text{V})$$

再由(10-38)式,可知

$$I_1 = -\left(\frac{n_2}{n_1}\right)I_2 = -\left(\frac{1000}{100}\right)0.5\angle 30° = -5\angle 30°\,(\text{A})$$

圖(b)中因極性標點有一個移動，故(10-35)式改爲：

$$V_2 = -\left(\frac{n_2}{n_1}\right)V_1 = -\left(\frac{1000}{100}\right)50\angle 0° = -500\angle 0°\,(\text{V})$$

$$I_1 = \left(\frac{n_2}{n_1}\right)I_2 = \left(\frac{1000}{100}\right)50\angle 0° = 5\angle 30°\,(\text{A})$$

例題 10-7

試求如例題 10-6 所示變壓器之初級和次級繞組的功率。

答　：供給初級的功率是：

$$P_1(t) = v_1(t)i_1(t) = |V_1||I_1|\cos\theta$$

$$= (50)(5)\cos 30° = 216.5(\text{W})$$

由(10-40)式，可知初級功率等於次級功率，因此

$$P_2(t) = 216.5(\text{W})$$

10-6 等效電路

在很多情況，電路中含有變壓器，爲了解及計算此電路，我們常以變壓器的等效電路，來取代含有變壓器的電路，首先考慮圖 10-10 所示的電路，在此電路中包含一個理想變壓器。

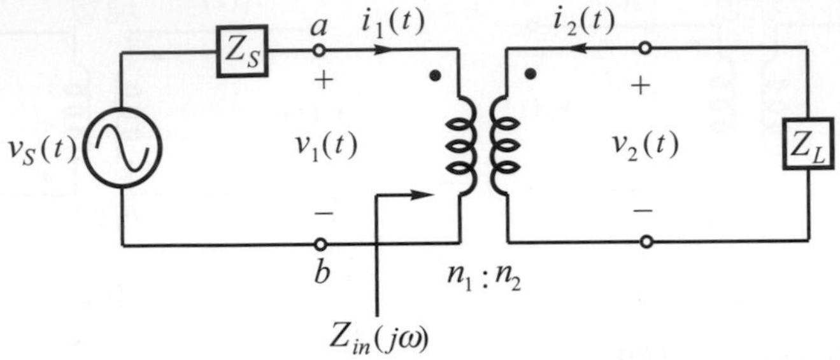

▲ 圖 10-10　含有變壓器的電路

由(10-53)式 $Z_{\text{in}}(j\omega)=\left(\dfrac{n_1}{n_2}\right)^2 Z_L$ 可獲得圖 10-10 的等效電路，是把初級端右方所有元件被 $Z_{\text{in}}(j\omega)$所取代形成的電路，如圖 10-11 所示之電路。因爲它可想成是將次級阻抗插入，或反射入初級繞組之中。

若圖 10-10 中的 $v_S(t)$，Z_S，Z_L，n_1和 n_2爲已知，則由圖 10-11 的等效電路，可以容易地求得初級和次級電壓，利用 KVL 相量方程式可得：

$$Z_S I_1+\left(\frac{n_1}{n_2}\right)^2 Z_L I_1=V_S$$

可得

$$I_1=\frac{V_S}{Z_S+\left(\dfrac{n_1}{n_2}\right)^2 Z_L} \tag{10-55}$$

由圖 10-11 及(10-55)式可得：

$$V_1=\left(\frac{n_1}{n_2}\right)^2 Z_L I_1=\frac{\left(\dfrac{n_1}{n_2}\right)^2 Z_L}{Z_S+\left(\dfrac{n_1}{n_2}\right)^2 Z_L}V_S \tag{10-56}$$

圖 10-10 中若有一線圈以相反的方法纏繞，其中一端點被指定至相反端點上，即極性黑色標點相反，在此情況的效應是以 $-\left(\dfrac{n_1}{n_2}\right)$ 來取代 $\left(\dfrac{n_1}{n_2}\right)$。因此(10-53)式的反射阻抗沒有改變，但(10-55)和(10-56)式中所有電流和電壓將會改變，我們將以例題 10-9 的例子來說明。

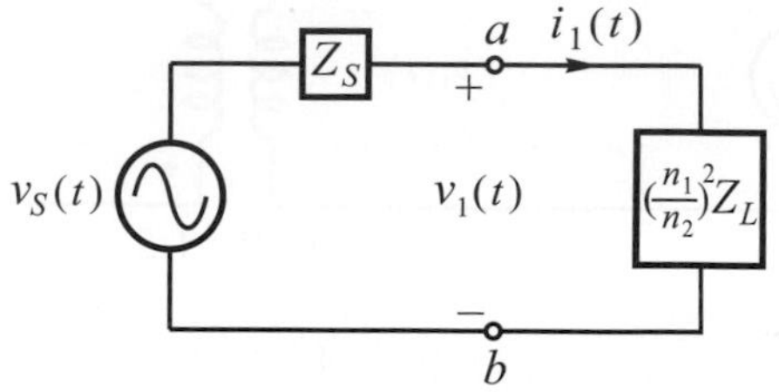

▲ 圖 10-11　圖 10-9 中電路的等效電路

例題 10-8

如圖 10-10 所示電路中，若 $V_S = 100\angle 0°\text{V}$，$Z_S = 6 + j3\Omega$，$Z_L = 400 - j300\Omega$，及 $\left(\dfrac{n_1}{n_2}\right)=\dfrac{1}{10}$，試求 I_1、V_1、I_2 和 V_2。

答　利用(10-55)和(10-56)式：

$$I_1 = \frac{100\angle 0°}{(6+j3)+\left(\dfrac{1}{10}\right)^2(400-j300)} = \frac{100\angle 0°}{10} = 10\angle 0° \text{ (A)}$$

$$V_1 = \frac{\left(\dfrac{1}{10}\right)^2(400-j300)}{(6+j3)+\left(\dfrac{1}{10}\right)^2(400-j300)}100\angle 0° = \frac{4-j3}{10}100\angle 0°$$

$$= \frac{5\angle -36.9°}{10}100\angle 0° = 50\angle -36.9° \text{ (V)}$$

再由(10-38)及(10-35)式：

$$I_2 = -\left(\frac{n_1}{n_2}\right)I_1 = -\left(\frac{1}{10}\right)(10\angle 0°) = -1\angle 0° \text{ (A)}$$

$$V_2 = \left(\frac{n_2}{n_1}\right)V_1 = (10)(50\angle -39.6°) = 500\angle -36.9° \text{ (V)}$$

例題 10-9

如下圖所示含變壓器的電路中，試求 V_1、V_2、I_1 和 I_2。

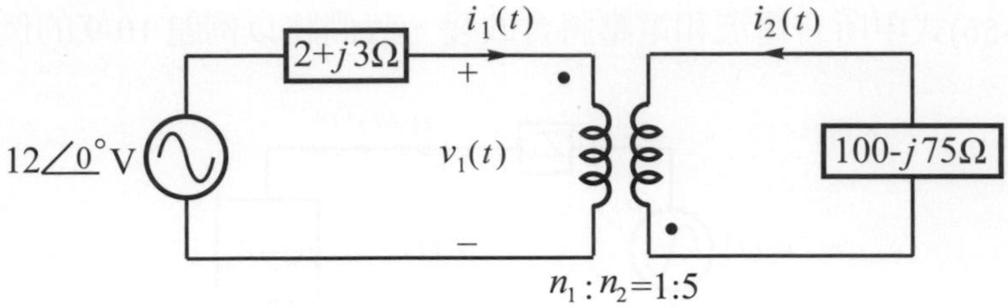

答 因負載阻抗是 $Z_L = 100 - j75\Omega$，所以反射阻抗 $Z_{in}(j\omega) = \left(\frac{n_1}{n_2}\right)^2 Z_L = \left(\frac{1}{5}\right)^2 (100 - j75) =$

$4 - j3$，應用此結果，可劃出其等效相量電路如下圖所示：

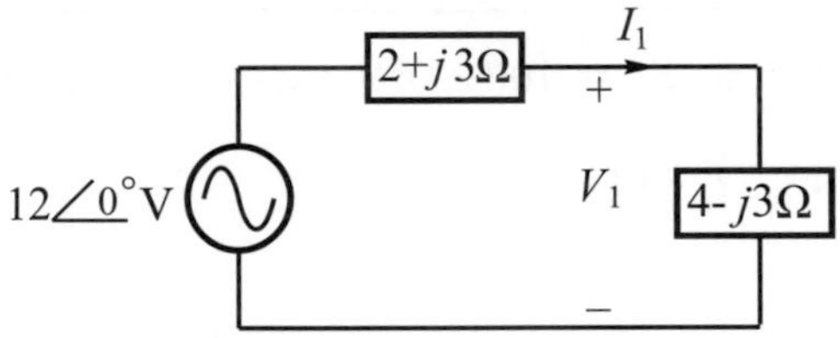

由圖中可得

$$I_1 = \frac{12\angle 0^\circ}{(2+j3)+(4-j3)} = 2\angle 0^\circ \text{ (A)}$$

$$V_1 = \frac{4-j3}{(2+j3)+(4-j3)} = 12\angle 0^\circ = \frac{(5\angle -36.9^\circ)}{6} 12\angle 0^\circ = 10\angle -36.9^\circ \text{ (V)}$$

因其極性黑色標點位置不同，故次級電壓與電流分別等於：

$$I_2 = +\left(\frac{n_1}{n_2}\right) I_1 = \left(\frac{1}{5}\right)(2\angle 0^\circ) = 0.4\angle 0^\circ \text{ (A)}$$

$$V_2 = -\left(\frac{n_2}{n_1}\right) V_1 = -5(10\angle -36.9^\circ) = -50\angle -36.9^\circ \text{ (V)}$$

阻抗匹配

當負載阻抗與電源阻抗共軛匹配時負載可得最大功率。如圖 10-10 中的 v_S 接 Z_S 的情形，若欲從電源取得最大功率，則負載 Z_L 是在下列條件下產生的

$$Z_L = Z_S^*$$

此處 Z_S^* 是 Z_S 的共軛複數。若 Z_S 是電阻，如 $Z_S = R_S$，則當

$$Z_L = Z_S = R_S$$

時，取用了最大功率。此情況，由(10-53)式知道，僅需使負載 Z_L 是電阻（如 R_S），並調整匝數比 n_1：n_2，而使反射阻抗如(10-54)式為：

$$R_{in} = R_S = \left(\frac{n_1}{n_2}\right)^2 R_L$$

即有

$$\frac{n_1}{n_2} = \sqrt{\frac{R_S}{R_L}} \qquad (10\text{-}57)$$

的結果。

例題 10-10

試求下圖中匝數比為多少而能使從電源中取得取大功率，並求最大功率為多少？

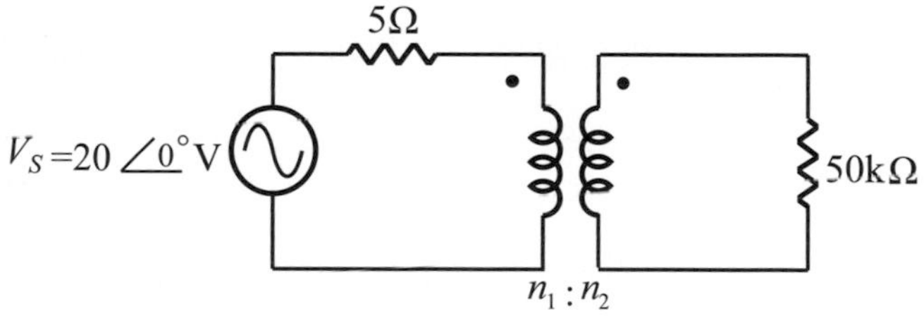

答　$V_S = 20\angle 0°$V，$Z_S = R_S = 5\angle 0°$，及負載 $R_L = 50\text{k}\Omega$，因此由(10-57)式知道匝數比是：

$$\frac{n_1}{n_2} = \sqrt{\frac{R_S}{R_L}} = \sqrt{\frac{5}{50000}} = \frac{1}{100}$$

因此反射阻抗是：

$$R_{in} = \left(\frac{n_1}{n_2}\right)^2 R_L = \left(\frac{1}{100}\right)^2 50000 = 5\Omega$$

所以它的等效電路如下圖所示。

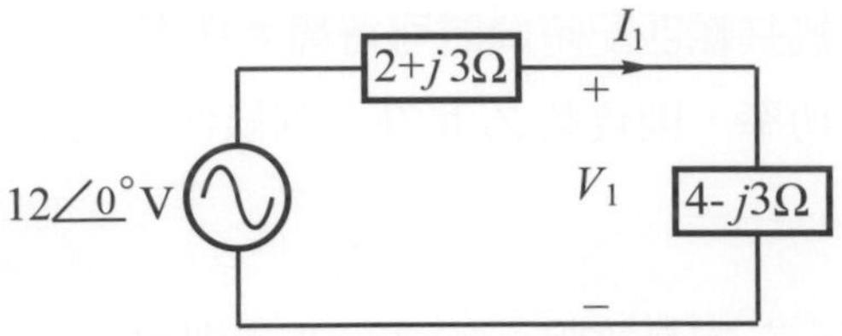

現在負載阻抗與 V_S 相匹配，所以從電源取得取大功率，由上圖知道電流 I_1 是：

$$I_2=\frac{20\angle 0^\circ}{5+5}=2\angle 0^\circ\ \text{A}$$

因此最大功率是：

$$P=|V_S||I_1|\cos 0^\circ=(20)(2)=40(\text{W})$$

10-7 變壓器的種類及自耦變壓器

一、變壓器的種類

變壓器在應用上有各種不同的大小和外觀，並可設計許多不同的用途。一些在應用上常用的有電力（電源）變壓器、聲頻變壓器、中頻(IF)變壓器、脈波變壓器和射頻變壓器等。它們因應用目的不同，故結構也不一樣。電力變壓器是用來輸送功率之用，所以體積比較大。另一方面中頻、射頻、脈波變壓器是在無線電和電視接收機及發射機中使用，故其體積較小。

聲頻及電力變壓器有較高的耦合係數及很高效率。事實上，大多數計算中，我們可以假設它們作完全耦合，其所導致的誤差，可被忽略不計。在另一方面，射頻變壓器有低導磁率的磁束路徑，耦合係數較低，故射頻變壓器有較可觀的洩漏損失。

變壓器因初級和次及電路互相隔離，因此可將變壓器視同一**隔離裝置**，沒有物理上的連接，僅以互磁通連接。並由前節反射阻抗的敘述，可知道變壓器有**匹配或變更阻抗**的用途，此為在低頻率及聲頻功率放大器電路中常應用者。

二、自耦變壓器

有一類變壓器，其沒有隔離結構，**使用共同線圈代替初級和次級線圈兩者，此變壓器稱為自耦變壓器**(autotransformer)。常見的電力變壓器即為一例，其符號如圖 10-12(a)、 (b)所示。圖(a)中，次級端點 2 是由初級繞組節點 2 處接出，故其次級含有 n_2 匝，而初級匝數是 n_1，其值爲：

$$n_1 = n_2 + n_3$$

因此有

$$\frac{v_1}{v_2} = \frac{n_1}{n_2} = \frac{n_2 + n_3}{n_2} \tag{10-58}$$

及　$$n_1 i_1 = (n_2 + n_3) i_1 = -n_2 i_2$$

或　$$\frac{i_1}{i_2} = -\left(\frac{n_2}{n_2 + n_3}\right) \tag{10-59}$$

的關係式。圖(b)是升壓自耦變壓器，因初級匝數比次級匝數少（n_1 和 $n_2 = n_1 + n_3$ 是相對的）。

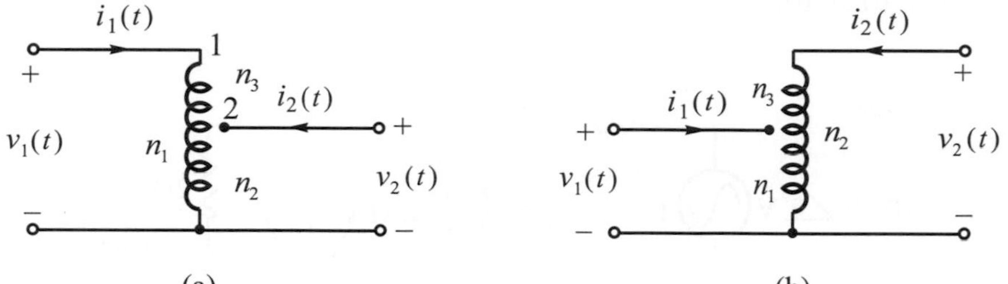

▲ 圖 10-12　(a)降壓和(b)升壓自耦變壓器

自耦變壓器因僅用一繞組代替兩個，所以更經濟，故其具有簡單和高效率的優點。但它的初級和次級間沒有隔離，而必須由另一個變壓器來提供隔離，此乃其最大缺點。

例題 10-11

在圖 10-12(a)中的自耦變壓器具有 $n_1 = 1000$ 匝，$n_2 = 400$ 匝及 $n_3 = 600$ 匝，若 $V_1 = 100\angle 0°\text{V}$ 及 $I_1 = 4\angle 0°\text{A}$，試求 I_2 和 V_2。

答　由(10-59)式可得：

$$I_2 = -\left(\frac{n_2 + n_3}{n_2}\right) I_1 = -\left(\frac{400 + 600}{400}\right) 4\angle 30° = -10\angle 0° \text{ (A)}$$

再由(10-58)式，可得：

$$V_2 = \left(\frac{n_2}{n_2 + n_3}\right) V_1 = \left(\frac{400}{400 + 600}\right) 100\angle 0° = 40\angle 0° \text{ (V)}$$

本章習題 LEARNING PRACTICE

10-1 設一耦合電感器由線圈 1 和線圈 2 組成，如圖 10-1 所示，令 M_{12} 為線圈 2 對線圈 1 的互感，而 M_{21} 為線圈 1 對線圈 2 的互感，試證明 $M_{12} = M_{21} = M$，對求出儲存在耦合電感器內之能量。

答 $\varepsilon(i_1(t), i_2(t)) = \frac{1}{2}L_1 i_2^2(t) + M i_1(t) i_2(t) + \frac{1}{2}L_2 i_2(t)$

10-2 如例題 10-1 所示之耦合電感器，若圖中 $L_1 = 2\text{H}$，$L_2 = 5\text{H}$，$M = 3\text{H}$，電流 i_1 和 i_2 之變化率分別為 $\frac{di_1(t)}{dt} = 10\text{A/S}$，$\frac{di_2(t)}{dt} = -2\text{A/S}$，試求 $v_1(t)$和 $v_2(t)$。

答 $v_1(t) = 14(\text{V})$，$v_2(t) = 20(\text{V})$

10-3 試求下圖中相量電流 I_1 及 I_2。

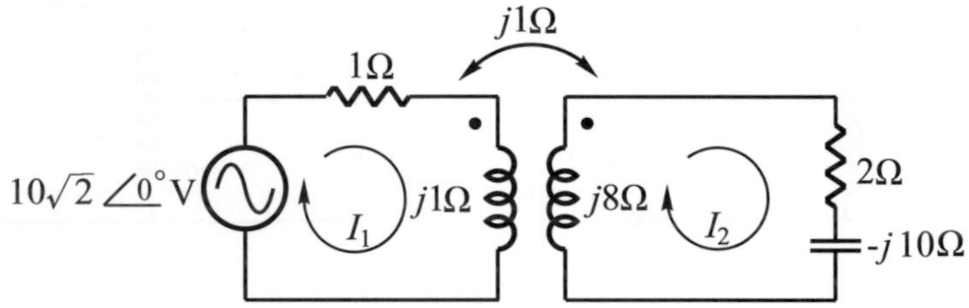

答 $I_1 = 8\angle -45°\ (\text{A})$，$I_2 = 2\sqrt{2}\angle 90°\ (\text{A})$

10-4 若 $\omega = 2\text{rad/sec}$，試求上題的變壓器在 $t = 0$ 時所儲存的能量。（提示：$j\omega L_1 = j_1$，所以 $L_1 = 1\omega = \frac{1}{2}\text{H}$ ）

答 32(J)

10-5 一對耦合電感器具有下列電感矩陣：

$$L = \begin{bmatrix} 4 & -3 \\ -3 & 6 \end{bmatrix}$$

且其連接之參考方向如下圖所示：

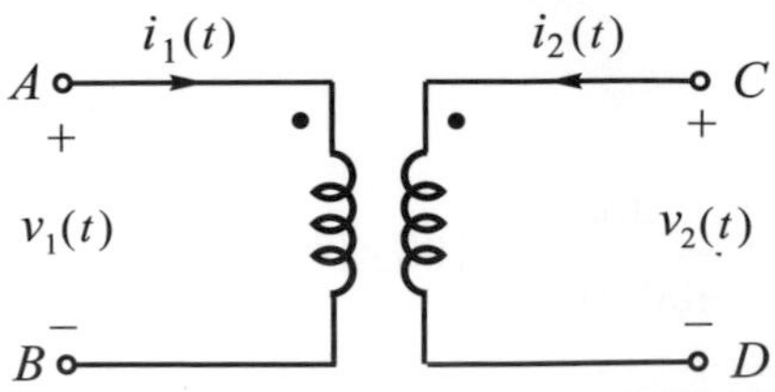

試求下列所示(a)、(b)、(c)、和(d)四種連接的等效電感。

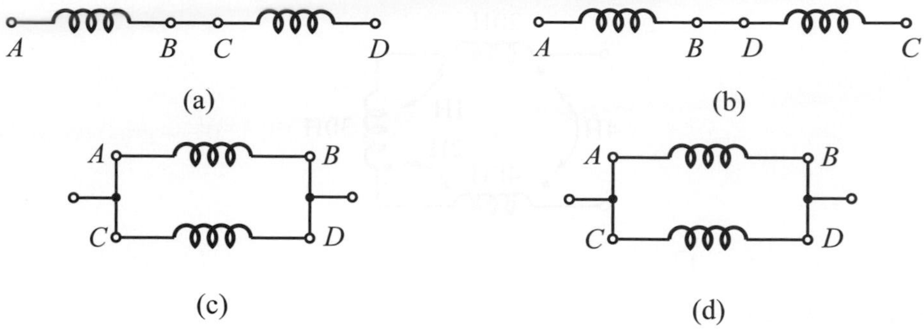

答　(a)$L = 4$(H)，(b)$L = 16$(H)，(c)$L = \frac{15}{16}$(H)，(d)$L = \frac{15}{4}$(H)

10-6　如下圖(a)、(b)、和(c)所示電路中的電感器，試求其電感矩陣。

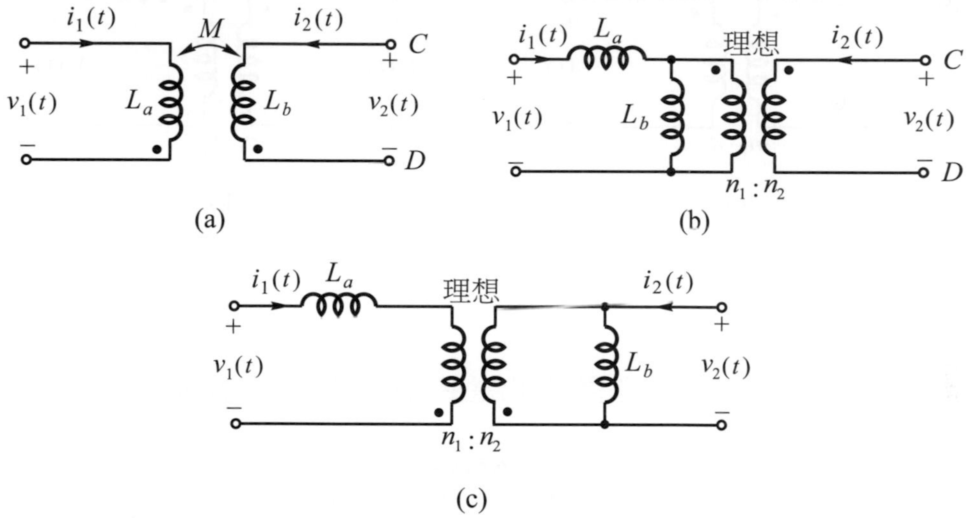

答　(a) $L = \begin{bmatrix} L_a & M \\ M & L_b \end{bmatrix}$

(b) $L = \begin{bmatrix} L_a + L_b & \left(\frac{n_2}{n_1}\right) L_b \\ \left(\frac{n_2}{n_1}\right) L_b & \left(\frac{n_2}{n_1}\right)^2 L_b \end{bmatrix}$

(c) $L = \begin{bmatrix} L_a + \left(\frac{n_1}{n_2}\right)^2 L_b & \left(\frac{n_1}{n_2}\right) L_b \\ \left(\frac{n_1}{n_2}\right) L_b & L_b \end{bmatrix}$

10-7 利用耦合的觀念，試求出下圖所示耦合電感器的電感矩陣及等效電感量。

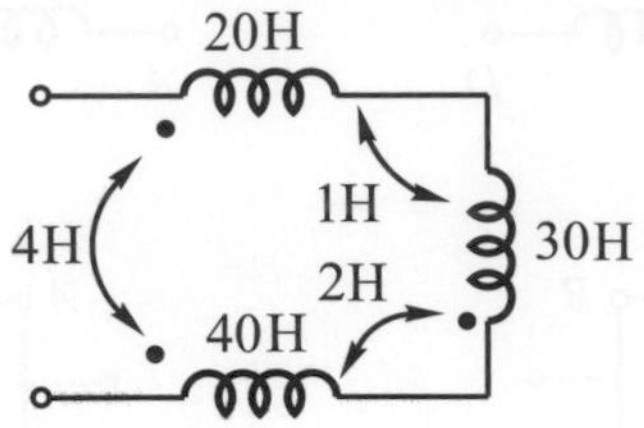

答 $L=\begin{bmatrix}20 & -1 & -4\\ -1 & 30 & 2\\ -4 & 2 & 40\end{bmatrix}$，$L=84(\text{H})$

10-8 試求出使圖(a)、(b)中的雙埠與 R_2 等效的表示式。

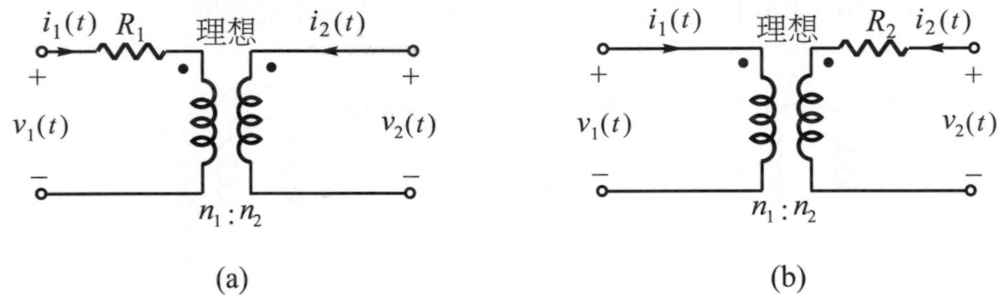

答 $R_2=\left(\dfrac{n_2}{n_1}\right)^2 R_1$

10-9 如下圖所示之電路，試求其穩態輸出電壓 v_0。其中 $v_S(t)=2\sin t$ V。

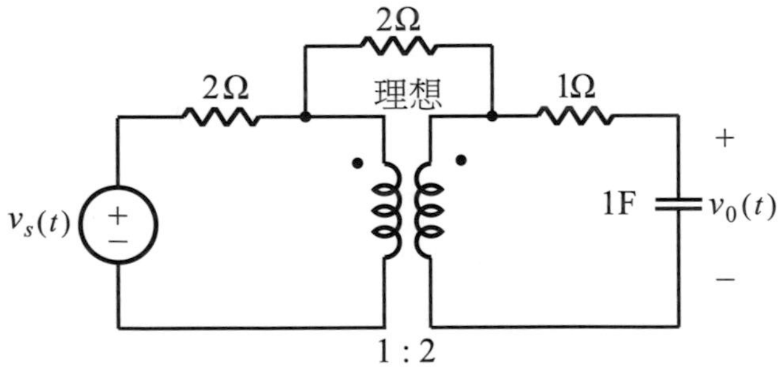

答 $v_0(t)=0.39\sin(t-79°)$ (V)

10-10 如下圖所示之電路，若輸入 $v_1(t) = 10\sin 10t$，試求 $\dfrac{v_2(t)}{v_1(t)}$ 之比值。

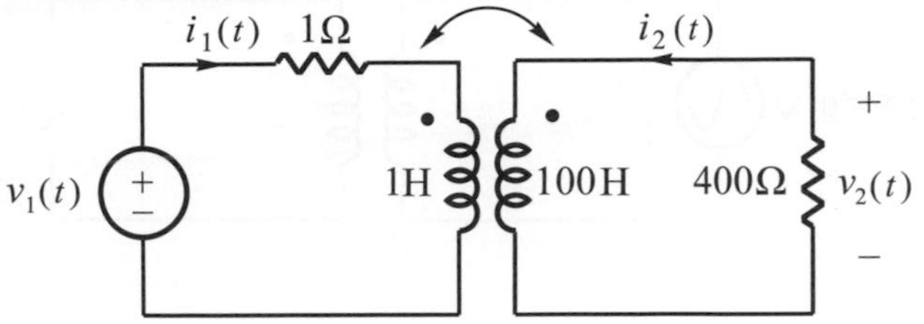

答 $\dfrac{v_2(t)}{v_1(t)} = 6.9\sin(10t - 16.7°)$

10-11 有一理想變壓器如下圖所示，其初圈有 100 匝，次圈有 600 匝，若初級電壓相量 $V_1 = 100\angle 0°\text{V}$，電流相量 $I_1 = 2\angle 10°\text{A}$，試求其次級電壓相量 V_2 及次級電流相量 I_2，並求供給初級及次級繞組的功率。

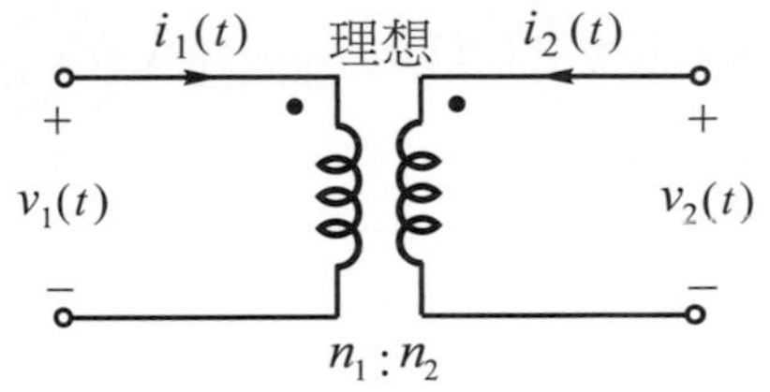

答 $V_2 = 600\angle 0°(\text{V})$，$I_2 = -\dfrac{1}{3}\angle 10°(\text{A})$，197(W)

10-12 如圖 10-10 所示電路中，若 $V_S = 120\angle 0°\text{V}$，$Z_S = 10\angle 0°(\Omega)$，$Z_L = 500\angle 0°(\Omega)$，及 $\left(\dfrac{n_1}{n_2}\right) = \dfrac{1}{10}$，試求 V_1、V_2、I_1 和 I_2。

答 $V_1 = 40\angle 0°(\text{V})$，$V_2 = 400\angle 0°(\text{V})$，$I_1 = 8\angle 0°(\text{A})$，$I_2 = -0.8\angle 0°(\text{A})$

10-13 如下圖所示含變壓器的電路中，試求 I_1、V_1、I_2 和 V_2。

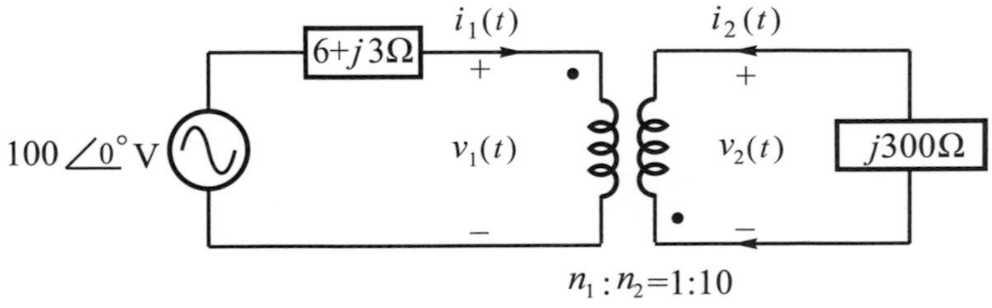

答 $I_1 = \dfrac{50}{3\sqrt{2}}\angle -45°\,(\text{A})$，$V_1 = \dfrac{50}{\sqrt{2}}\angle 45°\,(\text{V})$，$I_2 = \dfrac{5}{3\sqrt{2}}\angle -45°\,(\text{A})$，$V_2 = -\dfrac{500}{\sqrt{2}}\angle 45°\,(\text{V})$。

10-14 試求下圖中匝數比爲多少而能使從電源中取得最大功率，並求最大功率爲多少？

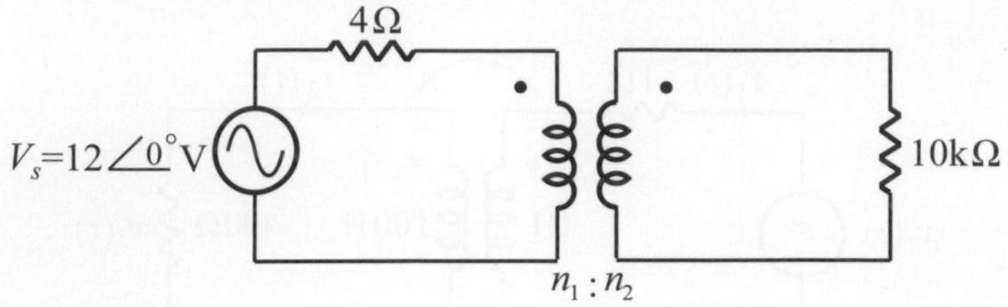

答 $\dfrac{n_1}{n_2}=\dfrac{1}{50}$，$P = 18(\text{W})$

10-15 自耦變壓器如下圖(a)、(b)所示，試求圖(a)及圖(b)之 I_1、I_2 和 I_3 之值。

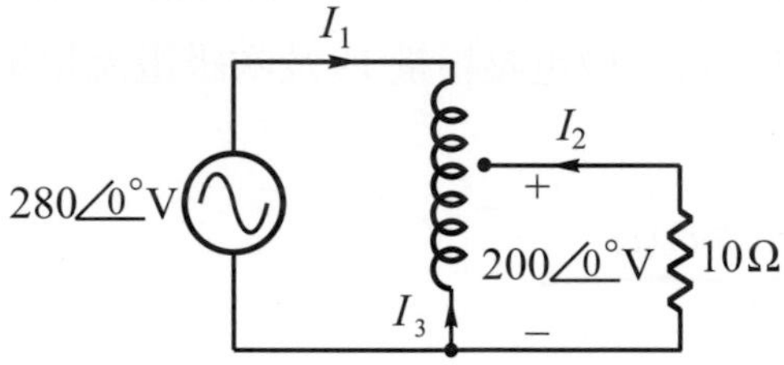

(a)

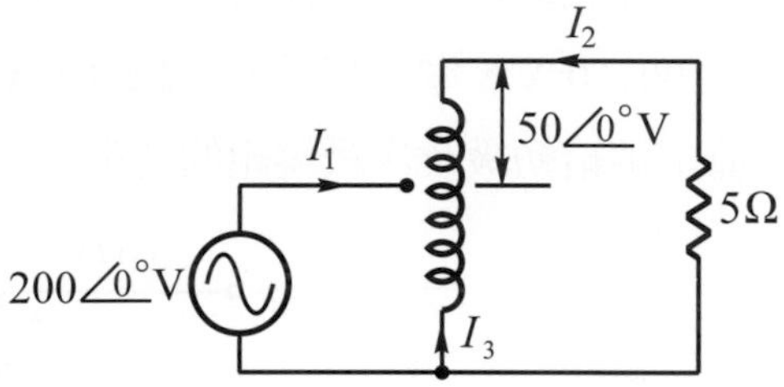

(b)

答 (a)$I_1 = 14.29\angle 0°(\text{A})$，$I_2 = -20\angle 0°(\text{A})$，$I_3 = 5.71\angle 0°(\text{A})$，
(b)$I_1 = 62.5\angle 0°(\text{A})$，$I_2 = -50\angle 0°(\text{A})$，$I_3 = -12.5\angle 0°(\text{A})$。

11 三相電路分析

三相電路分析在電力系統上相當重要，亦是大部分電力系統之重要架構。幾乎所有交流電力產生源，電力輸送及工業使用，均使用三相電路。

三相制的優點是：機器效率較高，成本較低，例如感應電動機具有啓動力矩(單相電動機則無)，運轉平穩，所吸收之功率穩定而無單相制之脈動情形，對於大量電力之輸送亦較單相制爲經濟，例如在長度、線路損失、線電壓及所輸送電力等等，在相等基礎下，三相制所需的金屬材料僅爲單相制之 75%。

又因多相制如二相、四相、六相、十二相等均可由三相制經由適當之變壓器連接而變成，所以多相制中尤以三相制爲最通用。本章主要對三相電路之分析僅限於實用上較爲重要之弦波穩態分析，茲應用前述之原理與方法，以說明其特性。

11-1 平衡之三相電源

三相交流系統是由三個振幅及頻率相同但相位角度不同之單相交流系統所組成，若三個單相系統之角度各差120°，則稱此系統爲平衡三相系統。三相系統依其線路連接拓樸之不同，可分爲 **Y** 型連接與 **Δ** 連接。本節將針對三相電源系統進行分析與說明。

一個三相電源系統包含三個單相電源分別爲：

$$\begin{cases} v_{an}(t) = V_p \sin(\omega t + \theta_a) \\ v_{bn}(t) = V_p \sin(\omega t + \theta_b) \\ v_{cn}(t) = V_p \sin(\omega t + \theta_c) \end{cases} \tag{11-1}$$

其中，V_p 代表振幅而 θ_a、θ_b、θ_c 代表相位角。將此三個單相電源依圖 11-1 完成連接，由於其拓樸類似英文字母 “**Y**”，因此稱此爲 **Y 型連接之三相電源系統**。爲方便電路計算與分析，一般而言會以相量形式來描述三相電源，(11-1)式中之三相電源以其相量形式表

示成(11-2)式，

$$\begin{cases} V_{an} = V_p e^{j\theta_a} = V_p \angle \theta_a \\ V_{bn} = V_p e^{j\theta_b} = V_p \angle \theta_b \\ V_{cn} = V_p e^{j\theta_c} = V_p \angle \theta_c \end{cases} \quad (11\text{-}2)$$

若以V_m代表電源之有效值，其中有效值與最大值之關係爲$V_m = V_p / \sqrt{2}$，則其相量形式亦可表示成(11-3)式

$$\begin{cases} V_{an} = V_m \angle \theta_a \\ V_{bn} = V_m \angle \theta_b \\ V_{cn} = V_m \angle \theta_c \end{cases} \quad (11\text{-}3)$$

本章隨後的討論與分析皆採用(11-3)式有效值之相量型式。

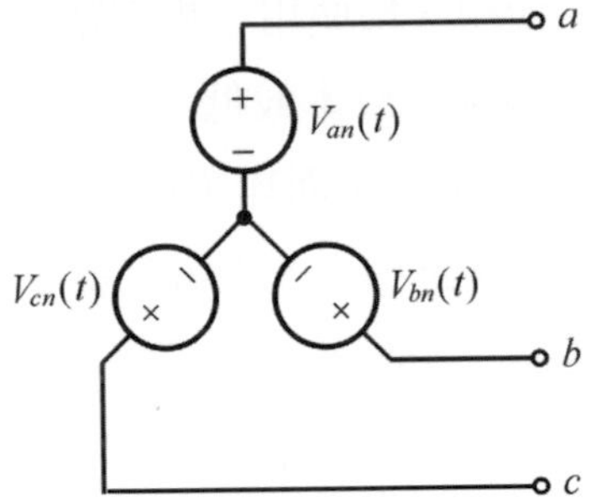

▲ 圖 11-1　三線 **Y** 型連接之三相電源

如前述，當V_{an}、V_{bn}及V_{cn}各相差$120°$時，即形成一平衡三相電源。假設以V_{an}爲參考相位，則此**平衡三相電源**可表示爲：

$$\begin{cases} V_{an} = V_m \angle 0° \\ V_{bn} = V_m \angle -120° \\ V_{cn} = V_m \angle 120° = V_m \angle -240° \end{cases} \quad (11\text{-}4)$$

將(11-4)式之平衡三相電源V_{an}、V_{bn}及V_{cn}加總，可以發現

$$\begin{aligned} & V_{an} + V_{bn} + V_{cn} \\ & = V_m + V_m(\cos 120° - j\sin 120°) + V_m(\cos 120° + j\sin 120°) \\ & = 0 \end{aligned} \quad (11\text{-}5)$$

因此，**Y** 型連接之平衡三相電源具有以下特性：

$$\begin{aligned} & V_{an} + V_{bn} + V_{cn} = 0 \\ & |V_{an}| = |V_{bn}| = |V_{cn}| \end{aligned} \quad (11\text{-}6)$$

另外，(11-4)式又稱爲正相序(或稱 *a-b-c* 相序)三相電源；若將V_{bn}及V_{cn}之相位互換，可得負相序(或稱 *a-c-b* 相序)三相電源，其表示如下：

$$\begin{cases} V_{an} = V_m \angle 0^\circ \\ V_{bn} = V_m \angle 120^\circ \\ V_{cn} = V_m \angle -120^\circ \end{cases} \tag{11-7}$$

將正相序及負相序之三相電源以相量圖表示成如圖 11-2，可更清楚瞭解其相位關係。圖 11-1 所示之連接又稱為三線 **Y** 型連接，而另一種常見的連接方式為四線 **Y** 型連接，如圖 11-3。在 **Y** 型連接之三相電源中，a、b、c 三個端點與共接點 n 之間的電位差(V_{an} 、V_{bn} 及 V_{cn})定義為相電壓，而 a、b、c 三個端點彼此之間的電位差(V_{ab} 、V_{bc} 及 V_{ca})則定義為線電壓。

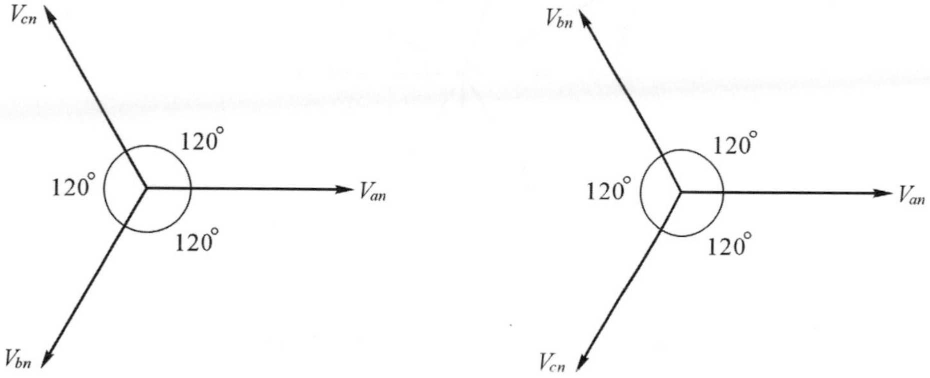

▲ 圖 11-2　三相電源之相量圖：(a)正相序，(b)負相序

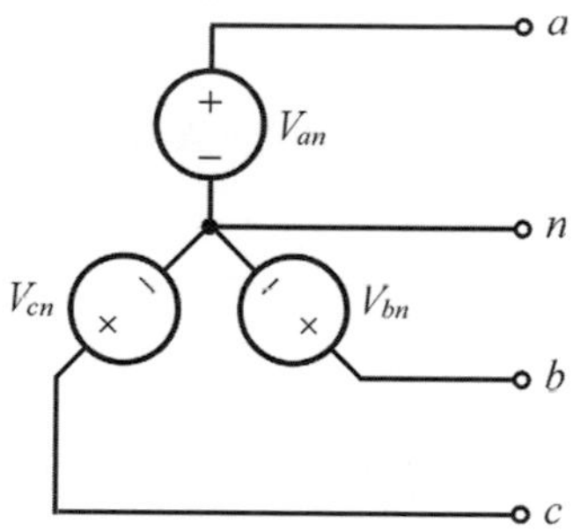

▲ 圖 11-3　四線 **Y** 型連接之三相電源

接著討論 **Y** 型連接之線電壓與相電壓之關係，由圖 11-3 可知，線電壓 V_{ab} 可由相電壓 V_{an} 及 V_{bn} 計算獲得：

$$\begin{aligned} V_{ab} &= V_{an} - V_{bn} = V_m \angle 0^\circ - V_m \angle -120^\circ \\ &= (V_m \cos 0^\circ + jV_m \sin 0^\circ) - (V_m \cos(-120^\circ) + jV_m \sin(-120^\circ)) \\ &= \sqrt{3} V_m (\frac{\sqrt{3}}{2} + j\frac{1}{2}) \\ &= \sqrt{3} V_m \angle 30^\circ \end{aligned} \tag{11-8}$$

同理可得：

$$V_{bc} = V_{bn} - V_{cn} = \sqrt{3}V_m\angle -90° \qquad (11\text{-}9)$$

$$V_{ca} = V_{cn} - V_{an} = \sqrt{3}V_m\angle 150° \qquad (11\text{-}10)$$

由(11-8)(11-9)(11-10)式可知，對正相序 **Y** 型連接而言，線電壓之大小為相電壓大小之 $\sqrt{3}$ 倍，而線電壓之相位較相電壓之相位領先 30°，此關係亦可由相量圖來說明，如圖 11-4 所示。

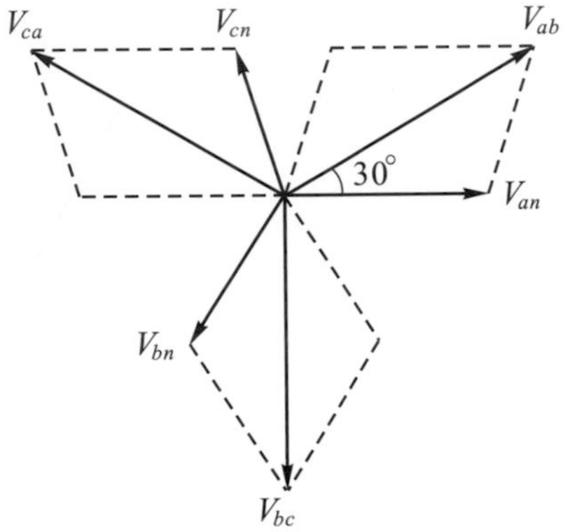

▲ 圖 11-4 線電壓與相電壓之相量圖

將三個獨立單相電源(V_{ab} 、V_{bc} 及 V_{ca})依圖 11-5 之方式進行連接，則稱為 **Δ** 型連接之三相電源。同 **Y** 連接平衡三相電源之討論，**Δ** 型連接之平衡三相電源係指各相電壓 $\mathbf{V}_{ab}$ 、V_{bc} 及 V_{ca} 之振幅與頻率相同且相位各相差120°。**Δ** 型連接之平衡三相電源亦會滿足下列特性

$$\begin{aligned} &V_{ab} + V_{bc} + V_{ca} = 0 \\ &|V_{ab}| = |V_{bc}| = |V_{ca}| \end{aligned} \qquad (11\text{-}11)$$

觀察圖 11-5 可知，**Δ** 型連接三相電源之線電壓等於相電壓。

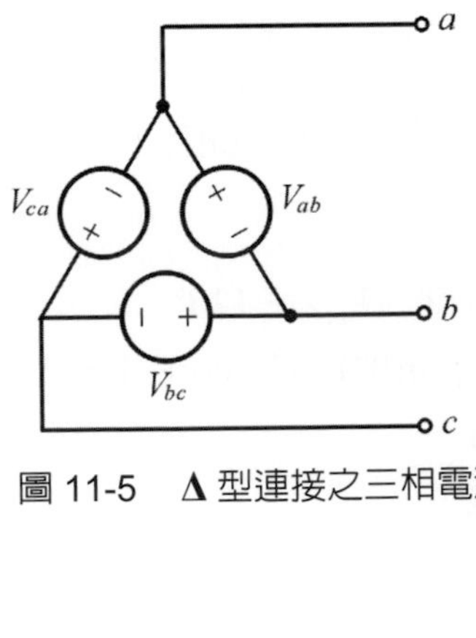

▲ 圖 11-5 **Δ** 型連接之三相電源

例題 11-1

若 **Y** 連接平衡三相電源之 $v_{an}(t)=110\sqrt{2}\cos(\omega t+30°)$ V，試求此三相電源之線電壓(以相量型式表示)，並畫出其線電壓與相電壓之相量圖(*a-c-b* 相序)。

答　此三相電源之 *a* 相電壓 $v_{an}(t)$ 之相量型式為：

$$V_{an}=110\angle 30°$$

此三相電源屬於 *a-c-b* 相序，所以另外兩個相電壓為：

$$V_{bn}=110\angle 150°$$
$$V_{cn}=110\angle -90°$$

由(11-8)式可知，線電壓 V_{ab} 為：

$$\begin{aligned}V_{ab}&=V_{an}-V_{bn}=110\angle 30°-110\angle 150°\\&=110(\frac{\sqrt{3}}{2}+j\frac{1}{2})-110(-\frac{\sqrt{3}}{2}+j\frac{1}{2})\\&=110\sqrt{3}\angle 0°(\text{V})\end{aligned}$$

因此，線電壓 V_{bc} 及 V_{ca} 分別為：

$$V_{bc}=V_{bn}-V_{cn}=110\sqrt{3}\angle 120°(\text{V})$$
$$V_{ca}=V_{cn}-V_{an}=110\sqrt{3}\angle -120°(\text{V})$$

最後，將相電壓與線電壓之相量圖繪出如下圖所示

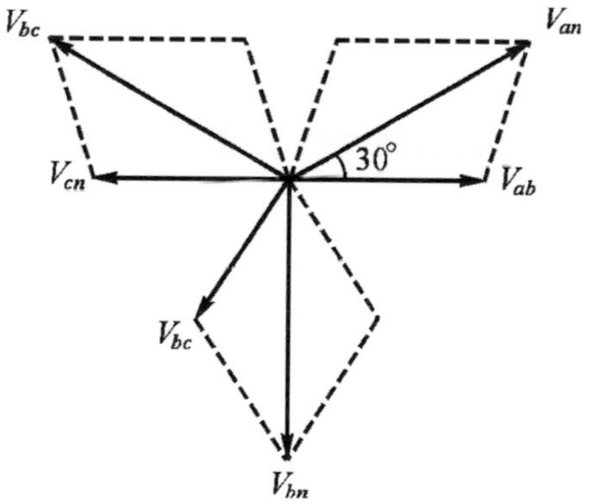

11-2 三相負載

如同三相電源的定義，三相負載係指由三個單相負載所組成之負載系統，依其連結方式之不同亦可分爲 **Y** 型或 **Δ** 型連接之三相負載，如圖 11-6 所示。

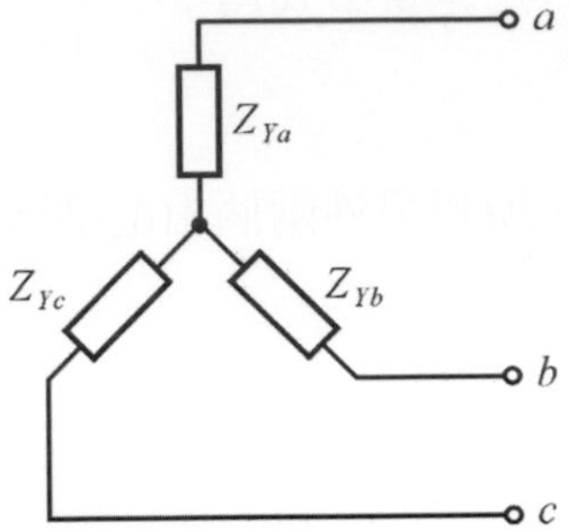

▲ 圖 11-6 三相負載(a) **Y** 型連接，(b) **Δ** 型連接

爲了使平衡三相電源能產生一組平衡三相電流，系統之負載亦須是一組平衡之負載；所謂平衡之負載，即爲三個負載之阻抗相等且以 **Y** 或 **Δ** 型連接之負載。

意即在 **Y** 型平衡三相負載中，

$$Z_{Ya} = Z_{Yb} = Z_{Yc} = Z_Y \tag{11-12}$$

同理，在 **Δ** 型平衡三相負載中，

$$Z_{\Delta a} = Z_{\Delta b} = Z_{\Delta c} = Z_\Delta \tag{11-13}$$

一、Δ → Y

若要將圖 11-7 中之 **Δ** 連接之負載轉換爲 **Y** 連接之負載可利用下列公式

$$\begin{aligned} \boldsymbol{Z}_{Ya} &= \frac{\boldsymbol{Z}_{\Delta b}\boldsymbol{Z}_{\Delta c}}{\boldsymbol{Z}_{\Delta a}+\boldsymbol{Z}_{\Delta b}+\boldsymbol{Z}_{\Delta c}} \\ \boldsymbol{Z}_{Yb} &= \frac{\boldsymbol{Z}_{\Delta a}\boldsymbol{Z}_{\Delta c}}{\boldsymbol{Z}_{\Delta a}+\boldsymbol{Z}_{\Delta b}+\boldsymbol{Z}_{\Delta c}} \\ \boldsymbol{Z}_{Yc} &= \frac{\boldsymbol{Z}_{\Delta a}\boldsymbol{Z}_{\Delta b}}{\boldsymbol{Z}_{\Delta a}+\boldsymbol{Z}_{\Delta b}+\boldsymbol{Z}_{\Delta c}} \end{aligned} \tag{11-14}$$

將 **Y** 型連接之三相等效電路求出。若此負載爲平衡負載，則(11-14)式可整理成

$$\boldsymbol{Z}_Y = \frac{1}{3}\boldsymbol{Z}_\Delta \tag{11-15}$$

例題 11-2

若 **Δ** 型連接之平衡三相負載之 Z_Δ 為 RL 串聯電路，且 $R=1\Omega$ 及 $L=1H$，試將此電路轉換為 **Y** 型等效電路。($\omega=1\text{rad/s}$)

答

$$Z_\Delta = R + jX_L = 1 + j(\Omega)$$

依(11-15)式可得 **Y** 型等效電路之負載 $\mathbf{Z}_Y$ 為：

$$Z_Y = \frac{1}{3}Z_\Delta = \frac{1}{3} + j\frac{1}{3}(\Omega)$$

二、Y → Δ

利用

$$Z_{\Delta a} = \frac{Z_{Ya}Z_{Yb} + Z_{Yb}Z_{Yc} + Z_{Yc}Z_{Ya}}{Z_{Ya}}$$

$$Z_{\Delta b} = \frac{Z_{Ya}Z_{Yb} + Z_{Yb}Z_{Yc} + Z_{Yc}Z_{Ya}}{Z_{Yb}} \qquad (11\text{-}16)$$

$$Z_{\Delta c} = \frac{Z_{Ya}Z_{Yb} + Z_{Yb}Z_{Yc} + Z_{Yc}Z_{Ya}}{Z_{Yc}}$$

可將圖 11-7 所示之 **Y** 型連接之負載轉換為 **Δ** 連接之等效電路。若此負載為平衡負載，則(11-16)式可整理成

$$Z_\Delta = 3Z_Y \qquad (11\text{-}17)$$

例題 11-3

若 **Y** 型連接之平衡三相負載之 Z_Y 為 RL 串聯電路，且 $R=3\Omega$ 及 $L=4H$，試將此電路轉換為 **Δ** 型等效電路。($\omega=1\text{rad/s}$)

答 因為　$Z_{Ya} = Z_{Yb} = Z_{Yc} = Z_Y = R + jX_L = 3 + j4\ (\Omega)$

依(11-17)式可得 **Δ** 型等效電路之負載為：

$$Z_{\Delta a} = Z_{\Delta b} = Z_{\Delta c} = Z_\Delta = 3Z_Y = 9 + j12\ (\Omega)$$

例題 11-4

試求如下圖 **Y** 型連接負載之 **Δ** 型等效電路。

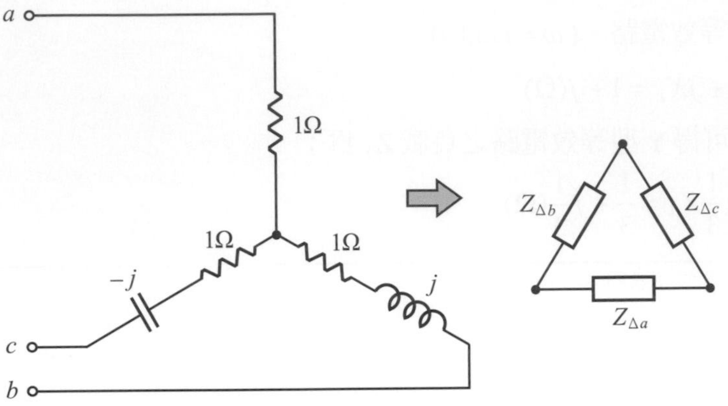

(a) **Y** 型連接　　(b) **Δ** 型連接

答 因為

$$Z_{Ya}=1\Omega\text{，}Z_{Yb}=1+j\Omega\text{，}Z_{Yc}=1-j\Omega\text{，}$$

首先計算

$$Z_{Ya}Z_{Yb}+Z_{Yb}Z_{Yc}+Z_{Yc}Z_{Ya}=(1)(1+j)+(1+j)(1-j)+(1-j)(1)=4\Omega$$

利用(11-16)式可計算出：

$$Z_{\Delta a}=\frac{Z_{Ya}Z_{Yb}+Z_{Yb}Z_{Yc}+Z_{Yc}Z_{Ya}}{Z_{Ya}}=\frac{4}{1}=4(\Omega)$$

$$Z_{\Delta b}=\frac{Z_{Ya}Z_{Yb}+Z_{Yb}Z_{Yc}+Z_{Yc}Z_{Ya}}{Z_{Yb}}=\frac{4}{1+j}=2-j(\Omega)$$

$$Z_{\Delta c}=\frac{Z_{Ya}Z_{Yb}+Z_{Yb}Z_{Yc}+Z_{Yc}Z_{Ya}}{Z_{Yc}}=\frac{4}{1-j}=2+j(\Omega)$$

11-3 三相系統分析

平衡三相系統一般是指由平衡三相電源以及平衡三相負載所構成之系統，平衡三相電源及平衡三相負載皆有兩種連接型式(**Y** 及 **Δ**)；因此，平衡三相系統會產生四種可能的連接方式：

Y – Y 連接(**Y** 型三相電源與 **Y** 型三相負載)，如圖 11-7(a)。

Y – Δ 連接(**Y** 型三相電源與 **Δ** 型三相負載)，如圖 11-7(b)。

Δ – Y 連接(**Δ** 型三相電源與 **Y** 型三相負載)，如圖 11-7(c)。

Δ – Δ 連接(**Δ** 型三相電源與 **Δ** 型三相負載)，如圖 11-7(d)。

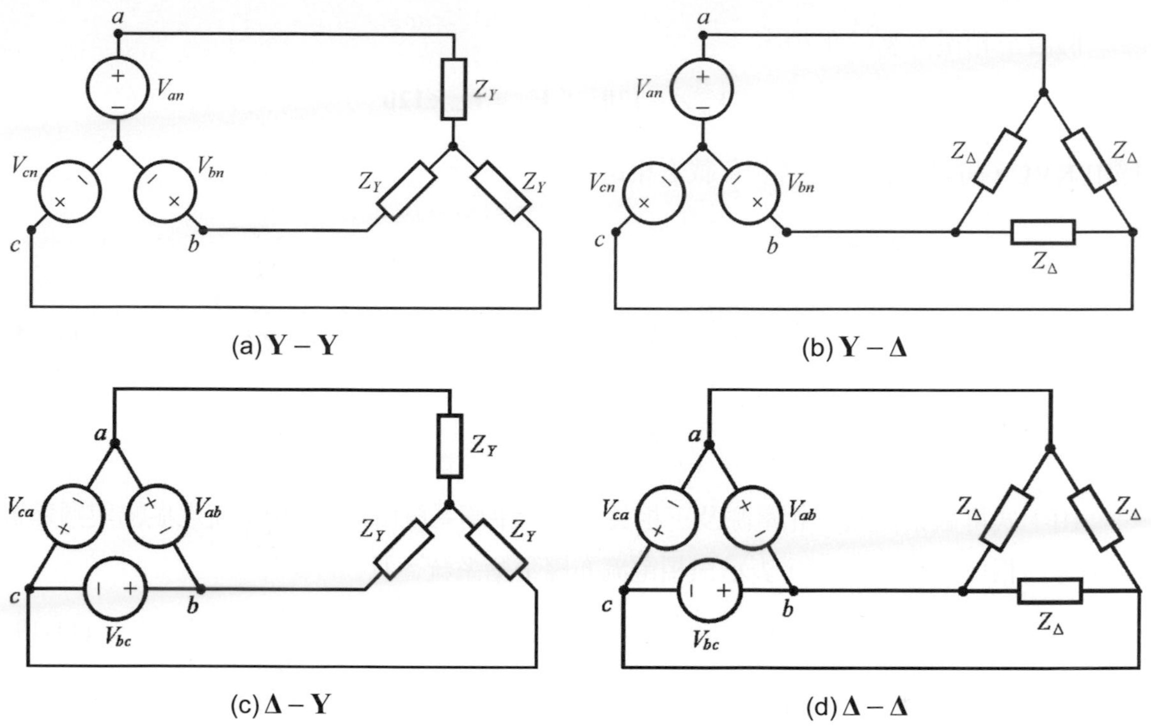

▲ 圖 11-7　三相系統

在三相系統中，Y – Y 連接及 Δ – Δ 連接型式之分析較為容易，因此若能適當地將負載由 Δ 型連接轉換成 Y 型連接，或由 Y 型連接轉換至 Δ 型連接，可將 Y – Δ 連接及 Δ – Y 連接轉換成 Y – Y 連接及 Δ – Δ 連接，以簡化分析之困難度。

一、Y – Y 連接平衡三相系統

圖 11-8 所示為典型 Y – Y 型四線連接之平衡三相系統，其中包含 Y 型連接三相電源以及 Y 型連接三相負載。

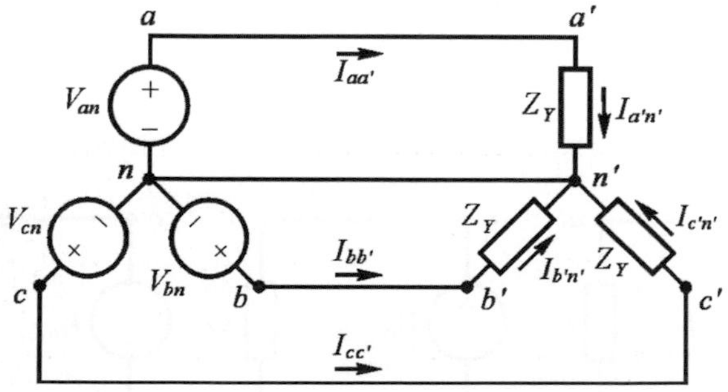

▲ 圖 11-8　Y – Y 型四線連接之平衡三相系統

假設三相電源屬於正相序

$$V_{an}=V_m\angle 0°，V_{bn}=V_m\angle -120°，V_{cn}=V_m\angle 120°$$

經由 KVL，可計算出流經各相負載之相電流

$$\begin{aligned} I_{a'n}&=\frac{V_{an}}{Z_Y}=\frac{V_m}{Z_Y}\\ I_{b'n}&=\frac{V_{bn}}{Z_Y}=\frac{V_m\angle -120°}{Z_Y}=I_{a'n}\angle -120°\\ I_{c'n}&=\frac{V_{cn}}{Z_Y}=\frac{V_m\angle 120°}{Z_Y}=I_{a'n}\angle 120° \end{aligned} \quad (11\text{-}18)$$

由上式可觀察出當三相電源及三相負載皆爲平衡系統時，其三相電流之振幅與頻率皆會相等而相位角相差 120°，表示三相電流亦屬平衡系統，且

$$I_{a'n}+I_{b'n}+I_{c'n}=0 \quad (11\text{-}19)$$

因此，中性點連線($n-n'$)上之電流

$$I_{nn'}=I_{a'n}+I_{b'n}+I_{c'n}=0 \quad (11\text{-}20)$$

由於中性點連線($n-n'$)上之電流 I_n 爲零，意味著此連線可被移除並不會影響電路分析結果；換句話說，分析 **Y－Y** 型三線連接之平衡三相系統(如圖 11-9(a))時，可將三相系統等效爲三個單相系統。在此系統中，線電流等於相電流，即

$$I_{aa'}=I_{a'n}、I_{bb'}=I_{b'n}、I_{cc'}=I_{c'n} \quad (11\text{-}21)$$

例題 11-5

如圖 11-7(a)所示，若平衡三相電源爲(a-c-b 相序)且 $v_{an}(t)=110\sqrt{2}\cos(\omega t+30°)$ V，負載 Z_Y 爲 $R=3\Omega$ 及 $L=j4\Omega$ 之 RL 串聯電路，試計算各項負載之電流 $I_{a'n}$、$I_{b'n}$ 及 $I_{c'n}$ (以相量型式表示)。

答 由於此電路屬 **Y－Y** 型三線連接之平衡三相系統，可將電路等效如下圖所示，

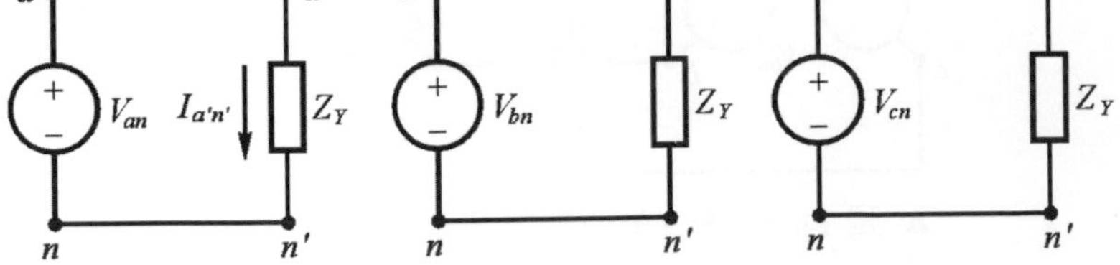

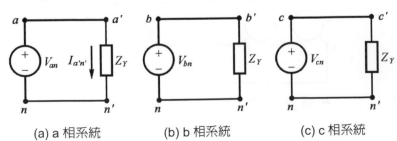

(a) a 相系統　(b) b 相系統　(c) c 相系統

各子系統之相電壓分別為

$$V_{an} = 110\angle 30^\circ \text{ V}、V_{bn} = 110\angle 150^\circ \text{ V 及 } V_{cn} = 110\angle -90^\circ \text{ V}$$

則

$$I_{a'n} = \frac{V_{an}}{Z_Y} = \frac{110\angle 30^\circ}{3+j4} = 22\angle -23.13^\circ(\text{A})$$

$$I_{b'n} = \frac{V_{bn}}{Z_Y} = \frac{110\angle 150^\circ}{3+j4} = 22\angle 96.87^\circ(\text{A})$$

$$I_{c'n} = \frac{V_{cn}}{Z_Y} = \frac{110\angle -90^\circ}{3+j4} = 22\angle -143.13^\circ(\text{A})$$

二、Δ－Δ 連接平衡三相系統

圖 11-9 為典型 Δ－Δ 型連接之平衡三相系統，其中包含 Δ 型連接三相電源以及 Δ 型連接三相負載。

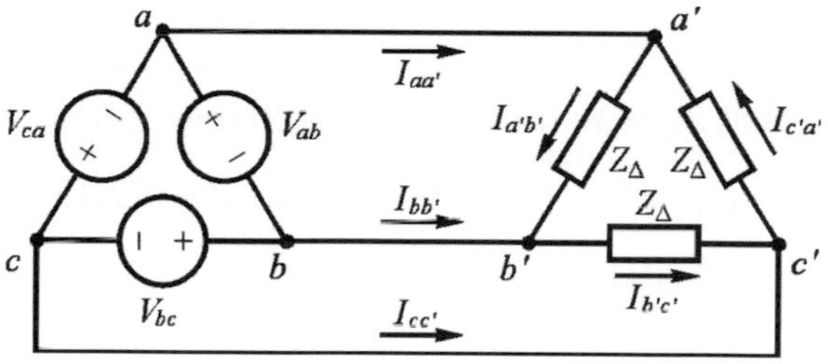

▲ 圖 11-9　Δ－Δ 型連接之平衡三相系統

假設三相電源屬於正相序($ab-bc$ 、ca 相序)

$$V_{ab} = V_m\angle 0^\circ，V_{bc} = V_m\angle -120^\circ，V_{ca} = V_m\angle 120^\circ$$

依據 KVL，迴路 $a-a'-b'-b$ 可視為一個獨立單相系統，負載 Z_Δ 上之電壓降 $V_{a'b'}$ 等於電源電壓 V_{ab}。因此，可計算出端點 $a'-b'$ 負載 Z_Δ 上之**相電流**為：

$$I_{a'b'} = \frac{V_{a'b'}}{Z_\Delta} = \frac{V_{ab}}{Z_\Delta} = \frac{V_m\angle 0^\circ}{Z_\Delta} \tag{11-22}$$

同理，

$$\begin{aligned} I_{b'c'} &= \frac{V_{b'c'}}{Z_\Delta} = \frac{V_{bc}}{Z_\Delta} = \frac{V_m\angle -120^\circ}{Z_\Delta} = I_{a'b'}\angle -120^\circ \\ I_{c'a'} &= \frac{V_{c'a'}}{Z_\Delta} = \frac{V_{ca}}{Z_\Delta} = \frac{V_m\angle 120^\circ}{Z_\Delta} = I_{a'b'}\angle 120^\circ \end{aligned} \tag{11-23}$$

由(11-22)式及(11-23)式可知，三相電流之振幅與頻率皆會相等而相位角相差120°，表示三相電流亦屬平衡系統，且

$$I_{a'b'}+I_{b'c'}+I_{c'a'}=0 \tag{11-24}$$

流經端點 $a-a'$ 之電流 $I_{aa'}$ 稱爲線電流，線電流 $I_{aa'}$ 可藉由 $I_{a'b'}$ 及 $I_{c'a'}$ 計算獲得

$$\begin{aligned} I_{aa'} &= I_{a'b'}-I_{c'a'}=I_{a'b'}-I_{a'b'}\angle 120^\circ \\ &= I_{a'b'}(\frac{3}{2}-j\frac{\sqrt{3}}{2})=\sqrt{3}I_{a'b'}\angle -30^\circ \end{aligned} \tag{11-25}$$

同理，

$$\begin{aligned} I_{bb'} &= I_{b'c'}-I_{a'b'}=I_{a'b'}\angle -120^\circ - I_{a'b'}=\sqrt{3}I_{a'b'}\angle -150^\circ \\ I_{cc'} &= I_{c'a'}-I_{b'c'}=I_{a'b'}\angle 120^\circ - I_{a'b'}\angle -120^\circ=\sqrt{3}I_{a'b'}\angle 90^\circ \end{aligned} \tag{11-26}$$

從(11-25)式及(11-26)式可知，對 **Δ** 型連接而言，線電流之大小爲相電流大小之 $\sqrt{3}$ 倍，而線電流之相位較相電流之相位落後30°。

例題 11-6

如圖 11-9 所示，若負載 $Z_\Delta = 3+j4\,\Omega$ 且流經各相負載之相電流爲

$I_{a'b'}=2\angle -53.13^\circ$ A、$I_{b'c'}=2\angle 66.87^\circ$ A、$I_{c'a'}=2\angle -173.13^\circ$ A

試求線電流及三相電源電壓(以相量型式表示)。

答 對於 **Δ－Δ** 型連接之平衡三相系統而言，線電流之計算如下：

$$I_{aa'}=I_{a'b'}-I_{c'a'}=2\angle -53.13^\circ - 2\angle -173.13^\circ = 2\angle -23.13^\circ \text{ A}$$

$$I_{bb'}=I_{b'c'}-I_{a'b'}=2\angle 66.87^\circ - 2\angle -53.13^\circ = 2\angle 96.87^\circ \text{ A}$$

$$I_{cc'}=I_{c'a'}-I_{b'c'}=2\angle -173.13^\circ - 2\angle 66.87^\circ = 2\angle -143.13^\circ \text{ A}$$

三相電源電壓爲

$$V_{ab}=I_{a'b'}Z_\Delta=(2\angle -53.13^\circ)(3+j4)=10\angle 0^\circ\ (\text{V})$$

$$V_{bc}=I_{b'c'}Z_\Delta=(2\angle 66.87^\circ)(3+j4)=10\angle 120^\circ\ (\text{V})$$

$$V_{ca}=I_{c'a'}Z_\Delta=(2\angle -173.13^\circ)(3+j4)=10\angle -120^\circ\ (\text{V})$$

11-4　平衡三相系統之功率

由前一節的討論，我們可以將一個平衡三相系統等效成三個單相系統；因此，欲計算一個平衡三相系統之功率可由各單相功率之計算結果，再求其總和而獲得。

圖 11-10 所示為一個 **Y − Y** 連接三相系統中的 a 相電路，

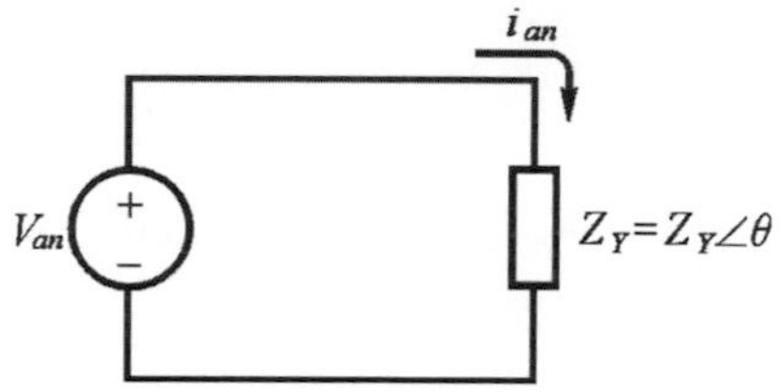

▲ 圖 11-10　**Y − Y** 連接三相系統中的 a 相電路

若 a 相電源電壓為

$$v_{an}(t) = \sqrt{2}V_m \cos\omega t \tag{11-27}$$

流經負載 Z 之電流 $i_{an}(t)$

$$i_{an}(t) = \frac{\sqrt{2}V_m}{Z_Y}\cos(\omega t - \theta) = \sqrt{2}I_m \cos(\omega t - \theta) \tag{11-28}$$

則此 a 相電路所產生之瞬時功率 $p_a(t)$ 為

$$\begin{aligned} p_a(t) &= v_{an}(t)i_{an}(t) = 2V_m I_m \cos\omega t \cos(\omega t - \theta) \\ &= V_m I_m \left(\cos(2\omega t - \theta) + \cos\theta\right) \end{aligned} \tag{11-29}$$

由於平均功率的定義為

$$P = \frac{1}{T}\int_0^T p(t)dt \quad (T \text{ 為周期}) \tag{11-30}$$

由(11-29)式得知 a 相電路之瞬時功率 $p_a(t)$ 的頻率為 $f = \omega / \pi$；因此，圖 11-13 之 a 相電路的**平均功率**

$$\begin{aligned} P_a &= \frac{1}{T}\int_0^T p_a(t)\,dt = \frac{\omega}{\pi}\int_0^{\pi/\omega} V_m I_m \left(\cos(2\omega t - \theta) + \cos\theta\right)dt \\ &= V_m I_m \cos\theta \end{aligned} \tag{11-31}$$

依同樣的分析步驟，b 相及 c 相電路之**瞬時功率** $p_b(t)$ 及 $p_c(t)$ 為：

$$\begin{aligned} p_b(t) &= v_{bn}(t)i_{bn}(t) = 2V_m I_m \cos(\omega t - 120°)\cos(\omega t - 120° - \theta) \\ &= V_m I_m (\cos(2\omega t - 240° - \theta) + \cos\theta) \end{aligned}$$

$$p_c(t) = v_{cn}(t)i_{cn}(t) = 2V_mI_m\cos(\omega t+120°)\cos(\omega t+120°-\theta)$$
$$= V_mI_m(\cos(2\omega t-240°-\theta)+\cos\theta)$$

而 b 相及 c 相電路之平均功率依(11-30)式之定義可計算如下：

$$P_b = \frac{1}{T}\int_0^T p_b(t)\,dt = \frac{\omega}{\pi}\int_0^{\pi/\omega} V_mI_m\left(\cos(2\omega t-240°-\theta)+\cos\theta\right)dt$$
$$= V_mI_m\cos\theta \tag{11-32}$$

$$P_c = \frac{1}{T}\int_0^T p_c(t)\,dt = \frac{\omega}{\pi}\int_0^{\pi/\omega} V_mI_m\left(\cos(2\omega t+120°-\theta)+\cos\theta\right)dt$$
$$= V_mI_m\cos\theta \tag{11-33}$$

三相電路之總平均功率爲三個單相系統之總和

$$P = P_a + P_b + P_c = 3V_mI_m\cos\theta \tag{11-34}$$

從(11-31)式至(11-33)式可發現，當 **Y – Y** 連接三相電路爲平衡系統時，各子系統之平均功率皆相同，因此三相電路之總平均功率爲單相系統之平均功率的三倍，

$$P = 3P_a = 3P_b = 3P_c \tag{11-35}$$

例題 11-7

試求如下圖所示之三相負載所消耗之總平均功率。

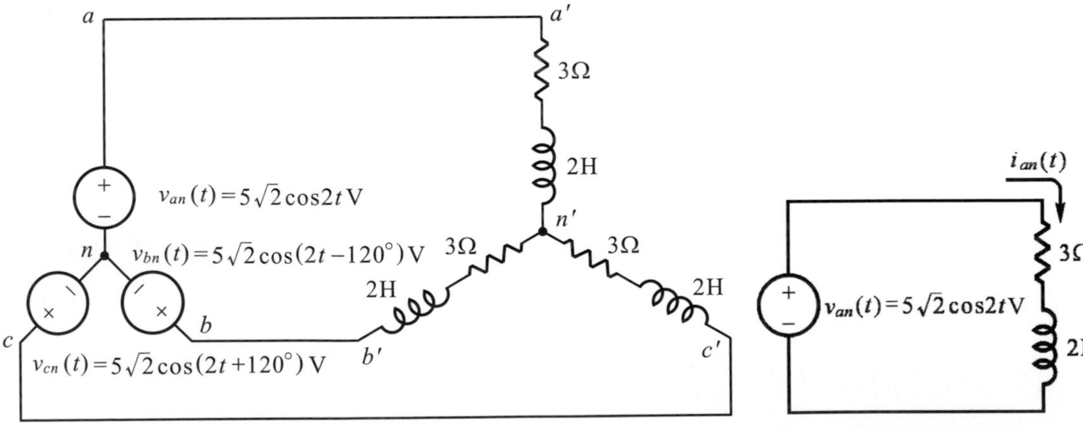

(a)原三相系統　　(b)a 相電路

答 由(11-35)式之結論，欲計算總平均功率可將原三相系統轉爲三的單相系統，計算完單相系統之平均功率，再將其乘 3 倍即可獲得。a 相電路如圖 11-14(b)所示，其中負載爲：

$$Z_Y = 3 + j2\times 2 = 3 + j4 = 5\angle 53.13°\Omega$$

因此，負載電流爲：

$$i_{an}(t)=\frac{\sqrt{2}V_m}{Z_Y}\cos(\omega t-53.13°)=\frac{5}{5}\cos(\omega t-53.13°)\text{ A}$$

所以負載所消耗之瞬時功率爲：

$$\begin{aligned}p_a(t)&=v_{an}(t)i_{an}(t)=2\times5\times1\times\cos 2t\times\cos(2t-53.13°)\\&=5\left(\cos(4t-53.13°)+\cos 53.13°\right)\text{W}\end{aligned}$$

而負載所消耗之平均功率爲：

$$\begin{aligned}P_a&=\frac{1}{T}\int_0^T p_a(t)\,dt=\frac{4}{\pi}\int_0^{\pi/4}5\left(\cos(4t-53.13°)+\cos 53.13°\right)dt\\&=5\cos 53.13°=3\text{W}\end{aligned}$$

最後，三相系統之總平均消耗功率爲：

$$P=3P_a=9(\text{W})$$

對於如圖 11-9 所示之電路而言，若以相量來表示電壓與電流

$$\begin{aligned}\boldsymbol{V}_{an}&=\boldsymbol{V}_m\angle 0°\\\boldsymbol{I}_{an}&=\frac{\boldsymbol{V}_{an}}{\boldsymbol{Z}_Y}=\frac{\boldsymbol{V}_m}{|\boldsymbol{Z}_Y|}\angle-\theta=\boldsymbol{I}_m\angle-\theta\end{aligned}\tag{11-36}$$

則 a **相電路之功率**爲：

$$\begin{aligned}\boldsymbol{S}_a&=\boldsymbol{V}_{an}\boldsymbol{I}_{an}^*=\boldsymbol{V}_m\boldsymbol{I}_m\angle\theta\\&=\boldsymbol{V}_m\boldsymbol{I}_m\cos\theta+j\boldsymbol{V}_m\boldsymbol{I}_m\sin\theta\\&=\boldsymbol{P}_a+j\boldsymbol{Q}_a\end{aligned}\tag{11-37}$$

S_a 稱為複數功率，P_a 稱為平均功率或稱實數功率，Q_a 稱為虛數功率

$$\boldsymbol{Q}_a=\boldsymbol{V}_m\boldsymbol{I}_m\sin\theta\tag{11-38}$$

爲區別實數功率與虛數功率，我們將爲虛數功率另定一新的單位；若電壓之單位爲伏特(V)，電流之單位爲安培(A)，則**虛數功率之單位為乏**(Volt-Ampere-Reactive；VAR)或稱爲 VAR。

三相系統之複數功率亦可由三的單相系統之複數功率加總而得：

$$\boldsymbol{S}=\boldsymbol{P}+j\boldsymbol{Q}=3\boldsymbol{V}_m\boldsymbol{I}_m\cos\theta+j3\boldsymbol{V}_m\boldsymbol{I}_m\sin\theta\tag{11-39}$$

而實數功率(即負載所須消耗之平均功率)與複數功率大小$|\mathbf{S}| = V_m I_m$之比值為：

$$Pf = \frac{P}{|S|} = \frac{V_m I_m \cos\theta}{V_m I_m} = \cos\theta$$

此比值Pf稱為**功率因數**(power factor)。功率因數說明實數功率在複數功率大小$|\mathbf{S}|$中所佔之比例，而功率因數之大小影響整個電力系統之經濟效率。舉例來說，若兩電力系統之電源電壓同為$V_m = 5\text{V}$，而負載所消耗之平均功率亦同為10W，現在電力系統 A 之功率因數為$Pf_A = 1$，而電力系統 B 之功率因數只有$Pf_B = 0.8$，則兩系統之電流

$$10 = 5I_A \cdot 1 \quad 得\ I_A = 2\text{A}$$

$$10 = 5I_B \cdot 0.8 \quad 得\ I_B = 2.5\text{A}$$

電力系統 B 必須提供 1.25 倍大之電流，通常提供較大之電流須花費更多之經費，故此電力系統 B 之經濟效率較低。

例題 11-8

試求如下圖所示之電源端之複數功率，平均功率，虛數功率及功率因數(假設此三相系統屬正相序而$V_{an} = 50\angle 0°\text{V}$且$Z_Y = 1 + j\,\Omega$。

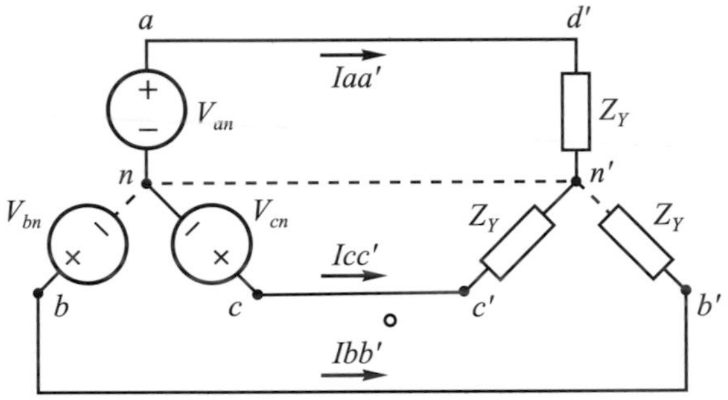

Y – Y 連接平衡三相系統

答 因上圖所示之三相系統為一平衡三相 **Y – Y** 連接之系統其nn'連接上之電流為零，所以

$$I_{aa'} = \frac{V_{an}}{Z_Y} = \frac{50\angle 0°}{\sqrt{2}\angle 45°} = 35.3\angle -45°\ \text{A}$$

$$I_{bb'} = \frac{V_{bn}}{Z_Y} = \frac{50\angle -120°}{\sqrt{2}\angle 45°} = 35.3\angle -165°\ \text{A}$$

$$I_{cc'} = \frac{V_{cn}}{Z_Y} = \frac{50\angle 120°}{\sqrt{2}\angle 45°} = 35.3\angle 75°\ \text{A}$$

而各相之複數功率分別為：

$$S_a = V_{an}I^*_{aa'} = (50\angle 0°)(\frac{50}{\sqrt{2}}\angle 45°) = 1768\angle 45° \text{ A}$$

$$S_b = V_{bn}I^*_{bb'} = (50\angle -120°)(\frac{50}{\sqrt{2}}\angle 165°) = 1768\angle 45° \text{ A}$$

$$S_c = V_{cn}I^*_{cc'} = (50\angle 120°)(\frac{50}{\sqrt{2}}\angle -75°) = 1768\angle 45° \text{ A}$$

我們發現 $S_a = S_b = S_c$。所以平衡三相系統之複數功率等於 3 倍單相之複數功率，即

$$\begin{aligned} S_a &= 3S_a = 3S_b = 3S_c \\ &= 5304\angle 45^\circ = 3750 + j3750 \text{ (V-A)} \end{aligned}$$

三相平均功率為：

$$P = 3750 \text{ (W)}$$

三相虛數功率為：

$$Q = 3750 \text{ (VAR)}$$

功率因數為

$$Pf = \frac{P}{|\mathbf{S}|} = \frac{3750}{5304} = 0.707$$

11-5　不平衡三相系統

前一節所討論的三相系統中，若(1)三相電源中各相電壓的振幅不相同或相位角非相差 120°，或(2)三相負載中各相阻抗不相等，即稱此電路為不平衡三相系統。在工廠用電之實際電力系統應用中，三相系統多採用三相四線式線路，其目的是除可供應三相電源給特殊機電設備外，各單相電源亦可提供給一般電器如照明、電腦等。若因配電不對稱(如多數的一般電器皆配接於 a 相電源)，或是電器使用不均勻(如雖然整個工廠的電器設備平均分配於各相電源，但某相電源所供應之廠區的電器設備皆未啓動)，都會造成三相負載不平衡之現象。因此，於實際應用中，不平衡三相系統多指不平衡三相負載。為方便分析與討論，以下皆採用不平衡三相負載進行說明。

不平衡三相系統之連接方式亦可分為 $\mathbf{Y-Y}$，$\mathbf{Y-\Delta}$，$\mathbf{\Delta-Y}$ 及 $\mathbf{\Delta-\Delta}$ 等四類，與平衡三相系統不同之處為不平衡三相系統無法藉由計算 a 相系統直接透過相位角差獲得其他兩相之結果，電路分析需使用網目分析或節點分析等方法。另外，於計算複數功率時，(11-39)

式之結論將不適用不平衡三相系統；換句話說，不平衡三相系統之複數功率不等於單相系統之複數功率的三倍。

圖 11-11 所示為不平衡三相負載，即負載 $Z_{Ya'}$ 、 $Z_{Yb'}$ 及 $Z_{Yc'}$ 皆不相等，由歐姆定律可獲得流經各相負載之電流為：

$$I_{a'n'} = \frac{V_{a'n'}}{Z_{Ya'}} \text{，} I_{b'n'} = \frac{V_{b'n'}}{Z_{Yb'}} \text{，} I_{c'n'} = \frac{V_{c'n'}}{Z_{Yc'}} \tag{11-40}$$

由於三相負載不平衡，故三相電流亦為不平衡，即三相電流不滿足總和為零之特性，意味著中性點連線($n - n'$)上之電流

$$I_{nn'} = I_{a'n'} + I_{b'n'} + I_{c'n'} \neq 0 \tag{11-41}$$

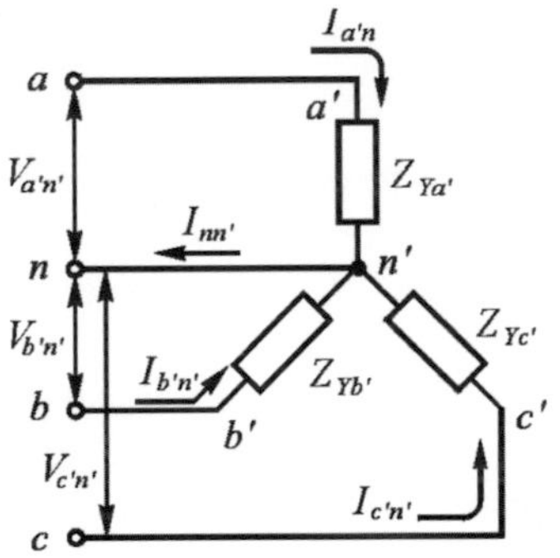

▲ 圖 11-11　不平衡三相負載

因此，**Y－Y** 連接不平衡三相系統之中性點連線不得任意移除，無法將四線式等效為三線式電路；反之亦然，三線式電路無法藉由中性點連線將三相系統等效為三個單相系統單獨進行電路分析。

接著將說明三線式 **Y－Y** 連接不平衡三相電路之分析，如圖 11-12 所示。

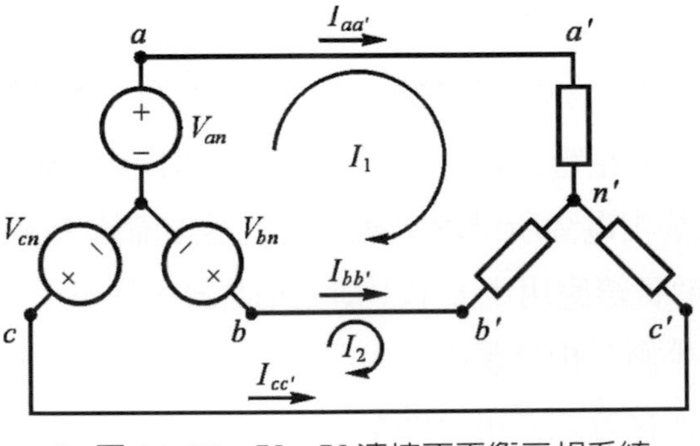

▲ 圖 11-12　**Y－Y** 連接不平衡三相系統

此電路需利用網路分析方法，由圖 11-12 可知需定義兩個迴路電流 I_1 及 I_2，依 KVL 我們可以獲得兩條迴路方程式

$$\begin{aligned} V_{ab} &= Z_{Ya}I_1 + Z_{Yb}(I_1 - I_2) \\ V_{bc} &= Z_{Yc}I_2 + Z_{Yb}(I_2 - I_1) \end{aligned} \tag{11-42}$$

經整理可得：

$$\begin{bmatrix} Z_{Ya'} + Z_{Yb'} & -Z_{Yb'} \\ -Z_{Yb'} & Z_{Yb'} + Z_{Yc'} \end{bmatrix} \begin{bmatrix} I_1 \\ I_2 \end{bmatrix} = \begin{bmatrix} V_{ab} \\ V_{bc} \end{bmatrix} \tag{11-43}$$

定義

$$\Delta = \begin{vmatrix} Z_{Ya'} + Z_{Yb'} & -Z_{Yb'} \\ -Z_{Yb'} & Z_{Yb'} + Z_{Yc'} \end{vmatrix}, \tag{11-44}$$

及

$$\Delta_1 = \begin{vmatrix} V_{ab} & -Z_{Yb'} \\ V_{bc} & Z_{Yb'} + Z_{Yc'} \end{vmatrix}，\Delta_2 = \begin{vmatrix} Z_{Ya'} + Z_{Yb'} & V_{ab} \\ -Z_{Yb'} & V_{bc} \end{vmatrix} \tag{11-45}$$

由(11-44)及(11-45)可計算出

$$I_1 = \frac{\Delta_1}{\Delta} \quad 及 \quad I_2 = \frac{\Delta_2}{\Delta} \tag{11-46}$$

最後，流經負載之不平衡三相線電流爲：

$$\begin{cases} I_{aa'} = I_1 \\ I_{bb'} = I_2 - I_1 \\ I_{cc'} = I_2 \end{cases} \tag{11-47}$$

例題 11-9

如圖 11-12 所示，若 $V_{an} = 10\angle 0°$ V、$V_{bn} = 10\angle -120°$ V、$V_{cn} = 10\angle 120°$ V，且 $Z_{Ya'} = j4\Omega$、$Z_{Yb'} = 3\Omega$、$Z_{Yc'} = -j4\Omega$，試求流經負載之電流(以相量型式表示)及負載所消耗之複數功率。

答 依(11-8)及(11-9)式，線電壓 V_{ab} 及 V_{bc} 爲：

$$V_{ab} = V_{an} - V_{bn} = \sqrt{3}V_m\angle 30° = 10\sqrt{3}\angle 30°。$$
$$V_{bc} = V_{bn} - V_{cn} = \sqrt{3}V_m\angle -90° = 10\sqrt{3}\angle -90°$$

可得：

$$\Delta = \begin{vmatrix} 3 + j4 & -3 \\ -3 & 3 - j4 \end{vmatrix} = 16$$

$$\Delta_1 = \begin{vmatrix} 10\sqrt{3}\angle 30^\circ & -3 \\ 10\sqrt{3}\angle -90^\circ & 3-j4 \end{vmatrix} = 81.64\angle 12.7^\circ$$

$$\Delta_2 = \begin{vmatrix} 3+j4 & 10\sqrt{3}\angle 30^\circ \\ -3 & 10\sqrt{3}\angle -90^\circ \end{vmatrix} = 117.2\angle -12.8^\circ$$

則

$$I_1 = \frac{\Delta_1}{\Delta} = \frac{81.64\angle 12.7^\circ}{16} = 5.1025\angle 12.7^\circ \text{ A}$$

$$I_2 = \frac{\Delta_2}{\Delta} = \frac{117.2\angle -12.8^\circ}{16} = 7.325\angle -12.8^\circ \text{ A}$$

流經負載之電流爲：

$$\begin{cases} I_{aa'} = I_1 = 5.1\angle 12.7^\circ \text{ (A)} \\ I_{bb'} = I_2 - I_1 = 3.5\angle -51.7^\circ \text{ (A)} \\ I_{cc'} = I_2 = 7.3\angle -12.8^\circ \text{ (A)} \end{cases}$$

因此，各負載所消耗之複數功率爲：

$$S_{a'} = |I_{aa'}|^2 Z_{Ya'} = (5.1)^2(j4) = j104.04$$
$$S_{b'} = |I_{bb'}|^2 Z_{Yb'} = (3.5)^2(3) = 36.75$$
$$S_{c'} = |I_{cc'}|^2 Z_{Yc'} = (7.3)^2(-j4) = -j213.16$$

負載所消耗之複數功率爲：

$$S = S_{a'} + S_{b'} + S_{c'} = 36.75 - j109.12 \text{ (V-A)}$$

例題 11-10

試求如下圖所示之不平衡三相系統之平均功率、複數功率、虛數功率，並求出線電流(以相量型式表示)。(假設電壓 $V_{ab} = 50\angle 0^\circ$ V，$V_{bc} = 50\angle -120^\circ$ V，$V_{ca} = 50\angle 120^\circ$ V，且 $Z_1 = 10\ \Omega$，$Z_2 = 1 + j\ \Omega$，$Z_3 = 3 + j4\ \Omega$)

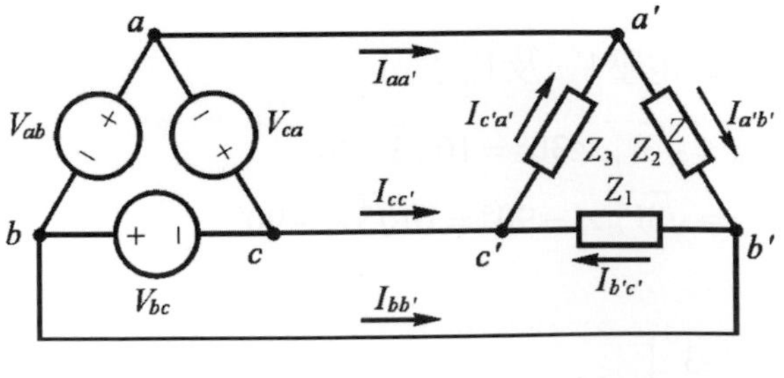

答

$$I_{a'b'} = \frac{V_{ab}}{Z_1} = 5\angle 0°$$

$$I_{b'c'} = \frac{V_{bc}}{Z_2} = \frac{50\angle -120°}{\sqrt{2}\angle 45°} = 35.3\angle -165°$$

$$I_{c'a'} = \frac{V_{ca}}{Z_3} = \frac{50\angle 120°}{5\angle 53.13°} = 10\angle 66.87°$$

而線電流分別為：

$$I_{a'a'} = I_{a'b'} - I_{c'a'} = 5\angle 0° - 10\angle 66.87°$$
$$= 5 - (3.93 + 9.2j) = 9.26\angle -83.37°(\text{A})$$
$$I_{b'b'} = I_{b'c'} - I_{a'c'} = 35.3\angle -165° - 5\angle 0°$$
$$= (-34.1 - 9.13j) - 5 = 40.15\angle -166.8°(\text{A})$$
$$I_{c'c'} = I_{c'a'} - I_{b'c'} = 10\angle 66.87° - 35.6\angle -165°$$
$$= (3.93 + 9.2j) - (-34.1 - 9.13j) = 42.4\angle -25.75°(\text{A})$$

各相之複數功率為：

$$S_{ab} = V_{ab} I^{*}_{a'b'} = (50\angle 0°)(5\angle 0°) = 250$$
$$S_{bc} = V_{bc} I^{*}_{b'c'} = (50\angle -120°)(35.3\angle 165°) = 1248 + j1248$$
$$S_{ca} = V_{ca} I^{*}_{c'a'} = (50\angle 120°)(10\angle -66.87°) = 300 + j400$$

所以三相之複數功率之總和為：

$$S = S_{ab} = S_{bc} = S_{ca} = 1798 + j1648\ (\text{V-A})$$

而三相之平均功率為：

$$P = 1798\ (\text{W})$$

且三相虛數功率為：

$$Q = j1648\ (\text{VAR})$$

本章習題 LEARNING PRACTICE

11-1 試說明下圖中 **Y** 型連接之三相電源是否為平衡三相電源，並求出線電壓 $\mathbf{V}_{ab}$、$\mathbf{V}_{bc}$ 及 $\mathbf{V}_{ca}$ (以相量表示)。

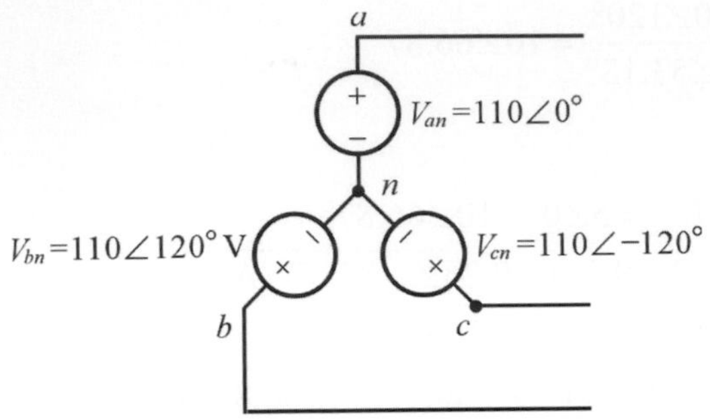

答 平衡三相電源；$V_{ab}=110\sqrt{3}\angle-30^\circ(\text{V})$，$V_{bc}=110\sqrt{3}\angle 90^\circ(\text{V})$，$V_{ca}=110\sqrt{3}\angle-150^\circ(\text{V})$。

11-2 試說明下圖之 **Δ** 型連接之三相電源，並求相電壓 V_{an}、V_{bn} 及 V_{cn}。

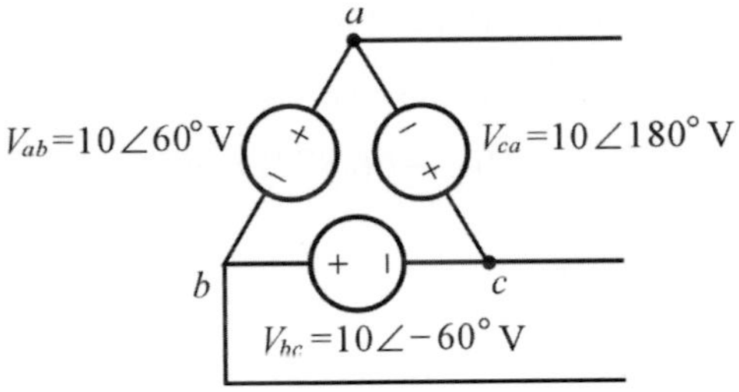

答 平衡三相電源；$V_{an}=V_{ab}=10\angle 60^\circ(\text{V})$，$V_{bn}=V_{bc}=10\angle-60^\circ(\text{V})$，$V_{cn}=V_{ca}=10\angle 180^\circ(\text{V})$

11-3 如下圖為平衡三相系統，試求各負載之相電流及線電流。

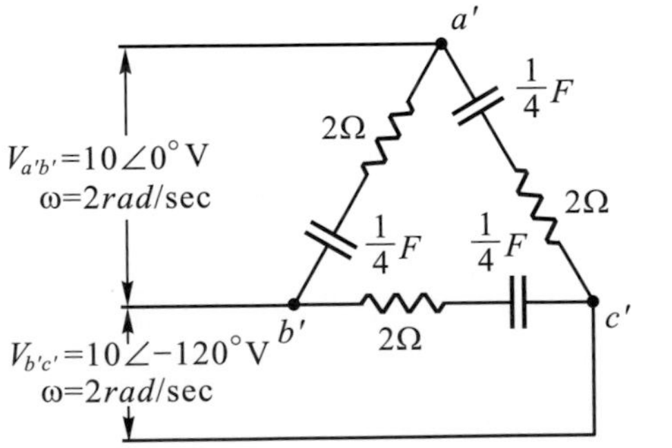

答 $I_{a'b'}=\dfrac{5\sqrt{2}}{2}\angle 45^\circ(\text{A})$，$I_{b'c'}=\dfrac{5\sqrt{2}}{2}\angle-75^\circ(\text{A})$，$I_{c'a'}=\dfrac{5\sqrt{2}}{2}\angle 165^\circ(\text{A})$；

$I_a=\dfrac{5\sqrt{2}}{2}\angle 15^\circ(\text{A})$，$I_b=\dfrac{5\sqrt{2}}{2}\angle-105^\circ(\text{A})$，$I_c=\dfrac{5\sqrt{2}}{2}\angle 135^\circ(\text{A})$

11-4　試將下圖中 **Y** 型連接之三相負載轉換成 **Δ** 型連接之等效電路。

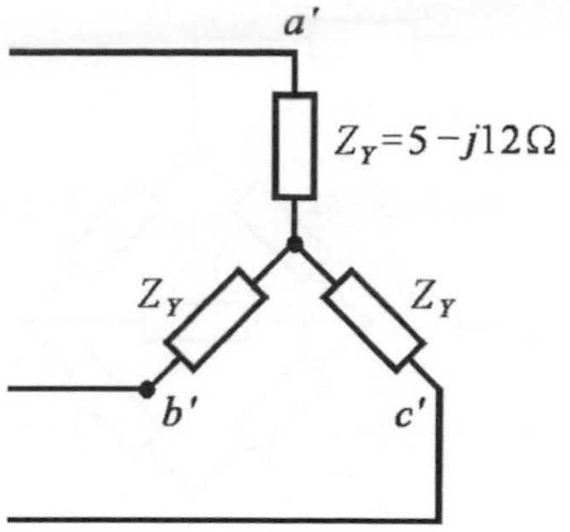

答　$Z_{\Delta} = 15 - j36\,(\Omega)$

11-5　試將下圖中 **Δ** 型連接之三相負載轉換成 **Y** 型連接之等效電路。

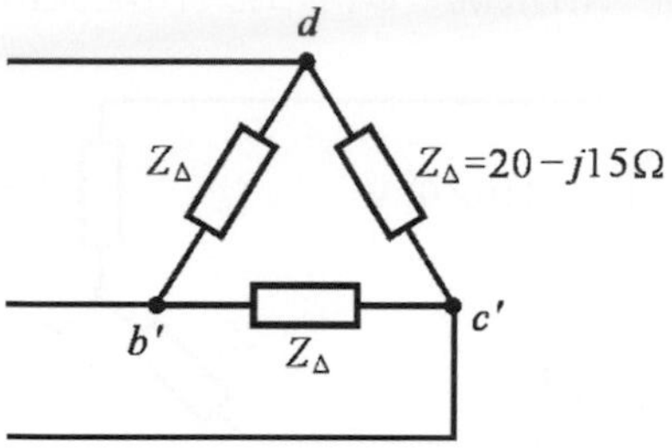

答　$Z_{Y} = 6.67 - j5\,(\Omega)$

11-6　試將下圖中 **Δ** 型連接之三相負載轉換成 **Y** 型連接之等效電路。

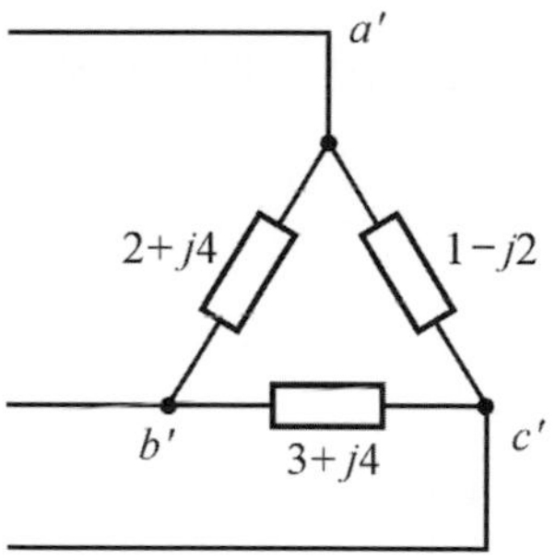

答　$Z_{an} = \dfrac{5}{6} - j\dfrac{5}{6}(\Omega)$，$Z_{bn} = \dfrac{5}{6} + j\dfrac{5}{2}(\Omega)$，$Z_{cn} = \dfrac{3}{4} - j\dfrac{13}{12}(\Omega)$

11-7 試求下圖之等效阻抗 Z_{eq}。

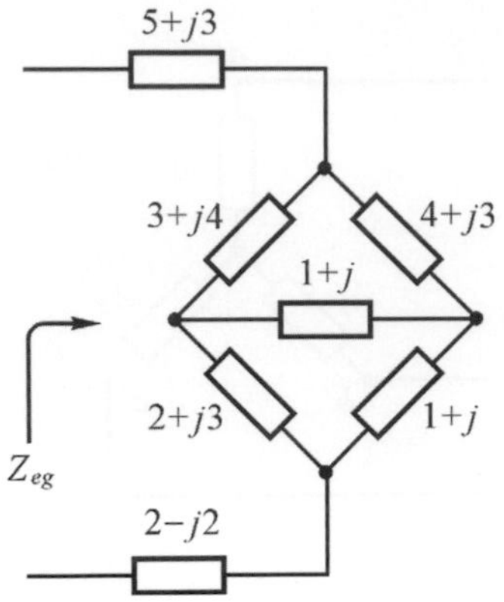

答 $Z_{eq}=9.5+j3.6(\Omega)$

11-8 若下圖之系統爲一平衡三相系統，試求出其相電流(*a*-*b*-*c* 相序)

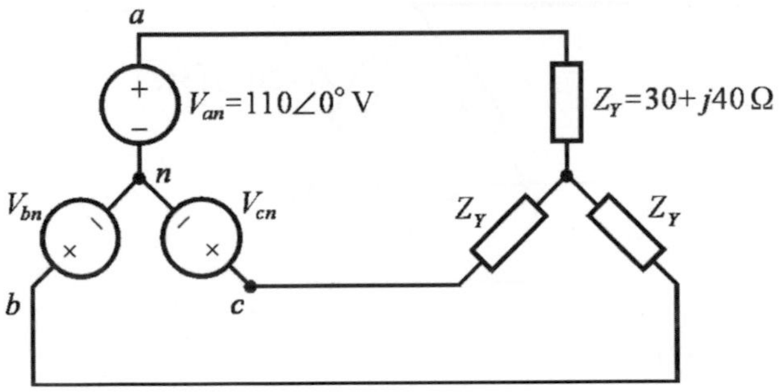

答 $I_{an}=2.2\angle-53.1°(\text{A})$，$I_{bn}=2.2\angle-173.1°(\text{A})$，$I_{cn}=2.2\angle 66.9°(\text{A})$

11-9 若圖(a)代表平衡三相 **Y** 型連接電源，連接至 **Y** 型連接之負載，若其電壓與電流之相量如圖(b)試求負載 Z_Y。

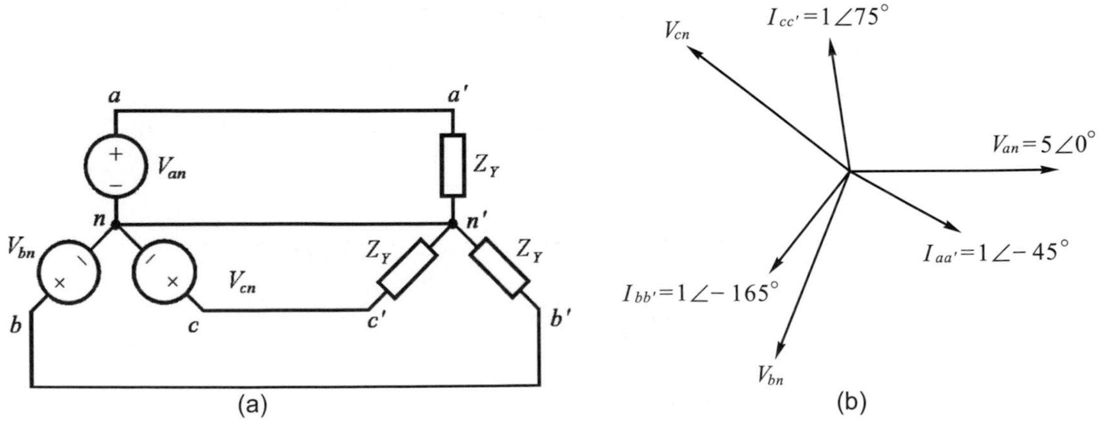

答 $Z_Y=5\angle 45°(\Omega)$

11-10 假設下圖中 $V_{an}=10\angle 0°\text{V}$ 且 $Z_\Delta = 9+j12\Omega$，試求平衡三相系統之線電流(a-b-c 相序)。

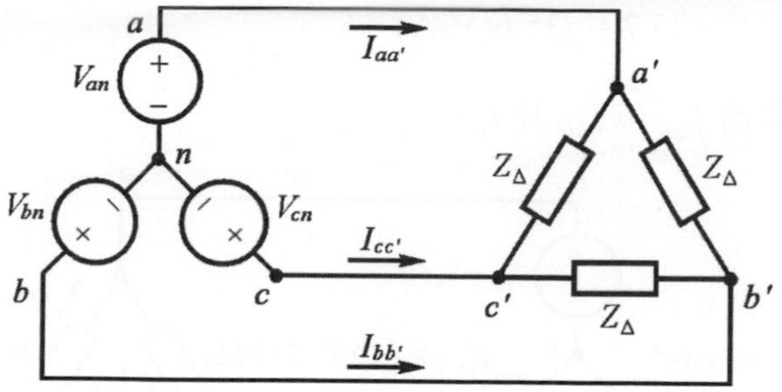

答 $I_{aa'}=2\angle -53.1°(\text{A})$，$I_{bb'}=2\angle -173.1°(\text{A})$，$I_{cc'}=2\angle 66.9°(\text{A})$

11-11 承上題，試求流經各負載之相電流及各負載所消耗之複數功率。

答 $I_{ab'}=\dfrac{2\sqrt{3}}{3}\angle -23.1°(\text{A})$，$I_{bc'}=\dfrac{2\sqrt{3}}{3}\angle -143.1°(\text{A})$，$I_{ca'}=\dfrac{2\sqrt{3}}{3}\angle 96.9°(\text{A})$

$S_a = S_b = S_c = 12 + j16(\text{V-A})$

11-12 假設下圖中 $V_{ab}=5\angle 0°\text{V}$ (電源爲 ab-bc-ca 相序)且 $Z_Y = 3+j4\Omega$，試求平衡三相系統之線電流。

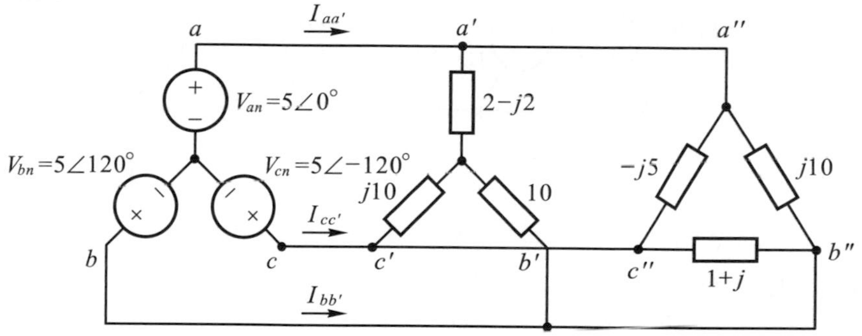

答 $I_{aa'}=\sqrt{3}\angle -83.1°(\text{A})$，$I_{bb'}=\sqrt{3}\angle 156.9°(\text{A})$，$I_{cc'}=\sqrt{3}\angle 36.9°(\text{A})$

11-13 承上題，試求此系統之複數功率、平均功率、虛數功率及功率因數。

答 $S=5(\text{V-A})$，$P=3(\text{W})$，$Q=-4(\text{VAR})$，$pf=0.6$

11-14 試求下圖之線電流、複數功率及功率因數。

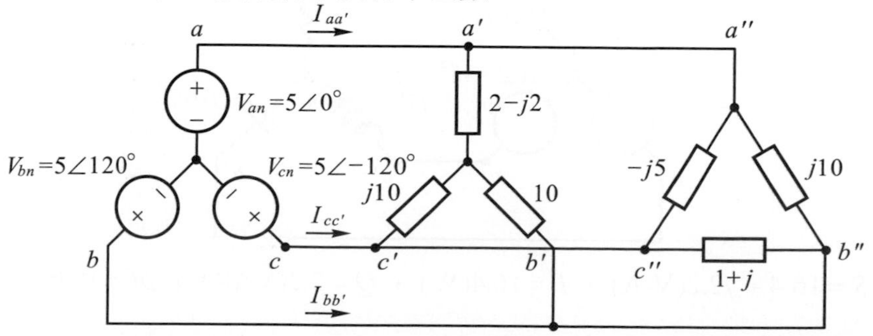

答 $I_{aa'}=0.19\angle 47°(A)$，$I_{bb'}=6.59\angle 50°(A)$，$I_{cc'}=6.78\angle -129°(A)$，$pf=0.79$，$S=45.7+j35.6(V\text{-}A)$

11-15 試求下圖之線電流$I_{aa'}$、$I_{bb'}$及$I_{cc'}$。

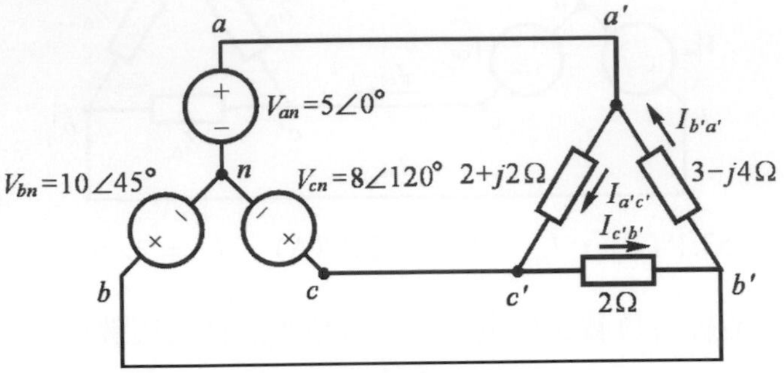

答 $I_{aa'}=5.35\angle -74.8°(A)$，$I_{bb'}=4.82\angle 15.054°(A)$，$I_{cc'}=7.21\angle 147.15°(A)$

11-16 試求下圖中各負載之相電壓及相電流

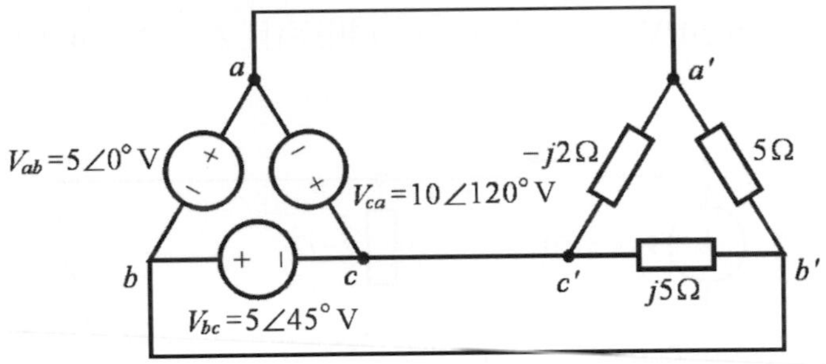

答 $V_{a'b'}=5\angle 0°(V)$，$V_{b'c'}=5\angle 45°(V)$，$V_{c'a'}=10\angle 120°(V)$，$I_{a'b'}=1\angle 0°(A)$，$I_{b'c'}=1\angle -45°(A)$，$I_{c'a'}=5\angle 210°(V)$

11-17 承上題試求此系統之複數功率、平均功率、虛數功率及功率因數。

答 $S=5-j45(V\text{-}A)=45.28\angle -83.66°(V\text{-}A)$，$P=5(W)$，$Q=45(V\text{-}A)$，$pf=0.11$

11-18 試求下圖之複數功率、平均功率、虛數功率及功率因數。

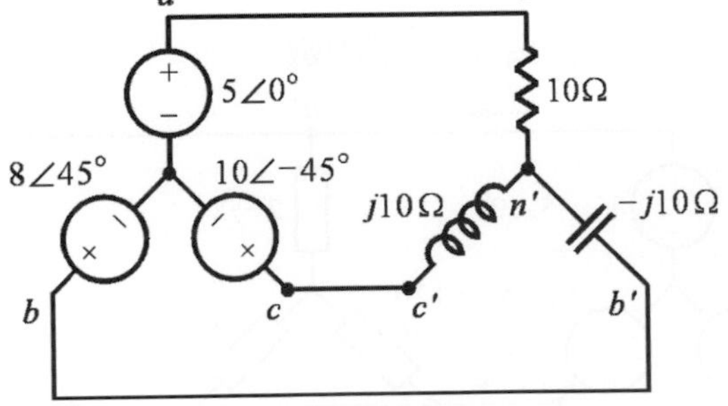

答 $S=16.4+j2.2(V\text{-}A)$，$P=16.4(W)$，$Q=2.2(VAR)$，$pf=0.99$

12 頻率響應

線性非時變電路的**頻率響應**(frequency response)係指：**電路之輸入為弦波時之穩態響應**，其目的在描述電路的頻域特性，在工程上、科學上應用極廣。如通訊系統的分析與設計上，接收機的濾波電路和電力系統中，頻率響應扮演極重要的角色。在討論頻率響應時，一般都假設輸入信號爲頻率可以改變的弦波，以觀察電路或系統對於各種不同頻率的信號，其穩態響應如何變化。

在本章中，我們先探討不同頻率對網路函數的振幅響應與相位響應的影響，接著介紹各種形式的諧振電路，並解釋諧振及品質因數的定義。除外我們還介紹串並聯諧振電路之品質因數作一解釋，最後有關各種濾波器特性的頻寬及截止頻率亦將作說明。

12-1 網路函數

所謂**網路函數**(network function)是指：**弦波電路中，輸出相量與輸入相量之比**。以 $H(j\omega)$ 表示網路函數。

$H(j\omega)$ 與一般相量一樣，爲一複數量，因此可分成實數與虛數兩部份，可寫成：

$$H(j\omega) = \mathrm{Re}\,H(j\omega) + \mathrm{Im}\,H(j\omega) \tag{12-1}$$

或以指數表示，則爲：

$$H(j\omega) = |H(j\omega)|\,e^{j\theta}\theta(\omega) \tag{12-2}$$

(12-2)式中，**振幅響應**爲：

$$|H(j\omega)| = \sqrt{[\mathrm{Re}\,H(j\omega)]^2 + [\mathrm{Im}\,H(j\omega)]^2} \tag{12-3}$$

相位響應為：

$$\theta(\omega) = \tan^{-1}\frac{\text{Im}\,H(j\omega)}{\text{Re}\,H(j\omega)} \tag{12-4}$$

網路函數內之振幅和相位角，在電路或網路設計上是很重要，其原因有二：(1)電路或網路設計的規格，一般是以振幅大小與相位角來擬定，極少以實數和虛數來規定。(2)使用儀器測量電路或網路時，所得到的數據，一般均為振幅大小和相位角表示。因此，在弦波穩態下之網路函數常以振幅大小和相位角來表示。

線性非時變電路其輸入，$x(t)$與輸出 $y(t)$之間的關係，總可以用下列形式的微分方程式來描述：

$$\begin{aligned} & bn\frac{d^n y(t)}{dt^n} + b_{n-1}\frac{d^{n-1}y(t)}{dt^{n-1}} + \cdots + b_1\frac{dy(t)}{dt} + b_0 y(t) \\ & = a_m\frac{d^m x(t)}{dt^m} + a_{m-1}\frac{d^{m-1}x(t)}{dt^{m-1}} + \cdots\cdots + a_1\frac{dx(t)}{dt} + a_0 x(t) \qquad n \geq m \end{aligned} \tag{12-5}$$

因此，其網路函數可表示為：

$$H(j\omega) = \frac{a_m(j\omega)^m + a_{m-1}(j\omega)^{m-1} + \cdots + a_1(j\omega) + a_0}{b_n(j\omega)^n + b_{n-1}(j\omega)^{n-1} + \cdots + b_1(j\omega) + b_0} \tag{12-6}$$

或者分解成：

$$H(j\omega) = \frac{a_m(j\omega - z_1)(j\omega - z_2)\cdots(j\omega - z_m)}{b_n(j\omega - \rho_1)(j\omega - \rho_2)\cdots(j\omega - \rho_n)} \tag{12-7}$$

當 a、b 係數或零點和極點為已知時，網路函數即為 ω 之函數，如此，即可求出所有的 ω 值對應之網路函數值。

例題 12-1

如下圖所示之 RC 電路，若 $v_1(t)$為輸入，$v_2(t)$為響應，試求此電路之網路函數 $H(j\omega)$。

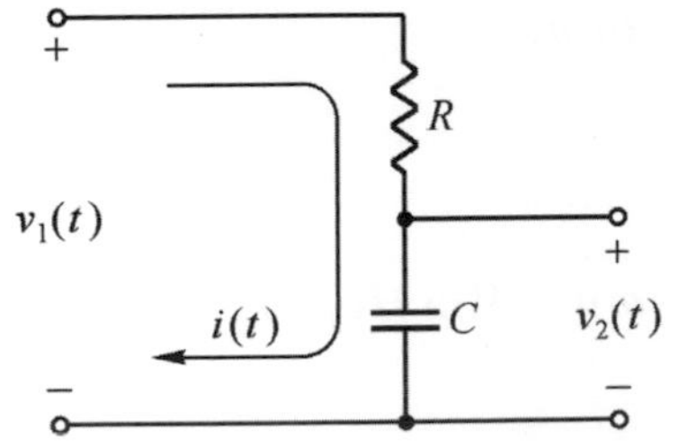

答　輸入迴路之電壓方程式爲：

$$v_1(t) = Ri(t) + \frac{1}{C}\int_{-\infty}^{t} i(t)dt = Ri(t) + v_2(t) \text{ ....①}$$

解 $i(t)$，得到：

$$i(t) = \frac{v_1(t) - v_2(t)}{R}$$

將①式兩邊微分，則得：

$$\frac{dv_1(t)}{dt} = R\frac{di(t)}{dt} + \frac{1}{C}i(t)$$

因此　$\frac{dv_1(t)}{dt} = R\frac{d}{dt}\left[\frac{v_1(t) - v_2(t)}{R}\right] + \frac{1}{C}\left[\frac{v_1(t) - v_2(t)}{R}\right]$

整理之，得到：

$$\frac{dv_2(t)}{dt} + \frac{1}{RC}v_2(t) = \frac{1}{RC}v_1(t)$$

利用(12-6)式，可得網路函數爲：

$$H(j\omega) = \frac{\frac{1}{RC}}{(j\omega) + \frac{1}{RC}} = \frac{1}{1 + j\omega RC}$$

振幅響應爲：

$$|H(j\omega)| = \frac{1}{\sqrt{1 + (\omega RC)^2}}$$

相位響應爲：

$$\theta(\omega) = -\tan^{-1}(\omega RC)$$

$$\therefore \quad H(j\omega) = \frac{1}{\sqrt{1 + (\omega RC)^2}} e^{-j\tan^{-1}(\omega RC)}$$

其響應曲線如下圖所示。

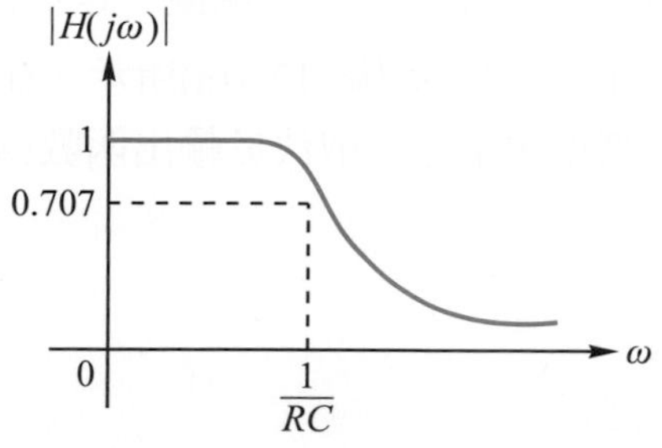

(a)

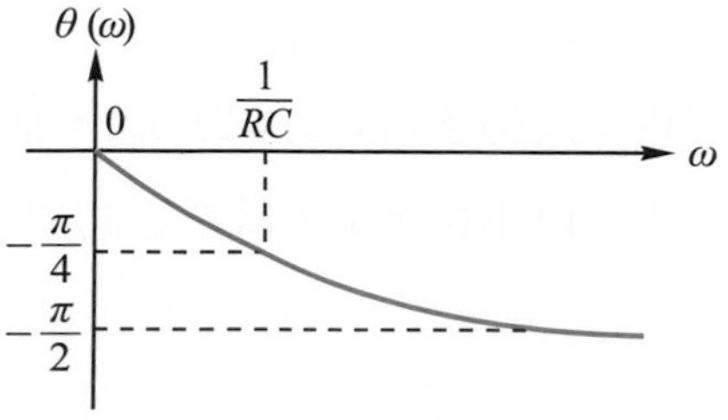

(b)

由上例可知，由於振幅響應隨頻率之增大而遞減，因此頻率愈高的輸入信號所產生的響應愈小，反之，愈低頻率的輸入信號所產生的響應則愈大，因此上例又稱爲**低通濾波器**。如上例(a)、(b)兩圖分別代表振幅響應與相位響應的曲線圖，故**網路函數對ω之變化值稱為頻率響應**。因網路函數爲輸出相量與輸入相量之比，故欲求輸出時，可由網路函數與輸入相量之乘積計算而得。

例題 12-2

已知電路之網路函數爲：

$$H(j\omega)=\frac{10}{11+j\omega}$$

若輸入 $v_s(t)=2\cos(t+30°)$ V，試求當 $v_s(t)$輸入時之穩態響應 $v_o(t)$。

答 因 $H(j\omega)=\dfrac{10}{11+j\omega}=\dfrac{10}{\sqrt{121+\omega^2}}e^{-j\tan^{-1}\frac{\omega}{11}}=\dfrac{10}{\sqrt{122}}e^{-j\tan^{-1}\frac{1}{11}}$

$=0.9e^{-j5.2°}$

而 $V_s=2e^{j30°}$

又因爲 $H(j\omega)=\dfrac{\text{輸出相量}}{\text{輸入相量}}=\dfrac{V_o}{V_s}$

$\therefore$ $V_o=H(j\omega)V_s=0.9e^{-j5.2°}\cdot 2e^{j30°}=1.8e^{j24.8°}$

$\therefore$ 穩態響應 $v_o(t)=1.8\cos(t+24.8°)$ (V)

12-2 諧振電路

在第五章第一節，我們曾討論過 *RLC* 電路中，在無阻尼情況下，存在振盪波形，而振盪頻率 ω_0 僅與 *LC* 值有關，與 *R* 值無關，像這種**含有電阻、電容和電感的一種電路，電感和電容值能在工作頻率下發生諧振，此種電路稱為諧振電路(resonant circuit)**。

有二種諧振電路，**並聯諧振和串聯諧振**，在應用上極爲重要。所謂**諧振**，其意義爲：交流電路中，當其輸出函數爲最大值時，則處於諧振的情況，如圖 12-1(a)所示。在產生峰值的頻率 f_0(赫芝)(或 $\omega_0=2\pi f_0$)，稱爲**諧振頻率**。諧振頻率亦可取決於輸出函數爲最小值時，如圖 12-1(b)所示，當然它的諧振頻率亦爲 f_0。

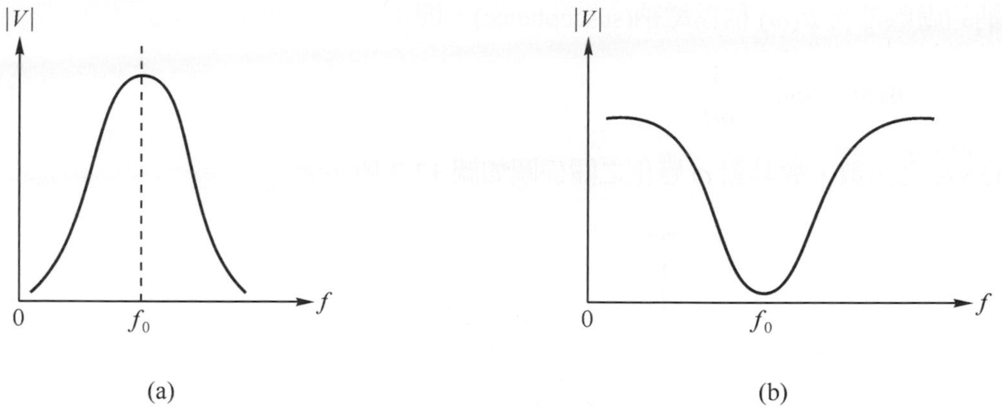

▲ 圖 12-1　諧振狀況下之振幅響應

一、並聯諧振電路

設如圖 12-2 所示之 *RLC* 並聯諧振電路，此電路係由弦波電流電源所驅動，即：

$$i_S(t) = |I_S|\cos(\omega t + \measuredangle I_S) = \text{Re}[I_S e^{j\omega t}] \tag{12-8}$$

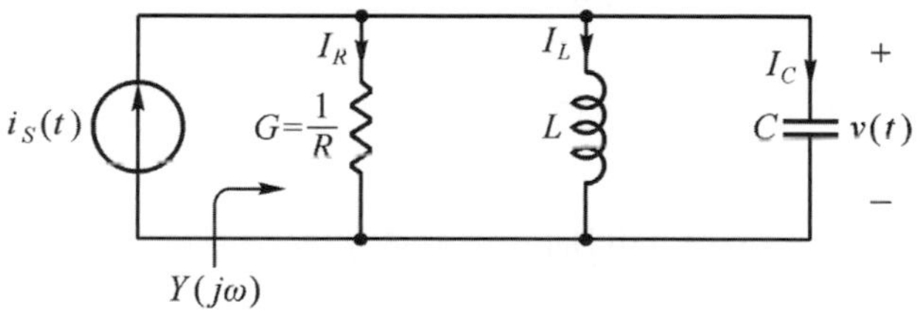

▲ 圖 12-2　*RLC* 並聯諧振電路

1.　導納

此電路在角頻率爲ω時的導納爲：

$$\begin{aligned}\boldsymbol{Y(j\omega)} &= G + j\omega C + \frac{1}{j\omega L} = G + j\left(\omega C - \frac{1}{\omega L}\right)\\ &= \text{Re}[Y(j\omega)] + \text{Im}[Y(j\omega)] = \boldsymbol{G + jB(\omega)}\end{aligned} \tag{12-9}$$

由(12-9)式，可看出 *RLC* 並聯諧振的實數部份 G 爲常數，而虛數部份 $B(\omega)$ 爲 ω 的函數。導納的實數部份 G 稱爲**電導**，即：

$$G = \frac{1}{R} \tag{12-10}$$

而導納的虛數部份 $B(\omega)$ 稱為**電納**(susceptance)，即：

$$B(\omega) = \omega C - \frac{1}{\omega L} \tag{12-11}$$

$B(\omega)$ 為 ω 之函數，故其對 ω 變化之關係圖如圖 12-3 所示。

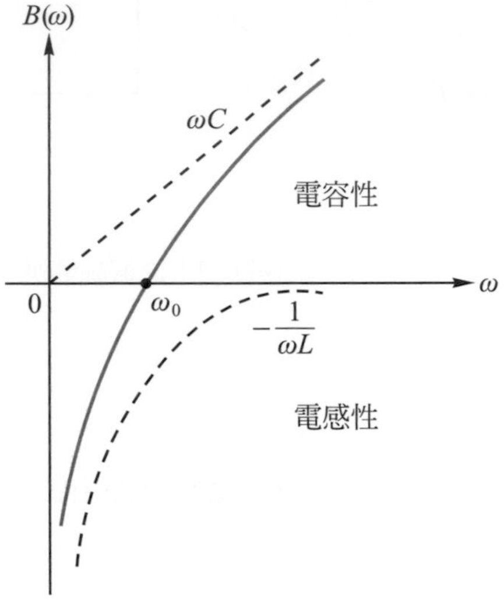

▲ 圖 12-3　*RLC* 並聯諧振電路之電納 $B(\omega)$ 對 ω 之關係圖

由圖 12-3 可看出..由小到大，$B(\omega)$ 先為負值，經過零值，再成為正值，因此當 $B(\omega)$ 呈現負值時，整個 *RLC* 並聯諧振電路屬於電感性，當 $B(\omega)$ 呈現正值時，整個 *RLC* 並聯諧振電路屬於電容性，而當 $B(\omega_0)=0$ 時，則稱此電路處於諧振狀態。

在頻率 $f_0 = \dfrac{\omega_0}{2\pi} = \dfrac{1}{2\pi\sqrt{LC}}$ 時，電納為零，此時電路稱為在**諧振狀態**，而 f_0 稱為**諧振頻率**(resonant frequency)。

2.　導納平面

由(12-9)式，可知：

$$\mathrm{Re}[Y(j\omega)] = G \tag{12-12}$$

$$\mathrm{Im}[Y(j\omega)] = B(\omega) = \omega C - \frac{1}{\omega L} \tag{12-13}$$

對於每一個固定的 ω 而言，我們可將 $Y(j\omega)$ 劃成複數平面上的一點，此複數平面稱為**導納平面**(admittance plane)。當 ω 改變時，$Y(j\omega)$ 點亦改變，因此由(12-12)和(12-13)兩式即組成由 $Y(j\omega)$ 所描繪曲線和參數方程式，如圖 12-4 所示，此曲線稱為 **$Y(j\omega)$ 的軌跡**。由原點至 $Y(j\omega)$ 軌跡的距離等於其大小 $|Y(j\omega)|$，其與實數軸的夾角即為相角 $\angle Y(j\omega)$。諧振時，電納 $B(\omega_0)=0$，故 $Y(j\omega)=G$；故在諧振($\omega=\omega_0$)時，導納極小，其相角為零。因此

RLC 並聯諧振電路於**諧振**時的導納等於電阻器單獨存在時的導納；即電感器和電容器之組合行爲就如同斷路。

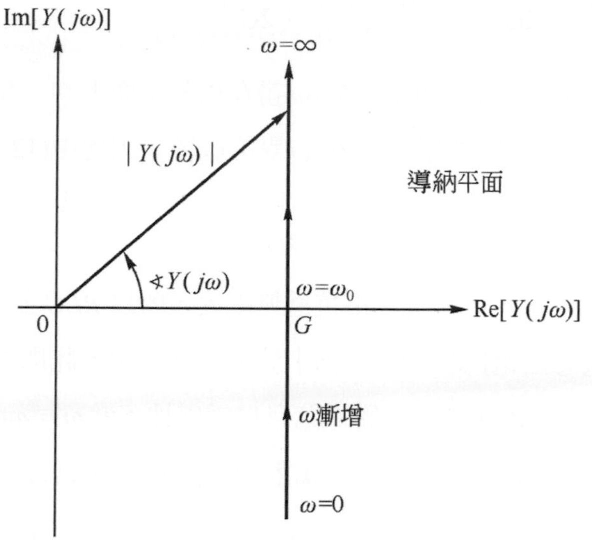

▲ 圖 12-4　在導納平面上 $Y(j\omega)$ 的軌跡

3. 阻抗

若用阻抗來描述圖 12-2 所示之 *RLC* 並聯電路時，則並聯諧振電路的阻抗爲：

$$
\begin{aligned}
Z(j\omega) &= \frac{1}{Y(j\omega)} = \frac{1}{G + jB(\omega)} \\
&= \frac{G}{G^2 + B^2(\omega)} + j\frac{-B(\omega)}{G^2 + B^2(\omega)} \\
&= \mathrm{Re}[Z(j\omega)] + \mathrm{Im}[Z(j\omega)] \\
&= R + jX(\omega)
\end{aligned}
\tag{12-14}
$$

由(12-14)式，可知，阻抗之實數部份爲常數 R，稱爲**電阻**，而虛數部份 $X(\omega)$ 爲 ω 之函數，稱爲**電抗**(impedance)。即：

$$
X(\omega) = \frac{-B(\omega)}{G^2 + B^2(\omega)} \tag{12-15}
$$

4. 阻抗平面

因爲取 $\mathrm{Re}[Z(j\omega)]$ 與 $\mathrm{Im}[Z(j\omega)]$ 之平方相加可得：

$$
\mathrm{Re}^2[Z(j\omega)] + I_m^2[Z(j\omega)] = \frac{1}{G^2 + B^2(\omega)}
$$

亦即 $$\mathrm{Re}^2[Z(j\omega)] - \frac{1}{G^2+B^2(\omega)} + \frac{1}{4G^2} + I_m^2[Z(j\omega)] = \frac{1}{4G^2}$$

故 $$\left\{\mathrm{Re}[Z(j\omega)] - \frac{1}{2G}\right\}^2 + I_m^2[Z(j\omega)] = \left(\frac{1}{2G}\right)^2 \tag{12-16}$$

故對於每一個固定的ω而言，我們可將 $Z(j\omega)$畫在複數平面上的一點，此複數平面稱為**阻抗平面**(impedance plane)。當ω改變時，$Z(j\omega)$點亦改變，因此由(12-16)式可知阻抗的軌跡呈現圓形軌跡，如圖 12-5 所示，其圓心為$\left(\frac{1}{2G},0\right)$，半徑為$\frac{1}{2G}$。由圖 12-5 可看出，當$\omega=0$時，電感之電抗為零，而電容之電抗為無限大，所以 RLC 並聯後之阻抗為零；當ω增加且小於ω_0時，電感之電抗改變，但仍小於電容之電抗，此即表示流過電感之電流大於流過電容之電流，因此整個 RLC 並聯電路呈現電感性；當$\omega=\omega_0$時，此時 $X(\omega_0)=0$，電路呈現諧振，此時 $Z(j\omega)=R$，此時 $Z(j\omega_0)$稱為純電阻性；當$\omega>\omega_0$時，此時電感之電抗大於電容之電抗，而流過電容之電流大於流過電感之電流，所以電路呈現電容性；而當$\omega=\infty$時，電感之電抗為∞大，而電容之電抗為零，此時 $|Z(j\omega)|$ 再趨於零。

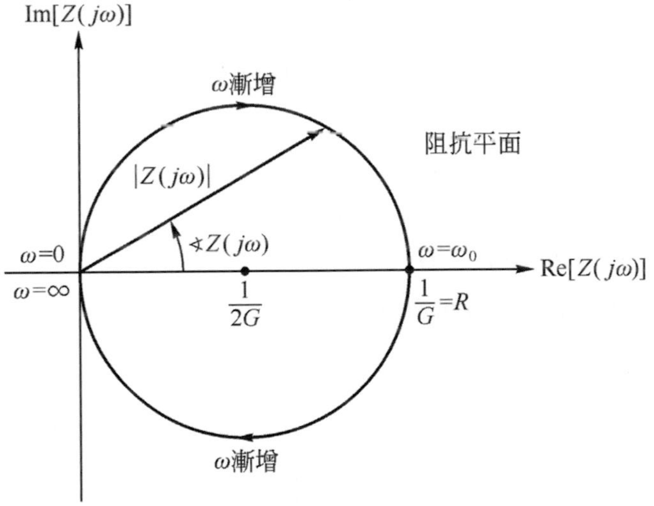

▲ 圖 12-5 在阻抗平面上 $Z(j\omega)$ 之軌跡

5. 並聯諧振之網路函數

如圖 12-2 所示之 RLC 並聯諧振電路，若 I_S及 V 分別為輸入及響應的相量，則網路函數 $H(j\omega)$ 為：

$$H(j\omega) = \frac{V}{I_S} = Z(j\omega) = \frac{1}{\frac{1}{R}+\frac{1}{j\omega L}+j\omega C} = \frac{1}{\frac{1}{R}+j\left(\omega C-\frac{1}{\omega L}\right)} \tag{12-17}$$

因此可得振幅響應與相位響應爲：

$$|H(j\omega)| = \frac{1}{\sqrt{\left(\frac{1}{R}\right)^2 + \left(\omega C - \frac{1}{\omega L}\right)^2}} \quad (12\text{-}18)$$

$$\theta(\omega) = -\tan^{-1} R\left(\omega C - \frac{1}{\omega L}\right) \quad (12\text{-}19)$$

由(12-17)式可知，當 $\omega C = \frac{1}{\omega L}$ 時，分母最小，即此時之 $H(j\omega)$ 最大，亦即輸入阻抗 $Z(j\omega)$ 爲最大，此種情況，我們稱之爲並聯諧振，發生諧振時之頻率 ω_0 爲：

$$\omega_0 C - \frac{1}{\omega_0 L} = 0$$

因此可得諧振頻率爲：

$$\omega_0 = \frac{1}{\sqrt{LC}} \text{(rad/sec)}$$

或

$$f_0 = \frac{1}{2\pi\sqrt{LC}} \text{(Hz)} \quad (12\text{-}20)$$

圖 12-6(a)、(b)所示分別爲網路函數 $H(j\omega)$ 的振幅響應與相位響應圖，由(a)圖可看出網路函數即輸入阻抗受輸入信號頻率影響的情形，在 $\omega \to 0$ 及 $\omega \to \infty$ 時，$|H(j\omega)| \to 0$；而在 $\omega = \omega_0$ (即諧振)時，$|H(j\omega)|$ 爲最大。而相位響應，當 $\omega \to 0$ 時，$\theta(\omega) = \frac{\pi}{2}$，$\omega \to \infty$ 時，$\theta(\omega) = -\frac{\pi}{2}$；當諧振($\omega = \omega_0$)時，$\theta(\omega) = 0$，爲純電阻性。

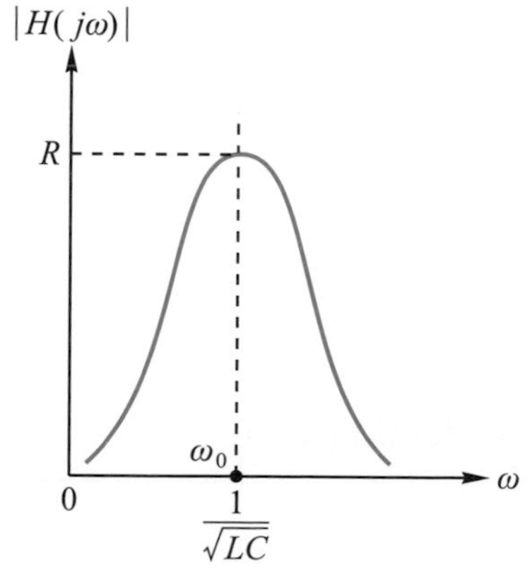

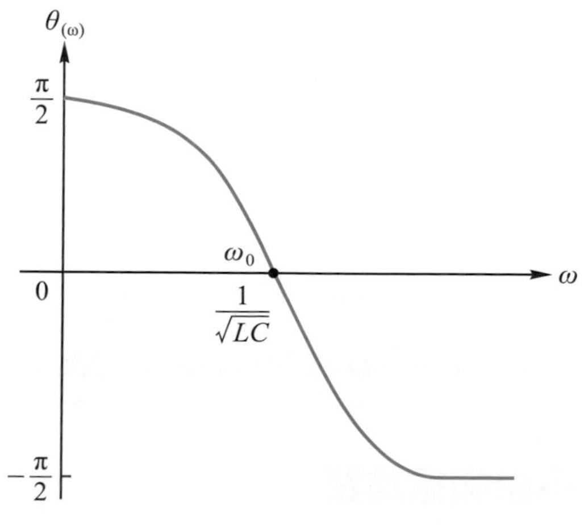

▲ 圖 12-6　*RLC* 並聯諧振電路之(a)振幅響應(b)相位響應圖

例題 12-3

如圖 12-2 所示之 RLC 並聯電路中，若 $R=1\,\Omega$，$L=3\,\text{H}$，$C=\dfrac{1}{27}\,\text{F}$，試求(1)諧振頻率 ω_0，(2)當輸入 $i_S(t)=6\cos(3t+30°)$ A 之 $v(t)$，(3)當輸入 $i_S(t)=6\cos(270t+30°)$ A 時之 $v(t)$。

答 (1) $\omega_0=\dfrac{1}{\sqrt{LC}}=\dfrac{1}{\sqrt{3\cdot\dfrac{1}{27}}}=3(\text{rad/sec})$

(2) 由於輸入信號之頻率 $\omega=3$ rad/sec，因爲 $\omega=\omega_0$，故電路發生諧振，此時之輸入阻抗爲：

$$Z(j3)=R=1\,\Omega$$

因此，

$$V=I_S Z(j\omega)=6e^{j30°}\cdot 1=6e^{j30°}$$

所以得到：

$$v(t)=6\cos(3t+30°)\,(\text{V})$$

(3) 因 $i_S(t)=6\cos(270t+30°)$，故知 $\omega=270$ rad/sec，$\omega\neq\omega_0$，故非諧振，此時阻抗 $Z(j\omega)$

爲：

$$Z(j270)=\frac{1}{\dfrac{1}{R}+j\left(\omega C-\dfrac{1}{\omega L}\right)}=\frac{1}{1+j\left(270\cdot\dfrac{1}{27}-\dfrac{1}{270\times 3}\right)}$$

$$=0.1e^{-j84.4°}$$

因此，

$$V=I_S Z(j\omega)=6e^{j30°}\cdot 0.1e^{-j84.4°}=0.6e^{-j54.4°}$$

所以得到：

$$v(t)=0.6\cos(270t-54.4°)\,(\text{V})$$

因此在頻率 $\omega=270$ rad/sec 之情況下，輸出振幅已大爲降低。

二、串聯諧振電路

串聯諧振電路爲並聯諧振之對偶，所以串聯諧振電路的處理方法，可仿照並聯諧振電路的處理方法。

如圖 12-7 所示爲一 *RLC* 串聯諧振電路，若輸入爲 $v_S(t)$，響應 $i(t)$。

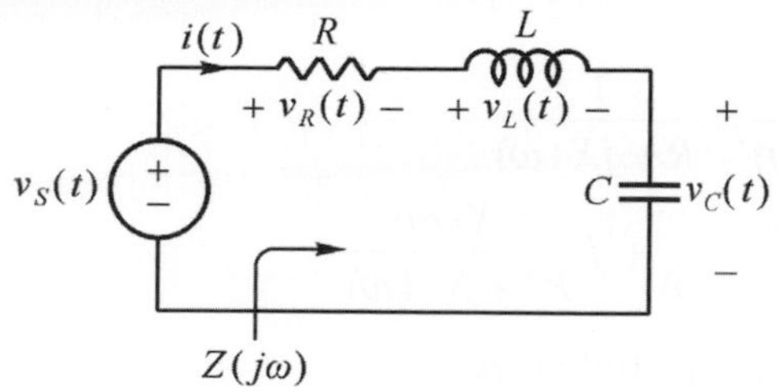

▲ 圖 12-7　*RLC* 串聯諧振電路

1.　阻抗

其總阻抗值 $Z(j\omega)$ 爲：

$$\mathbf{Z(j\omega)} = R + j\omega L + \frac{1}{j\omega C} = R + j\left(\omega L - \frac{1}{\omega C}\right)$$

$$= \mathrm{Re}[Z(j\omega)] + \mathrm{Im}[Z(j\omega)] = \mathbf{R + jX(\omega)} \tag{12-21}$$

其中 $X(\omega) = \omega L - \dfrac{1}{\omega C}$，爲 ω 的函數，稱爲**電抗**，若將電抗 $X(\omega)$ 對 ω 作圖，可得圖 12-8 所示。由圖可知，當 $\omega < \omega_0 = \dfrac{1}{\sqrt{LC}}$ 時，$\omega L < \dfrac{1}{\omega C}$，故..爲負值，則電路呈現電容性；當 $\omega = \omega_0$ 時，電路處於諧振狀態，$X(\omega) = 0$，此時 $Z(j\omega_0) = R$；當 $\omega > \omega_0$ 時，$\omega L > \dfrac{1}{\omega C}$，故 $X(\omega)$ 爲正值，則電路呈現電感性。

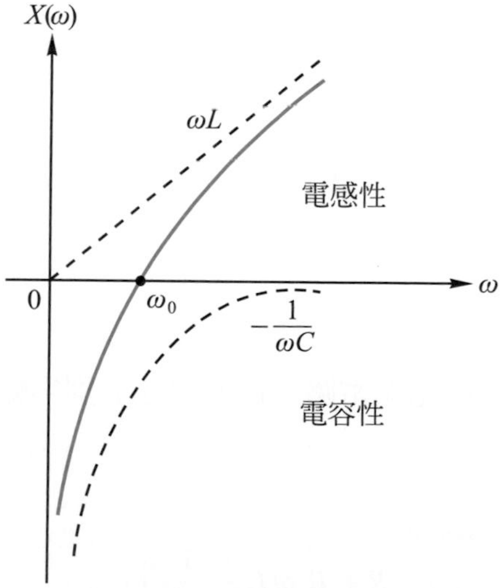

▲ 圖 12-8　*RLC* 串聯諧振電路之電抗 $X(\omega)$ 對 ω 之關係圖

2. 導納

其總導納 $Y(j\omega)$ 為：

$$\begin{aligned}Y(j\omega) &= \frac{1}{Z(j\omega)} = \frac{1}{R+jX(\omega)} \\ &= \frac{R}{R^2+X^2(\omega)} + j\frac{-X(\omega)}{R^2+X^2(\omega)} \\ &= \mathrm{Re}[Y(j\omega)] + \mathrm{Im}[Y(j\omega)] \\ &= G + jB(\omega) \qquad (12\text{-}22)\end{aligned}$$

將上式加以整理，可得：

$$\left\{\mathrm{Re}[Y(j\omega)] - \frac{1}{2R}\right\}^2 + \mathrm{Im}^2[Y(j\omega)] = \left(\frac{1}{2R}\right)^2 \qquad (12\text{-}23)$$

由(12-23)式，可知導納的軌跡呈現圓形軌跡，如圖 12-9 所示，其圓心為 $\left(\frac{1}{2R}, 0\right)$，半徑為 $\frac{1}{2R}$。在 $\omega=\omega_0$ 時，LC 串聯相當於短路，所以 $Z(j\omega)=R$，亦即 $Y(j\omega_0)=\frac{1}{R}$。

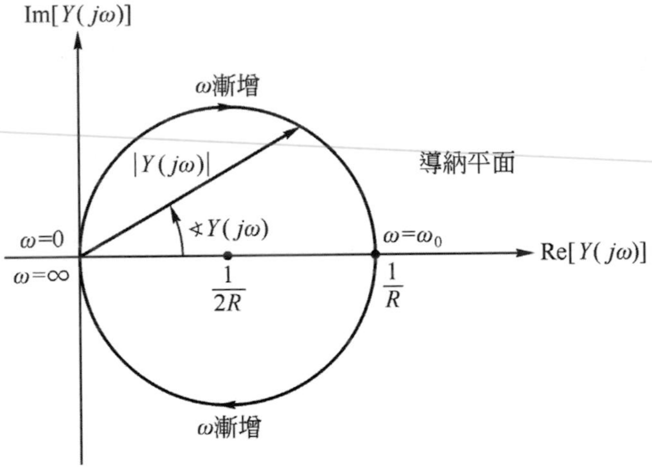

▲ 圖 12-9　在導納平面上 $Y(j\omega)$ 的軌跡

3. 串聯諧振之網路函數

如圖 12-7 所示之 RLC 串聯諧振電路，若 V_S 及 I 分別為輸入及響應的相量，則網路函數 $H(j\omega)$ 為：

$$H(j\omega) = \frac{I}{V_S} = Y(j\omega) = \frac{1}{R + j\left(\omega L - \frac{1}{\omega C}\right)} \qquad (12\text{-}24)$$

由(12-24)式可知，當 $\omega=\omega_0=\dfrac{1}{\sqrt{LC}}$ 或 $f=f_0=\dfrac{1}{2\pi\sqrt{LC}}$ 時，其分母爲最小，此時即爲串聯諧振，其導納最大，阻抗最小。當 $\omega=\omega_0$ 時，$\omega_0 L-\dfrac{1}{\omega_0 C}=0$；故：

$$\boldsymbol{H(j\omega)=Y(j\omega)=\frac{1}{R}} \tag{12-25}$$

圖 12-7 之電路中，若 $v_S(t)=V_m\cos\omega_0 t$，$\omega_0=\dfrac{1}{\sqrt{LC}}$，則

$$I=V_S\cdot Y(j\omega_0)=V_m e^{j0^\circ}\cdot\frac{1}{R}=\frac{V_m}{R}e^{j0^\circ} \tag{12-26}$$

各元件之電壓響應爲：

$$V_R=IR$$

$$V_L=IX_L=j\omega_0 LI$$

$$V_C=IX_C=-j\frac{I}{\omega_0 C}$$

依 KVL，可得：

$$V_S=V_R+V_L+V_C=I\left[R+j\left(\omega_0 L-\frac{1}{\omega_0 C}\right)\right] \tag{12-27}$$

又因爲

$$\omega_0 L=\frac{1}{\omega_0 C}$$

因此：

$$V_L+V_C=0$$

所以　$V_S=V_R$

換言之，RLC 串聯電路諧振時，電阻上的電壓等於外加電壓，同時 V_L 與 V_C 之大小相同，但相位相反。

例題 12-4

如下圖所示之 RLC 串聯電路，若 $v_S(t)=100\cos\omega t$ V，試求：

(1) ω 何值時，$i(t)$的振幅最大，及此時之 $i(t)$值。

(2)各元件之電壓 $v_R(t)$，$v_L(t)$與 $v_C(t)$之值。

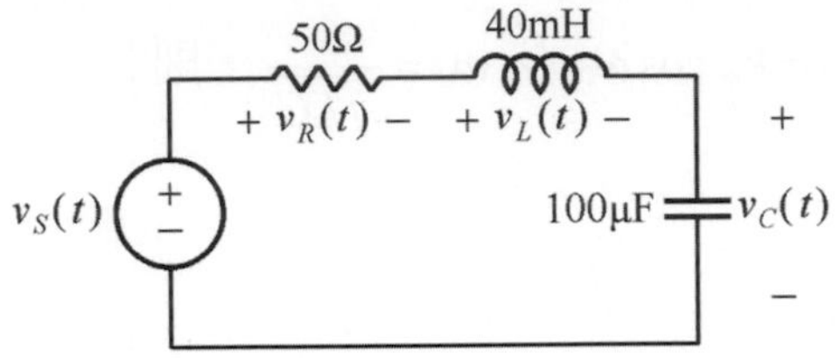

答 (1) 在 $\omega=\omega_0$ 時，$i(t)$振幅最大

$$\therefore \omega=\omega_0=\frac{1}{\sqrt{LC}}=\frac{1}{\sqrt{40\times10^{-3}\times100\times10^{-6}}}=500\ (\text{rad/sec})$$

由(12-26)式得知串聯諧振之 I，即：

$$I=\frac{V_S}{R}=\frac{100e^{j0°}}{50}=2e^{j0°}$$

$$\therefore i(t)=2\cos500t\ (\text{A})$$

(2) 各元件之電壓值分別爲：

$$V_R=IR=2e^{j0°}\times50=100e^{j0°}$$

$$\therefore v_R(t)=100\cos500t\ (\text{V})$$

$$V_L=IX_L=j\omega_0LI=j500\times40\times10^{-3}\times2e^{j0°}=j40e^{j0°}=40e^{j90°}$$

$$\therefore v_L(t)=40\cos(500t+90°)\ (\text{V})$$

$$V_C=IX_C=-j\frac{I}{\omega_0C}=-j\frac{2e^{j0°}}{500\times100\times10^{-6}}=40e^{-j90°}$$

$$\therefore v_C(t)=40\cos(500t-90°)\ (\text{V})$$

12-3　品質因數與頻帶寬度

由圖 12-6(a)*RLC* 並聯諧振電路之振幅響應可看出，當..附近的頻率對應較大的振幅，而接近於零或大於 ω_0 的頻率對應較小的振幅，因而得知圖 12-2 的 *RLC* 並聯電路爲一**帶通濾波器**(bandpass filter)，其通過的頻率集中在 ω_0 附近的頻率。典型之帶通濾波器振幅響應如圖 12-10 所示。其最大振幅發生在 ω_0 處，因此角頻率 ω_0 稱爲**中心頻率**(center frequency)，而通過的角頻率或**通帶**(pass band)的定義爲：

$$\omega_1 \le \omega_0 \le \omega_2 \tag{12-28}$$

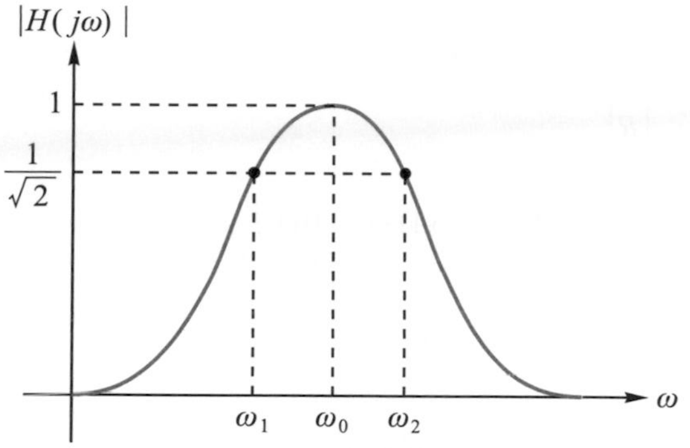

▲ 圖 12-10　典型帶通濾波器之振幅響應

其中..與 ω_2 稱爲**截止點**(cutoff points)。一實用之帶通濾波器(如諧振電路)其通帶可以數種不同方法加以定義。最常用的定義爲 **3 分貝通帶**(3-dB passband)，其意指，在帶通的邊緣，$|H(j\omega)|$ 爲通帶極大值的 $\frac{1}{\sqrt{2}} = 0.707$，因此 **3 分貝頻寬**(3-dB bandwidth)定義爲：

$$\mathrm{BW} = \omega_2 - \omega_1 \tag{12-29}$$

而 $f_1 = \frac{\omega_1}{2\pi}$，$f_2 = \frac{\omega_2}{2\pi}$，其中，$f_1$、$f_2$ 稱之爲 **3 分貝截止頻率**(3-dB cutoff frequency)，故以赫茲(Hz)爲單位之 3 分貝頻寬定義爲：

$$\mathrm{BW} = \Delta f = f_2 - f_1 = \frac{\omega_2 - \omega_1}{2\pi} \tag{12-30}$$

在諧振電路中，一個尖銳的選擇性(selectivity)或銳度(sharpness)的良好量度稱之爲**品質因數**(quality factor)，以 Q 表示之，定義爲**諧振頻率與頻帶寬度比**；即：

$$Q = \frac{\omega_0}{\mathrm{BW}} \tag{12-31}$$

品質因數 Q 的另一定義可依並聯諧振與串聯諧振之不同而略有不同，現分述如下：

一、*RLC* 並聯諧振電路之品質因數與頻寬

如圖 12-2 所示之 *RLC* 並聯諧振電路，在諧振時，電感器(或電容器)中電流之大小與電流電源大小(或電阻電流大小)之比值，即爲並聯諧振電路之**品質因數**，即：

$$Q=\frac{\text{諧振時電感(或電容)電流之大小}}{\text{諧振時電流電源(或電阻電流)之大小}} \tag{12-32}$$

$$=\frac{|I_L|}{|I_S|}=\frac{\left|\frac{V}{j\omega_0 L}\right|}{\left|\frac{V}{R}\right|}=\frac{R}{\omega_0 L} \tag{12-33}$$

$$=\frac{|I_C|}{|I_S|}=\frac{|j\omega_0 CV|}{\left|\frac{V}{R}\right|}=\omega_0 RC \tag{12-34}$$

又因爲 $\omega_0=\frac{1}{\sqrt{LC}}$ ，代入(12-33)和(12-34)式，可得：

$$Q=R\sqrt{\frac{C}{L}} \tag{12-35}$$

此與第七章(7-48)式之 Q 的定義一致。依上述，我們可將(12-30)之 3 分貝頻寬表示成：

$$\text{BW}=\frac{\omega_2-\omega_1}{2\pi}=\frac{\omega_0}{2\pi Q}=\frac{f_0}{Q}=\frac{\alpha}{\pi} \tag{12-36}$$

在諧振時，由於電容與電感之並聯導納 $j\omega C+\frac{1}{j\omega L}=0$，即並聯電抗爲無限大，故通過電阻之電流 $I_R=\frac{V}{R}=I_S$ ，亦即等於電源電流。而流過電感上之電流爲：

$$I_L=\frac{V}{j\omega_0 L}=-j\frac{V}{\omega_0 L}=-j\frac{I_S R}{\omega_0 L}=-jQI_S \tag{12-37}$$

流過電路容之上電流爲：

$$I_C=\frac{V}{\left(\frac{1}{j\omega_0 C}\right)}=j\omega_0 CV=j\omega_0 RCI_S=jQI_S \tag{12-38}$$

由(12-37)與(12-38)式，可知 *RLC* 並聯電路在諧振時，電源上之電流直接流入電阻上，而流過電感上之電流與流過電容上之電流均爲電源電流之 Q 倍，大小相等而方向相反，故互相抵消。

非諧振時，由 RLC 並聯電路，利用分流定理可得流過電阻之電流為：

$$I_R = I_S \times \frac{\left(j\omega L \,//\, \dfrac{1}{j\omega C}\right)}{\left(j\omega L \,//\, \dfrac{1}{j\omega C}\right) + R} = \frac{I_S}{1 + jR\left(\omega C - \dfrac{1}{\omega L}\right)} \tag{12-39}$$

故 I_R 的大小為：

$$|I_R| = \frac{|I_S|}{\sqrt{1 + R^2\left(\omega C - \dfrac{1}{\omega L}\right)^2}} \tag{12-40}$$

由(12-40)式可知，電阻上電流之大小為 ω 之函數，其大小與角頻率 ω 之關係可繪出如圖 12-11 所示之振幅響應。當 $\omega = \omega_0 = \dfrac{1}{\sqrt{LC}}$ 時，$|I_R|$為最大值，即：

$$|I_R| = |I_S| = \frac{|V|}{R}$$

若非諧振點，則電流 I_R 變小，當電流$|I_R|$為諧振點電流$|I_S|$的 $\dfrac{1}{\sqrt{2}} = 0.707$ 倍時，有二點 ω_2 及 ω_1，分別稱為**三分貝高頻**與**三分貝低頻**，或稱為**上半功率**(upper half-power frequency)**點**與**下半功率**(low half-power frequency)**點**，此時，

$$|I_R| = \frac{|I_S|}{\sqrt{2}} \tag{12-41}$$

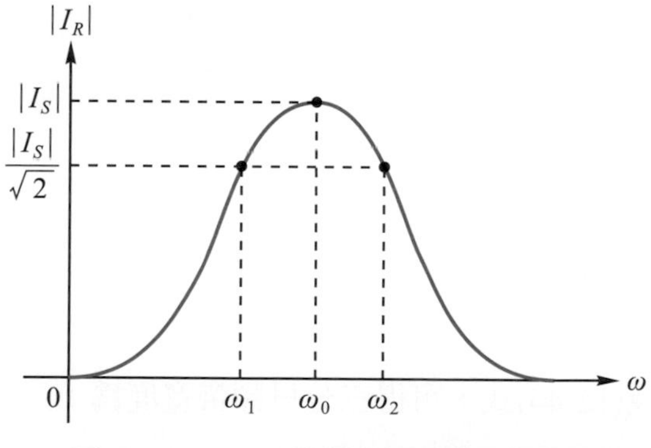

▲ 圖 12-11　*RLC* 並聯諧振電路之振幅響應

由(12-40)與(12-41)式知，欲求 ω_2、ω_1，可令(12-40)與(12-41)式相等，即

$$\frac{|I_S|}{\sqrt{1 + R^2\left(\omega C - \dfrac{1}{\omega L}\right)^2}} = \frac{|I_S|}{\sqrt{2}}$$

故得：

$$\sqrt{1+R^2\left(\omega C-\frac{1}{\omega L}\right)^2}=\sqrt{2}$$

即：

$$\omega C-\frac{1}{\omega L}=\pm\frac{1}{R} \tag{12-42}$$

1. 當 $\omega C-\dfrac{1}{\omega L}=+\dfrac{1}{R}$ 時，上半功率點為：

$$\omega^2-\frac{1}{RC}\omega-\frac{1}{LC}=0 \qquad \therefore \omega=\frac{\frac{1}{RC}\pm\sqrt{\left(\frac{1}{RC}\right)^2+4\frac{1}{LC}}}{2}$$

根號前之負號不合，否則頻率將變為負值，故令

$$\omega_2=\frac{\frac{1}{RC}+\sqrt{\left(\frac{1}{RC}\right)^2+\frac{4}{LC}}}{2} \tag{12-43}$$

2. 當 $\omega C-\dfrac{1}{\omega L}=-\dfrac{1}{R}$ 時，下半功率點為：

$$\omega^2+\frac{1}{RC}\omega-\frac{1}{LC}=0 \qquad \therefore \omega=\frac{-\frac{1}{RC}\pm\sqrt{\left(\frac{1}{RC}\right)^2+\frac{4}{LC}}}{2}$$

同理，去掉負號並令 ω_1 為：

$$\omega_1=\frac{-\frac{1}{RC}+\sqrt{\left(\frac{1}{RC}\right)^2+\frac{4}{LC}}}{2} \tag{12-44}$$

由(12-41)，(12-43)及(12-44)式，可得三分貝頻帶寬度為：

$$\text{BW}=\omega_2-\omega_1=\frac{1}{RC}\ (\text{rad/sec}) \tag{12-45}$$

再由(12-43)，(12-44)式，可得：

$$\text{BW}=\frac{f_0}{Q} \tag{12-46}$$

例題 12-5

一並聯 RLC 電路，其中 $R = 100\ \text{k}\Omega$，$L = 10\ \text{mH}$，$C = 0.022\ \mu\text{F}$，若輸入電流 $i_s(t) = 2\cos\omega t\ \text{A}$，試求：

(1)諧振頻率 f_0。

(2)品質因數 Q。

(3)頻帶寬度 BW。

(4)上半功率與下半功率頻率點。

(5)諧振時流過電感與電容上之電流值。

答 (1) 諧振頻率：

$$f_0 = \frac{1}{2\pi\sqrt{LC}} = \frac{1}{2\pi\sqrt{10\times10^{-3}\times0.022\times10^{-6}}} = 10.73\,(\text{kHz})$$

(2) 品質因數：

$$Q = \frac{R}{\omega_0 L} = \frac{100\times10^3}{2\pi(10.73\times10^3)\times10\times10^{-3}} = 148.33$$

(3) 頻帶寬度：

$$\text{BW} = \frac{f_0}{Q} = \frac{10.73\times10^3}{148.33} = 72.34\,(\text{Hz})$$

(4) 上下半功率點頻率分別為：

$$f_2 = \frac{\dfrac{1}{RC} + \sqrt{\left(\dfrac{1}{RC}\right)^2 + \dfrac{4}{LC}}}{2\pi\times2} = 10766.17\,(\text{Hz})$$

$$f_1 = \frac{-\dfrac{1}{RC} + \sqrt{\left(\dfrac{1}{RC}\right)^2 + \dfrac{4}{LC}}}{2\pi\times2} = 10693.83\,(\text{Hz})$$

(5) 諧振時流過電感及電容上之電流值分別為：

$$I_L = -jQI_S = -j148.33\times2e^{j0^\circ} = 296.66e^{j(-90^\circ)}\,(\text{A})$$

$$I_C = jQI_S = j148.33\times2e^{j0^\circ} = 296.66e^{j(90^\circ)}\,(\text{A})$$

得到 $|I_L| = |I_C|$，大小相等而方向相反，故互相抵消。

二、*RLC* 串聯諧振電路之品質因數與頻寬

如圖 12-7 所示之 *RLC* 串聯諧振電路，在諧振時，電感器(或電容器)中電壓之大小與電壓電源大小(或電阻電壓大小)之比值，即為串聯諧振電路之**品質因數**，即：

$$Q=\frac{\text{諧振時電感(或電容)電壓之大小}}{\text{諧振時電壓電源(或電阻電壓)之大小}} \tag{12-47}$$

$$=\frac{|V_L|}{|V_S|}=\frac{|j\omega_0 LI|}{|RI|}=\frac{\omega_0 L}{R} \tag{12-48}$$

$$=\frac{|V_C|}{|V_S|}=\frac{\left|\dfrac{I}{j\omega_0 C}\right|}{|RI|}=\frac{1}{\omega_0 RC} \tag{12-49}$$

又因為 $\omega_0=\dfrac{1}{\sqrt{LC}}$，代入(12-48)和(12-49)式，可得：

$$Q=\frac{1}{R}\sqrt{\frac{L}{C}} \tag{12-50}$$

(12-32)式與(12-45)式之 Q 的定義，基本上是諧振時在電感(或電容)上所儲存之虛功率與諧振時電阻上所消耗之實功率的比值。

在諧振時，由於電感與電容之串聯阻抗 $j\omega L+\dfrac{1}{j\omega C}=0$，即所有之電源電壓均降在電阻 R 上，故 $V_R=V_S$，此時之電流 $I_S=\dfrac{V_S}{R}$。而電感上之電壓為：

$$V_L=I_S j\omega_0 L=\frac{jV_S\omega_0 L}{R}=jQV_S \tag{12-51}$$

電容上之電壓為：

$$V_C=I_S\frac{1}{j\omega_0 C}=-j\frac{V_S}{\omega_0 RC}=-jQV_S \tag{12-52}$$

由(12-51)與(12-52)式，可知 *RLC* 串聯電路的諧振時，其電源之電壓均降在電阻上，而電感上之電壓與電容上之電壓均為電源電壓之 Q 倍，大小相等而方向相反，故互相抵消。

非諧振時，由 *RLC* 串聯電路，利用分壓定理可得跨電阻兩端之電壓為：

$$V_R=V_S\times\frac{R}{R+j\left(\omega L-\dfrac{1}{\omega C}\right)}=\frac{V_S}{1+j\dfrac{1}{R}\left(\omega L-\dfrac{1}{\omega C}\right)} \tag{12-53}$$

故 V_R 的大小爲：

$$|V_R| = \frac{|V_S|}{\sqrt{1+\frac{1}{R^2}\left(\omega L - \frac{1}{\omega C}\right)^2}} \tag{12-54}$$

由(12-54)式可知，電阻上電壓之大小爲 ω 的函數，其大小與角頻率 ω 之關係可繪出如圖 12-12 所示之振幅響應。當 $\omega = \omega_0 = \frac{1}{\sqrt{LC}}$ 時，$|V_R|$ 爲最大值，即：

$$|V_R| = |V_S| = |RI_S| \tag{12-55}$$

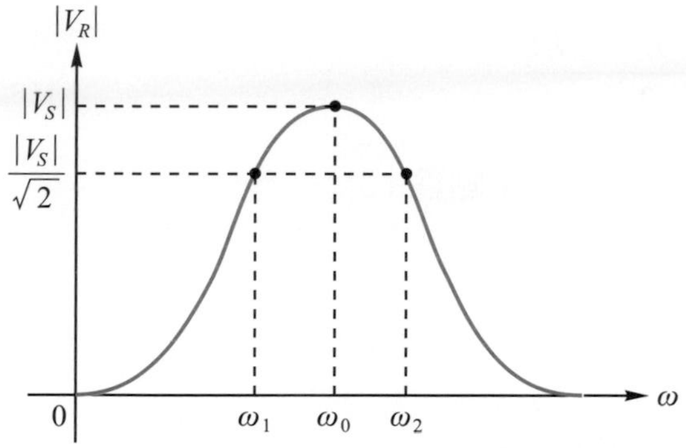

▲ 圖 12-12　*RLC* 串聯諧振電路之振幅響應

若非諧振點，則電流 V_R 變小，當電壓 $|V_R|$ 爲諧振點電壓 $|V_S|$ 的 $\frac{1}{\sqrt{2}} = 0.707$ 倍時，有兩點 ω_2 及 ω_1，欲求此兩點，可令(12-54)式與下式(12-56)式相等，亦即：

$$|V_R| = \frac{|V_S|}{\sqrt{2}} \tag{12-56}$$

可得：
$$\frac{|V_S|}{\sqrt{1+\frac{1}{R^2}\left(\omega L - \frac{1}{\omega C}\right)^2}} = \frac{|V_S|}{\sqrt{2}}$$

即：
$$\sqrt{1+\frac{1}{R^2}\left(\omega L - \frac{1}{\omega C}\right)^2} = \sqrt{2}$$

故得：
$$\boldsymbol{\omega L - \frac{1}{\omega C} = \pm R} \tag{12-57}$$

1. 當 $\omega L - \dfrac{1}{\omega C} = +R$ 時，則上半功率點爲：

$$\omega^2 - \frac{R}{L}\omega - \frac{1}{LC} = 0$$

$$\therefore \omega = \frac{\dfrac{R}{L} \pm \sqrt{\left(\dfrac{R}{L}\right)^2 + \dfrac{4}{LC}}}{2}$$

根號前之負號不合，否則頻率將變爲負值，故令 ω_2 爲：

$$\omega_2 = \frac{\dfrac{R}{L} + \sqrt{\left(\dfrac{R}{L}\right)^2 + \dfrac{4}{LC}}}{2} \tag{12-58}$$

2. 當 $\omega L - \dfrac{1}{\omega C} = -R$ 時，下半功率點爲：

$$\omega^2 + \frac{R}{L}\omega - \frac{1}{LC} = 0$$

$$\therefore \omega = \frac{-\dfrac{R}{L} \pm \sqrt{\left(\dfrac{R}{L}\right)^2 + \dfrac{4}{LC}}}{2}$$

同理，去掉負號並令 ω_1 爲：

$$\omega_1 = \frac{-\dfrac{R}{L} + \sqrt{\left(\dfrac{R}{L}\right)^2 + \dfrac{4}{LC}}}{2} \tag{12-59}$$

由(12-58)、(12-59)及(12-29)式，可得三分貝頻帶寬度爲：

$$\text{BW} = \omega_2 - \omega_1 = \frac{R}{L} \tag{12-60}$$

再由(12-30)和(12-31)兩式，可得：

$$\text{BW} = \frac{f_0}{Q} \tag{12-61}$$

例題 12-6

一串聯 RLC 電路，其中 $R = 10\ \Omega$，$L = 2\ \text{mH}$，$C = 0.47\ \mu\text{F}$，若輸入電壓 $v_s(t) = 20\cos\omega t$ V，試求

(1)諧振頻率 f_0。

(2)品質因數 Q。

(3)頻帶寬度 BW。

(4)上半功率點與下半功率頻率點。

(5)諧振時電感與電容上之電壓值。

答 (1) 諧振頻率：

$$f_0 = \frac{1}{2\pi\sqrt{LC}} = \frac{1}{2\pi\sqrt{2\times10^{-3}\times0.47\times10^{-6}}} = 5.19\ (\text{kHz})$$

(2) 品質因數：

$$Q = \frac{\omega_0 L}{R} = \frac{2\pi f_0 L}{R} = \frac{2\pi\times5.19\times10^3\times2\times10^{-3}}{10} = 6.52$$

(3) 頻帶寬度：

$$\text{BW} = \frac{f_0}{Q} = \frac{5.19\times10^3}{6.52} = 796\ (\text{Hz})$$

(4) 上下半功率點頻率分別為：

$$f_2 = \frac{\frac{R}{L} + \sqrt{\left(\frac{R}{L}\right)^2 + \frac{4}{LC}}}{2\pi\times2} = 5589\ (\text{Hz})$$

$$f_1 = \frac{-\frac{R}{L} + \sqrt{\left(\frac{R}{L}\right)^2 + \frac{4}{LC}}}{2\pi\times2} = 4793\ (\text{Hz})$$

(5) 諧振時電感及電容上之電壓分別為：

$$V_L = jQV_S = j\times6.52\times20e^{j0^\circ} = 130.4e^{j90^\circ}\ (\text{V})$$

$$V_C = -jQV_S = -j\times6.52\times20e^{j0^\circ} = 130.4e^{-j90^\circ}\ (\text{V})$$

所以 $|V_L| = |V_S| = 130.4$ ，大小相等，方向相反，故互相抵消。

由第二節與第三節的敘述，可知 *RLC* 串聯電路與並聯電路互為**對偶之電路**，即：電阻(R)與電導(G)、電容(C)與電感(L)、阻抗(Z)與導納(Y)、電抗(X)與電納(B)、電壓(V)與電流(I)及電壓電源(V_S)與電流電源(I_S)互為對偶。現依對偶原則，將並聯與串聯 *RLC* 諧振電路之主要結果列於表 12-1 中。

▼表 12-1　諧振電路之弦波穩態性質

並聯諧振電路	串聯諧振電路
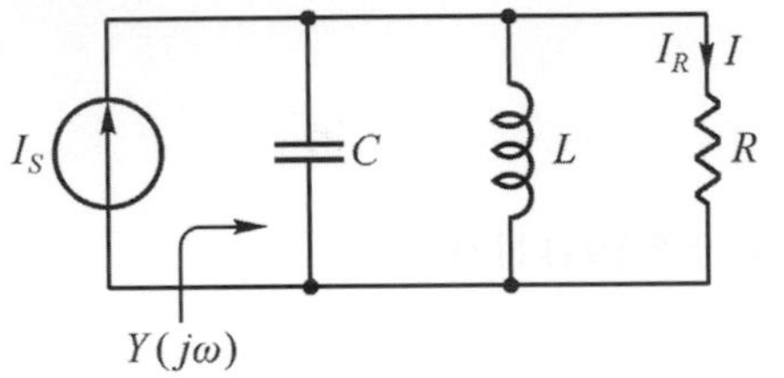	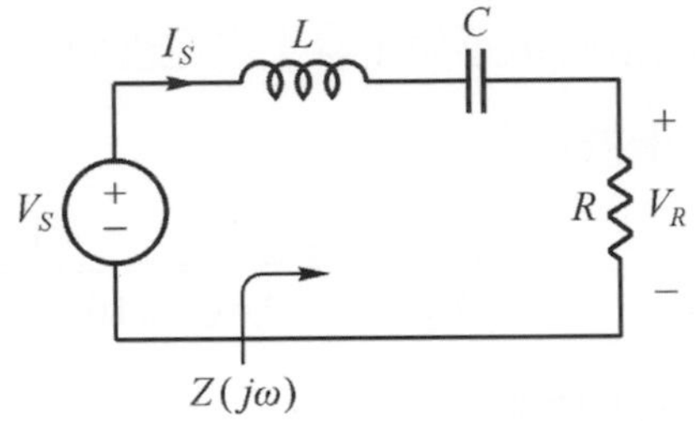
$Y_{(j\omega)} = G + jB(\omega) = G + j\left(\omega C - \dfrac{1}{\omega L}\right)$	$Z_{(j\omega)} = R + jX(\omega) = R + j\left(\omega L - \dfrac{1}{\omega C}\right)$
$\omega_0 = \dfrac{1}{\sqrt{LC}}$，$f_0 = \dfrac{1}{2\pi\sqrt{LC}}$	$\omega_0 = \dfrac{1}{\sqrt{LC}}$，$f_0 = \dfrac{1}{2\pi\sqrt{LC}}$
$Q \triangleq \dfrac{\omega_0}{2\alpha} = \omega_0 RC = \dfrac{R}{\omega_0 L} = R\sqrt{\dfrac{C}{L}}$，$\alpha = \dfrac{1}{2RC}$	$Q \triangleq \dfrac{\omega_0}{2\alpha} = \dfrac{\omega_0 L}{R} = \dfrac{1}{R}\sqrt{\dfrac{L}{C}}$，$\alpha = \dfrac{R}{2L}$
$H(j\omega) \triangleq \dfrac{I_R}{I_S}$，$Y(j\omega) = \dfrac{1}{RH(j\omega)}$	$H(j\omega) \triangleq \dfrac{V_R}{V_S}$，$Z(j\omega) = \dfrac{R}{H(j\omega)}$
$f > f_0$時，電容性	$f > f_0$時，電感性
$f < f_0$時，電感性	$f < f_0$時，電容性
$\text{BW} = \dfrac{f_0}{Q}$	$\text{BW} = \dfrac{f_0}{Q}$
上下半功率點 $\omega_2, \omega_1 = \dfrac{\pm\dfrac{1}{RC} + \sqrt{\left(\dfrac{1}{RC}\right)^2 + \dfrac{4}{LC}}}{2}$	上下半功率點 $\omega_2, \omega_1 = \dfrac{\pm\dfrac{R}{L} + \sqrt{\left(\dfrac{R}{L}\right)^2 + \dfrac{4}{LC}}}{2}$
$\omega_0 \triangleq \dfrac{1}{\sqrt{LC}}$，$Q \triangleq \dfrac{\omega_0}{2\alpha}$，$H(j\omega) = \dfrac{1}{1 + jQ\left(\dfrac{\omega}{\omega_0} - \dfrac{\omega_0}{\omega}\right)}$	

12-4　濾波器

所謂濾波器(filters)就是能通過特定頻率而把其他頻率阻隔掉的電路。最常見的濾波器有**帶通濾波器**(band-pass filter)，它允許某一頻率帶通過；**低通濾波器**(low-pass filter)，它允許低頻訊號通過；**高通濾波器**(high-pass filter)，它允許高頻訊號通過；**帶拒濾波器**(band-reject filter)，它是除了某特定頻率外，其餘的全部通過。

頻率帶的中心頻率，不論是帶通所通過的或是帶拒所拒絕的都是電路的諧振頻率。電路在此頻率時稱爲諧振狀態。

高通及低通都只有一個截止頻率，此頻率把帶通從被拒絕的頻帶中分離出來。在帶通和帶拒濾波器中，有兩個截止點，此兩截止點定義了帶通中通過的頻帶及帶拒濾波器中被拒絕的頻帶。現將常用的濾波器分述如下。

一、帶通濾波器

如前述之諧振電路，在諧振頻率下允許訊號通過，而在頻率爲零和無限大時，則阻止訊號通過。在其他頻率下，則隨頻率的增減而改變。故在諧振頻率的鄰近區，輸入訊號通過時，其大小僅降低一點，而其相角亦改變很少，在低頻帶($\omega << \omega_0$)和高頻率($\omega >> \omega_0$)下，輸出的大小降低很多。由於此事實，我們稱諧振電路爲**帶通濾波器**。

一理想的帶通濾波器其振幅大小曲線如圖 12-13 所示。理想上，在通帶內的所有訊號均能通過，其大小和相角不會改變；而在通帶外，其輸出則爲零，如圖 12-13 的大小曲線實際上是無法實現。一實用的帶通濾波器其振幅大小響應如圖 12-10 所示，現重劃如圖 12-14 所示。其中心頻率 f_0(或 ω_0)，其振幅爲$|H|_{\max}$，在 ω_L 或 ω_H 時則振幅降爲最大振幅的 $\dfrac{1}{\sqrt{2}} = 0.707$ 倍，其所通過的頻率或通帶定義爲：

$$\omega_L \leq \omega_0 \leq \omega_H$$

其中 ω_L 和 ω_H 稱爲**截止點** (cutoff point)或**截止頻率**。ω_L 稱爲**三分貝低頻**，ω_H 稱爲**三分貝高頻**。前二節所述即爲帶通濾波器，在此不再重述。

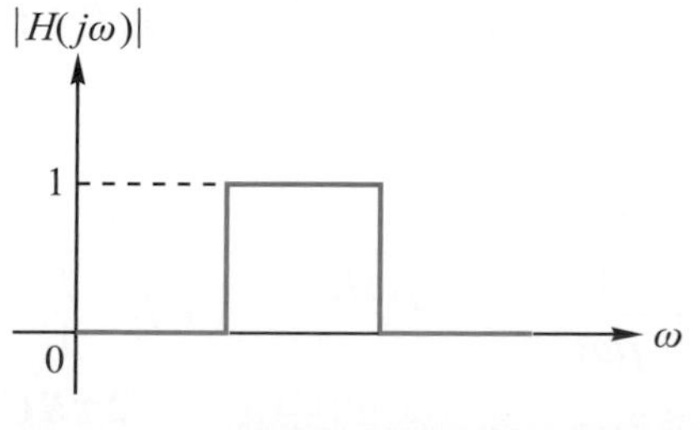

▲ 圖 12-13　理想帶通濾波器的振幅曲線

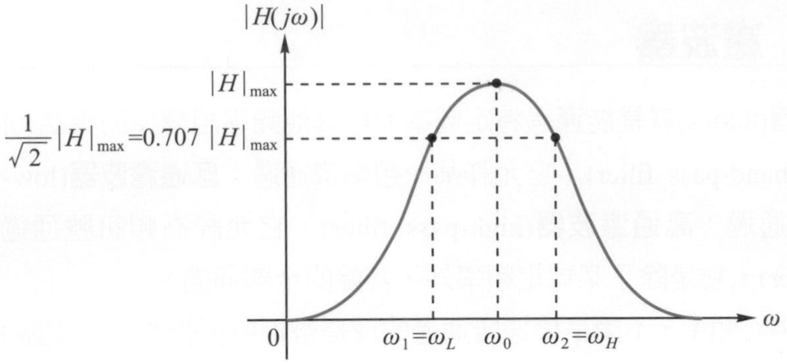

▲ 圖 12-14　典型帶通濾波器之振幅響應

二、低通濾波器

低通濾波器是能通過低頻而把高頻阻隔的濾波器。典型的低通濾波器其振幅響應 $|H(j\omega)|$ 是如圖 12-15 所示的曲線，圖中 ω_H 是截止頻率，而 $0 \le \omega \le \omega_H$ 是通帶。在低通濾波器中的頻帶寬度 $BW = \omega_H$ (弳／秒)或 $BW = f_H = \dfrac{\omega_H}{2\pi}$ (Hz)。

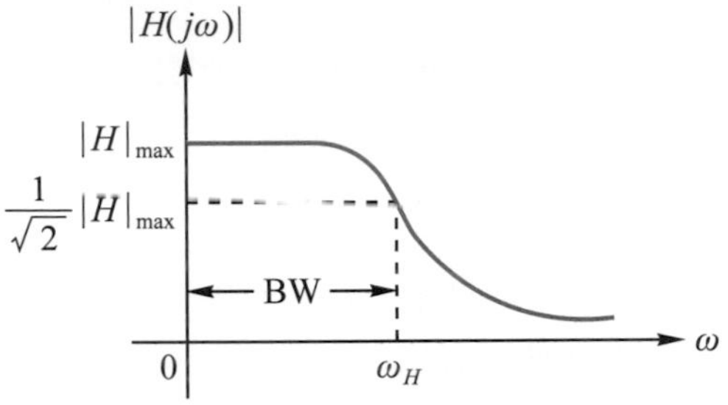

▲ 圖 12-15　典型之低通濾波器的振幅響應

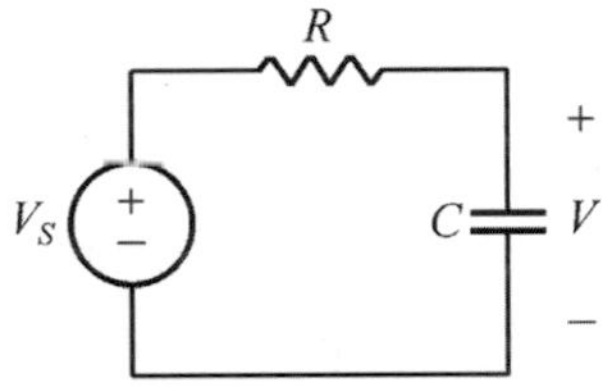

▲ 圖 12-16　典型之低通濾波器電路

如同帶通濾波器，通過頻率所對應振幅是大於或等於最大振幅的 $\dfrac{1}{\sqrt{2}} = 0.707$ 倍。但與帶通濾波器不同的是，在低通濾波器中僅有一個截止點，而且所阻隔的是一頻率帶。

典型的低通濾波器電路如圖 12-16 所示，在頻率較低時，$X_C = \dfrac{1}{j\omega C}$ 值變大而使輸入電壓 V_S 之壓降送到 $\dfrac{1}{j\omega C}$ 作為輸出；即頻率低時可以通過，由圖 12-16 可得：

$$H(j\omega) = \frac{V}{V_S} = \frac{\dfrac{1}{j\omega C}}{R + \dfrac{1}{j\omega C}} = \frac{1}{1 + j\omega RC} = \frac{1}{1 + j\dfrac{f}{\dfrac{1}{2\pi RC}}}$$

令　$f_H = \dfrac{1}{2\pi RC}$，則 $\dfrac{V}{V_S} = \dfrac{1}{1 + j\dfrac{f}{f_H}}$

當　$f = f_H$ 時，$\left|\dfrac{V}{V_S}\right| = \dfrac{1}{\sqrt{2}}$，即 $|V| = \dfrac{1}{\sqrt{2}}|V_S|$

此 f_H 為三分貝高頻，其值為：

$$f_H = \frac{1}{2\pi RC} \tag{12-62}$$

例題 12-7

如下圖所示之電路，若 $R = 1\ \text{k}\Omega$，$L = 0.1\ \text{H}$ 和 $C = 0.05\ \mu\text{F}$，試求其網路函數 $H(j\omega) = \dfrac{V}{V_S}$，並證明其為低通濾波器，且求出其截止頻率 f_H 的值。

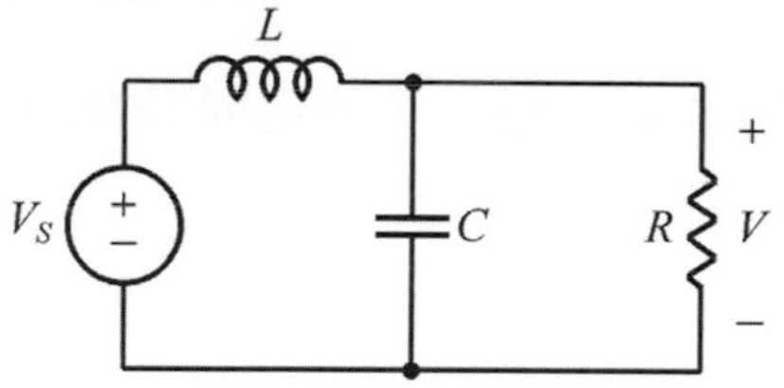

答　設 RC 並聯阻抗為 $Z_1(j\omega)$，則

$$Z_1(j\omega) = \frac{R \cdot \dfrac{1}{j\omega C}}{R + \dfrac{1}{j\omega C}} = \frac{R}{1 + j\omega RC}$$

利用分壓定理，可得：

$$H(j\omega) = \frac{V}{V_S} = \frac{Z_1(j\omega)}{j\omega L + Z_1(j\omega)} = \frac{R}{(R - \omega^2 LRC) + j\omega L}$$

因此振幅為：

$$|H(j\omega)| = \frac{R}{\sqrt{(R - \omega^2 LRC)^2 + (\omega L)^2}}$$

代入已知元件數值可得：

$$|H(j\omega)| = \frac{10^3}{\sqrt{25 \times 10^{-12}\omega^4 + 10^6}} = \frac{1}{\sqrt{1 + \dfrac{\omega^4}{4 \times 10^{16}}}} = \frac{1}{\sqrt{1 + \left(\dfrac{\omega}{\sqrt{2} \times 10^4}\right)^4}}$$

可看出最大振幅是$|H|_{max}=1$，是在$\omega=0$時發生的，因ω增加時，振幅則隨著連續降低，且有$\omega=\sqrt{2}\times10^4$ rad/sec 的頻率時，振幅等於：

$$|H|=\frac{1}{\sqrt{1+1}}=\frac{1}{\sqrt{2}}=\frac{1}{\sqrt{2}}(1)=\frac{1}{\sqrt{2}}|H|_{max}$$

因此截止頻率是$\omega_H=\sqrt{2}\times10^4$，若以 Hz 表示時，則為：

$$f_H=\frac{\sqrt{2}\times10^4}{2\pi}=2251\,(\text{Hz})$$

三、高通濾波器

高通濾波器是能通過高頻訊號而把低頻訊號阻隔的濾波器。典型的高通濾波器其振幅響應是如圖 12-17 所示的曲線，圖中低頻所對應的振幅是相對的小，而被阻隔掉。在高頻所對應的振幅是大的，所以可以通過。曲線截止頻率是ω_L(弳／秒)，或$f_L=\dfrac{\omega_L}{2\pi}$(赫芝)，此點把拒帶$0<\omega<\omega_L$和通帶$\omega\geq\omega_L$分隔。而通過頻率所對應的振幅是大於或等於最大振幅$|H|_{max}$的$\dfrac{1}{\sqrt{2}}=0.707$倍。

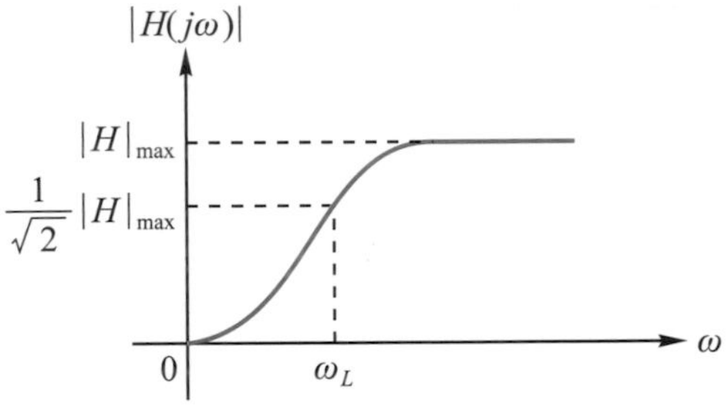

▲ 圖 12-17　典型之高通濾波器的振幅響應

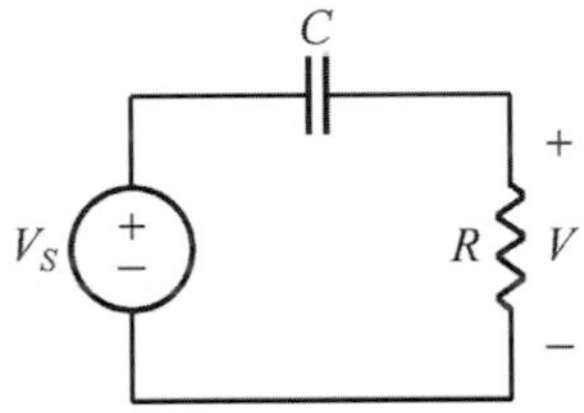

▲ 圖 12-18　典型之高通濾波器電路

典型的高通濾波器電路如圖 12-18 所示，在頻率較高時，$X_C=\dfrac{1}{j\omega C}$值變小，而使輸入電壓V_S之壓降傳送到R上作為輸出；即頻率高時可以通過。由圖 12-18 可得：

$$\boldsymbol{H(j\omega)=\frac{V}{V_S}=\frac{R}{R+\dfrac{1}{j\omega C}}=\frac{1}{1-j\dfrac{1}{\omega RC}}=\frac{1}{1-j\dfrac{1}{\dfrac{2\pi RC}{f}}}}$$

令　$f_L=\dfrac{1}{2\pi RC}$，則$\dfrac{V}{V_S}=\dfrac{1}{1-j\dfrac{f_L}{f}}$

當　$f = f_L$ 時，$\left|\dfrac{V}{V_S}\right| = \dfrac{1}{\sqrt{2}}$，即 $V = \dfrac{1}{\sqrt{2}}V_S$

此 f_L 爲三分貝低頻，其值爲：

$$f_L = \frac{1}{2\pi RC} \tag{12-63}$$

例題 12-8

如下圖所示之電路，若 $R = 1\ \text{k}\Omega$，$L = 0.1\ \text{H}$ 和 $C = 0.05\ \mu\text{F}$，試求其網路函數 $H(j\omega) = \dfrac{V}{V_S}$，並證明其爲高通濾波器，且求出其截止頻率 f_L 之值。

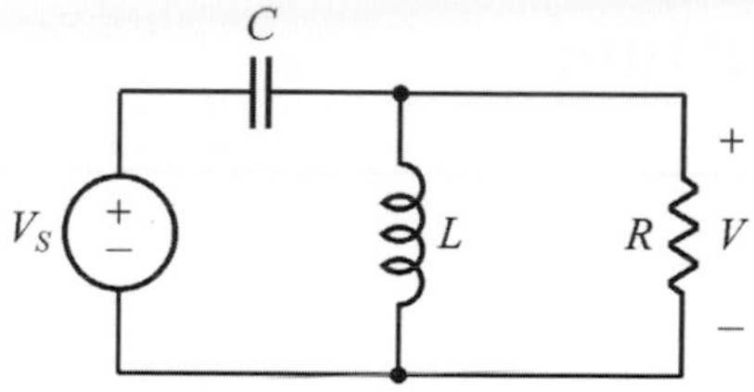

答　設 RL 並聯阻抗爲 $Z_1(j\omega)$，則：

$$Z_1(j\omega) = \frac{R(j\omega L)}{R + j\omega L}$$

利用分壓定理，可得：

$$H(j\omega) = \frac{V}{V_S} = \frac{Z_1(j\omega)}{\dfrac{1}{j\omega C} + Z_1(j\omega)} = \frac{jRL}{\left(\dfrac{L}{\omega C}\right) + j\left(RL - \dfrac{R}{\omega^2 C}\right)}$$

因此振幅爲：

$$|H(j\omega)| = \frac{RL}{\sqrt{\left(\dfrac{L}{\omega C}\right)^2 + R^2\left(L - \dfrac{1}{\omega^2 C}\right)^2}}$$

代入已知元件數值可得：

$$|H(j\omega)| = \frac{100}{\sqrt{10^4\left(\dfrac{4\times 10^{16}}{\omega^4} + 1\right)}} = \frac{\omega^2}{\sqrt{\omega^4 + 4\times 10^{16}}}$$

由上式可知，當 $\omega=0$ 時振幅爲零，當 ω 繼續增大時，$\dfrac{4\times10^{16}}{\omega^4}$ 則持續減小，故 $|H(j\omega)|$ 持續往 1 增大。因此其振幅響應和以 $|H(j\omega)|=1$ 的圖 12-17 相似。故當 $\dfrac{4\times10^{16}}{\omega^4}=1$ 時，振幅等於：

$$|H|=\frac{1}{\sqrt{2}}=\frac{1}{\sqrt{2}}(1)=\frac{1}{\sqrt{2}}|H|_{max}$$

因此截止頻率是 ω_L 滿足了 $\dfrac{4\times10^{16}}{\omega^4}=1$，故 ω_L 之值爲：

$$\omega_L=\sqrt[4]{4\times10^{16}}=\sqrt{2}\times10^4\ (\text{rad/sec})$$

若以 Hz 表示時，則

$$f_L=\frac{\sqrt{2}\times10^4}{2\pi}=2251\ (\text{Hz})$$

四、帶拒濾波器

帶拒濾波器是除了已知頻率 ω_0 周圍的頻帶外，能通過其他頻率的濾波器。帶拒濾波器又稱爲**凹陷濾波器**(notch filter)或稱爲**頻帶消除電路**。頻率 ω_0 是中心頻率，若去掉的頻帶是等於

$$\omega_L<\omega<\omega_H$$

則 ω_L 和 ω_H 是截止頻率。與其他濾波器相同，通過頻率所對應的振幅必須大於或等於最大振幅的 $\dfrac{1}{\sqrt{2}}=0.707$ 倍。典型的帶拒濾波器其振幅響應是如圖 12-19 所示的曲線。圖中拒帶具有一頻帶寬度，其值爲：

$$\textbf{BW}=\omega_H-\omega_L\ (\textbf{rad/sec}) \tag{12-64}$$

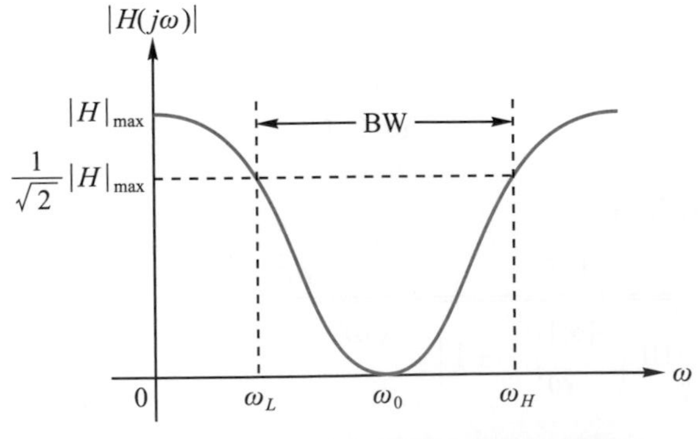

▲ 圖 12-19 典型之帶拒濾波器的振幅響應

和帶通濾波器相同，帶拒濾波器也定義一品質因數 Q，其值為：

$$Q = \frac{\omega_0}{\mathrm{BW}} \tag{12-65}$$

典型的帶拒濾波器電路如圖 12-20 所示，其網路函數為：

$$H(j\omega) = \frac{V}{V_S} = \frac{j\left(\omega L - \dfrac{1}{\omega C}\right)}{R + j\left(\omega L - \dfrac{1}{\omega C}\right)} = \frac{1}{1 - j\left(\dfrac{R}{\omega L - \dfrac{1}{\omega C}}\right)} \tag{12-66}$$

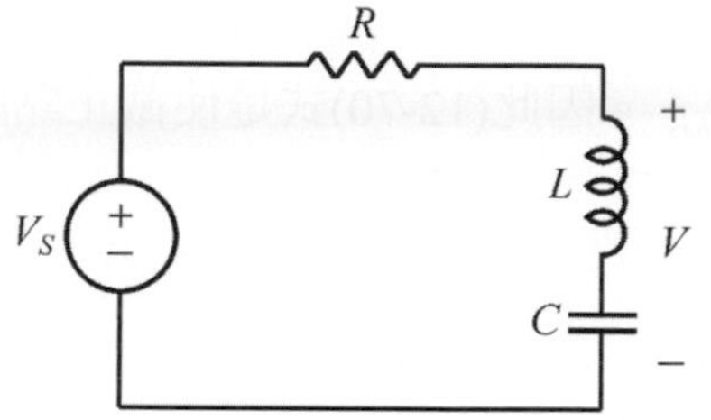

▲ 圖 12-20　典型之帶拒濾波器電路

其振幅之大小為：

$$|H(j\omega)| = \frac{1}{\sqrt{1 + \left(\dfrac{R}{\omega L - \dfrac{1}{\omega C}}\right)^2}} = \frac{1}{\sqrt{1 + \left(\dfrac{\omega RC}{\omega^2 LC - 1}\right)^2}} \tag{12-67}$$

又由(12-66)式，可得振幅大小為：

$$|H(j\omega)| = \frac{\left|\omega L - \dfrac{1}{\omega C}\right|}{\sqrt{R^2 + \left(\omega L - \dfrac{1}{\omega C}\right)^2}} \tag{12-68}$$

由(12-67)式可知最大振幅 $|H|_{\max} = 1$ 是發生在當 $\dfrac{\omega RC}{\omega^2 LC - 1} = 0$ 之時，或 $\omega = 0$ 及 $\omega = \infty$ 之處。由(12-68)式知道，當 $\omega L = \dfrac{1}{\omega C}$ 時，$|H(j\omega)| = 0$，而它必是在中心頻率 ω_0 處發生，因此我們有如下結果：

$$\omega_0 L = \frac{1}{\omega_0 C}$$

或 $$\omega_0 = \frac{1}{\sqrt{LC}} \tag{12-69}$$

由(12-68)式可知，當從 ω_0 處頻率增大或減小時，分子和分母都會增大。因 ω 移向 0 或 ∞ 時，$|H(j\omega)|$ 移向 1，一定會有如圖 12-19 相似的振幅響應曲線。因此圖 12-20 電路是帶拒濾波器。

由(12-67)式知道，當

$$\frac{\omega RC}{\omega^2 LC - 1} = \pm 1$$

或 $$\omega^2 LC - 1 = \pm\omega RC \tag{12-70}$$

時，$|H(j\omega)| = \frac{1}{\sqrt{2}} = \frac{1}{\sqrt{2}}|H|_{\max}$。因此(12-70)式是使截止點所滿足的關係式，可把(12-70)式改寫成如下：

$$\omega^2 LC \pm \omega RC - 1 = 0$$

1. 當 $\omega^2 LC - \omega RC - 1 = 0$ 時，其解爲：

$$\omega = \frac{RC \pm \sqrt{(RC)^2 + 4LC}}{2LC}$$

2. 當 $\omega^2 LC + \omega RC - 1 = 0$ 時，其解爲：

$$\omega = \frac{-RC \pm \sqrt{(RC)^2 + 4LC}}{2LC}$$

若 $\omega > 0$，則在根號前的負號須省略，否則頻率將變爲負值，因此有下列的截止點：

$$\omega_L = \frac{-RC + \sqrt{(RC)^2 + 4LC}}{2LC} \tag{12-71}$$

$$\omega_H = \frac{RC + \sqrt{(RC)^2 + 4LC}}{2LC} \tag{12-72}$$

其頻帶寬度爲：

$$\mathrm{BW} = \omega_H - \omega_L = \frac{R}{L} \tag{12-73}$$

例題 12-9

如圖 12-20 所示之帶拒濾波器電路中，若 $R = 100\,\Omega$，$L = 0.1\,\text{H}$ 及 $C = 0.4\,\mu\text{F}$，試求其(1)中心頻率、(2)截止點頻率、(3)拒帶的寬度、(4)Q 值。

答 (1) 中心頻率可由(12-69)式求得為：

$$\omega_0 = \frac{1}{\sqrt{LC}} = \frac{1}{\sqrt{0.1\times 0.4\times 10^{-6}}} = 5000\ \text{rad/s}$$

或 $f_0 = \dfrac{\omega_0}{2\pi} = \dfrac{5000}{2\pi} = 796\ (\text{Hz})$

(2) 截止點頻率可由(12-71)及(12-72)式，求得為：

$$\omega_L = \frac{-RC + \sqrt{(RC)^2 + 4LC}}{2LC} = 4525\ \text{rad/s}$$

或 $f_L = \dfrac{\omega_L}{2\pi} = 720.2\ (\text{Hz})$

$$\omega_H = \frac{RC + \sqrt{(RC)^2 + 4LC}}{2LC} = 5525\ \text{rad/s}$$

或 $f_H = \dfrac{\omega_H}{2\pi} = 879.3\ (\text{Hz})$

(3) 拒帶寬度可由(12-73)式，得到：

$$\text{BW} = \omega_H - \omega_L = 1000\ \text{rad/s}$$

或 $\text{BW} = f_H - f_L = 159.1\ (\text{Hz})$

(4) Q 值可由(12-65)式得到：

$$Q = \frac{\omega_0}{\text{BW}} = \frac{5000}{1000} = 5$$

本章習題 LEARNING PRACTICE

12-1 RLC 並聯諧振電路如下圖所示，若輸入相量爲 I_S，響應相量爲 I_R，試求其網路函數 $H(j\omega)$ (用 Q 及 ω_0 表示)。

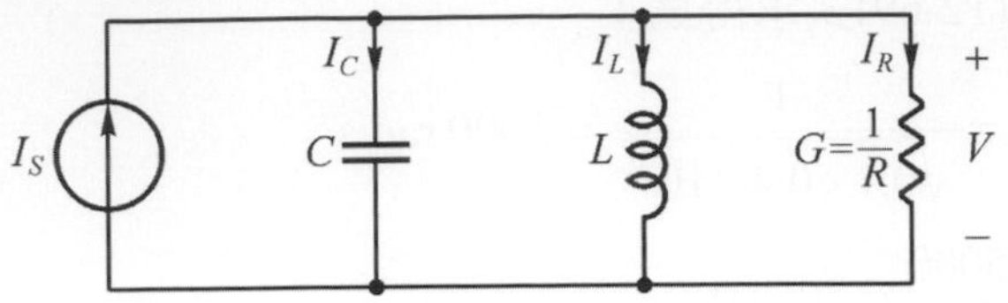

答 $H(j\omega)=\dfrac{I_R}{I_S}=\dfrac{1}{1+jQ\left(\dfrac{\omega}{\omega_0}-\dfrac{\omega_0}{\omega}\right)}$

12-2 如 8-1 題所示之 RLC 並聯電路，電路中若 $L=10\text{ mH}$ 及 $I_S=20e^{j0^\circ}\text{ mA}$，在 1500 Hz 的諧振頻率時，若電壓振幅的峰值是 $|V|=100\text{ V}$，試求 R 和 C 之值。

答 $R=5\,(\text{k}\Omega)$，$C=1.1\,(\mu\text{F})$

12-3 如 8-1 題所示之 RLC 並聯電路中，若 $C=0.01\,\mu\text{F}$ 及諧振發生在 2 kHz 時，試求電路所需之電感值。

答 $L=0.63\,(\text{H})$

12-4 在 RLC 並聯諧振電路中，若 $R=5\text{ k}\Omega$，$L=5\text{ mH}$，及 $C=0.02\,\mu\text{F}$，試求 ω_0，BW、Q 及上下半功率點。

答 $\omega_0=100000\,(\text{rad/s})$，$\text{BW}=10000\,(\text{rad/s})$，$Q=10$，
$\omega_1=95000\,(\text{rad/s})$，$\omega_2=105000\,(\text{rad/s})$。

12-5 在 RLC 串聯諧振電路中，若 $R=100\,\Omega$，$L=0.1\text{ H}$ 及 $C=0.1\,\mu\text{F}$，試求諧振頻率(f_0)，頻帶寬度(BW)，品質因數(Q)及上下半功率頻率點。

答 $f_0=1592\,(\text{Hz})$，$\text{BW}=159\,(\text{Hz})$，$Q=10$
$f_2=1671\,(\text{Hz})$，$f_1=1512\,(\text{Hz})$

12-6 如下圖所示之 RLC 串聯諧振電路，試求諧振頻率及電流振幅的峰值。

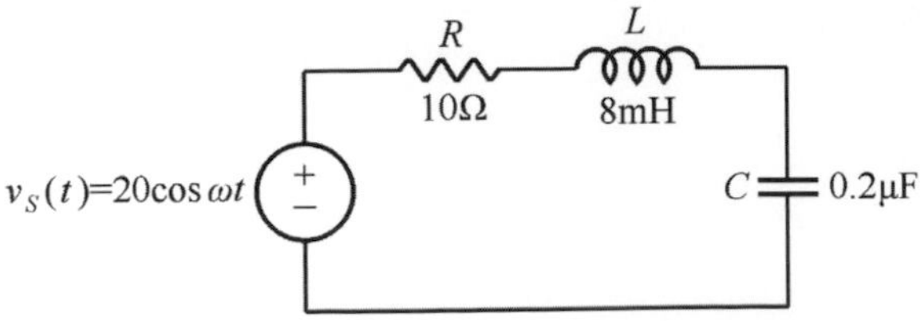

答 $f_0=3975\,(\text{kHz})$，$|I|=2\,(\text{A})$

12-7 一 RLC 串聯諧振電路之頻帶寬度爲 500Hz，設其諧振頻率爲 5kHz，試求：(1)品質因數 Q，(2)若 $R = 20\,\Omega$ 時的 L 與 C 值。

答 (1) $Q = 10$　(2) $L = 6.37\,(\text{mH})$，$C = 0.159\,(\mu\text{F})$

12-8 某 RLC 並聯諧振電路若包含 $C = 0.25\,\mu\text{F}$ 及 $L = 4\,\text{H}$，則 R 應爲何值才能使，(1) $Q = 100$，(2) $\text{BW} = 40\,\text{rad/s}$，(3) $\omega_1 = 984\,\text{rad/s}$，(4) $\omega_2 = 1100\,\text{rad/s}$。

答 (1)400(kΩ)，(2)100(kΩ)，(3)125(kΩ)，(4)20(kΩ)

12-9 如下圖所示的電路，係由線性非時變元件所組成，

(1)試計算諧振頻率 ω_0 和 Q 值。

(2)試計算驅動點阻抗 $Z(j\omega)$。

(3)試計算當 $\dfrac{\omega}{\omega_0} = 1 + \dfrac{3}{2Q}$ 時阻抗的大小與相角

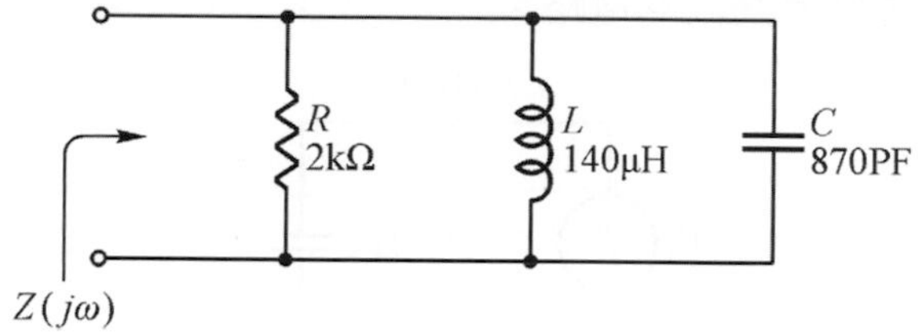

答 (1) $\omega_0 = 2.87\times10^6\,(\text{rad/s})$，$Q = 5$

(2) $$Z(j\omega) = \frac{2\times10^3}{1 - j5\left(\dfrac{\omega\times10^{-6}}{2.87} - \dfrac{2.87\times10^6}{\omega}\right)}\,(\Omega)$$

(3) $|Z(j\omega)| = 705.2$，$\measuredangle Z(j\omega) = -69.4°$

12-10 (1)下圖所示爲 RLC 並聯電路的諧振曲線 $|Z(j\omega)|$ (以 Ω 爲單位)對 ω (以 rad/s 爲單位)試求 R、L 和 C 的值。

(2)欲在諧振頻率爲 20kHz 時得到諧振，$|Z(j\omega)|$ 的最大值爲 0.1MΩ，試求 R、L 和 C 的新值。

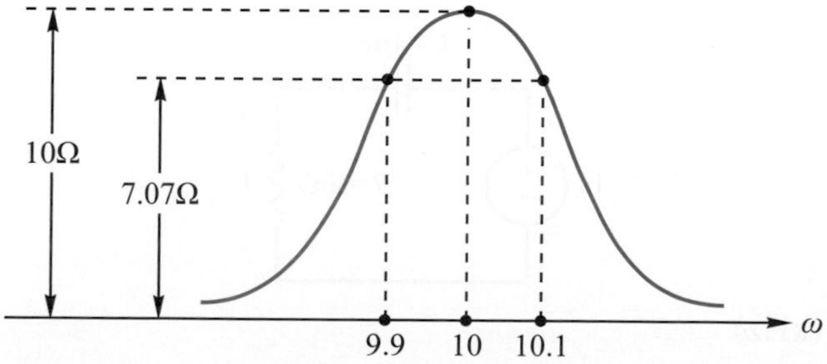

答 (1) $R=10\,(\Omega)$，$L=20\,(\text{mH})$，$C=0.5\,(\text{F})$

(2) $R=0.1\,(\text{M}\Omega)$，$L=15.8\,(\text{mH})$，$C=3.98\times10^{-9}\,(\text{F})$

12-11 一 RC 低通濾波器之 R 值爲 10Ω，C 值爲 1μF，如下圖所示，試求其三分貝高值 f_H 之值。

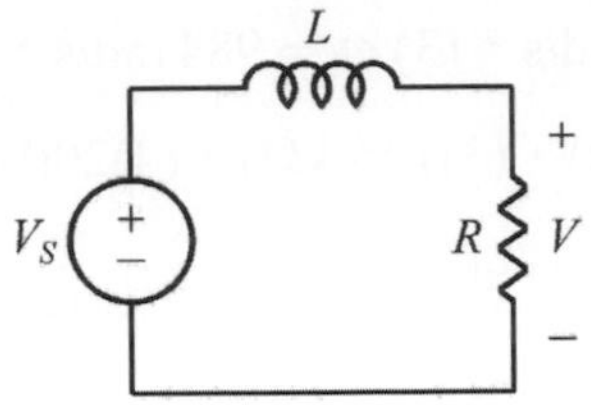

答 $f_H=15.9\,(\text{kHz})$

12-12 如下圖所示之電路，試求此電路的網路函數 $H(j\omega)=\dfrac{V}{V_S}$ 以及藉著求振幅及截止頻率來證明此電路是低通濾波器電路。

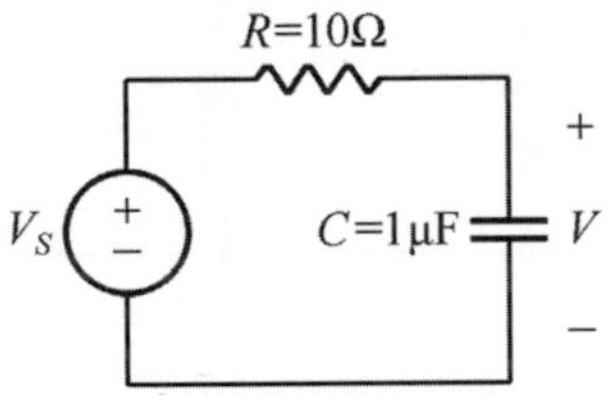

答 $H(j\omega)=\dfrac{R}{R+j\omega L}$，$|H(j\omega)|=\dfrac{R}{\sqrt{R^2+\omega^2L^2}}$，$f_H=\dfrac{R}{2\pi L}\,(\text{Hz})$

12-13 如上題所示電路，若 $f_H=2000\,\text{Hz}$，$L=0.1\,\text{H}$，試求 R 之值。

答 $R=1256\,(\Omega)$

12-14 如例題 12-7 所示之低通濾波器電路，若 $R=1\,\text{k}\Omega$，$L=20\,\text{mH}$ 及 $C=0.01\,\mu\text{F}$，試求 f_H 之值。

答 $f_H=11.25\,(\text{kHz})$

12-15 一 RC 高通濾波器之 R 值爲 10Ω，C 值爲 4μF，如下圖所示，試求其三分貝低頻 f_L 之值。

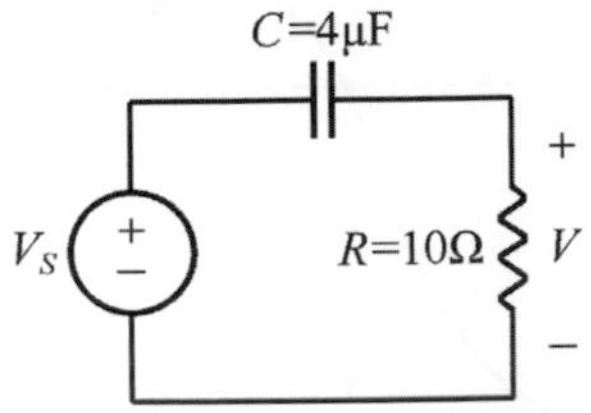

答 $f_L=3.98\,(\text{kHz})$

12-16 如下圖所示之高通濾波器電路，若 $R = 2\,\text{k}\Omega$，$L = 8\,\text{mH}$，及 $C = 1\,\text{nF}$ 試求該電路的截止點 f_L 之值。

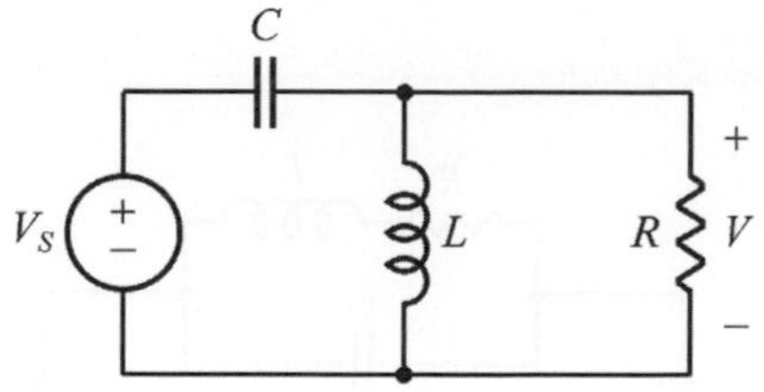

答 $f_L = 56.27\,(\text{kHz})$

12-17 如上題之電路中，若 $R^2 = \dfrac{L}{2C}$ 試證明其振幅為 $|H(j\omega)| = \dfrac{1}{\sqrt{1+\dfrac{1}{\omega^4 L^2 C^2}}}$，截止點為 $\omega_L = \dfrac{1}{\sqrt{LC}}$，若 $C = 0.01\,\mu\text{F}$ 及 $\omega_L = 10000\,\text{rad/s}$，使用此結果去求 L 之值。

答 $L = 1(\text{H})$，$R = 7.07\,(\text{k}\Omega)$

12-18 如下圖所示的帶拒濾波器電路中，若 $R = 20\,\Omega$，$L = 0.02\,\text{H}$，和 $C = 0.5\,\mu\text{F}$ 試求 f_0，BW 及 Q 值。(以 Hz 表示)

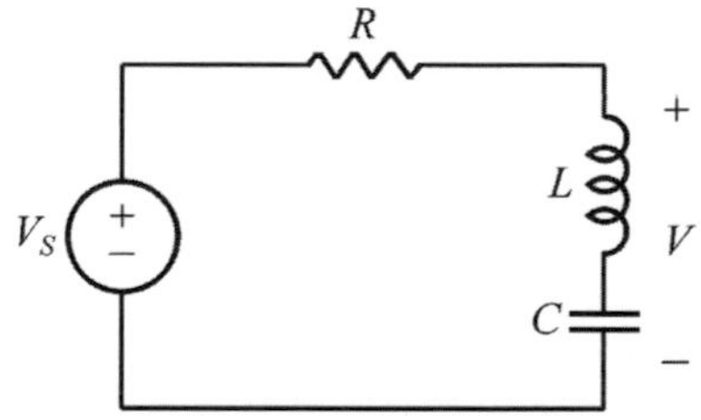

答 $f_0 = 1591.6\,(\text{Hz})$，$\text{BW} = 159.2\,(\text{Hz})$，$Q = 10$

12-19 如下圖所示之電路，試求其諧振頻率及 Q 值。

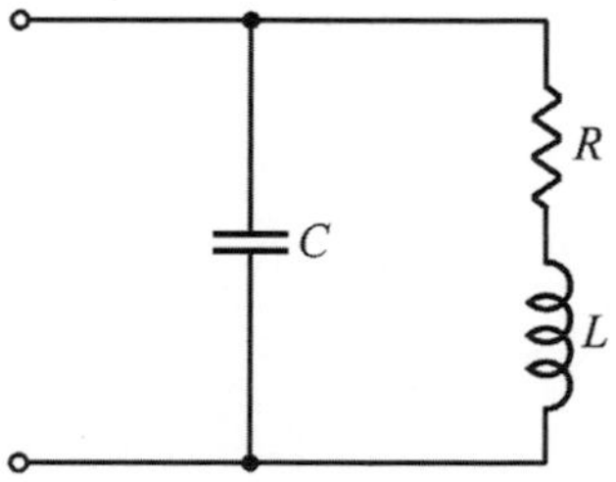

答 $f_0 = \dfrac{1}{2\pi\sqrt{LC}}\sqrt{1-\dfrac{R^2C}{L}}$，$Q = \dfrac{\omega_0 L}{R}$

12-20 應用上題之結果，試求下圖所示之帶拒濾波器電路的諧振頻率。若 $R = 20\ \Omega$，$L = 1\text{mH}$，$C = 4\ \mu\text{F}$，$R_L = 10\ \Omega$ 且當輸入為 $v_S(t) = 10\cos\omega t$ V 諧振時之輸出電壓 $v_o(t)$ 之值。

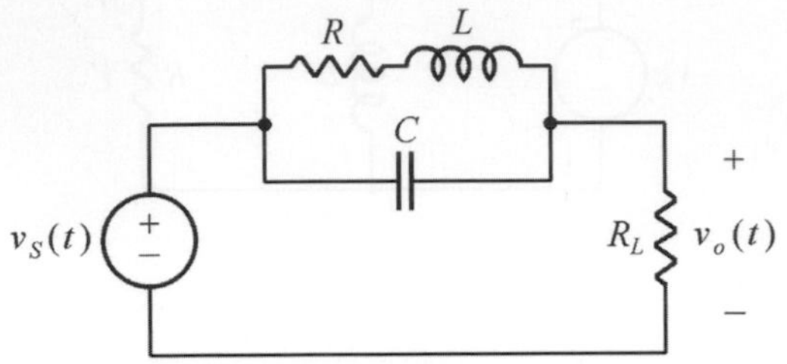

答 $f_0 = 1.95\ (\text{kHz})$，$v_o(t) = 4.44\cos(12252t)\ (\text{V})$

12-21 X_L 為 250Ω 之電感抗與 $R = 500\ \Omega$ 及 $X_C = 400\ \Omega$ 之並聯元件串聯如下圖所示，頻率為 20kHz，試以 R、f、X_C 導出 f_0 之方程式，並計算 f_0 之值。

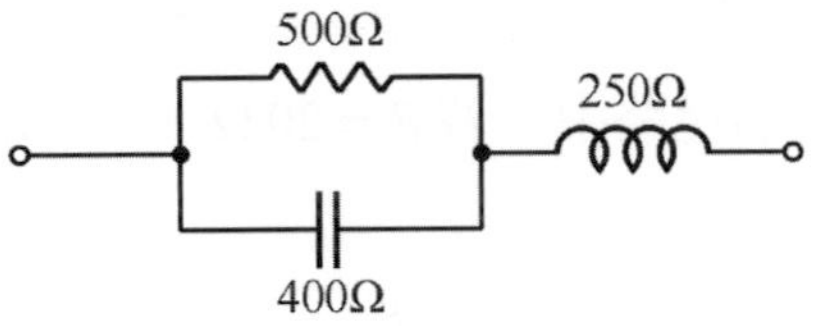

答 $f_0 = \dfrac{fX_C}{R}\sqrt{\dfrac{R^2}{X_L X_C} - 1}$，$f_0 = 19.6\ (\text{kHz})$

13 拉普拉斯轉換分析

拉普拉斯轉換(Laplace transform)可將由電路得到微分方程式轉換至頻域而成爲代數方程式，然後經過反拉普拉斯轉換，即可一次求得電路的零輸入響應及零態響應，而非分別求得之。此外，拉普拉斯轉換也可將電路轉換至頻域而直接求出代數方程式，且不須用到微分方程式。再者若電路含有儲能時，拉普拉斯轉換只需用到電感電流和電容電壓的初值，即可求得電路的完整響應，而不須用到高階導數的初值。因此，拉普拉斯轉換是研究**線性非時變網路**的一種非常重要且非常有效的工具，但對於**時變及(或)非線性的網路**中，則幾乎沒有用。

拉普拉斯轉換分析法因其運算非常簡捷，特別是直接對電路微分方程進行轉換時，初值條件即自動被計入，可以一舉求得全解，因此在線性非時變電路分析上佔有重要的位置。特別是基於拉普拉斯轉換分析法所得到的複頻域中轉移函數的零點、極點分析是網路合成所依賴的基礎之一。雖然近年來，由於計算機應用的逐步發展，建立在數值積分運算基礎上的一些新的方法有了較大進展，但拉普拉斯轉換分析法仍然不失爲分析線性非時變電路的一個重要而有效的方法。

本章的前四節，我們將致力於與我們目的有關的拉普拉斯轉換的各項性質之簡明陳述，及反拉氏轉換的一些求法。第五節，我們將探討雙邊拉氏轉換及反轉換的一些性質與方法。最後一節說明拉氏轉換在計算電路理論上的應用及一些解題的重要技巧。

13-1 拉普拉斯轉換的定義

爲了方便處理上述的一些非收斂形式的函數，則可利用拉普拉斯轉換。而獲致拉普拉斯轉換的方法之一，就是將傅立葉轉換中所用的函數 $x(t)$用 $e^{-\sigma t}x(t)$ 來取代，如此便可保證傅立葉轉換絕對可積分。σ 爲一實數，其收斂條件爲：

$$\int_{-\infty}^{\infty} |x(t)e^{-\sigma t}|\,dt < \infty \tag{13-1}$$

現在來求 $x(t)e^{-\sigma t}$ 的頻譜函數，並以 $X_{1(j\omega)}$ 表示，於是

$$\begin{aligned} X_{1(j\omega)} &= \int_{-\infty}^{\infty} x(t)e^{-\sigma t}\cdot e^{-j\omega t}\,dt \\ &= \int_{-\infty}^{\infty} x(t)e^{-(\sigma+j\omega t)}\,dt \\ &= X(\sigma+j\omega) \end{aligned} \tag{13-2}$$

由(13-2)式可以看出 $X_{1(j\omega)}$ 是將 $x(t)$的頻譜函數中的 $j\omega$ 換成 $\sigma+j\omega$ 的結果。爲了方便，我們可定義一新的變數 s，令 $s=\sigma+j\omega$，且 $ds=jd\omega$，再以 $X(s)$表示這個頻譜函數，則(13-2)式可寫式

$$X(s)=\int_{-\infty}^{\infty} x(t)e^{-st}\,dt \tag{13-3}$$

對 $X(s)$求反傅立葉轉換，則有

$$x(t)e^{-\sigma t} = \frac{1}{2\pi}\int_{-\infty}^{\infty} X(s)e^{j\omega t}\,d\omega$$

因爲 $e^{-\sigma t}$ 不是 ω 的函數，故可移至上式右方的積分號內，得

$$x(t)=\frac{1}{2\pi}\int_{-\infty}^{\infty} X(s)e^{(\sigma+j\omega)t}\,d\omega$$

考慮到 $s=\sigma+j\omega$，將變量由 ω 變成 s，並相應地改變積分上下限，則上式可寫爲

$$x(t)=\frac{1}{2\pi j}\int_{\sigma-j\infty}^{\sigma+j\infty} X(s)e^{st}\,ds \tag{13-4}$$

這也相當把反傅立葉轉換式中的 $j\omega$ 用 s 代替所得到的結果。當然在積分變量經過這樣的轉換後，相對應的積分路徑與積分的收斂區域都將改變。關於此問題，將在下節中討論。

(13-3)式及(13-4)式組成了一對新的轉換式子，稱之爲**雙邊(bilateral)拉普拉斯轉換式或廣義的傅立葉轉換式**。其(13-3)式稱爲**雙邊拉普拉斯正轉換式**，而(13-4)式稱爲**雙邊拉普拉斯反轉換式**。雙邊拉普拉斯正、反轉換式可用下列符號分別表示

$$X_b(s)=\mathcal{L}_b[x(t)]$$
$$x(t)=\mathcal{L}_b^{-1}[X(s)]$$

一般電路中的輸入信號與響應大都爲有始函數，因爲有始函數在 $t<0$ 範圍內數值爲零，(13-3)式的積分在 $-\infty$ 到 0 的區間中爲零，因此積分區間變爲由 0_- 到 ∞，我們以 0_- 爲積分下限，目的是若 $x(t)$ 在 $t=0$ 瞬間有脈衝信號出現時，則此定積分仍舊包含此脈衝。故

$$X(s)=\int_{0_-}^{\infty}x(t)e^{-st}dt \tag{13-5}$$

應該指出的是，爲了適應輸入與響應中在原點存在有脈衝函數或其各階導數的情況，積分區間應包時間零點在內，則(13-5)式中積分下限應取 0_-。當然若函數 $x(t)$ 在時間零點處連續，則 $x(0_+)=x(0_-)$，就不必再區分 0_+ 和 0_- 了。

至於(13-4)式，則由於 $X(s)$ 中包含的仍爲 ω 由 $-\infty$ 到 $+\infty$ 的各個分量，所以其積分區間不變。但因原函數爲有始函數，由(13-4)式所求得的 $x(t)$，在 $t<0$ 範圍內必然爲零。因此對有始函數而言，(13-4)式可寫爲

$$x(t)=\left[\frac{1}{2\pi j}\int_{\sigma-j\infty}^{\sigma+j\infty}X(s)e^{st}ds\right]u(t) \tag{13-6}$$

(13-5)式及(13-6)式也是一組轉換對。因爲是只對時間軸一個方向上的函數進行轉換，爲區別於雙邊拉普拉斯轉換式，故稱之爲**單邊拉普拉斯轉換式**，並標記如下：

$$\boldsymbol{X(s)=\mathcal{L}[x(t)]}$$
$$\boldsymbol{x(t)=\mathcal{L}^{-1}[X(s)]}$$

或簡單地以符號表示爲：

$$x(t)\leftrightarrow X(s)$$

13-2　拉普拉斯轉換的性質

轉換法對於電路分析非常實用之處，乃在於其重要性質，即當其在某一領域的變數及其運算轉換至某一領域的新變數及運算時，新變數間的關係至爲簡單明顯。特別是拉普拉斯轉換，在時間 t 領域的積、微分方程被轉換成 s 領域的代數方程式，甚且初值條件也可自動包括在答案裡面，使求解問題得到簡化。

由於拉普拉斯轉換可視爲傅立葉轉換在複頻域中的推廣，傅立葉轉換建立了時域與頻域的聯繫，而拉普拉斯轉換則建立了時域與複頻域的聯繫，因此拉普拉斯轉換與傅立葉轉換相類似的一部份性質的證明，只要將傅立葉轉換有關特性的證明中用 s 代替 $j\omega$ 就可以得到。

性質一 **線性性質**

若 $x_1(t) \leftrightarrow X_1(s)$

$x_2(t) \leftrightarrow X_2(s)$

則 $ax_1(t) \pm bx_2(t) \leftrightarrow aX_1(s) \pm bX_2(s)$，$a$、$b$ 爲任意常數 (13-7)

證明：由定義可知：

$$1\ [ax_1(t) \pm bx_2(t)] = \int_{-\infty}^{\infty} [ax_1(t) \pm bx_2(t)]e^{-st}dt$$
$$= a\int_{-\infty}^{\infty} x_1(t)e^{-st}dt$$
$$= \pm b\int_{-\infty}^{\infty} x_2(t)e^{-st}dt$$
$$= aX_1(s) \pm bX_2(s)$$，得證。

例題 13-1

如下圖所示之正弦，試求其拉普拉斯轉換 $X(s)$。

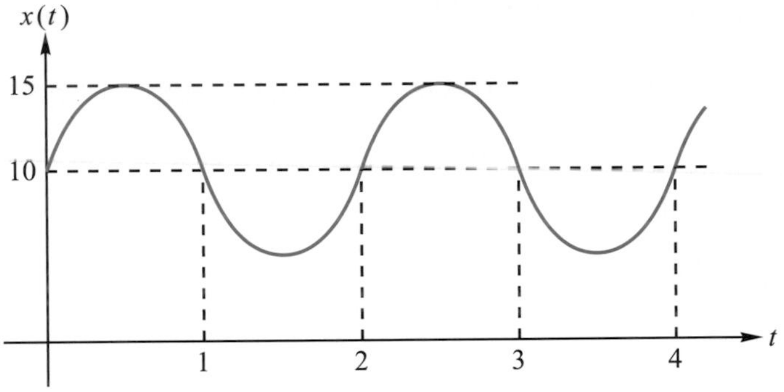

答 可將上圖分解成如下圖所示。

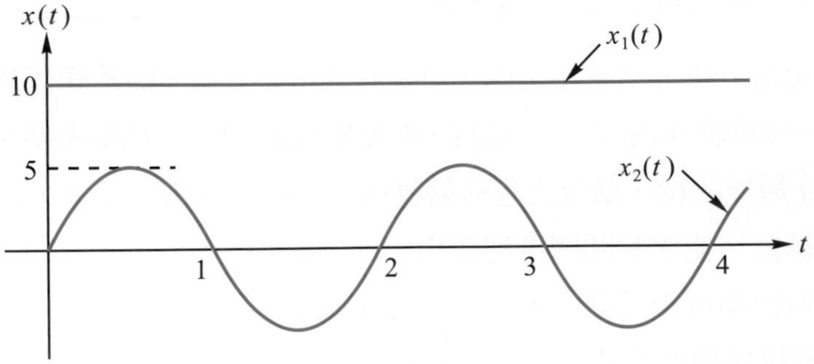

$x(t)=x_1(t)+x_2(t)$

取 $x(t)$ 之拉普拉斯轉換，得：

$$X(s)=X_1(s)+X_2(s)=1\ [10]+1\ [5\sin \pi t]$$
$$=\frac{10}{s}+\frac{5\pi}{s^2+\pi^2}$$

性質二　變比(尺寸伸縮)時間偏移性質

若　$x(t)\leftrightarrow X(s)$

則　$x(at)\leftrightarrow \frac{1}{a}X\left(\frac{s}{a}\right)$，$a>0$　(13-8)

證明：由定義可知：

$$1\ [x(at)]=\int_0^{\infty}x(at)e^{-st}dt$$
$$=\frac{1}{a}\int_0^{\infty}x(\lambda)e^{-\frac{s}{a}\lambda}d\lambda$$
$$=\frac{1}{a}X\left(\frac{s}{a}\right)\text{，得證。}$$

性質三　時間偏移性質

若　$x(t)\leftrightarrow X(s)$

則　$x(t-t_0)u(t-t_0)\leftrightarrow e^{-t_0 s}X(s)$，$t_0\geq 0$　(13-9)

證明：$X(s)=1\ [x(t)]=\int_0^{\infty}x(t)e^{-st}dt$

或　$X(s)=\int_0^{\infty}x(\tau)e^{-s\tau}d\tau$

雙方乘以 $e^{-t_0 s}$，則得：

$$e^{-t_0 s}X(s)=e^{-t_0 s}\int_0^{\infty}x(\tau)e^{-s\tau}d\tau$$
$$=\int_0^{\infty}x(\tau)e^{-(t_0+\tau)s}d\tau$$

令 $t=t_0+\tau$，$\tau=t-t_0$，$dt=d\tau$，$\tau=0$，則 $t=t_0$，$\tau=\infty$ 則 $t=\infty$，上式可改寫成：

$$e^{-t_0 s}X(s)=\int_{t_0}^{\infty}e^{-st}x(t-t_0)dt$$

現以 $x(t-t_0)u(t-t_0)=\begin{cases}0 & ，t<t_0 \\ x(t-t_0) & ，t\geq t_0\end{cases}$ 替 $x(t-t_0)$，則

$$e^{-t_0 s}X(s)=\int_0^{\infty}e^{-st}[x(t-t_0)u(t-t_0)]dt$$
$$=1\ [x(t-t_0)u(t-t_0)]$$ ，得證。

例題 13-2

試求下圖所示鋸齒波的拉普拉斯轉換。

答 鋸齒波可分解爲下圖中所示波形的三個函數之和，即：

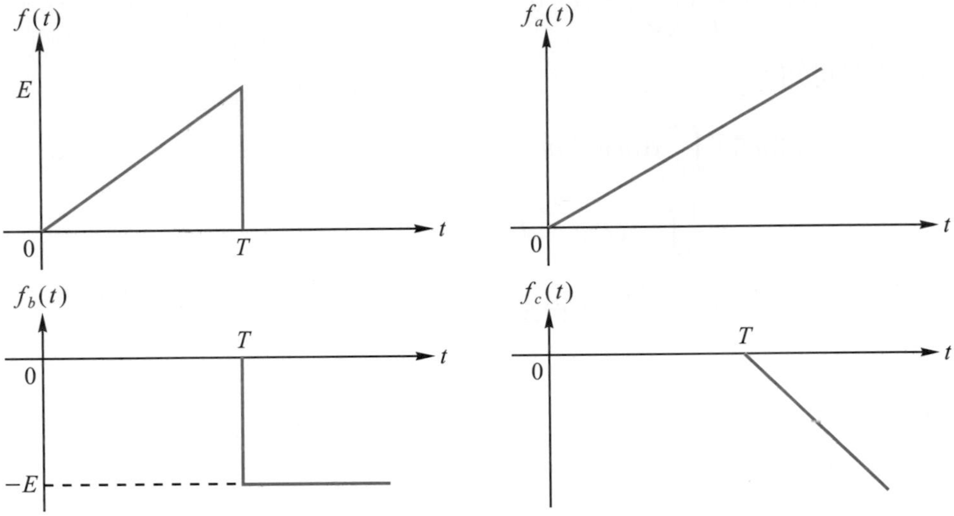

$$f(t)=f_a(t)+f_b(t)+f_c(t)$$

其中 $f_a(t)=\dfrac{E}{T}tu(t)$

$$f_b(t)=-Eu(t-T)$$

$$f_c(t)=-\frac{E}{T}(t-T)u(t-T)$$

取拉普拉斯轉換，得：

$$F_a(s)=\frac{E}{Ts^2}\text{，}F_b(s)=-\frac{E}{s}e^{-Ts}\text{，}F_c(s)=-\frac{E}{Ts^2}e^{-Ts}$$

所以 $F(s)=F_a(s)+F_b(s)+E_c(s)=\dfrac{E}{Ts^2}-\dfrac{E}{s}e^{-Ts}-\dfrac{E}{Ts^2}e^{-Ts}=\dfrac{E}{Ts^2}[1-(Ts+1)e^{-Ts}]$

時間偏移性質還可以用來求取有始週期函數的拉普拉斯轉換。在此所指的有始週期函數是$t>0$時呈現週期性的函數，在$t<0$時函數爲零。

設$f(t)$爲有始週期函數，其週期爲T；而$f_1(t)$、$f_2(t)$、……等可分別表示函數的第一週期、二週期、……等的函數，則$f(t)$可寫爲

$$f(t)=f_1(t)+f_2(t)+f_3(t)+\cdots$$

因爲是週期函數，因此$f_2(t)$可看成是$f_1(t)$延時一個週期T構成的，$f_3(t)$可看成是$f_1(t)$延時兩個週期構成的，依此類推則有

$$f(t)=f_1(t)+f_1(t-T)u(t-T)+f_1(t-2T)u(t-2T)+\cdots \tag{13-10}$$

根據偏移特性，

若　$f_1(t)\leftrightarrow F_1(s)$

則　$$\begin{aligned}f(t)&\leftrightarrow F_1(s)+F_1(s)e^{-Ts}+F_1(s)e^{-2Ts}+F_1(s)e^{-3Ts}+\cdots\\&=F_1(s)[1+e^{-Ts}+e^{-2Ts}+e^{-3Ts}+\cdots]\\&=\frac{1}{1-e^{-Ts}}F_1(s)\end{aligned} \tag{13-11}$$

(13-11)式說明，週期爲T的有始函數$f(t)$的拉普拉斯轉換等於第一週期單個函數的拉普拉斯轉換乘以因子$\dfrac{1}{1-e^{-Ts}}$。

例題 13-3

試求下圖所示之半波正弦的拉普拉斯轉換。

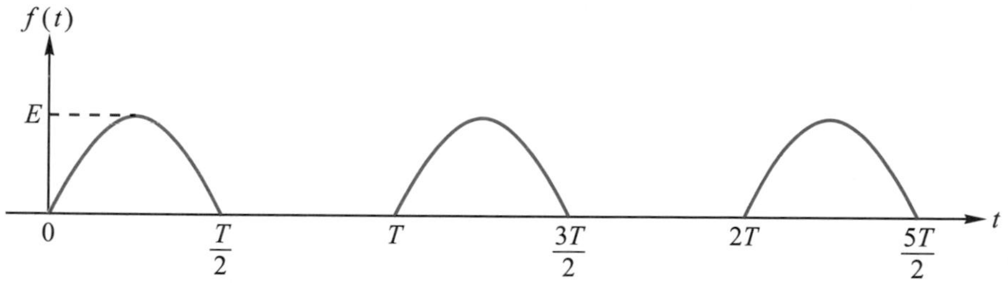

答　先求第一個半波$f_1(t)$的拉普拉斯轉換。由下圖可以看出，$f_1(t)$可看爲兩個正弦函數之和。即：

$$\begin{aligned}f_1(t)&=f_{1a}(t)+f_{1b}(t)\\&=E\sin\omega t u(t)+E\sin\omega\left(t-\frac{T}{2}\right)u\left(t-\frac{T}{2}\right)\end{aligned}$$

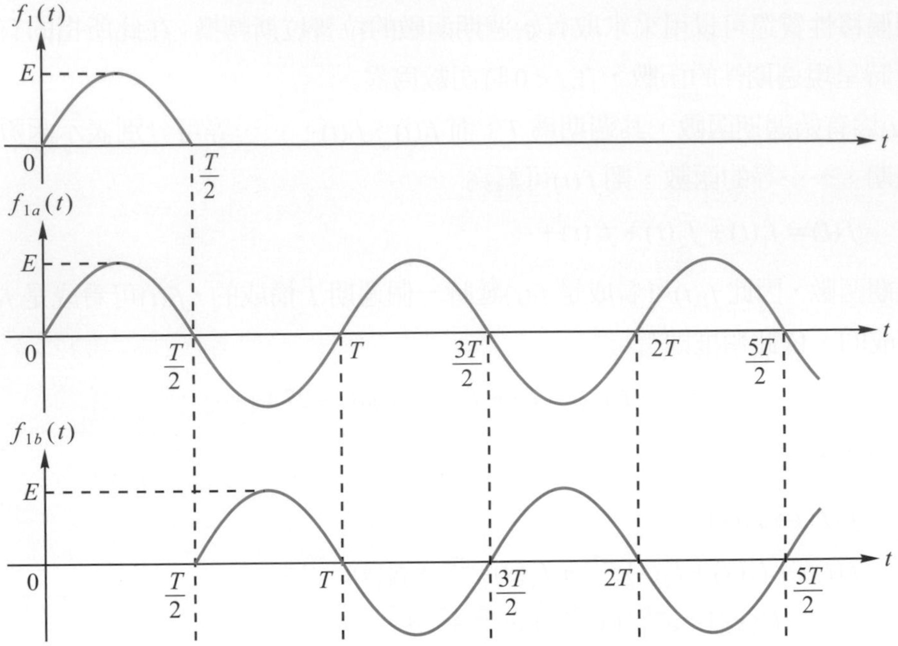

根據時間偏移特性可得：

$$F_1(s)=1\ [f_1(t)]=1\ [f_{1a}(t)]+1\ [f_{1b}(t)]$$

$$=\frac{Ew}{s^2+w^2}+\frac{Ew}{s^2+w^2}e^{-\frac{1}{2}Ts}$$

$$=\frac{Ew}{s^2+w^2}\left[1+e^{-\frac{1}{2}Ts}\right]$$

再利用(13-11)式，可得半波正弦週期函數的拉普拉斯轉換為：

$$F(s)=1\ [f(t)]=\frac{1}{1-e^{-Ts}}F_1(s)$$

$$=\frac{1}{1-e^{-Ts}}\frac{Ew}{s^2+w^2}[1+e^{-\frac{1}{2}Ts}]$$

$$=\frac{Ew}{s^2+w^2}\frac{1}{1-e^{\frac{1}{2}Ts}}$$

性質四　頻率偏移性質

若　$x(t)\leftrightarrow X(s)$

則　$e^{-at}x(t)\leftrightarrow X(s+a)$　(13-12)

證明：$1\ [e^{-at}x(t)]=\int_0^\infty e^{-at}x(t)e^{-st}dt=\int_0^\infty x(t)e^{-(s+a)t}dt$

$=X(s)\big|_{s=s+a}=X(s+a)$，得證。

例題 13-4

試求 $f(t)=t^{\frac{5}{2}}e^{-2t}$ 之拉普拉斯轉換。

答 利用性質四，可假設 $x(t)=t^{\frac{5}{2}}$，將其取拉普拉斯轉換，得：

$$X(s)=1\,[t^{\frac{5}{2}}]=\frac{\Gamma\left(\frac{7}{2}\right)}{s^{\frac{7}{2}}}=\frac{15\sqrt{\pi}}{8s^{\frac{7}{2}}}\text{，}\because\Gamma\left(\frac{1}{2}\right)=\sqrt{\pi}$$

所以 $F(s)=1\,[t^{\frac{5}{2}}e^{-2t}]=X(s)\big|_{s=s+2}=\dfrac{15\sqrt{\pi}}{8(s+2)^{\frac{7}{2}}}$

性質五 時間迴旋性質

若 $x_1(t)\leftrightarrow X_1(s)$

$x_2(t)\leftrightarrow X_2(s)$

則 $x_1(t)*x_2(t)\leftrightarrow X_1(s)\cdot X_2(s)$ (13-13)

證明：$1\,[x_2(t)*x_1(t)]=1\left[\int_0^t x_1(t-\tau)x_2(\tau)d\tau\right]$

$$=\int_0^\infty\left[\int_0^t x_1(t-\tau)x_2(\tau)d\tau\right]e^{-st}dt$$

$$=\int_0^\infty\left[\int_0^\infty x_1(t-\tau)u(t-\tau)x_2(\tau)d\tau\right]e^{-st}dt$$

$$=\int_0^\infty x_2(\tau)\left[\int_0^\infty x_1(t-\tau)u(t-\tau)e^{-st}dt\right]d\tau$$

令 $\lambda=t-\tau$，則 $dt=d\lambda$，則上式

$$=\int_0^\infty x_2(\tau)\left[\int_\tau^\infty x_1(t-\tau)\,e^{-st}dt\right]d\tau$$

$$=\int_0^\infty x_2(\tau)\left[\int_0^\infty x_1(\lambda)\,e^{-s(\tau+\lambda)}d\lambda\right]d\tau$$

$$=\left[\int_0^\infty x_2(\tau)\,e^{-s\tau}d\tau\right]\left[\int_0^\infty x_1(\lambda)\,e^{-s\lambda}d\lambda\right]$$

$$=1\,[x_1(t)]1\,[x_2(t)]$$

$=X_1(s)\cdot X_2(s)$，得證。

性質六 頻率偏移性質

若 $x_1(t) \leftrightarrow X_1(s)$

$x_2(t) \leftrightarrow X_2(s)$

則 $x_1(t) \cdot x_2(t) \leftrightarrow \dfrac{1}{2\pi j}[X_1(s) * X_2(s)]$ (13-14)

上式之證明與時間迴旋性質相類似，留給讀者作爲練習，上述性質五及性質六，在求解電路之響應及求反拉普拉斯轉換時非常有用，我們在求反拉普拉斯轉換時再舉例題。

性質七 時間微分性質

若 $x(t) \leftrightarrow X(s)$

則 $\dfrac{dx(t)}{dt} \leftrightarrow sF(s) - x(0)$ (13-15)

通式爲：

$$\frac{d^n x(t)}{dt^n} \leftrightarrow s^n X(s) - s^{n-1}x(0) - s^{n-2}x'(0) - \cdots - x'^{n-1}(0) \qquad (13\text{-}16)$$

證明：根據拉普拉斯轉換的定義可知：

$$1\left[\frac{dx(t)}{dt}\right] = \int_0^{\infty} \frac{dx(t)}{dt} e^{-st} dt = \int_0^{\infty} e^{-st} dx(t)$$

$$= x(t)e^{-st}\Big|_0^{\infty} + s\int_0^{\infty} x(t)e^{-st} dt$$

$$= -x(0) + sX(s) = sX(s) - x(0)$$ ，得證。

依此類推即可得 n 階導數的拉普拉斯轉換式(13-16)式。

例題 13-5

已知 $x(t) = \sin at$ ，試求 $x(t)$及 $x'(t)$的拉普拉斯轉換。

答 由表 13-2 可得：

$$X(s) = \frac{a}{s^2 + a^2}$$

及 $1\,[x'(t)] = 1\left[\dfrac{d\sin at}{dt}\right] = 1\,[a\cos at] = \dfrac{as}{s^2 + a^2}$

性質八　時間積分性質

若　$x(t) \leftrightarrow X(s)$

則　$\int_0^t x(t)dt \leftrightarrow \frac{1}{s}X(s)$　(13-17)

通式為：

$$\underbrace{\int_0^t \int_0^t \cdots \int_0^t}_{n次} x(t)dt \cdots dt \leftrightarrow \frac{1}{s^n}X(s) + \frac{1}{s^n}x^{-1}(0) + \frac{1}{s^{n-1}}x^{-2}(0) + \cdots + \frac{1}{s}x^{-n}(0)$$

(13-18)

證明：根據定義可得：

$$1\left[\int_0^t x(t)dt\right] = \int_0^\infty \left[\int_0^t x(t)dt\right] e^{-st}dt = \int_0^\infty \left[\int_0^t x(t)dt\right]\left[-\frac{1}{s}d(e^{-st})\right]$$

$$= \frac{-e^{-st}}{s}\int_0^t x(t)dt\bigg|_0^\infty + \int_0^\infty \frac{1}{s}x(t)e^{-st}dt$$

當 $t \to \infty$ 及 $t \to 0$ 時，上式右邊第一項俱為零，故：

$$1\left[\int_0^t x(t)dt\right] = \frac{1}{s}X(s)$$ ，得證。

若函數的積分區間不是由 0 開始，而是由 $-\infty$ 開始，則因

$$\int_{-\infty}^t x(t)dt = \int_{-\infty}^0 x(t)dt + \int_0^t x(t)dt$$

故有 $1\left[\int_{-\infty}^t x(t)dt\right] = \frac{1}{s}X(s) + \frac{1}{s}\int_{-\infty}^0 x(t)dt$

$$= \frac{1}{s}X(s) + \frac{1}{s}x^{-1}(0)$$

上式 $x^{-1}(0) = \int_{-\infty}^0 x(t)dt$ ，將積分性質推廣到多重積分，則可求得(13-18)式。

時間的積分性質在取積微分方程式(integrodifferential equation)之轉換及推導其他轉換時非常有用。當我們看到轉換式中一個 s 可以提出來時，只要我們知道其反轉換便易於求得。

性質九　頻率微分性質

若　$x(t) \leftrightarrow X(s)$

則　$tx(t) \leftrightarrow -\frac{dX(s)}{ds}$　(13-19)

通式爲：

$$t^n x(t) \leftrightarrow (-1)^n \frac{d^n X(s)}{ds^n} \tag{13-20}$$

證明：由定義可得：

$$\frac{dX(s)}{ds} = \frac{d}{ds}\int_0^\infty x(t)e^{-st}dt$$

$$= \int_0^\infty x(t)\frac{d(e^{-st})}{ds}dt$$

$$= \int_0^\infty x(t)(-t)^{-st}\,dt$$

$$= -1\ [tx(t)]$$ ，得證。

重複應用此性質，則可得(13-20)式。

例題 13-6

試求 $x(t) = t^2 \sin 2t$ 之拉普拉斯轉換。

答 應用性質九，(13-20)式可得：

$$X(s) = 1\ [x(t)] = 1\ [t^2 \sin 2t]$$

$$= (-1)^2 \frac{d^2}{ds^2}[1\ (\sin 2t)]$$

$$= \frac{d^2}{ds^2}\left[\frac{2}{s^2+4}\right] = \frac{d}{ds}\left[\frac{-4s}{(s^2+4)^2}\right]$$

$$= \frac{12s^2-16}{(s^2+4)^3}$$

性質十 **頻率積分性質**

若 $x(t) \leftrightarrow X(s)$

則 $$\frac{x(t)}{t} \leftrightarrow \int_s^\infty X(s)ds \tag{13-21}$$

通式爲：

$$\frac{x(t)}{t^n} \leftrightarrow \underbrace{\int_0^\infty \cdots \int_0^\infty \cdots \int_0^\infty}_{n\text{次}} X(s)ds \tag{13-22}$$

證明：依定義可得

$$\int_s^\infty X(s)ds = \int_s^\infty \left[\int_0^\infty x(t)e^{-st}dt\right] ds$$

$$= \int_0^\infty x(t)\left[\int_s^\infty e^{-st}ds\right] dt$$

$$= \int_0^\infty x(t)\left(-\frac{1}{t}\right) e^{-st}\bigg|_s^\infty dt$$

$$= \int_0^\infty x(t)\frac{e^{-st}}{t}dt = 1\left[\frac{x(t)}{t}\right]$$ ，得證。

重複運算上式性質，則可得(13-22)式。

例題 13-7

試求 $x(t) = \dfrac{\sin kt}{t}$ 之拉普拉斯轉換。

答 查表得知：

$$1\ [\sin kt] = \frac{k}{s^2 + k^2}$$

依性質十，可得：

$$1\left[\frac{\sin kt}{t}\right] = \int_s^\infty X(s)ds = \int_s^\infty \frac{k}{s^2+k^2}ds = \int_s^\infty \frac{kds}{k^2\left[1+\left(\frac{s}{k}\right)^2\right]}$$

$$= \int_s^\infty \frac{d\left(\frac{s}{k}\right)}{1+\left(\frac{s}{k}\right)^2} = \tan^{-1}\left(\frac{s}{k}\right)\bigg|_s^\infty = \frac{\pi}{2} - \tan^{-1}\left(\frac{s}{k}\right) = \cot^{-1}\left(\frac{s}{k}\right)$$

性質十一　初值性質

設函數 $x(t)$及其導數 $x'(t)$存在，並有拉普拉斯轉換，則 $x(t)$的初值爲：

$$x(0^+) = \lim_{t\to 0^+} x(t) = \lim_{s\to\infty} sX(s) \tag{13-23}$$

證明：由時間微分性質，可得：

$$sX(s) - x(0^-) = \int_{0^-}^\infty \frac{dx(t)}{dt}e^{-st}dt$$

$$x(0\_)=\int_{0^-}^{0^+}\frac{dx(t)}{dt}e^{-st}dt+\int_{0^+}^{\infty}\frac{dx(t)}{dt}e^{-st}dt$$
$$=x(t)\Big|_{0^-}^{0^+}+\int_{0^+}^{\infty}\frac{dx(t)}{dt}e^{-st}dt$$
$$=x(0^+)-x(0^-)+\int_{0^+}^{\infty}\frac{dx(t)}{dt}e^{-st}dt$$

故得：

$$sX(s)=x(0^+)+\int_{0^+}^{\infty}\frac{dx(t)}{dt}e^{-st}dt \tag{13-24}$$
$$\lim_{s\to\infty}sX(s)=x(0^+)+\lim_{s\to\infty}\int_{0}^{\infty}\frac{dx(t)}{dt}e^{-st}st$$

因為 $x'(t)$存在並有拉普拉斯轉換，即上式右邊積分項存在，又因 s 不是 t 的函數，故可先令 $s\to\infty$ 然後積分，此時積分為零，即可得(13-23)式的結果。

若 $x(t)$在 $t=0$ 處有脈衝及其導數，則 $x(t)$的拉普拉斯轉換為

$$\mathscr{L}[x(t)]=a_0+a_1s+a_2s^2+\cdots+a_ps^p+X_p(s)$$

此時此性質應表示為

$$x(0^+)=\lim_{s\to\infty}sX_p(s) \tag{13-25}$$

例題 13-8

已知單位步級函數 $u(t)$的拉普拉斯轉換為 $\frac{1}{s}$，試求此單位步級函數的初值為何？

答 由(13-25)式可得：

$$\lim_{s\to\infty}sX_p(s)=\lim_{s\to\infty}s\left(\frac{1}{s}\right)=1$$

性質十二 終值性質

設函數 $x(t)$及其導數 $x'(t)$存在，並有拉普拉斯轉換，且 $sX(s)$的所有極點都位於 s 左半平面內(不包括 $j\omega$ 軸，且包括原點處的單極點)，則 $x(t)$的終值為：

$$x(\infty)=\lim_{t\to\infty}x(t)=\lim_{s\to 0}sX(s) \tag{13-26}$$

答 在(13-24)式中，令 $s\to 0$，則有：

$$\lim_{s\to 0}sX(s)=x(0^+)+\lim_{s\to 0}\int_{0^+}^{\infty}\frac{dx(t)}{dt}e^{-st}dt$$

由於 s 不是 t 的函數，上式右邊可先令 $s \to 0$，然後積分，可得

$$\lim_{s\to 0} sX(s) = x(0^+) + x(\infty) - x(0^+) = x(\infty)$$，得證。

$sX(s)$的極點之所以要限制於 s 平面的左半面內或是在原點處的單極點，主要是為了保證 $\lim_{t\to\infty} x(t)$ 存在。若有極點落在右半平面內，則 $x(t)$將隨 t 無限地增長；若有極點落在虛軸上，則所表示的為等幅振盪；在原點處的重階極點對應的也是隨時間增長的函數。在上述的幾種情況下，$x(t)$的終值俱不存在。上述性質也就無法運用。

例題 13-9

下列函數為單邊拉普拉斯轉換，試求其終值。

$$F(s) = \frac{1}{s+a}，\ a > 0$$

答 $sF(s)$的極點位於 $s=-a$ 處，位於 s 平面的左半平面上，故得：

$$\lim_{s\to 0} sF(s) = \frac{s}{s+a} = 0$$

由轉換函數可知其 $f(t) = e^{-at}u(t)$，當 $t \to \infty$時，其值趨近於 0。

在本節我們證明了信號運算的拉普拉斯轉換之一些重要性質，表 13-1 總結列於下面，以便檢索。

▼ 表 13-1　拉普拉斯轉換的基本性質

	性質	時域 $f(t)$　$t \geq 0$	複頻域 $F(s)$　$\sigma > \sigma_0$
1.	線性	$a_1 f_1(t) + a_2 f_2(t)$	$a_1 F_1(s) + a_2 F_2(s)$
2.	變比	$f(at)$	$\frac{1}{a} F\left(\frac{s}{a}\right)$
3.	時間偏移	$f(t-t_0)U(t-t_0)$	$F(s)e^{-t_0 s}$
4.	頻率偏移	$f(t)e^{-at}$	$F(s+a)$
5.	時間微分	$\frac{df(t)}{dt}$	$sF(s) - f(0)$
6.	時間積分	$\int_0^t f(t)dt$	$\frac{1}{s}F(s)$

▼ 表 13-1　拉普拉斯轉換的基本性質(續)

	性質	時域 $f(t)$　$t \geq 0$	複頻域 $F(s)$　$\sigma > \sigma_0$
7.	頻率微分	$tf(t)$	$-\dfrac{dF(s)}{ds}$
8.	頻率積分	$\dfrac{f(t)}{t}$	$\int_s^{\infty} F(s)ds$
9.	參變量微分	$\dfrac{\partial f(t,a)}{\partial a}$	$\dfrac{\partial F(s,a)}{\partial a}$
10.	參變量積分	$\int_{a_1}^{a_2} f(t,a)da$	$\int_{a_1}^{a_2} F(s,a)da$
11.	時間迴旋	$f_1(t)*f_2(t)$	$F_1(s)F_2(s)$
12.	頻率迴旋	$f_1(t)f_2(t)$	$\dfrac{1}{2\pi j}F_1(s)*F_2(s)$
13.	初值	$f(0^+)=\lim\limits_{t\to 0^+} f(t)=\lim\limits_{s\to\infty} sF(s)$	
14.	終值	$f(\infty)=\lim\limits_{t\to\infty} f(t)=\lim\limits_{s\to 0} sF(s)$	

13-3　常用函數的拉普拉斯轉換

有些函數是在應用中經常遇到的，本節將對一些常見的函數求取其拉普拉斯轉換或即轉換函數。實際上，若函數 $f(t)$ 的拉普拉斯轉換收斂區包括 $j\omega$ 軸在內，則只要將其頻譜函數中的 $j\omega$ 換成 s，即可得到 $f(t)$ 的轉換函數；反之，若將轉換函數中的 s 換為 $j\omega$，則亦可由轉換函數得到頻譜函數。即 $F(s)=F(j\omega)\big|_{j\omega=s}$，或 $F(j\omega)=F(s)\big|_{s=j\omega}$。若函數的拉普拉斯收斂區不包括 $j\omega$ 軸在內，如指數函數 $e^{\beta t}$ ($\beta>0$)等，則因其頻譜函數不存在，轉換函數必須通過(13-5)式的積分來求取。

工程中常見的函數(除少數例外)，通常屬於下列兩類之一：(1)t 的指數函數；(2)t 的正冪函數。以後將會看到，許多常用的函數如步級函數、正弦函數、衰減正弦函數等，都可由這兩類函數導出。下面就來討論一些常見函數的拉普拉斯轉換。

指數函數 e^{at} (a 為常數)

由(13-5)式可得其轉換函數為：

$$F(s)=1\ [e^{at}]=\int_{0}^{\infty}e^{at}e^{-st}dt$$

$$F(s)=1\ [e^{at}]=\int_{0}^{\infty}e^{at}e^{-st}dt=\int_{0}^{\infty}e^{-(s-a)t}dt=\frac{1}{s-a} \tag{13-27}$$

由此可導出一些常用函數的轉換。

1. 單位步級函數 $u(t)$

   令(13-27)式中 $a=0$ 則得：

$$1\ [u(t)]=\frac{1}{s} \tag{13-28}$$

2. 正弦函數 $\sin\omega t$

   根據公式

$$\sin\omega t=\frac{1}{2j}(e^{j\omega t}-e^{-j\omega t})$$

   故有：$1\ [\sin\omega t]=1\left[\frac{1}{2j}(e^{j\omega t}-e^{-j\omega t})\right]$

$$=\frac{1}{2j}\left[\frac{1}{s-j\omega}-\frac{1}{s+j\omega}\right]$$

$$=\frac{\omega}{s^2+\omega^2} \tag{13-29}$$

3. 餘弦函數 $\cos\omega t$

   根據公式

$$\cos\omega t=\frac{1}{2}(e^{j\omega t}+e^{-j\omega t})$$

   故得 $1\ [\cos\omega t]=1\left[\frac{1}{2}(e^{j\omega t}+e^{-j\omega t})\right]$

$$=\frac{1}{2}\left[\frac{1}{s-j\omega}+\frac{1}{s+j\omega}\right]=\frac{s}{s^2+\omega^2} \tag{13-30}$$

4. 衰減正弦函數 $e^{-at}\sin\omega t$

因爲 $e^{-at}\sin\omega t=\dfrac{1}{2j}[e^{-(a-j\omega)t}-e^{-(a+j\omega)t}]$

故得 $1\ [e^{-at}\sin\omega t]=\dfrac{1}{2j}1\ [e^{-(a-j\omega)t}-e^{-(a+j\omega)t}]$

$$=\frac{1}{2j}\left[\frac{1}{(s+a)-j\omega}-\frac{1}{(s+a)+j\omega}\right]=\frac{\omega}{(s+a)^2+\omega^2} \tag{13-31}$$

5. 衰減餘弦函數 $e^{-at}\cos\omega t$

與 4 相類似，可得：

$$1\ [e^{-at}\cos\omega t]=\frac{s+a}{(s+a)^2+\omega^2} \tag{13-32}$$

6. 雙曲線正弦函數 $\sinh\beta t$

因爲 $\sinh\beta t=\dfrac{1}{2}(e^{\beta t}-e^{-\beta t})$

故得 $1\ [\sinh\beta t]=\dfrac{\beta}{s^2-\beta^2}$ (13-33)

7. 雙曲線餘弦函數 $\cosh\beta t$

與 6 相類似，可得：

$$1\ [\cosh\beta t]=\frac{s}{s^2-\beta^2} \tag{13-34}$$

t 的正冪函數 t^n (n 爲正整數)

由(13-5)式可得其轉換函數爲：

$$F(s)=1\ [t^n]=\int_0^\infty t^n e^{-st}dt=-\frac{t^n}{s}e^{-st}\Big|_0^\infty+\frac{n}{s}\int_0^\infty t^{n-1}e^{-st}dt$$

$$=\frac{n}{s}\int_0^\infty t^{n-1}e^{-st}dt$$

依此類推，則得：

$$1\ [t^n]=\frac{n}{s}1\ [t^{n-1}]=\frac{n}{s}\cdot\frac{n-1}{s}1\ [t^{n-2}]$$

$$=\frac{n}{s}\cdot\frac{n-1}{s}\cdot\frac{n-2}{s}\cdots\cdots\frac{2}{s}\cdot\frac{1}{s}\cdot\frac{1}{s}$$

$$=\frac{n!}{s^{n+1}} \tag{13-35}$$

特別是 $n=1$ 時，有：

$$1\ [t]=\frac{1}{s^2} \tag{13-36}$$

函數 te^{-at}

由前節所述性質四頻率偏移性質(13-12)式，可知一個函數 $f(t)$ 與指數函數 e^{-at} 乘積的拉普拉斯轉換，等於函數 $f(t)$ 的拉普拉斯轉換中以 $s+a$ 代替 s 所得的結果，即

$$1\ [f(t)e^{-at}]=F(s)\big|_{s=s+a}=F(s+a)$$

由上式及(13-36)式很容易得到

$$1\ [te^{-at}]=\frac{1}{(s+a)^2} \tag{13-37}$$

脈衝函數 $A\delta(t)$

由脈衝函數之偏移性質可知：

$$\int_{-\infty}^{\infty}\delta(t)f(t)dt=f(0)$$

由此立即可得：

$$1\ [A\delta(t)]=\int_0^{\infty}A\delta(t)e^{-st}dt=Ae^{o}=A \tag{13-38}$$

對於單位脈衝函數而言，可令上式中 $A=1$，即得：

$$1\ [\delta(t)]=1 \tag{13-39}$$

爲了便於使用起見，已有較完全的拉普拉斯轉換表以備查閱，表 13-2 是一些常見函數的拉普拉斯轉換簡表。

由表 13-2 中可以看出，通過拉普拉斯轉換後，指數函數、三角函數、冪函數等都已轉換爲複頻域中較易處理的函數形式。

▼表 13-2　常用之拉普拉斯轉換對

	$f(t)$	$F(s)$	收斂區域
1	$e^{-at}u(t)$	$\frac{1}{s+a}$	$-\mathrm{Re}(a)<\mathrm{Re}(s)$
2	$u(t)$	$\frac{1}{s}$	$0<\mathrm{Re}(s)$

▼表 13-2 常用之拉普拉斯轉換對(續)

	$f(t)$	$F(s)$	收斂區域
3	$tu(t)$	$\frac{1}{s^2}$	$0<\mathrm{Re}(s)$
4	$t^n u(t)$	$\frac{n!}{s^{n+1}}$	$0<\mathrm{Re}(s)$
5	$\delta(t)$	1	對所有的 s
6	$\delta^{(1)}(t)$	s	對所有的 s
7	$\mathrm{sgn}t$	$\frac{2}{s}$	$\mathrm{Re}(s)=0$
8	$-u(-t)$	$\frac{1}{s}$	$\mathrm{Re}(s)<0$
9	$te^{-at}u(t)$	$\frac{1}{(s+a)^2}$	$-\mathrm{Re}(a)<\mathrm{Re}(s)$
10	$t^n e^{-at}u(t)$	$\frac{n!}{(s+a)^{n+1}}$	$-\mathrm{Re}(a)<\mathrm{Re}(s)$
11	$e^{-a\|t\|}u(t)$	$\frac{2a}{a^2-s^2}$	$-\mathrm{Re}(a)<\mathrm{Re}(s)<\mathrm{Re}(a)$
12	$(1-e^{-at})u(t)$	$\frac{a}{s(s+a)}$	$\max[0,-\mathrm{Re}(a)]<\mathrm{Re}(s)$
13	$\cos\omega tu(t)$	$\frac{s}{s^2+\omega^2}$	$0<\mathrm{Re}(s)$
14	$\sin\omega tu(t)$	$\frac{\omega}{s^2+\omega^2}$	$0<\mathrm{Re}(s)$
15	$e^{-\sigma t}\cos\omega tu(t)$	$\frac{s+\sigma}{(s+\sigma)^2+\omega^2}$	$-\sigma<\mathrm{Re}(s)$
16	$e^{-\sigma t}\sin\omega tu(t)$	$\frac{\omega}{(s+\sigma)^2+\omega^2}$	$-\sigma<\mathrm{Re}(s)$
17	$\begin{cases}1-\|t\|, & \|t\|<1\\ 0, & \|t\|>1\end{cases}$	$\left(\frac{\sinh s/2}{s/2}\right)^2$	對所有的 s
18	$\sum_{n=0}^{\infty}\delta(t-nT)$	$\frac{1}{1-e^{-sT}}$	對所有的 s

13-4　反拉普拉斯轉換

在電路分析中，爲了有效運用拉普拉斯轉換，必須能夠很容易地由 s 域轉換回到 t 域。對於拉普拉斯轉換的求取方法，可利用複變(complex)函數理論中線積分(line integral)和歌西剩值定理(Cauchy's residue theorem)來進行。當轉換函數爲有理函數時，只要具有部份分式方面的代數知識，也同樣能夠求取拉普拉斯反轉換。下面分別介紹這兩種方法。

(一) 部份分式展開法

設 $F(s)$爲有理函數，它可由兩個 s 的多項式之比來表示，即：

$$F(s)=\frac{N(s)}{D(s)}$$

$$=\frac{b_m s^m+b_{m-1}s^{m-1}+\cdots+b_1 s+b_0}{a_n s^n+a_{n-1}s^{n-1}+\cdots+a_1 s+a_0} \tag{13-40}$$

式中諸係數 a_k、b_k 俱爲實數，m 及 n 則爲正整數。若 $m>n$ 時，在將上式分解爲部份分式前，應先化爲眞分數，例如：

$$F(s)=\frac{3s^3-2s^2-7s+1}{s^2+s-1}$$

經長除後得：

$$F(s)=3s-5+\frac{s-4}{s^2+s-1}$$

因此，假分式可分解爲多項式與眞分式之和。多項式的拉普拉斯反轉換爲脈衝函數 $\delta(t)$ 及其各階導數，如上式$1\ ^{-1}[5]=5\delta(t)$，而$1\ ^{-1}[3s]=3\delta'(t)$。因爲脈衝函數及其各階導數只在理想情況下才出現，因此一般情況下轉換函數多爲眞分式。現在討論眞分式分解爲部份分式的兩種情形。

1.　$m<n$，$D(s)=0$ 的根無重根情況

因 $D(s)$爲 s 的 n 次多項式，故可分解因式如下：

$$D(s)=a_n(s-s_1)(s-s_2)\cdots(s-s_k)\cdots(s-s_n)$$

$$=a_n\prod_{k=1}^{n}(s-s_k) \tag{13-41}$$

又因 $D(s)=0$ 的根無重根，故上式中 s_1、s_2、$\cdots$、s_k、$\cdots$、s_n，彼此都是不相等。故(13-40)式可寫成

$$F(s)=\frac{N(s)}{D(s)}=\frac{N(s)}{a_n(s-s_1)(s-s_2)\cdots(s-s_k)\cdots(s-s_n)}$$

此式可展開爲 n 個簡單的部份分式之和，每個部份分式分別以 $D(s)$的一個因子作爲分母，即

$$F(s)=\frac{1}{a_n}\left[\frac{k_1}{s-s_1}+\frac{k_2}{s-s_2}+\cdots+\frac{k_k}{s-s_k}+\cdots+\frac{k_n}{s-s_n}\right] \tag{13-42}$$

式中 k_1、k_2、…、k_k、…、k_n 爲待定係數。

爲確定待定係數，可在(13-42)式兩邊乘以因子$(s-s_k)$，再令 $s=s_k$ ，如此(13-42)式的右邊就僅留下包含係數 k_k 一項，故

$$k_k=a_n\left[(s-s_k)\frac{N(s)}{D(S)}\right]_{s=s_k} \tag{13-43}$$

係數 k_k 還可根據另一公式求得。因爲 $s=s_k$ 時，$(s-s_k)$及 $D(s)$俱爲零，所以 $(s-s_k)\dfrac{N(s)}{D(s)}$將爲不定式 $\dfrac{0}{0}$ 。由羅必達法則(L'hospital Rule)，可得另一求取 k_k 的公式

$$\begin{aligned}k_k&=a_n\left[\lim_{s\to s_k}\frac{(s-s_k)N(s)}{D(s)}\right]\\&=a_n\left[\lim_{s\to s_n}\frac{\frac{d}{ds}[(s-s_k)N(s)]}{\frac{d}{ds}D(s)}\right]\\&=a_n\left[\frac{N(s)}{D'(s)}\right]_{s=s_k}\end{aligned} \tag{13-44}$$

在確定了各部份分式的 k 值以後，就可逐項對每個部份分式求拉普拉斯反轉換。由表 13-2 的公式 1，可得：

$$1^{-1}\left[\frac{k_k}{s-s_k}\right]=k_k e^{s_k t} \tag{13-45}$$

因此由(13-43)式及(13-44)式可得：

$$1^{-1}\left[\frac{N(s)}{D(s)}\right]=1^{-1}\left[\frac{1}{a_n}\sum_{k=1}^{n}\frac{k_k}{s-s_k}\right]=\sum_{k=1}^{n}\left[(s-s_k)\frac{N(s)}{D(s)}\right]_{s=s_k}e^{s_k t} \tag{13-46}$$

或 $$1^{-1}\left[\frac{N(s)}{D(s)}\right]=\sum_{k=1}^{n}\left[\frac{N(s)}{D'(s)}\right]_{s=s_k} e^{s_k t} \tag{13-47}$$

(13-46)式及(13-47)式是海維賽(Heaviside)展開定理的兩個基本形式。由此可見，轉換函數爲有理代數分式的拉普拉斯反轉換可以表示爲若干指數函數項之和。根據單邊拉普拉斯轉換的定義，反轉換在$t<0$區域中應恒等於零，故按上二式所求得的反應換只適用於$t\geq 0$的情況。

例題 13-10

試求 $F(s)=\dfrac{4s^2+11s+10}{2s^2+5s+3}$ 之反拉普拉斯轉換。

答 首先將 $F(s)$化爲眞分式

$$F(s)=2+\frac{s+4}{2s^2+5s+3}$$

將分母進行因式分解

$$D(s)=2s^2+5s+3=2(s+1)\left(s+\frac{3}{2}\right)$$

$$a_n=2$$

將 $F(s)$中眞分式寫成部份分式，得到

$$\frac{s+4}{2s^2+5s+3}=\frac{1}{2}\left[\frac{k_1}{s+1}+\frac{k_2}{s+\frac{3}{2}}\right]$$

求眞分式的各部份分式的係數，由(13-43)式可得：

$$k_1=a_n\left[(s-s_1)\frac{N(s)}{D(s)}\right]_{s=s_1}=2\left[(s+1)\frac{s+4}{2(s+1)\left(s+\frac{3}{2}\right)}\right]_{s=-1}=\left.\frac{s+4}{s+\frac{3}{2}}\right|_{s=-1}=6$$

$$k_2=2\left[\left(s+\frac{3}{2}\right)\frac{s+4}{2(s+1)\left(s+\frac{3}{2}\right)}\right]_{-\frac{3}{2}}=-5$$

若用(13-44)式求係數，則為：

$$k_1=2\left[\frac{s+4}{4s+5}\right]_{s=-1}=6$$

$$k_2=2\left[\frac{s+4}{4s+5}\right]_{s=-\frac{3}{2}}=-5$$

可見與(13-43)式所求得的結果是相同的。於是 $F(s)$可展開為：

$$F(s)=2+\frac{1}{2}\left[\frac{6}{s+1}\right]+\frac{1}{2}\left[\frac{-5}{s+\frac{3}{2}}\right]$$

其原函數為：

$$f(t)=\mathcal{L}^{-1}[F(s)]$$

$$=\mathcal{L}^{-1}[2]+\mathcal{L}^{-1}\left[\frac{3}{s+1}\right]+\mathcal{L}^{-1}\left[\frac{-\frac{5}{2}}{s+\frac{3}{2}}\right]$$

$$=2\delta(t)+3e^{-t}-\frac{5}{2}e^{-\frac{3}{2}t}\text{，}t>0$$

例題 13-11

試求 $F(s)=\dfrac{s}{s^2+2s+5}$ 的原函數。

答 因為 $D(s)=s^2+2s+5$

$$a_n=1$$

可得 s_1、$s_2=\frac{1}{2}(-2\pm\sqrt{4-20})=1\pm j2$

為一對共軛複數根，(13-42)式的部份分式展開仍適用。現用(13-44)式確定係數 k。因為

$$D'(s)=2s+2$$

故 $k_1=\left[\frac{N(s)}{D'(s)}\right]_{s=s_1=-1+j2}=\left[\frac{s}{2s+2}\right]_{s=-1+j2}=\frac{1}{4}(2+j1)$

$$k_2=\left[\frac{3}{2s+2}\right]_{s=s_2=-1-j2}=\frac{1}{4}(2-j1)$$

事實上由於 $s_2 = s_1^*$，即 s_2 爲 s_1 的共軛複數，故 $k_2 = k_1^*$、k_2 可由 k_1 直接寫出。於是 $F(s)$ 展開的部份分式爲：

$$F(s) = \frac{1}{4}\left[\frac{2+j1}{s+1-j2} + \frac{2-j1}{s+1+j2}\right]$$

逐項取反轉換可得：

$$\begin{aligned} f(t) &= \mathcal{L}^{-1}[F(s)] \\ &= \frac{1}{4}[(2+j1)e^{(-1+j2)t} + (2-j1)e^{(-1-j2)t}] \\ &= \frac{1}{2}e^{-t}(2\cos 2t - \sin 2t)\text{，} t > 0 \end{aligned}$$

當 $D(s)$爲二次多項式，且方程式 $D(s) = 0$ 具有共軛複數根時，還可用簡便的方法求取原函數，即將分母配成二項式的平方，將一對共軛複數根作爲一個整體來考慮。如對例題 13-11 中的函數，可先配成爲：

$$\begin{aligned} F(s) &= \frac{s}{s^2+2s+5} = \frac{s}{(s^2+2s+1)+4} \\ &= \frac{s}{(s+1)^2+2^2} = \frac{s+1}{(s+1)^2+2^2} - \frac{1}{(s+1)^2+2^2} \end{aligned}$$

由表 13-2 中的公式 15、16，可得：

$$\begin{aligned} f(t) &= \mathcal{L}^{-1}[F(s)] = e^{-t}\cos 2t - \frac{1}{2}e^{-t}\sin 2t \\ &= \frac{1}{2}e^{-t}(2\cos 2t - \sin 2t)\text{，} t > 0 \end{aligned}$$

其結果與例題 13-11 相同，但運算步驟大爲簡化了。

2.　$m < n$，$D(s) = 0$ 的根有重根的情況

假設 $D(s) = 0$ 有 p 次重根 s_1，則 $D(s)$可寫爲：

$$D(s) = a_n(s-s_1)^p(s-s_{p+1})\cdots(s-s_n) \tag{13-48}$$

因此在 $D(s) = 0$ 具有重根時，部份分式展開應取如下形式：

$$\frac{N(s)}{D(s)} = \frac{1}{a_n}\left[\frac{k_{1p}}{(s-s_1)^p} + \frac{k_{1(p-1)}}{(s-s_1)^{p-1}} + \cdots + \frac{k_{12}}{(s-s_1)^2} + \frac{k_{11}}{s-s_1} + \frac{k_{p+1}}{s-s_{p+1}} + \cdots + \frac{k_n}{s-s_n}\right] \tag{13-49}$$

或 $$(s-s_1)^p\frac{N(s)}{D(s)}=\frac{1}{a_n}[k_{1p}+k_{1(p-1)}(s-s_1)+\cdots+k_{12}(s-s_1)^{p-2}+k_{11}(s-s_1)^{p-1}]$$

$$+\frac{(s-s_1)^p}{a_n}\left[\frac{p_{p+1}}{s-s_{p+1}}+\frac{k_{p+2}}{s-s_{p+2}}+\frac{k_n}{s-s_n}\right] \qquad (13\text{-}50)$$

式中係數可確定如下，令 $s=s_1$，得：

$$k_{1p}=a_n\left[(s-s_1)^p\frac{N(s)}{D(s)}\right]_{s=s_1} \qquad (13\text{-}51)$$

將(13-50)式兩邊對 s 取微分，得：

$$\frac{d}{ds}\left[(s-s_1)^p\frac{N(s)}{D(s)}\right]=\frac{1}{a_n}[k_{1(p-1)}+k_{1(p-2)}2(s-s_1)+\cdots+k_{11}(p-1)(s-s_1)^{p-2}]$$

$$+\frac{1}{a_n}\frac{d}{ds}\left[(s-s_1)^p\left(\frac{k_{p+1}}{s-s_{p+1}}\cdots+\frac{k_n}{s-s_n}\right)\right] \qquad (13\text{-}52)$$

再令 $s=s_1$，由(13-52)式可得：

$$k_{1(p-1)}=a_n\frac{d}{ds}\left[(s-s_1)^p\frac{N(s)}{D(s)}\right]_{s=s_1} \qquad (13\text{-}53)$$

依此類推，可得重根項的部份分式係數的一般公式如下：

$$k_{1k}=\frac{a_n}{(p-k)!}\left\{\frac{d^{p-k}}{ds^{p-k}}\left[(s-s_1)^p\frac{N(s)}{D(s)}\right]\right\}_{s=s_1} \qquad (13\text{-}54)$$

展開式中所有單根項的係數仍可用(13-43)式及(13-44)式求取。

一旦確定了係數，就可根據表 13-2 中公式 1 及 10，求取原函數。因爲

$$1^{-1}\left[\frac{k_{1k}}{(s-s_1)^k}\right]=\frac{k_{1k}}{(k-1)!}t^{k-1}e^{s_1t} \qquad (13\text{-}55)$$

所以 $$1^{-1}\left[\frac{N(s)}{D(s)}\right]=\frac{1}{a_n}\left[\frac{k_{1p}}{(p-1)!}t^{p-1}+\frac{k_{1(p-1)}}{(p-2)!}t^{p-2}+k_{12}t+k_{11}\right]e^{s_1t}\ u+\frac{1}{a_n}\sum_{q=p+1}^{n}k_qe^{s_qt}$$

(13-56)

例題 13-12

試求 $F(s)=\dfrac{s+2}{s(s+3)(s+1)^2}$ 的原函數。

答　令分母 $D(s)=0$，可得四個根，兩個單根 $s_1=0$，$s_2=-3$ 及一個二重根 $s_3=-1$，故部份分式展開式為：

$$\frac{N(s)}{D(s)}=\frac{s+2}{s(s+3)(s+1)^2}=\frac{k_1}{s}+\frac{k_2}{s+3}+\left[\frac{k_{32}}{(s+1)^2}+\frac{k_{31}}{s+1}\right]$$

其待定係數分別確定如下：

$$k_1=\left[s\frac{N(s)}{D(s)}\right]_{s=0}=\left[\frac{s+2}{(s+3)(s+1)^2}\right]_{s=0}=\frac{2}{3}$$

$$k_2=\left[(s+3)\frac{N(s)}{D(s)}\right]_{s=-3}=\left[\frac{s+2}{s(s+1)^2}\right]_{s=-3}=\frac{1}{12}$$

$$k_{32}=\left[(s+1)^2\frac{N(s)}{D(s)}\right]_{s=-1}=\left[\frac{s+2}{s(s+3)}\right]_{s=-1}=-\frac{1}{2}$$

$$k_{31}=\left\{\frac{d}{ds}\left[\frac{s+2}{s(s+3)}\right]\right\}_{s=-1}=\left[\frac{s(s+3)-(s+2)(2s+3)}{s^2(s+3)^2}\right]_{s=-1}=-\frac{3}{4}$$

故得　$$\frac{N(s)}{D(s)}=\frac{s+2}{s(s+3)(s+1)^2}=\frac{2}{3s}+\frac{1}{12(s+3)}-\frac{1}{2(s+1)^2}-\frac{3}{4(s+1)}$$

$\therefore$　$$f(t)=\mathcal{L}^{-1}[F(s)]=\frac{2}{3}+\frac{1}{12}e^{-3t}-\frac{1}{2}\left(t+\frac{3}{2}\right)e^{-t}\text{，}t>0$$

例題 13-13

試求 $F(s)=\dfrac{1}{3s^2(s^2+4)}$ 的原函數。

答　分母 $D(s)=0$ 有四個根，一個二重根 $s_1=0$，一對共軛複數根 $s_2=+j2$，$s_3=-j2$。此函數仍可用前述方法展開為部份分式。

$$\frac{N(s)}{D(s)}=\frac{1}{3s^2(s^2+4)}=\frac{1}{3}\left[\frac{k_{12}}{s^2}+\frac{k_{11}}{s}+\frac{k_2}{s-j2}+\frac{k_3}{s+j2}\right]$$

$$=\frac{1}{3}\left[\frac{k_{12}}{s^2}+\frac{k_{11}}{s}+\frac{(k_2+k_3)s+j2(k_2-k_3)}{s^2+4}\right]$$

令係數 $c_1 = k_2 + k_3$；$c_2 = j2(k_2 - k_3)$，則上式可寫爲：

$$\frac{N(s)}{D(s)} = \frac{1}{3s^2(s^2+4)} = \frac{1}{3}\left[\frac{k_{12}}{s^2} + \frac{k_{11}}{s} + \frac{c_1 s + c_2}{s^2+4}\right]$$

在方程式兩邊俱乘以 $D(s)$，利用待定係數法得：

$$1 = k_{12}(s^2+4) + k_{11}s(s^2+4) + (c_1 s + c_2)s^2 = (k_{11}+c_1)s^3 + (k_{12}+c_2)s^2 + 4k_{11}s + 4k_{12}$$

等式兩邊 s 相同冪次項係數相等，於是

$k_{11} + c_1 = 0$，$k_{12} + c_2 = 0$

$4k_{11} = 0$，$4k_{12} = 1$

故得　$k_{12} = \frac{1}{4}$，$k_{11} = 0$，$c_1 = 0$，$c_2 = -\frac{1}{4}$

故　$$\frac{N(s)}{D(s)} = \frac{1}{3s^2(s^2+4)} = \frac{1}{3}\left[\frac{1}{4s^2} - \frac{1}{4(s^2+4)}\right]$$

根據表 13-2 中公式 3 及 14，可得：

$$f(t) = 1^{-1}[F(s)] = 1^{-1}\left[\frac{1}{12}\left(\frac{1}{s^2} - \frac{1}{s^2+4}\right)\right] = \frac{1}{12}\left(t - \frac{1}{2}\sin 2t\right)，t > 0$$

由上例中可以看出，當待定係數少於三、四個時，用待定係數法求取反拉普拉斯轉換是很簡便的。

(二)剩值定理法

因爲反拉普拉斯轉換爲：

$$f(t) = \frac{1}{2\pi j}\int_{a-j\infty}^{a+j\infty} F(s)e^{st}\,ds$$

根據複變函數理論中的剩值定理，有

$$\frac{1}{2\pi j}\oint_C F(s)e^{st}\,ds = \sum_{i=1}^{n} \operatorname{Re} S_i \qquad (13\text{-}57)$$

上式左邊的積分是在 s 平面內沿一不通過被積函數極點的封閉曲線 c 進行的，而等式右邊則是在此曲線 c 中被積函數各極點上剩值數之和。

爲應用剩值定理，在求反拉普拉斯轉換的積分線(由 $\sigma - j\infty$ 到 $\sigma + j\infty$)上應補足一條積分路徑以構成一個封閉曲線。所加積分路徑現取半徑爲無窮大的圓弧，如圖 13-1 所示。當然在積分路徑作如此轉換中，必須要求沿此額外路徑(圖 13-1 中的弧 $\widehat{A \subset B}$)函數的積分值爲零。即：

$$\int_{\widehat{A\subset B}} F(s)e^{st}\,ds = 0\ (R\to\infty) \tag{13-58}$$

根據複變函數理論中輔助定理，上式在同時滿足下列條件時成立：

(1) $|s| = R \to \infty$ 時，$|F(s)|$ 對 s 一致地趨近於零。

(2) 因子 e^{st} 的指數 st 的實部應小於 $\sigma_0(t)$，即 $\mathrm{Re}(st) = \sigma t < \sigma_0 t$，其中 σ_0 爲一固定常數。

第一個條件，除了極少數例外情況—如單位脈衝函數的轉換函數 $F(s)=1$ 以外，一般都能滿足。爲了滿足第二個條件，當 $t>0$，σ 應小於 σ_0，積分應沿左方半圓弧進行，如圖 13-1 所示。而當 $t<0$ 時，則應沿右半圓弧進行，如圖 13-2 所示。由拉普拉斯轉換式的定義可知在 $t<0$ 時，$f(t)=0$ 因此沿右半圓弧的封閉積分應爲零，亦即被積函數 $F(s)$ 在此封閉曲線中應無極點，即 BA 線應在 $F(s)$ 的所有極點的右邊，此即上述拉普拉斯轉換的收斂條件。因此，當 $t>0$ 時

$$\begin{aligned} f(t) &= \frac{1}{2\pi j}\int_{\sigma-j\infty}^{\sigma+j\infty} F(s)e^{st}\,ds \\ &= \frac{1}{2\pi j}\int_{A\subset BA} F(s)e^{st}\,ds = \sum_{i=1}^{n}\mathrm{Re}\,S_i \end{aligned} \tag{13-59}$$

如此，拉普拉斯反轉換的積分運算就轉換爲求被積函數各極點上剩值的運算，從而使運算得到簡化。當 $F(s)$ 爲有理函數時，若 S_k 爲一階極點，則其剩值爲：

$$\mathrm{Re}\,S_k = [(s-s_k)F(s)e^{st}]_S = S_k \tag{13-60}$$

若 S_k 爲 p 階極點，則其剩值爲：

$$\mathrm{Re}\,S_k = \frac{1}{(p-1)!}\left[\frac{d^{p-1}}{ds^{p-1}}(s-s_k)^p F(s)e^{st}\right]_{S=S_k} \tag{13-61}$$

比較(13-60)式和(13-43)式可見，當轉換函數爲有理數時，一階極點的剩值比部份分式的係數只多一個因子 $e^{S_k t}$。部份分式經反轉換後與剩值相同。對於高階極點，由於(13-61)式的剩值公式中含有因子 e^{st}，在取其導數時，所得結果不止一項，也與部份分式展開法的結果相同。剩值定理法不僅能處理有理函數，也能處理無理函數，因此，其適用範圍較部份分式法爲廣。

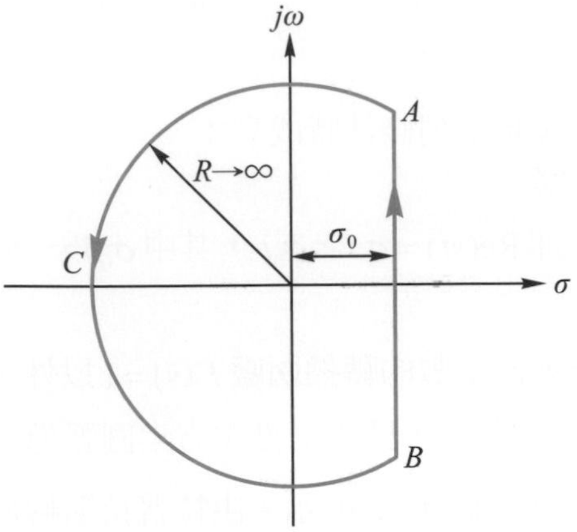

▲ 圖 13-1 $F(s)$的封閉積分路徑

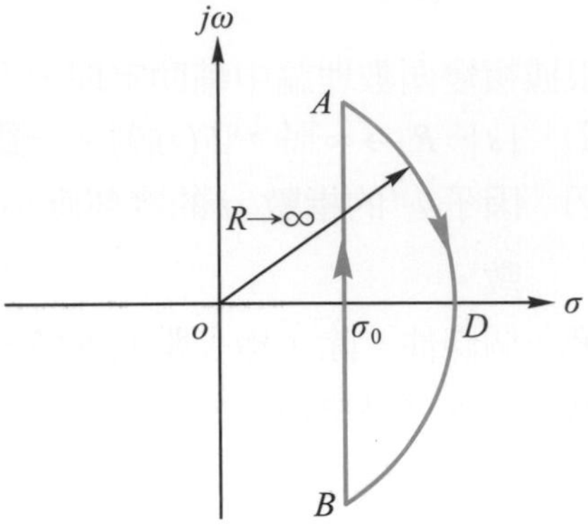

▲ 圖 13-2 $t<0$ 時的封閉積分路徑

例題 13-14

試用剩值定理法求 $F(s)=\dfrac{s+2}{s(s+3)(s+1)^2}$ 的原函數。

答 現令 $D(s)=0$，求得兩個單極點 $s_1=0$，$s_2=-3$ 及一個二重極點 $s_3=-1$。依(13-60)式及(13-61)式求各極點上的剩值

$$\mathrm{Re}\,S_1=[(s-s_1)F(s)e^{st}]_{s=s_1=0}=\left[\frac{s+2}{(s+3)(s+1)^2}e^{st}\right]_{s=0}=\frac{2}{3}$$

$$\mathrm{Re}\,S_2=\left[(s+3)\frac{s+2}{s(s+3)(s+1)^2}e^{st}\right]_{s=s_2=-3}=\frac{1}{12}e^{-3t}$$

$$\mathrm{Re}\,S_3=\frac{1}{(p-1)!}\left[\frac{d^{p-1}}{ds^{p-1}}(s-s_3)^pF(s)e^{st}\right]_{s=s_3=-1}$$

$$=\frac{1}{(2-1)!}\left[\frac{d}{ds}(s+1)^2\frac{s+2}{s(s+3)(s+1)^2}e^{st}\right]_{s=-1}$$

$$=\left[\frac{d}{ds}\frac{s+2}{s(s+3)}e^{st}\right]_{s=-1}=-\frac{1}{2}te^{-t}-\frac{3}{4}e^{-t}=-\frac{1}{2}\left(t+\frac{3}{2}\right)e^{-t}$$

由(13-59)式可得：

$$f(t)=1^{-1}[F(s)]=\sum_{i=1}^{3}\mathrm{Re}\,S_i=\mathrm{Re}\,S_1+\mathrm{Re}\,S_2+\mathrm{Re}\,S_3$$

$$=\frac{2}{3}+\frac{1}{12}e^{-3t}-\frac{1}{2}\left(t+\frac{3}{2}\right)e^{-t}\text{，}t>0$$

可見所求得的結果與例題 13-12 中用部份分式展開法所得的結果是相同的。

上面介紹了從原函數求轉換函數及從轉換函數反求原函數的方法。可看出，透過拉普拉斯正轉換可將時域函數 $f(t)$ 轉換爲複頻域函數 $F(s)$，而透過反拉普拉斯轉換，則將複頻域函數 $F(s)$ 轉換爲時域函數 $f(t)$。$f(t)$、$F(s)$ 是同信號在不同域中的兩種表示形式，因此 $f(t)$ 與 $F(s)$ 之間存在有一定的對應關係。

轉換函數 $F(s)$ 的性質可以由其零、極點來決定。使 $F(s)=0$ 的 s 值稱爲函數 $F(s)$ 的**零點**(zero)；使 $F(s)=\infty$ 的 s 值稱爲函數 $F(s)$ 的**極點**(pole)。當 $F(s)$ 爲有理函數時，其分子與分母都可用 s 的多項式來表示，即

$$F(s)=\frac{N(s)}{D(s)}$$

分子多項式 $N(s)$ 及分母多項式 $D(s)$ 俱可分解爲因子形式。令 $N(s)=0$ ，即可求得函數 $F(s)$ 的零點；令 $D(s)=0$ 即可求得函數 $F(s)$ 的極點。

顯然，$F(s)$ 的零點即爲 $\dfrac{1}{F(s)}$ 的極點，$F(s)$ 的極點即爲 $\dfrac{1}{F(s)}$ 的零點。若在 s 平面上，用符號×表示極點位置，用“0”表示零點位置，將 $F(s)$ 的全部零、極點繪出即得函數 $F(s)$ 的特性，由零極點在複數平面中所處的位置，可確定相應的時間函數及其波形。

由本節分析中不難看出，有理函數形式的轉換函數可展開爲部份分式，部份分式的每一項對應於 $F(s)$ 的一個極點，從極點的所在位置可得到相對應的時間函數 $f(t)$ 的不同模式。即

(1) 負實軸上的極點對應時間函數按極點的階數不同具有 e^{-at} 、te^{-at} 、t^2e^{-at} 等形式。

(2) 左半 s 平面內共軛極點對應於衰減振盪 $e^{-at}\sin\omega t$ 或 $e^{-at}\cos\omega t$ 。

(3) 虛軸上共軛極點對應於等幅振盪。

(4) 正實軸上極點對應於指數規律增長的波形；右半 s 平面內的共軛極點則對應於增幅振盪。

顯然，若 $F(s)$ 具有若干個部份分式項時，則 $f(t)$ 中應是相應的幾個時間函數之和。應注意到由極點的分佈只能說明 $f(t)$ 所具有的時間函數的模式，而不能決定每一時間函數的大小，其大小要由部份分式的係數來確定。同時時間函數中所具有的脈衝函數或其導數項也不能由極點分佈來確定。

幾種基本的對應關係列於表 13-3 中，至於 $F(s)$ 的零點只與 $f(t)$ 的振幅與相位大小有關，不影響時間函數的模式。

▼ 表 13-3　$F(s)$與 $f(t)$的對應關係

$F(s)$	s 平面上的零、極點	時域中的波形	$f(t)$，$t \geq 0$
$\frac{1}{s}$	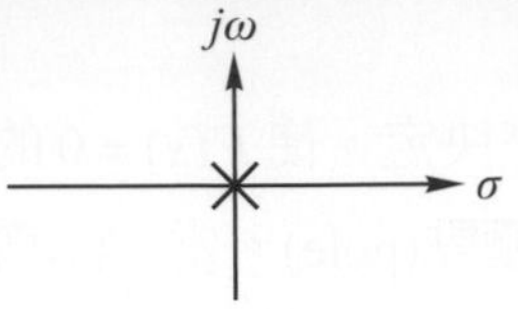	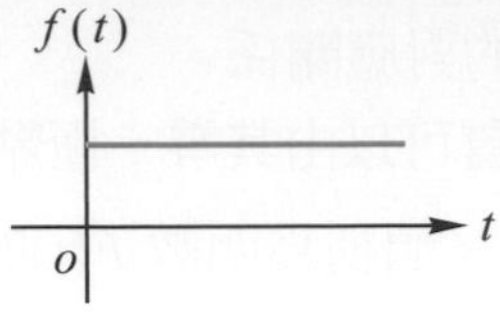	$U(t)$
$\frac{1}{s^2}$	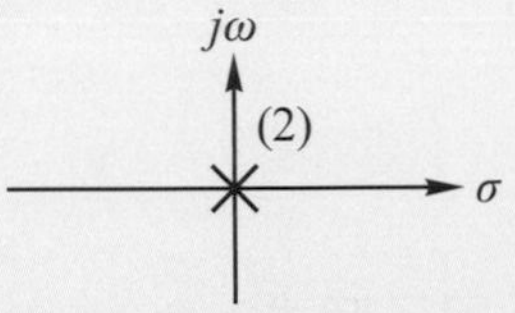	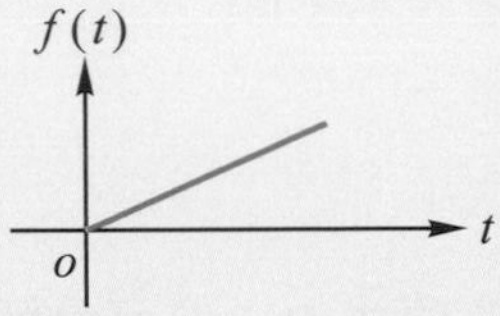	t
$\frac{1}{s^3}$	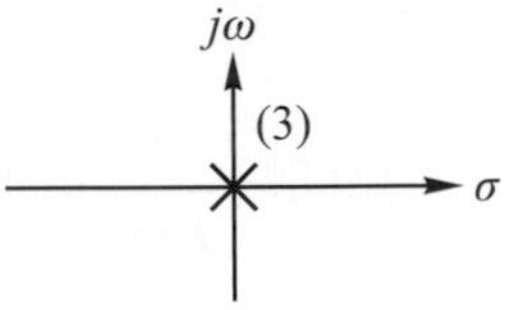	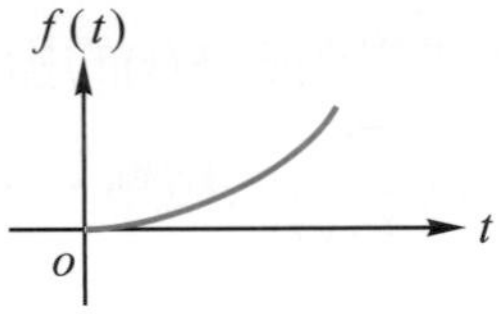	$\frac{t^2}{2}$
$\frac{1}{s+a}$	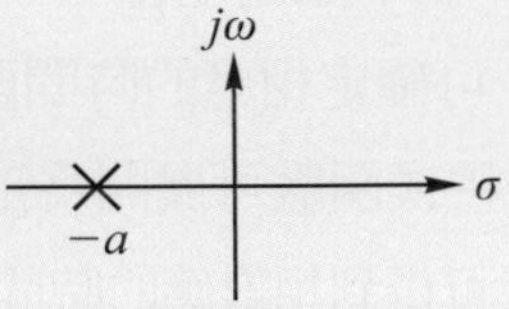	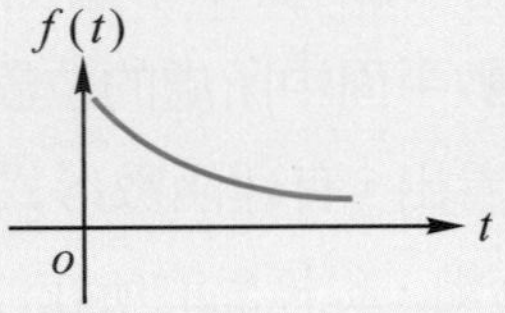	e^{-at}
$\frac{1}{(s+a)^2}$	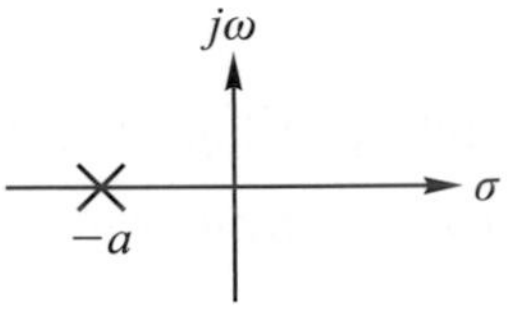	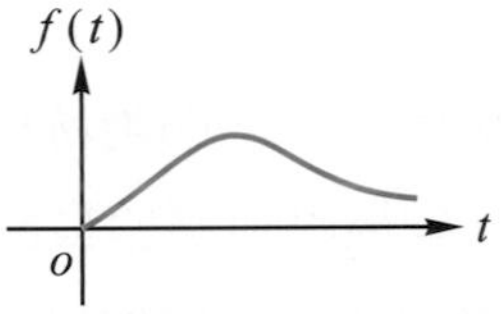	te^{-at}
$\frac{\omega}{s^2+\omega^2}$	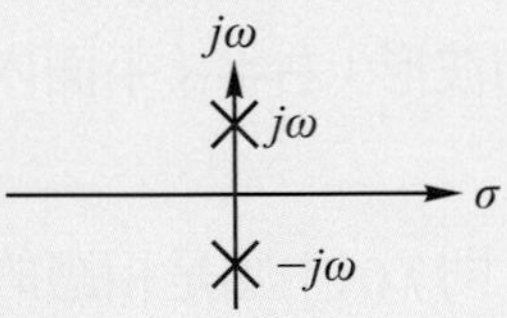	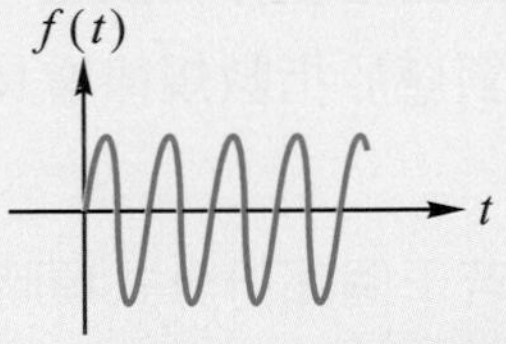	. $\sin \omega t$.

▼表 13-3　$F(s)$與 $f(t)$的對應關係(續)

$F(s)$	s 平面上的零、極點	時域中的波形	$f(t)$，$t \geq 0$
$\frac{s}{s^2+\omega^2}$	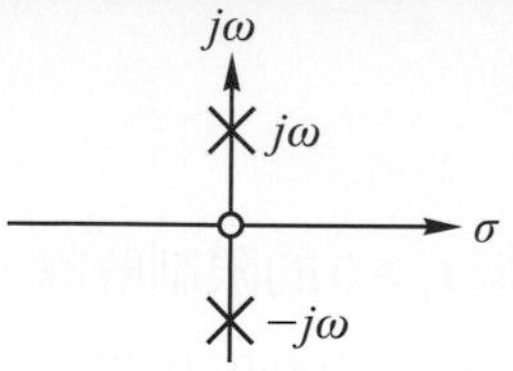	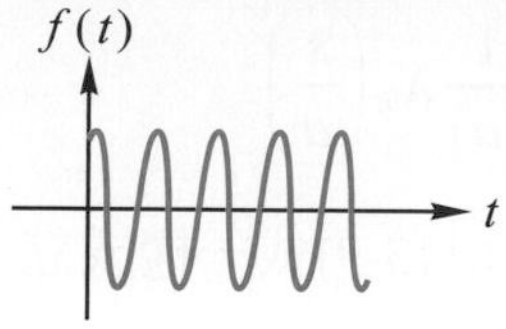	$\cos\omega t$
$\frac{\omega}{(s+a)^2+\omega^2}$		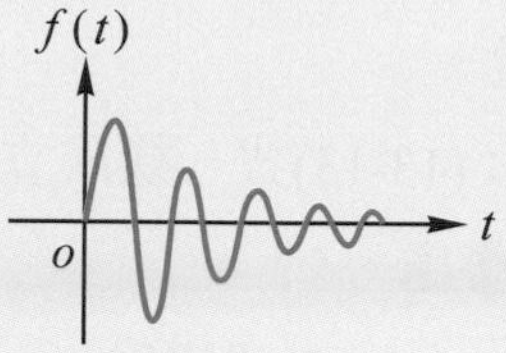	$e^{-at}\sin\omega t$
$\frac{s+a}{(s+a)^2+\omega^2}$	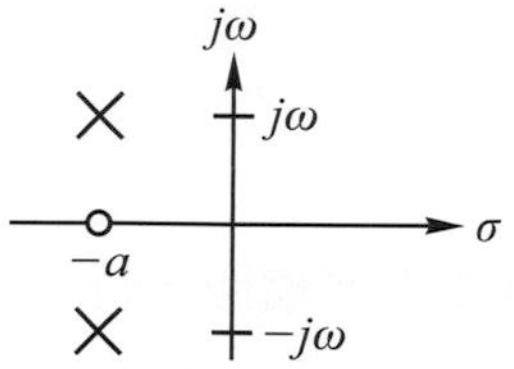	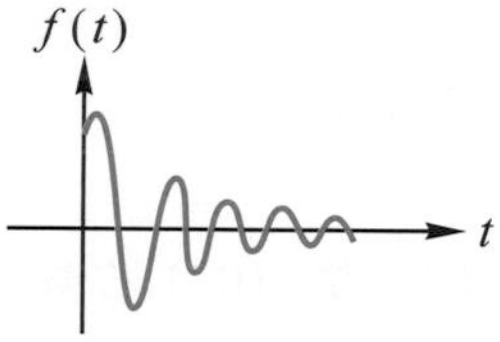	$e^{-at}\cos\omega t$
$\frac{2\omega s}{(s^2+\omega^2)^2}$	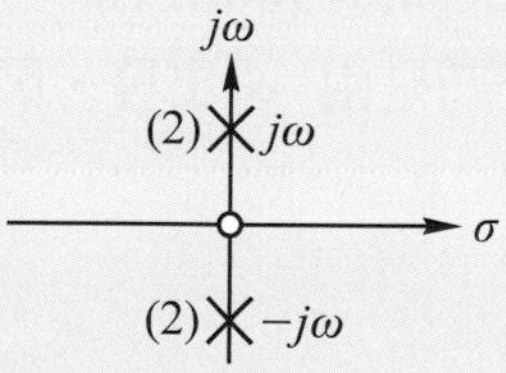	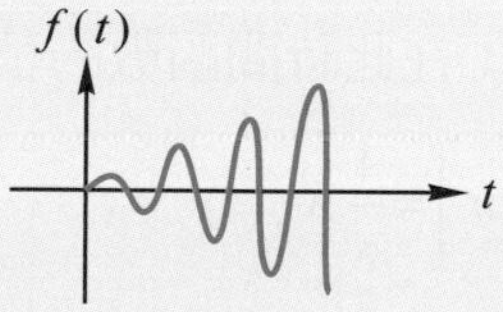	$t\sin\omega t$

註：圖中極點(×)旁的數字表示極點的階數，無數字者爲一階極點。

13-5　雙邊拉普拉斯轉換及其反轉換

1.　雙邊拉普拉斯轉換

到目前爲止，單邊拉普拉斯轉換及反轉換已討論相當詳細，現在再回到(13-3)式我們原來的雙邊拉普拉斯轉換的定義，即

$$X_b(s)=\mathcal{L}_b[x(t)]=\int_{-\infty}^{\infty}x(t)e^{-st}dt \tag{13-62}$$

X_b的註標 b 符號在此只表示雙邊轉換，以別於單邊轉換。(13-62)式要能存在的 s 值可以從正時間部份及負時間部份分開來討論。現在來說明雙邊拉普拉斯轉換的性質，其與單邊拉普拉斯轉換相同，綜合說明如下：

(1) **線性性質**：(13-7)式一樣成立，唯轉換式之和，其收斂範圍乃是兩個轉換式收斂區域的重疊處。

(2) **變比性質**：(13-8)式一樣成立，且可包括負常數 a。即其關係可表示爲：

$$1_{b}[x(at)]=\frac{1}{|a|}X_b\left(\frac{s}{a}\right)$$

(3) **時間偏移性質**：(13-9)式一樣成立，但 $t_0\geq 0$ 的限制解除。

(4) **頻率偏移性質**：(13-12)式一樣成立，但其收斂區域爲 $x(t)$之條形收斂區域，再往左移 $\mathrm{Re}(a)$之量。

(5) **時間迴旋性質**：(13-13)式一樣成立，但轉換式乘積的收斂區域必須是兩個轉換式收斂區域的重疊處。

(6) **時間微分性質**：(13-15)式變爲：

$$1_{b}\left[\frac{dx(t)}{dt}\right]=sX_b(s) \tag{13-63}$$

在此沒有關於 $x(0^-)$ 及 $x(0^+)$ 之項，雖然不連續微分時造成 $u(t)$之函數，但因爲並不在雙邊拉普拉斯積分的上下限，故無 $x(0)$項之存在。

(7) **時間積分性質**：在此時間函數的積分乃是由 $-\infty$ 出發，因此(13-17)式應寫爲：

$$1_{b}\left[\int_{-\infty}^{t}x(t)dt\right]=\frac{1}{s}X_b(s) \tag{13-64}$$

(8) **初值及終値性質**：一般而言，此兩性質對雙邊拉普拉斯轉換並不成立。但若分別對正負時間部份來討論時也可應用。

在表 13-1 所列，而上面未討論到的其他性質，雙邊拉普拉斯轉換俱適用。

例題 13-15

試求 $f(t)=e^{-at}u(t)+e^{bt}u(-t)$ 之雙邊拉普拉斯轉換。

答 設 $f_1(t)=e^{-at}u(t)$ ，$f_2(t)=e^{bt}u(-t)$ ，則

$$F_1(s)=1\,[f_1(t)]=\frac{1}{s+a}\text{，}-a<\mathrm{Re}(s)$$

而 $f_2(t)$之轉換式則須先求 $f_2(-t)$ 的轉換式，即

$$f_2(-t)=e^{-bt}u(t)$$

$$F_2(s)=1\,[f_2(-t)]=\frac{1}{s+b}\text{，}-b<\mathrm{Re}(s)$$

$f_2(t)$的轉換式爲 $F_2(-s)$，即

$$F_2(-s)=\frac{1}{-s+b}\text{，}\mathrm{Re}(s)<b$$

故得 $f(t)$的雙邊轉換式爲：

$$F_b(s)=F_1(s)+f_2(-s)=\frac{1}{s+a}+\frac{1}{-s+b}$$

$$=\frac{(a+b)}{(s+a)(-s+b)}\text{，}-a<\mathrm{Re}(s)<b$$

2.　雙邊拉普拉斯反轉換

在單邊拉普拉斯轉換裡，我們不須加上其收斂區域，便可求其反轉換。但在雙邊拉普拉斯轉換裡，$F_b(s)$的極點位置及其收斂區域乃決定此極點是對應於正時間函數部份或負時間函數部份。若 $F_b(s)$之一極點位於收斂區域的右方，則此一極點造成一負時間函數部份，同理，若一極點位於收斂區域之左方，則此一極點造成一正時間函數部份。我們舉一例題說明其求反轉的程序。

例題 13-16

試求 $F_b(s)=\dfrac{2s}{(s+1)(s+2)}$，$-2<\mathrm{Re}(s)<-1$ 之反轉換。

答　分母 $D(s)=0$ 有二個根，即有兩個極點 -1 及 -2，在 $s=-1$ 的極點位於收斂區域的右方，$s=-2$ 的極點位於收斂區域的左方。故 $s=-1$ 的極點引起 $t<0$ 時的時間函數，而 $s=-2$ 的極點引起 $t>0$ 時的時間函數。因此，將 $F(s)$展開爲部份分式，得：

$$F_b(s)=\frac{2s}{(s+1)(s+2)}$$

$$=\frac{-2}{s+1}+\frac{4}{s+2}\text{，}-2<\mathrm{Re}(s)<-1$$

顯然，$\dfrac{4}{s+2}$對應正時間部份，故：

$$\frac{4}{s+2}\leftrightarrow 4e^{-2t}u(t)$$

而 $\dfrac{-2}{s+1}$ 對應負時間部份，利用例題 13-15 的推論，知 $f(t)=e^{at}u(-t)$ 的轉換式爲 $-\dfrac{1}{s-a}$，故：

$$\frac{-2}{s+1}\leftrightarrow 2e^{-t}u(-t)$$

所以 $F_b(s)$之反轉換式爲：

$$f(t) = 2e^{-t}u(-t) + 4e^{-2t}u(t)$$

很多雙邊拉普拉斯的反轉換可利用上面例題 13-16 的程序來求得。首先，將 $F_b(s)$展開成部份分式表示式，然後辨明位於收斂區域的左邊與右邊的極點。收斂區域左邊的極點對應 $t>0$ 的正時間部份，收斂區域右邊的極點對應 $t<0$ 的負時間部份。所用的關鍵轉換對是：

$$\frac{t^n e^{-at}u(t)}{n!} \leftrightarrow \frac{1}{(s+a)^{(n+1)}}\text{，}\operatorname{Re}(s) > a \tag{13-65}$$

$$\frac{(-t)^n e^{-at}u(-t)}{n!} \leftrightarrow \frac{1}{(s+a)^{n+1}}\text{，}\operatorname{Re}(s) < -a \tag{13-66}$$

我們也可以應用單邊轉換表來求雙邊轉換式之反轉換，其基本觀念是：**雙邊轉換是兩個單邊轉換的和**。如圖 13-3 所示，將 $f(t)$分解爲 $f_1(t)$與 $f_2(t)$兩個函數之和，$t>0$時 $f_1(t)$不爲零，$t<0$時 $f_2(t)$不爲零。故：

$$f(t) = f_1(t)u(t) + f_2(t)u(-t)$$

將 $f(t)$的拉普拉斯轉換寫成：

$$\begin{aligned} \mathcal{L}_b[f(t)] &= \int_{-\infty}^{\infty} f(t)e^{-st}\,dt \\ &= \int_{-\infty}^{0} f_2(t)e^{-st}\,dt + \int_{0}^{\infty} f_1(t)e^{-st}\,dt \end{aligned} \tag{13-67}$$

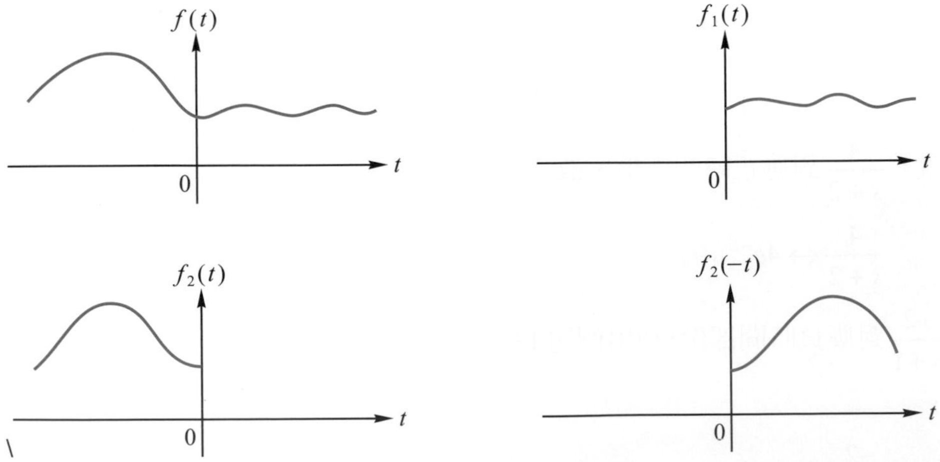

▲ 圖 13-3　兩邊函數的分解

上式第一項積分代入 $t'=-t$，則可用單邊的標準形式來表示，即

$$
\begin{aligned}
F_b(s) &= \int_0^{\infty} f_2(-t')e^{st'}dt' + \int_0^{\infty} f_1(t)e^{-st}dt \\
&= F_2(-s)+F_1(s)
\end{aligned}
$$

其中　$F_1(s)=1\ [f_1(t)]$

$$
F_2(s)=\int_0^{\infty} f_2(-t)e^{-st}dt = 1\ [f_2(-t)] \tag{13-68}
$$

函數 $f_2(-t)$ 是 $f_2(t)$對 $t=0$ 垂直軸影像，現在我們可用單邊轉換表來求 $F_b(s)$ 了，只不過是將 $f(t)$ 分解成正與負時間部份，求負時間部份的影像 $f_2(-t)$，然後求其單邊拉普拉斯轉換 $F_2(s)$。將負時間部份轉換的 s 改成 $-s$ 可得 $F_2(-s)$，將 $F_2(-s)$ 加上正時間部份的單邊拉普拉斯轉換即得 $F_b(s)$。

例題 13-17

試求 $F_b(s)=\dfrac{1}{(s-3)(s+2)}$ 的反拉普拉斯轉換，若收斂區域為 $-2<\mathrm{Re}(s)<3$。

答 先將 $F_b(s)$化為部份分式，即

$$
F_b(s)=\frac{1}{(s-3)(s+2)}=\frac{\frac{1}{5}}{s-3}+\frac{-\frac{1}{5}}{s+2}
$$

利用(13-68)式的符號可得：

$$
F_1(s)=\frac{-\frac{1}{5}}{s+2}\text{，}\ F_2(-s)=\frac{\frac{1}{5}}{s-3}
$$

$f(t)$的正時間部份因此為：

$$
f_1(t)=1^{-1}[F_1(s)]=-\frac{1}{5}e^{-2t}u(t)
$$

$f_2(t)$負時間部份的影像為 $F_2(-s)=\dfrac{\frac{1}{5}}{-s-3}$ 的反轉換，故

$$
f_2(-t)=1^{-1}[F_2(-s)]=-\frac{1}{5}e^{-3t}u(t)
$$

而　$f_2(t)=-\dfrac{1}{5}e^{3t}u(-t)$

所以　$f(t)=f_1(t)+f_2(t)=-\dfrac{1}{5}e^{-2t}u(t)-\dfrac{1}{5}e^{3t}u(-t)$

此一例題顯示了同樣的拉普拉斯轉換 $F_b(s)$，視收斂區域而定可以代表不同的時間函數。在實際應用時，正確的收斂區域可由實際的推理求得。當 $t \to \pm\infty$ 時值趨近 $\pm\infty$ 的時間函數實際上並不存在。所以很容易考慮所有可能的收斂區域，然後去除當 $t \to +\infty$ 時會趨近 $\pm\infty$ 的函數，只有實際上的時間函數會保存下來。

總之，利用單邊轉換對求雙邊拉普拉斯反轉換之過程可分成下面 5 個步驟：

(1) 將 $F_b(s)$以部份分式展開。

(2) 判別 $F_b(s)$之極點位置，是在收斂區域的右方或左方。若在左方，則此極點代表一正時間函數，若在右方，則此極點代表一負時間函數。

(3) 將右方極點部份之部份分式表為 $F_2(s)$。

(4) 將 $F_2(s)$內之 s 改為 $-s$，得 $F_2(-s)$，求其反轉換，記為 $f_2(-t)$。

(5) 最後將 $f_2(-t)$ 中的 $-t$ 改為 t 得 $f_2(t)$，此項再加上 $f(t)$ 的正時間部份 $f_1(t)$，即得完整的時間函數。

13-6 拉普拉斯轉換的應用

一、微分方程式的求解

電路的基本數學模式是線性微分方程式，可利用拉普拉斯轉換法來求解。線性微分方程式經過拉普拉斯轉換後，即成為代數式，一切運算可依代數方法進行，故應用拉普拉斯轉換法求解線性微分方程式甚為簡便。若線性非時變電路的輸入為 $u(t)$，輸出為 $y(t)$，則描述此電路的基本模式為：

$$b_n\frac{d^n y(t)}{dt^n}+b_{n-1}\frac{d^{n-1}y(t)}{dt^{n-1}}+\cdots+b_1\frac{dy(t)}{dt}+b_0y(t)$$
$$=a_m\frac{d^m u(t)}{dt^m}+a_{m-1}\frac{d^{m-1}u(t)}{dt^{m-1}}+\cdots+a_1\frac{du(t)}{dt}+a_0u(t) \qquad (13\text{-}69)$$

上式雙方取拉普拉斯轉換，且不計其初值條件，並以 $Y(s)$ 及 $U(s)$ 分別表示 $y(t)$ 與 $u(t)$ 的拉普拉斯轉換，則(13-69)式可寫成：

$$Y(s)=\left(\frac{a_ms^m+a_{m-1}s^{m-1}+\cdots+a_1s+a_0}{b_ns^n+b_{n-1}s^{n-1}+\cdots+b_1s+b_0}\right)U(s) \qquad (13\text{-}70)$$

上式是 s 的代數方程式，取其反拉普拉斯轉換即得 $y(t)$。

例題 13-18

應用拉普拉斯轉換法求解微分方程式：$\dfrac{d^2y(t)}{dt^2}+5\dfrac{dy(t)}{dt}+6y(t)=e^{-2t}$，其中 $y(0)=y'(0)=0$。

答　取上式之拉普拉斯轉換得：

$$s^2Y(s)-sy(0)-y'(0)+5sY(s)-5y(0)+6Y(s)=\frac{1}{s+2}$$

代入初值條件，並整理之得

$$Y(s)=\frac{1}{(s^2+5s+6)(s+2)}=\frac{1}{(s+3)(s+2)^2}=\frac{1}{s+3}+\frac{1}{(s+2)^2}+\frac{-1}{s+2}$$

再取反拉普拉斯轉換得：

$$y(t)=1\ ^{-1}[Y(s)]=e^{-3t}+te^{-2t}-e^{-2t}$$

二、脈衝響應之計算

(13-70)式觀念上也可視為網路的特性由兩個 s 的多項式之比，此多項式之比值稱為**網路函數**(network function)$H(s)$，又稱為**轉移函數**，即**輸出的拉普拉斯轉換與輸入的拉普拉斯轉換的比值**，故：

$$H(s)=\frac{Y(s)}{U(s)}=\frac{a_ms^m+a_{m-1}s^{m-1}+\cdots+a_1s+a_0}{b_ns^n+b_{n-1}s^{n-1}+\cdots+b_1s+b_0} \tag{13-71}$$

故線性非時變電路的響應之轉換等於網路函數 $H(s)$乘上輸入的拉普拉斯轉換 $U(s)$，即

$$Y(s)=H(s)U(s) \tag{13-72}$$

由定義知，當輸入為一脈衝函數時，電路的響應即為脈衝響應。又單位脈衝的拉普拉斯轉換為 1，故當脈衝輸入時，則輸出 $y(t)$為脈衝響應 $h(t)$，而

$$Y(s)=H(s)\cdot 1 \tag{13-73}$$

上式指出 $H(s)$是脈衝響應的拉普拉斯轉換，即：

$$H(s)=1\ [h(t)]\quad \text{或}\quad h(t)\leftrightarrow H(s) \tag{13-74}$$

(13-70)式，我們是假設所有初值條件為零，在求網路函數 $H(s)$時，都必須做此一假設。事實上，在求解一電路的整個過程中，此種轉換法卻可自動地把初值條件包括在內，這是拉普拉斯轉換法的優點之一。

例題 13-19

如下圖所示為 RL 串聯電路，當 $t \leq 0$ 時無電流流動，若輸入電壓 $v_i(t)$為脈衝函數，響應為 $i(t)$，試求脈衝響應。

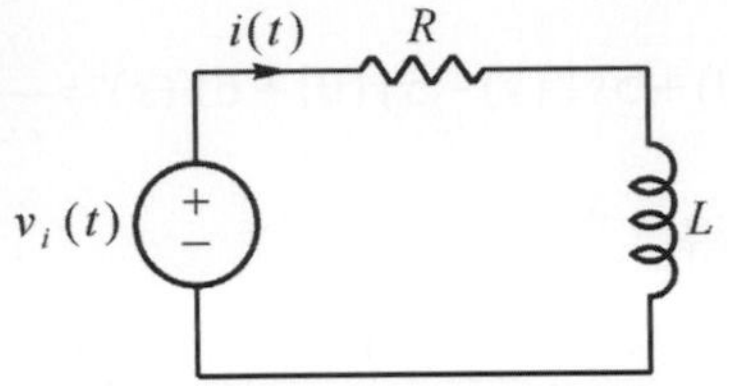

答 由 KVL 知，

$$L\frac{di(t)}{dt} + Ri(t) = v_i(t)$$

對上式取拉普拉斯轉換得：

$$LSI(s) + RI(s) = (SL + R)I(s) = V_1(s)\text{，}$$

$$(i(0) = 0)$$

$$\therefore H(s) = \frac{I(s)}{V_i(s)} = \frac{1}{SL + R} = \frac{\frac{1}{L}}{S + \frac{R}{L}}$$

因為 $v_i(t) = \delta(t)$，故 $V_i(s) = 1$，代入上式，得：

所以 $H(s) = I(s) = \dfrac{\frac{1}{L}}{S + \frac{R}{L}}$

取反拉普拉斯轉換得：

$$h(t) = i(t) = \frac{1}{L}e^{-\frac{R}{L}t}\text{，}t \geq 0$$

例題 13-20

如下圖所示為線性非時變 RLC 串聯電路，若輸入 $v_i(t)=\delta(t)$，輸出為 $v(t)$，試求其脈衝響應 $h(t)$。

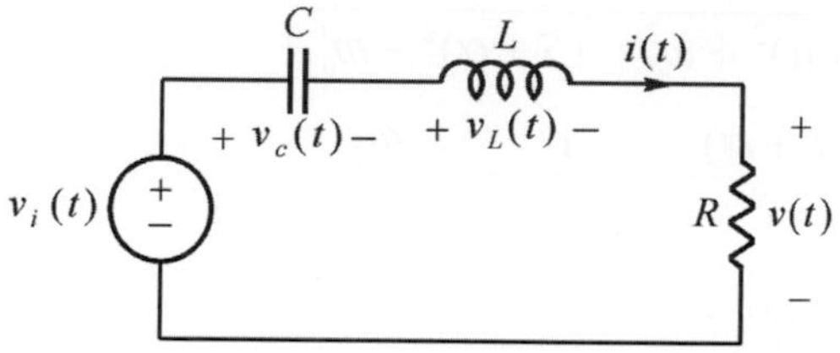

答　由 KVL 可知：

$$v_L(t)+v_C(t)+v(t)=v_i(t) \tag{13-75}$$

即

$$L\frac{di(t)}{dt}+\frac{1}{C}\int_{0_-}^{t} i(t)dt+v_C(0_-)+v(t)=v_i(t) \tag{13-76}$$

根據脈衝響應之定義，電路在 $t=0_-$ 時為零態，故 $v(0_-)=0$，且 $i(t)=\dfrac{v(t)}{R}$，代入(13-76)式，可得：

$$\frac{L}{R}\frac{dv(t)}{dt}+\frac{1}{RC}\int_{0_-}^{t} v(t)dt+v(t)=v_i(t) \tag{13-77}$$

將(13-77)式取拉普拉斯轉換，即得：

$$\frac{L}{R}SV(s)+\frac{1}{RC}\frac{1}{S}V(s)+V(s)=V_i(s) \tag{13-78}$$

當輸入 $v_i(t)=\delta(t)$，即 $V_i(s)=1$ 時，響應 $v(t)=h(t)$，即 $V(s)=H(s)$，故(13-78)式可寫成：

$$\frac{L}{R}SH(s)+\frac{1}{RC}\frac{1}{S}H(s)+H(s)=1$$

$$\therefore H(s)=\frac{1}{\frac{L}{R}S+\frac{1}{RCS}+1}=\frac{R}{L}\frac{S}{S^2+\frac{R}{L}S+\frac{1}{LC}} \tag{13-79}$$

令　$\alpha=\dfrac{R}{2L}$，$\omega_0=\dfrac{1}{\sqrt{LC}}$，$\omega_d=\sqrt{\omega_0^2-\alpha^2}$，$\phi=\tan^{-1}\dfrac{\alpha}{\omega_d}$

則(13-79)式可表示成：

$$H(s)=\frac{R}{L}\left[\frac{S}{(S+\alpha)^2+\omega_d^2}\right]$$
$$=\frac{R}{L}\left[\frac{S+\alpha}{(S+\alpha)^2+\omega_d^2}-\frac{\alpha}{(S+\alpha)^2+\omega_d^2}\right]$$
$$=\frac{R}{L}\left[\frac{(S+\alpha)}{(S+\alpha)^2+\omega_d^2}-\frac{\alpha}{\omega_d}\frac{\omega_d}{(S+\alpha)^2+\omega_d^2}\right]$$

取反拉普拉斯轉換，則得：

$$h(t)=\frac{R}{L}e^{-\alpha t}\left[\cos\omega_d t-\frac{\alpha}{\omega_d}\sin\omega_d t\right]u(t)=\frac{\omega_0 R}{\omega_d L}e^{-\alpha t}\cos(\omega_d t+\phi)u(t) \tag{13-80}$$

三、零態響應之計算

上節所述之脈衝響應即爲零態響應之一特例，因爲零態響應係定義爲所有電感電流和電容電壓初值皆等於零時的電路輸出，故在計算零態響應時，只要將電路之積微分方程式，在其兩邊取拉普拉斯轉換，而不考慮其初值，經代數運算後，再取反拉普拉斯轉換，即可得該電路之零態響應。

由網路函數 $H(s)$ 的定義可知，其爲輸出的拉普拉斯轉換與輸入的拉普拉斯轉換之比值，即(13-71)式，

$$H(s)=\frac{Y(s)}{U(s)}\text{ 或 }Y(s)=U(s)H(s) \tag{13-81}$$

故知，零態響應的拉普拉斯轉換即爲輸入的拉普拉斯轉換乘以網路函數，然後再取其反拉普拉斯轉換，即可得零態響應。

例題 13-21

如例題 13-20 圖所示之線性非時變 RLC 串聯電路，其中 $R=1\Omega$，$L=\frac{1}{2}$H，且 $C=1F$，若輸入爲一單位斜坡函數，即 $v_i(t)=tu(t)$ V，試求電流 $i(t)$的零態響應。

答 由 KVL 可知該電路之積微分方程式如(13-76)式所示；即

$$L\frac{di(t)}{dt}+\frac{1}{C}\int_{-\infty}^{t}i(t)dt+Ri(t)=v_i(t)$$

代入數值可得：

$$\frac{1}{2}\frac{di(t)}{dt}+\int_{-\infty}^{t}i(t)dt+i(t)=v_i(t)=tu(t)$$

可不考慮初值而取上式之拉普拉斯轉換，即得：

$$\left(\frac{1}{2}S+\frac{1}{S}+1\right)I(s)=V_i(s)=\frac{1}{S^2}$$

故　$$I_{(s)}=\frac{\frac{1}{S^2}}{\frac{1}{2}S+\frac{1}{S}+1}=\frac{2}{S(S^2+2S+2)}$$

$$=\frac{1}{S}-\frac{S+2}{S^2+2S+2}=\frac{1}{S}-\frac{(S+1)+1}{(S+1)^2+1}$$

$$=\frac{1}{S}-\frac{(S+1)}{(S+1)^2+1}-\frac{1}{(S+1)^2+1}$$

取上式之反拉普拉斯轉換，即得電流 $i(t)$的零態響應爲：

$$i(t)=1-e^{-t}(\cos t+\sin t)\ (\text{A})，\ t\geq 0$$

例題 13-22

若一電路之網路函數爲：

$$H(s)=\frac{S+1}{S^2+S-2}$$

其中輸入 $v_i(t)=(1+t)u(t)$，輸出爲 $v(t)$，試求此電路之零態響應 $v(t)$。

答 依定義可知：

$$H(s)=\frac{V(s)}{V_i(s)}，故 V(s)=H(s)\cdot V_i(s)$$

其中 $V_i(s)=\frac{1}{S}+\frac{1}{S^2}=\frac{S+1}{S^2}$，代入上式，故得

$$V(s)=\frac{S+1}{S^2+S-2}\cdot\frac{S+1}{S^2}=\frac{(S+1)^2}{S^2(S-1)(S+2)}$$

$$=\frac{-\frac{1}{2}}{S^2}-\frac{\frac{5}{4}}{S}+\frac{\frac{4}{3}}{S-1}-\frac{\frac{1}{12}}{S+2}$$

取上式之反拉普拉斯轉換，即得零態響應 $v(t)$為：

$$v(t)=\left(-\frac{1}{2}t-\frac{5}{4}+\frac{4}{3}e^{t}-\frac{1}{12}e^{-2t}\right)u(t)$$

四、完全響應之計算

完全響應為零輸入響應與零態響應之和，故完全響應的拉普拉斯轉換為零輸入響應的拉普拉斯轉換與零態響應的拉普拉斯響應之和，其中零輸入響應的拉普拉斯轉換與初值有關，故代入初值，再經代數處理後取反拉普拉斯轉換，即可求得完全響應。

例題 13-23

如例題 13-21 之電路，若電感電流和電容電壓的初值分別為 $i_{L(0_-)}=0\text{ A}$，$v_{C(0_-)}=-\dfrac{1}{2}\text{V}$，試求 $i(t)$的完全響應。

答 利用 KVL 可寫出 RLC 串聯電路電流的積微分方程式為：

$$L\frac{di(t)}{dt}+\frac{1}{C}\int_{0_-}^{t}i(t)dt+v_C(0_-)+Ri(t)=v_i(t)$$

將上式取拉普拉斯轉換，得：

$$L[SI(s)-i_{L(0_-)}]+\frac{1}{SC}I(s)+\frac{v_{C(0_-)}}{S}+RI(s)=V_i(s)$$

故 $$I_{(s)}=\frac{V_{i(s)}+Li_{L(0_-)}-\dfrac{v_{C(0_-)}}{S}}{LS+\dfrac{1}{SC}+R}$$

代入初值 $i_{L(0_-)}=0$，$v_{C(0_-)}=-\dfrac{1}{2}$ 及 RLC 值和 $V_i(s)=\dfrac{1}{S^2}$，得：

$$I(s)=\frac{\dfrac{1}{S^2}+\dfrac{1}{2S}}{\dfrac{1}{2}S+\dfrac{1}{S}+1}=\frac{S+2}{S(S^2+2S+2)}=\frac{1}{S}-\frac{S+1}{S^2+2S+2}$$

故取上式之反拉普拉斯轉換，即得電流 $i(t)$的完全響應為：

$$i(t)=1-e^{-t}\cos t\ (\text{A})，t\geq 0$$

五、狀態方程式之計算

拉普拉斯轉換亦可應用於狀態方程式的計算上，在計算狀態方程式是最好的方法之一，讀者應熟悉之。

由前章可知線性非齊次狀態方程式爲：

$$\frac{dX(t)}{dt}=AX(t)+Bu(t) \tag{13-82}$$

上式等號兩邊各取拉普拉斯轉換，可得：

$$SX(s)-X(0_-)=AX(s)+BU(s)$$

故得

$$X(s)=(SI-A)^{-1}X(0_-)+(SI-A)^{-1}BU(s) \tag{13-83}$$

再取上式之反拉普拉斯轉換，即得原狀態方程式的解：

$$X(t)=1^{-1}[(SI-A)^{-1}X(0_-)]+1^{-1}[(SI-A)^{-1}BU(s)] \tag{13-84}$$

例題 13-24

如下圖所示之線性非時變 *RLC* 電路，試以 $i(t)$及 $v(t)$爲狀態變數寫出其狀態方程式。若輸入 $v_i(t)$爲脈衝函數，試求出其脈衝響應 $i(t)$和 $v(t)$。若 $i_C(t)$爲輸出，試求其響應 $i_C(t)$之值。

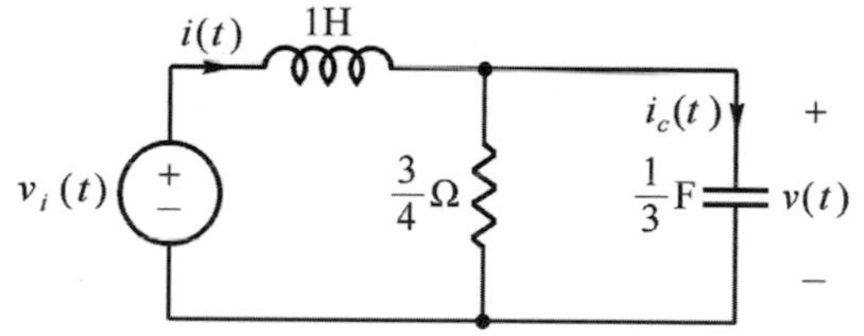

答　依 KVL，可得狀態方程式爲：

$$\frac{di(t)}{dt}=-v(t)+v_i(t)$$

$$\frac{dv(t)}{dt}=3i(t)-4v(t)$$

將狀態方程式寫成向量一矩陣形式，得：

$$\begin{bmatrix} \dfrac{di(t)}{dt} \\ \dfrac{dv(t)}{dt} \end{bmatrix} = \begin{bmatrix} 0 & -1 \\ 3 & -4 \end{bmatrix} \begin{bmatrix} i(t) \\ v(t) \end{bmatrix} + \begin{bmatrix} 1 \\ 0 \end{bmatrix} v_i(t)$$

其中 $A = \begin{bmatrix} 0 & -1 \\ 3 & -4 \end{bmatrix}$，$B = \begin{bmatrix} 1 \\ 0 \end{bmatrix}$

因為求脈衝響應，故其初值 $i(0) = v(0) = 0$，故 $\begin{bmatrix} i(0) \\ v(0) \end{bmatrix} = \begin{bmatrix} 0 \\ 0 \end{bmatrix} = 0$，且 $V_i(s) = 1$ 依(13-84)式，可得狀態方程式的解為：

$$\begin{bmatrix} I(s) \\ V(s) \end{bmatrix} = \mathscr{L}^{-1}[(SI - A)^{-1} BV_i(s)]$$

其中 $(SI - A)^{-1} BV_i(s)$

$$= \begin{bmatrix} S & 1 \\ -3 & S+4 \end{bmatrix}^{-1} \begin{bmatrix} 1 \\ 0 \end{bmatrix} \cdot 1 = \frac{\begin{bmatrix} S+4 & -1 \\ 3 & S \end{bmatrix}}{S^2 + 4S + 3} \begin{bmatrix} 1 \\ 0 \end{bmatrix} \cdot 1$$

$$= \begin{bmatrix} \dfrac{(S+4)}{(S+1)(S+3)} \\ \dfrac{3}{(S+1)(S+4)} \end{bmatrix} = \begin{bmatrix} \dfrac{\frac{3}{2}}{S+1} + \dfrac{-\frac{1}{2}}{S+3} \\ \dfrac{\frac{3}{2}}{S+1} + \dfrac{-\frac{3}{2}}{S+3} \end{bmatrix}$$

取反拉氏轉換，可得脈衝響應為：

$$\begin{bmatrix} i(t) \\ v(t) \end{bmatrix} = \begin{bmatrix} \frac{3}{2}e^{-t} & -\frac{1}{2}e^{-3t} \\ \frac{3}{2}e^{-t} & -\frac{3}{2}e^{-3t} \end{bmatrix}, \quad t \ge 0$$

對於輸出 $i_C(t)$，由電路圖可知其為：

$$i_C(t) = i(t) - \frac{v(t)}{R} = i(t) - \frac{4}{3}v(t)$$

$$= \begin{bmatrix} 1 & -\frac{4}{3} \end{bmatrix} \begin{bmatrix} i(t) \\ v(t) \end{bmatrix} = \begin{bmatrix} 1 & -\frac{4}{3} \end{bmatrix} \begin{bmatrix} \frac{3}{2}e^{-t} & -\frac{1}{2}e^{-3t} \\ \frac{3}{2}e^{-t} & -\frac{3}{2}e^{-3t} \end{bmatrix}$$

$$= -\frac{1}{2}e^{-t} + \frac{3}{2}e^{-3t}\ (\text{V}), \quad t \ge 0$$

本章習題 LEARNING PRACTICE

13-1　若函數 $x(t)=\begin{cases}2e^{3t}, & t<0\\ e^{-5t}, & t\geq 0\end{cases}$，試求此函數之雙邊拉普拉斯轉換 $X(s)$，並求其收斂範圍。

答　$\mathcal{L}_b[x(t)]=X(s)=\dfrac{-(s+13)}{(s-3)(s+5)}$，$-5<\text{Re}(s)<3$

13-2　試下列函數之拉普拉斯轉換。

(1) $f(t)=\begin{cases}5, & 0<t<3\\ 0, & t>0\end{cases}$　(2) $f(t)=2e^{4t}+6t^3-2\sin 4t+4\cos 2t$

(3) $f(t)=t^2e^{4t}$　(4) $f(t)=e^{2t}(4\cos 6t-6\sin 6t)$

(5) $f(t)=\begin{cases}\sin\left(t-\dfrac{2}{3}\pi\right), & t>\dfrac{2}{3}\pi\\ 0, & t<\dfrac{2}{3}\pi\end{cases}$

(6) $f(t)=\cosh at\cos at$

答　(1) $\dfrac{5(1-e^{-3s})}{s}$

(2) $\dfrac{2}{s-4}+\dfrac{36}{s^4}-\dfrac{8}{s^2+16}+\dfrac{4s}{s^2+4}$

(3) $\dfrac{2}{(s-4)^3}$　(4) $\dfrac{4s-44}{s^2-4s+40}$

(5) $\dfrac{1}{s^2+1}e^{-\frac{2}{3}\pi s}$　(6) $\dfrac{s^3}{s^4+4a^4}$

13-3　若 $f(t)=\begin{cases}(t-1)^2, & t>1\\ 0, & 0<t<1\end{cases}$，試求 $F(s)$。

答　$F(s)=\dfrac{2e^{-s}}{s^3}$

13-4　若 $f(t)$ 爲下圖所示之週期性鋸齒波，試求其拉普拉斯轉換。

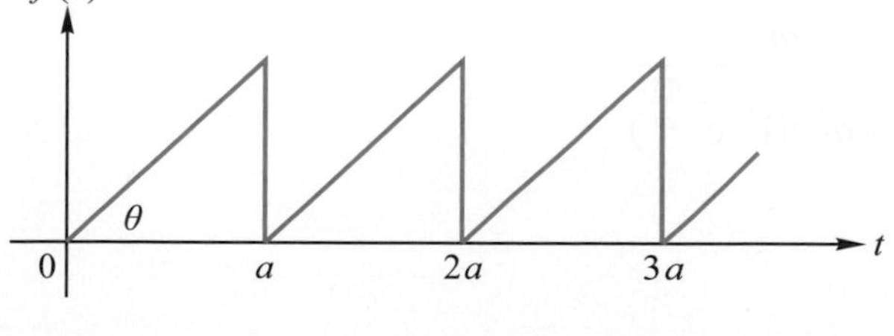

答 $F(s)=\dfrac{1-e^{-as}-ase^{-as}}{s^2(1-e^{-as})}\tan\theta$

13-5 如下圖所示週期性方波，試求其拉普拉斯轉換。

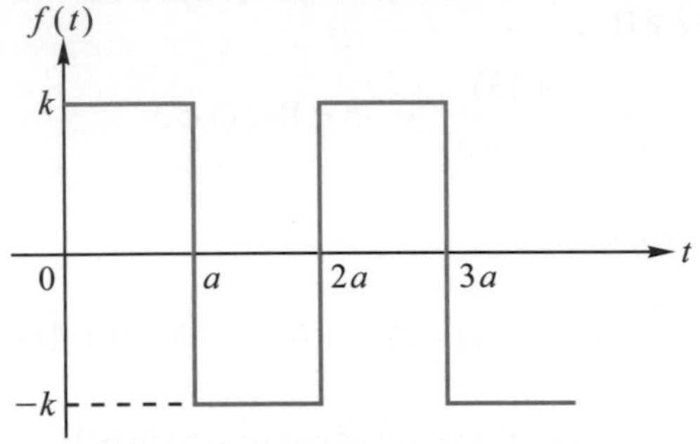

答 $F(s)=\dfrac{k}{s}t\tanh\dfrac{as}{2}$

13-6 下圖所示係週期性三角波，試求其拉普拉斯轉換。

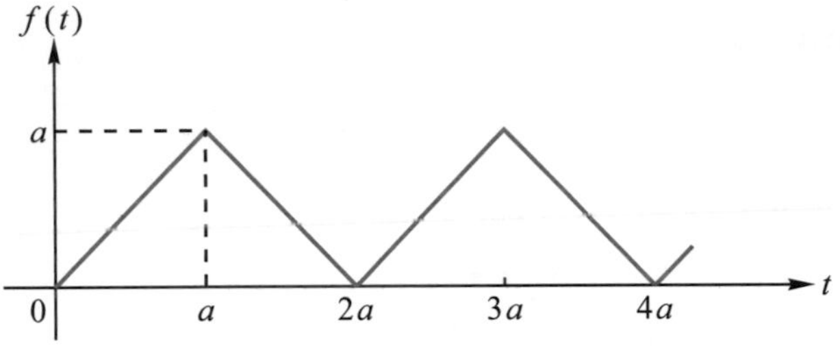

答 $F(s)=\dfrac{1}{s^2}t\tanh\dfrac{as}{2}$

13-7 求如下圖所示 $\sin\omega t$ 的半波整流之拉普拉斯轉換。

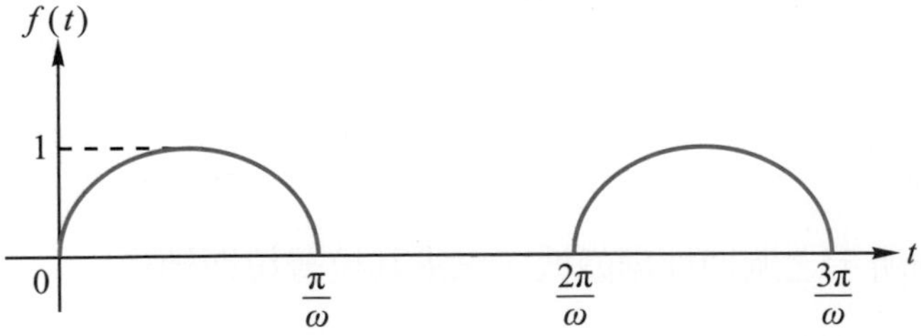

答 $F(s)=\dfrac{\omega}{(s^2+\omega^2)(1-e^{-\frac{\pi s}{\omega}})}$

13-8　求如下圖所示 $\sin \omega t$ 的全波整流之拉普拉斯轉換。

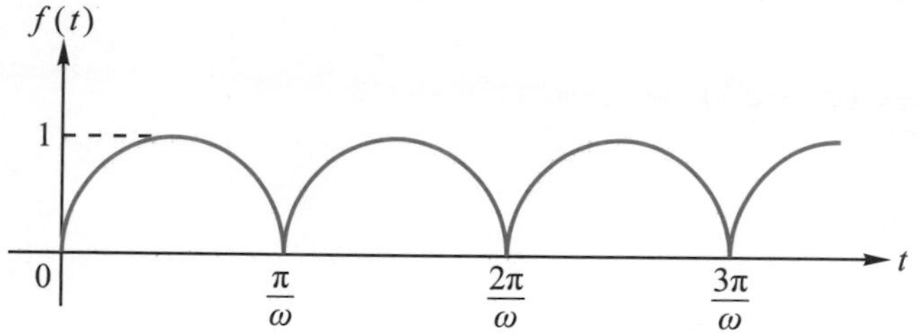

答　$F(s)=\dfrac{\omega}{s^2+\omega^2}\coth\dfrac{\pi s}{2\omega}$

13-9　試求下列各式之反拉普拉斯轉換。

(1) $Y(s)=\dfrac{s+1}{s^3+s^2-6s}$　　(2) $Y(s)=\dfrac{s^3-3s^2+6s-4}{(s^2-2s+2)^2}$

答 (1)　$y(t)=-\dfrac{1}{6}+\dfrac{3}{10}e^{2t}-\dfrac{2}{15}e^{-3t}$

(2)　$y(t)=e^t\cos t+te^t\sin t$

13-10 已知1 $[e^{-at}]=\dfrac{1}{s+\alpha}$，試用時間迴旋性質求下式之反拉普拉斯轉換 $f(t)$。

$F(s)=\dfrac{1}{(s+\alpha)(s+\beta)}$

答　$f(t)=\begin{cases}\dfrac{1}{\beta-\alpha}(e^{-\alpha t}-e^{-\beta t})，t>0，\alpha\neq\beta\\ te^{-\alpha t}，t>0，\alpha=\beta\end{cases}$

13-11 已知1 $^{-1}\left[\dfrac{1}{s^2+\alpha^2}\right]=\dfrac{1}{\alpha}\sin\alpha t$，試求 $F(s)=\dfrac{1}{(s^2+\alpha^2)^2}$ 的反拉普拉斯轉換 $f(t)$。

答　$f(t)=\dfrac{1}{2\alpha^3}(\sin\alpha t-\alpha t\cos\alpha t)$，$t>0$

13-12 若 $F(s)=\dfrac{1}{(s^2+4s+13)^2}$ 試求 $f(t)$。

答　$f(t)=\dfrac{e^{-2t}}{18}\left(\dfrac{\sin 3t}{3}-t\cos 3t\right)$

13-13 試求下列各式之反拉普拉斯轉換。

(1) $\dfrac{1}{s^4-a^4}$　　(2) $\sqrt{s-a}-\sqrt{s-b}$　　(3) $\tan^{-1}\dfrac{\omega}{s}$

答 (1) $\dfrac{1}{2a^3}(\sinh at-\sin at)$

(2) $\dfrac{1}{2\sqrt{\pi t^3}}(e^{bt}-e^{at})$

(3) $\dfrac{1}{t}\sin\omega t$

13-14 應用拉普拉斯轉換法求解下列微分方程式：

(1) $y''(t)+4y'(t)-5y(t)=0$，$y(0)=1$，$y'(0)=0$

(2) $y'''(t)-3y''(t)+3y'(t)-y(t)=t^2e^t$，$y(0)=1$，$y'(0)=0$，$y''(0)=2$

答 (1) $y(t)=\dfrac{1}{6}e^{-5t}+\dfrac{5}{6}e^t$

(2) $y(t)=e^t-te^t-\dfrac{t^2e^t}{2}+\dfrac{t^5e^t}{60}$

13-15 設一電容爲 C 之電容器，經充電使其電位爲 V_0，於 $t=0$ 將圖中之開關 S 閉合，故此電容器開始通過電阻爲 R 之電阻器放電，試求電容器上之電荷 $q(t)$。

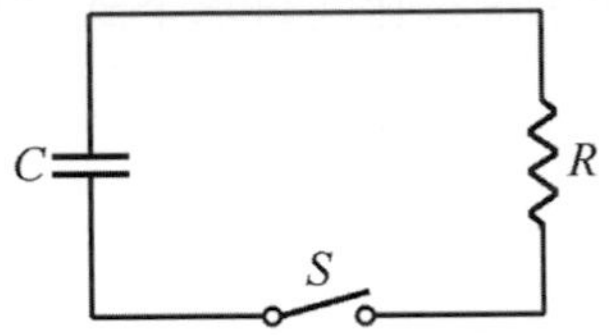

答 $q(t)=CV_0e^{-\frac{1}{RC}t}$，$t\geq 0$

13-16 如下圖所示之電路，假設當 $t\leq 0$ 時無電流流動。當 $t=0$ 時開關 S 閉合，試求電路中之電流 $i(t)$。

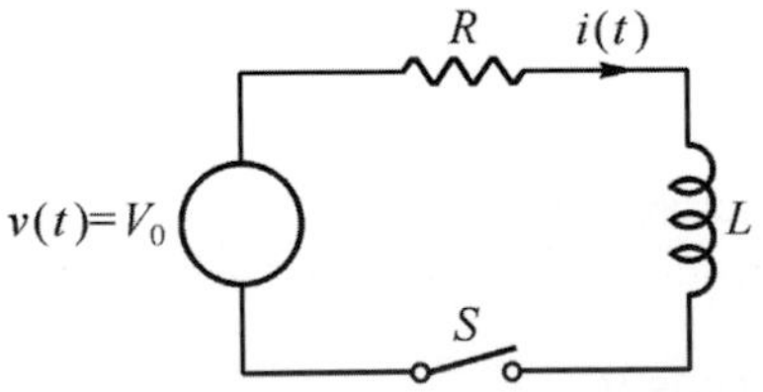

答 $i(t)=\dfrac{V_0}{R}\left(1-e^{-\frac{R}{L}t}\right)$，$t\geq 0$

13-17 某電路的微分方程式如下所示，輸入信號如下圖所示，試求其響應，其中 $U(t)$爲輸入。

$$\frac{d^2y(t)}{dt^2}+3\frac{dy(t)}{dt}+2y(t)=u(t)$$

$y(0)=0$，$y'(0)=1$

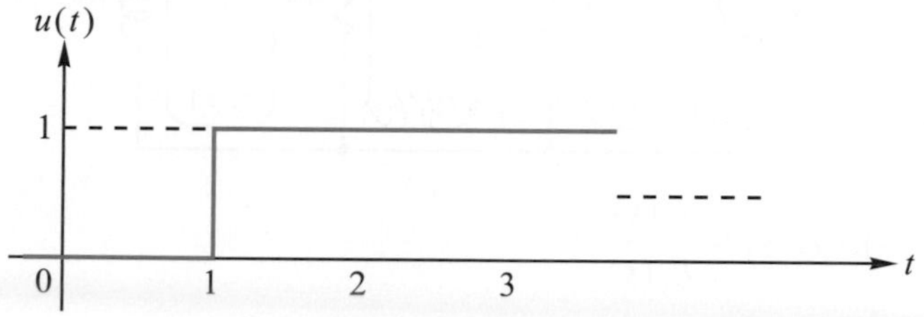

答 $y(t)=(e^{-t}-e^{-2t})u(t)+\frac{1}{2}[1-2e^{-(t-1)}+e^{-2(t-1)}]u(t)$

13-18 試求下圖之階梯波形之拉普拉斯轉換。

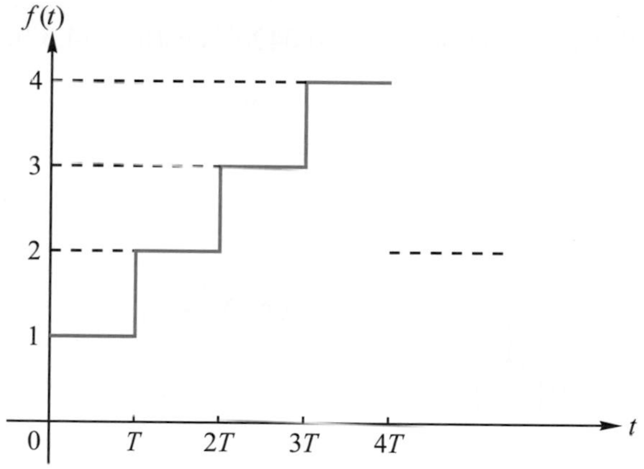

答 $F(s)=\dfrac{1}{s(1-e^{-Ts})}$

13-19 若一電路之網路函數 $H(s)$如下式，其中 $e(t)$爲輸入，$v(t)$爲輸出，試求此電路之零態響應 $v(t)$。

$H(s)=\dfrac{s}{s^2+25}$，$e(t)=\cos 5tu(t)$

答 $v(t)=\left(\frac{1}{10}\sin 5t+\frac{1}{2}t\cos 5t\right)u(t)$

13-20 如下圖所示之網路，令 $i_1(t)$、$i_2(t)$、$i_3(t)$為網目電流，$e_s(t)$與 $i_3(t)$分別為網路的輸入與響應。

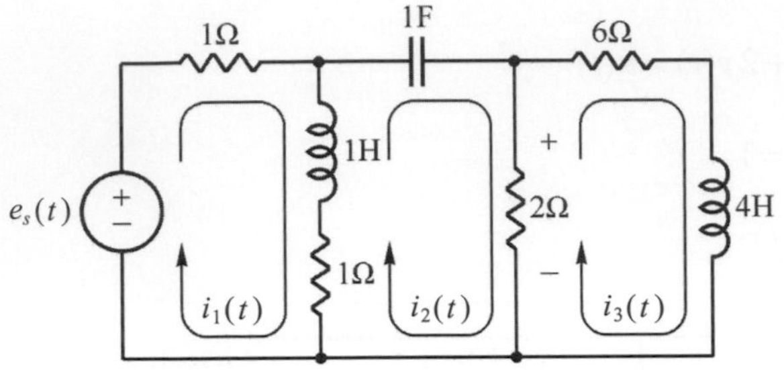

(1) 試求網路函數 $H(s)=\dfrac{I_3(s)}{E_s(s)}$ 。

(2) 試求當 $e_s(t)=3e^{-t}\cos 6t$ V 時的零態響應。

(3) 求當 $e_s(t)=2+\cos 2t$ V 時的穩態響應。

答 (1) $H(s)=\dfrac{s}{2(s+2)(3s+2)}$

(2) $i_3(t)=-0.02e^{-2t}-0.0008e^{-\frac{2}{3}t}+0.042e^{-t}\cos(6t-74.3°)(\text{A})$，$t\geq 0$

(3) $i_3(t)=0.056\cos(2t-26.5°)(\text{A})$，$t\geq 0$

13-21 如下圖所示之 RLC 串聯電路，若其初值為 $v_C(0_-)=1$ V，$i_L(0_-)=5$ A 輸入 $v_i(t)=12\sin 5t$ V，試求其完全響應 $i(t)$。

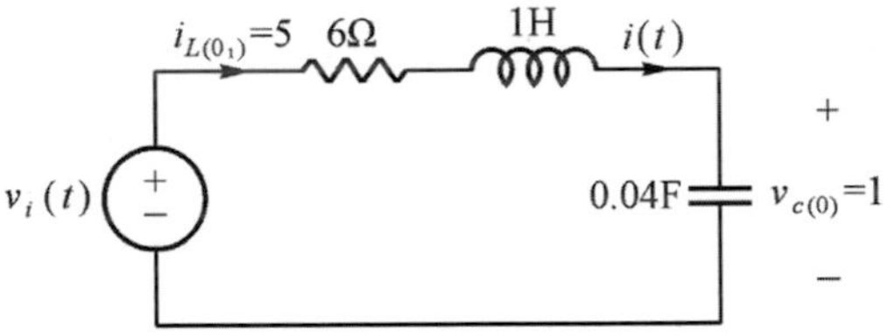

答 $i(t)=5e^{-3t}\cos 4t-6.5e^{-3t}\sin 4t+2\sin 5t\,(\text{A})$，$t\geq 0$

13-22 如下圖所示之線性非時變網路，當開關 s_1 閉合時，電路達於穩態，開關 s_1 在 $t=0$ 時打開。已知 $V=2$ V，$L_1=L_2=1$ H，及 $R_1=R_2=1\,\Omega$，試求在 $t\geq 0$ 時之 $i_1(t)$及 $v_{L2}(t)$。

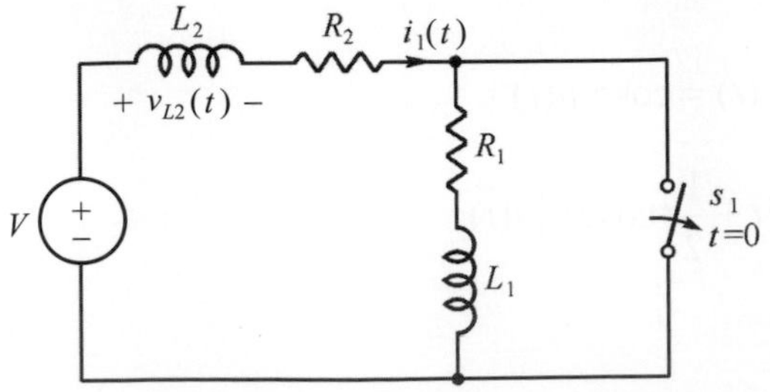

答 $i_1(t)=u(t)\,(\text{A})$，$v_{L2}(t)=-\delta(t)\,(\text{V})$

13-23 如下圖所示之線性非時變網路，試利用拉普拉斯轉換法求出其步級響應與脈衝響應。其中輸入爲 $i_s(t)$，響應爲 $e_0(t)$。

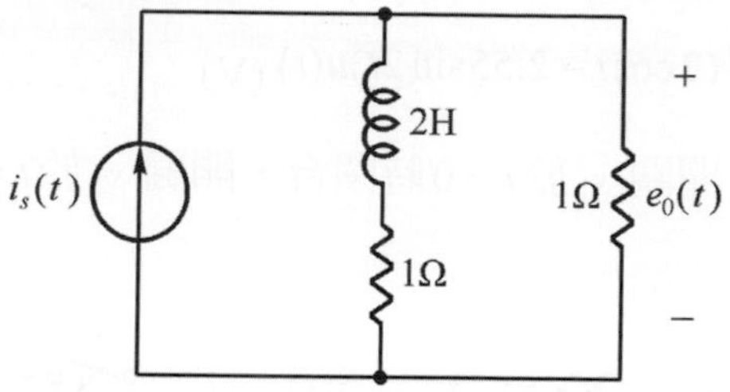

答　$s(t)=\frac{1}{2}(e^{-t}+1)\,(\mathrm{V})$，$t\geq 0$，$h(t)=\left(\delta(t)-\frac{1}{2}e^{-t}\right)(\mathrm{V})$，$t\geq 0$

13-24 應用拉普拉斯轉換法，試求下圖所示之電路在 $t\geq 0$ 時的電壓 $v_2(t)$，其中 $i_1(0)=1\,\mathrm{A}$，$v_2(0)=2\,\mathrm{V}$ 及 $v_3(0)=1\,\mathrm{V}$。

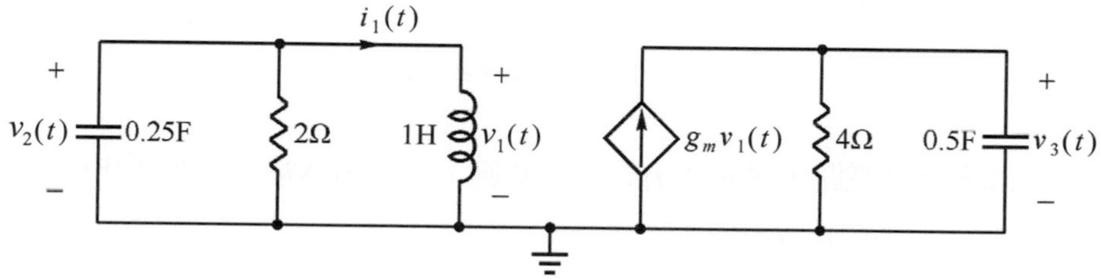

答　$v_2(t)=e^{-t}(2\cos\sqrt{3}t-2\sqrt{3}\sin\sqrt{3}t)u(t)=4\cos(\sqrt{3}t+60°)e^{-t}\,(\mathrm{V})$，$t\geq 0$

13-25 試求下圖(a)、(b)所示網路的零輸入響應，即在 $t\geq 0$ 時的 $v_1(t)$及 $v_2(t)$。

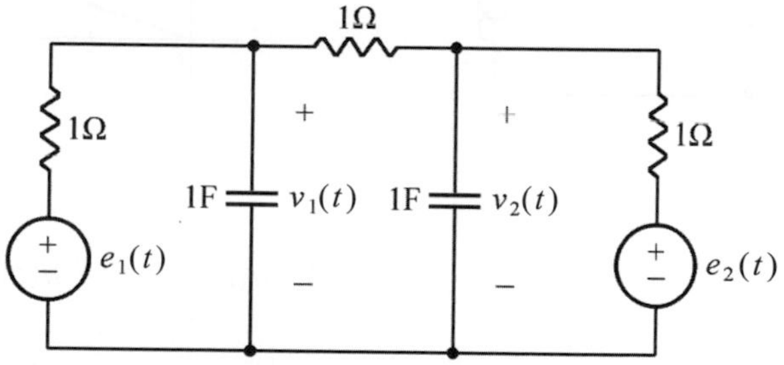

(a) $v_1(0)=1\mathrm{V}$，$v_2(0)=1\mathrm{V}$

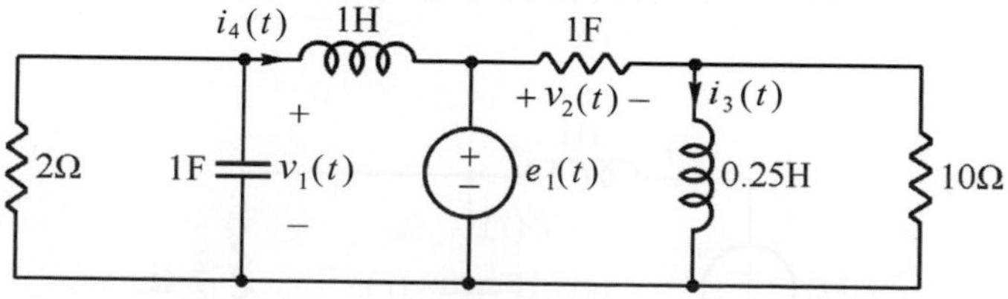

(b)

答 (1) $v_1(t)=v_2(t)e^{-t}u(t)\,(\text{V})$

(2) $v_1(t)=-2.07\sin 0.97te^{-\frac{1}{4}t}u(t)(\text{V})$

$v_2(t)=e^{-0.05t}(2\cos t-2.55\sin 2t)u(t)\,(\text{V})$

13-26 如下圖所示之網路，開關 s_1 於 $t=0$ 時閉合，開關 s_2 於 $t=2$ 時閉合，試求 $t>0$ 時之電壓 $v(t)$。

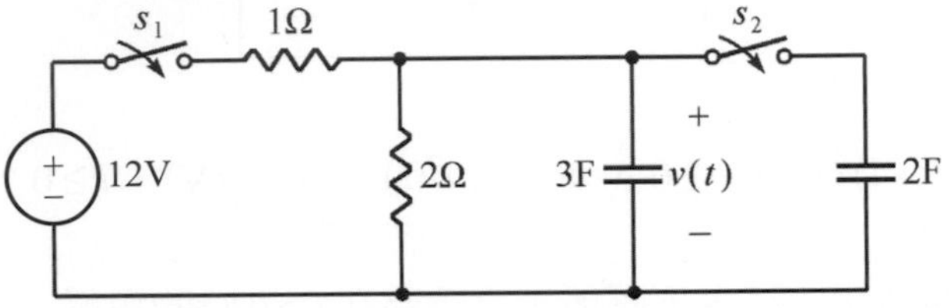

答 $v(t)=\begin{cases}8(1-e^{-\frac{1}{2}t})(\text{V})，0\le t\le 2\\ 8+8e^{-\frac{3}{10}t}+\dfrac{24}{5}(1-e^{-1})e^{-\frac{3}{10}t}(\text{V})，t\ge 2\end{cases}$

13-27 如下圖(a)所示之電路，試求 $i_2(t)$的脈衝響應。若 $i_1(t)$爲輸入，如圖(b)所示時，試利用拉普拉斯轉換求出 $i_2(t)$之值。

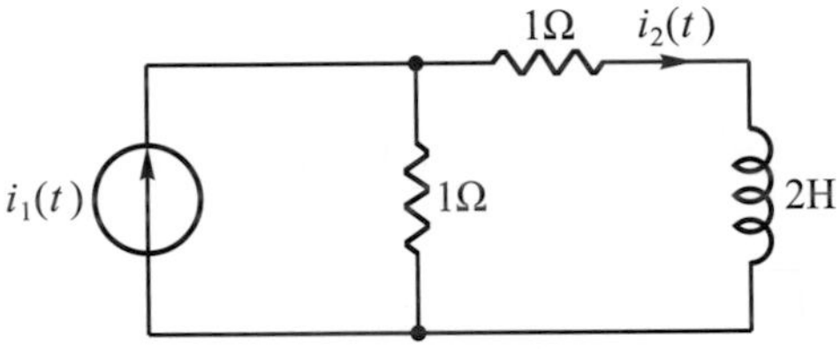

(a)

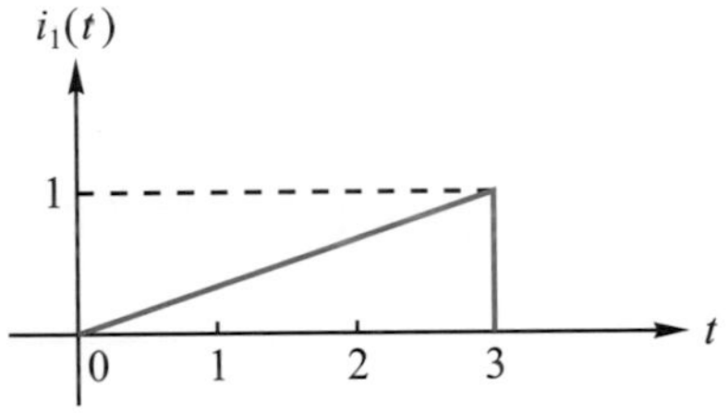

(b)

答 $h(t)=i_2(t)=\dfrac{1}{2}e^{-t}u(t)(\text{A})$，$i_2(t)=\dfrac{1}{3}[u(t)-u(t-3)-e^{-\frac{1}{3}t}u(t)](\text{A})$

13-28 如下圖所示之線性非時變 *RLC* 電路，若以 $i(t)$及 $v(t)$爲狀態變數，求出其狀態方程式。當輸入爲脈衝函數時，試求其脈衝響應 $i(t)$及 $v(t)$。若令 $i_C(t)$爲輸出，試求其響應 $i_C(t)$之值。

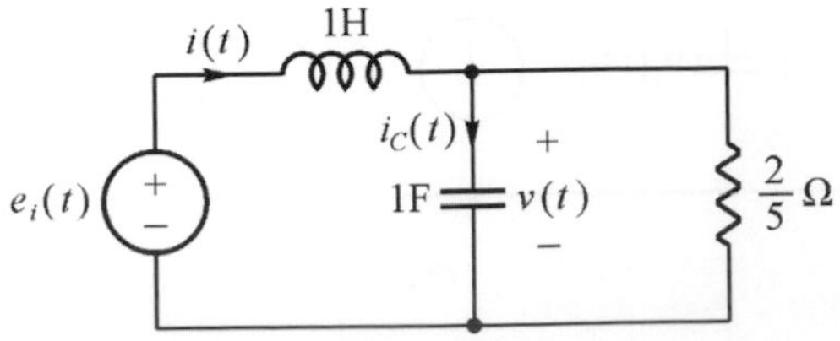

答 $\begin{bmatrix} \dfrac{di(t)}{dt} \\ \dfrac{dv(t)}{dt} \end{bmatrix} = \begin{bmatrix} 0 & -1 \\ 1 & -\dfrac{5}{2} \end{bmatrix} \begin{bmatrix} i(t) \\ v(t) \end{bmatrix} + \begin{bmatrix} 1 \\ 0 \end{bmatrix} e_i(t)$

$\begin{bmatrix} i(t) \\ v(t) \end{bmatrix} = \begin{bmatrix} \dfrac{4}{3}e^{-\frac{1}{2}t} - \dfrac{1}{3}e^{-2t} \\ \dfrac{2}{3}e^{-\frac{1}{2}t} - \dfrac{2}{3}e^{-2t} \end{bmatrix}$

$i_C(t) = \dfrac{1}{3}e^{-\frac{1}{2}t} + \dfrac{4}{3}e^{-2t}(\text{A})$，$t \ge 0$

13-29 如下圖所示之電路，在 $t<0$ 時電路無儲存能量，利用拉氏轉換計算狀態方程式之方法試求 $t>0$ 後之完全響應 $i_1(t)$ 及 $i_2(t)$。

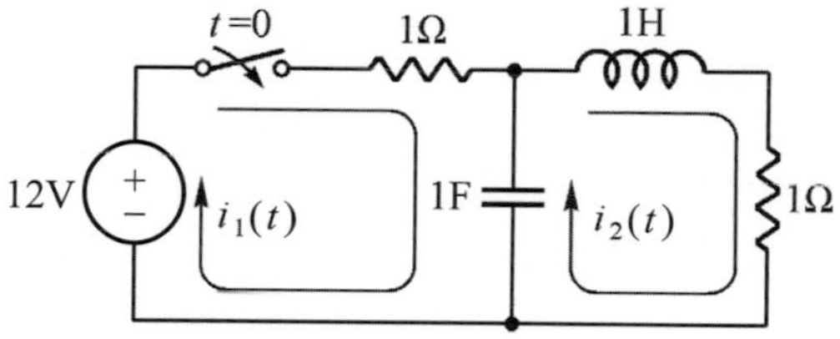

答 $\begin{bmatrix} i_1(t) \\ i_2(t) \end{bmatrix} = \begin{bmatrix} \dfrac{1}{2} + \dfrac{1}{2}e^{-t}(\cos t - \sin t) \\ \dfrac{1}{2} - \dfrac{1}{2}e^{-t}(\cos t + \sin t) \end{bmatrix}$

附錄

附-A 單位之關係

長 度

1 吋 (Inch in)	＝2.54 公分 (Centimeter cm)
1 呎 (Foot ft)	＝30.48 公分 (Centimeter cm)
1 哩 (Mile)	＝1.609 公里 (Kilometer km)

面 積

1 圓密爾(Circular Mil C. M.,)	＝0.7854 平方密爾(Square Mil)
1 圓密爾(Circular Mil C. M.,)	＝0.000507 平方公分(Square Centimeter cm)
1 方吋(Square inch sq.in)	＝6.452 平方公分(Square Centimeter cm)
1 方米(Square meter m^2)	＝10.76 方呎(Square feet ft)

體 積

1 立方吋(Cubic inch in^3)	＝16.39 立方公分(C.C., Cubic Centi meter)
1 立特(Lite rl)	＝1,000 立方公分(C.C., Cubic Centimeter)
	＝0.2642 美制加侖(U.S. Gallon)
1 加侖(Gallon)	＝231 立方吋(Cubic inch in^3)
	＝3.785 立特(Liter)
	＝8.345(Pound lb)

重 量

1 公克(Gram g)	＝381 達因(Dyne)
1 英兩(Ounce oz)	＝28.35 公克(Gram g)
1 公斤(Kilogram kg)	＝2,205 磅(Pound, lb)
1 噸(Ton)	＝2,000 磅(Pound, lb)
1 長噸(Long Ton)	＝2,240 磅(Pound, lb)
1 公噸(Metric Ton)	＝1,000 公斤＝2.205 磅

功

1 焦耳，瓦秒(Joule, watt-second)	＝10^7 爾格(Erg)
1 克卡(Gram Calorie)	＝4.183 焦耳(Joule)
1 英熱單位	＝252.1 克卡
(British Thermal Unit, B. T. U.)	＝777.5 呎磅(Foot-pound ft-lb)

附-B　SI 制基本單位與導出單位

表 B-1　基本單位

量	單位	符號
長度	公尺	m
質量	公斤(仟克)	kg
時間	秒	S
電流	安培	A
溫度	凱耳文	°K
發光強度	新燭光(光度單位)	Cd
物質量	莫耳(克分子)	mol
	補充單位	
平面角	弧度(徑)	Rad
立體角	球面角度(立體角單位)	sr

表 B-2　力學的常用單位

量	SI 單位	符號
角	弧度(徑)	rad
面積	平方米	m^2
能量(或功)	焦耳	J
力	牛頓	Nt
長度	米	m
質量	公斤(仟克)	kg
功率	瓦特	W
壓力	巴士卡	Pa
速率	每秒米數	m/s
旋轉速率	每秒弧度數	rad/s
轉矩	牛頓・米	Nt・m
體積	立方米	m^3
容量	公升	L

表 B-3 熱力學的常用單位

量	SI 單位	符號
熱	焦耳	J
熱功率	瓦特	W
比　熱	每仟克-凱耳文之焦耳數	J/kg-°K 或 J/kg-℃
溫　度	凱耳文	°K
溫　差	凱耳文或攝氏度	°K 或℃
導熱度	每米-凱耳文之瓦特數	W/m-°K 或 W/m-℃

表 B-4 電和磁的常用單位

量	SI 單位	符號	註
電容	法位	F	
電導	西門子(姆歐)	S(℧)	1
電荷	庫倫	C	
電流	安培	A	
能量	焦耳	J	
頻率	赫茲	Hz	2
電感	亨利	H	
電位差	伏特	V	
功率	瓦特	W	
電阻	歐姆	Ω	
電阻係數	歐姆-米	Ω-m	
磁場強度	每米安培數	A/m	3
磁通量	韋伯	Wb	
磁通密度	泰斯拉	T	4
磁動勢	安培(安匝)	A	5

1.以前稱姆歐(mho)。
2.1Hz＝1 週／秒。
3.1A/m＝1 安匝／米。
4.1T＝1 韋件／平方米。
5.以前稱爲安匝現在衹稱爲安培：1A＝1 安匝。

表 B-5 以特別名稱導出的單位

量	單位	符號
力	牛頓	Nt
電荷	庫倫	C
電容	法拉	F
電感	亨利	H
頻率	赫茲	Hz
能量	焦耳	J
電阻	歐姆	Ω
壓力	巴士卡	Pa
電導	西門子(姆歐)	S(℧)
磁通密度	泰斯拉	T
電位	伏特	V
功率	瓦特	W
磁通量	韋伯	Wb

上表單位的定義

1. 牛頓(Newton)：推動 1 公斤質量使產生每秒 1 米加速度所需的力，定義爲 1 牛頓(kg-m/sec^2)。
2. 庫侖(Coulomb)：安培的電流在 1 秒鐘內所累積的電荷數爲 1 庫侖(A-sec)。
3. 法拉(Farad)：1 庫倫電荷的電容器，其兩極板間的電位差爲 1 伏特時，其電容爲 1 法拉(Q/V)。
4. 亨利(Henry)：閉合迴路內，每秒有 1 安培的均勻變化電流流過時，產生 1 伏特的電動勢，稱此電路之電感爲 1 亨利(V/(A/sec))。
5. 赫茲 (Hertz)：秒有一週期的變化稱爲赫茲，爲頻率的單位。
6. 焦耳(Joules)：1 牛頓的力推動 1 米的位移所作的功爲 1 焦耳(Nt-m)。
7. 歐姆 (Ohm)：有 1 伏特的電位差加於某一導體的兩端，產生 1 安培的電流流過此兩端，稱此兩端點間之阻力爲 1 歐姆(V/A)。
8. 巴士卡(Pascal)：爲壓力或應力的單位即牛頓／平方米。
9. 西門子(Siemens)：電導的單位，即歐姆的倒數(A/V)。
10. 泰斯拉(Tesla)：磁通密度的單位，爲韋伯／平方米。
11. 伏特(Volt)：1 安培定電流的導體，若在某兩點間所消耗的功率爲 1 瓦特時，此兩點間的電位差定爲 1 伏特(W/A)。
12. 瓦特(Watt)：每秒鐘消耗 1 焦耳能量的功率稱爲 1 瓦特(J/sec)。
13. 韋伯(Weber)：磁通量的單位，在 1 秒鐘內，1 匝線圈上交鏈之磁通自某磁通變爲 0 時，於此線圈感應 1 伏特的電動勢，稱此磁通量爲 1 韋伯(V-sec)。

附-C 電之各種單位間之關係

名稱	實用單位	C.G.S.制電磁單位*	C.G.S.制靜電單位
電動勢 (Electromotive Force)	1 伏特，伏 (Volt)	10^9 電磁伏，伏 (Abvolt)	1/300 靜電伏 (Stat volt)
電　流 (Current)	1 安培，安 (Ampere)	1/10 電磁安，安 (Abampere)	3×16^9 靜電安 (Stat ampere)
電量，電荷 (Quantity)	1 庫侖，庫 (Coulomb)	1/10 電磁庫，庫 (Abcoulomb)	3×10^9 靜電庫 (Stat conlomb)
電　阻 (Resistance)	1 歐姆，歐 (Ohm)	10^9 電磁歐，歐 (abohm)	$1/(9\times10^{11}$ 靜電歐 (Stat ohm)
電　容 (Capacitance)	1 法拉特，法拉 (Farad)	$1/10^9$ 電磁法拉，法 (abfarad)	9×10^{11} 靜電法拉 (Stat farad)
電　容 (Capacitance)	1 微法拉 (Microfarad)	$1/10^5$ 電磁法拉，法 (abfarad)	9×10^5 靜電法拉 (Stat farad)
電　感 (Inductance)	1 亨利，亨 (Henry)	10^9 電磁亨，亨 (abhenry)	$1/(9\times10^{11}$ 靜電亨 (Stat henry)
能 (Energy)	1 焦耳 (Joule)	10^7 爾格 (erg)	10^7 爾格
功　率 (Power)	1 瓦特，瓦 (Watt)	10^7 電磁瓦，瓦 (abwatt)	10^7 靜電瓦 (Stat watt)
		即每秒爾格(Ergs per Second)	

*根據教育部公佈之“電機工程名詞”(普通門)，其電磁制電之單位各名稱，除附加電磁二字外，即可在實用單位名稱所用之字，加一「之」作爲符號。

附-D 希臘字母及其代表之量

大寫字	小寫字	讀法	通常用以代表之量
Α	α	Alpha	角度；係數
Β	β	Beta	磁通密度；角度；係數
Γ	γ	Gamma	電導係數(小寫字)
Δ	δ	Delta	變動；密度
Ε	ε	Epsilon	對數之基數
Ζ	ζ	Zeta	係數
Η	η	Eta	磁滯係數；效率(小寫字)
Φ	θ	Theta	溫度；相位角
Ι	ι	Iota	
Κ	κ	Kappa	介質常數
Λ	λ	Lambda	波長(小寫字)
Μ	μ	Mu	導磁係數；微(千分之一)；放大因數(小寫字)
Ν	ν	Nu	磁阻係數
Ξ	ξ	Xi	輸出係數
Ο	ο	Omicron	
Π	π	Pi	圓周÷直徑＝3.1416
Ρ	ρ	Rho	電阻係數(小寫字)
Σ	σ，ζ	Sigma	總和(大寫字)；表面密度
Τ	τ	Tau	時間常數；時間相位
Υ	υ	Upsilon	位移
Φ	ϕ，φ	Phi	磁通；角
Χ	χ	Chi	
Ψ	ψ	Psi	角速；介質電通量(靜電力線)；角
Ω	ω	Omega	歐姆(大寫字)；角速(小寫字)；角

附-E 專有名詞中英文對照表

A

Active 2nd order	主動二次
Active element	主動元件
Active one-port	主動單埠
Active	主動
Additivity property	相加性質
Adm. Parameters	導納參數
Admittance matrix of two-port	雙埠的導納矩陣
Admittance	導納
Amplitude	振幅
Analysis	分析
And linearity	與線性
And natural freq	及自然頻率
And passitivity	與被動性
Angle	角
Apparent power	視在功率
Applications	應用
Associated	相關的
Asymptotic stability	漸近穩定
At infinity	在無限遠的
Average	平均
Average power	平均功率

B

Balance	平衡
Bandpass filter	帶通濾波器
Bandwidth, 3db	帶寬，3 分貝
Bilateral	雙向
Bounded	受束
Bounded state trajectory	狀態軌線
Branch admittance	分支導納
Branch conductance	分支電導
Branch impedance	分支阻抗
Branch resistance	分支電阻
Branch	分支

C

Calculation	計算
Cancellation	抵消
Capacitance	電容
Capacitor	電容器
Carrier	載波
Chain	串級
Characteristic eq	特性方程式
Characteristic poly	特性多項式
Characteristic roots	特性根
Charge	電荷
Circuit	電流
Circuit	電路
Circuit element	電路元件
Close coupling	緊密耦合
Cnsrvation of	不滅
Coefficient of coupling	耦合係數
Cofactor 餘	因式
Column vector	行向量
Common node	共用節點
Complete	完全，完整

Complex	複數
Complex conjugate	共軛複數
Complex freq	複頻
Complex number	複數
Computation of	的計算
Conductance	電導
Conjugate	共軛
Connected	相連
Connection	連接
Conservation of	不滅
Conservation of complex power	複數功率不滅
Const. coeff	常數係數
Continued-fraction expansion	連續分數展開式
Controlled source	受控電源
Convolution integral	迴旋積分
Convolution theorem	迴旋定理
Coupled inductors	耦合電感器
Coupling	耦合
Cramer's rule	克拉姆法則
Critucally damped	臨界阻尼
Current gain of resistive network	電阻性網路的電流增益
Current source	電流源
Current-controlled	電流控制的
Curve	曲線
Cut set	切集
Cut-set admittance	切集導納
Cut-set analysis	切集分析
Cut-set current source	切集電流源

D

Damping constant	阻尼常數
Datum node	基準點
Decibel	分貝
Defining integral	定義積分
Degenerate	萎縮，退化
Deliver	傳送
Delta connection	塔形(三角形)接法
Dependent	相依
Derivation of	的推導
Derivative	導數
Determinant	行列式
Determinant of the system	系統的行列式
Device	裝置；元件
Diagonal term	對角線項
Diagonal	對角
Diff. eq.	微分方程式
Differentiation rule	微分規則
Diode, ideal	二極體，理想
Dissipated	散逸
Distributed	分佈
Domain	定義域
Domain	頻域
Dot convention	黑點定規
Doublet	雙脈衝
Double-tuned ckt.	雙重調諧電路
Double-tuned	雙重調諧
Drgenerate	萎縮
Driving impedance	驅動點阻抗
Driving pt.	驅動點
Driving-point	驅動點

Driving-pt. addmittance	驅動點導納
Drop	降
Dual graphs	對偶圖形
Dual networks	對偶網路
Dual	對偶
Duality	對偶性
Dynamic interpretation	初態的解釋
Dynamic interpretation	動態解釋

E

Eber-moll Eq	易伯—摩爾方程式
Effective value	有效值
Eigenvalue	特徵值
Eigenvector	特徵向量
Elastance	彈量，倒電容
Electrical circuit	電路
Element	元件
Element of a matrix	矩陣的元素
Elementary row transf	基本列轉換
Elimination algorithm	消去演算法
Energy	能量
Energy stored in	儲存於——的能量
Entry	進入法
Equation	方程式
Equilibrium pt.	平衡點
Equivalent ckt.	等效電路
Equivalent one port	等效單埠
Equivalent system	等效系統
Equivalent	等效
Euler's formulas	尤拉公式
Example of	的例子
Existence & uniqueness	存在性與唯一性
Exponential	指數

F

Farad	法拉
Feedback circuit	回饋電路
Field	場
Final Value	終值
Finite	有限的
First-order	一次
Forest	樹林
Fourier Series	傅立葉級數
Freq	頻率
Freq. Response	頻率響應
Frequency	頻率
From poles & zeros	從極點和零點的
Function	函數
Fundamental	基本
Fundamental cut-set	基本切集
Fundamental loop	基本迴路
Fundamental syst. of solutions	解答的基本系統
Fundamental system	基本系統
Fundamental thm	基本定理

G

Gain	增益
Gauss elimination	高斯消去法
General	一般
General propeites	一般性質
Generalization	推廣
Graph	圖形

Ground node	接地節點
Gyration ratio	旋相比
Gyrator	旋相器

H

h paramete	*h* 參數
Half-power point	半功率點
Henry	亨利
Hinged	相鉸
Homog.	齊次
Homogeneity property	齊次性質
Hybrid matrix	混合矩陣
Hybrid parameters	混合參數
Hybrid	混合
Hysteresis	磁滯

I

Ideal diode	理想二極體
Ideal filter	理想濾波器
Ideal transformer	理想變壓器
Identity	同解
Immitence	阻納
Imp. matrix	阻抗矩陣
Impedance	阻抗
Impedance matrix of two-port	雙埠的阻抗矩陣
Impedance matrix	阻抗矩陣
Impedance parameter of two-port	雙埠的參數矩陣
Impulse	脈衝
Impulse function	脈衝函數
Impulse response	脈衝響應
In capacitor	電容器中的
In inductor & capacitors	電感器及電容器中的
In inductor	電感器中的
In sinusoidal steady state	弦波穩態下的
In terms of imp	以阻抗來表示的
In terms of network function	以網路函數來表示的
Incidence matrix	接合矩陣
Incremental	增量
Incremental inductance matri	增量電感矩陣
Indep	獨立
Independent	獨立
Inductance matrix	電感矩陣
Inductance	電感
Inductor	電感器
Inequalities	不等式
Incremental resistance matrix	增量電阻矩陣
Initial	初值
Initial state	初態
Input port	輸入埠
Instantaneous	瞬時
Instantenuous power	瞬時功率
Integral, defining	積分，定義
Integration rule	積分規則
Integro equation	積分方程式
Into a one-port	進入一單埠的
Inverse	反

J

Jacobian matrix	亞可比矩陣
Joul	焦耳

Jump phenomenon	跳躍現象

K

Kirchhoffs' current law (KCL)	克希荷夫電流定律
Kirchhoff's voltage law (KVL)	希荷夫電壓定律

L

Ladder ckt.	梯形電路
Ladder network	梯形網路
Laplace transformation	拉普拉斯轉換
Lenz's law	楞次定律
Limit cycle	極限圈
Linear	線性
Linear case	線性情況
Linear dependence	線性相依
Linear function	線性函數
Linear space	線性空間
Linear time-invariant	線性非時變
Linear time-invariant network	線性非時變網路
Linear	線性
Linearity	線性
Linearly dependent	線性相依
Linearly indep. vectors	線性獨立向量
Link	鏈
Lipschitz condition	立卜西子條件
Locally active	局部主動
Locally passive	局部被動
Locus	軌跡
Locus of	的軌跡
Loop analysis	迴路分析
Loop impedance	迴路阻抗
Loop resistance	迴路電阻
Loop valtage source	迴路電壓源
Loop	迴路
Lossless case	無損情況
Lossless two-port	無損雙埠
Lumped ckt.	集總電路
Lumped elements	集總元件
Lumped	集總

M

Magnitude	大小
Match conjugate	匹配，共軛
Mathieu eq.	馬修方程式
Matrix	矩陣
Maximum-transfer	最大轉移的
Mean square value	均方值
Mechanical analog	機械類比
Mesh analysis	網目分析
Mesh analysis	網路分析
Mesh impedance	網目阻抗
Mesh	網目
Method	方法
Mini property of resistive network	電阻性網路的最小性質
Minimal	最低
Minimum of	最小的
Minor	子行列式
Modulation	調變
Monotonically increasing	單調增大

Multiple-winding	複繞組
Mutual inductance	互感
Mutual	互

N

Natrix	矩陣
Natural frequency	自然頻率
Negative imp. converter	負阻抗轉換器
Neper	奈柏
Network	網路
Network function	網路函數
Network models	網路模型
Network variables	網路變數
Node admittance	節點導納
Node analysis	節點分析
Node conductance	節點電導
Node current source	節點電流源
Node equations	節點方程式
Node	節點
Node-to-datum	節點對基準點
Nonlincar	非線性
Nonlinear case	非線性情況
Nonlinear ckt.	非線性電路
Nonlinear network	非線性網路
Nonlinear time-varying	非線性時變
Nonsingular	非奇異
Normal form eq.	標準型方程式
Normalization	正規化
Normalized frequency	正規化頻率
Norton equivalent network	諾頓等效網路
Norton	諾頓
Nth order	n 階

O

Of 1st order ckt	一次電路的
Of 2 nd order ckt	二次電路的
Of a ckt	電路的
Of a network function	一網路函數
Of an *RC* ckt.	一 *RC* 電路的
Of an *RLC* ckt.-*RLC*	電路的
Of capacitor	電容器的
Of comp. no.	複數的
Of driving point impedance	驅動點阻抗的
Of energy	能量不滅
Of inductors	電感器的
Of linear time-invariant network	線性非時變網路的
Of lst order ckts	一次電路的
Of mesh	網路的自—
Of network function	網路函數的
Of network variable	網路變數的
Of nonlinear network	非線性網路的
Of nth order diff. eg.	*n* 次微分方程式的
Of order *m*	*m* 階的
Of order rr	階的
Of parallel *RLC* ckt	並聯 *RLC* 電路的
Of passive network	被動網路的
Of passive one-port	被動單埠的
Of rational function	有理函數的
Of *RC* ckt	*RC* 電路的
Of resistive two-port	電阻性雙埠的
Of resistors	電阻器的
Of *RLC* ckt.	*RLC* 電路的
Of series *RLC* ckt.	串聯 *RLC* 電路的

Of sinusoid	弦波的
Of the network	網路的
Of the system	系統的
Of time-varying network	時變網路的
Of transistor	電晶體的
Of vacuum tube	眞空管的
Of zero-state response	零態響應的
Ohm	歐姆
Ohm's law	歐姆定律
One-port	單埠
Open ckt	斷路
Operating point	工作點，操作點
Operator	運算子
Oriented	定向
Oscillation	振盪
Outer	外圍
Output port	輸出埠
Output	輸出
Overdamped case	過阻尼情況

P

Parallel connection of	的並聯接法
Parallel	並聯
Parametric amplifier	參數放大器
Parasitic effect	寄生效應
Pareance	導磁係數
Partial-fraction expansion	部份分式展開
Particular solu.	特解
Particular	特殊
Passive	被動
Passive inductor	被動電感器
Passive network	被動網路
Passive one-port	被動單埠
Passive resistor	被動電阻器
Permittivity	介電係數
Phase	相角
Phase	相角；相立
Phasor method	相量方法
Phasor	量
Planar network	平面網路
Planar	平面
Pliers	鉗剪
Polar	極坐標
Polar representation	標坐標表示法
Pole	極點
Polynomial, characteristic	多項式，特性
Port	埠端
Positive definite	正値確定的
Positive definite matrix	正定矩陣
Positive real function	正實數函數
Power	功率
Power dissipated in	中散逸的功率
Principle	原則
Principle	原理
Proof	證明
Proper	適當
Properties of	的性質
Pulse fuction	脈波函數

Q

Q	Q，品質因數
Q of	的 Q
Quality factor：	品質因數
Quardratic form	二次形式

R

Ramp function	斜波函數
Rational function	有理函數
Rational	有理
Reactance	電抗
Reactive power	電抗功率
Reciprocal network	互易網路
Reciprocal theorem	互易定理
Reciprocal	互易
Reciprocal	倒數
Reciprocal-inductance matrix	倒電感矩陣
Rectangular	直角座標
Reduced	縮減的
Reduced incidence	縮減接合
Reference direction	參考方向
Reference node	參考節點
Relation to admittance	對導納的關係
Relation to bandwidth	對帶寬的關係
Relation to energy	對能量的關係
Relation to impulse resp.	對脈衝響應的關係
Relation to network function	對網路函數的關係
Relation to power	對功率的關係
Relation to step response	對步級響應的關係
Relation with imp	與阻抗的關係
Removal of	的移去
Residue	剩值；殘數
Resistance	電阻
Resistive	電阻性
Resistor	電阻器
Resonance	諧振
Resonant ckt	諧振電路
Resonant frequency	諧振頻率
Response	響應
Root mean square (RMS)	均方根
Row transformation	列轉換
Row vector	列向量

S

Scalars	純量
Scaling	標度
Scaling of freq	頻率的標度
Scaling of imp	阻抗的標度
Scaling of	的標度
Sctive	主動
Second order circuit	二次電路
Second-order	二次
Self	自
Self-of loop	迴路的自—
Separater parts	相離部份
Series connection of	的串聯接法
Series	串聯
Shift operator	遷移運算子
Short ckt 短路	
Short ckt current ratio	短路電流比
Sign of M	M的正負號
Simple	簡單的
Singular function	奇異函數
Sinusoid	弦波
Sinusoidal steady state	弦波穩態
Sinusoidal steady-state response	弦波穩態響應

Slope	斜率
Small-signal analysis	小訊號分析
Small-signal equi.	小訊號等效
Soldering-iron	銲鐵
Solution of diff. eq.	微分方程的解
Solution	解
Source transformation	電源轉換
Source	電源
Spurious solution	假解
Square	方形
Stability	穩定性
Stable network	穩定網路
Stable	穩定
State	狀態
State eq	狀態方程式
State space	狀態空間
State variable	狀態變數
State vector	狀態向量
Steady state	穩態
Step function	步級函數
Step resp.	步級響應
Step	步級
Storage element	儲存元件
Stored	儲存的
Subgraph	副圖形；次圖形
Subharmonic respones	副諧波響應
Substitution thm	代換定理
Sufficient condition	充分條件
Summary	摘要
Superposition	重疊
Superposition in	下的重疊
Superposition method	重疊方法
Superposition of	的重疊
Superposition property	重疊性質
Superposition thm	重疊定理
Susceptance	電納
Symmetry properties	對稱性質
Syst. of simultaneous diff. eq.	聯立微分方程式系統

T

T equivalent ckt T	等效電路
Table	表
Table of	的表
Tellegen thm	泰勒勤定理
Terminal	端點
Terminated	終接的
Theorem	定埋
Th'evenin	戴維寧
Th'evenin equivalent network	戴維寧等效網路
Th'evenin-Norton theorem	戴維寧—諾頓定理
Time constant	時間常數
Time domair	時域
Time-invariance property	非時變性質
Time-invariant	非時變
Time-varying capacitor	時變電容器
Time-varying ckt；1st order	時變電路；一次
Time-varying coeff	時變係數
Time-varying inductor	時變電感器
Time-varying restor	時變電阻器
Time-varying	時變
Topological	拓撲

Ttrajectory	軌跡
Transcient	暫態
Transfer function	轉移函數
Transfer voltage ratio	轉移電壓比
Transformation, using ideal transformer	轉換，利用理想變壓器的
Transformer	變壓器
Transistor	電晶體
Transmission matrix	輸輸矩陣
Transmission parameters	輸輸參數
Transmission	傳輸
Transpose of	的轉置
Tree branch	樹分支
Tree	樹
Triangular form	三角形式
Two-port matrices	雙埠矩陣
Two-port	雙埠
Two-terminal element	兩端元件
Two-terminal	兩端

U

Underdamped cas	低阻尼情況
Unforced	未迫動的
Unhinged	非相鉸
Uniqueness of solution	解答的唯一性
Uniqueness	唯一性
Unit impulse	單位脈衝
Unit step	單位步級
Unit	單位

V

Vector	向量
Velocity of the state	狀態的速度
Versus two-port	對雙埠
Versus value of a function	對一函數之值
Voltage	電壓
Voltage gain of resistive network	電阻性網路的電壓增益
Voltage source	電壓源
Voltage-controlled	電壓控制的
Volt-ampere	伏安；伏特—安培

W

Watt	瓦特
Wavelength	波長
Wavform	波形

Y

Y connection	星形接法；Y 型連接
Y parameter, admittance paramcters	導納參數

Z

Z parameter, imp. Parameters	阻抗參數
Z transform	Z-轉換
Zero of a network function	網路函數的零點
Zero of rational function	有理函數的零點
Zero of transmission	輸送的零點
Zero state response	零態響應
Zero	零
Zero-input response	零輸入響應

Zero-input	零輸入
Zero-state	零態
π equivalent ckt	π 等效電路
2nd order	二次
3 db cut-off	3 分貝截止
3db bandpass	3 分貝通帶
3db bandwidth	3 分貝帶寬
3db cut-off freq.	3 分貝截止頻率

國家圖書館出版品預行編目資料

電路學概論 / 賴柏洲編著. – 三版. -- 新北市：
全華圖書股份有限公司, 2023.05
面 ； 公分
ISBN 978-626-328-449-4 (平裝)

1.CST: 電路

448.62 112005780

電路學概論

作者 / 賴柏洲
發行人 / 陳本源
執行編輯 / 葉書瑋
出版者 / 全華圖書股份有限公司
郵政帳號 / 0100836-1 號
印刷者 / 宏懋打字印刷股份有限公司
圖書編號 / 0641802
二版二刷 / 2023 年 05 月
定價 / 新台幣 600 元
ISBN / 978-626-328-449-4
全華圖書 / www.chwa.com.tw
全華網路書店 Open Tech / www.opentech.com.tw
若您對書籍內容、排版印刷有任何問題，歡迎來信指導 book@chwa.com.tw

臺北總公司(北區營業處)
地址：23671 新北市土城區忠義路 21 號
電話：(02) 2262-5666
傳真：(02) 6637-3695、6637-3696

南區營業處
地址：80769 高雄市三民區應安街 12 號
電話：(07) 381-1377
傳真：(07) 862-5562

中區營業處
地址：40256 臺中市南區樹義一巷 26 號
電話：(04) 2261-8485
傳真：(04) 3600-9806(高中職)
(04) 3601-8600(大專)

讀者回函卡

填寫日期：　　/　　/

姓名：＿＿＿＿＿＿　生日：西元＿＿＿年＿＿＿月＿＿＿日　性別：□男 □女

電話：（　）＿＿＿＿＿＿　傳真：（　）＿＿＿＿＿＿　手機：＿＿＿＿＿＿

e-mail：（必填）＿＿＿＿＿＿＿＿＿＿＿＿

註：數字零，請用 Φ 表示，數字 1 與英文 L 請另註明並書寫端正，謝謝。

通訊處：□□□□□＿＿＿＿＿＿＿＿＿＿＿＿

學歷：□博士　□碩士　□大學　□專科　□高中・職

職業：□工程師　□教師　□學生　□軍・公　□其他

學校／公司：＿＿＿＿＿＿　科系／部門：＿＿＿＿＿＿

・需求書類：

□ A. 電子 □ B. 電機 □ C. 計算機工程 □ D. 資訊 □ E. 機械 □ F. 汽車 □ I. 工管 □ J. 土木

□ K. 化工 □ L. 設計 □ M. 商管 □ N. 日文 □ O. 美容 □ P. 休閒 □ Q. 餐飲 □ B. 其他

・本次購買圖書為：＿＿＿＿＿＿　書號：＿＿＿＿＿＿

・您對本書的評價：

封面設計：□非常滿意　□滿意　□尚可　□需改善，請說明＿＿＿＿＿＿

內容表達：□非常滿意　□滿意　□尚可　□需改善，請說明＿＿＿＿＿＿

版面編排：□非常滿意　□滿意　□尚可　□需改善，請說明＿＿＿＿＿＿

印刷品質：□非常滿意　□滿意　□尚可　□需改善，請說明＿＿＿＿＿＿

書籍定價：□非常滿意　□滿意　□尚可　□需改善，請說明＿＿＿＿＿＿

整體評價：請說明＿＿＿＿＿＿

・您在何處購買本書？

□書局　□網路書店　□書展　□團購　□其他＿＿＿＿＿＿

・您購買本書的原因？（可複選）

□個人需要　□幫公司採購　□親友推薦　□老師指定之課本　□其他＿＿＿＿＿＿

・您希望全華以何種方式提供出版訊息及特惠活動？

□電子報　□ DM　□廣告（媒體名稱＿＿＿＿＿＿）

・您是否上過全華網路書店？（www.opentech.com.tw）

□是　□否　您的建議＿＿＿＿＿＿

・您希望全華出版那方面書籍？＿＿＿＿＿＿

・您希望全華加強那些服務？＿＿＿＿＿＿

～感謝您提供寶貴意見，全華將秉持服務的熱忱，出版更多好書，以饗讀者。

全華網路書店 http://www.opentech.com.tw　　客服信箱 service@chwa.com.tw

2011.03 修訂

親愛的讀者：

感謝您對全華圖書的支持與愛護，雖然我們很慎重的處理每一本書，但恐仍有疏漏之處，若您發現本書有任何錯誤，請填寫於勘誤表內寄回，我們將於再版時修正，您的批評與指教是我們進步的原動力，謝謝！

全華圖書　敬上

勘誤表

書號		書名		作者	
頁數	行數	錯誤或不當之詞句		建議修改之詞句	

我有話要說：（其它之批評與建議，如封面、編排、內容、印刷品質等・・・）